Übungsaufgaben zur Mathematik für Ingenieure

Thomas Rießinger

Übungsaufgaben zur Mathematik für Ingenieure

Mit durchgerechneten und erklärten Lösungen

7., verbesserte Auflage

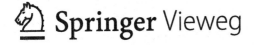 Springer Vieweg

Thomas Rießinger
Bensheim, Deutschland

ISBN 978-3-662-54802-8   ISBN 978-3-662-54803-5 (eBook)
DOI 10.1007/978-3-662-54803-5

Die Deutsche Nationalbibliothek verzeichnet diese Publikation in der Deutschen Nationalbibliografie; detaillier-
te bibliografische Daten sind im Internet über http://dnb.d-nb.de abrufbar.

Springer Vieweg
© Springer-Verlag Deutschland 2001, 2004, 2007, 2009, 2011, 2013, 2017

Gedruckt auf säurefreiem und chlorfrei gebleichtem Papier

Springer Vieweg ist Teil von Springer Nature
Die eingetragene Gesellschaft ist Springer-Verlag GmbH Deutschland
Die Anschrift der Gesellschaft ist: Heidelberger Platz 3, 14197 Berlin, Germany

Vorwort zur 7. Auflage

Hin und wieder muss man im Leben etwas ändern, und was für das Leben gilt, das gilt auch für Mathematikbücher. Für diese Neuauflage habe ich daher einige Änderungen und Verbesserungen vorgenommen, die Ihnen hoffentlich dabei helfen, die Mathematik, die Sie für Ihr Studium brauchen, einzuüben und zu wiederholen.

Und damit bleibt nichts mehr zu sagen außer: Viel Vergnügen bei der Arbeit!

Bensheim, April 2017   Thomas Rießinger

Vorwort zur 6. Auflage

Manches hat sich geändert in den letzten Jahren, und auch die Hochschulen wurden von Änderungen nicht verschont: Während Sie früher nach dem Abschluss eines Ingenieurstudiums in der Regel mit einem Diplom belohnt wurden, erhalten Sie heute einen Bachelor- oder einen Mastergrad. Aber das Schöne ist, dass manche Dinge eben doch konstant bleiben. Denn egal, ob Bachelor oder Diplom, Sie werden auf jeden Fall ein wenig Mathematik lernen und üben müssen, und genau dabei soll Ihnen nach wie vor dieses Buch helfen. Und schon ist alles gesagt außer: Viel Vergnügen bei der Arbeit!

Bensheim, November 2012 Thomas Rießinger

Vorwort zur 4. Auflage

An der Notwendigkeit, Mathematik nicht nur theoretisch zu verstehen, sondern auch praktisch zu üben, hat sich nichts geändert. Auch in der dritten Auflage dieses Übungsbuchs möchte ich Ihnen die Gelegenheit geben, einerseits selbst Aufgaben zu rechnen, andererseits aber bei Schwierigkeiten genau erklärte Lösungswege zur Verfügung zu haben und damit Ihre Probleme zu lösen. Beim Rechnen und beim Studieren der Lösungen wünsche ich Ihnen viel Erfolg und hoffentlich auch ein wenig Vergnügen.

Januar 2008   Thomas Rießinger

Vorwort zur 1. und 2. Auflage

Vielleicht kennen Sie die Situation. Sie haben ein Lehrbuch über Mathematik gelesen oder eine Vorlesung über Mathematik gehört, glauben nun, die Sache im Großen und Ganzen verstanden zu haben, und wollen zur Übung die eine oder andere Beispielaufgabe rechnen. Kaum haben Sie aber fröhlich mit dem Rechnen angefangen, stellen Sie fest, daß Sie nicht so recht wissen, wie es nun weitergehen soll. Oder – was fast noch unangenehmer ist – Sie rechnen tatsächlich ein Ergebnis aus und vergleichen es mit der angegebenen Lösung, doch leider können Sie sich mit Ihrem Dozenten oder dem Autor Ihres Lehrbuchs nicht auf einen gemeinsamen Wert einigen. Das ist besonders unangenehm, wenn in einem Buch zwar die Aufgabenstellung ausführlich beschrieben ist, aber im Lösungsteil dann kurz und schmerzlos so etwas wie „$x = 17$" als Lösung mitgeteilt wird, so dass man sich verzweifelt fragt, wie um alles in der Welt der Autor wohl darauf gekommen sein mag.

Dummerweise kann man es in einem Lehrbuch kaum anders machen. Wenn Sie sich einmal ein sechshundert Seiten dickes Buch vorstellen, zu dem noch zwei- oder dreihundert Seiten Lösungsteil dazukommen, dann sollten Sie sich an das Telefonbuch von New York oder einen Aktenordner mit Steuergesetzen erinnert fühlen, und wer will so etwas schon lesen? Der Umfang eines Lehrbuchs sollte in einem vernünftigen Rahmen bleiben, damit man es auch wirklich problemlos handhaben kann. Nun habe ich aber vor einiger Zeit ein Lehrbuch mit dem Titel „Mathematik für Ingenieure" herausgebracht, das an dem gleichen Problem leidet: natürlich gibt es darin Übungsaufgaben, aber im Lösungsteil muss sich der geplagte Leser mit den puren Ergebnissen zufrieden geben, ohne Angabe des Lösungsweges. Und selbst wenn ich von meinem eigenen Lehrbuch absehe, schien es mir auf jeden Fall sinnvoll zu sein, dass man eine Sammlung von Aufgaben zur Verfügung hat, deren Lösungswege detailliert und in aller Ausführlichkeit durchgerechnet werden, so dass Sie genau verfolgen können, wie man an bestimmte Aufgabentypen herangeht. Eine solche Aufgabensammlung haben Sie mit diesem Buch in der Hand. Ich habe hier jede Aufgabe aus meinem Lehrbuch durchgerechnet und die Rechenwege mit ausführlichen Erklärungen versehen, denn oft genug steht man vor einer Formel und wüsste nur zu gern, wo sie wohl herkommen mag. Dass die Aufgaben aus meinem eigenen Lehrbuch stammen, heißt aber nicht, dass Sie erst das Lehrbuch lesen müssen, um mit der Aufgabensammlung etwas anfangen zu können: es geht hier nicht nur um das Durchrechnen von Lösungen, sondern ich habe mich bemüht, auch die prinzipiellen Methoden, die bei den Aufgaben angewendet werden, anhand der Beispiele zu erklären - natürlich nicht so umfassend wie in einem Lehrbuch, sonst wären wir nämlich wieder beim New Yorker Telefonbuch angelangt. Deshalb finden Sie auch in den ersten neun Kapiteln jeweils einige Aufgaben, die nicht im Lehrbuch stehen und vielleicht etwas schwieriger sind als die Aufgaben des Lehrbuchs.

Sie finden also im Folgenden 155 Übungsaufgaben aus den verschiedensten Bereichen der Mathematik, deren Lösungen vorgerechnet und erklärt werden. Um unnötiges Blättern zu vermeiden, habe ich die Lösung jeder Aufgabe direkt im Anschluß an die Aufgabe aufgeschrieben und keine Unterteilung in einen Aufgabenteil und einen Lösungsteil vorgenommen. Trotzdem empfehle ich natürlich, dass Sie die Aufgaben zuerst einmal selbst angehen und erst dann, sobald Sie erfolgreich oder auch weniger erfolgreich gerechnet haben, die Lösungen durchlesen.

Und damit genug der Ansprache; wir fangen an.

Frankfurt im Frühjahr 2004   Thomas Rießinger

Inhaltsverzeichnis

1   Mengen und Zahlenarten   1

2   Vektorrechnung   17

3   Gleichungen und Ungleichungen   55

4   Folgen und Konvergenz   73

5   Funktionen   91

6   Trigonometrische Funktionen und Exponentialfunktion   123

7   Differentialrechnung   143

8   Integralrechnung   195

9   Reihen und Taylorreihen   251

10 Komplexe Zahlen und Fourierreihen   287

11 Differentialgleichungen   305

12 Matrizen und Determinanten   355

13 Mehrdimensionale Differentialrechnung   369

14 Mehrdimensionale Integralrechnung   415

Literatur   441

Sachverzeichnis   443

Mengen und Zahlenarten

1.1 Es seien

$$A = \{x \in \mathbb{R} \mid x \leq 0\}, \; B = \{x \in \mathbb{R} \mid x > 1\}$$

und

$$C = \{x \in \mathbb{R} \mid 0 \leq x < 1\}.$$

Bestimmen Sie $A \cap B$, $A \cup B \cup C$, $A \backslash C$ und $B \backslash C$.

Lösung In Worte gefasst, ist A die Menge aller reellen Zahlen, die kleiner oder gleich Null sind, also die Menge aller negativen Zahlen, erweitert um die Null. B ist die Menge der reellen Zahlen, die größer als 1 sind, das heißt B enthält die 1 selbst nicht als Element, sondern nur die reellen Zahlen, die über der 1 liegen. Schließlich ist C die Menge aller reellen Zahlen, die zwar größer oder gleich Null sind, aber echt kleiner als 1. Die Menge C enthält also die Null und dazu alle reellen Zahlen, die größer als Null und gleichzeitig kleiner als 1 sind.

Die Mengenoperationen kann ich nun am besten ausführen, indem ich mich erst einmal ganz formal nach den Definitionen von Durchschnitt, Vereinigung und Differenz richte. Damit wird:

$$A \cap B = \{x \in \mathbb{R} \mid x \in A \text{ und } x \in B\} = \{x \in \mathbb{R} \mid x \leq 0 \text{ und } x > 1\}.$$

Der Durchschnitt von A und B enthält also alle reellen Zahlen, die *sowohl* kleiner oder gleich Null *als auch* größer als 1 sind. Das kommt aber einigermaßen selten vor, denn eine Zahl, die echt größer als 1 ist, wird es nicht fertigbringen, gleichzeitig auch noch kleiner oder gleich Null zu sein. Daher ist:

$$\{x \in \mathbb{R} \mid x \leq 0 \text{ und } x > 1\} = \emptyset.$$

© Springer-Verlag Deutschland 2017
T. Rießinger, *Übungsaufgaben zur Mathematik für Ingenieure*,
DOI 10.1007/978-3-662-54803-5_1

Insgesamt ergibt sich also:

$$A \cap B = \{x \in \mathbb{R} \mid x \in A \text{ und } x \in B\} = \{x \in \mathbb{R} \mid x \leq 0 \text{ und } x > 1\} = \emptyset.$$

Auf die gleiche Art kann ich alle anderen geforderten Verknüpfungen angehen. Mit $A \cup B \cup C$ ist die Vereinigung der drei gegebenen Mengen gemeint, also:

$$A \cup B \cup C = \{x \in \mathbb{R} \mid x \in A \text{ oder } x \in B \text{ oder } x \in C\}$$
$$= \{x \in \mathbb{R} \mid x \leq 0 \text{ oder } x > 1 \text{ oder } 0 \leq x < 1\}.$$

In dieser Vereinigungsmenge sind also alle reellen Zahlen versammelt, die mindestens eines der drei Kriterien erfüllen. Sie enthält also auf jeden Fall alle Zahlen, die kleiner oder gleich Null sind, also die negativen Zahlen und die Null. Sie enthält aber auch alle reellen Zahlen, die größer als 1 sind, also alle reellen Zahlen oberhalb der 1. Damit könnten bestenfalls die positiven Zahlen bis aufwärts zur 1 der Vereinigungsmenge entgehen, aber auch die werden fast vollständig von ihr erwischt, denn $A \cup B \cup C$ enthält natürlich zusätzlich noch die Zahlen, die gleichzeitig größer oder gleich Null und kleiner als 1 sind. Als letzte Lücke bleibt daher nur noch die Zahl 1, die weder in A noch in B noch in C als Element enthalten ist. Somit ergibt sich insgesamt:

$$A \cup B \cup C = \{x \in \mathbb{R} \mid x \in A \text{ oder } x \in B \text{ oder } x \in C\}$$
$$= \{x \in \mathbb{R} \mid x \leq 0 \text{ oder } x > 1 \text{ oder } 0 \leq x < 1\}$$
$$= \mathbb{R} \backslash \{1\}.$$

Auch die Berechnung der beiden Differenzen erfolgt nach dem gleichen Schema. Zunächst ist

$$A \backslash C = \{x \in \mathbb{R} \mid x \in A \text{ und } x \notin C\} = \{x \in \mathbb{R} \mid x \leq 0 \text{ und } \textit{nicht } 0 \leq x < 1\}.$$

Das ist auf den ersten Blick eine etwas ungewöhnliche Schreibweise, denn für das zweite Kriterium der Menge $A \backslash C$ habe ich angegeben, welche Bedingung die Elemente *nicht* erfüllen dürfen: sie dürfen auf keinen Fall gleichzeitig größer oder gleich Null und kleiner als 1 sein. Das kann man aber leicht in eine positive Beschreibung umsetzen, denn offenbar gilt genau dann *nicht* $0 \leq x < 1$, wenn $x < 0$ oder $x \geq 1$ gilt. Daher ist

$$\{x \in \mathbb{R} \mid x \leq 0 \text{ und } \textit{nicht } 0 \leq x < 1\} = \{x \in \mathbb{R} \mid x \leq 0 \text{ und}: x < 0 \text{ oder } x \geq 1\}.$$

Die Zahlen in $A \backslash C$ müssen also einerseits kleiner oder gleich Null sein und andererseits kleiner als Null oder aber größer oder gleich 1 sein. Das vereinfacht die Sachlage, denn eine Zahl, die kleiner oder gleich Null ist, kann nicht gleichzeitig größer oder gleich 1 sein. Damit wird:

$$\{x \in \mathbb{R} \mid x \leq 0 \text{ und}: x < 0 \text{ oder } x \geq 1\} = \{x \in \mathbb{R} \mid x \leq 0 \text{ und } x < 0\}$$
$$= \{x \in \mathbb{R} \mid x < 0\},$$

denn jede reelle Zahl, die kleiner als Null ist, muss natürlich auch kleiner oder gleich Null sein. Insgesamt habe ich also erhalten:

$$A \backslash C = \{x \in \mathbb{R} \mid x \in A \text{ und } x \notin C\} = \{x \in \mathbb{R} \mid x \leq 0 \text{ und } \textit{nicht } 0 \leq x < 1\}$$
$$= \{x \in \mathbb{R} \mid x \leq 0 \text{ und: } x < 0 \text{ oder } x \geq 1\}$$
$$= \{x \in \mathbb{R} \mid x \leq 0 \text{ und } x < 0\}$$
$$= \{x \in \mathbb{R} \mid x < 0\}.$$

Die zweite Differenz lautet $B \backslash C$ und ist besonders einfach zu bestimmen, weil ich hier eigentlich gar nichts tun muss. Laut Definition gilt:

$$B \backslash C = \{x \in \mathbb{R} \mid x \in B \text{ und } x \notin C\} = \{x \in \mathbb{R} \mid x > 1 \text{ und } \textit{nicht } 0 \leq x < 1\}.$$

Das ist ausgesprochen praktisch, denn *keine* reelle Zahl, die echt größer als 1 ist, erfüllt gleichzeitig die Bedingung $0 \leq x < 1$. Ich brauche also aus der Menge B überhaupt kein Element zu entfernen, weil sie kein Element mit C gemeinsam hat. Daraus folgt:

$$B \backslash C = \{x \in \mathbb{R} \mid x \in B \text{ und } x \notin C\} = \{x \in \mathbb{R} \mid x > 1 \text{ und } \textit{nicht } 0 \leq x < 1\}$$
$$= B.$$

1.2 Es seien A und B Mengen. Vereinfachen Sie die folgenden Ausdrücke:

(i) $A \cap A$;
(ii) $A \cup \emptyset$;
(iii) $A \cap (A \cup B)$;
(iv) $A \cap (B \backslash A)$.

Lösung

(i)   Wenn man nichts über die zugrundeliegenden Mengen weiß, außer dass es eben Mengen sind, dann bleibt einem nichts anderes übrig, als sich streng an die Definitionen der entsprechenden Operationen zu halten und zu hoffen, dass sich dadurch irgendetwas vereinfachen wird. In diesem Fall ist das nicht weiter schwierig. Es gilt:

$$A \cap A = \{x \mid x \in A \text{ und } x \in A\} = \{x \mid x \in A\} = A,$$

denn dass ein Element gleichzeitig in A und auch noch in A ist, kann nur bedeuten, dass es ganz schlicht Element der Menge A ist. Das stimmt auch mit dem Alltagsverstand überein: wenn man eine Menge mit sich selbst schneidet, dann bleibt die Menge so wie sie war.

(ii) Auch hier entstehen keine nennenswerte Probleme. Die leere Menge ist die Menge, die keinerlei Elemente enthält, und für die Vereinigung mit A bedeutet das:

$$A \cup \emptyset = \{x \mid x \in A \text{ oder } x \in \emptyset\} = \{x \mid x \in A\} = A,$$

denn in der leeren Menge gibt es nun einmal keine Elemente, und daher ist die Bedingung $x \in A$ oder $x \in \emptyset$ gleichbedeutend mit der einfacheren Bedingung $x \in A$.

(iii) Hier wird es schon ein wenig schwieriger, weil der vielleicht aufkommende erste Gedanke bei dieser Aufgabe in die Irre führt. Sie könnten nämlich auf die Idee kommen, dass der Ausdruck $A \cap (A \cup B)$ ein ausgezeichnetes Beispiel für eine Anwendung des Distributivgesetzes ist, das beschreibt, wie man auch bei Mengenoperationen Klammern „ausmultiplizieren" kann. Allgemein lautet es für drei beliebige Mengen K, M und N:

$$K \cap (M \cup N) = (K \cap M) \cup (K \cap N).$$

Das passt gut zu unserer Situation: offenbar muss ich nur $K = A$, $M = A$ und $N = B$ setzen und kann dann sofort loslegen. Das ergibt:

$$A \cap (A \cup B) = (A \cap A) \cup (A \cap B) = A \cup (A \cap B),$$

denn $A \cap A$ hatte ich schon in (i) berechnet. Nun sieht der neue Ausdruck zwar sicher etwas anders aus als der alte, aber wohl nicht sehr viel besser oder gar einfacher, und es soll ja um eine Vereinfachung der Ausdrücke gehen. Vielleicht kann aber das Distributivgesetz noch einmal helfen, denn es gibt ja nicht nur ein Distributivgesetz, sondern zwei, und möglicherweise nützt das folgende Gesetz etwas:

$$K \cup (M \cap N) = (K \cup M) \cap (K \cup N).$$

Für meinen Fall bedeutet das:

$$A \cup (A \cap B) = (A \cup A) \cap (A \cup B) = A \cap (A \cup B),$$

denn man kann sich schnell überlegen, dass $A \cup A = A$ gilt. Wie Sie feststellen werden, waren meine bisherigen Bemühungen nicht sehr erfolgreich, genau genommen habe ich mich nur einmal im Kreis gedreht und damit meinen Ausgangspunkt wieder erreicht. Sie können daran sehen, dass die sture Anwendung der Rechenregeln nicht immer weiterhilft, wenn man ein konkretes Problem zu lösen hat.

In diesem Fall hilft wieder nur die Besinnung auf die Definitionen der Mengenoperationen. Es gilt:

$$A \cap (A \cup B) = \{x \mid x \in A \text{ und } x \in A \cup B\}.$$

Abb. 1.1 $A \cap (A \cup B) = A$

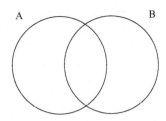

Wir haben es hier also mit den Elementen zu tun, die gleichzeitig in A und in $A \cup B$ liegen. Wenn man aber gleichzeitig in A und in $A \cup B$ liegt, muss man auf jeden Fall in A liegen. Liegt aber ein Element in der Menge A, dann liegt es natürlich auch in $A \cup B$ und damit auch in $A \cap (A \cup B)$. Deshalb ist

$$A \cap (A \cup B) = A.$$

Sie können sich diese Formel aber auch durch einen Blick auf Abb. 1.1 veranschaulichen: wenn sie erst A mit B vereinigen, ergibt sich natürlich die Vereinigung der beiden Ovale. Und wenn Sie diese Vereinigung dann wieder mit A schneiden, dann bleibt genau A selbst übrig.

(iv) Die Bestimmung von $A \cap (B \backslash A)$ ist recht einfach, weil am Ende ziemlich wenig übrigbleibt. Laut Definition gilt:

$$A \cap (B \backslash A) = \{x \mid x \in A \text{ und } x \in B \backslash A\}.$$

Nun kann aber ein Element schwerlich gleichzeitig in A und auch noch in $B \backslash A$ sein, denn in $B \backslash A$ finden sich genau die Elemente, die zwar in B, aber nicht in A liegen. Daher ist die Schnittmenge von A und $B \backslash A$ leer, und das heißt:

$$A \cap (B \backslash A) = \{x \mid x \in A \text{ und } x \in B \backslash A\} = \emptyset.$$

1.3 Veranschaulichen Sie das Distributivgesetz

$$A \cup (B \cap C) = (A \cup B) \cap (A \cup C).$$

Lösung Eine Regel für den Umgang mit Mengen kann man am besten veranschaulichen, indem man die Mengen als Diagramme aufzeichnet, und am einfachsten sind dabei Kreise oder Ovale auf dem Papier. In Abb. 1.2 sehen Sie auf der linken Seite drei Ovale, die die Mengen A, B und C darstellen sollen. Sie sind so gezeichnet, dass jede Menge jede andere Menge schneidet und außerdem ein Bereich existiert, den alle drei Mengen gemeinsam haben. Nun muss ich $B \cap C$ in dieser Graphik markieren, aber $B \cap C$ besteht aus genau den Elementen, die gleichzeitig in B und in C sind, und in dieser Graphik sind das die hellgrau unterlegten Bereiche. Da ich auf der linken Seite der Formel die Menge

Abb. 1.2 $A \cup (B \cap C) =$ $(A \cup B) \cap (A \cup C)$

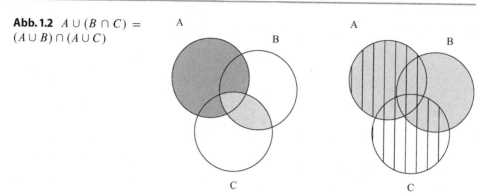

$B \cap C$ noch mit A vereinigen muss, habe ich dann die Teile von A dunkelgrau unterlegt, die mir bisher gefehlt haben, so dass also insgesamt die grau unterlegten Teile der linken Graphik genau die Menge $A \cup (B \cap C)$ darstellen.

Mit der rechten Seite der Gleichung gehe ich in der rechten Graphik genauso um. Zunächst habe ich $A \cup B$ grau unterlegt und damit in der Graphik die Vereinigung der beiden oberen Ovale hervorgehoben. Anschließend musste ich $A \cup C$ markieren, und da $A \cup C$ gerade aus der Vereinigung des linken oberen Ovals und des unteren Ovals besteht, habe ich beide durch senkrechte Linien gekennzeichnet. Der Durchschnitt von $A \cup B$ und von $A \cup C$ besteht nun aus den Bereichen, die in beiden Mengen gleichzeitig enthalten sind, also aus den Bereichen, die gleichzeitig grau unterlegt und auch noch senkrecht liniert sind. Vergleicht man nun die Ergebnismengen in beiden Graphiken, so stellt man fest, dass es sich beide Male um die gleiche Menge handelt. Also gilt das Distributivgesetz

$$A \cup (B \cap C) = (A \cup B) \cap (A \cup C).$$

1.4 Veranschaulichen Sie die Formel

$$A \backslash (B \cup C) = (A \backslash B) \cap (A \backslash C).$$

Lösung Ich gehe hier wieder so vor wie in der Veranschaulichung des Distributivgesetzes aus Aufgabe 1.3: in der linken Seite des Mengendiagramms trage ich durch farbige Hervorhebungen die linke Seite der Gleichung ein, und in der rechten Seite des Diagramms entsprechend die rechte Seite der Gleichung. Nun besteht aber $B \cup C$ genau aus der Vereinigung des rechten oberen und des unteren Ovals, und beide sind in der linken Graphik in Abb. 1.3 farblos geblieben. Geht man aber zu $A \backslash (B \cup C)$ über, so muss man aus der Menge A alle Elemente entfernen, die in der Menge $B \cup C$ liegen. In der Graphik heißt das:

Aus dem A darstellenden Oval muss ich alle Punkte herausnehmen, die zu einem der anderen beiden Ovale gehören, und dann bleibt die grau unterlegte Menge der linken Graphik übrig.

Abb. 1.3 $A\backslash(B \cup C) =$
$(A\backslash B) \cap (A\backslash C)$

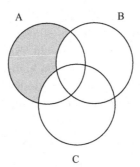
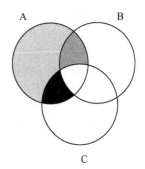

Um auch die rechte Seite graphisch darzustellen, habe ich in der rechten Graphik die Menge $A\backslash B$ mit hellgrau und schwarz gekennzeichnet. Dagegen habe ich $A\backslash C$ mit den Farben hellgrau und dunkelgrau markiert. Sie sehen, dass der Bereich der gemeinsamen Elemente von $A\backslash B$ und $A\backslash C$ genau dem hellgrau unterlegten Teil des Ovals A entspricht, und daher symbolisiert dieser Teil die Menge $(A\backslash B) \cap (A\backslash C)$. Auf beiden Seiten der Graphik werden die entsprechenden Seiten der Gleichung also durch die hellgrau unterlegten Bereiche dargestellt. Da diese Bereiche in beiden Graphiken gleich sind, gilt die Formel

$$A\backslash(B \cup C) = (A\backslash B) \cap (A\backslash C).$$

1.5 Berechnen Sie:

(i) $\frac{4}{15} + \frac{8}{9}$;

(ii) $\frac{3}{17} - \frac{1}{2}$;

(iii) $\frac{1}{a+b} + \frac{1}{a-b}$.

Lösung Bei dieser Aufgabe handelt es sich um sehr einfache Übungen zur Bruchrechnung, die allerdings oft auf dem Weg von der Mittelstufe der Schule zur Hochschule irgendwo unterwegs in Vergessenheit gerät und verloren geht. Daher kann es nicht schaden, die grundlegenden Methoden noch einmal aufzufrischen.

(i)

$$\frac{4}{15} + \frac{8}{9} = \frac{12}{45} + \frac{40}{45} = \frac{52}{45}.$$

Man addiert zwei Brüche, indem man sie auf den Hauptnenner bringt und anschließend die Zähler der beiden gleichnamig gemachten Brüche addiert. In diesem Fall habe ich die Nenner 9 und 15, was viele fleißige Rechner zu der Annahme verleitet, der Hauptnenner sei $9 \cdot 15 = 135$. Dieser Nenner ist zwar möglich, aber unnötig groß. Man muss zum Aufsuchen des Hauptnenners nicht rücksichtslos die beiden gegebenen Nenner multiplizieren, sondern kann sich auf das sogenannte kleinste gemeinsame Vielfache der beiden Nenner beschränken. Dieses kleinste gemeinsame Vielfache ist hier 45, denn erstens ist 45 sowohl Vielfaches von 9 als auch von 15, und zweitens gibt es keine kleinere Zahl, die ein Vielfaches von 9 und von 15 ist. Daher muss ich den ersten Bruch mit 3 und den zweiten Bruch mit 5 erweitern, um in beiden Fällen den Nenner 45 zu erhalten. Dass ich anschließend nur noch die beiden neuen Zähler addiert habe, muss ich kaum noch erwähnen.

(ii)

$$\frac{3}{17} - \frac{1}{2} = \frac{6}{34} - \frac{17}{34} = -\frac{11}{34}.$$

Hierzu ist fast nichts zu sagen. Als Hauptnenner kann man zwar immer das kleinste gemeinsame Vielfache verwenden, aber das hilft Ihnen nicht viel, wenn beispielsweise beide Zahlen Primzahlen sind und das kleinste gemeinsame Vielfache schlicht dem Produkt der Nenner entspricht. Sie müssen also beide Nenner miteinander multiplizieren und erhalten daraus den Hauptnenner 34. Deshalb wird der erste Bruch mit 2 und der zweite mit 17 erweitert, was schließlich zu dem angegebenen Resultat führt.

(iii)

$$\frac{1}{a+b} + \frac{1}{a-b} = \frac{a-b}{(a+b)(a-b)} + \frac{a+b}{(a+b)(a-b)} = \frac{a-b+a+b}{(a+b)(a-b)}$$
$$= \frac{2a}{(a+b)(a-b)}.$$

Da die beiden Nenner $a + b$ und $a - b$ keine Faktoren gemeinsam haben, bleibt mir auch hier für den Hauptnenner keine andere Wahl als das Produkt der einzelnen Nenner. Daher lautet der Hauptnenner $(a+b)(a-b)$, und ich muss den ersten Bruch mit $a - b$ erweitern, während der zweite Bruch mit $a + b$ erweitert wird.

1.6 Zeigen Sie, dass $\sqrt{3}$ eine irrationale Zahl ist.

Lösung Ich führe einen Widerspruchsbeweis, indem ich für den Moment annehme, dass $\sqrt{3}$ doch eine rationale Zahl ist, und nachweise, dass das zu einem Widerspruch führt. Einfacher gesagt: ich nehme versuchsweise das Gegenteil von dem an, was ich eigentlich zeigen will, schließe dann, dass aus dieser Annahme nur Unsinn folgt, und kann daraus die Folgerung ziehen, dass die Annahme nicht stimmen kann. Bei dieser Aufgabe wird aus der Annahme, dass $\sqrt{3}$ eine rationale Zahl ist, eine unsinnige Folgerung entstehen, und deshalb kann $\sqrt{3}$ nicht rational sein.

Angenommen, es gibt eine rationale Zahl $\frac{p}{q}$, so dass $\sqrt{3} = \frac{p}{q}$ gilt. Dann kann man den Bruch so lange kürzen, bis es nicht mehr geht, und das heißt: bis p und q keine gemeinsamen Teiler mehr haben. Ich kann also davon ausgehen, dass der Bruch bis zum bitteren Ende gekürzt wurde und Zähler und Nenner keine gemeinsamen Teiler besitzen.

Im folgenden schreibe ich zuerst die Folgerungskette auf und erkläre anschließend die einzelnen Schritte.

$$\sqrt{3} = \frac{p}{q} \Rightarrow 3 = \frac{p^2}{q^2}$$
$$\Rightarrow p^2 = 3q^2$$
$$\Rightarrow p^2 \text{ ist durch 3 teilbar}$$
$$\Rightarrow p \text{ ist durch 3 teilbar}$$
$$\Rightarrow \text{es gibt ein } n \in \mathbb{N}, \text{ so dass } p = 3n \text{ gilt}$$
$$\Rightarrow 9n^2 = p^2 = 3q^2$$
$$\Rightarrow 3n^2 = q^2$$
$$\Rightarrow q^2 \text{ ist durch 3 teilbar}$$
$$\Rightarrow q \text{ ist durch 3 teilbar: Widerspruch!}$$

Wenn man schon annimmt, dass $\sqrt{3}$ eine rationale Zahl $\frac{p}{q}$ ist, dann darf man auch sein Wissen darüber ausnutzen, was es heißt, die Wurzel aus 3 zu sein: sobald ich sie quadriere, muss natürlich 3 herauskommen. Deshalb ist $3 = \frac{p^2}{q^2}$. Nun ist es aber immer besser, sich nicht mit Brüchen plagen zu müssen, und um den Bruch kann ich hier leicht herum kommen, indem ich mit q^2 durchmultipliziere und die Gleichung $p^2 = 3q^2$ erhalte. Die natürliche Zahl p^2 ist also das Dreifache der natürlichen Zahl q^2 und muss somit durch 3 teilbar sein. Das ist schon besser als nichts, aber eigentlich geht es ja um $\sqrt{3}$, und daher bin ich eher an p selbst interessiert als an p^2. Wenn allerdings p^2 durch 3 teilbar ist, dann ist auch p selbst durch 3 teilbar – aber das ist ein etwas heikler Punkt, den man nicht so ohne Weiteres einsieht und der eine genauere Erklärung verdient.

Für p gibt es drei Möglichkeiten. Es kann gelten: $p = 3n$ mit $n \in \mathbb{N}$, $p = 3n + 1$ mit $n \in \mathbb{N}$ oder $p = 3n + 2$ mit $n \in \mathbb{N}$. Der nächste Fall wäre $p = 3n + 3 = 3(n + 1)$, also wäre wieder p das Dreifache einer natürlichen Zahl und man ist zum ersten Fall zurückgekehrt. Für $p = 3n + 1$ ist $p^2 = (3n + 1)^2 = 9n^2 + 6n + 1$, also kann p^2 infolge des letzten Summanden 1 nicht durch 3 teilbar sein. Für $p = 3n + 2$ ist $p^2 = (3n + 2)^2 = 9n^2 + 12n + 4$, also kann p^2 infolge des letzten Summanden 4 nicht durch 3 teilbar sein. Daher bleibt nur $p = 3n$, also ist auch p durch 3 teilbar.

Da ich nun weiß, dass p durch 3 teilbar ist, kann ich es als $p = 3n$ mit einer natürlichen Zahl n schreiben. Erneutes Quadrieren liefert dann $p^2 = (3n)^2 = 9n^2$. Ich hatte aber vorher schon eine andere Gleichung für p^2, nämlich $p^2 = 3q^2$. Daher muss $9n^2 = 3q^2$ bzw. $3n^2 = q^2$ gelten. So eine Situation hatten wir gerade eben: q^2 hat sich als durch 3 teilbar herausgestellt, also kann auch q selbst nicht zurückstehen und muss auch durch 3 teilbar sein.

Jetzt haben wir den Widerspruch gefunden, den wir brauchen. Ich hatte oben herausbekommen, dass p durch 3 teilbar ist. Jetzt stellt sich heraus, dass auch q durch 3 teilbar ist. Und ganz oben hatte ich festgestellt, dass p und q keine gemeinsamen Faktoren mehr enthalten. Ich habe also zwei Zahlen p und q, die einerseits absolut nichts mehr haben, was man gegenseitig aus ihnen herauskürzen könnte, und andererseits doch noch den Faktor 3 haben, der auf das Kürzen geradezu wartet. Kurz gesagt: ich habe einen Widerspruch produziert. Meine Annahme, $\sqrt{3}$ sei rational, führt zu widersprüchlichen und unsinnigen Aussagen, und deshalb kann sie nicht richtig gewesen sein. Daraus folgt: $\sqrt{3}$ ist keine rationale Zahl.

1.7 Es seien M eine Menge und A, B, C Teilmengen von M. Stellen Sie fest, ob die folgenden Gleichungen richtig sind.

(i) $(A \backslash B) \cap C = (A \cap C) \backslash B$;
(ii) $A \backslash B = A \cap (A \backslash B)$;
(iii) $A = (A \backslash B) \cup B$;
(iv) $A \cup B = (A \backslash B) \cup (B \backslash A) \cup (A \cap B)$.

Lösung Die Mengen, mit denen wir es hier zu tun haben, sind abstrakte Mengen, über deren Elemente ich nichts weiß, und deshalb kann ich die Gleichungen nur testen, indem ich auch ganz allgemein mit den Mengenoperationen hantiere. Die Idee besteht dabei darin, mit Hilfe der Regeln für die Mengenoperationen zu versuchen, die linke Seite in die rechte Seite überzuführen, oder beide Seiten so lange umzuformen, bis auf beiden Seiten identische Ausdrücke stehen. Falls das gelingt, sind die beiden Seiten gleich und die Gleichung ist gültig. Geht es aber schief, dann muss man nach Gründen dafür suchen, warum die Gleichung nicht stimmt.

(i)   Um die Gleichung $(A \backslash B) \cap C = (A \cap C) \backslash B$ zu behandeln, muss ich zunächst noch eine kleine Tatsache besprechen, die das Rechnen deutlich einfacher macht. Es gilt nämlich für beliebige Mengen A und B:

$$A \backslash B = A \cap \overline{B},$$

wobei man unter $\overline{B}$ das Komplement von B versteht, also $\overline{B} = M \backslash B$. Der Grund ist einfach einzusehen. In $A \backslash B$ findet man alle Elemente von A, die nicht in B sind. Anders gesagt: $A \backslash B$ besteht aus den Elementen, die gleichzeitig in A und in $M \backslash B$ liegen, denn alles, was nicht in B liegt, muss sich in $M \backslash B$ aufhalten. Und daraus folgt:

$$A \backslash B = A \cap (M \backslash B) = A \cap \overline{B},$$

denn es gilt immer $\overline{B} = M \backslash B$. Jetzt aber an die Arbeit. Es gilt:

$$(A \backslash B) \cap C = (A \cap \overline{B}) \cap C,$$

denn darüber habe ich gerade gesprochen. Da jetzt nur noch die Schnittoperation vorkommt, kann man die Klammern auch weglassen und erhält:

$$(A \cap \overline{B}) \cap C = A \cap \overline{B} \cap C.$$

Auf der rechten Seite der gegebenen Gleichung steht aber C direkt nach A, und das kann ich auch hier herstellen, da man die Reihenfolge des Schneidens beliebig variieren kann. Damit folgt:

$$A \cap \overline{B} \cap C = A \cap C \cap \overline{B} = (A \cap C) \cap \overline{B},$$

denn offenbar können die Klammern nicht schaden. Und wie wir uns gerade überlegt hatten, gilt:

$$(A \cap C) \cap \overline{B} = (A \cap C) \backslash B,$$

so dass sich jetzt endlich die Gleichung als richtig herausstellt. Etwas kürzer gefasst lautet der Nachweis:

$$(A \backslash B) \cap C = (A \cap \overline{B}) \cap C = A \cap \overline{B} \cap C = A \cap C \cap \overline{B} = (A \cap C) \backslash B.$$

(ii) Bei der Gleichung $A \backslash B = A \cap (A \backslash B)$ sind nur zwei Mengen beteiligt, und das macht sie etwas übersichtlicher. Wie schon in (i) erwähnt, gilt $A \backslash B = A \cap \overline{B}$, und mehr lässt sich mit der linken Seite der Gleichung nicht anstellen. Auf der rechten Seite gilt:

$$A \cap (A \backslash B) = A \cap (A \cap \overline{B}) = A \cap A \cap \overline{B},$$

denn sobald nur noch eine Operation im Spiel ist, kann man die Klammern weglassen. Wegen $A \cap A = A$ folgt ergibt das:

$$A \cap A \cap \overline{B} = A \cap \overline{B}$$

und damit genau das Ergebnis der linken Seite der Gleichung. Da beide Seiten somit gleich sind, ist die Gleichung gültig.

(iii) Auch die Gleichung $A = (A \backslash B) \cup B$ sieht recht gut aus: wenn man aus A erst B herausnimmt und dann anschließend mit Hilfe der Vereinigung B wieder dazugibt, dann sollte doch wohl wieder A herauskommen. Aber hier trügt der Schein. Da ich auf der linken Seite nichts Nennenswertes manipulieren kann, forme ich die rechte Seite auf die gewohnte Weise um und schreibe:

$$(A \backslash B) \cup B = (A \cap \overline{B}) \cup B.$$

Jetzt hilft mir das Distributivgesetz weiter, das beschreibt, wie man auch bei den Mengenoperationen Klammern „ausmultiplizieren" kann. Es gilt nämlich:

$$(A \cap \overline{B}) \cup B = (A \cup B) \cap (B \cup \overline{B}).$$

Das ist praktisch, denn $B \cup \overline{B}$ muss auf jeden Fall die gesamte Grundmenge M ergeben: wenn man zu B noch alle Elemente hinzugibt, die zwar in M, aber nicht in B sind, dann erhält man ganz M. Folglich ist:

$$(A \cup B) \cap (B \cup \overline{B}) = (A \cup B) \cap M = A \cup B,$$

da auch $A \cup B$ natürlich eine Teilmenge von M ist. Insgesamt habe ich also herausgefunden, dass

$$(A \backslash B) \cup B = A \cup B$$

gilt, aber auf der linken Seite der ursprünglichen Gleichung stand leider ein schlichtes A. Falls beispielsweise B auch nur ein Element enthält, das nicht in A enthalten ist, gilt aber $A \cup B \neq A$. Daher kann die Gleichung nicht immer richtig sein.

(iv) Der Nachweis der Gleichung $A \cup B = (A \backslash B) \cup (B \backslash A) \cup (A \cap B)$ ist ein wenig aufwendig. Da ich auf der linken Seite kein Unheil anrichten kann, wende ich mich der rechten Seite zu und schreibe erst einmal alle Differenzen mit Hilfe des Komplements. Dann folgt:

$$(A \backslash B) \cup (B \backslash A) \cup (A \cap B) = (A \cap \overline{B}) \cup (B \cap \overline{A}) \cup (A \cap B).$$

Nun steht sowohl in der ersten als auch in der dritten Klammer die Menge A, was sich im Hinblick auf das Distributivgesetz als nützlich erweisen könnte. Ich vertausche deshalb die Reihenfolge der Klammern und schreibe:

$$(A \cap \overline{B}) \cup (B \cap \overline{A}) \cup (A \cap B) = (A \cap \overline{B}) \cup (A \cap B) \cup (B \cap \overline{A}).$$

Jetzt kann ich mit Hilfe des Distributivgesetzes die Menge A aus den ersten beiden Klammern herausziehen. Das ergibt:

$$(A \cap \overline{B}) \cup (A \cap B) \cup (B \cap \overline{A}) = (A \cap (\overline{B} \cup B)) \cup (B \cap \overline{A}).$$

Das ist aber ausgezeichnet, denn es gilt immer $\overline{B} \cup B = M$, was meinen Ausdruck deutlich vereinfacht zu:

$$(A \cap (\overline{B} \cup B)) \cup (B \cap \overline{A}) = (A \cap M) \cup (B \cap \overline{A}) = A \cup (B \cap \overline{A}).$$

Mit dem Distributivgesetz kann ich jetzt die Klammer „ausmultiplizieren". Das ergibt:

$$A \cup (B \cap \overline{A}) = (A \cup B) \cap (A \cup \overline{A}) = (A \cup B) \cap M = A \cup B,$$

denn natürlich ist noch immer $A \cup \overline{A} = M$, und der Durchschnitt von $A \cup B$ mit M ergibt wieder $A \cup B$. Insgesamt hat sich also herausgestellt, dass

$$(A \backslash B) \cup (B \backslash A) \cup (A \cap B) = A \cup B$$

gilt, und das war genau der Inhalt der behaupteten Gleichung. Man kann sich bei etwas genauerem Hinsehen diese Gleichung allerdings auch ganz ohne Rechnung klar machen. Um in $A \cup B$ zu liegen, gibt es für ein Element drei Möglichkeiten. Es kann in A liegen, aber nicht in B. Oder es kann in B liegen, aber nicht in A. Oder es kann in A und B gleichzeitig liegen. In Formeln übersetzt heißt das:

$$A \cup B = (A \backslash B) \cup (B \backslash A) \cup (A \cap B).$$

1.8 Es seien M eine Menge und A, B, C Teilmengen von M. Vereinfachen Sie die folgenden Ausdrücke.

(i) $A \backslash (A \backslash B)$;
(ii) $A \cap (B \backslash A)$;
(iii) $\overline{A} \cap \overline{(B \backslash A)}$;
(iv) $(A \backslash B) \cap ((A \cap B) \cup (A \backslash C))$.

Lösung In einfacherer Form ist diese Aufgabenstellung schon in Aufgabe 1.2 aufgetreten, nur dass dort die zu vereinfachenden Ausdrücke deutlich übersichtlicher waren. Da es sich auch hier um abstrakte Mengen handelt, über deren Inhalt ich nichts weiß, muss ich mich darauf beschränken, die Rechenregeln für die Mengenoperationen möglichst sinnvoll anzuwenden.

(i)   Der Ausdruck $A \backslash (A \backslash B)$ schreit geradezu nach einer Anwendung der Formel $A \backslash B = A \cap \overline{B}$. Aus ihr folgt:

$$A \backslash (A \backslash B) = A \backslash (A \cap \overline{B}) = A \cap \overline{(A \cap \overline{B})},$$

denn auch der Klammerausdruck ist nur eine Menge, die von A abgezogen werden soll, weshalb auch hier die angeführte Regel greift. Nun folgt aus der de Morganschen Regel, dass man ein Komplement in eine Klammer hineinziehen kann, indem man den Querstrich über die einzelnen beteiligten Mengen schreibt und die Operationen umändert: aus $\cap$ wird $\cup$, und aus $\cup$ wird $\cap$. Das bedeutet hier:

$$A \cap \overline{(A \cap \overline{B})} = A \cap (\overline{A} \cup \overline{\overline{B}}) = A \cap (\overline{A} \cup B),$$

denn das Komplement eines Komplements ergibt wieder die Menge selbst. Mit Hilfe des Distributivgesetzes kann ich jetzt A in die Klammer hinein ziehen und erhalte:

$$A \cap (\overline{A} \cup B) = (A \cap \overline{A}) \cup (A \cap B) = \emptyset \cup (A \cap B) = A \cap B,$$

da eine Menge kein gemeinsames Element mit ihrem Komplement haben kann und daher ihre Schnittmenge leer sein muss.
Insgesamt habe ich also herausgefunden, dass

$$A \backslash (A \backslash B) = A \cap B$$

gilt, und weitere Vereinfachungen sind offenbar nicht möglich.

(ii) Den Ausdruck $A \cap (B \backslash A)$ kann man fast ohne Rechnen vereinfachen. $B \backslash A$ erhalten Sie, indem Sie aus B alles herausnehmen, was zu A gehört. Die Menge $B \backslash A$ hat also mit A absolut nichts gemeinsam, so dass im Durchschnitt der beiden Mengen kein Element liegen darf. Daher ist $A \cap (B \backslash A) = \emptyset$. Der formale Weg ist allerdings auch nicht schwerer, wenn man wieder an den Zusammenhang zwischen der Differenz zweier Mengen und der Komplementbildung denkt. In diesem Fall brauchen Sie nur die Formel $B \backslash A = B \cap \overline{A}$ zu verwenden und erhalten sofort:

$$A \cap (B \backslash A) = A \cap (B \cap \overline{A}) = A \cap B \cap \overline{A} = A \cap \overline{A} \cap B = \emptyset \cap B = \emptyset.$$

(iii) Die Vereinfachung des Ausdrucks $\overline{A} \cap \overline{(B \backslash A)}$ muss man wohl oder übel in kleinen Schritten angehen. Zunächst schreibe ich wieder einmal die vorkommenden Differenz zweier Mengen mit Hilfe des Komplements. Das ergibt:

$$\overline{A} \cap \overline{(B \backslash A)} = \overline{A} \cap \overline{(B \cap \overline{A})}.$$

Nun haben Sie schon in Teil (i) gesehen, wie man einen Querstrich in die Klammer hineinzieht: man nimmt die Komplemente der einzelnen Mengen und verändert die Operationszeichen, so dass $\cap$ zu $\cup$ wird und $\cup$ zu $\cap$. Das bedeutet hier:

$$\overline{A} \cap \overline{(B \cap \overline{A})} = \overline{A} \cap (\overline{B} \cup \overline{\overline{A}}) = \overline{A} \cap (\overline{B} \cup A),$$

denn $\overline{\overline{A}} = A$. Da nun $\overline{A}$ vor der Klammer steht, bietet sich das Distributivgesetz an, um $\overline{A}$ in die Klammer hineinzuziehen. Damit erhalte ich:

$$\overline{A} \cap (\overline{B} \cup A) = (\overline{A} \cap \overline{B}) \cup (\overline{A} \cap A) = (\overline{A} \cap \overline{B}) \cup \emptyset = \overline{A} \cap \overline{B}.$$

Die letzten Schritte habe ich alle auf einmal angeführt, weil sie fast selbsterklärend sind. Zunächst ist natürlich $\overline{A} \cap A = \emptyset$, denn eine Menge kann mit ihrem Komplement keine gemeinsamen Elemente haben, und dass dann die Vereinigung mit der leeren Menge nichts Neues bringt, bedarf kaum der Erwähnung. Insgesamt habe ich also herausgefunden, dass

$$\overline{A} \cap \overline{(B \setminus A)} = \overline{A} \cap \overline{B}$$

gilt.

(iv)   Die Vereinfachung von $(A \setminus B) \cap ((A \cap B) \cup (A \setminus C))$ macht ein wenig Arbeit. Wie üblich schreibe ich zuerst die vorhandenen Differenzen von Mengen mit Hilfe der Komplemente. Das heißt:

$$(A \setminus B) \cap ((A \cap B) \cup (A \setminus C)) = (A \cap \overline{B}) \cap ((A \cap B) \cup (A \cap \overline{C})).$$

Nun soll also $A \cap \overline{B}$ mit der großen Klammer geschnitten werden, und es kann nicht schaden, einen Versuch mit dem Distributivgesetz zu machen und $A \cap \overline{B}$ in die große Klammer hineinzuziehen. Das ergibt:

$$(A \cap \overline{B}) \cap ((A \cap B) \cup (A \cap \overline{C})) = ((A \cap \overline{B}) \cap (A \cap B)) \cup ((A \cap \overline{B}) \cap (A \cap \overline{C})).$$

Sie können sehen, dass jetzt einige Klammern überflüssig geworden sind, denn sobald nur noch ein einziges Operationszeichen auftaucht, kann ich auf die Klammerung verzichten. Ich habe also:

$$((A \cap \overline{B}) \cap (A \cap B)) \cup ((A \cap \overline{B}) \cap (A \cap \overline{C}))$$
$$= (A \cap \overline{B} \cap A \cap B) \cup (A \cap \overline{B} \cap A \cap \overline{C}).$$

In den beiden verbliebenen Klammern kann ich jeweils $A \cap A$ zu A zusammenfassen und erhalte:

$$(A \cap \overline{B} \cap A \cap B) \cup (A \cap \overline{B} \cap A \cap \overline{C}) = (A \cap \overline{B} \cap B) \cup (A \cap \overline{B} \cap \overline{C}).$$

Das ist ganz ausgezeichnet, denn in der ersten Klammer muss ich $\overline{B}$ mit B schneiden, was nur die leere Menge ergeben kann. Deshalb ist natürlich auch $A \cap \overline{B} \cap B = \emptyset$, und es folgt:

$$(A \cap \overline{B} \cap B) \cup (A \cap \overline{B} \cap \overline{C}) = \emptyset \cup (A \cap \overline{B} \cap \overline{C}) = A \cap \overline{B} \cap \overline{C},$$

und der Ausdruck ist maximal vereinfacht. Insgesamt habe ich also herausgefunden, dass

$$(A \setminus B) \cap ((A \cap B) \cup (A \setminus C)) = A \cap \overline{B} \cap \overline{C}$$

gilt.

Vektorrechnung

2

2.1 Gegeben seien die Vektoren

$$\mathbf{a} = \begin{pmatrix} -2 \\ 3 \\ 1 \end{pmatrix}, \mathbf{b} = \begin{pmatrix} 0 \\ -1 \\ 4 \end{pmatrix} \text{ und } \mathbf{c} = \begin{pmatrix} 6 \\ -1 \\ 2 \end{pmatrix}.$$

Berechnen Sie die Koordinatendarstellungen und die Längen der folgenden Vektoren:

$$\mathbf{x} = -2\mathbf{a} + 3\mathbf{b} + 5\mathbf{c}, \mathbf{y} = 5(\mathbf{b} - 3\mathbf{a}) - 2\mathbf{c}, \mathbf{z} = 3(\mathbf{a} + \mathbf{b}) - 5(\mathbf{b} - \mathbf{c}) + \mathbf{a}.$$

Lösung Der Vektor **x** ist eine sogenannte Linearkombination aus den Vektoren **a**, **b** und **c**. Da diese drei Vektoren in ihrer Koordinatendarstellung gegeben sind, ist die Berechnung einer Linearkombination nicht weiter aufregend: man multipliziert zuerst die einzelnen Vektoren koordinatenweise mit ihren Vorfaktoren und addiert anschließend die einzelnen Ergebnisse koordinatenweise zusammen. Für den Anfang berechne ich also die Vektoren −2**a**, 3**b** und 5**c**. Es gilt:

$$-2\mathbf{a} = -2 \cdot \begin{pmatrix} -2 \\ 3 \\ 1 \end{pmatrix} = \begin{pmatrix} 4 \\ -6 \\ -2 \end{pmatrix}, \; 3\mathbf{b} = 3 \cdot \begin{pmatrix} 0 \\ -1 \\ 4 \end{pmatrix} = \begin{pmatrix} 0 \\ -3 \\ 12 \end{pmatrix}$$

und

$$5\mathbf{c} = 5 \cdot \begin{pmatrix} 6 \\ -1 \\ 2 \end{pmatrix} = \begin{pmatrix} 30 \\ -5 \\ 10 \end{pmatrix}.$$

© Springer-Verlag Deutschland 2017
T. Rießinger, *Übungsaufgaben zur Mathematik für Ingenieure*,
DOI 10.1007/978-3-662-54803-5_2

Die Summe kann ich jetzt ausrechnen, indem ich koordinatenweise addiere.

$$-2\mathbf{a} + 3\mathbf{b} + 5\mathbf{c} = \begin{pmatrix} 4 \\ -6 \\ -2 \end{pmatrix} + \begin{pmatrix} 0 \\ -3 \\ 12 \end{pmatrix} + \begin{pmatrix} 30 \\ -5 \\ 10 \end{pmatrix} = \begin{pmatrix} 34 \\ -14 \\ 20 \end{pmatrix}.$$

Die Länge oder auch den Betrag eines dreidimensionalen Vektors kann man mit Hilfe des Satzes von Pythagoras aus seinen Koordinaten bestimmen, indem man die Quadrate der Koordinaten addiert und dann aus der Summe die Wurzel zieht. Der Vektor $\mathbf{x}$ hat daher die Länge

$$|\mathbf{x}| = \sqrt{34^2 + (-14)^2 + 20^2} = \sqrt{1156 + 196 + 400} = \sqrt{1752} = 41{,}857.$$

Die Berechnung von $\mathbf{y}$ verläuft ein klein wenig anders, da ich hier erst noch den Vektor $\mathbf{b} - 3\mathbf{a}$ zu bestimmen habe. Ich rechne daher zunächst:

$$\mathbf{b} - 3\mathbf{a} = \begin{pmatrix} 6 \\ -10 \\ 1 \end{pmatrix}, \; 2\mathbf{c} = \begin{pmatrix} 12 \\ -2 \\ 4 \end{pmatrix}.$$

Damit ist:

$$5(\mathbf{b} - 3\mathbf{a}) - 2\mathbf{c} = 5 \cdot \begin{pmatrix} 6 \\ -10 \\ 1 \end{pmatrix} - \begin{pmatrix} 12 \\ -2 \\ 4 \end{pmatrix}$$

$$= \begin{pmatrix} 30 \\ -50 \\ 5 \end{pmatrix} - \begin{pmatrix} 12 \\ -2 \\ 4 \end{pmatrix}$$

$$= \begin{pmatrix} 18 \\ -48 \\ 1 \end{pmatrix}.$$

Natürlich hätten Sie auch erst ohne Verwendung der konkreten Koordinaten die Klammer ausmultiplizieren und anschließend die Vektoren addieren können. In diesem Fall entsteht die Formel

$$\mathbf{y} = 5\mathbf{b} - 15\mathbf{a} - 2\mathbf{c},$$

die Sie genau wie in Aufgabe (i) behandeln können.

Die Länge von $\mathbf{y}$ berechnet man nun wieder nach dem Satz von Pythagoras als Wurzel der Summe der Koordinatenquadrate. Damit gilt:

$$|\mathbf{y}| = \sqrt{18^2 + (-48)^2 + 1^2} = \sqrt{324 + 2304 + 1} = \sqrt{2629} = 51{,}274.$$

Zur Berechnung von **z** empfiehlt es sich, nicht erst die Koordinatendarstellungen der Klammerausdrücke zu bestimmen und danach den Gesamtvektor auszurechnen, sondern die Klammern zunächst abstrakt auszumultiplizieren und erst am Ende die Koordinaten einzusetzen. Dafür gibt es einen einfachen Grund: wenn Sie gleich mit den Koordinaten rechnen, haben Sie innerhalb jeder Klammer eine Vektoraddition oder -subtraktion, also bei zwei Klamern auf jeden Fall zwei Vektoradditionen. Da Sie dann noch die Klammerergebnisse zusammenzählen und auch noch den Vektor **a** hinzuaddieren müssen, ergeben sich insgesamt vier Vektoradditionen. Fassen Sie aber erst einmal die Vektoren nach den üblichen Regeln zusammen, so haben Sie nur zwei Vektoradditionen, und da jede Vektoraddition aus drei üblichen Zahlenadditionen besteht, haben Sie einiges an Operationen gespart. Das mag bei so wenigen Operationen nicht sehr überzeugend klingen, aber wenn es um ein paar Dutzend Vektoren geht, kann man auf diese Weise sowohl Zeit sparen als auch die Gefahr von Rechenfehlern deutlich verringern.

Es gilt nun:

$$\mathbf{z} = 3(\mathbf{a} + \mathbf{b}) - 5(\mathbf{b} - \mathbf{c}) + \mathbf{a} = 4\mathbf{a} - 2\mathbf{b} + 5\mathbf{c}.$$

Nun ist aber

$$4\mathbf{a} = \begin{pmatrix} -8 \\ 12 \\ 4 \end{pmatrix}, \ 2\mathbf{b} = \begin{pmatrix} 0 \\ -2 \\ 8 \end{pmatrix}, \ 5\mathbf{c} = \begin{pmatrix} 30 \\ -5 \\ 10 \end{pmatrix}.$$

Damit gilt:

$$3(\mathbf{a} + \mathbf{b}) - 5(\mathbf{b} - \mathbf{c}) + \mathbf{a} = 4\mathbf{a} - 2\mathbf{b} + 5\mathbf{c}$$
$$= \begin{pmatrix} -8 \\ 12 \\ 4 \end{pmatrix} - \begin{pmatrix} 0 \\ -2 \\ 8 \end{pmatrix} + \begin{pmatrix} 30 \\ -5 \\ 10 \end{pmatrix}$$
$$= \begin{pmatrix} 22 \\ 9 \\ 6 \end{pmatrix}.$$

Weiterhin hat **z** die Länge:

$$|\mathbf{z}| = \sqrt{22^2 + 9^2 + 6^2} = \sqrt{484 + 81 + 36} = \sqrt{601} = 24{,}515.$$

2.2 Gegeben seien die Vektoren

$$\mathbf{a} = \begin{pmatrix} 1 \\ -2 \end{pmatrix} \text{ und } \mathbf{b} = \begin{pmatrix} -3 \\ 4 \end{pmatrix}.$$

Berechnen Sie, welche Winkel die beiden Vektoren mit der x-Achse bilden, sowie die Beträge beider Vektoren.

Lösung Am einfachsten sind natürlich die Beträge der beiden Vektoren zu berechnen:
man addiert die Quadrate der Koordinaten und zieht anschließend die Wurzel. Daher ist

$$|\mathbf{a}| = \sqrt{1^2 + (-2)^2} = \sqrt{5} \approx 2{,}236 \text{ und } |\mathbf{b}| = \sqrt{(-3)^2 + 4^2} = \sqrt{25} = 5.$$

Auch der Winkel zwischen zwei Vektoren bietet keine grundsätzlichen Schwierigkeiten,
sofern man über das Skalarprodukt verfügt. Ist das nicht der Fall, so bleibt Ihnen nichts
anderes übrig als die Vektoren auf die übliche Weise in ein Koordinatensystem einzu-
zeichnen und dann den Winkel entweder zu messen oder mit Hilfe der Trigonometrie aus
den entsprechenden rechtwinkligen Dreiecken zu berechnen. Ich werde hier erst den Weg
über das Skalarprodukt gehen und danach noch kurz zeigen, wie man solche Winkel auch
mit den üblichen Mitteln der Trigonometrie finden kann.

Sind $\mathbf{x}$ und $\mathbf{y}$ irgendwelche Vektoren, so ist das Skalarprodukt der Vektoren definiert
durch

$$\mathbf{x} \cdot \mathbf{y} = |\mathbf{x}| \cdot |\mathbf{y}| \cdot \cos \varphi,$$

wobei φ der Winkel ist, den die beiden Vektoren einschließen. Daraus folgt dann:

$$\cos \varphi = \frac{\mathbf{x} \cdot \mathbf{y}}{|\mathbf{x}| \cdot |\mathbf{y}|},$$

und wenn man erst einmal den Cosinus eines Winkels hat, ist es bis zum Winkel selbst
nicht mehr weit.

Nun will ich den Winkel zwischen dem Vektor $\mathbf{a}$ und der x-Achse berechnen. Da ich
zur Anwendung des Skalarproduktes zwei Vektoren brauche und nicht etwa einen Vektor
und eine Achse, muss ich mir überlegen, welcher Vektor der x-Achse entspricht. Das ist
aber kein Problem, denn offenbar zeigt der erste Einheitsvektor genau in die Richtung der
x-Achse, und daher werde ich den Winkel φ zwischen $\mathbf{a}$ und $\mathbf{e}_1 = \begin{pmatrix} 1 \\ 0 \end{pmatrix}$ ausrechnen. Nach
der obigen Formel gilt:

$$\cos \varphi = \frac{\mathbf{a} \cdot \mathbf{e}_1}{|\mathbf{a}| \cdot |\mathbf{e}_1|}.$$

In dieser Formel kenne ich bereits $|\mathbf{a}| = \sqrt{5}$, und dass der Einheitsvektor $\mathbf{e}_1$ den Betrag
$|\mathbf{e}_1| = 1$ hat, dürfte nicht sehr überraschend sein. Ich brauche also nur noch den Zähler auszurechnen. Das Skalarprodukt von zwei zweidimensionalen Vektoren erhält man,
indem man koordinatenweise multipliziert und anschließend die Summe der Produkte bildet. Daraus folgt:

$$\mathbf{a} \cdot \mathbf{e}_1 = \begin{pmatrix} 1 \\ -2 \end{pmatrix} \cdot \begin{pmatrix} 1 \\ 0 \end{pmatrix} = 1 \cdot 1 + (-2) \cdot 0 = 1.$$

Abb. 2.1 Winkelbestimmung

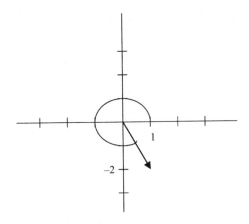

Folglich ist:

$$\cos \varphi = \frac{\mathbf{a} \cdot \mathbf{e}_1}{|\mathbf{a}| \cdot |\mathbf{e}_1|} = \frac{1}{\sqrt{5}} \approx 0{,}4472.$$

Den Winkel φ selbst erhält man jetzt durch die Anwendung des Arcuscosinus auf den Wert $\frac{1}{\sqrt{5}}$. Das bedeutet:

$$\varphi = \arccos \frac{1}{\sqrt{5}} = 63{,}4^\circ.$$

Das ist schon recht gut, aber noch nicht alles, denn an diesem Beispiel zeigt sich die Vieldeutigkeit des Cosinus. Unter dem Winkel zwischen einem Vektor und der x-Achse versteht man normalerweise den Winkel, den man erhält, indem man von der positiven x-Achse ausgeht und dann gegen den Uhrzeigersinn so lange läuft, bis man den Vektor erreicht hat. Diesen Winkel habe ich in Abb. 2.1 eingezeichnet, und er beträgt offenbar deutlich mehr als nur 63,4°. Mit Hilfe des Skalarprodukts habe ich genau den Winkel zwischen dem Einheitsvektor und dem Vektor $\mathbf{a}$ berechnet, und da der Einheitsvektor vom Nullpunkt aus nach rechts zeigt, ist das der Winkel, der meinen eingezeichneten Winkel zum Vollkreis ergänzt. Somit lautet der gesuchte Winkel:

$$\varphi_{\mathbf{a}} = 360^\circ - 63{,}4^\circ = 296{,}6^\circ.$$

Über die entprechende Rechnung für den Vektor $\mathbf{b} = \begin{pmatrix} -3 \\ 4 \end{pmatrix}$ muss ich jetzt nicht mehr so viel reden. Für den Winkel φ zwischen $\mathbf{b}$ und dem ersten Einheitsvektor gilt:

$$\cos \varphi = \frac{\mathbf{b} \cdot \mathbf{e}_1}{|\mathbf{b}| \cdot |\mathbf{e}_1|} = \frac{-3}{5} = -0{,}6.$$

Abb. 2.2 Winkelbestimmung

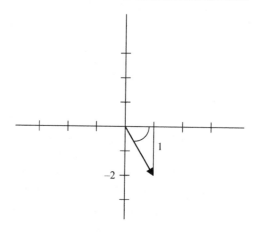

Damit folgt:

$$\varphi = \arccos(-0,6) = 126,9°.$$

Zeichnet man auch den Vektor **b** in eine Koordinatenkreuz ein, so stellt man fest, dass der Winkel zwischen **b** und der positiven x-Achse tatsächlich auch dem Winkel zwischen **b** und dem ersten Einheitsvektor $\mathbf{e}_1$ entspricht, so dass in diesem Fall gilt:

$$\varphi_{\mathbf{b}} = \arccos(-0,6) = 126,9°.$$

Steht man nun vor so einer Aufgabe, ohne etwas vom Skalarprodukt zu wissen, so bleibt immer noch die Trigonometrie. Am Beispiel des Winkels $\varphi_{\mathbf{a}}$ zeige ich Ihnen, wie das funktioniert. In Abb. 2.2 sehen Sie noch einmal den Vektor **a**, aber diesmal betrachte ich ihn als Hypotenuse des eingezeichneten rechtwinkligen Dreiecks. Bezeichnet man den eingezeichneten Winkel mit φ, so ist einerseits natürlich $\varphi + \varphi_{\mathbf{a}} = 360°$, also $\varphi_{\mathbf{a}} = 360° - \varphi$. Andererseits ist φ ein Winkel in einem rechtwinkligen Dreieck, und daher kann ich seinen Cosinus ausrechnen. Die Länge der Ankathete ist 1, die Länge der Hypotenuse entspricht dem Betrag des Vektors **a**, also $|\mathbf{a}| = \sqrt{5}$. Damit ist

$$\cos \varphi = \frac{1}{\sqrt{5}}, \text{ also } \varphi = 63,4°.$$

Insgesamt folgt also auch auf diese Weise:

$$\varphi_{\mathbf{a}} = 360° - 63,4° = 296,6°.$$

Es mag sein, dass Ihnen beide Methoden zur Berechnung nicht wirklich gefallen, weil man sich auf die Anschauung berufen muss, auf eine Skizze. Das kann man ändern, indem man die vertrauten Größen Sinus und Cosinus hinter sich lässt und zum Tangens übergeht.

Abb. 2.3 Vektor mit Winkel

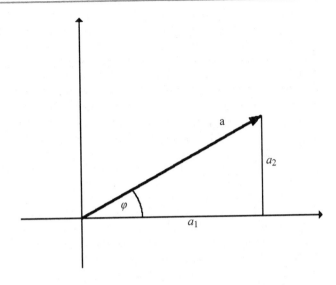

Nehmen Sie beispielsweise einen Vektor mit positiven Koordinaten a_1 und a_2 wie in Abb. 2.3, so gilt nach der Definition des Tangens die Beziehung

$$\tan \varphi = \frac{\text{Gegenkathete}}{\text{Ankathete}},$$

also konkret

$$\tan \varphi = \frac{a_2}{a_1}.$$

Jetzt kenne ich immerhin den Tangens des Winkels, den der Vektor mit der x-Achse bildet, und muss daraus nur noch auf den Winkel selbst schließen. Dazu brauche ich den Arcustangens, der Ihnen bisher vielleicht noch recht selten begegnet ist. Er ist einfach die sogenannte Umkehrfunktion oder auch inverse Funktion des Tangens, das heißt, er macht alles wieder gut, was der Tangens angerichtet hat. Statt also aus einem Winkel einen Tangenswert zu berechnen, bestimmt man umgekehrt aus einem gegebenen Tangenswert den dazu passenden Winkel. Für diese Umkehrung des Tangens hat man sich den Namen Arcustangens ausgedacht. Wenn also $\tan \varphi = x$ ist mit irgendeiner Zahl x, dann ist umgekehrt $\arctan x = \varphi$. Der Arcustangens holt also nur aus dem Tangenswert wieder den Winkel zurück. Die Zahlenwerte zum Arcustangens finden Sie, indem Sie auf Ihrem Taschenrechner so etwas wie die Tasten inv und tan oder arc und tan, manchmal auch nur $\tan^{-1}$ verwenden.

Folglich haben wir sofort

$$\varphi_1 = \arctan \frac{a_2}{a_1}.$$

Das stimmt aber nicht immer. Betrachten Sie nämlich nun den Vektor $\begin{pmatrix} -a_1 \\ -a_2 \end{pmatrix}$ anstelle von $\begin{pmatrix} a_1 \\ a_2 \end{pmatrix}$, so müssen Sie den ersten Vektor um genau 180° drehen, um zum zweiten Vektor zu kommen. Die obige Formel würde aber liefern: $\varphi_2 = \arctan \frac{-a_2}{-a_1} = \arctan \frac{a_2}{a_1} = \varphi_1$. Das kann aber nicht sein, und daraus folgt, dass man auf den puren Arcustangens-Wert unter Umständen noch einen Winkel addieren muss, je nachdem, in welchem Quadranten der Ebene sich der Vektor befindet. Und das Schöne ist: Das muss man sich nicht anhand einer Zeichnung verdeutlichen, sondern man kann den nötigen Winkel ganz einfach aus der folgenden Tabelle ablesen.

Vorzeichen von a_1, a_2	Winkel φ
$a_1 > 0, a_2 \geq 0$	$\varphi = \arctan \frac{a_2}{a_1}$
$a_1 < 0, a_2 \geq 0$	$\varphi = \arctan \frac{a_2}{a_1} + 180°$
$a_1 < 0, a_2 \leq 0$	$\varphi = \arctan \frac{a_2}{a_1} + 180°$
$a_1 > 0, a_2 \leq 0$	$\varphi = \arctan \frac{a_2}{a_1} + 360°$
$a_1 = 0, a_2 > 0$	$\varphi = 90°$
$a_1 = 0, a_2 < 0$	$\varphi = 270°$
$a_1 = 0, a_2 = 0$	$\varphi = 0°$

Jetzt habe ich alles zusammen und kann die beiden gegebenen Vektoren behandeln. Für $\mathbf{a} = \begin{pmatrix} 1 \\ -2 \end{pmatrix}$ gehe ich in die vierte Zeile der Tabelle und finde

$$\varphi_{\mathbf{a}} = \arctan \frac{-2}{1} + 360° = \arctan(-2) + 360° = -63{,}4° + 360° = 296{,}6°.$$

Für $\mathbf{b} = \begin{pmatrix} -3 \\ 4 \end{pmatrix}$ dagegen gehe ich in die zweite Zeile der Tabelle und finde

$$\varphi_{\mathbf{b}} = \arctan \frac{4}{-3} + 180° = -53{,}1° + 180° = 126{,}9°.$$

Wer also keine Skizzen anfertigen mag, kann sich ganz auf die Tabelle der Winkel verlassen.

2.3 An einen Massenpunkt greifen drei Kräfte $\vec{F}_1$, $\vec{F}_2$ und $\vec{F}_3$ an. $\vec{F}_1$ hat einen Betrag von 4 Newton und einen Angriffswinkel von 45°, $\vec{F}_2$ greift unter einem Winkel von 120° mit einem Betrag von 3 Newton an, während $\vec{F}_3$ einen Winkel von 330° und einen Betrag von 2 Newton hat.

(i)   Bestimmen Sie die Koordinatendarstellung der angreifenden Kräfte.
(ii) Berechnen Sie die resultierende Kraft $\vec{F}$.

(iii) Bestimmen Sie zeichnerisch die resultierende Kraft $\vec{F}$, ihren Betrag und den Winkel, unter dem sie an den Massenpunkt angreift.

(iv) Berechnen Sie den Betrag und den Winkel aus Teil (iii).

Lösung

(i) In Abb. 2.4 sind die Kraftvektoren $\vec{F}_1$, $\vec{F}_2$ und $\vec{F}_3$ eingetragen. Die Koordinatendarstellungen der Kraftvektoren kann ich beispielsweise mit Hilfe der trigonometrischen Funktionen oder wieder mit Hilfe des Skalarproduktes erhalten. Ich wähle hier den direkten Zugang über die Trigonometrie und muss deshalb in Abb. 2.4 nach passenden rechtwinkligen Dreiecken suchen. Zuerst bestimme ich die Koordinaten von $\vec{F}_1$. Setzt man beispielsweise

$$\vec{F}_1 = \begin{pmatrix} a_1 \\ a_2 \end{pmatrix},$$

so ist a_1 die Länge der Kathete eines rechtwinkligen Dreiecks, a_2 die Länge der zweiten Kathete, und die Hypotenuse hat laut Aufgabenstellung die Länge 4. Der zwischen der ersten Kathete und der Hypotenuse eingeschlossene Winkel ist aber mit 45° vorgegeben, so dass einer direkten Anwendung des Cosinus und des Sinus nichts im Weg steht. Es gilt also:

$$\cos 45° = \frac{a_1}{4} \quad \text{und} \quad \sin 45° = \frac{a_2}{4}.$$

Daraus folgt:

$$a_1 = 4 \cdot \cos 45° = 4 \cdot \frac{1}{2}\sqrt{2} = 2\sqrt{2} = 2{,}828$$

sowie

$$a_2 = 4 \cdot \sin 45° = 4 \cdot \frac{1}{2}\sqrt{2} = 2\sqrt{2} = 2{,}828.$$

Abb. 2.4 Kraftvektoren

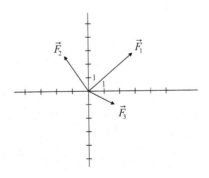

Deshalb ist

$$\vec{F}_1 = \begin{pmatrix} 2{,}828 \\ 2{,}828 \end{pmatrix}.$$

Damit ist über $\vec{F}_1$ schon alles Nötige gesagt, und ich kann mich dem Kraftvektor $\vec{F}_2$ zuwenden. Wie Sie der Abb. 2.4 entnehmen können, liegt er nicht mehr im einfach zu behandelnden ersten Quadranten, sondern leider im zweiten, aber das Leben kann nun einmal nicht immer so einfach sein. Mit der positiven x-Achse bildet er laut Aufgabenstellung einen Winkel von 120°. Da ein Halbkreis einem Winkel von 180° entspricht, muss $\vec{F}_2$ also zwangsläufig mit der *negativen* x-Achse einen Winkel von 60° bilden. Setzt man nun

$$\vec{F}_2 = \begin{pmatrix} b_1 \\ b_2 \end{pmatrix},$$

so gilt:

$$\cos 60° = -\frac{b_1}{3} \ \text{ und } \ \sin 60° = \frac{b_2}{3}.$$

Dabei muss man zwei Dinge bedenken. Erstens hat der Vektor die Länge 3, und die Länge des Vektors entspricht genau der Hypotenuse, durch die hier geteilt werden muss. Und zweitens ist laut Abb. 2.4 die erste Koordinate von $\vec{F}_2$ negativ und ich muss deshalb ein Minuszeichen vor den ersten Bruch setzen. Daraus folgt:

$$b_1 = -3 \cdot \cos 60° = -3 \cdot \frac{1}{2} = -1{,}5$$

sowie

$$b_2 = 3 \cdot \sin 60° = 3 \cdot \frac{1}{2}\sqrt{3} = 2{,}598.$$

Damit ist

$$\vec{F}_2 = \begin{pmatrix} -1{,}5 \\ 2{,}598 \end{pmatrix}.$$

Dem Problem der passenden Vorzeichenwahl kann man übrigens entgehen, wenn man beachtet, dass Sinus und Cosinus auch für Winkel über 90° berechenbar sind. Den Sinus erhält man als Quotient aus y-Koordinate und Vektorenlänge, während der Cosinus als Quotient aus x-Koordinate und Vektorenlänge erklärt ist. Damit vereinfacht sich die Rechnung für $\vec{F}_2$, da ich nur noch mit Hilfe eines Taschenrechners die Sinus- und Cosinus-Werte des angegebenen Winkels 120° zu bestimmen habe. Es gilt dann:

$$b_1 = 3 \cdot \cos 120° = 3 \cdot \left(-\frac{1}{2}\right) = -1,5$$

sowie

$$b_2 = 3 \cdot \sin 120° = 3 \cdot \frac{1}{2}\sqrt{3} = 2,598.$$

Die Werte bleiben natürlich dieselben, aber man erspart sich das Nachdenken über die passenden Vorzeichen.
Bei $\vec{F}_3$ gehe ich genauso vor und verwende gleich den in der Aufgabenstellung mitgegebenen Winkel. Mit

$$\vec{F}_3 = \begin{pmatrix} c_1 \\ c_2 \end{pmatrix}$$

gilt:

$$c_1 = 2 \cdot \cos 330° = 2 \cdot \frac{1}{2}\sqrt{3} = 1,732$$

sowie

$$c_2 = 3 \cdot \sin 330° = 2 \cdot \left(-\frac{1}{2}\right) = -1.$$

Damit ist

$$\vec{F}_3 = \begin{pmatrix} 1,732 \\ -1 \end{pmatrix}.$$

(ii) Die resultierende Kraft $\vec{F}$ erhält man als Summe der einzelnen Kräfte, und das heißt, dass $\vec{F}_1$, $\vec{F}_2$ und $\vec{F}_3$ komponentenweise addiert werden müssen. Damit folgt:

$$\vec{F} = \begin{pmatrix} 2,828 \\ 2,828 \end{pmatrix} + \begin{pmatrix} -1,5 \\ 2,598 \end{pmatrix} + \begin{pmatrix} 1,732 \\ -1 \end{pmatrix} = \begin{pmatrix} 3,06 \\ 4,426 \end{pmatrix}.$$

(iii) Zeichnerisch bestimmt man die Resultierende, indem man die drei Kraftvektoren wie in Abb. 2.5 aneinander hängt. Ich möchte betonen, dass Abb. 2.5 nicht ganz genau den Verlauf der Vektoren anzeigt, sondern nur einen Überblick vermitteln soll, so dass eine Messung an dieser Skizze auch nicht die genauen Werte von Richtung und

Abb. 2.5 Vektoraddition

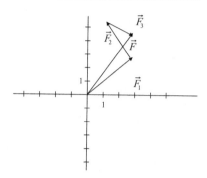

Länge liefert. Wenn Sie aber die Vektoren ordentlich auf dem Papier gezeichnet und die graphische Addition durchgeführt haben, dann ergibt eine Messung ungefähr die Werte

$$|\vec{F}| = 5{,}4 \text{ und } \varphi = 55°.$$

(iv) Die *Berechnung* des Betrags $\vec{F}$ erfolgt natürlich mit dem Satz des Pythagoras. Da ich unter (ii) bereits die Koordinaten von $\vec{F}$ berechnet habe, ist das nicht mehr schwer. Es gilt:

$$|\vec{F}| = \sqrt{3{,}06^2 + 4{,}426^2} = 5{,}381.$$

Der Winkel lässt sich dann wieder mit den trigonometrischen Funktionen Cosinus und Sinus berechnen. Bezeichne ich also den Winkel, den $\vec{F}$ mit der positiven x-Achse einschließt, mit φ, so liegt er wie üblich in einem rechtwinkligen Dreieck, dessen Katheten- und Hypotenusenlängen ich kenne. Die Ankathete hat die Länge 3,06, die Gegenkathete hat die Länge 4,426, und die Länge der Hypotenuse entspricht dem gerade ausgerechneten Betrag des Vektors $\vec{F}$. Damit ergibt sich:

$$\cos\varphi = \frac{3{,}06}{5{,}381} = 0{,}569 \text{ und } \sin\varphi = \frac{4{,}426}{5{,}381} = 0{,}823.$$

Daraus erhält man einen Winkel von $\varphi = 55{,}3°$. Je nachdem, mit wievielen Stellen nach dem Komma man rechnet, kann die Rechnung auch zu einem Winkel von 55,4° führen. Da man bei derart krummen Zahlen ständig auf- oder abrunden muss, sind Rundungsfehler nicht zu vermeiden.

2.4 Gegeben seien die Vektoren

$$\mathbf{a} = \begin{pmatrix} 2 \\ 1 \end{pmatrix}, \mathbf{b} = \begin{pmatrix} -1 \\ 1 \end{pmatrix} \text{ und } \mathbf{c} = \begin{pmatrix} 1 \\ 0 \end{pmatrix}.$$

Bestimmen Sie die Skalarprodukte

$$\mathbf{a} \cdot \mathbf{b}, \mathbf{a} \cdot \mathbf{c} \text{ und } \mathbf{b} \cdot \mathbf{c}$$

sowohl mit Hilfe des eingeschlossenen Winkels und der Längen der beteiligten Vektoren als auch mit Hilfe der Koordinatendarstellungen.

Lösung Skalarprodukte kann man zunächst nach der Definition bestimmen: das Skalarprodukt berechnet sich als das Produkt der beiden Vektorlängen mit dem Cosinus des eingeschlossenen Winkels. Damit stellt sich aber die Frage, wie man an die Längen und an die eingeschlossenen Winkel herankommt. Die Länge eines Vektors kann man natürlich leicht anhand seiner Koordinaten berechnen, indem man den Satz des Pythagoras zum Zuge kommen lässt: für jeden beliebigen Vektor $\mathbf{x} = \begin{pmatrix} x_1 \\ x_2 \end{pmatrix}$ ist $|\mathbf{x}| = \sqrt{x_1^2 + x_2^2}$. Damit wird:

$$|\mathbf{a}| = \sqrt{2^2 + 1^2} = \sqrt{5} \approx 2{,}236, |\mathbf{b}| = \sqrt{(-1)^2 + 1^2} = \sqrt{2} \approx 1{,}414$$

und

$$|\mathbf{c}| = \sqrt{1^2 + 0^2} = \sqrt{1} = 1.$$

Schwieriger sieht es bei den Winkeln aus. Wenn einem gar nichts Besseres einfällt, kann man die Vektoren in ein Koordinatensystem einzeichnen und die Winkel einfach mit Hilfe eines Geo-Dreiecks messen. Das ist dann weder ein Muster an Genauigkeit noch an Einfallsreichtum, aber es ist immerhin besser als gar nichts.

In Abb. 2.6 finden Sie nun die drei Vektoren $\mathbf{a}$, $\mathbf{b}$ und $\mathbf{c}$. Zeichnet man sie einigermaßen genau auf und lässt das Geo-Dreieck nicht mehr als unbedingt nötig verrutschen, so ergeben sich die Winkel 108° zwischen $\mathbf{a}$ und $\mathbf{b}$, 27° zwischen $\mathbf{a}$ und $\mathbf{c}$ sowie 135° zwischen

Abb. 2.6 Zweidimensionale
Vektoren

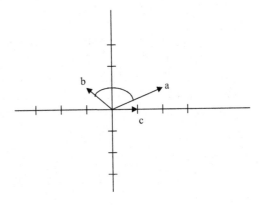

b und **c**. Damit habe ich die nötigen Informationen zur Berechnung des Skalarprodukts zusammen. Es gilt nun:

$$\mathbf{a} \cdot \mathbf{b} = |\mathbf{a}| \cdot |\mathbf{b}| \cdot \cos 108° = \sqrt{5} \cdot \sqrt{2} \cdot (-0{,}3090) = -0{,}9771,$$

$$\mathbf{a} \cdot \mathbf{c} = |\mathbf{a}| \cdot |\mathbf{c}| \cdot \cos 27° = \sqrt{5} \cdot 1 \cdot 0{,}8910 = 1{,}9923$$

und

$$\mathbf{b} \cdot \mathbf{c} = |\mathbf{b}| \cdot |\mathbf{c}| \cdot \cos 135° = \sqrt{2} \cdot 1 \cdot (-0{,}7071) = -0{,}9999.$$

Da diese Ergebnisse teilweise durch Messungen gewonnen wurden, sind sie natürlich ungenau. Ich sollte mir also eine bessere Methode ausdenken, um mir die Winkel zu verschaffen. Das sehen wir uns am Beispiel des Winkels zwischen **a** und **b** an. Er lässt sich offenbar aufteilen in den Winkel α zwischen **a** und der y-Achse und den Winkel β zwischen der y-Achse und **b**. Der Winkel α liegt aber in einem rechtwinkligen Dreieck, dessen Hypotenuse die Länge $\sqrt{5}$ hat, während seine Ankathete genau der zweiten Komponente des Vektors **a** entspricht und damit 1 beträgt. Somit ist

$$\cos \alpha = \frac{1}{\sqrt{5}} \approx 0{,}4472, \text{ also } \alpha = 63{,}43°.$$

Weiterhin liegt β in einem rechtwinkligen Dreieck, dessen Hypotenuse die Länge $\sqrt{2}$ hat, während seine Ankathete genau der zweiten Komponente des Vektors **b** entspricht und damit ebenfalls 1 beträgt. Damit wird:

$$\cos \beta = \frac{1}{\sqrt{2}} \approx 0{,}7071, \text{ also } \beta = 45°.$$

Der gesuchte Winkel lautet also

$$\alpha + \beta = 108{,}43°,$$

was offenbar die Genauigkeit einer Messung weit übertrifft. Für das Skalarprodukt ergibt sich dann:

$$\mathbf{a} \cdot \mathbf{b} = |\mathbf{a}| \cdot |\mathbf{b}| \cdot \cos 108{,}43° = \sqrt{5} \cdot \sqrt{2} \cdot (-0{,}3161) = -0{,}9995.$$

Da man auch hier noch mit Rundungsfehlern rechnen muss, ist nicht zu erwarten, dass ein solches Ergebnis hundertprozentig genau ist. Die genauen Ergebnisse erhält man erst, wenn man auf die Koordinatendarstellungen der beteiligten Vektoren zurückgreift, die entsprechenden Komponenten der betroffenen Vektoren miteinander multipliziert und alle Produkte aufaddiert. Dadurch wird die Rechnung deutlich einfacher, und es gilt:

$$\mathbf{a} \cdot \mathbf{b} = 2 \cdot (-1) + 1 \cdot 1 = -1,$$

$$\mathbf{a} \cdot \mathbf{c} = 2 \cdot 1 + 1 \cdot 0 = 2,$$

$$\mathbf{b} \cdot \mathbf{c} = -1 \cdot 1 + 1 \cdot 0 = -1.$$

Sobald man sich also einmal die Mühe gemacht hat, sich die allgemeine Formel zur Berechnung des Skalarproduktes aus den Koordinaten der Vektoren zu überlegen, wird sofort bei allen konkreten Zahlenbeispielen das Leben wesentlich einfacher. Natürlich ist es jetzt auch kein Problem mehr, den Winkel zwischen zwei Vektoren zu bestimmen, da wir die Skalarprodukte schon haben. Bezeichne ich beispielsweise den Winkel zwischen $\mathbf{a}$ und $\mathbf{b}$ mit φ, so gilt:

$$\mathbf{a} \cdot \mathbf{b} = |\mathbf{a}| \cdot |\mathbf{b}| \cdot \cos\varphi, \text{ also } \cos\varphi = \frac{\mathbf{a} \cdot \mathbf{b}}{|\mathbf{a}| \cdot |\mathbf{b}|} = \frac{-1}{\sqrt{5} \cdot \sqrt{2}} \approx -0{,}3162.$$

Daher ist wieder

$$\varphi = 108{,}43°,$$

wie es ja auch nicht anders zu erwarten war.

2.5 Gegeben sei ein Parallelogramm mit den Seitenlängen a und b sowie den Diagonalenlängen u und v. Zeigen Sie:

$$u^2 + v^2 = 2(a^2 + b^2).$$

Hinweis: Betrachten Sie die Seiten und die Diagonalen des Parallelogramms als Vektoren, schreiben Sie die Diagonalvektoren als Summe bzw. Differenz der Seitenvektoren und verwenden Sie Ihre Kenntnisse über das Skalarprodukt.

Lösung Der Hinweis verrät schon ziemlich deutlich, wie die ganze Sache funktionieren wird. In Abb. 2.7 habe ich die benötigten Größen eingetragen: die Seiten des Parallelogramms werden von den beiden Vektoren $\mathbf{a}$ und $\mathbf{b}$ gebildet, und die Diagonalen im Parallelogramm entstehen, indem man graphisch die Vektoren $\mathbf{a}$ und $\mathbf{b}$ addiert bzw. voneinander subtrahiert. Nun geht es in der Aufgabe aber gar nicht um Vektoren, sondern um

Abb. 2.7 Parallelogramm

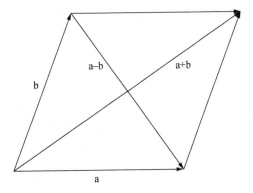

Streckenlängen, deren Bezeichnungen in der Aufgabenstellung vorgegeben sind. Ich setze also

$$a = |\mathbf{a}| \text{ und } b = |\mathbf{b}|.$$

Die vektorielle Darstellung der Diagonalen lautet $\mathbf{a} + \mathbf{b}$ und $\mathbf{a} - \mathbf{b}$. Daher setze ich hier:

$$u = |\mathbf{a} + \mathbf{b}| \text{ und } v = |\mathbf{a} - \mathbf{b}|.$$

Das ist natürlich reine Willkür, und ich hätte die Rollen von u und v genauso gut vertauschen können. Da es aber auf der linken Seite der gesuchten Gleichung um $u^2 + v^2$ geht, spielt die Reihenfolge überhaupt keine Rolle.

Wenn ich schon u als Länge eines bestimmten Vektors interpretiert habe, dann kann ich auch ausnutzen, was ich über die Länge von Vektoren weiß: für jeden beliebigen Vektor $\mathbf{x}$ ist nämlich $|\mathbf{x}|^2 = \mathbf{x} \cdot \mathbf{x}$, und das wird für den Beweis eine wichtige Rolle spielen. Es gilt:

$$
\begin{aligned}
u^2 &= |\mathbf{a} + \mathbf{b}|^2 \\
&= (\mathbf{a} + \mathbf{b}) \cdot (\mathbf{a} + \mathbf{b}) \\
&= \mathbf{a} \cdot \mathbf{a} + \mathbf{a} \cdot \mathbf{b} + \mathbf{b} \cdot \mathbf{a} + \mathbf{b} \cdot \mathbf{b} \\
&= \mathbf{a} \cdot \mathbf{a} + 2 \cdot \mathbf{a} \cdot \mathbf{b} + \mathbf{b} \cdot \mathbf{b}.
\end{aligned}
$$

Dabei habe ich in der dritten Zeile verwendet, dass man auch beim Skalarprodukt Klammern wie gewohnt ausmultiplizieren darf, und in der vierten Zeile kommt das Kommutativgesetz zur Anwendung, denn es gilt immer $\mathbf{a} \cdot \mathbf{b} = \mathbf{b} \cdot \mathbf{a}$. Auf die gleiche Weise berechne ich jetzt v^2.

$$
\begin{aligned}
v^2 &= |\mathbf{a} - \mathbf{b}|^2 \\
&= (\mathbf{a} - \mathbf{b}) \cdot (\mathbf{a} - \mathbf{b}) \\
&= \mathbf{a} \cdot \mathbf{a} - \mathbf{a} \cdot \mathbf{b} - \mathbf{b} \cdot \mathbf{a} + \mathbf{b} \cdot \mathbf{b} \\
&= \mathbf{a} \cdot \mathbf{a} - 2 \cdot \mathbf{a} \cdot \mathbf{b} + \mathbf{b} \cdot \mathbf{b}.
\end{aligned}
$$

Dazu muss ich nichts mehr sagen, der Rechenweg ist im Grunde genau derselbe wie eben gerade bei u^2. Da es mir insgesamt um die Summe der beiden Quadrate geht, addiere ich nun die Ergebnisse und erhalte:

$$
\begin{aligned}
u^2 + v^2 &= \mathbf{a} \cdot \mathbf{a} + 2 \cdot \mathbf{a} \cdot \mathbf{b} + \mathbf{b} \cdot \mathbf{b} + \mathbf{a} \cdot \mathbf{a} - 2 \cdot \mathbf{a} \cdot \mathbf{b} + \mathbf{b} \cdot \mathbf{b} \\
&= 2 \cdot \mathbf{a} \cdot \mathbf{a} + 2 \cdot \mathbf{b} \cdot \mathbf{b} \\
&= 2|\mathbf{a}|^2 + 2|\mathbf{b}^2| \\
&= 2a^2 + 2b^2,
\end{aligned}
$$

und damit ist auch schon alles bewiesen.

Damit Sie sehen, wie kurz so ein Beweis sein kann, wenn ich nicht bei jedem Schritt dazwischenrede, zeige ich Ihnen jetzt noch die kompakte Fassung des Beweises, in der alle Schritte ohne Unterbrechung durchgeführt werden. Um die Formeln etwas zu verkürzen, schreibe ich dabei für beliebige Vektoren $\mathbf{x}$ immer $\mathbf{x}^2$ anstatt $\mathbf{x} \cdot \mathbf{x}$.

$$u^2 + v^2 = |\mathbf{a} + \mathbf{b}|^2 + |\mathbf{a} - \mathbf{b}|^2$$
$$= (\mathbf{a} + \mathbf{b})^2 + (\mathbf{a} - \mathbf{b})^2$$
$$= \mathbf{a}^2 + 2 \cdot \mathbf{a} \cdot \mathbf{b} + \mathbf{b}^2 + \mathbf{a}^2 - 2 \cdot \mathbf{a} \cdot \mathbf{b} + \mathbf{b}^2$$
$$= 2 \cdot \mathbf{a}^2 + 2 \cdot \mathbf{b}^2$$
$$= 2|\mathbf{a}|^2 + 2|\mathbf{b}|^2 = 2a^2 + 2b^2.$$

2.6 Gegeben seien die Vektoren

$$\mathbf{a} = \begin{pmatrix} -1 \\ 1 \\ 1 \end{pmatrix}, \mathbf{b} = \begin{pmatrix} 2 \\ 1 \\ 3 \end{pmatrix} \text{ und } \mathbf{c} = \begin{pmatrix} -1 \\ -1 \\ 1 \end{pmatrix}.$$

Stellen Sie mit Hilfe des Skalarproduktes fest, welche dieser Vektoren senkrecht aufeinander stehen.

Lösung Das Skalarprodukt ist vor allem dann sehr praktisch, wenn es darum geht, den Winkel zwischen zwei Vektoren festzustellen. Am einfachsten geht das dann, wenn die beiden Vektoren senkrecht aufeinander stehen, denn in diesem Fall beträgt der Winkel φ zwischen ihnen genau 90°, und wegen $\mathbf{a} \cdot \mathbf{b} = |\mathbf{a}| \cdot |\mathbf{b}| \cdot \cos \varphi$ ist das Skalarprodukt Null. Umgekehrt ist das natürlich genauso: sobald zwei Vektoren das Skalarprodukt Null haben und keiner der beiden Vektoren der Nullvektor ist, muss der Cosinus an der Erzeugung der Null schuld gewesen sein, und das heißt, dass zwischen den beiden Vektoren der Winkel $\varphi = 90°$ liegt. Um zu testen, ob zwei Vektoren senkrecht aufeinander stehen, muss ich also nur das Skalarprodukt der beiden Vektoren ausrechnen und nachsehen, ob es gleich Null ist. Falls ja, stehen sie senkrecht aufeinander, falls nicht, eben nicht. Dabei wäre es natürlich absolut sinnlos, das Skalarprodukt nach der definierenden Formel $\mathbf{a} \cdot \mathbf{b} = |\mathbf{a}| \cdot |\mathbf{b}| \cdot \cos \varphi$ zu bestimmen, denn dazu müsste ich ja erst einmal den Winkel φ haben, und wenn ich den habe, weiß ich schon, ob die Vektoren senkrecht aufeinander stehen oder nicht. Hier berechnet man das Skalarprodukt also mit Hilfe der Koordinaten, und das macht das Leben leichter. Es gilt:

$$\mathbf{a} \cdot \mathbf{b} = \begin{pmatrix} -1 \\ 1 \\ 1 \end{pmatrix} \cdot \begin{pmatrix} 2 \\ 1 \\ 3 \end{pmatrix} = (-1) \cdot 2 + 1 \cdot 1 + 1 \cdot 3 = 2 \neq 0.$$

Da das Skalarprodukt keine Null liefert, stehen **a** und **b** nicht senkrecht aufeinander. Weiterhin ist:

$$\mathbf{a} \cdot \mathbf{c} = \begin{pmatrix} -1 \\ 1 \\ 1 \end{pmatrix} \cdot \begin{pmatrix} -1 \\ -1 \\ 1 \end{pmatrix} = (-1) \cdot (-1) + 1 \cdot (-1) + 1 \cdot 1 = 1 \neq 0.$$

Da das Skalarprodukt auch hier keine Null liefert, stehen **a** und **c** ebenfalls nicht senkrecht aufeinander. Schließlich ergibt sich:

$$\mathbf{b} \cdot \mathbf{c} = \begin{pmatrix} 2 \\ 1 \\ 3 \end{pmatrix} \cdot \begin{pmatrix} -1 \\ -1 \\ 1 \end{pmatrix} = 2 \cdot (-1) + 1 \cdot (-1) + 3 \cdot 1 = 0.$$

Damit stehen immerhin die beiden Vektoren **b** und **c** senkrecht aufeinander.

2.7 Zeigen Sie mit Hilfe des Skalarproduktes, dass für reelle Zahlen a_1, a_2, b_1, b_2 stets die Ungleichung

$$|a_1 b_1 + a_2 b_2| \leq \sqrt{a_1^2 + a_2^2} \cdot \sqrt{b_1^2 + b_2^2}$$

gilt.

Hinweis: Bestimmen Sie das Skalarprodukt der Vektoren $\begin{pmatrix} a_1 \\ a_2 \end{pmatrix}$ und $\begin{pmatrix} b_1 \\ b_2 \end{pmatrix}$ sowohl mit Hilfe des eingeschlossenen Winkels und der Längen der beteiligten Vektoren als auch mit Hilfe der Koordinatendarstellungen.

Lösung Die Aufgabe sieht zunächst gar nicht danach aus, als ob sie etwas mit Vektoren zu tun hätte, aber das scheint nur so. Auf der linken Seite der Ungleichung steht nämlich ein Ausdruck, der fatal an das Skalarprodukt erinnert, wenn man es mit Hilfe der Koordinaten ausrechnet. Ich setze also

$$\mathbf{a} = \begin{pmatrix} a_1 \\ a_2 \end{pmatrix} \text{ und } \mathbf{b} = \begin{pmatrix} b_1 \\ b_2 \end{pmatrix}.$$

Dann ist

$$\mathbf{a} \cdot \mathbf{b} = a_1 \cdot b_1 + a_2 \cdot b_2.$$

Dass auf der linken Seite der Ungleichung ein Absolutbetrag steht, braucht mich dabei nicht zu irritieren, denn aus der obigen Gleichung folgt sofort:

$$|a_1 \cdot b_1 + a_2 \cdot b_2| = |\mathbf{a} \cdot \mathbf{b}|.$$

Damit habe ich die linke Seite immerhin als Betrag eines Skalarproduktes geschrieben. Jetzt versuche ich, den Zusammenhang zur rechten Seite in den Griff zu bekommen. Wie Sie wissen, hat das Skalarprodukt auch eine geometrische Bedeutung, denn man kann es aus den Längen der beteiligten Vektoren und dem Cosinus des eingeschlossenen Winkels berechnen. Ist also φ der Winkel zwischen $\mathbf{a}$ und $\mathbf{b}$, so gilt:

$$\mathbf{a} \cdot \mathbf{b} = |\mathbf{a}| \cdot |\mathbf{b}| \cdot \cos\varphi.$$

Das ist aber praktisch, denn gerade eben hatte ich festgestellt, dass die linke Seite meiner Ungleichung genau dem Ausdruck $|\mathbf{a} \cdot \mathbf{b}|$ entspricht. Und das bedeutet:

$$|a_1 \cdot b_1 + a_2 \cdot b_2| = |\mathbf{a} \cdot \mathbf{b}| = ||\mathbf{a}| \cdot |\mathbf{b}| \cdot \cos\varphi|.$$

Beträge kann man aber in die Multiplikation hineinziehen. Deshalb gilt:

$$||\mathbf{a}| \cdot |\mathbf{b}| \cdot \cos\varphi| = ||\mathbf{a}|| \cdot ||\mathbf{b}|| \cdot |\cos\varphi| = |\mathbf{a}| \cdot |\mathbf{b}| \cdot |\cos\varphi|,$$

denn natürlich ist der Betrag des Betrags von $\mathbf{a}$ einfach nur der Betrag von $\mathbf{a}$, da $|\mathbf{a}|$ schon selbst eine positive Zahl ist, an der sich durch weitere Betragsstriche nichts mehr ändert. Ich habe bisher also herausgefunden, dass

$$|a_1 \cdot b_1 + a_2 \cdot b_2| = |\mathbf{a}| \cdot |\mathbf{b}| \cdot |\cos\varphi|$$

gilt, und damit bin ich auch tatsächlich schon fast fertig. Erstens wissen wir nämlich sehr genau, wie man $|\mathbf{a}|$ und $|\mathbf{b}|$ ausrechnet, nämlich:

$$|\mathbf{a}| = \sqrt{a_1^2 + a_2^2} \text{ und } |\mathbf{b}| = \sqrt{b_1^2 + b_2^2}.$$

Zweitens habe ich zwar keine Ahnung, wie groß der Winkel φ ist, aber das kann mir auch völlig egal sein, denn für unsere Zwecke genügt mir die Information, dass der Cosinus betragsmäßig nie größer als 1 werden kann, dass also immer $|\cos\varphi| \leq 1$ gilt. Damit erhalte ich:

$$|\mathbf{a}| \cdot |\mathbf{b}| \cdot |\cos\varphi| = \sqrt{a_1^2 + a_2^2} \cdot \sqrt{b_1^2 + b_2^2} \cdot |\cos\varphi| \leq \sqrt{a_1^2 + a_2^2} \cdot \sqrt{b_1^2 + b_2^2},$$

denn wie ich bereits erwähnt habe, ist $|\cos\varphi| \leq 1$. Damit wird aber insgesamt:

$$|a_1 \cdot b_1 + a_2 \cdot b_2| = |\mathbf{a}| \cdot |\mathbf{b}| \cdot |\cos\varphi|$$
$$\leq \sqrt{a_1^2 + a_2^2} \cdot \sqrt{b_1^2 + b_2^2},$$

und die gewünschte Ungleichung

$$|a_1 b_1 + a_2 b_2| \leq \sqrt{a_1^2 + a_2^2} \cdot \sqrt{b_1^2 + b_2^2}$$

ist bewiesen.

Damit Sie auch hier den gesamten Gedankengang am Stück sehen, schreibe ich noch einmal den Rechenweg von vorne bis hinten ohne Unterbrechung auf. Es gilt:

$$|a_1 \cdot b_1 + a_2 \cdot b_2| = |\mathbf{a} \cdot \mathbf{b}|$$
$$= ||\mathbf{a}| \cdot |\mathbf{b}| \cdot \cos\varphi|$$
$$= |\mathbf{a}| \cdot |\mathbf{b}| \cdot |\cos\varphi|$$
$$= \sqrt{a_1^2 + a_2^2} \cdot \sqrt{b_1^2 + b_2^2} \cdot |\cos\varphi|$$
$$\leq \sqrt{a_1^2 + a_2^2} \cdot \sqrt{b_1^2 + b_2^2}.$$

2.8 Bestimmen Sie die Gleichung der Geraden durch die Punkte $A = (0, 1)$ und $B = (-3, 2)$.

Lösung Die Bestimmung von Geradengleichung wird mit Hilfe des Skalarproduktes zu einem eher übersichtlichen Problem. Anhand von Abb. 2.8 erkläre ich kurz, wie so etwas generell abläuft, und anschließend füllen wir den generellen Ablauf mit konkreten Zahlen. Ich gehe also davon aus, dass mir zwei Punkte A und B auf der Geraden zur Verfügung stehen, und ich bezeichne ihre Ortsvektoren mit $\mathbf{a}$ bzw. $\mathbf{b}$. Ist nun $\mathbf{z}$ der Ortsvektor irgendeines Punktes auf der Geraden, dann liegt offenbar der Vektor $\mathbf{z} - \mathbf{a}$ auf der Geraden selbst und beschreibt damit ihre Richtung. Achten Sie nun in Abb. 2.8 auf den Vektor $\mathbf{m}$. Er steht senkrecht auf der Geraden und deshalb insbesondere senkrecht auf dem Vektor $\mathbf{z} - \mathbf{a}$. Der Winkel zwischen den beiden Vektoren $\mathbf{m}$ und $\mathbf{z} - \mathbf{a}$ beträgt daher genau $90°$. Da $\cos 90° = 0$ gilt, ist das gleichbedeutend mit $\mathbf{m} \cdot (\mathbf{z} - \mathbf{a}) = 0$. Die Ortsvektoren der Geradenpunkte werden also charakterisiert durch die Gleichung

$$\mathbf{m} \cdot (\mathbf{z} - \mathbf{a}) = 0.$$

Wie bestimmt man nun aber den Vektor $\mathbf{m}$, der auf der Geraden senkrecht steht? Das ist gar nicht so schwer. Wenn wir die Ortsvektoren mit

$$\mathbf{a} = \begin{pmatrix} a_1 \\ a_2 \end{pmatrix} \text{ und } \mathbf{b} = \begin{pmatrix} b_1 \\ b_2 \end{pmatrix}$$

Abb. 2.8 Gerade in der Ebene

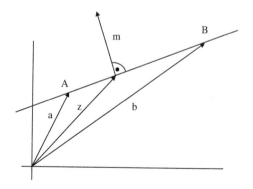

bezeichnen, dann ist

$$\overrightarrow{AB} = \mathbf{b} - \mathbf{a} = \begin{pmatrix} b_1 - a_1 \\ b_2 - a_2 \end{pmatrix},$$

und **m** steht senkrecht auf diesem Vektor. Sie können deshalb zum Beispiel

$$\mathbf{m} = \begin{pmatrix} -(b_2 - a_2) \\ b_1 - a_1 \end{pmatrix}$$

wählen, denn in diesem Fall gilt

$$\mathbf{m} \cdot (\mathbf{b} - \mathbf{a}) = -(b_2 - a_2) \cdot (b_1 - a_1) + (b_1 - a_1) \cdot (b_2 - a_2) = 0.$$

Sie sehen also auch hier wieder, wie einfach das Identifizieren senkrecht stehender Vektoren wird, wenn man mit dem Skalarprodukt zurechtkommt. Setzen wir diese Geradengleichung um in eine etwas gewohntere Form. Dazu schreibe ich abkürzend

$$\mathbf{m} = \begin{pmatrix} m_1 \\ m_2 \end{pmatrix} \text{ und } \mathbf{z} = \begin{pmatrix} x \\ y \end{pmatrix}.$$

Die Gleichung

$$\mathbf{m} \cdot (\mathbf{z} - \mathbf{a}) = 0$$

wird dann zu

$$\begin{pmatrix} m_1 \\ m_2 \end{pmatrix} \cdot \begin{pmatrix} x - a_1 \\ y - a_2 \end{pmatrix} = 0.$$

Ausmultiplizieren ergibt:

$$m_1 \cdot (x - a_1) + m_2 \cdot (y - a_2) = 0.$$

Das ist nun eine Standardform einer Geradengleichung, die man für $m_2 \neq 0$ auch in die übliche Form $y = mx + b$ bringen kann.

In der Aufgabenstellung ist nun $A = (0, 1)$ und $B = (-3, 2)$. Gesucht ist die Gleichung der Geraden durch die beiden Punkte. Die Ortsvektoren von A und B lauten natürlich

$$\mathbf{a} = \begin{pmatrix} 0 \\ 1 \end{pmatrix} \text{ und } \mathbf{b} = \begin{pmatrix} -3 \\ 2 \end{pmatrix}.$$

Der Vektor $\overrightarrow{AB}$ berechnet sich aus

$$\overrightarrow{AB} = \begin{pmatrix} -3-0 \\ 2-1 \end{pmatrix} = \begin{pmatrix} -3 \\ 1 \end{pmatrix},$$

und den darauf senkrecht stehenden Vektor **m** finden Sie in

$$\mathbf{m} = \begin{pmatrix} -1 \\ -3 \end{pmatrix},$$

denn es gilt:

$$\mathbf{m} \cdot \overrightarrow{AB} = \begin{pmatrix} -1 \\ -3 \end{pmatrix} \cdot \begin{pmatrix} -3 \\ 1 \end{pmatrix} = (-1) \cdot (-3) + (-3) \cdot 1 = 0.$$

Jetzt ist schon alles da, was man zum Aufstellen der Geradengleichung braucht. Die oben formulierte allgemeine Gleichung lautete nämlich

$$m_1 \cdot (x - a_1) + m_2 \cdot (y - a_2) = 0,$$

und in diesem konkreten Fall heißt das

$$(-1) \cdot (x - 0) + (-3) \cdot (y - 1) = 0.$$

Anders gesagt:

$$-x - 3y + 3 = 0, \text{ also } y = -\frac{x}{3} + 1.$$

2.9 Gegeben sei ein Parallelogramm, das von den Vektoren

$$\begin{pmatrix} 1 \\ 2 \\ 3 \end{pmatrix} \text{ und } \begin{pmatrix} -1 \\ 0 \\ 2 \end{pmatrix}$$

aufgespannt wird, deren gemeinsamer Anfangspunkt die Koordinaten $(1, 1, 1)$ hat. Berechnen Sie die Eckpunkte und den Flächeninhalt des Parallelogramms.

Lösung Ich setze

$$\mathbf{a} = \begin{pmatrix} 1 \\ 2 \\ 3 \end{pmatrix}, \mathbf{b} = \begin{pmatrix} -1 \\ 0 \\ 2 \end{pmatrix} \text{ und } \mathbf{r} = \begin{pmatrix} 1 \\ 1 \\ 1 \end{pmatrix}.$$

Abb. 2.9 Parallelogramm

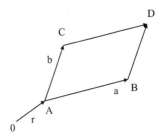

Dann haben wir die Situation von Abb. 2.9: der Vektor **r** zeigt auf den Punkt mit den Koordinaten $(1, 1, 1)$, und davon ausgehend spannen die Vektoren **a** und **b** das Parallelogramm auf. Die Eckpunkte des Parallelogramms haben daher die folgenden Ortsvektoren:

$$\vec{0A} = \mathbf{r} = \begin{pmatrix} 1 \\ 1 \\ 1 \end{pmatrix}, \vec{0B} = \mathbf{r} + \mathbf{a} = \begin{pmatrix} 1 \\ 1 \\ 1 \end{pmatrix} + \begin{pmatrix} 1 \\ 2 \\ 3 \end{pmatrix} = \begin{pmatrix} 2 \\ 3 \\ 4 \end{pmatrix},$$

$$\vec{0C} = \mathbf{r} + \mathbf{b} = \begin{pmatrix} 1 \\ 1 \\ 1 \end{pmatrix} + \begin{pmatrix} -1 \\ 0 \\ 2 \end{pmatrix} = \begin{pmatrix} 0 \\ 1 \\ 3 \end{pmatrix} \text{ und}$$

$$\vec{0D} = \mathbf{r} + \mathbf{a} + \mathbf{b} = \begin{pmatrix} 1 \\ 1 \\ 1 \end{pmatrix} + \begin{pmatrix} 1 \\ 2 \\ 3 \end{pmatrix} + \begin{pmatrix} -1 \\ 0 \\ 2 \end{pmatrix} = \begin{pmatrix} 1 \\ 3 \\ 6 \end{pmatrix}.$$

Sobald man die Ortsvektoren kennt, hat man aber auch die Koordinaten der Eckpunkte. Sie lauten:

$$A = (1, 1, 1), B = (2, 3, 4), C = (0, 1, 3) \text{ und } D = (1, 3, 6).$$

Den Flächeninhalt eines Parallelogramms erhalte ich nun, indem ich erst das Vektorprodukt der aufspannenden Vektoren und anschließend dessen Betrag bestimme. Es gilt:

$$\mathbf{a} \times \mathbf{b} = \begin{pmatrix} 1 \\ 2 \\ 3 \end{pmatrix} \times \begin{pmatrix} -1 \\ 0 \\ 2 \end{pmatrix} = \begin{pmatrix} 2 \cdot 2 - 0 \cdot 3 \\ 3 \cdot (-1) - 2 \cdot 1 \\ 1 \cdot 0 - (-1) \cdot 2 \end{pmatrix} = \begin{pmatrix} 4 \\ -5 \\ 2 \end{pmatrix}.$$

Ich werde gleich noch etwas über die Berechnung des Vektorproduktes sagen. Zunächst führe ich aber die Aufgabe zu Ende und berechne die Fläche des Parallelogramms. Sie entspricht der Länge des Vektorproduktes, das ich gerade eben ausgerechnet habe, und die bekommt man wie üblich über die Summe der Koordinatenquadrate.

$$|\mathbf{a} \times \mathbf{b}| = \sqrt{4^2 + (-5)^2 + 2^2} = \sqrt{45} = \sqrt{9 \cdot 5} = 3 \cdot \sqrt{5} \approx 6{,}7082.$$

Der Flächeninhalt des Parallelogramms beträgt also $\sqrt{45} \approx 6{,}7082$ Flächeneinheiten.

Noch ein Wort zur Berechnung des Vektorprodukts. Es gibt dabei mehrere Möglichkeiten vorzugehen, und ich möchte Ihnen hier meinen Favoriten zeigen. Wenn ich das Vektorprodukt zweier dreidimensionaler Vektoren auszurechnen habe, dann schreibe ich für gewöhnlich die jeweils drei Zahlen untereinander, setze dann aber noch einmal die ersten beiden Koordinaten an das Ende. Bei den beiden Vektoren aus dieser Aufgabe schreibe ich also:

$$
\begin{array}{cc}
1 & -1 \\
2 & 0 \\
3 \ \text{und} \ 2 \ . \\
1 & -1 \\
2 & 0
\end{array}
$$

Danach wird einfach über Kreuz multipliziert. Für den ersten Eintrag im Vektorprodukt multipliziere ich die beiden Zeilen *nach* der ersten Zeile über Kreuz, also $2 \cdot 2 - 0 \cdot 3$. Für den zweiten Eintrag im Vektorprodukt multipliziere ich die beiden Zeilen *nach* der zweiten Zeile über Kreuz, also $3 \cdot (-1) - 2 \cdot 1$. Und für den dritten Eintrag im Vektorprodukt multipliziere ich die beiden Zeilen *nach* der dritten Zeile über Kreuz, also $1 \cdot 0 - (-1) \cdot 2$. Auf diese Weise entstehen die Einträge im Vektor $\mathbf{a} \times \mathbf{b}$.

2.10 Gegeben sei ein Spat, der von den Vektoren

$$
\begin{pmatrix} 1 \\ 3 \\ 0 \end{pmatrix}, \begin{pmatrix} 2 \\ -1 \\ -1 \end{pmatrix} \ \text{und} \ \begin{pmatrix} 4 \\ 1 \\ 2 \end{pmatrix}
$$

aufgespannt wird, deren gemeinsamer Anfangspunkt der Nullpunkt ist. Berechnen Sie das Volumen des Spats.

Lösung Die Berechnung des Spatvolumens gehört zu den einfacheren Aufgaben im Leben, da es ein eigens zu diesem Zweck geschaffenes Mittel gibt: das Spatprodukt. Wird nämlich ein Spat von den drei Vektoren $\mathbf{a}$, $\mathbf{b}$ und $\mathbf{c}$ aufgespannt, so ist das Spatprodukt definiert durch

$$
[\mathbf{abc}] = \mathbf{a} \cdot (\mathbf{b} \times \mathbf{c}),
$$

wobei ich mit dem einfachen $\cdot$ das Skalarprodukt und mit dem $\times$ das Vektorprodukt meine. Das Volumen V des Spats erhält man dann aus

$$
V = |[\mathbf{abc}]|.
$$

In dieser Aufgabe ist

$$
\mathbf{a} = \begin{pmatrix} 1 \\ 3 \\ 0 \end{pmatrix}, \mathbf{b} = \begin{pmatrix} 2 \\ -1 \\ -1 \end{pmatrix} \ \text{und} \ \mathbf{c} = \begin{pmatrix} 4 \\ 1 \\ 2 \end{pmatrix}.
$$

Nun gibt es aber zwei Möglichkeiten, das Spatprodukt dieser drei Vektoren auszurechnen, und ich werde Ihnen hier beide Wege zeigen. Zunächst kann man natürlich streng nach Definition vorgehen und das Skalarprodukt aus **a** und **b** × **c** berechnen. Dazu sollte man sich zuerst einmal **b** × **c** verschaffen, und wie man das beispielsweise machen kann, haben Sie in Aufgabe 2.9 gesehen. Es gilt:

$$\mathbf{b} \times \mathbf{c} = \begin{pmatrix} (-1) \cdot 2 - 1 \cdot (-1) \\ (-1) \cdot 4 - 2 \cdot 2 \\ 2 \cdot 1 - 4 \cdot (-1) \end{pmatrix} = \begin{pmatrix} -1 \\ -8 \\ 6 \end{pmatrix}.$$

Das nötige Skalarprodukt berechne ich jetzt wie üblich, indem ich die passenden Koordinaten miteinander multipliziere und anschließend alle Produkte addiere. Damit erhalte ich:

$$\mathbf{a} \cdot (\mathbf{b} \times \mathbf{c}) = \begin{pmatrix} 1 \\ 3 \\ 0 \end{pmatrix} \cdot \begin{pmatrix} -1 \\ -8 \\ 6 \end{pmatrix} = 1 \cdot (-1) + 3 \cdot (-8) + 0 \cdot 6 = -25.$$

Das Spatprodukt ist also negativ, aber das schadet gar nichts, da das Volumen des Spats der Absolutbetrag des Spatprodukts ist. Daraus folgt:

$$V = |-25| = 25.$$

Damit ist die Aufgabe schon vollständig gelöst. Die meisten Leute bevorzugen allerdings eine andere Methode, um das Spatprodukt auszurechnen: die Verwendung einer Determinante. Das bedeutet, dass man die drei Vektoren in einem rechteckigen Schema versammelt, einer sogenannten Matrix, und dann nach einem bestimmten Schema die *Determinante* dieser Matrix ausrechnet. Sie können also aus den drei gegebenen Vektoren leicht die Matrix

$$\begin{pmatrix} 1 & 3 & 0 \\ 2 & -1 & -1 \\ 4 & 1 & 2 \end{pmatrix}$$

erstellen, indem Sie einfach die Vektoren zeilenweise in ein rechteckiges Schema schreiben. Wenn ich jetzt aber schreibe, dass

$$[\mathbf{abc}] = \det \begin{pmatrix} 1 & 3 & 0 \\ 2 & -1 & -1 \\ 4 & 1 & 2 \end{pmatrix}$$

gilt, und dass det die Abkürzung für eine Determinante ist, dann nützt das gar nichts, solange man nicht weiß, wie man so eine Determinante konkret ausrechnet. Das ist aber halb so wild und hat gewisse Ähnlichkeiten mit meiner Vorgehensweise bei der Berechnung des Vektorprodukts.

Man fügt die ersten beiden Spalten dieser Matrix rechts als vierte und fünfte Spalte hinzu. Das ergibt die neue Matrix

$$\begin{pmatrix} 1 & 3 & 0 & 1 & 3 \\ 2 & -1 & -1 & 2 & -1 \\ 4 & 1 & 2 & 4 & 1 \end{pmatrix}.$$

Und jetzt muss man nur noch die Diagonalenelemente miteinander multiplizieren. Offenbar finden sich hier drei Diagonalen, die von links oben nach rechts unten laufen, und ihre Produkte werden positiv gezählt. Das ergibt die Zahl

$$D_1 = 1 \cdot (-1) \cdot 2 + 3 \cdot (-1) \cdot 4 + 0 \cdot 2 \cdot 1 = -14.$$

Außerdem gibt es noch drei Diagonalen, die von rechts oben nach links unten laufen. Auch sie muss ich genauso behandeln wie eben, nur dass dann das Ergebnis von D_1 abgezogen wird. Folglich habe ich

$$D_2 = 0 \cdot (-1) \cdot 4 + 1 \cdot (-1) \cdot 1 + 3 \cdot 2 \cdot 2 = 11,$$

und für die gesuchte Determinante D gilt:

$$D = D_1 - D_2 = -14 - 11 = -25.$$

Die Ähnlichkeit zu dem oben errechneten Ergebnis ist auffällig, und tatsächlich ist das auch immer so: die Determinante der aus den drei aufspannenden Vektoren gebildeten Matrix entspricht dem Spatprodukt. Also kann ich wieder schließen:

$$V = |-25| = 25.$$

Es macht dabei übrigens keinen Unterschied, ob Sie die Vektoren als Zeilen in das rechteckige Schema eintragen oder als Spalten; die Verfahrensweise ist immer gleich. Hätte ich also eine Vorliebe für spaltenorientiertes Vorgehen, dann müsste ich die drei gegebenen Vektoren zu der neuen Matrix

$$\begin{pmatrix} 1 & 2 & 4 \\ 3 & -1 & 1 \\ 0 & -1 & 2 \end{pmatrix}$$

zusammenfassen und deren Determinante berechnen. Hinzufügen der ersten beiden Spalten am Ende ergibt die Matrix

$$\begin{pmatrix} 1 & 2 & 4 & 1 & 2 \\ 3 & -1 & 1 & 3 & -1 \\ 0 & -1 & 2 & 0 & -1 \end{pmatrix}.$$

Zieht man jetzt wieder das Diagonalspiel durch, so ergibt sich:

$$[\mathbf{abc}] = 1 \cdot (-1) \cdot 2 + 2 \cdot 1 \cdot 0 + 4 \cdot 3 \cdot (-1) - (4 \cdot (-1) \cdot 0 + 1 \cdot 1 \cdot (-1) + 2 \cdot 3 \cdot 2)$$
$$= -14 - 11 = -25,$$

was kaum noch jemanden überraschen dürfte.

Im Allgemeinen nennt man dieses Diagonalverfahren zur Berechnung von Determinanten übrigens die *Sarrussche Regel*. Um gleich Mißverständnissen vorzubeugen: sie funktioniert ausgezeichnet bei Matrizen mit drei Zeilen und drei Spalten. Bei allen anderen Matrizen funktioniert sie nicht, aber das werden Sie in Kapitel 12 noch genauer sehen.

2.11 Untersuchen Sie, ob die Vektoren

$$\begin{pmatrix} 0 \\ 1 \\ 2 \end{pmatrix}, \begin{pmatrix} 1 \\ -3 \\ 2 \end{pmatrix} \text{ und } \begin{pmatrix} 3 \\ -7 \\ 2 \end{pmatrix}$$

in einer Ebene liegen.

Lösung Genau dann liegen drei Vektoren **a**, **b** und **c** in einer Ebene, wenn der Spat, den sie aufspannen, in Wahrheit nur ein Parallelogramm ist, weil der dritte Vektor keine ernsthaft neue Richtung mit ins Spiel bringt. In diesem Fall hat der Spat natürlich keine räumliche Ausdehnung, also das Volumen 0. Da der Betrag des Spatprodukts genau dem Spatvolumen entspricht, ist das gleichbedeutend mit

$$[\mathbf{abc}] = 0.$$

Um zu testen, ob die gegebenen Vektoren in einer Ebene liegen, muss ich also nur ihr Spatprodukt ausrechnen und nachsehen, ob es Null ist. Falls ja, liegen die Vektoren in einer Ebene, falls nein, liegen sie nicht in einer Ebene. Zum Berechnen des Spatprodukts verwende ich wieder die Determinantenmethode aus Aufgabe 2.10. Ich schreibe also zunächst einmal die drei Vektoren spaltenweise in eine Matrix. Sie lautet:

$$\begin{pmatrix} 0 & 1 & 3 \\ 1 & -3 & -7 \\ 2 & 2 & 2 \end{pmatrix}.$$

Jetzt füge ich wieder die ersten beiden Spalten als vierte und fünfte Spalte am Ende hinzu. Das ergibt die neue Matrix:

$$\begin{pmatrix} 0 & 1 & 3 & 0 & 1 \\ 1 & -3 & -7 & 1 & -3 \\ 2 & 2 & 2 & 2 & 2 \end{pmatrix}.$$

Nach der Sarrusregel gilt dann:

$$\det \begin{pmatrix} 0 & 1 & 3 \\ 1 & -3 & -7 \\ 2 & 2 & 2 \end{pmatrix} = 0 \cdot (-3) \cdot 2 + 1 \cdot (-7) \cdot 2 + 3 \cdot 1 \cdot 2$$
$$- (3 \cdot (-3) \cdot 2 + 0 \cdot (-7) \cdot 2 + 1 \cdot 1 \cdot 2)$$
$$= -8 - (-16) = 8 \neq 0.$$

Da die Determinante also von Null verschieden ist, können die drei Vektoren nicht in einer Ebene liegen.

2.12 Wie muss man $x \in \mathbb{R}$ wählen, damit die drei Vektoren

$$\begin{pmatrix} 2 \\ 1 \\ 0 \end{pmatrix}, \begin{pmatrix} x \\ -1 \\ 1 \end{pmatrix} \text{ und } \begin{pmatrix} 1 \\ 3 \\ -1 \end{pmatrix}$$

in einer Ebene liegen?

Lösung Die Fragestellung ist hier etwas anders als in Aufgabe 2.11. Während dort einfach drei konkrete Vektoren gegeben waren, bei denen man testen musste, ob sie in einer Ebene liegen, taucht hier im zweiten Vektor noch die Variable x auf, ein sogenannter Parameter, und je nachdem, welchen Wert x annimmt, werden die drei Vektoren in einer Ebene liegen oder nicht. Die prinzipielle Vorgehensweise ist allerdings genau die gleiche wie vorher: damit drei dreidimensionale Vektoren in einer Ebene liegen, muss ihr Spatprodukt gleich Null sein, und deshalb werde ich jetzt zuerst das Spatprodukt der drei Vektoren ausrechnen. Dass in einem der drei Vektoren ein Parameter x vorkommt, ist dabei nicht weiter störend: bisher habe ich immer nur Zahlen in die Matrix geschrieben, jetzt wird eben auch noch ein x vorkommen. Der Berechnungsvorschrift für die Determinante kann es aber völlig egal sein, wie die Einträge in der Matrix aussehen. Die Matrix lautet:

$$\begin{pmatrix} 2 & x & 1 \\ 1 & -1 & 3 \\ 0 & 1 & -1 \end{pmatrix},$$

wobei ich die gegebenen Vektoren wieder spaltenweise eingetragen habe. Hinzufügen der ersten beiden Spalten am Ende führt zu der breiteren Matrix

$$\begin{pmatrix} 2 & x & 1 & 2 & x \\ 1 & -1 & 3 & 1 & -1 \\ 0 & 1 & -1 & 0 & 1 \end{pmatrix},$$

auf die ich jetzt wieder die Regel von Sarrus anwende. Für die Determinante D ergibt sich damit:

$$D = 2 \cdot (-1) \cdot (-1) + x \cdot 3 \cdot 0 + 1 \cdot 1 \cdot 1 - (1 \cdot (-1) \cdot 0 + 2 \cdot 3 \cdot 1 + x \cdot 1 \cdot (-1))$$
$$= 3 - (6 - x) = x - 3.$$

Das Spatprodukt der drei gegebenen Vektoren beträgt also $x - 3$. Die Vektoren liegen aber genau dann in einer Ebene, wenn ihr Spatprodukt gleich Null ist. Folglich gilt:

$$\text{Die Vektoren liegen in einer Ebene} \Leftrightarrow x - 3 = 0$$
$$\Leftrightarrow x = 3.$$

Genau dann liegen die drei Vektoren in einer Ebene, wenn $x = 3$ gilt.

2.13 Bestimmen Sie die Gleichung der Ebene durch die Punkte $A = (3, 2, 1)$, $B = (0, 2, -1)$ und $C = (3, 0, -4)$ in der Form $ax + by + cz = d$.

Lösung Wenn die gegebenen drei Punkte nicht gerade alle zusammen auf einer Geraden liegen, dann gibt es genau eine Ebene, die durch diese Punkte geht. In Abb. 2.10 ist die Situation skizziert. Ist nun $\mathbf{z} = \begin{pmatrix} x \\ y \\ z \end{pmatrix}$ der Ortsvektor eines beliebigen Punktes auf dieser Ebene, dann verläuft der Vektor vom Punkt A zum Punkt (x, y, z) offenbar ganz auf der Ebene, und das ist nicht der einzige Vektor dieser Art. Auch die eingezeichneten Vektoren $\overrightarrow{AB}$ und $\overrightarrow{AC}$ verlaufen natürlich ganz in der Ebene, die durch die drei Punkte A, B und C bestimmt wird. Die Vektoren $\overrightarrow{AB}$ und $\overrightarrow{AC}$ kann ich aber aus den gegebenen Koordinaten berechnen. Ich bezeichne sie abkürzend mit $\mathbf{b}$ und $\mathbf{c}$ und erhalte:

$$\mathbf{b} = \overrightarrow{AB} = \begin{pmatrix} 0 \\ 2 \\ -1 \end{pmatrix} - \begin{pmatrix} 3 \\ 2 \\ 1 \end{pmatrix} = \begin{pmatrix} -3 \\ 0 \\ -2 \end{pmatrix}$$

und

$$\mathbf{c} = \overrightarrow{AC} = \begin{pmatrix} 3 \\ 0 \\ -4 \end{pmatrix} - \begin{pmatrix} 3 \\ 2 \\ 1 \end{pmatrix} = \begin{pmatrix} 0 \\ -2 \\ -5 \end{pmatrix}.$$

Abb. 2.10 Ebene im Raum

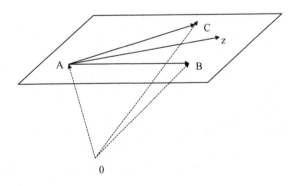

Dagegen hat der Vektor von A nach (x, y, z) die Koordinatendarstellung

$$\begin{pmatrix} x \\ y \\ z \end{pmatrix} - \begin{pmatrix} 3 \\ 2 \\ 1 \end{pmatrix} = \begin{pmatrix} x - 3 \\ y - 2 \\ z - 1 \end{pmatrix}.$$

Nun gibt es aber einen Vektor, der auf allen ganz in der Ebene verlaufenden Vektoren senkrecht steht, und das wird sich gleich als ausgesprochen nützlich erweisen. Da die Ebene von den beiden Vektoren **b** und **c** aufgespannt wird, steht jeder Vektor, der sowohl auf **b** als auch auf **c** senkrecht steht, auch schon senkrecht auf der gesamten Ebene. So ein Vektor ist aber leicht zu finden: hat man zwei dreidimensionale Vektoren gegeben, so steht das Vektorprodukt aus beiden Vektoren bekanntlich senkrecht auf diesen beiden. Ich berechne also:

$$\mathbf{b} \times \mathbf{c} = \begin{pmatrix} -3 \\ 0 \\ -2 \end{pmatrix} \times \begin{pmatrix} 0 \\ -2 \\ -5 \end{pmatrix} = \begin{pmatrix} 0 \cdot (-5) - (-2) \cdot (-2) \\ (-2) \cdot 0 - (-5) \cdot (-3) \\ (-3) \cdot (-2) - 0 \cdot 0 \end{pmatrix} = \begin{pmatrix} -4 \\ -15 \\ 6 \end{pmatrix}.$$

$\mathbf{b} \times \mathbf{c}$ steht nun senkrecht auf allen Vektoren, die ganz in der Ebene verlaufen, insbesondere also auch auf dem Vektor $\begin{pmatrix} x - 3 \\ y - 2 \\ z - 1 \end{pmatrix}$, der ja genau den Weg vom Punkt A zum Punkt (x, y, z) beschreibt. Da diese beiden Vektoren senkrecht aufeinander stehen, muss ihr Skalarprodukt gleich Null sein, denn der eingeschlossene Winkel zweier senkrechter Vektoren beträgt 90° und noch immer ist der Cosinus von 90° gleich Null. Und das Skalarprodukt kann ich auf die übliche Weise als Summe der Koordinatenprodukte ausrechnen. Damit gilt:

$$0 = (\mathbf{b} \times \mathbf{c}) \cdot \begin{pmatrix} x - 3 \\ y - 2 \\ z - 1 \end{pmatrix}$$

$$= \begin{pmatrix} -4 \\ -15 \\ 6 \end{pmatrix} \cdot \begin{pmatrix} x - 3 \\ y - 2 \\ z - 1 \end{pmatrix}$$

$$= (-4) \cdot (x - 3) + (-15) \cdot (y - 2) + 6 \cdot (z - 1)$$

$$= -4x + 12 - 15y + 30 + 6z - 6 = -4x - 15y + 6z + 36.$$

Folglich ist $-4x - 15y + 6z + 36 = 0$, und daher lautet die Ebenengleichung

$$-4x - 15y + 6z = -36,$$

oder nach Multiplikation der Gleichung mit dem Faktor -1:

$$4x + 15y - 6z = 36.$$

Die Methode, die ich hier vorgeführt habe, möchte ich noch einmal kurz zusammenfassen. Hat man drei Punkte A, B und C im Raum und soll die Gleichung der Ebene berechnen, die durch diese drei Punkte geht, so bestimmt man zunächst die Koordinatendarstellungen der Vektoren $\mathbf{b} = \overrightarrow{AB}$ und $\mathbf{c} = \overrightarrow{AC}$ sowie die Koordinatendarstellung des Vektors, der von A zu irgendeinem Punkt (x, y, z) auf der Ebene führt. Anschließend bestimmt man das Vektorprodukt $\mathbf{b} \times \mathbf{c}$ und berechnet das Skalarprodukt von $\mathbf{b} \times \mathbf{c}$ mit dem Vektor, der von A nach (x, y, z) führt. Damit sind Sie dann auch schon fertig, denn dieses Skalarprodukt muss gleich Null sein, und das ergibt bereits die gesuchte Ebenengleichung.

2.14 Gegeben seien die Punkte $A = (1, 1, 18)$, $B = (2, 0, 13)$, $C = (3, -2, 5)$ und $D = (1, 0, 1)$.

(i) Zeigen Sie, dass D nicht auf der Ebene liegt, die durch A, B und C geht.

(ii) Bestimmen Sie die Gleichung der Geraden, die durch D geht und senkrecht auf der Ebene steht, in der A, B und C liegen.

Lösung Es gibt grundsätzlich zwei Möglichkeiten, eine Ebene formelmäßig darzustellen. Einerseits können Sie die sogenannte *parameterfreie* Form der Ebenengleichung berechnen, wie ich es in Aufgabe 2.13 vorgeführt habe. Das ist ein wenig aufwendig, führt dann aber zu einer angenehmen Ebenengleichung der Form $ax + by + cz = d$, mit der man recht leicht umgehen kann. Andererseits können Sie aber auch eine *parametrisierte Form* der Ebenengleichung angeben, die auf dem folgenden Prinzip beruht.

Wann immer Sie drei Punkte der Ebene in der Hand haben, ist es natürlich möglich, einen davon als Ausgangspunkt anzusehen und die Richtungsvektoren von diesem Ausgangspunkt zu den anderen beiden Vektoren auszurechnen. Ich kann also beispielsweise den Ortsvektor von A mit $\mathbf{a}$ bezeichnen und zusätzlich

$$\mathbf{b} = \overrightarrow{AB} \text{ und } \mathbf{c} = \overrightarrow{AC}$$

definieren. Ist dann Z irgendein Punkt auf der Ebene, dann bekomme ich seinen Ortsvektor $\mathbf{z}$, indem ich zuerst von der Null aus zum Punkt A laufe und dann von A aus nach Z. Den Weg von A nach Z kann ich mir aber offenbar mit Hilfe der beiden Vektoren $\mathbf{b}$ und $\mathbf{c}$ zusammenkombinieren, denn es gibt zwei reelle *Parameter s* und t mit der Eigenschaft:

$$\overrightarrow{AZ} = t \cdot \mathbf{b} + s \cdot \mathbf{c}.$$

Insgesamt habe ich damit die Darstellung

$$\mathbf{z} = \mathbf{a} + t \cdot \mathbf{b} + s \cdot \mathbf{c},$$

und eben diese Darstellung nennt man die parametrisierte Form der Ebenengleichung.

Ob nun ein gegebener Punkt auf einer gegebenen Ebene liegt, kann man mit beiden Formen der Ebenengleichung entscheiden, und ich werde Ihnen deshalb im folgenden beide Möglichkeiten zeigen.

(i) Ich beginne mit der parametrisierten Form. Wie schon in der Vorrede erwähnt betrachte ich A als Ausgangspunkt und berechne die Vektoren, die von A nach B bzw. nach C zeigen. Sie lauten:

$$\mathbf{b} = \begin{pmatrix} 2 \\ 0 \\ 13 \end{pmatrix} - \begin{pmatrix} 1 \\ 1 \\ 18 \end{pmatrix} = \begin{pmatrix} 1 \\ -1 \\ -5 \end{pmatrix}$$

und

$$\mathbf{c} = \begin{pmatrix} 3 \\ -2 \\ 5 \end{pmatrix} - \begin{pmatrix} 1 \\ 1 \\ 18 \end{pmatrix} = \begin{pmatrix} 2 \\ -3 \\ -13 \end{pmatrix}.$$

Nach den Bemerkungen von oben kann ich also den Ortsvektor $\mathbf{z}$ jedes Punktes Z auf der Ebene darstellen als:

$$\mathbf{z} = \mathbf{a} + t \cdot \mathbf{b} + s \cdot \mathbf{c} = \begin{pmatrix} 1 \\ 1 \\ 18 \end{pmatrix} + t \cdot \begin{pmatrix} 1 \\ -1 \\ -5 \end{pmatrix} + s \cdot \begin{pmatrix} 2 \\ -3 \\ -13 \end{pmatrix},$$

wobei t und s reelle Zahlen sind. Falls nun also mein Punkt D tatsächlich auf der Ebene liegen sollte, dann muss er notgedrungen in dieses Schema passen, und das heißt, dass es Zahlen t und s geben muss mit:

$$\begin{pmatrix} 1 \\ 0 \\ 1 \end{pmatrix} = \begin{pmatrix} 1 \\ 1 \\ 18 \end{pmatrix} + t \cdot \begin{pmatrix} 1 \\ -1 \\ -5 \end{pmatrix} + s \cdot \begin{pmatrix} 2 \\ -3 \\ -13 \end{pmatrix}.$$

Schreibt man das nun komponentenweise auf, dann ergeben sich die drei Gleichungen:

$$1 = 1 + t + 2s$$
$$0 = 1 - t - 3s$$
$$1 = 18 - 5t - 13s.$$

Falls es Zahlen t und s gibt, die dieses *lineare Gleichungssystem* erfüllen, dann liegt auch D auf der Ebene. Falls ich aber keine passende Lösung finden kann, dann ist D

kein Punkt der Ebene. Nun kann ich aber beispielsweise die ersten beiden Gleichungen addieren und erhalte daraus die neue Gleichung:

$$1 = 2 - s, \text{ also } s = 1.$$

Einsetzen in die erste Gleichung liefert sofort:

$$1 = 1 + t + 2, \text{ also } t = -2.$$

Sie werden aber bemerkt haben, dass ich bisher nur die ersten beiden Gleichungen verwendet habe; da aber D drei Komponenten hat, muss auch die dritte Gleichung erfüllt sein. Und wenn ich mit den berechneten Werten $t = -2, s = 1$ in die dritte Gleichung gehe, dann finde ich:

$$1 = 18 - 5 \cdot (-2) - 13 \cdot 1 = 18 + 10 - 13 = 15,$$

was offenbar zu einem Widerspruch führt. Es ist daher nicht möglich, alle drei Gleichungen auf einmal zu lösen, und deshalb liegt D nicht auf der Ebene von A, B und C.

Auf die Lösung linearer Gleichungssysteme kann ich verzichten, wenn ich mich gleich für die Berechnung der parameterfreien Form entscheide. Ist wieder $\mathbf{z} = \begin{pmatrix} x \\ y \\ z \end{pmatrix}$ der Ortsvektor eines beliebigen Punktes auf dieser Ebene, dann verläuft der Vektor vom Punkt A zum Punkt (x, y, z) ganz auf der Ebene, und das verbindet ihn mit den Vektoren $\mathbf{b}$ und $\mathbf{c}$, die ich schon weiter oben berechnet hatte. Nun hat der Vektor von A nach (x, y, z) die Koordinatendarstellung

$$\begin{pmatrix} x \\ y \\ z \end{pmatrix} - \begin{pmatrix} 1 \\ 1 \\ 18 \end{pmatrix} = \begin{pmatrix} x - 1 \\ y - 1 \\ z - 18 \end{pmatrix}.$$

Es gibt aber einen Vektor, der auf allen ganz in der Ebene verlaufenden Vektoren senkrecht steht, und das wird sich gleich als ausgesprochen nützlich erweisen. Da die Ebene von den beiden Vektoren $\mathbf{b}$ und $\mathbf{c}$ aufgespannt wird, steht jeder Vektor, der sowohl auf $\mathbf{b}$ als auch auf $\mathbf{c}$ senkrecht steht, auch schon senkrecht auf der gesamten Ebene. So ein Vektor ist aber leicht zu finden: hat man zwei dreidimensionale Vektoren gegeben, so steht das Vektorprodukt aus beiden Vektoren bekanntlich senkrecht auf diesen beiden. Ich berechne also:

$$\mathbf{b} \times \mathbf{c} = \begin{pmatrix} 1 \\ -1 \\ -5 \end{pmatrix} \times \begin{pmatrix} 2 \\ -3 \\ -13 \end{pmatrix} = \begin{pmatrix} (-1) \cdot (-13) - (-3) \cdot (-5) \\ (-5) \cdot 2 - (-13) \cdot 1 \\ 1 \cdot (-3) - 2 \cdot (-1) \end{pmatrix} = \begin{pmatrix} -2 \\ 3 \\ -1 \end{pmatrix}.$$

$\mathbf{b} \times \mathbf{c}$ steht nun senkrecht auf allen Vektoren, die ganz in der Ebene verlaufen, insbesondere also auch auf dem Vektor $\begin{pmatrix} x - 1 \\ y - 1 \\ z - 18 \end{pmatrix}$, der genau den Weg vom Punkt A zum Punkt (x, y, z) beschreibt. Da diese beiden Vektoren senkrecht aufeinander stehen, muss ihr Skalarprodukt gleich Null sein, denn der eingeschlossene Winkel zweier senkrechter Vektoren beträgt 90° und der Cosinus von 90° ist gleich Null. Und das Skalarprodukt kann ich auf die übliche Weise als Summe der Koordinatenprodukte ausrechnen. Damit gilt:

$$
\begin{aligned}
0 &= (\mathbf{b} \times \mathbf{c}) \cdot \begin{pmatrix} x - 1 \\ y - 1 \\ z - 18 \end{pmatrix} \\
&= \begin{pmatrix} -2 \\ 3 \\ -1 \end{pmatrix} \cdot \begin{pmatrix} x - 1 \\ y - 1 \\ z - 18 \end{pmatrix} \\
&= (-2) \cdot (x - 1) + 3 \cdot (y - 1) + (-1) \cdot (z - 18) \\
&= -2x + 2 + 3y - 3 - z + 18 = -2x + 3y - z + 17.
\end{aligned}
$$

Folglich ist $-2x + 3y - z + 17 = 0$, und daher lautet die Ebenengleichung

$$
2x - 3y + z = 17.
$$

Nun hat aber der Punkt D die Koordinaten $D = (1, 0, 1)$, das heißt, in diesem Fall ist $x = 1, y = 0, z = 1$. Einsetzen ergibt dann:

$$
2x - 3y + z = 2 - 0 + 1 = 3 \neq 17,
$$

und damit kann D nicht auf der Ebene liegen.

(ii) Im zweiten Teil geht es darum, eine Geradengleichung zu bestimmen, nämlich die Gleichung der Geraden, die durch D geht und senkrecht auf der Ebene steht, auf der A, B und C liegen. Nun handelt es sich hier um eine Gerade im Raum, und bei solchen Geraden kann man im Gegensatz zu Geraden in der Ebene keine parameterfreie Form angeben, die sich mit Hilfe einer einzigen Gleichung ausdrücken lässt. Das macht aber nichts, denn auch bei Geraden kann ich auf das Hilfsmittel der parametrisierten Form zurückgreifen. Sobald ich einen Punkt D habe, durch den die Gerade gehen soll, und einen Richtungsvektor, der angibt, in welche Richtung die Gerade laufen soll, kann ich die Gerade in der Form

$$
\mathbf{z} = \mathbf{d} + t \cdot \mathbf{n}
$$

mit einem reellen Parameter t beschreiben. Dabei ist $\mathbf{d}$ der Ortsvektor des Punktes D, und $\mathbf{n}$ gibt den *Richtungsvektor* der Geraden an. In unserem Fall kenne ich natürlich schon den Punkt, durch den die Gerade gehen soll, nämlich $D = (1, 0, 1)$. Daher ist natürlich

$$\mathbf{d} = \begin{pmatrix} 1 \\ 0 \\ 1 \end{pmatrix},$$

und ich muss nur noch den Richtungsvektor bestimmen. Da die Gerade aber senkrecht auf der Ebene stehen soll, muss er so gewählt werden, dass er senkrecht auf den beiden Vektoren $\mathbf{b}$ und $\mathbf{c}$ steht, die die Ebene aufspannen. Nun gibt es aber einen leicht zu bestimmenden Vektor, der auf zwei gegebenen Vektoren senkrecht steht, nämlich das Vektorprodukt aus beiden Vektoren, und das habe ich glücklicherweise schon in Teil (i) ausgerechnet. Es lautet:

$$\mathbf{b} \times \mathbf{c} = \begin{pmatrix} -2 \\ 3 \\ -1 \end{pmatrix}.$$

Da dieses Vektorprodukt auf den beiden die Ebene aufspannenden Vektoren senkrecht steht, kann ich es als Richtungsvektor für die gesuchte Gerade verwenden. Sie hat also die Gleichung:

$$\mathbf{z} = \begin{pmatrix} 1 \\ 0 \\ 1 \end{pmatrix} + t \cdot \begin{pmatrix} -2 \\ 3 \\ -1 \end{pmatrix}$$

mit einem reellen Parameter t.

2.15 Stellen Sie fest, für welche reellen Zahlen x, y der von den drei Vektoren

$$\begin{pmatrix} y \\ 0 \\ -2 \end{pmatrix}, \begin{pmatrix} 2 \\ x \\ 1 \end{pmatrix} \text{ und } \begin{pmatrix} -1 \\ 1 \\ 0 \end{pmatrix}$$

aufgespannte Spat das Volumen 1 hat und *gleichzeitig* das von den beiden Vektoren

$$\begin{pmatrix} y \\ 0 \\ -2 \end{pmatrix} \text{ und } \begin{pmatrix} -1 \\ 1 \\ 0 \end{pmatrix}$$

aufgespannte Parallelogramm den Flächeninhalt $\sqrt{8}$ hat.

Lösung Wie Sie schon in den Aufgaben 2.9 und 2.10 gesehen haben, berechnet man das
Volumen eines Spats mit dem Spatprodukt, während für den Flächeninhalt eines Parallelogramms der Betrag des Vektorprodukts herhalten muss. Zunächst gehe ich das Volumen
des Spats an. Sie haben in Aufgabe 2.10 gesehen, wie man ein Spatprodukt mit Hilfe einer Determinante und der Regel von Sarrus ausrechnen kann, und diese Regel werde ich
auch hier verwenden. Ich schreibe also die beteiligten Vektoren wieder in eine Matrix und
berechne daraus die Determinante

$$\det \begin{pmatrix} y & 2 & -1 \\ 0 & x & 1 \\ -2 & 1 & 0 \end{pmatrix}.$$

Sie werden sich erinnern, wie Sie an den Zahlenwert dieser Determinante herankommen:
Sie müssen nur die ersten beiden Spalten noch einmal neben die bestehende Matrix schreiben und dann diagonalenweise multiplizieren. Es ergibt sich also die größere Matrix:

$$\begin{pmatrix} y & 2 & -1 & y & 2 \\ 0 & x & 1 & 0 & x \\ -2 & 1 & 0 & -2 & 1 \end{pmatrix}.$$

Die *Hauptdiagonalen* dieser Matrix sind die drei Diagonalen, die links oben beginnen und
sich dann nach rechts unten durchziehen, und die Elemente dieser drei Diagonalen werden
jeweils miteinander multipliziert. Dagegen sind die *Nebendiagonalen* der Matrix die drei
Diagonalen, die rechts oben beginnen und sich dann nach links unten durchziehen, und
auch die Elemente dieser drei Diagonalen werden jeweils miteinander multipliziert. Der
Unterschied ist nur der, dass die aus den Hauptdiagonalen resultierenden Produkte positiv
gerechnet werden, während die Produkte der Nebendiagonalen negativ gerechnet werden
müssen. Damit ergibt sich:

$$\det \begin{pmatrix} y & 2 & -1 \\ 0 & x & 1 \\ -2 & 1 & 0 \end{pmatrix} = y \cdot x \cdot 0 + 2 \cdot 1 \cdot (-2) + (-1) \cdot 0 \cdot 1$$
$$- ((-1) \cdot x \cdot (-2) + y \cdot 1 \cdot 1 + 2 \cdot 0 \cdot 0)$$
$$= -4 - (2x + y) = -4 - 2x - y.$$

Da nun das Volumen des Spats genau dem Absolutbetrag des Spatprodukts entspricht,
folgt daraus die Gleichung:

$$|-4 - 2x - y| = 1.$$

Das hilft noch nicht sehr viel, denn hier habe ich *eine* Gleichung mit *zwei* Unbekannten,
und um der Lösung auf die Spur zu kommen, muss ich noch die weiteren Informationen
aus der Aufgabenstellung verwenden. Die Fläche des von den beiden gegebenen Vektoren

aufgespannten Parallelogramms finde ich mit Hilfe des Vektorprodukts der beiden Vekto-ren. Wie man so ein Vektorprodukt berechnet, habe ich in der Aufgabe 2.9 erklärt, und ich werde deshalb jetzt nur noch kommentarlos die pure Rechnung aufschreiben. Es gilt:

$$\begin{pmatrix} y \\ 0 \\ -2 \end{pmatrix} \times \begin{pmatrix} -1 \\ 1 \\ 0 \end{pmatrix} = \begin{pmatrix} 0 \cdot 0 - 1 \cdot (-2) \\ (-2) \cdot (-1) - 0 \cdot y \\ y \cdot 1 - (-1) \cdot 0 \end{pmatrix} = \begin{pmatrix} 2 \\ 2 \\ y \end{pmatrix}.$$

Der Flächeninhalt des Parallelogramms ist nun leicht zu finden, denn er ist gleich dem Betrag des Vektorproduktes, das ich gerade berechnet habe. Damit folgt:

$$\text{Fläche} = \sqrt{2^2 + 2^2 + y^2} = \sqrt{8 + y^2}.$$

Und glücklicherweise weiß ich auch, was bei diesem Flächeninhalt herauskommen soll, denn die Fläche war mit $\sqrt{8}$ vorgegeben. Es muss daher gelten:

$$\sqrt{8 + y^2} = \sqrt{8}, \text{ also } 8 + y^2 = 8, \text{ und damit } y = 0.$$

Jetzt bin ich tatsächlich schon ein ganzes Stück weiter, denn ich habe herausgefunden, dass die Bedingung für die Parallelogrammfläche genau dann erfüllt ist, wenn $y = 0$ ist. Mit diesem y kann ich aber in die Gleichung für das Spatvolumen gehen, die ich vorhin berechnet habe. Es galt nämlich:

$$|-4 - 2x - y| = 1.$$

Aus $y = 0$ folgt nun die deutlich einfachere Gleichung:

$$|-4 - 2x| = 1, \text{ also } -4 - 2x = \pm 1.$$

Die Gleichung $-4 - 2x = 1$ hat die Lösung $x = -\frac{5}{2}$, während die Gleichung $-4 - 2x = -1$ die Lösung $x = -\frac{3}{2}$ hat. Es gilt daher: die geforderten Bedingungen sind genau dann erfüllt, wenn gilt:

$$x = -\frac{5}{2} \text{ und } y = 0$$

oder

$$x = -\frac{3}{2} \text{ und } y = 0.$$

Gleichungen und Ungleichungen 3

3.1 Lösen Sie die folgenden Gleichungen:

(i) $x^2 - 2x - 15 = 0$;
(iii) $x^2 - 2x + 5 = 0$;
(iii) $x^2 + 6x = -9$;
(iv) $x^4 = -4x^2 - 1$.

Hinweis zu (iv): setzen Sie $z = x^2$ und lösen Sie zuerst die entstehende quadratische Gleichung.

Lösung

(i)   Die Gleichung $x^2 - 2x - 15 = 0$ ist eine nicht weiter aufregende quadratische Gleichung, die man nach einem der üblichen Lösungsverfahren angehen kann. Ich werde Ihnen hier zwei zeigen. Die wohl am weitesten verbreitete Methode besteht in der Anwendung der sogenannten p, q-Formel, einer allgemeinen Lösungsformel, mit der man jede quadratische Gleichung lösen kann. Sobald Sie nämlich eine quadratische Gleichung der Form

$$x^2 + px + q = 0$$

haben, können Sie sofort auf die Lösungsformel zurückgreifen und kaltlächelnd die beiden Lösungen

$$x_{1,2} = -\frac{p}{2} \pm \sqrt{\frac{p^2}{4} - q}$$

oder auch

$$x_{1,2} = -\frac{p}{2} \pm \sqrt{\left(\frac{p}{2}\right)^2 - q}$$

© Springer-Verlag Deutschland 2017
T. Rießinger, *Übungsaufgaben zur Mathematik für Ingenieure*,
DOI 10.1007/978-3-662-54803-5_3

angeben: da $\frac{p^2}{4} = \left(\frac{p}{2}\right)^2$ gilt, besagen beide Formeln das Gleiche. Das ist praktisch, weil man sich über das Auffinden der Lösungen keine Gedanken mehr machen muss, sondern eine einfach handhabbare Formel zur Verfügung hat, in die man nur noch p und q einsetzen muss.

Da man unter p immer den Koeffizienten von x und unter q immer das absolute Glied versteht, das ganz ohne x auskommen muss, ist es auch nicht schwierig, die jeweiligen Werte von p und q herauszufinden. In diesem Beispiel ist $p = -2$ und $q = -15$. Dann ist $-\frac{p}{2} = 1$, und nach der p, q-Formel gilt:

$$x_{1,2} = 1 \pm \sqrt{1^2 - (-15)} = 1 \pm \sqrt{16} = 1 \pm 4.$$

Folglich ist $x_1 = -3$ und $x_2 = 5$, wobei es natürlich keine Rolle spielt, in welcher Reihenfolge Sie die Lösungen angeben: wenn man umgekehrt $x_1 = 5$ und $x_2 = -3$ schreibt, dann ist das genauso richtig.

Wer keine vorgestanzten Lösungsformeln mag, kann die p, q-Formel auch vollständig vermeiden und sich statt dessen auf die quadratische Ergänzung stürzen. Sie beruht auf der binomischen Formel und wandelt den vorliegenden quadratischen Term in ein Binom um. Dafür muss man natürlich einen kleinen Preis bezahlen, aber so teuer ist das alles nicht, wie Sie gleich sehen können. In der Gleichung

$$x^2 - 2x - 15 = 0$$

haben wir links ganz sicher *kein* Binom stehen: da in der Mitte $-2x$ auftaucht, müsste ich mich auf die zweite binomische Formel konzentrieren, so dass also $2x$ das berühmte doppelte Produkt zu sein hätte. Da nun aber nach einem Ausdruck der Form $(x - a)^2 = x^2 - 2ax + a^2$ gesucht wird, kann nur $2ax = 2x$ und damit auch $a = 1$ gelten. Wir können aber kaum damit rechnen, dass dann $a^2 = -15$ sein wird, denn offenbar ist $a^2 = 1$. Die linke Seite der Gleichung muss also etwas umgeformt werden, damit sie etwas mit einem Binom zu tun hat. Es gilt aber:

$$x^2 - 2x - 15 = x^2 - 2x + 1 - 16 = (x - 1)^2 - 16.$$

Damit habe ich die linke Seite geschrieben als Binom $-$ Zahl, und das wird sich gleich auswirken. Jetzt habe ich nämlich:

$$x^2 - 2x - 15 = 0 \Leftrightarrow (x - 1)^2 - 16 = 0$$
$$\Leftrightarrow (x - 1)^2 = 16$$
$$\Leftrightarrow x - 1 = \pm\sqrt{16}$$
$$\Leftrightarrow x - 1 = \pm 4$$
$$\Leftrightarrow x = 1 \pm 4,$$

also wieder die Ergebnisse $x_1 = -3$ und $x_2 = 5$.

(ii) Auch bei der Gleichung $x^2 - 2x + 5 = 0$ handelt es sich offenbar um eine quadratische Gleichung, aber bei Anwenden der p, q-Formel stellt sich heraus, dass sie sich von der Gleichung aus (i) doch ein wenig unterscheidet. Wir haben hier $p = -2$ und $q = 5$. Daraus folgt:

$$x_{1,2} = 1 \pm \sqrt{1 - 5} = 1 \pm \sqrt{-4}.$$

Nun gibt es zwei Möglichkeiten, und sie hängen davon ab, in welchem Zahlenbereich man sich bewegt. Hat man als Grundmenge die Menge $\mathbb{R}$ der reellen Zahlen, dann ist diese Gleichung natürlich unlösbar, da es keine reelle Wurzel aus -4 gibt. In diesem Fall ist die Lösungsmenge die leere Menge. Bewegt man sich aber in der Grundmenge $\mathbb{C}$ der komplexen Zahlen, so gibt es wie üblich zwei Lösungen, da in der Menge $\mathbb{C}$ Wurzeln aus negativen Zahlen sehr wohl existieren. Definiert man die sogenannte imaginäre Einheit i als $i = \sqrt{-1}$, dann ist nämlich

$$\sqrt{-4} = \sqrt{4 \cdot (-1)} = \sqrt{4} \cdot \sqrt{-1} = 2 \cdot i$$

auf Grund der alten Regel $\sqrt{a \cdot b} = \sqrt{a} \cdot \sqrt{b}$. Damit ergeben sich die Lösungen

$$x_{1,2} = 1 \pm \sqrt{1 - 5} = 1 \pm \sqrt{-4} = 1 \pm 2i.$$

Folglich ist $x_1 = 1 - 2i$ und $x_2 = 1 + 2i$.

(iii) Auch bei der Gleichung $x^2 + 6x = -9$ tritt eine Besonderheit auf, wenn auch nicht ganz so schlimm wie in Punkt (ii). Dass man zunächst die 9 auf die andere Seite bringen muss, um die übliche Form einer quadratischen Gleichung zu erhalten, ist wohl nicht sehr überraschend. Sobald ich aber auf die entstehende Gleichung $x^2 + 6x + 9 = 0$ die p, q-Formel mit $p = 6$ und $q = 9$ anwende, finde ich:

$$x_{1,2} = -3 \pm \sqrt{9 - 9} = -3.$$

Folglich ist $x_1 = x_2 = -3$. Die Gleichung hat zwar wie jede quadratische Gleichung zwei Lösungen, aber diese Lösungen fallen zusammen, so dass ich nur die doppelte Lösung -3 erhalte. Sie brauchen nur den Term $x^2 + 6x + 9$ auf der linken Seite der Gleichung anzusehen, um den eigentlichen Grund dafür zu verstehen: nach der ersten binomischen Formel ist $x^2 + 6x + 9 = (x + 3)^2$, und daher gilt:

$$x^2 + 6x + 9 = 0 \Leftrightarrow (x + 3)^2 = 0 \Leftrightarrow x + 3 = 0.$$

Der *Linearfaktor* $x + 3$ kommt hier eben doppelt vor, und deshalb ist $x = -3$ auch eine doppelte Nullstelle.

(iv) Die Gleichung $x^4 = -4x^2 - 1$ sieht gar nicht nach einer quadratischen Gleichung aus, sondern ist eindeutig eine Gleichung vierten Grades, aber man kann sie auf eine quadratische Gleichung reduzieren. Zunächst bringe ich alles auf eine Seite und erhalte

$$x^4 + 4x^2 + 1 = 0.$$

Zum Glück kommt die Unbekannte x nur mit den Exponenten 4 und 2 in der Gleichung vor, und das ermöglicht es, eine quadratische Gleichung zu erzeugen. Setzt man nämlich $z = x^2$, so ist natürlich $z^2 = (x^2)^2 = x^4$. Ich brauche also nur die Gleichung von x auf z umzuschreiben, um eine quadratische Gleichung in z daraus zu machen, denn es gilt:

$$x^4 + 4x^2 + 1 = z^2 + 4z + 1.$$

Die neue Gleichung lautet also:

$$z^2 + 4z + 1 = 0.$$

Mit $p = 4$ und $q = 1$ liefert dann die p, q-Formel:

$$z_{1,2} = -2 \pm \sqrt{4 - 1} = -2 \pm \sqrt{3} = -2 \pm 1{,}732$$

mit einer Genauigkeit von drei Stellen nach dem Komma. Folglich ist $z_1 = -3{,}732$ und $z_2 = -0{,}268$. Damit bin ich aber noch nicht fertig, denn die ursprüngliche Gleichung hatte die Unbekannte x, und bisher habe ich nur die Lösungen für die „Hilfsunbekannte" z bestimmt. Da ich $z = x^2$ gesetzt hatte, muss umgekehrt x die Wurzel aus z sein. Nun habe ich allerdings zwei Lösungen für z ermittelt, und jede dieser Lösungen hat wie üblich zwei Quadratwurzeln, so dass ich mit insgesamt vier Lösungen für x rechnen muss – bei einer Gleichung vierten Grades eigentlich keine große Überraschung. Leider sind sowohl z_1 als auch z_2 negativ, weshalb alle x-Lösungen komplex sein werden: das ist nicht schön, aber nicht zu verhindern. Aus z_1 gewinne ich wegen $\sqrt{3{,}732} = 1{,}932$ die komplexen Lösungen $x_1 = -1{,}932i$, $x_2 = 1{,}932i$, und aus z_2 erhalte ich wegen $\sqrt{0{,}268} = 0{,}518$ die komplexen Lösungen $x_3 = -0{,}518i$, $x_4 = 0{,}518i$.
Man nennt eine solche Gleichung in x, bei der nur die Potenzen x^4 und x^2 vorkommen, eine *biquadratische Gleichung*.

3.2 Lösen Sie die folgenden linearen Gleichungssysteme:

(i)

$$\begin{aligned}
x + y + z &= 6 \\
3x - 2y - 2z &= -7 \\
2x + y - z &= 1.
\end{aligned}$$

(ii)

$$\begin{aligned}
2x + y &= 0 \\
x + 2y + z &= 4 \\
-x + y - 3z &= 0.
\end{aligned}$$

Lösung Lineare Gleichungssysteme löst man in der Regel mit dem Gaußschen Algorithmus, der dafür sorgt, dass die etwas unsystematischen Methoden des Additionsverfahrens aus der Schulzeit ordentlich und in einer klar definierten Reihenfolge angewendet werden. Die Idee besteht dabei darin, alle Koeffizienten eines Gleichungssystems sowie die rechte Seite in einer Matrix zu versammeln und dann diese Matrix mit einigen zulässigen Operationen so zu manipulieren, dass man aus der Matrix mehr oder weniger direkt die Lösung des linearen Gleichungssystems ablesen kann. Was dabei unter der Formulierung „mehr oder weniger" zu verstehen ist, werde ich Ihnen gleich am ersten Beispiel erklären. Bei den zulässigen Operationen muss man sich nur überlegen, was man üblicherweise alles mit solchen linearen Gleichungen anstellen darf, ohne ihren Inhalt zu verändern. Man darf sie mit einer von Null verschiedenen Zahl multiplizieren, und da die Zeilen meiner Matrix jeweils einer Gleichung entsprechen werden, darf man das gleiche auch mit den Zeilen der Matrix machen. Und natürlich darf man auch das Vielfache einer Gleichung auf eine andere addieren, was sich dann ebenfalls auf die Zeilen der Matrix übertragen lässt. Schließlich ist es den Gleichungen auch egal, in welcher Reihenfolge man sie aufschreibt, und das heißt, bei Bedarf ist es erlaubt, die Zeilen der Matrix zu vertauschen. Nach diesen Vorbemerkungen wende ich mich jetzt den Aufgaben zu.

(i) Das Gleichungssystem

$$x + y + z = 6$$
$$3x - 2y - 2z = -7$$
$$2x + y - z = 1$$

wird übersetzt in die Matrix

$$\begin{pmatrix} 1 & 1 & 1 & 6 \\ 3 & -2 & -2 & -7 \\ 2 & 1 & -1 & 1 \end{pmatrix},$$

wobei die Einträge in der Matrix entstehen, indem man nur noch die *Koeffizienten* der Unbekannten x, y und z nebeneinander schreibt und dann noch die rechte Seite der jeweiligen Gleichung ergänzt. Jede Zeile der Matrix entspricht also einer Gleichung. Beim Additionsverfahren ist man dann bekanntlich darauf aus, Unbekannte zu eliminieren, und das entspricht beim Gauß-Algorithmus dem Erzeugen möglichst vieler Nullen an den richtigen Stellen der Matrix. Im Prinzip läuft es immer darauf hinaus, dass man überall unterhalb der Hauptdiagonalen – das ist die Diagonale, die oben links anfängt und sich dann nach rechts unten durchzieht – Nullen stehen haben möchte. Sobald dieses Ziel erreicht ist, kann man das Gleichungssystem leicht lösen. Nun steht links oben eine 1, und ich will die Einträge unterhalb dieser 1 zu Null werden lassen. Zu diesem Zweck subtrahiere ich das Dreifache der ersten Zeile von

der zweiten und das Doppelte der ersten Zeile von der dritten. Das ergibt die neue
Matrix:

$$\begin{pmatrix} 1 & 1 & 1 & 6 \\ 0 & -5 & -5 & -25 \\ 0 & -1 & -3 & -11 \end{pmatrix}.$$

Ein Blick auf die zweite Zeile zeigt, dass man sich das Leben etwas vereinfachen
kann, indem man diese Zeile durch -5 dividiert. Dann habe ich:

$$\begin{pmatrix} 1 & 1 & 1 & 6 \\ 0 & 1 & 1 & 5 \\ 0 & -1 & -3 & -11 \end{pmatrix}.$$

Jetzt muss ich noch die -1 in der dritten Zeile loswerden, und dazu addiere ich einfach die zweite Zeile auf die dritte. Daraus folgt:

$$\begin{pmatrix} 1 & 1 & 1 & 6 \\ 0 & 1 & 1 & 5 \\ 0 & 0 & -2 & -6 \end{pmatrix}.$$

Die Matrix befindet sich jetzt schon in einem Zustand, der das einfache Berechnen
der Lösungen erlaubt. Übersetzt man die letzte Zeile wieder in eine Gleichung, so
lautet sie

$$-2z = -6, \text{ also } z = 3,$$

und schon habe ich z herausgefunden. Die zweite Zeile lautet als Gleichung

$$y + z = 5,$$

und da ich z bereits kenne, kann ich hier den Wert $z = 3$ einsetzen. Damit bekomme
ich

$$y + 3 = 5, \text{ also } y = 2.$$

Und schließlich habe ich auch noch die erste Zeile, die für die Gleichung

$$x + y + z = 6$$

steht. Einsetzen von $y = 2$ und $z = 3$ führt dann zu dem Ergebnis

$$x + 5 = 6, \text{ also } x = 1.$$

Damit ist das lineare Gleichungssystem bereits vollständig gelöst, und die Lösung
lautet $x = 1, y = 2, z = 3$.

Ich sollte an dieser Stelle darauf hinweisen, dass im Lösungsteil meines Lehrbuchs „Mathematik für Ingenieure" sowohl in der ersten wie auch in der zweiten Auflage eine falsche Lösung dieses Gleichungssystems angegeben ist: dafür nehme ich alle Schuld auf mich, und ab der dritten Auflage ist dieser Fehler korrigiert.

Nun hatte ich aber vorhin gesagt, dass man aus der Matrix mehr oder weniger direkt die Lösung des linearen Gleichungssystems ablesen kann. Die eben besprochene Methode steht für das „weniger", denn ich musste noch die resultierenden Zeilen der Matrix in Gleichungen umwandeln und diese Gleichungen dann Schritt für Schritt durch Einsetzen der bereits berechneten Lösungen auflösen. Das kann man auch konsequenterweise innerhalb der Matrix machen, indem man nicht nur wie eben gezeigt von oben nach unten, sondern auch zusätzlich noch von unten nach oben rechnet. Ich nehme also noch einmal die Matrix

$$\begin{pmatrix} 1 & 1 & 1 & 6 \\ 0 & 1 & 1 & 5 \\ 0 & 0 & -2 & -6 \end{pmatrix}$$

her und teile die letzte Zeile durch -2. Dann erhalte ich

$$\begin{pmatrix} 1 & 1 & 1 & 6 \\ 0 & 1 & 1 & 5 \\ 0 & 0 & 1 & 3 \end{pmatrix}.$$

Zieht man dann die dritte Zeile von der zweiten und der ersten Zeile ab, so ergibt sich die Matrix:

$$\begin{pmatrix} 1 & 1 & 0 & 3 \\ 0 & 1 & 0 & 2 \\ 0 & 0 & 1 & 3 \end{pmatrix}.$$

Abziehen der zweiten Zeile von der ersten liefert dann

$$\begin{pmatrix} 1 & 0 & 0 & 1 \\ 0 & 1 & 0 & 2 \\ 0 & 0 & 1 & 3 \end{pmatrix}.$$

Und jetzt liefert das Zurückübersetzen der Zeilen in Gleichungen die äußerst übersichtlichen Gleichungen

$$x = 1, y = 2 \text{ und } z = 3,$$

zu denen ich wohl nichts weiter mehr sagen muss. Sobald Sie also die Matrix mit Hilfe der zulässigen Operationen so weit gebracht haben, dass – von der rechten Seite abgesehen – in der Hauptdiagonale nur Einsen stehen und ansonsten ausschließlich Nullen, dann können Sie direkt in der letzten Spalte die Lösungen ablesen.

(ii) Das lineare Gleichungssystem

$$2x + y \qquad = 0$$
$$x + 2y + z = 4$$
$$-x + y - 3z = 0$$

muss ich jetzt nicht mehr in aller Ausführlichkeit besprechen, sondern ich werde mich darauf beschränken, die nötigen Operationen durchzurechnen. In Matrixform lautet das Gleichungssystem:

$$\begin{pmatrix} 2 & 1 & 0 & 0 \\ 1 & 2 & 1 & 4 \\ -1 & 1 & -3 & 0 \end{pmatrix}.$$

Am einfachsten ist es, wenn ich die ersten beiden Zeilen vertausche, weil ich dann links oben eine 1 stehen habe und das die weiteren Operationen erleichtert. Ich habe dann also die Matrix:

$$\begin{pmatrix} 1 & 2 & 1 & 4 \\ 2 & 1 & 0 & 0 \\ -1 & 1 & -3 & 0 \end{pmatrix}.$$

Nun ziehe ich das Doppelte der ersten Zeile von der zweiten ab und addiere die erste Zeile auf die dritte. Das ergibt:

$$\begin{pmatrix} 1 & 2 & 1 & 4 \\ 0 & -3 & -2 & -8 \\ 0 & 3 & -2 & 4 \end{pmatrix}.$$

Addieren der zweiten auf die dritte Zeile führt zu:

$$\begin{pmatrix} 1 & 2 & 1 & 4 \\ 0 & -3 & -2 & -8 \\ 0 & 0 & -4 & -4 \end{pmatrix}.$$

Nun bin ich wieder soweit, dass ich die letzte Zeile in eine Gleichung übersetzen kann. Sie lautet:

$$-4z = -4, \text{ also } z = 1.$$

Die zweite Zeile ergibt die Gleichung

$$-3y - 2z = -8, \text{ also } -3y - 2 = -8 \text{ und damit } y = 2.$$

Schließlich erhalte ich aus der ersten Zeile die Gleichung

$$x + 2y + z = 4, \text{ das heißt } x + 4 + 1 = 4, \text{ also } x = -1.$$

Die Lösung lautet also $x = -1, y = 2, z = 1$.

3.3 Bestimmen Sie die reellen Lösungen der folgenden Ungleichungen:

(i) $x^2 + x > 2$;

(ii) $|x - 2| > x^2$;

(iii) $\frac{x+1}{x-1} > 1$.

Lösung Grundsätzlich verursachen Ungleichungen im Vergleich zu Gleichungen zwei unangenehme Probleme, denn erstens muss man damit rechnen, dass sie unendlich viele Lösungen haben und zweitens ist bei verschiedenen Umformungen Vorsicht geboten: aus $5 > 3$ folgt duch Multiplizieren mit -1 eben $-5 < -3$, weil sich beim Multiplizieren mit negativen Zahlen das Relationszeichen umdreht. Wenn man aber diese beiden Eigenarten im Hinterkopf behält und etwas Vorsicht walten lässt, sind auch Ungleichungen gar nicht mehr so schlimm.

(i)   Die Ungleichung $x^2 + x > 2$ bringe ich zunächst auf die Standardform $x^2 + x - 2 > 0$. Es handelt sich hier um eine quadratische Ungleichung, die man am besten angeht, indem man zuerst einmal die zugehörige quadratische Gleichung löst. Sie lautet

$$x^2 + x - 2 = 0$$

und hat nach der p, q-Formel die Lösungen

$$x_{1,2} = -\frac{1}{2} \pm \sqrt{\frac{1}{4} + 2} = -\frac{1}{2} \pm \sqrt{\frac{9}{4}} = -\frac{1}{2} \pm \frac{3}{2}.$$

Folglich ist $x_1 = -2$ und $x_2 = 1$. Nun habe ich allerdings die Gleichung gelöst und noch nicht die Ungleichung. Das macht aber gar nichts, denn sobald man die Lösung der Gleichung kennt, ist man von der Lösung der Ungleichung nur noch einen Schritt entfernt, wenn man ein wenig auf die alten Schulkenntnisse über Parabeln zurückgreift. Sie wissen vielleicht noch aus der Mittelstufe, dass das Bild der Funktion $y = x^2 + x - 2$ eine nach oben geöffnete Parabel darstellt, die bei den Nullstellen $x_1 = -2$ und $x_2 = 1$ durch die x-Achse geht.

Das sieht dann so aus wie in Abb. 3.1, und Sie können direkt ablesen, wann die Ungleichung $x^2 + x - 2 > 0$ erfüllt ist: die Funktion ist dann größer als Null, wenn ihr Funktionsgraph über der x-Achse liegt. Offenbar ist das genau dann der Fall, wenn $x > 1$ oder $x < -2$ gilt. Damit erhalte ich die Lösungsmenge:

$$\mathbb{L} = \{x \mid x < -2\} \cup \{x \mid x > 1\} = (-\infty, -2) \cup (1, \infty).$$

Abb. 3.1 Parabel

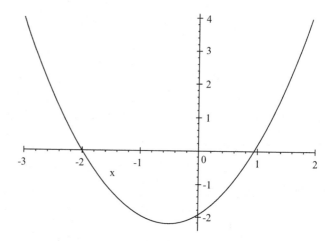

(ii) Betragsungleichungen wie $|x - 2| > x^2$ machen etwas mehr Mühe, weil man bei ihnen Fallunterscheidungen vornehmen muss. Der Ausdruck $|x - 2|$ ist nun einmal verschieden zu behandeln, je nachdem, ob der Term innerhalb der Betragsstriche positiv oder negativ ist. Deshalb unterscheide ich die beiden Fälle $x - 2 \geq 0$ und $x - 2 < 0$ bzw. $x \geq 2$ und $x < 2$.

Fall 1: $x \geq 2$. Dann ist $x - 2 \geq 0$, und der Betrag einer positiven Zahl entspricht glücklicherweise dieser Zahl selbst. Für $x \geq 2$ lautet die Ungleichung also

$$x - 2 > x^2, \text{ und damit } x^2 - x + 2 < 0.$$

Ich löse diese Ungleichung genauso wie in Aufgabe (i), indem ich zuerst die entsprechende quadratische Gleichung löse und anschließend nachsehe, was sich anhand der Parabel über die Ungleichung sagen lässt. Die Gleichung $x^2 - x + 2 = 0$ hat die Lösungen

$$x_{1,2} = \frac{1}{2} \pm \sqrt{\frac{1}{4} - 2} = \frac{1}{2} \pm \sqrt{-\frac{7}{4}}.$$

Das sieht auf den ersten Blick nicht gut aus, hat aber seine Vorteile, denn offenbar sind die Lösungen der Gleichung komplexe Zahlen, weshalb es keine reellen Lösungen gibt. Die Parabel der Funktion $y = x^2 - x + 2$ schneidet daher nirgends die x-Achse, und da sie nach oben geöffnet ist, bleibt ihr gar nichts anderes übrig als immer *über* der x-Achse zu liegen. Abbildung 3.2 bestätigt diese Überlegung. Folglich gilt für alle $x \in \mathbb{R}$ die Ungleichung $x^2 - x + 2 > 0$, und Sie werden kein reelles x finden, das die Ungleichung $x^2 - x + 2 < 0$ erfüllt. Die Lösungsmenge für den ersten Fall ist also die leere Menge, und ich schreibe $\mathbb{L}_1 = \emptyset$.

Fall 2: $x < 2$. Dann ist $x - 2 < 0$, und der Betrag einer positiven Zahl entspricht leider nicht dieser Zahl selbst, sondern der Zahl mit geändertem Vorzeichen. Für $x < 2$ lautet die Ungleichung also

$$-(x - 2) > x^2, \text{ somit } 2 - x > x^2 \text{ und daher } x^2 + x - 2 < 0.$$

Abb. 3.2 Parabel

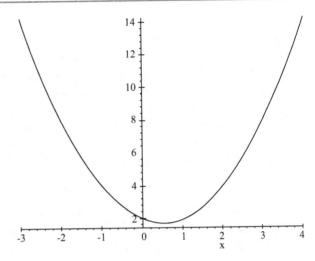

Die Lösungen der entsprechenden quadratischen Gleichung $x^2 + x - 2 = 0$ lauten wieder wie in Aufgabe (i):

$$x_{1,2} = -\frac{1}{2} \pm \sqrt{\frac{1}{4} + 2} = -\frac{1}{2} \pm \sqrt{\frac{9}{4}} = -\frac{1}{2} \pm \frac{3}{2},$$

also $x_1 = -2$ und $x_2 = 1$. Nun geht es aber darum, für welche $x < 2$ der Ausdruck $x^2 + x - 2$ kleiner als Null ist. Die Parabel der Funktion $y = x^2 + x - 2$ liegt genau für die x-Werte zwischen -2 und 1 unterhalb der x-Achse, wobei die Werte -2 und 1 selbst nicht zulässig sind, weil bei ihnen ja genau Null herauskommt. Es sind zwar in meinem Fall 2 nur x-Werte unterhalb von 2 zugelassen, aber das macht hier keinen Unterschied, weil die in Frage kommenden x-Werte ohnehin zwischen -2 und 1 liegen und damit automatisch auch kleiner als 2 sind. Damit ergibt sich für den zweiten Fall die Lösungsmenge

$$\mathbb{L}_2 = \{x \mid -2 < x < 1\} = (-2, 1).$$

Die gesamte Lösungsmenge erhält man dann als Vereinigung beider Teillösungen, und das heißt:

$$\mathbb{L} = \mathbb{L}_1 \cup \mathbb{L}_2 = \emptyset \cup (-2, 1) = (-2, 1).$$

Auch hier muss ich mich zu einem Fehler bekennen, der sich im Lehrbuch „Mathematik für Ingenieure" hartnäckig bis zur zweiten Auflage gehalten hat: die Lösung wird dort als abgeschlossenes Intervall $[-2, 1]$ angegeben, was bedeuten würde, dass auch die Randpunkte -2 und 1 dazu gehören. Wie Sie gesehen haben, ist das aber nicht der Fall, und die korrekte Lösung lautet $\mathbb{L} = (-2, 1)$.

(iii) Auch zum Lösen der Ungleichung $\frac{x+1}{x-1} > 1$ muss man auf eine Fallunterscheidung zurückgreifen. Es ist ja ziemlich klar, dass man den Bruch irgendwie loswerden und deshalb die Ungleichung mit dem Nenner durchmultiplizieren muss. Das Multiplizieren mit einer negativen Zahl dreht aber das Relationszeichen um, und daraus folgt, dass ich unterscheiden muss, ob der Nenner $x - 1$ positiv oder negativ ist.

Fall 1: $x > 1$. Dann ist $x - 1 > 0$, und ich kann einfach mit dem Nenner durchmultiplizieren, ohne mir weitere Gedanken zu machen. Aus $\frac{x+1}{x-1} > 1$ folgt dann $x + 1 > x - 1$, was offenbar für alle denkbaren x-Werte stimmt. Diese Ungleichung ist also allgemeingültig, aber Sie müssen bedenken, dass ich von vornherein im Fall 1 nur x-Werte zugelassen hatte, die größer als 1 sind. Sofern also $x > 1$ gilt, ist auch die Ungleichung erfüllt, und damit habe ich die erste Lösungsmenge

$$\mathbb{L}_1 = \{x \mid x > 1\} = (1, \infty).$$

Fall 2: $x < 1$. Dann ist $x - 1 < 0$, und ich kann zwar mit dem Nenner durchmultiplizieren, aber dabei wird sich das Relationszeichen ändern, so dass ich die neue Ungleichung $x + 1 < x - 1$ erhalte. Das ist aber für kein x der Welt möglich, also gilt für die Lösungsmenge des zweiten Falls:

$$\mathbb{L}_2 = \emptyset.$$

Die Gesamtlösungsmenge erhalte ich wieder als Vereinigung der beiden Teillösungen, und das bedeutet:

$$\mathbb{L} = \mathbb{L}_1 \cup \mathbb{L}_2 = (1, \infty) \cup \emptyset = (1, \infty).$$

3.4 Zur Frühstückspause am Montag kauft sich ein Arbeitnehmer in der Kantine einen Kaffee, ein Brötchen und die Bild-Zeitung zum Gesamtpreis von 2,25 Euro. Dienstags nimmt er sich zwei Kaffee, zwei Brötchen von der gleichen Sorte wie am Tag zuvor und wieder die Bild-Zeitung zum Gesamtpreis von 3,50 Euro. Am Mittwoch ist ihm die Lust auf die Bild-Zeitung vergangen, und er nimmt sich nur noch ein Brötchen der üblichen Sorte und einen Kaffee zum Gesamtpreis von 1,35 Euro. Zeigen Sie mit Hilfe des Gauß-Algorithmus, dass sich im Lauf dieser drei Tage die Preise geändert haben müssen.

Lösung Ich bezeichne den Preis für einen Kaffee mit x, den Preis für ein Brötchen mit y und den Preis für die Zeitung mit z. Dann ergeben sich aus den Frühstücksgewohnheiten des Arbeitnehmers die drei Gleichungen:

$$x + y + z = 2{,}25$$
$$2x + 2y + z = 3{,}5$$
$$x + y \phantom{{}+ z} = 1{,}35.$$

In Matrixform lautet das Gleichungssystem:

$$\begin{pmatrix} 1 & 1 & 1 & 2{,}25 \\ 2 & 2 & 1 & 3{,}5 \\ 1 & 1 & 0 & 1{,}35 \end{pmatrix}.$$

Ich gehe nun wieder nach dem Schema des Gauß-Algorithmus vor, muss also das Doppelte der ersten Zeile von der zweiten abziehen und die erste Zeile selbst von der dritten. Das ergibt:

$$\begin{pmatrix} 1 & 1 & 1 & 2{,}25 \\ 0 & 0 & -1 & -1 \\ 0 & 0 & -1 & -0{,}9 \end{pmatrix}.$$

Abziehen der zweiten Zeile von der dritten führt dann zu der Matrix:

$$\begin{pmatrix} 1 & 1 & 1 & 2{,}25 \\ 0 & 0 & -1 & -1 \\ 0 & 0 & 0 & 0{,}1 \end{pmatrix}.$$

Und nun sehen Sie sich die dritte Zeile an. Übersetzt in eine Gleichung lautet sie $0 \cdot z = 0{,}1$, also $0 = 0{,}1$. Das ist offenbar nicht möglich, und daraus folgt, dass dieses Gleichungssystem keine Lösung haben kann. Wären aber innerhalb der betrachteten drei Tage die Preise konstant geblieben, dann müsste es eine Lösung des Gleichungssystems geben, nämlich genau die Preise für Kaffee, Brötchen und Zeitung. Folglich wurden innerhalb dieser drei Tage die Preise geändert.

Sie sehen an diesem kleinen Beispiel, dass lineare Gleichungssysteme durchaus nicht immer eindeutig lösbar sein müssen: es kann auch passieren, dass es überhaupt keine Lösung oder sogar unendlich viele Lösungen gibt.

3.5 Bestimmen Sie die reellen Lösungen der folgenden Ungleichungen.

(i) $3x - 2 > x^2$;

(ii) $\frac{x-1}{2x+3} \geq 1$;

(iii) $|x + 1| < x^2$.

Lösung Wie schon in der Vorbemerkung zu Aufgabe 3.3 erwähnt, sind Ungleichungen nicht ganz so pflegeleicht wie Gleichungen: abgesehen davon, dass bei ihnen unendlich viele Lösungen fast schon die Regel sind, muss man vor allem beim Dividieren und Multiplizieren aufpassen. Einer Gleichung ist es egal, ob sie mit einer positiven oder einer negativen Zahl multipliziert wird, aber bei einer Ungleichung dreht die Multiplikation mit einer negativen Zahl das Relationszeichen um. Sie brauchen nur die einfache Ungleichung $2 < 3$ mit der negativen Zahl -1 zu multiplizieren, um die neue Ungleichung $-2 > -3$ zu erhalten, denn die -2 liegt auf der Zahlengeraden nun einmal rechts von der -3 und ist damit größer. Wenn man aber diese Eigenart der Ungleichungen immer im Hinterkopf behält, dann sind sie gar nicht mehr so schlimm.

(i)   Die quadratische Ungleichung $3x - 2 > x^2$ gehe ich wie die quadratische Ungleichung in Aufgabe 3.3 an, indem ich zunächst alles auf eine Seite bringe und damit

Abb. 3.3 Parabel

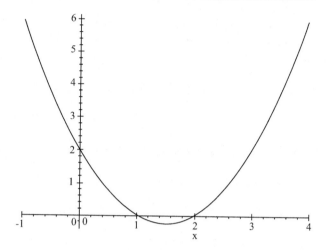

die Ungleichung

$$x^2 - 3x + 2 < 0$$

erhalte. Vielleicht können Sie sich noch erinnern, wie ich am besten vorgehe: zuerst einmal löse ich die zugehörige quadratische Gleichung, und dann sehe ich zu, was ich mit der Lösung dieser Gleichung anfangen kann. Die Gleichung selbst lautet:

$$x^2 - 3x + 2 = 0$$

und hat nach der p, q-Formel die Lösungen

$$x_{1,2} = \frac{3}{2} \pm \sqrt{\frac{9}{4} - 2} = \frac{3}{2} \pm \sqrt{\frac{1}{4}} = \frac{3}{2} \pm \frac{1}{2}.$$

Folglich ist $x_1 = 1$ und $x_2 = 2$. Leider habe ich jetzt nur die Gleichung gelöst und noch nicht die Ungleichung. Das macht aber gar nichts, denn sobald man die Lösung der Gleichung kennt, ist man von der Lösung der Ungleichung nur noch einen Schritt entfernt, wenn man ein wenig auf die alten Schulkenntnisse über Parabeln zurückgreift. Genau wie in Aufgabe 3.3 muss ich mir jetzt nur noch überlegen, wie das Bild der Funktion $y = x^2 - 3x + 2$ aussieht: es handelt sich um eine nach oben geöffnete Parabel, die bei den Nullstellen $x_1 = 1$ und $x_2 = 2$ durch die x-Achse geht.

Das sieht dann so aus wie in Abb. 3.3, und Sie können direkt ablesen, wann die Ungleichung $x^2 - 3x + 2 < 0$ erfüllt ist: die Funktion ist dann kleiner als Null, wenn ihr Funktionsgraph unterhalb der x-Achse liegt. Offenbar ist das genau dann der Fall, wenn *gleichzeitig* $x > 1$ und $x < 2$ gilt. Damit erhalte ich die Lösungsmenge:

$$\mathbb{L} = \{x \mid x > 1\} \cap \{x \mid x < 2\} = \{x \mid 1 < x < 2\} = (1, 2).$$

Die Ungleichung hat also als Lösungsmenge die Menge aller x, die echt zwischen 1 und 2 liegen.

(ii) Zum Lösen der Ungleichung $\frac{x-1}{2x+3} \geq 1$ muss ich auf eine Fallunterscheidung zurückgreifen, denn hier kommt genau das zum Tragen, was ich oben über das Multiplizieren einer Ungleichung mit einer negativen Zahl gesagt habe. Natürlich muss ich den Bruch irgendwie loswerden und habe deshalb das Bedürfnis, die Ungleichung mit dem Nenner durchzumultiplizieren. Das Multiplizieren mit einer negativen Zahl dreht aber das Relationszeichen um, und daraus folgt, dass ich unterscheiden muss, ob der Nenner $2x + 3$ positiv oder negativ ist.

Fall 1: $x > -\frac{3}{2}$. Dann ist $2x + 3 > 0$, und ich kann einfach mit dem Nenner durchmultiplizieren, ohne mir weitere Gedanken zu machen. Aus $\frac{x-1}{2x+3} \geq 1$ folgt dann $x - 1 \geq 2x + 3$. Nun bringe ich alle x-Terme auf eine und alle reinen Zahlen auf die andere Seite und erhalte:

$$-4 \geq x, \text{ also } x \leq -4.$$

Sie dürfen aber nicht vergessen, dass ich von vornherein im Fall 1 nur x-Werte zugelassen hatte, die größer als $-\frac{3}{2}$ sind, und innerhalb der Menge dieser x-Werte muss ich mir jetzt die heraussuchen, die kleiner als oder gleich -4 sind. Man kann aber nicht gleichzeitig größer als $-\frac{3}{2}$ und kleiner oder gleich -4 sein, also hat die Ungleichung im Fall 1 keine Lösung. Es gilt also für die erste Lösungsmenge:

$$\mathbb{L}_1 = \emptyset.$$

Fall 2: $x < -\frac{3}{2}$. Dann ist $2x + 3 < 0$, und ich kann zwar mit dem Nenner durchmultiplizieren, aber dabei wird sich das Relationszeichen ändern, so dass ich die neue Ungleichung $x - 1 \leq 2x + 3$ erhalte. Indem ich wieder x auf die eine Seite bringe und den Rest auf die andere, erhalte ich daraus:

$$-4 \leq x, \text{ also } x \geq -4.$$

Wie sieht es jetzt mit der Lösungsmenge aus? Ich habe herausbekommen, dass $x \geq -4$ sein muss, aber zugelassen waren in diesem Fall 2 nur die x-Werte mit $x < -\frac{3}{2}$. Hier gibt es allerdings im Gegensatz zu Fall 1 keinen Widerspruch, da man durchaus gleichzeitig kleiner als $-\frac{3}{2}$ und größer oder gleich -4 sein kann, nämlich genau dann, wenn x zwischen beiden Zahlen liegt. Es gilt also:

$$\mathbb{L}_2 = \left\{x \mid x \geq -4 \text{ und } x < -\frac{3}{2}\right\} = \left\{x \mid -4 \leq x < -\frac{3}{2}\right\} = \left[-4, -\frac{3}{2}\right).$$

Die Gesamtlösungsmenge erhalte ich nun als Vereinigung der beiden Teillösungen, und das bedeutet:

$$\mathbb{L} = \mathbb{L}_1 \cup \mathbb{L}_2 = \emptyset \cup \left[-4, -\frac{3}{2}\right) = \left[-4, -\frac{3}{2}\right).$$

Abb. 3.4 Betragsfunktion und
Parabel

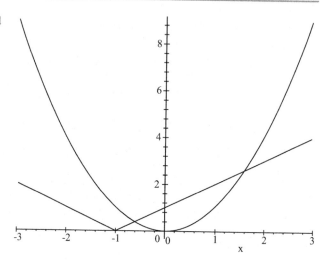

(iii) Die Ungleichung $|x + 1| < x^2$ kann man genauso behandeln wie die Betragsunglei-
chung in Aufgabe 3.3 (ii), indem man unterscheidet, ob $x + 1$ positiv oder negativ
ist und dann die jeweils entstehenden quadratischen Ungleichungen löst. In solchen
Fällen ist aber manchmal auch eine etwas andere Methode anwendbar, die ich Ihnen
hier zeigen möchte. Sie können sich nämlich auch gleich am Anfang überlegen, wie
die beteiligten Funktionen aussehen, und das sind einerseits $y = |x + 1|$ und ande-
rerseits $y = x^2$. Für $y = x^2$ ist das mehr als einfach, denn hier geht es nur um die
übliche Normalparabel. Beim Betrag ist das schon etwas komplizierter, da Sie wohl
oder übel zwei Fälle unterscheiden müssen. Für jede reelle Zahl a ist

$$|a| = \begin{cases} a, & \text{falls } a \geq 0 \\ -a, & \text{falls } a < 0, \end{cases}$$

denn bei einer negativen Zahl ist $-a$ wieder positiv. Daher ist nun:

$$|x + 1| = \begin{cases} x + 1, & \text{falls } x \geq -1 \\ -x - 1, & \text{falls } x < -1, \end{cases}$$

denn die Bedingung $x + 1 \geq 0$ ist gleichbedeutend mit $x \geq -1$, und wenn man im
Falle $x + 1 < 0$ zu $-(x + 1)$ übergehen muss, dann liefert das natürlich $-x - 1$.
Jetzt kann ich aber die beiden Funktionen einzeichnen: die Parabel bedarf keiner
Erwähnung mehr, und die Betragsfunktion besteht aus einer Kombination der beiden
Geraden $y = -x - 1$ und $y = x + 1$, wobei die erste Gerade für $x < -1$ gültig ist
und die zweite für $x \geq -1$. In Abb. 3.4 können Sie die Funktionen bewundern.
Und jetzt sehen Sie auch schon, was los ist. Die Betragsfunktion kann nur dann
größer oder gleich der Funktion $y = x^2$ werden, wenn sich die x-Werte zwischen

den Schnittpunkten des rechten Zweiges der Betragsfunktion und der Parabel auf-
halten; ansonsten ist immer $|x + 1| < x^2$. Der rechte Zweig hat aber die Gleichung
$y = x + 1$, und Schnittpunkte erhalte ich durch Gleichsetzen. Ich setze also:

$$x^2 = x + 1, \text{ also } x^2 - x - 1 = 0.$$

Die p, q-Formel liefert die Lösungen:

$$x_{1,2} = \frac{1}{2} \pm \sqrt{\frac{1}{4} + 1} = \frac{1}{2} \pm \sqrt{\frac{5}{4}} = \frac{1}{2} \pm \frac{1}{2}\sqrt{5}.$$

Somit ist $x_1 = \frac{1}{2} - \frac{1}{2}\sqrt{5}$ und $x_2 = \frac{1}{2} + \frac{1}{2}\sqrt{5}$. Wie wir uns bereits überlegt hatten,
ist die gegebene Ungleichung genau dann erfüllt, wenn $x < x_1$ oder $x > x_2$ ist, und
das heißt:

$$\mathbb{L} = \left\{ x \mid x < \frac{1}{2} - \frac{1}{2}\sqrt{5} \right\} \cup \left\{ x \mid x > \frac{1}{2} + \frac{1}{2}\sqrt{5} \right\}$$

$$= \left(-\infty, \frac{1}{2} - \frac{1}{2}\sqrt{5} \right) \cup \left(\frac{1}{2} + \frac{1}{2}\sqrt{5}, \infty \right).$$

Folgen und Konvergenz

4

4.1 Bestimmen Sie, sofern vorhanden, die Grenzwerte der nachstehenden Folgen.

(i) $a_n = \frac{n^2-3n+1}{17n^2+17n-1895}$;

(ii) $b_n = \frac{2n^4-3n^2+17}{1000n^3+n^2+n}$;

(iii) $c_n = \frac{2n^2+50n-1}{10n^3-3n^2+n-1}$.

Lösung Bei allen drei Folgen handelt es sich um Standardfälle, die man auch alle nach der gleichen Methode angehen kann. Sobald eine Folge sich als Bruch darstellt, dessen Zähler und Nenner Polynome in der laufenden Variable n sind, geht man am besten so vor, dass man den Bruch durch die höchste vorkommende Potenz der laufenden Variablen kürzt, also Zähler und Nenner durch diese höchste Potenz von n dividiert. Dabei gibt es drei mögliche Fälle, und dieses drei Fälle werden von den drei folgenden Beispielen abgedeckt.

(i)   Bei der Folge $a_n = \frac{n^2-3n+1}{17n^2+17n-1895}$ lautet die höchste Potenz in Zähler und in Nenner n^2, weshalb ich durch n^2 kürze. Dann gilt:

$$a_n = \frac{n^2 - 3n + 1}{17n^2 + 17n - 1895} = \frac{1 - \frac{3}{n} + \frac{1}{n^2}}{17 + \frac{17}{n} - \frac{1895}{n^2}}.$$

Das sieht zwar auf den ersten Blick nicht besser aus als vorher, sondern eher schlimmer, aber schon der zweite Blick zeigt, dass ich jetzt einiges gewonnen habe. Sehen Sie sich zuerst einmal den neuen Zähler an. Wenn jetzt n gegen Unendlich geht, dann wird sich an der 1, mit der der Zähler anfängt, natürlich nichts ändern. Anders sieht das schon beim nächsten Summanden aus, denn für $n \to \infty$ wird $\frac{3}{n} \to 0$ gehen.

© Springer-Verlag Deutschland 2017
T. Rießinger, *Übungsaufgaben zur Mathematik für Ingenieure*,
DOI 10.1007/978-3-662-54803-5_4

Dass schließlich auch $\frac{1}{n^2}$ gegen Null konvergiert, wenn n gegen Unendlich tendiert, brauche ich kaum noch zu erwähnen. Insgesamt stellt sich also heraus:

$$\lim_{n \to \infty} \left(1 - \frac{3}{n} + \frac{1}{n^2} \right) = 1.$$

Und der Nenner lässt sich genauso behandeln. Bis auf den ersten Summanden wird alles gegen Null konvergieren, so dass ich für den Nenner die Gleichung

$$\lim_{n \to \infty} \left(17 + \frac{17}{n} - \frac{1895}{n^2} \right) = 17$$

erhalte. Da nun Zähler und Nenner dieses Bruchs jeder für sich konvergieren, muss auch die gesamte Folge konvergieren, und zwar gegen den Quotienten der beiden Grenzwerte. Damit folgt:

$$
\begin{aligned}
\lim_{n \to \infty} a_n &= \lim_{n \to \infty} \frac{n^2 - 3n + 1}{17n^2 + 17n - 1895} \\
&= \lim_{n \to \infty} \frac{1 - \frac{3}{n} + \frac{1}{n^2}}{17 + \frac{17}{n} - \frac{1895}{n^2}} \\
&= \frac{\lim_{n \to \infty} \left(1 - \frac{3}{n} + \frac{1}{n^2} \right)}{\lim_{n \to \infty} \left(17 + \frac{17}{n} - \frac{1895}{n^2} \right)} \\
&= \frac{1}{17}.
\end{aligned}
$$

Damit ist der Grenzwert berechnet. Ich möchte aber die Gelegenheit nutzen, gleich einen Appell an Sie loszuwerden. Zu oft – eigentlich in jeder Klausur – sehe ich Formeln wie zum Beispiel

$$\lim_{n \to \infty} \frac{n^2 - 3n + 1}{17n^2 + 17n - 1895} = \frac{1 - \frac{3}{n} + \frac{1}{n^2}}{17 + \frac{17}{n} - \frac{1895}{n^2}},$$

und dann wird irgendwie weitergerechnet. Ich hoffe, Sie erkennen den Unterschied: während auf der linken Seite der Gleichung noch der Limes vor dem Bruch steht, ist er auf der rechten Seite verloren gegangen. Links steht, wie sich der Bruch für $n \to \infty$ verhalten wird, und rechts steht der Bruch selbst, ohne dass irgendjemand unser n veranlassen könnte, gegen Unendlich zu gehen. Das ist nicht das Gleiche! Solange n noch dabei ist, gegen Unendlich zu laufen, muss man das auch in den entsprechenden Formeln deutlich machen, und das heißt konkret, dass Sie das lim-Symbol so lange mitschleifen müssen, bis Sie Ihren Grenzwert endlich berechnet haben. Das simple Weglassen des lim ist nicht erlaubt, wenn nicht n schon gegen Unendlich gelaufen ist.

(ii) Auch die Folge $b_n = \frac{2n^4-3n^2+17}{1000n^3+n^2+n}$ stellt uns nicht vor unüberwindbare Schwierigkeiten, obwohl hier eine kleine Besonderheit vorliegt. Die höchste vorkommende Potenz von n lautet n^4, und deshalb kürze ich den Bruch durch n^4. Dann ist

$$b_n = \frac{2n^4 - 3n^2 + 17}{1000n^3 + n^2 + n} = \frac{2 - \frac{3}{n^2} + \frac{17}{n^4}}{\frac{1000}{n} + \frac{1}{n^2} + \frac{1}{n^3}}.$$

Beachten Sie übrigens im Hinblick auf meinen Appell aus Teil (i), dass ich hier von Anfang an nur die pure Folge betrachtet habe und nicht ihren Limes; daher kann ich auch mit der puren Folge weiterrechnen. Erst wenn ich einmal mit dem Limes anfange, muss ich ihn auch bis zum Ende durchziehen.

Nun geht der neue Zähler für $n \to \infty$ offenbar gegen 2, das ist nicht weiter aufregend. Der neue Nenner dagegen besitzt keinen n-freien Summanden, und jeder seiner Summanden wird gegen Null konvergieren. Damit ist aber

$$\lim_{n\to\infty} \left(\frac{1000}{n} + \frac{1}{n^2} + \frac{1}{n^3} \right) = 0.$$

Das verursacht ein kleines Problem, denn im Gegensatz zu Aufgabe (i) kann ich hier nicht einfach den Quotienten aus Zählergrenzwert und Nennergrenzwert bilden, weil man durch Null nun einmal nicht dividieren darf. Aber so schlimm ist das gar nicht. Während der Zähler des gekürzten Bruches gegen 2 konvergiert, tendiert der Nenner gegen 0. Man dividiert also Zahlen, die stark in der Nähe von 2 sind, durch Zahlen, die sich kaum noch von 0 unterscheiden lassen, also sehr klein sind. Und das kann nur eines bedeuten: wenn Sie Zahlen, die sich in der Nähe von 2 aufhalten, durch sehr klein werdende Zahlen teilen, dann muss das Ergebnis sehr groß werden. Für $n \to \infty$ geht dieser Bruch also gegen Unendlich. Da der Zähler ohnehin gegen 2 konvergiert und der Nenner immer positiv ist, kann man noch präziser sagen, dass b_n gegen $+\infty$ tendiert. Ob man dabei ein Anwachsen in unendliche Größen noch mit dem Wort „Konvergenz" bezeichnen will, ist Geschmackssache. Die meisten bezeichnen eine solche Folge als *bestimmt divergent*, und meinen damit, dass sie unendlich groß wird, wenn $n \to \infty$ geht. Insgesamt gilt also:

$$\lim_{n\to\infty} b_n = \lim_{n\to\infty} \frac{2n^4 - 3n^2 + 17}{1000n^3 + n^2 + n}$$
$$= \lim_{n\to\infty} \frac{2 - \frac{3}{n^2} + \frac{17}{n^4}}{\frac{1000}{n} + \frac{1}{n^2} + \frac{1}{n^3}} = \infty.$$

(iii) Über die Folge $c_n = \frac{2n^2+50n-1}{10n^3-3n^2+n-1}$ muss ich nun allerdings nicht mehr so viele Worte verlieren. Die höchste vorkommende Potenz von n lautet n^3, also kürze ich durch n^3.

Das ergibt:

$$\lim_{n\to\infty} c_n = \lim_{n\to\infty} \frac{2n^2 + 50n - 1}{10n^3 - 3n^2 + n - 1}$$

$$= \lim_{n\to\infty} \frac{\frac{2}{n} + \frac{50}{n^2} - \frac{1}{n^3}}{10 - \frac{3}{n} + \frac{1}{n^2} - \frac{1}{n^3}}$$

$$= \frac{0}{10} = 0,$$

denn der Zähler des gekürzten Bruches konvergiert gegen Null, während der Nenner gegen 10 konvergiert. Diese Situation hat man immer, wenn der höchste Exponent im Zähler kleiner ist als der höchste Exponent im Nenner: sobald man gekürzt hat, wird der Zähler gegen Null gehen, der Nenner aber gegen eine von Null verschiedene Zahl. Insgesamt muss dann im Grenzübergang Null heraus kommen.

4.2 Zeigen Sie:

$$\lim_{n\to\infty} \frac{1 - \sqrt{\frac{n-1}{n}}}{1 - \frac{n-1}{n}} = \frac{1}{2}.$$

Hinweis: Schreiben Sie mit Hilfe der dritten binomischen Formel den Nenner als

$$1 - \frac{n-1}{n} = \left(1 - \sqrt{\frac{n-1}{n}}\right) \cdot \left(1 + \sqrt{\frac{n-1}{n}}\right),$$

kürzen Sie so gut wie möglich und verwenden Sie dann die Beziehung:

$$\lim_{n\to\infty} \frac{n-1}{n} = 1.$$

Lösung Die hier vorgegebene Folge ist nicht mehr ganz so einfach zu erledigen, indem man durch irgendwelche höchsten Potenzen von n kürzt, denn weder im Zähler noch im Nenner habe ich ein Polynom. Immerhin verrät der Hinweis, dass ich die Beziehung $\lim\limits_{n\to\infty} \frac{n-1}{n} = 1$ verwenden soll, und bevor ich sie verwende, sollte ich erst einmal sicher stellen, dass sie auch wirklich stimmt. Das ist aber einfach. Kürzen des Bruchs durch n ergibt:

$$\lim_{n\to\infty} \frac{n-1}{n} = \lim_{n\to\infty} \frac{1 - \frac{1}{n}}{1} = \lim_{n\to\infty} 1 - \frac{1}{n} = 1.$$

Nun verlangt der Hinweis, dass ich den Nenner mit Hilfe der dritten binomischen Formeln etwas anders schreibe. Wie Sie wissen, gilt für beliebige Zahlen a und b die Formel $a^2 -$

$b^2 = (a - b) \cdot (a + b)$, und um diese Formel anwenden zu können, muss ich nur noch identifizieren, wer a und wer b sein soll. Dafür gibt es allerdings nicht so viele Kandidaten, wenn Sie einen Blick auf den Nenner werfen: dort steht die Differenz zweier Zahlen, und wenn diese Differenz eine dritte binomische Formel sein soll, dann muss die erste Zahl a^2 und die zweite Zahl b^2 sein. Folglich ist

$$a = 1 \text{ und } b = \sqrt{\frac{n-1}{n}}.$$

Mit der dritten binomischen Formel folgt dann:

$$1 - \frac{n-1}{n} = a^2 - b^2 = \left(1 - \sqrt{\frac{n-1}{n}}\right) \cdot \left(1 + \sqrt{\frac{n-1}{n}}\right).$$

Obwohl man auf den ersten Blick den Eindruck gewinnen könnte, dass jetzt alles noch etwas schlimmer ist als vorher, sind wir doch ein Stück weiter gekommen. Es gilt jetzt nämlich:

$$\frac{1 - \sqrt{\frac{n-1}{n}}}{1 - \frac{n-1}{n}} = \frac{1 - \sqrt{\frac{n-1}{n}}}{\left(1 - \sqrt{\frac{n-1}{n}}\right) \cdot \left(1 + \sqrt{\frac{n-1}{n}}\right)} = \frac{1}{1 + \sqrt{\frac{n-1}{n}}},$$

denn sowohl Zähler als auch Nenner weisen den gemeinsamen Faktor $1 - \sqrt{\frac{n-1}{n}}$ auf, den ich folglich herauskürzen darf. Im Zähler bleibt dann nur noch eine 1 stehen, während der Nenner noch den Term $1 + \sqrt{\frac{n-1}{n}}$ behält. Nun weiß ich aber, dass $\lim\limits_{n\to\infty} \frac{n-1}{n} = 1$ gilt, und das wird sich als hilfreich erweisen. Wenn nämlich $\frac{n-1}{n}$ gegen 1 geht, dann geht $\sqrt{\frac{n-1}{n}}$ gegen $\sqrt{1}$, und das ist immer noch 1. Damit ist

$$\lim_{n\to\infty} \left(1 + \sqrt{\frac{n-1}{n}}\right) = 1 + 1 = 2,$$

also

$$\lim_{n\to\infty} \frac{1 - \sqrt{\frac{n-1}{n}}}{1 - \frac{n-1}{n}} = \lim_{n\to\infty} \frac{1}{1 + \sqrt{\frac{n-1}{n}}} = \frac{1}{2},$$

da ich vorher ausgerechnet hatte, dass der Nenner des letzten Bruchs gegen 2 konvergiert.

Um hier keine Undeutlichkeiten aufkommen zu lassen: ich habe mich beim Lösen der Aufgabe einer kleinen Schlamperei schuldig gemacht, die Ihnen vielleicht entgangen ist. Ich hatte argumentiert, wenn eine bestimmte Folge gegen 1 geht, dann muss die Folge der Quadratwurzeln gegen $\sqrt{1} = 1$ konvergieren. Das ist zwar richtig, aber keineswegs selbstverständlich, und eigentlich müsste man es beweisen. Da es aber erstens in das Kapitel über Stetigkeit gehört und zweitens auch ohne Beweis recht einleuchtend ist, will ich hier auf den Beweis verzichten.

4.3 Zeigen Sie mit Hilfe der vollständigen Induktion die folgenden Gleichungen:

(i) $1 + 3 + 5 + \cdots + (2n - 1) = n^2$ für alle $n \in \mathbb{N}$.
(ii) $1^3 + 2^3 + 3^3 + \cdots + n^3 = \frac{1}{4}n^2(n + 1)^2$ für alle $n \in \mathbb{N}$.

Lösung Induktionsaufgaben lassen sich in der Regel nach einem bestimmten Schema angehen, wobei ich gleich dazu sagen muss, dass das Schema zwar eine Orientierungshilfe bietet, aber keine Erfolgsgarantie. Zuerst testet man den Anfangsfall: wenn also beispielsweise wie in den beiden Formeln dieser Aufgabe eine Summenformel für alle natürlichen Zahlen n zu beweisen ist, dann sollte man nachsehen, ob die Formel überhaupt für $n = 1$ stimmt. Ist das nicht der Fall und Sie haben sich nicht verrechnet, so ist die Sache hier bereits erledigt, denn Sie haben ein Gegenbeispiel zu der Formel gefunden. Normalerweise sind Aufgaben allerdings so gestellt, dass sie keinen Unsinn behaupten, und das heißt, dass der Test mit $n = 1$ gut gehen wird. Damit ist der sogenannte *Induktionsanfang* gesichert, und man kann zum Induktionsschluss übergehen. Für diesen Induktionsschluss gehen Sie davon aus, dass die Aussage, die zur Diskussion steht, für eine Zahl $n \in \mathbb{N}$ tatsächlich stimmt – keine abwegige Annahme, denn für $n = 1$ haben Sie das ja im Induktionsanfang nachgerechnet. Unter dieser Annahme zeigen Sie jetzt: *wenn* die Aussage für n stimmt, *dann* stimmt sie auch für $n + 1$. Man muss also im sogenannten *Induktionsschluss* immer von der Aussage für n auf die Aussage für $n + 1$ schließen, und das hat den ungeheuren Vorteil, dass man in diesem Teil erstens die Aussage für n verwenden darf und zweitens auch noch genau weiß, wohin die Rechnereien führen sollen, nämlich zur Aussage für $n + 1$.

Nach diesen Vorbemerkungen führe ich jetzt die Induktionsaufgaben vor.

(i)   Zu beweisen ist die Summenformel

$$1 + 3 + 5 + \cdots + (2n - 1) = n^2 \text{ für alle } n \in \mathbb{N}.$$

Bevor man mit der formalen Prozedur anfängt, ist es oft sinnvoll, sich die Formeln genauer anzusehen. Auf der linken Seite steht die Summe der ungeraden Zahlen von 1 bis $2n - 1$, also die Summe der ersten n ungeraden Zahlen. Und auf der rechten Seite steht ganz einfach n^2, also das Quadrat der laufenden Nummer n. Der Induktionsanfang ist jetzt nicht weiter schwierig.
Induktionsanfang: Für $n = 1$ habe ich auf der linken Seite die Summe der ersten n ungeraden Zahlen, also nur die 1 selbst. Da für $n = 1$ auf der rechten Seite 1^2 steht und $1 = 1^2$ gilt, stimmt die Summenformel für $n = 1$. Der Induktionsanfang ist damit gesichert.

Induktionsvoraussetzung: Ich nehme nun an, dass für ein $n \in \mathbb{N}$ die Summenformel $1 + 3 + 5 + \cdots + (2n - 1) = n^2$ gilt.

Induktionsschluss: Zu zeigen ist nun, dass die Summenformel auch für $n + 1$ gilt, sofern sie für n gilt. Hat man aber als laufende Nummer nicht mehr nur n, sondern $n + 1$, dann steht auf der linken Seite nicht mehr die Summe der ersten n ungeraden Zahlen, sondern die Summe der ersten $n + 1$ ungeraden Zahlen, und das sind die ungeraden Zahlen von 1 bis $2n + 1$, denn die nächste ungerade Zahl nach $2n - 1$ ist $2n + 1$. Auf der rechten Seite steht natürlich einfach $(n + 1)^2$. Zu zeigen ist jetzt also:

$$1 + 3 + 5 + \cdots + (2n - 1) + (2n + 1) = (n + 1)^2,$$

wobei ich die Summenformel für n aus der Induktionsvoraussetzung verwenden kann. Ich weiß also aus der Induktionsvoraussetzung etwas über die Summenformel für n und muss jetzt etwas über die Summenformel für $n + 1$ herausfinden. Es wäre also sinnvoll, wenn ich die linke Seite der neuen Gleichung zurückführen könnte auf die linke Seite der alten Gleichung, denn über diese alte linke Seite bin ich aus der Induktionsvoraussetzung gut informiert. Das ist aber ganz leicht, denn offenbar ist die Summe der ersten $n + 1$ ungeraden Zahlen gleich der Summe der ersten n ungeraden Zahlen, zu der man noch $2n + 1$ dazuzählt. Folglich ist:

$$1 + 3 + 5 + \cdots + (2n - 1) + (2n + 1) = (1 + 3 + 5 + \cdots + (2n - 1)) + (2n + 1).$$

Das war noch nicht so besonders aufregend, aber jetzt kommt die Induktionsvoraussetzung zum Einsatz, die mir verrät, wie man die rechte Seite dieser Gleichung vereinfachen kann. Es gilt nämlich:

$$(1 + 3 + 5 + \cdots + (2n - 1)) + (2n + 1) = n^2 + (2n + 1).$$

Und damit ist schon fast alles erledigt, denn nach der ersten binomischen Fomel ist natürlich $n^2 + 2n + 1 = (n + 1)^2$, und ich habe die gewünschte rechte Seite erreicht. Schreibt man diesen Rechenweg ohne Zwischenbemerkungen rein formelmäßig auf, so ergibt sich die folgende Gleichungskette:

$$\begin{aligned} 1 + 3 + 5 + \cdots + (2n - 1) + (2n + 1) &= (1 + 3 + 5 + \cdots + (2n - 1)) + (2n + 1) \\ &= n^2 + (2n + 1) \\ &= n^2 + 2n + 1 = (n + 1)^2. \end{aligned}$$

Damit ist der Induktionsschluss vollzogen.

(ii) Hier geht es um die Summenformel

$$1^3 + 2^3 + 3^3 + \cdots + n^3 = \frac{1}{4} n^2 (n + 1)^2 \text{ für alle } n \in \mathbb{N}.$$

Genau wie in Teil (i) überlege ich mir zunächst, wie die Bestandteile dieser Formel eigentlich aussehen. Auf der linken Seite steht die Summe von dritten Potenzen, genauer gesagt werden die Zahlen von 1 bis n mit drei potenziert und dann addiert.

Auf der rechten Seite findet man einfach nur das Produkt $\frac{1}{4}n^2(n+1)^2$, über das man nichts weiter sagen kann, außer dass es nicht besonders vergnüglich aussieht. Der Induktionsanfang ist wie meistens nicht sehr aufregend.

Induktionsanfang: Für $n = 1$ habe ich auf der linken Seite die Summe der ersten n dritten Potenzen, also nur die 1 selbst. Da für $n = 1$ auf der rechten Seite $\frac{1^2 \cdot 2^2}{4}$ steht und $1 = \frac{1^2 \cdot 2^2}{4}$ gilt, stimmt die Summenformel für $n = 1$. Der Induktionsanfang ist damit gesichert.

Induktionsvoraussetzung: Ich nehme nun an, dass für ein $n \in \mathbb{N}$ die Summenformel $1^3 + 2^3 + \cdots + n^3 = \frac{n^2 \cdot (n+1)^2}{4}$ gilt.

Induktionsschluss: Zu zeigen ist nun, dass die Summenformel auch für $n + 1$ gilt, sofern sie für n gilt. Auf der linken Seite steht jetzt aber nicht mehr die Summe der dritten Potenzen der ersten n natürlichen Zahlen, sondern die Summe der dritten Potenzen der ersten $n + 1$ natürlichen Zahlen, also $1^3 + 2^3 + \cdots + n^3 + (n+1)^3$. Auf der rechten Seite muss ich n durch $n + 1$ ersetzen, und das ergibt $\frac{(n+1)^2 \cdot ((n+1)+1)^2}{4} = \frac{(n+1)^2 \cdot (n+2)^2}{4}$. Zu zeigen ist also:

$$1^3 + 2^3 + \cdots + n^3 + (n+1)^3 = \frac{(n+1)^2 \cdot (n+2)^2}{4},$$

wobei ich die Summenformel für n aus der Induktionsvoraussetzung verwenden kann. Das Prinzip ist jetzt wieder genau das gleiche wie in Teil (i). Die Induktionsvoraussetzung verschafft mir Informationen über die Summenformel für n, und ich will etwas über die Summenformel für $n + 1$ herausfinden. Das mache ich wieder, indem ich die linke Seite der neuen Gleichung zurückführe auf die linke Seite der alten Gleichung, bei der ich glücklicherweise weiß, was herauskommt. Da die Summe der ersten $n + 1$ dritten Potenzen gleich der um $(n+1)^3$ erhöhten Summe der ersten n dritten Potenzen ist, folgt:

$$1^3 + 2^3 + \cdots + n^3 + (n+1)^3 = (1^3 + 2^3 + \cdots + n^3) + (n+1)^3$$
$$= \frac{1}{4}n^2(n+1)^2 + (n+1)^3.$$

Sie sehen, dass die Lage hier nicht mehr ganz so einfach ist wie in Teil (i), wo sich an dieser Stelle der Rest fast von alleine ergab. Hier muss ich schon noch zusehen, dass ich mit etwas Mühe mein Ziel erreiche, aber immerhin kenne ich wenigstens das Ziel: herauskommen soll am Ende $\frac{(n+1)^2 \cdot (n+2)^2}{4}$. Während meine Zielformel also aus einem Bruch mit dem Nenner 4 besteht, habe ich in der obigen Rechnung noch mit einem komplizierteren Ausdruck zu kämpfen, aber das lässt sich ja ändern, indem ich diesen Ausdruck als einen einzigen Bruch schreibe und das Beste hoffe. Es gilt dann:

$$\frac{1}{4}n^2(n+1)^2 + (n+1)^3 = \frac{n^2(n+1)^2 + 4(n+1)^3}{4}.$$

Nun kann ich im Zähler den Term $(n + 1)^2$ vorklammern und erhalte:

$$\frac{n^2(n+1)^2 + 4(n+1)^3}{4} = \frac{(n+1)^2(n^2 + 4(n+1))}{4} = \frac{(n+1)^2(n^2 + 4n + 4)}{4}.$$

Das ist ausgesprochen praktisch, denn ein Blick auf den Ausdruck in der zweiten Klammer des Zählers zeigt, dass es sich hier um die binomische Formel $(n + 2)^2 = n^2 + 4n + 4$ handelt. Damit habe ich:

$$\frac{(n+1)^2(n^2 + 4n + 4)}{4} = \frac{(n+1)^2(n+2)^2}{4},$$

und genau darauf wollte ich ja auch hinaus.

Schreibt man diesen Rechenweg ohne Zwischenbemerkungen rein formelmäßig auf, so ergibt sich die folgende Gleichungskette:

$$\begin{aligned}
1^3 + 2^3 + \cdots + n^3 + (n+1)^3 &= (1^3 + 2^3 + \cdots + n^3) + (n+1)^3 \\
&= \frac{1}{4}n^2(n+1)^2 + (n+1)^3 \\
&= \frac{n^2(n+1)^2 + 4(n+1)^3}{4} \\
&= \frac{(n+1)^2(n^2 + 4(n+1))}{4} \\
&= \frac{(n+1)^2(n^2 + 4n + 4)}{4} \\
&= \frac{(n+1)^2(n+2)^2}{4}.
\end{aligned}$$

Damit ist der Induktionsschluss vollzogen.

4.4 Zeigen Sie mit Hilfe der vollständigen Induktion, dass $2^n > n$ für alle $n \in \mathbb{N}$ gilt.

Lösung Auch hier haben wir eine Aussage über natürliche Zahlen, also ist die vollständige Induktion einen Versuch wert, obwohl es sich um eine Ungleichung handelt. Ich starte wie üblich mit dem Induktionsanfang.

Induktionsanfang: Für $n = 1$ lautet die Ungleichung $2^1 > 1$, also $2 > 1$, und das ist offenbar richtig. Der Induktionsanfang ist also gesichert.

Induktionsvoraussetzung: Nun setze ich die Aussage für ein n voraus. Es gelte also für ein $n \in \mathbb{N}$ die Ungleichung:

$$2^n > n.$$

Induktionsschluss: Der Induktionsschluss besteht dann wieder im Nachweis der Aussage für $n + 1$ unter der Voraussetzung, dass sie für n stimmt. Ich muss also zeigen, dass die Ungleichung auch noch dann gültig bleibt, wenn ich sie anstatt für n jetzt für $n + 1$ formuliere. Daher ist zu zeigen, dass

$$2^{n+1} > n + 1$$

gilt. Nun weiß ich aber etwas über 2^n, denn laut Induktionsvoraussetzung ist $2^n > n$, und es wäre eine feine Sache, wenn ich die Aussage über 2^{n+1} auf die Aussage über 2^n zurückführen könnte. Dazu brauche ich einen Zusammenhang zwischen 2^{n+1} und 2^n, den mir glücklicherweise die Potenzrechnung liefert. Wie Sie wissen, multipliziert man zwei Potenzen mit gleicher Basis, indem man die Exponenten addiert und die Basis in Frieden lässt. Das bedeutet:

$$2^n \cdot 2^1 = 2^{n+1}, \text{ also } 2^{n+1} = 2^n \cdot 2 = 2 \cdot 2^n.$$

Da ich nun aber aus der Induktionsvoraussetzung weiß, dass $2^n > n$ gilt, folgt daraus:

$$2^{n+1} = 2 \cdot 2^n > 2 \cdot n,$$

denn 2^n ist größer als n, und das Doppelte von 2^n muss dann größer sein als das Doppelte von n. Eigentlich will ich aber herausfinden, dass $2^{n+1} > n + 1$ ist. Davon bin ich nicht mehr weit entfernt. Es gilt nämlich:

$$2^{n+1} = 2 \cdot 2^n > 2n = n + n \geq n + 1,$$

also

$$2^{n+1} > n + 1,$$

und der Induktionsschluss ist vollzogen.

Während Gleichungsketten immer gerne akzeptiert werden, stoßen Ungleichungsketten oft auf einen gewissen Widerstand. Werfen wir also noch einen Blick darauf. Mit Hilfe der Induktionsvoraussetzung konnte ich schließen, dass $2^{n+1} > 2n$ ist. und ganz sicher ist $2n = n + n$. Da es sich aber bei n um eine natürliche Zahl handelt, kann sie nicht kleiner als 1 sein; also ist $n + n \geq n + 1$. Wichtig ist dabei, dass man daraus folgern kann, dass dann auch 2^{n+1} größer als $n + 1$ sein muss, denn 2^{n+1} ist größer als $2n$, und das ist wieder größer oder gleich $n + 1$. Mit anderen Worten: 2^{n+1} ist größer als eine Zahl, die selbst noch größer oder gleich $n + 1$ ist. Folglich ist 2^{n+1} noch etwas größer, und ganz sicher ist $2^{n+1} > n + 1$. Wenn beispielsweise ich älter bin als Sie, und Sie sind älter als Ihr Nachbar oder genauso alt wie er, dann bin ich natürlich auch älter als Ihr Nachbar. Die gleiche Situation haben wir hier.

Bedenken Sie, dass das eine sehr einfache Ungleichung war; der eigentliche Induktionsschluss braucht nur eine Zeile, nämlich:

$$2^{n+1} = 2 \cdot 2^n > 2n = n + n \geq n + 1.$$

4.5 Berechnen Sie die folgenden Grenzwerte.

(i) $\lim\limits_{n\to\infty} \frac{2n+(-1)^n}{n}$;

(ii) $\lim\limits_{n\to\infty} \left(\frac{2-3n}{1+4n}\right)^2$;

(iii) $\lim\limits_{n\to\infty} \frac{3^{2n}-19}{9^n+12}$;

Lösung Über die prinzipielle Vorgehensweise beim Berechnen von Standardgrenzwerten habe ich mich schon am Anfang von Aufgabe 4.1 geäußert, und ich werde deshalb jetzt direkt in die Berechnung der einzelnen Grenzwerte einsteigen.

(i) Die Situation bei dem Grenzwert $\lim\limits_{n\to\infty} \frac{2n+(-1)^n}{n}$ entspricht nicht unbedingt dem vertrauten Standardfall, weil hier im Zähler nicht mehr nur einfach ein Polynom in n, sondern der etwas unangenehmere Ausdruck $2n + (-1)^n$ steht. Das macht aber nichts, denn schließlich sieht der Rest recht gut aus, und ein Versuch mit der Standardmethode kann nichts schaden. Wenn ich von dem besonderen Ausdruck $(-1)^n$ einmal absehe, dann ist n auch schon die höchste vorkommende Potenz von n, durch die ich nach dem Standardverfahren kürzen muss. Damit folgt:

$$\lim_{n\to\infty} \frac{2n + (-1)^n}{n} = \lim_{n\to\infty} \frac{2 + \frac{(-1)^n}{n}}{1} = \lim_{n\to\infty} \left(2 + \frac{(-1)^n}{n}\right).$$

Der erste Summand macht keinerlei Probleme, denn der 2 ist es völlig egal, was mit n passiert: sie bleibt konstant 2. Und auch der zweite Ausdruck ist nicht weiter problematisch, denn mit gegen Unendlich wachsendem n wird der Zähler ständig zwischen -1 und 1 hin und her springen, während der Nenner ins Unendliche abgleitet. Ob Sie nun aber 1 oder -1 durch etwas sehr Großes teilen, das Ergebnis wird sich auf jeden Fall immer mehr der Null annähern, und deshalb gilt:

$$\lim_{n\to\infty} \left(2 + \frac{(-1)^n}{n}\right) = 2 + \lim_{n\to\infty} \frac{(-1)^n}{n} = 2 + 0 = 2.$$

(ii) Zur Berechnung des Grenzwerts $\lim\limits_{n\to\infty} \left(\frac{2-3n}{1+4n}\right)^2$ gibt es zwei Möglichkeiten. Zunächst einmal können Sie sich auf den Standpunkt stellen, dass Sie erst die Klammer ausquadrieren und dann erst den Grenzwert ausrechnen. Das ist völlig in Ordnung, und wenn Sie die binomischen Formeln verwenden, dann erhalten Sie:

$$\lim_{n\to\infty} \left(\frac{2-3n}{1+4n}\right)^2 = \lim_{n\to\infty} \frac{4 - 12n + 9n^2}{1 + 8n + 16n^2},$$

denn man quadriert einen Bruch, indem man Zähler und Nenner quadriert. Ab hier ist wieder alles Routine. Sie sehen, dass die höchste vorkommende Potenz von n der

Ausdruck n^2 ist, und wenn Sie wieder durch n^2 kürzen, dann finden Sie:

$$\lim_{n \to \infty} \left(\frac{2 - 3n}{1 + 4n} \right)^2 = \lim_{n \to \infty} \frac{4 - 12n + 9n^2}{1 + 8n + 16n^2}$$

$$= \lim_{n \to \infty} \frac{\frac{4}{n^2} - \frac{12}{n} + 9}{\frac{1}{n^2} + \frac{8}{n} + 16}$$

$$= \frac{9}{16}.$$

Es geht aber auch mit etwas weniger Rechenaufwand. Wir haben hier doch die Folge

$$\left(\frac{2 - 3n}{1 + 4n} \right)^2 = \frac{2 - 3n}{1 + 4n} \cdot \frac{2 - 3n}{1 + 4n}.$$

Ich kann die Folge also als Produkt der Folge $\frac{2-3n}{1+4n}$ mit sich selbst schreiben, und man weiß etwas über den Grenzwert einer solchen Produktfolge: er entspricht genau dem Produkt der beiden einzelnen Grenzwerte. Sobald ich also den Grenzwert von $\frac{2-3n}{1+4n}$ kenne, brauche ich ihn nur noch zu quadrieren, weil ja auch in meiner gegebenen Folge nur $\frac{2-3n}{1+4n}$ quadriert wird. Es gilt aber:

$$\lim_{n \to \infty} \frac{2 - 3n}{1 + 4n} = \lim_{n \to \infty} \frac{\frac{2}{n} - 3}{\frac{1}{n} + 4} = -\frac{3}{4}.$$

Damit folgt:

$$\lim_{n \to \infty} \left(\frac{2 - 3n}{1 + 4n} \right)^2 = \left(-\frac{3}{4} \right)^2 = \frac{9}{16}.$$

(iii) Der Grenzwert $\lim_{n \to \infty} \frac{3^{2n} - 19}{9^n + 12}$ sieht so aus, als würde er völlig aus dem Standard heraus fallen, aber das scheint nur so. Obwohl es etwas unangenehm ist, dass bei den auftretenden Potenzen n nicht mehr in der Basis, sondern im Exponenten vorkommt, kann man doch damit zurecht kommen. Zunächst fällt auf, dass im Zähler 3^{2n} steht und im Nenner 9^n, und das gibt schon Anlass zur Hoffnung, denn das ist beide Male das Gleiche: da man Potenzen potenziert, indem man ihre Hochzahlen multipliziert, gilt nämlich:

$$3^{2n} = \left(3^2 \right)^n = 9^n.$$

Damit lautet der Grenzwert:

$$\lim_{n \to \infty} \frac{3^{2n} - 19}{9^n + 12} = \lim_{n \to \infty} \frac{9^n - 19}{9^n + 12}.$$

Der Rest ist nicht sehr schwer. Ich mache einen Versuch mit einer leichten Abwandlung der Standardmethode und kürze diesen Bruch durch den einzigen erfolgversprechenden Term, also durch 9^n. Das ergibt:

$$\lim_{n\to\infty}\frac{9^n-19}{9^n+12}=\lim_{n\to\infty}\frac{1-\frac{19}{9^n}}{1+\frac{12}{9^n}}.$$

Wenn ich jetzt noch wüsste, was mit $\frac{1}{9^n}$ passiert, dann hätte ich gewonnen. Bedenken Sie aber dabei, dass bei der Bildung von $\frac{1}{9^n}$ immer und immer wieder mit $\frac{1}{9}$ mulipliziert wird, denn schließlich ist $\frac{1}{9^n}=\left(\frac{1}{9}\right)^n$. Da nun aber $\frac{1}{9}$ kleiner als 1 ist, bedeutet das, dass der Wert von $\frac{1}{9^n}$ mit wachsendem n immer weiter nach unten gedrückt wird, und deshalb geht $\frac{1}{9^n}$ gegen Null für $n\to\infty$. Insgesamt folgt damit:

$$\lim_{n\to\infty}\frac{3^{2n}-19}{9^n+12}=\lim_{n\to\infty}\frac{9^n-19}{9^n+12}$$
$$=\lim_{n\to\infty}\frac{1-\frac{19}{9^n}}{1+\frac{12}{9^n}}$$
$$=\frac{1}{1}=1.$$

4.6 Beweisen Sie mit Hilfe der vollständigen Induktion die folgenden Gleichungen:

(i) $\sum_{k=1}^{n}\frac{1}{k\cdot(k+1)}=\frac{n}{n+1}$ für alle $n\in\mathbb{N}$;

(ii) $\sum_{k=1}^{n}(2k-1)^3=n^2\cdot(2n^2-1)$ für alle $n\in\mathbb{N}$.

Lösung Im Gegensatz zu den Summenformeln aus Aufgabe 4.3 habe ich hier nicht die „Drei-Punkte-Schreibweise" verwendet, bei der man die ersten zwei oder drei Summanden angibt, dann drei Punkte aufmalt und schließlich den letzten Summanden verrät, in der Hoffnung, dass jeder weiß, was mit den drei Punkten gemeint ist. Präziser ist es da, mit dem Summenzeichen zu arbeiten. Aber in der Verwendung des Summenzeichens steckt auch schon der einzige Unterschied dieser Aufgaben zu den Summenformeln aus Aufgabe 4.3, und was dieses $\sum$ zu bedeuten hat, werde ich gleich erklären.

(i) Das Summenzeichen $\sum$ gibt einfach nur an, dass einige Zahlen addiert werden sollen. Unter $\sum$ finden Sie $k=1$, und das heißt, dass ich mit $k=1$ die Summierung anfangen soll. Genauso bedeutet das n über $\sum$, dass die Summierung bei $k=n$ aufhören soll. Folglich habe ich es insgesamt mit n Summanden zu tun, wobei ich den ersten erhalte, indem ich $k=1$ setze, und der letzte aus $k=n$ resultiert. Und die Summanden selbst bekomme ich durch schlichtes Einsetzen der k-Werte in die Formel: für $k=1$ lautet der erste Summand $\frac{1}{1\cdot2}$, für $k=n$ lautet der letzte Summand $\frac{1}{n\cdot(n+1)}$. Wer also das Summenzeichen nicht mag, kann die Summenformel auch schreiben als

$$\frac{1}{1 \cdot 2} + \frac{1}{2 \cdot 3} + \cdots + \frac{1}{n \cdot (n+1)} = \frac{n}{n+1}.$$

Induktionsanfang: Da die Formel für alle natürlichen Zahlen gelten soll, starte ich den Induktionsanfang bei $n = 1$. Für $n = 1$ ist aber $\frac{1}{1 \cdot 2} = \frac{1}{1+1}$, also stimmt die Summenformel für $n = 1$.

Induktionsvoraussetzung: Ich nehme nun an, dass für ein $n \in N$ die Summenformel

$$\frac{1}{1 \cdot 2} + \frac{1}{2 \cdot 3} + \cdots + \frac{1}{n \cdot (n+1)} = \frac{n}{n+1}$$

gilt.

Induktionsschluss: Zu zeigen ist, dass die Summenformel auch für $n + 1$ gilt, sofern sie für n gilt. Auf der linken Seite steht dann nicht mehr die Summe der Zahlen $\frac{1}{k \cdot (k+1)}$ für k von 1 bis n, sondern für k von 1 bis $n + 1$. Auf der rechten Seite steht $\frac{n+1}{n+1+1} = \frac{n+1}{n+2}$. Zu zeigen ist also

$$\frac{1}{1 \cdot 2} + \frac{1}{2 \cdot 3} + \cdots + \frac{1}{n \cdot (n+1)} + \frac{1}{(n+1) \cdot (n+2)} = \frac{n+1}{n+2}$$

oder für Anhänger des Summenzeichens:

$$\sum_{k=1}^{n+1} \frac{1}{k \cdot (k+1)} = \frac{n+1}{n+2}.$$

Und nun geht es wieder genauso los wie in Aufgabe 4.3. Ich weiß zwar noch nicht, was beim Addieren aller $n + 1$ Summanden herauskommen wird, aber immerhin kenne ich aus der Induktionsvoraussetzung die Summe der ersten n Summanden, denn die beträgt genau $\frac{n}{n+1}$. Daher teile ich die neue Summe auf in die Summe der ersten n Summanden und den letzten, neu hinzugekommenen Summanden, und verwende die Induktionsvoraussetzung. Das ergibt:

$$\frac{1}{1 \cdot 2} + \frac{1}{2 \cdot 3} + \cdots + \frac{1}{n \cdot (n+1)} + \frac{1}{(n+1) \cdot (n+2)}$$
$$= \left(\frac{1}{1 \cdot 2} + \frac{1}{2 \cdot 3} + \cdots + \frac{1}{n \cdot (n+1)} \right) + \frac{1}{(n+1) \cdot (n+2)}$$
$$= \frac{n}{n+1} + \frac{1}{(n+1) \cdot (n+2)}.$$

Ist man erst einmal so weit gekommen, ist der Rest nicht mehr so schwer. Schließlich weiß ich, was insgesamt herauskommen soll, nämlich $\frac{n+1}{n+2}$, und ich weiß auch, was ich bisher erreicht habe, nämlich $\frac{n}{n+1} + \frac{1}{(n+1) \cdot (n+2)}$. Ich muss also nur noch sehen, wie ich diesen Ausdruck so umforme, dass er tatsächlich in $\frac{n+1}{n+2}$ übergeht. Für den

Anfang schreibe ich ihn als einen Bruch, indem ich $\frac{n}{n+1}$ mit $n + 2$ erweitere. Das ergibt:

$$\frac{n}{n+1} + \frac{1}{(n+1)\cdot(n+2)} = \frac{n(n+2)}{(n+1)(n+2)} + \frac{1}{(n+1)\cdot(n+2)}$$
$$= \frac{n(n+2)+1}{(n+1)(n+2)},$$

wobei ich für die zweite Gleichung einfach die beiden Brüche addiert habe. Das sieht noch nicht sehr hoffnungsvoll aus, aber ich kann jetzt auf jeden Fall im Zähler ausmultiplizieren und erhalte:

$$\frac{n(n+2)+1}{(n+1)(n+2)} = \frac{n^2 + 2n + 1}{(n+1)(n+2)},$$

und hier sollte Ihnen etwas auffallen. Im Zähler steht nämlich unübersehbar eine binomische Formel, denn es gilt $(n+1)^2 = n^2 + 2n + 1$. Daraus folgt dann:

$$\frac{n^2 + 2n + 1}{(n+1)(n+2)} = \frac{(n+1)^2}{(n+1)(n+2)} = \frac{n+1}{n+2},$$

denn natürlich kann ich den Faktor $n + 1$ aus Zähler und Nenner wegkürzen. Und weil ich damit auch schon die Zielformel erreicht habe, ist der Induktionsschluss vollzogen und die Formel bewiesen.

(ii)   Nun geht es um die Summenformel

$$\sum_{k=1}^{n}(2k-1)^3 = n^2 \cdot (2n^2 - 1),$$

die für alle natürlichen Zahlen n gelten soll. Was dabei das Summenzeichen zu bedeuten hat, habe ich schon am Anfang von Teil (i) erklärt. Es kann allerdings auch hier nichts schaden, sich einmal kurz über die Summanden auf der linken Seite Gedanken zu machen. Die Summe startet mit $k = 1$, und sie endet mit $k = n$, was insgesamt n Summanden ergibt. Jeder dieser Summanden hat die Form $(2k-1)^3$, und da eine Zahl der Form $2k - 1$ immer ungerade ist, heißt das, dass hier die dritten Potenzen der ersten n ungeraden Zahlen aufaddiert werden sollen. Ohne Summenzeichen lautet die Formel daher:

$$1^3 + 3^3 + 5^3 + \cdots + (2n-1)^3 = n^2 \cdot (2n^2 - 1).$$

Induktionsanfang: Da auch diese Formel für alle natürlichen Zahlen gelten soll, starte ich den Induktionsanfang bei $n = 1$. Für $n = 1$ habe ich aber auf der linken Seite nur einen Sumamnden, nämlich 1^3, und auf der rechten seite steht $1^2 \cdot (2 \cdot 1^2 - 1) = 1$. Also stimmt die Summenformel für $n = 1$.

Induktionsvoraussetzung: Ich nehme nun an, dass für ein $n \in N$ die Summenformel

$$1^3 + 3^3 + 5^3 + \cdots + (2n-1)^3 = n^2 \cdot (2n^2 - 1)$$

gilt.

Induktionsschluss: Zu zeigen ist, dass die Summenformel auch für $n+1$ gilt, sofern sie für n gilt. Auf der linken Seite steht dann nicht mehr die Summe der dritten Potenzen der ersten n ungeraden Zahlen, sondern die Summe der dritten Potenzen der ersten $n+1$ ungeraden Zahlen, also $1^3 + 3^3 + 5^3 + \cdots + (2n-1)^3 + (2n+1)^3$. Auf der rechten Seite steht dagegen $(n+1)^2 \cdot (2(n+1)^2 - 1)$. Zu zeigen ist also:

$$1^3 + 3^3 + 5^3 + \cdots + (2n-1)^3 + (2n+1)^3 = (n+1)^2 \cdot (2(n+1)^2 - 1).$$

Ein Blick auf die rechte Seite zeigt, dass sich leichte Schwierigkeiten ankündigen, wenn ich die rechte Seite einfach so lasse, wie sie ist. Es dürfte nicht einfach werden, im Verlauf des Induktionsschlusses die passenden Umformungen zu finden, mit deren Hilfe ich dann auf den Ausdruck $(n+1)^2 \cdot (2(n+1)^2 - 1)$ komme, und um diesem Problem aus dem Weg zu gehen, multipliziere ich den Ausdruck einfach vollständig aus. Es gilt:

$$
\begin{aligned}
(n+1)^2 \cdot (2(n+1)^2 - 1) &= (n^2 + 2n + 1) \cdot (2(n^2 + 2n + 1) - 1) \\
&= (n^2 + 2n + 1) \cdot (2n^2 + 4n + 1) \\
&= 2n^4 + 4n^3 + n^2 + 4n^3 + 8n^2 + 2n + 2n^2 + 4n + 1 \\
&= 2n^4 + 8n^3 + 11n^2 + 6n + 1.
\end{aligned}
$$

Damit kann ich nun die zu zeigende Gleichung etwas anders schreiben, denn es ist nun zu zeigen:

$$1^3 + 3^3 + 5^3 + \cdots + (2n-1)^3 + (2n+1)^3 = 2n^4 + 8n^3 + 11n^2 + 6n + 1.$$

Ich behaupte ja gar nicht, dass die rechte Seite jetzt einfacher aussieht. Es ist nur so, dass ich gleich wieder die Induktionsmaschinerie auf die linke Seite loslassen werde, und auf diesem Weg dürfte es dann am einfachsten sein, die vorkommenden Ausdrücke auszumultiplizieren und nachzusehen, ob sie mit der umgeformten rechten Seite übereinstimmen. Sie werden gleich sehen, dass das jetzt nicht mehr so dramatisch ist.

Laut Induktionsvoraussetzung kenne ich zwar nicht die gesamte linke Seite, aber doch immerhin die Summe ihrer ersten n Summanden. Ich schreibe also:

$$
\begin{aligned}
1^3 + 3^3 &+ 5^3 + \cdots + (2n-1)^3 + (2n+1)^3 \\
&= (1^3 + 3^3 + 5^3 + \cdots + (2n-1)^3) + (2n+1)^3 \\
&= n^2 \cdot (2n^2 - 1) + (2n+1)^3,
\end{aligned}
$$

wobei ich beim Übergang zur dritten Gleichung nur die Induktionsvoraussetzung verwendet habe, um die Summe der ersten n Summanden zu vereinfachen. Da ich meinen Zielausdruck schon ausmultipliziert habe, kann ich das nun mit dieser umgeformten linken Seite auch machen. Es gilt:

$$n^2 \cdot (2n^2 - 1) = 2n^4 - n^2,$$

und

$$(2n + 1)^3 = (2n + 1)^2 \cdot (2n + 1) = (4n^2 + 4n + 1) \cdot (2n + 1)$$
$$= 8n^3 + 8n^2 + 2n + 4n^2 + 4n + 1 = 8n^3 + 12n^2 + 6n + 1.$$

Addieren ergibt dann:

$$n^2 \cdot (2n^2 - 1) + (2n + 1)^3 = 2n^4 - n^2 + 8n^3 + 12n^2 + 6n + 1$$
$$= 2n^4 + 8n^3 + 11n^2 + 6n + 1.$$

Und das war genau der Ausdruck, den ich vorhin beim Umformen der rechten Seite herausbekommen hatte, so dass also die linke Seite für $n + 1$ genau der rechten Seite für $n + 1$ entspricht. Damit ist der Induktionsschluss wieder vollzogen, und die Summenformel ist bewiesen.

Funktionen

5

5.1 Bestimmen Sie für die folgenden Funktionen den größtmöglichen Definitionsbereich und geben Sie den jeweiligen Wertebereich an.

(i) $f(x) = \sqrt{\frac{x^2-4}{x-2}}$;

(ii) $g(x) = \frac{1}{x^2-1}$;

(iii) $h(x) = \frac{x}{x^2+1}$.

Lösung Hat man irgendeine Funktion im Form einer definierenden Formel gegeben, so kann man sich überlegen, welche x-Werte man sinnvollerweise in diese Formel einsetzen kann: nicht jedes x passt in jede Formel. Ist beispielsweise $f(x) = \sqrt{x}$ und soll die Betrachtung der Funktion im Rahmen der reellen Zahlen stattfinden, dann wird man sicher keine negativen Werte für x einsetzen können, weil es keine reellen Wurzeln aus negativen Zahlen gibt. Die größtmögliche Menge von Werten, die man in die gegebene Funktion einsetzen kann, ist dann der maximale Definitionsbereich der Funktion. Man findet ihn normalerweise genauso wie in dem kleinen Beispiel der Funktion $f(x) = \sqrt{x}$, indem man sich überlegt, welche Werte man ausschließen muss, wenn man nicht in mathematische Schwierigkeiten geraten will. Beliebte Möglichkeiten für Ausschlusskriterien sind dabei Wurzeln aus negativen Zahlen und Divisionen durch Null.

Der Wertebereich einer Funktion ist – wie der Name schon sagt – einfach die Menge $f(D)$ aller von der Funktion angenommenen Werte, also die Menge aller y, für die es ein x aus dem Definitionsbereich D der Funktion gibt, so dass $y = f(x)$ ist. Das ist allerdings leichter gesagt als ausgerechnet, und Sie werden an den folgenden Beispielen sehen, dass die Bestimmung des Wertebereichs problematisch sein kann.

(i) Der Definitionsbereich der Funktion $f(x) = \sqrt{\frac{x^2-4}{x-2}}$ sorgt für zwei Stolpersteine. Sehen Sie sich zuerst einmal den Bruch im Inneren der Wurzel an. Er lautet $\frac{x^2-4}{x-2}$, und damit er keinen Ärger verursacht, darf sein Nenner nicht zu Null werden. Daher

T. Rießinger, *Übungsaufgaben zur Mathematik für Ingenieure*, DOI 10.1007/978-3-662-54803-5_5 muss ich den Wert $x = 2$ aus dem Definitionsbereich ausschließen. Wie sieht nun aber dieser Bruch für $x \neq 2$ aus? Im Zähler habe ich eine dritte binomische Formel, denn es gilt:

$$x^2 - 4 = (x - 2) \cdot (x + 2).$$

Das hilft mir schon ein ganzes Stück weiter, denn somit lautet meine Funktion für zulässige x-Werte:

$$f(x) = \sqrt{\frac{x^2 - 4}{x - 2}} = \sqrt{\frac{(x - 2) \cdot (x + 2)}{x - 2}} = \sqrt{x + 2}.$$

So einfach kann eine Funktion aussehen, wenn man sie etwas genauer inspiziert. Und in dieser Form sieht man auch genau, welche weiteren x-Werte aus dem Definitionsbereich ausgeschlossen werden müssen: die Wurzel darf keine negativen Inhalte haben, also muss $x + 2 \geq 0$ sein, das heißt $x \geq -2$. Der Definitionsbereich D der Funktion f besteht daher aus allen reellen Zahlen, die größer oder gleich -2 sind, mit Ausnahme der 2, die ich schon vorher ausschließen musste, um eine Division durch Null zu vermeiden. Damit habe ich:

$$D = [-2, \infty) \backslash \{2\}.$$

Wie sieht es nun mit dem Wertebereich $f(D)$ aus? Da es keinen Grund gibt, sich das Leben schwerer zu machen, als es ohnehin schon ist, verwende ich die einfachere Darstellungsweise $f(x) = \sqrt{x + 2}$ und muss dabei nur beachten, dass ich den Wert $x = 2$ ausgeschlossen habe. Davon einmal abgesehen, starten die x-Werte bei -2 und gehen (mit der einen Ausnahme) durch die gesamte reelle Achse bis in die Tiefen der Unendlichkeit. Die Funktionswerte starten deshalb bei $f(-2) = \sqrt{-2 + 2} = 0$, und mit $x \to \infty$ werden natürlich auch die zugehörigen Wurzelwerte beliebig groß. Daher *würde* der Wertebereich aus der Menge aller nicht negativen reellen Zahlen bestehen, wenn ich nicht noch beachten müsste, dass der x-Wert 2 ausgeschlossen war. Wegen $\sqrt{2 + 2} = \sqrt{4} = 2$ bedeutet das: die 2 kann kein Funktionswert sein, da ich den zugehörigen x-Wert schon vorher aus dem Definitionsbereich herausnehmen musste. Somit erreiche ich als Funktionswerte alle von 2 verschiedenen nicht negativen reellen Zahlen, und das heißt:

$$f(D) = [0, \infty) \backslash \{2\}.$$

In Abb. 5.1 habe ich der Deutlichkeit halber den Funktionsgraphen von f aufgezeichnet. Sie sehen, dass die Kurve ab $x = -2$ ansteigt, und Sie sehen auch, dass für $x = 2$ in der Kurve ein kleines Rechteck eingezeichnet ist, das symbolisieren soll, dass hier eine Lücke in der Kurve vorkommt: wenn der x-Wert nicht in die Funktion eingesetzt werden darf, dann muss an dieser einen Stelle die Kurve unterbrochen werden.

Abb. 5.1 $f(x) = \sqrt{\frac{x^2-4}{x-2}}$

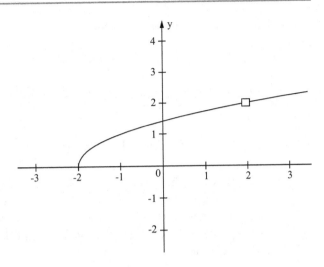

(ii) In der Funktion $g(x) = \frac{1}{x^2-1}$ kommen immerhin keine Wurzeln vor, dafür ist der Nenner etwas komplizierter als in Teil (i). Der Definitionsbereich stellt uns vor keine großen Probleme: offenbar darf ich nach Lust und Laune alles einsetzen, solange der Nenner nicht Null wird, und der wird genau dann Null, wenn $x^2 - 1 = 0$ gilt. Wegen

$$x^2 - 1 = 0 \Leftrightarrow (x-1)(x+1) = 0 \Leftrightarrow x = 1 \text{ oder } x = -1$$

lautet der Definitionsbereich

$$D = \mathbb{R}\backslash\{-1, 1\}.$$

Das war einfach. An den Wertebereich heran zu kommen, ist schon etwas schwieriger, denn auf den ersten Blick kann man der Funktion nicht unbedingt ansehen, wie sie sich verhalten wird bzw. wie die Kurve verläuft. Wenn man nun nicht so recht weiß, was man von einer Funktion zu halten hat, gibt es ein recht brauchbares Mittel, das zwar nicht immer zum Erfolg führt, aber doch oft genug. Eine Zahl y ist genau dann im Wertebereich meiner Funktion g, wenn es ein x mit der Eigenschaft $y = g(x)$ gibt. In diesem Fall heißt das: es muss eine Zahl $x \in \mathbb{R}\backslash\{-1, 1\}$ geben, so dass $y = \frac{1}{x^2-1}$ gilt. Wenn ich also für ein y aus dem Wertebereich versuche, diese Gleichung nach x aufzulösen, dann muss es eine Lösung x aus dem Definitionsbereich D geben. Und umgekehrt darf es für ein y, das nicht im Wertebereich liegt, keine x-Lösung dieser Gleichung geben, denn sonst hätte ich ja wieder ein x gefunden, für das $y = g(x)$ gilt. Ich muss also nur herausfinden, für welche y-Werte ich die Gleichung $y = \frac{1}{x^2-1}$ nach x auflösen kann, und dann weiß ich auch, welche y-Werte zum Wertebereich der Funktion g gehören. Ich setze also an:

$$y = \frac{1}{x^2 - 1}.$$

Multiplizieren mit dem Nenner ergibt:

$$y \cdot (x^2 - 1) = 1,$$

und wenn ich noch durch y dividiere (wobei ich für den Moment voraussetzen muss, dass $y \neq 0$ gilt), erhalte ich:

$$x^2 - 1 = \frac{1}{y}, \text{ also } x^2 = 1 + \frac{1}{y}.$$

Nun geht es um die Frage, wann diese Gleichung nach x auflösbar ist. Unterwegs musste ich voraussetzen, dass $y \neq 0$ ist, sonst wäre schon beim Auflösen nach x^2 nichts mehr gegangen. Und jetzt muss ich noch die Wurzel aus der rechten Seite $1 + \frac{1}{y}$ ziehen, was aber nur geht, wenn dieser Ausdruck nicht negativ ist. Ich erhalte daher die Bedingung:

$$1 + \frac{1}{y} \geq 0, \text{ also } \frac{1}{y} \geq -1.$$

Diese Ungleichung ist natürlich für positives y von alleine erfüllt, da der Kehrwert einer positiven Zahl auch wieder positiv ist und daher nicht unter -1 fallen kann. Für negatives y multipliziere ich die Ungleichung mit y und muss dabei das Relationszeichen umkehren, weil ich mit einer negativen Zahl multipliziere. Dann ist

$$1 \leq -y, \text{ also } -1 \geq y.$$

Für negatives y muss folglich $y \leq -1$ gelten, damit die Bedingung $1 + \frac{1}{y} \geq 0$ erfüllt ist. Insgesamt habe ich herausgefunden, dass die ursprüngliche Gleichung $y = \frac{1}{x^2-1}$ genau dann nach x auflösbar ist, wenn entweder $y > 0$ oder $y \leq -1$ ist. Für genau diese y-Werte kann man also ein x finden, so dass $y = g(x)$ gilt, und das bedeutet, dass der Wertebereich $g(D)$ aus genau diesen y-Werten besteht. Daraus folgt:

$$g(D) = \{y \in \mathbb{R} \mid y > 0 \text{ oder } y \leq -1\} = (0, \infty) \cup (-\infty, -1] = \mathbb{R}\backslash(-1, 0].$$

Sieht man sich den Funktionsgraphen von g in Abb. 5.2 an, so wird diese rechnerische Überlegung auch durch die Anschauung bestätigt.

(iii) Der Definitionsbereich der Funktion $h(x) = \frac{x}{x^2+1}$ ist ausgesprochen einfach herauszufinden, denn h macht den x-Werten überhaupt keine Schwierigkeiten. Da im Nenner der Ausdruck $x^2 + 1$ steht, der nie Null werden kann, dürfen Sie alles einsetzen und erhalten somit den Definitionsbereich $D = \mathbb{R}$.
Wie schon gewohnt, ist die Bestimmung des Wertebereichs etwas komplizierter, und ich gehe wieder nach der Methode vor, die ich in Aufgabe (ii) vorgestellt habe. Eine Zahl y ist genau dann im Wertebereich von h, wenn es möglich ist, die Gleichung $y = \frac{x}{x^2+1}$ nach x aufzulösen. Für $y = 0$ ist das offenbar problemlos möglich, denn

Abb. 5.2 $g(x) = \frac{1}{x^2-1}$

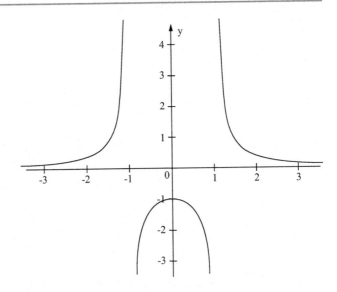

es gilt $0 = h(0)$. Ich kann also im Folgenden annehmen, dass $y \neq 0$ ist, damit ich bei eventuellen Divisionen keine Probleme bekomme. Multiplizieren mit dem Nenner führt zu

$$y \cdot (x^2 + 1) = x.$$

Nun teile ich durch y und bringe anschließend alles auf die linke Seite. Das ergibt dann:

$$x^2 + 1 = \frac{x}{y} \text{ also } x^2 - \frac{1}{y} \cdot x + 1 = 0.$$

Das ist eine quadratische Gleichung mit der Unbekannten x, und ich muss feststellen, wann diese Gleichung reelle Lösungen hat. Versucht man, sie nach der p, q-Formel zu lösen, so kommt man zu den Lösungen

$$x_{1,2} = \frac{1}{2y} \pm \sqrt{\frac{1}{4y^2} - 1}.$$

Wann ist nun eine quadratische Gleichung reell lösbar? Doch genau dann, wenn die Lösungsformel reelle Lösungen produziert, und das heißt: wenn in der Wurzel keine negativen Zahlen stehen. Die Bedingung für die Lösbarkeit der Gleichung lautet daher:

$$\frac{1}{4y^2} - 1 \geq 0, \text{ also } \frac{1}{4y^2} \geq 1.$$

Multiplizieren mit der positiven Zahl y^2 liefert:

$$y^2 \leq \frac{1}{4} \text{ und damit } -\frac{1}{2} \leq y \leq \frac{1}{2},$$

Abb. 5.3 $h(x) = \frac{x}{x^2+1}$

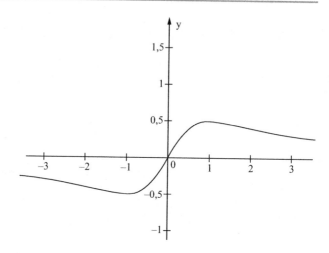

denn genau die Zahlen, die größer oder gleich $-\frac{1}{2}$ und gleichzeitig kleiner oder gleich $\frac{1}{2}$ sind, haben ein Quadrat, das $\frac{1}{4}$ nicht übersteigt.

Ich habe somit herausgefunden, dass die Gleichung $y = \frac{x}{x^2+1}$ genau dann nach x auflösbar ist, wenn $-\frac{1}{2} \leq y \leq \frac{1}{2}$ gilt, und da in diesem Bereich auch der schon am Anfang gefundene Wert 0 liegt, beeutet das:

$$h(D) = \left[-\frac{1}{2}, \frac{1}{2}\right].$$

In Abb. 5.3 können Sie die Funktion h in ihrer graphischen Darstellung bewundern.

In den Beispielen (ii) und (iii) konnten Sie sehen, wie man mit etwas Glück den Wertebereich einer Funktion f feststellt, indem man nachrechnet, für welche Zahlen y die Gleichung $y = f(x)$ reelle Lösungen x hat. Sie sollten aber nicht der Illusion verfallen, dass das für alle Funktionen funktioniert. Oft genug ist eine Funktion so kompliziert, dass man ihr schlicht nicht ansehen kann, ob man die entsprechende Gleichung nach x auflösen kann, und in diesem Fall versagt das hier vorgestellte Verfahren. Wenn es nicht zu schlimm kommt, hilft dann vielleicht die Methode der Kurvendiskussion, die wir im siebten Kapitel besprechen werden.

5.2 Untersuchen Sie die folgenden Funktionen auf Monotonie und geben Sie, falls möglich, die Umkehrfunktion an.

(i) $f : \mathbb{R} \to \mathbb{R}$, definiert durch $f(x) = x^4$;
(ii) $f : [2, \infty) \to \mathbb{R}$, definiert durch $f(x) = \sqrt{x - 2}$;
(iii) $f : (0, \infty) \to \mathbb{R}$, definiert durch $f(x) = \frac{1}{17x}$;
(iv) $f : [0, \infty) \to \mathbb{R}$, definiert durch $f(x) = x \cdot \sqrt{x}$.

Lösung Eine Funktion $f : D \to \mathbb{R}$ ist dann monoton steigend, wenn aus $x_1 < x_2$ stets folgt, dass auch $f(x_1) \leq f(x_2)$ ist. Das heißt, wenn ein Input-Wert kleiner als der andere ist, dann muss auch der eine Output-Wert kleiner oder gleich dem anderen sein. Will man noch den Teil „oder gleich" loswerden, so kommt man zum Begriff der streng monoton steigenden Funktion, denn eine Funktion $f : D \to \mathbb{R}$ ist dann streng monoton steigend, wenn aus $x_1 < x_2$ stets folgt, dass auch $f(x_1) < f(x_2)$ ist. In diesem Fall ist der Funktionsgraph von f eine echt ansteigende Kurve, die keine waagrechten Teile enthalten kann. Auf die gleiche Weise kann man dann monoton fallende und streng monoton fallende Funktionen definieren: eine Funktion $f : D \to \mathbb{R}$ ist beispielsweise dann monoton fallend, wenn aus $x_1 < x_2$ stets folgt, dass auch $f(x_1) \geq f(x_2)$ ist. Die Funktion muss also dafür sorgen, dass aus dem kleineren Input der größere Output wird, und daraus folgt, dass der Funktionsgraph eine abfallende Kurve ergibt. Ersetzt man noch $\geq$ durch $>$, so erhält man eine streng monoton fallende Funktion mit streng abfallender Kurve ohne waagrechte Teile.

(i) Hier geht es um die Funktion $f : \mathbb{R} \to \mathbb{R}$, definiert durch $f(x) = x^4$. Sie wissen natürlich, wie das Schaubild dieser Funktion aussieht, und ich brauche es nicht aufzumalen: es ist eine Parabel, die von links oben kommt, sich bis zum Nullpunkt bewegt und dann nach rechts oben in Richtung Unendlichkeit verschwindet. Die pure Anschauung zeigt also, dass es sich wohl um keine in irgendeinem Sinn monotone Funktion handelt, da sie zuerst fällt und dann ansteigt. Nun sind aber die verschiedenen Monotoniebegriffe exakt und mit Hilfe von Formeln definiert, und deshalb darf man sich nicht einfach auf die Anschauung verlassen, sonden muss ebenfalls etwas abstrakter argumentieren.

Das ist aber gar nicht so schlimm, denn die Anschauung hat immerhin schon einen Hinweis darauf gegeben, was ich überhaupt zeigen will: wenn man der Funktion $f(x) = x^4$ den vollen Definitionsbereich $\mathbb{R}$ zubilligt, dann ist sie weder monoton steigend noch monoton fallend. Wie kann man jetzt zeigen, dass eine Funktion *nicht* monoton steigend ist? Die Bedingung sagt, dass bei einer monoton steigenden Funktion generell aus $x_1 < x_2$ schon $f(x_1) \leq f(x_2)$ folgen muss. Bei einer nicht monoton steigenden Funktion ist das demnach nicht der Fall, und das heißt, dass diese generelle Monotonieregel mindestens einmal verletzt wird. Sobald ich also ein einziges Gegenbeispiel gefunden habe, kann die Monotoniebedingung nicht mehr generell gelten, also ist die Funktion dann nicht monoton steigend. Aus dieser Überlegung folgt, dass ich nur ein einziges Gegenbeispiel zur Monotoniebedingung finden muss, um zu zeigen, dass eine Funktion nicht monoton steigend ist. Und das ist hier überhaupt kein Problem. Ich nehme zum Beispiel $x_1 = -1$ und $x_2 = 0$. Dann ist offenbar $x_1 < x_2$, aber $f(x_1) = 1 > 0 = f(x_2)$, und somit gilt *nicht*: $f(x_1) \leq f(x_2)$. Da ich ein Gegenbeispiel gefunden habe, kann die Funktion f nicht monoton steigend sein.

Genauso behandelt man die Frage, ob f monoton fallend ist; ich brauche auch hier nur wieder ein Gegenbeispiel zur Monotoniebedingung zu finden, und die Sache ist erledigt. Suche ich mir also beispielsweise $x_1 = 0$ und $x_2 = 1$ aus, so gilt natürlich $x_1 < x_2$, aber $f(x_1) = 0 < 1 = f(x_2)$. Somit gilt sicher *nicht*: $f(x_1) \geq f(x_2)$, und die Funktion kann auch nicht monoton fallend sein. Damit sind auch mögliche Fragen nach strenger Monotonie bereits beantwortet. Eine streng monoton steigende Funktion ist automatisch auch eine monoton steigende Funktion, und eine streng monoton fallende Funktion ist automatisch auch eine monoton fallende Funktion. Da f aber weder monoton steigend noch monoton fallend ist, kann f auch weder streng monoton steigend noch streng monoton fallend sein.

Obwohl eigentlich alle Fragen zu dieser Funktion geklärt sind, könnte es sein, dass doch ein leichtes Unbehagen bleibt. In irgendeinem Sinne scheint f ja doch monoton zu sein, und zwar streng monoton fallend für negative x-Werte und streng monoton steigend für positive x-Werte. Das ist auch wahr, man muss es nur korrekt formulieren. Zu diesem Zweck setze ich

$$D_1 = (-\infty, 0] \text{ und } D_2 = [0, \infty).$$

Damit ist der gesamte Definitionsbereich aufgeteilt in zwei Teilbereiche, und auf jedem Teil hat die Funktion ein bestimmtes Monotonieverhalten. Ich definiere also

$$f_1 : D_1 \to \mathbb{R} \text{ durch } f_1(x) = x^4, f_2 : D_2 \to \mathbb{R} \text{ durch } f_2(x) = x^4.$$

Die Berechnungsvorschrift ist zwar bei beiden Funktionen gleich, aber die Definitionsbereiche sind sehr verschieden. Ich werde jetzt die beiden Funktionen f_1 und f_2 auf ihr Monotonieverhalten untersuchen und fange mit f_1 an. Ist $x_1 < x_2$ und gilt zusätzlich $x_1, x_2 \in D_1$, so habe ich zwei Zahlen, die negativ oder Null sind. Aus $x_1 < x_2$ folgt bei Zahlen aus $(-\infty, 0]$ immer $x_1^2 > x_2^2$, weil beim Quadrieren nur noch die Beträge zählen und das Vorzeichen nicht mehr interessiert. Nun sind aber die beiden Quadrate positiv oder Null, und deshalb kann nochmaliges Quadrieren nichts mehr am Relationszeichen ändern. Daraus folgt:

$$f_1(x_1) = x_1^4 = (x_1^2)^2 > (x_2^2)^2 = x_2^4 = f_1(x_2).$$

Die Funktion f_1 ist also streng monoton fallend. Einfacher wird es bei der Funktion f_2, weil sie ohnehin keine negativen Zahlen im Definitionsbereich hat. Sind also $x_1, x_2 \geq 0$ und $x_1 < x_2$, so ist natürlich $x_1^4 < x_2^4$, also $f_2(x_1) < f_2(x_2)$. Deshalb ist f_2 streng monoton steigend.

Während also f_1 und f_2 ein klares Monotonieverhalten haben, ist die Funktion f selbst in keinem Sinne monoton. Sie kann daher auch keine Umkehrfunktion besitzen.

(ii) Die Funktion $f : [2, \infty) \to \mathbb{R}$, definiert durch $f(x) = \sqrt{x-2}$, ist im Hinblick auf Monotonie einfacher zu handhaben, denn sie ist auf ihrem gesamten Definitionsbereich $[2, \infty)$ streng monoton steigend. Hier genügt es natürlich nicht, irgendwelche

Beispiele anzugeben, da ich diesmal zeigen muss, dass die generelle Monotoniebedingung tatsächlich erfüllt ist. Um aber nachzuweisen, dass eine generelle Bedingung erfüllt ist, muss ich auch generell argumentieren und darf mich nicht auf
Beispiele beschränken. Ich nehme also zwei Zahlen $x_1, x_2 \in [2, \infty)$ mit $x_1 < x_2$.
Da es um $f(x_1)$ und $f(x_2)$ gehen soll, werde ich erst einmal 2 auf beiden Seiten
abziehen und erhalte:

$$x_1 - 2 < x_2 - 2.$$

Und wenn eine Zahl kleiner ist als die andere, dann muss auch die Wurzel aus der
einen Zahl kleiner sein als die Wurzel aus der anderen. Damit gilt:

$$\sqrt{x_1 - 2} < \sqrt{x_2 - 2}, \text{ also } f(x_1) < f(x_2).$$

Die Funktion ist also streng monoton steigend, und es macht deshalb Sinn, nach einer Umkehrfunktion f^{-1} zu suchen. Während die gegebene Funktion die x-Werte
in y-Werte umsetzt, geht die Umkehrfunktion den umgekehrten Weg und transfor-
miert die y-Werte zurück in die x-Werte. Deshalb entspricht der Definitionsbereich
der Umkehrfunktion dem Wertebereich der gegebenen Funktion f, denn die aus f
entstandenen y-Werte muss ich in die Umkehrfunktion einsetzen. Dagegen ist der
Definitionsbereich von f gleich dem Wertebereich von f^{-1}, weil die Outputs der
Umkehrfunktion genau die Inputs von f sind. Die Suche nach dem Wertebereich
von f^{-1} ist also einfach, denn er ist gleich dem Definitionsbereich $[2, \infty)$ von f.
Nun muss ich noch den Wertebereich von f suchen, aber das ist kein Problem, denn
der kleinstmögliche Wert von f ist offenbar $f(2) = 0$, und danach geht es mit
den Werten von f steil bergauf. Daher hat f den Wertebereich $[0, \infty)$, und ich habe
damit auch gleichzeitig den Definitionsbereich von f^{-1} gefunden. Die Umkehrfunktion verläuft also auf den Bereichen

$$f^{-1} : [0, \infty) \to [2, \infty).$$

Die Berechnungsvorschrift für die Umkehrfunktion erhält man, indem man in der
Formel $y = f(x)$ nach x auflöst und anschließend die Rollen der Variablen x und y
vertauscht. Hier bedeutet das:

$$y = \sqrt{x - 2} \Leftrightarrow y^2 = x - 2 \Leftrightarrow x = y^2 + 2.$$

Dabei habe ich im ersten Schritt die Gleichung quadriert und im zweiten Schritt auf
beiden Seite 2 addiert. Vertauschen der Variablen liefert dann:

$$y = x^2 + 2, \text{ also } f^{-1}(x) = x^2 + 2.$$

(iii) Die Funktion $f : (0, \infty) \to \mathbb{R}$, definiert durch $f(x) = \frac{1}{17x}$, ist recht übersichtlich und einfach zu behandeln. Wenn x ansteigt, dann wird der Funktionswert abfallen, da durch die Inputs geteilt wird und nur positive Inputs im Definitionsbereich zugelassen sind. Damit aber nichts schiefgehen kann, muss ich wieder streng nach der Definition vorgehen und das entsprechende Monotoniekriterium testen. Ich behaupte also, dass f streng monoton fallend ist. Um das zu zeigen, wähle ich zwei beliebige Zahlen x_1, x_2 aus dem Definitionsbereich $(0, \infty)$ mit $x_1 < x_2$. Da x_1 und x_2 positiv sind, folgt daraus

$$\frac{1}{x_1} > \frac{1}{x_2}, \text{ also auch: } f(x_1) = \frac{1}{17x_1} > \frac{1}{17x_2} = f(x_2).$$

Somit ist $f(x_1) > f(x_2)$, und das bedeutet, dass die Funktion streng monoton fallend ist. Man kann also auch hier nach einer Umkehrfunktion f^{-1} suchen. Der Wertebereich dieser Umkehrfunktion entspricht dem Definitionsbereich von f, also der Menge $(0, \infty)$. Um den Definitionsbereich von f^{-1} angeben zu können, muss ich den Wertebereich von f finden. Nun kann ich aber in $f(x) = \frac{1}{17x}$ jede beliebige positive Zahl einsetzen. Für sehr kleine positive Zahlen x ist dann $f(x)$ sehr groß, und je näher ich mit den Inputs an die Null herankomme, desto stärker gehen die Funktionswerte in Richtung Unendlichkeit. Und für sehr große positive Zahlen ist $f(x)$ sehr klein, so dass ich mich mit den Funktionswerten immer mehr der Null annähere, je größer die Inputs werden. Folglich nimmt $f(x)$ genau alle positiven Zahlen als Werte an; der Wertebereich von f ist also gleich der Menge $(0, \infty)$. Damit habe ich auch wieder gleichzeitig den Definitionsbereich von f^{-1} gefunden. Die Umkehrfunktion verläuft also auf den Bereichen

$$f^{-1} : (0, \infty) \to (0, \infty).$$

Die Berechnungsvorschrift von f^{-1} herauszufinden, ist wieder kein nennenswertes Problem. Ich setze an:

$$y = \frac{1}{17x} \Leftrightarrow 17xy = 1 \Leftrightarrow x = \frac{1}{17y}.$$

Vertauschen der Variablen liefert dann

$$y = \frac{1}{17x} \text{ also } f^{-1}(x) = \frac{1}{17x}.$$

Auch wenn die Rechnung einfach war, ist das Ergebnis doch ein wenig seltsam. Funktion und Umkehrfunktion sind hier nämlich gleich, aber das braucht niemanden zu stören und wird gleich klarer, wenn Sie einen Blick auf Abb. 5.4 werfen. Der Funktionsgraph von f ist symmetrisch zur ersten Winkelhalbierenden, und da man den Funktionsgraphen der Umkehrfunktion erhält, indem man den Graphen der Funktion an der ersten Winkelhalbierenden spiegelt, muss die Umkehrfunktion der Funktion entsprechen. Daher gilt hier $f(x) = f^{-1}(x)$.

Abb. 5.4 $f(x) = \frac{1}{17x}$

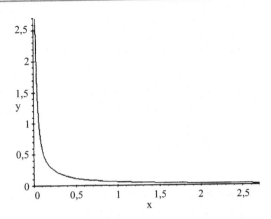

(iv) Zum Schluss der Aufgabe geht es noch um die Funktion $f : [0, \infty) \to \mathbb{R}$, definiert durch $f(x) = x \cdot \sqrt{x}$. Hier ist es sinnvoll, die Funktion etwas anders zu schreiben, bevor man mit der eigentlichen Untersuchung startet. Es gilt nämlich:

$$f(x) = x\sqrt{x} = \sqrt{x^2} \cdot \sqrt{x} = \sqrt{x^2 \cdot x} = \sqrt{x^3}.$$

Da im Definitionsbereich nur positive Zahlen zugelassen sind, ist diese Umformung auch völlig unproblematisch. Jetzt kann ich aber die Frage nach der Monotonie schnell klären, denn die Funktion ist offenbar streng monoton steigend: wenn x ansteigt, dann steigt auch x^3 an, und wenn x^3 ansteigt, dann auch seine Wurzel. Zur Sicherheit überprüfe ich die Monotonie aber wieder anhand der genauen Definition und nehme mir zwei Zahlen $x_1, x_2 \in [0, \infty)$ mit $x_1 < x_2$. Da beide Zahlen positiv sind, ist dann auch $x_1^3 < x_2^3$. Da weiterhin die Wurzel aus einer kleineren Zahl kleiner ist als die Wurzel aus einer größeren Zahl, folgt:

$$f(x_1) = \sqrt{x_1^3} < \sqrt{x_2^3} = f(x_2).$$

Damit ist $f(x_1) < f(x_2)$, und die Funktion ist streng monoton steigend. Auch hier ist also die Suche nach einer Umkehrfunktion f^{-1} sinnvoll. Der Wertebereich von f^{-1} ist gleich dem Definitionsbereich $[0, \infty)$ von f. Um den Definitionsbereich von f^{-1} zu finden, mache ich mich auf die Suche nach dem Wertebereich von f. Die Funktion f startet bei $x = 0$ und liefert hier den Funktionswert $f(0) = 0$. Danach steigt sie immer mehr an, und für beliebig groß werdende Inputs x liefert sie auch beliebig große Outputs $\sqrt{x^3}$. Der Wertebereich von f lautet also ebenfalls $[0, \infty)$, und damit habe ich auch schon den Definitionsbereich der Umkehrfunktion identifiziert. Sie verläuft also auf den Bereichen

$$f^{-1} : [0, \infty) \to [0, \infty).$$

Die Berechnungsvorschrift von f^{-1} finde ich wieder auf die übliche Weise heraus. Ich setze an:

$$y = \sqrt{x^3} \Leftrightarrow y^2 = x^3 \Leftrightarrow x = \sqrt[3]{y^2},$$

wobei es sich hier um unproblematische Äquivalenzumformungen handelt, weil alle auftretenden Zahlen positiv sind. Vertauschen der Variablen liefert dann:

$$y = \sqrt[3]{x^2} \text{ also } f^{-1}(x) = \sqrt[3]{x^2}.$$

5.3 Gegeben sei das Polynom $p(x) = 2x^4 + 3x^3 - x^2 + 5x - 17$. Berechnen Sie mit Hilfe des Horner-Schemas den Funktionswert $p(2)$.

Lösung Das Horner-Schema beruht auf einer einfachen Umformung des gegebenen Polynoms p und hat das Ziel, die Funktionswerte von p schnell und effizient zu berechnen. Ich werde hier kurz zeigen, um welche Umformung es sich dabei handelt, und wie man sie in ein Rechenschema übersetzen kann. Für die pure Lösung der Aufgabe ist natürlich nur die Angabe des Schemas und des daraus folgenden Ergebniswertes nötig, aber hin und wieder kann es nicht schaden, wenn man weiß, was man da eigentlich macht.

Die Idee besteht darin, die Variable x immer wieder vorzuklammern. Konkret bedeutet das für mein Polynom:

$$\begin{aligned}
2x^4 + 3x^3 - x^2 + 5x - 17 &= (2x^3 + 3x^2 - x + 5) \cdot x - 17 \\
&= ((2x^2 + 3x - 1) \cdot x + 5) \cdot x - 17 \\
&= (((2x + 3) \cdot x - 1) \cdot x + 5) \cdot x - 17.
\end{aligned}$$

Ich habe also in der ersten Gleichung aus den ersten vier Summanden x ausgeklammert, dann aus den ersten drei Summanden des Klammerausdrucks $(2x^3 + 3x^2 - x + 5)$ wieder x ausgeklammert und danach den neuen Klammerausdruck $(2x^2 + 3x - 1)$ der gleichen Behandlung unterworfen.

Diese Formel kann man nun in ein einfaches Rechenschema übersetzen, das sogenannte *Horner-Schema*. Es beruht auf dem Hin-und Herwechseln zwischen Multiplikation und Addition, das in der oben entwickelten Formel zum Ausdruck kommt.

Ich schreibe zunächst einmal das Horner-Schema zur Berechnung von $p(2)$ vollständig hin und erkläre danach die einzelnen Schritte.

$$
\begin{array}{r|rrrrr}
         & 2 & 3 & -1 & 5 & -17 \\
         &   & + & + & + & +   \\
x_0 = 2 &   & 4 & 14 & 26 & 62 \\
\hline
         & 2 & 7 & 13 & 31 & 45
\end{array}
$$

Ich darf daran erinnern, dass

$$p(x) = (((2x + 3) \cdot x - 1) \cdot x + 5) \cdot x - 17$$

gilt. Das angegebene Horner-Schema setzt diese Formel nun für $x = 2$ um. In der ersten Zeile stehen die Koeffizienten des Polynoms p. Ich schreibe den führenden Koeffizienten 2 noch einmal in die dritte Zeile. Die innerste Klammer der Formel sagt dann aus, dass die 2 mit dem x-Wert 2 multipliziert werden muss. Das Ergebnis 4 schreibe ich in die zweite Spalte der zweiten Zeile. Danach muss in der innersten Klammer auf das Ergebnis der Multiplikation eine 3 addiert werden. Das ist äußerst praktisch, denn über der 4 habe ich gerade eine 3 stehen, und die Addition ergibt 7. Die innerste Klammer ist damit abgearbeitet, und ihr Ergebnis 7 muss wieder mit 2 multipliziert werden. Das neue Ergebnis 14 schreibe ich wieder in die zweite Zeile, und Sie sehen, dass es genau unter der -1 landet. Zum Glück sagt aber die Formel aus, dass genau die 1 von der 14 abgezogen werden muss, und das Ergebnis 13 schreibe ich unter der 14 in der dritten Zeile auf.

So geht das Spiel weiter, bis alle Spalten gefüllt sind. Man addiert die erste und zweite Zeile, schreibt das Ergebnis in die dritte Zeile und multipliziert es mit dem x-Wert 2. Das Ergebnis dieser Multiplikation schreibt man dann in die zweite Zeile der nächsten Spalte. Wie Sie dem Schema entnehmen können, steht zum Schluss unten rechts das Endergebnis 45. Daher ist $p(2) = 45$.

Um es noch einmal zu sagen: die Aufgabe ist bereits dann gelöst, wenn Sie das Horner-Schema aufschreiben und daraus den richtigen Schluss $p(2) = 45$ ziehen. Alles weitere diente nur der Erklärung dieses zwar effizienten, aber doch etwas eigenartig aussehenden Rechenweges.

5.4 Gegeben sei das Polynom $p(x) = 3x^3 - 2x^2 + x - 1$. Bestimmen Sie mit Hilfe des Horner-Schemas das Polynom q mit der Eigenschaft:

$$p(x) - p(1) = (x - 1) \cdot q(x).$$

Lösung Wie Sie in Aufgabe 5.3 gesehen haben, kann man das Horner-Schema verwenden, um ohne großen Aufwand den Funktionswert eines Polynoms an einer bestimmten Stelle zu berechnen. Das ist aber noch nicht alles. Beim Berechnen des Funktionswertes verwendet man von den Ergebnissen der dritten Schemazeile nur den letzten Eintrag, denn er entspricht dem gesuchten Funktionswert. Die vorherigen Einträge in dieser dritten Zeile haben allerdings auch noch ihre eigene Bedeutung, und sie kommt bei der Lösung dieser Aufgabe zum Tragen. Sucht man für den Wert $x_0 = 1$ ein Polynom q mit der Eigenschaft $p(x) - p(1) = (x - 1) \cdot q(x)$ so hat dieses Polynom q genau die Koeffizienten, die sich – mit Ausnahme des letzten Eintrags – aus der dritten Zeile des Horner-Schemas von p für $x_0 = 1$ ergeben. Um aus $p(x) - p(1)$ den *Linearfaktor* $x - 1$ abzuspalten, muss ich also nur das Horner-Schema von p bei $x_0 = 1$ ausfüllen, und schon kann ich aus der dritten Zeile des Polynoms die Koeffizienten von q ablesen.

Ich werde jetzt also das Horner-Schema des Polynoms $p(x) = 3x^3 - 2x^2 + x - 1$ für den Punkt $x_0 = 1$ ausfüllen. Wie man dabei im Einzelnen vorgeht, habe ich schon in Aufgabe 5.3 erklärt, und ich verzichte jetzt deshalb auf eine Wiederholung. Das Schema lautet:

$$
\begin{array}{r|rrrr}
 & 3 & -2 & 1 & -1 \\
x_0 = 1 & & + & + & + \\
 & & 3 & 1 & 2 \\
\hline
 & 3 & 1 & 2 & 1
\end{array}
$$

Daraus lässt sich nun zweierlei ablesen. Erstens sagt mir der letzte Eintrag der dritten Zeile, dass $p(1) = 1$ gilt: das ist schon ganz gut, war aber eigentlich nicht gefragt. Zweitens habe ich auch noch die ersten drei Einträge der dritten Zeile, und diese drei Einträge liefern mir die Koeffizienten meines gesuchten Polynoms q. Es gilt jetzt nämlich:

$$q(x) = 3x^2 + 1x + 2 = 3x^2 + x + 2.$$

Ich erhalte also das Polynom q, das die Gleichung $p(x) - p(1) = (x-1) \cdot q(x)$ erfüllt, indem ich das Horner-Schema von p für $x_0 = 1$ starte und – vom letzten Eintrag abgesehen – die Einträge der dritten Zeile als Koeffizienten für q verwende. Dass ich dabei einen Koeffizienten weniger brauche als für p, ist nicht sehr überraschend, denn schließlich muss der Grad von q um 1 niedriger sein als der von p.

Wenn man nun ganz sicher gehen will, kann man natürlich auf einfache Weise nachprüfen, ob das auch wirklich stimmt: Ich muss nur $(x-1) \cdot q(x)$ ausrechnen. Es gilt:

$$
\begin{aligned}
(x-1) \cdot (3x^2 + x + 2) &= 3x^3 + x^2 + 2x - 3x^2 - x - 2 \\
&= 3x^3 - 2x^2 + x - 2 = p(x) - p(1),
\end{aligned}
$$

denn $p(1) = 1$. Daher ist tatsächlich $p(x) - p(1) = (x-1) \cdot q(x)$.

5.5 Berechnen Sie die folgenden Grenzwerte:

(i) $\lim\limits_{x \to 2} \frac{x^2-4}{x+2}$;

(ii) $\lim\limits_{x \to 2} \frac{x^2-4}{x-2}$;

(iii) $\lim\limits_{x \to -3} \frac{x^2-x-12}{x+3}$;

(iv) $\lim\limits_{x \to 2} \frac{x^2-3x+2}{x^2-5x+6}$.

Lösung Man kann grob zwischen zwei Klassen von Grenzwerten unterscheiden: den Grenzwerten von Folgen und den Grenzwerten von Funktionen. Beispiele von Folgengrenzwerten haben Sie im vierten Kapitel gesehen, und ein wesentliches Merkmal dieser Grenzwerte war es, dass es immer irgendeine laufende Nummer n gab, die gegen Unendlich ging. Deshalb machte es dort auch oft Sinn, durch die höchste Potenz von n zu kürzen, wenn die Folgenglieder Brüche waren, deren Zähler und Nenner jeweils aus einem Polynom bestand.

Bei Grenzwerten von Funktionen ist die Lage anders. Zwar kann es auch hier vorkommen, dass x gegen Unendlich geht, und in diesem Fall spricht nichts gegen die Anwendung der Kürzungsmethode, sofern die Funktion wieder ein Bruch der passenden Art ist. Aber man muss auch damit rechnen, dass x gegen eine Zahl x_0 gehen wird, die zu allem Übel nicht einmal im Definitionsbereich der Funktion liegen muss. In solchen Fällen muss man zu völlig anderen Methoden greifen, und diese Methoden stelle ich anhand der folgenden Beispiele vor.

(i) Zu berechnen ist der Grenzwert $\lim\limits_{x \to 2} \frac{x^2-4}{x+2}$. Ich habe es hier also mit der Funktion $f(x) = \frac{x^2-4}{x+2}$ zu tun, und diese Identifizierung macht die Sache gleich etwas leichter. In dieser Aufgabe soll $x \to 2$ gehen, und die 2 gehört ganz offensichtlich zum Definitionsbereich der Funktion f, so dass ich mich nicht mit irgendwelchen Nullstellen des Nenners herumärgern muss. Wenn $x \to 2$ geht, dann geht $x^2 \to 4$ und damit $x^2 - 4 \to 0$. Der Zähler hat also den Grenzwert 0, in Formeln:

$$\lim_{x \to 2}(x^2 - 4) = 0.$$

Und auch im Nenner soll $x \to 2$ gehen, und damit geht $x + 2 \to 4$. Wieder in einer Formel geschrieben:

$$\lim_{x \to 2}(x + 2) = 4.$$

Da der Nenner also einen von Null verschiedenen Grenzwert hat, kann ich hier die alte Regel anwenden, dass der Grenzwert eines Quotienten gleich dem Quotienten der Grenzwerte von Zähler und Nenner ist, falls nur der Nennergrenzwert nicht gerade Null wird. Damit ist:

$$\lim_{x \to 2} \frac{x^2 - 4}{x + 2} = \frac{\lim\limits_{x \to 2}(x^2 - 4)}{\lim\limits_{x \to 2}(x + 2)} = \frac{0}{4} = 0.$$

(ii) Die Situation wird ein wenig komplizierter bei dem Grenzwert $\lim\limits_{x \to 2} \frac{x^2-4}{x-2}$. Zwar sieht die Funktion $f(x) = \frac{x^2-4}{x-2}$ auch nicht schlimmer aus als die Funktion aus Aufgabe (i), aber der wesentliche Unterschied besteht darin, dass die 2, gegen die mein x wieder gehen soll, nicht mehr im Definitionsbereich der Funktion liegt: sobald ich 2 in die Funktion f einsetzen will, erhalte ich eine Null im Nenner, und Brüche mit einer Null im Nenner sind sinnlose Ausdrücke. Ich muss hier also etwas raffinierter vorgehen. Natürlich kann ich wie in Teil (i) rechnen:

$$\lim_{x \to 2}(x^2 - 4) = 0 \text{ und } \lim_{x \to 2}(x - 2) = 0,$$

aber das wird mir hier nichts helfen, weil die oben verwendete Regel über Grenzwerte von Quotienten voraussetzt, dass im Nenner keine Null auftaucht.

Bei dieser Funktion kann ich mir nun mit der dritten binomischen Formel helfen. Sie lautet bekanntlich $a^2 - b^2 = (a - b)(a + b)$ und hat die Aufgabe, die Differenz zweier Quadrate in ein Produkt zu verwandeln. Der Zähler meiner Funktion f ist aber ein Paradebeispiel für diese dritte binomische Formel, denn es gilt:

$$x^2 - 4 = x^2 - 2^2 = (x - 2)(x + 2).$$

Das trifft sich deshalb besonders gut, weil der Faktor $x - 2$ auch im Nenner der Funktion vorkommt, und weil es genau dieser Faktor war, der den Ärger verursacht hat. Jetzt kann ich aber schreiben:

$$\lim_{x \to 2} \frac{x^2 - 4}{x - 2} = \lim_{x \to 2} \frac{(x - 2)(x + 2)}{x - 2} = \lim_{x \to 2} (x + 2) = 2 + 2 = 4.$$

Im ersten Schritt habe ich einfach nur $x^2 - 4$ nach der dritten binomischen Formel umgeschrieben. Im zweiten Schritt habe ich dann ausgenutzt, dass sowohl Zähler als auch Nenner den gemeinsamen Faktor $x - 2$ enthalten, denn gemeinsame Faktoren kann man herauskürzen, und danach blieb nur noch der Term $x + 2$ übrig. Dass dann $x + 2 \to 4$ geht, wenn $x \to 2$ tendiert, war nicht mehr überraschend.

Die wesentliche Idee bei Grenzwerten dieser Art besteht also darin, den *kritischen Linearfaktor* – in diesem Fall $(x - 2)$ – aus dem Bruch herauszukürzen.

(iii) Nach dem gleichen Prinzip gehe ich auch bei dem Grenzwert $\lim\limits_{x \to -3} \frac{x^2 - x - 12}{x + 3}$ vor. Zunächst ist es immer einen Versuch wert nachzusehen, ob vielleicht die Stelle -3 im Definitionsbereich der Funktion $f(x) = \frac{x^2 - x - 12}{x + 3}$ liegt, was in diesem Fall auf die Frage hinausläuft, ob der Nenner beim Einsetzen zu Null wird. Aber kaum ist die Frage gestellt, sieht man auch schon die Antwort: natürlich ist $-3 + 3 = 0$, also kann man mit purem Einsetzen nicht weiterkommen. Es wird auch hier wieder darum gehen, den kritischen Linearfaktor herauszukürzen, und da es sich um die Zahl $x_0 = -3$ handelt, lautet der kritische Faktor $x - x_0 = x - (-3) = x + 3$. Im Nenner brauche ich ihn gar nicht erst zu suchen, da steht er schon von alleine und verursacht die bekannten Schwierigkeiten. Das Problem besteht hier darin, dass er zwar auch irgendwie im Zähler enthalten sein muss, aber der Zähler diesmal nicht so einfach über eine dritte binomische Formel aufgelöst werden kann wie im Fall (ii).

Das ist aber nicht so schlimm. Ganz offensichtlich ist -3 eine Nullstelle des Nenners, und durch simples Einsetzen können Sie feststellen, dass -3 auch eine Nullstelle des Zählers ist, denn es gilt $(-3)^2 - (-3) - 12 = 9 + 3 - 12 = 0$. Der Zähler ist aber ein quadratisches Polynom, und wenn so ein quadratisches Polynom eine reelle Nullstelle hat, dann hat es auch noch eine, denn die p, q-Formel liefert entweder zwei reelle Nullstellen oder gar keine. Die Gleichung $x^2 - x - 12 = 0$ hat nach der p, q-Formel die Lösungen:

$$x_{1,2} = \frac{1}{2} \pm \sqrt{\frac{1}{4} + 12} = \frac{1}{2} \pm \sqrt{\frac{49}{4}} = \frac{1}{2} \pm \frac{7}{2}.$$

Damit ist $x_1 = -3$ und $x_2 = 4$. Die erste Nullstelle liefert mir keine Information, denn dass -3 eine Nullstelle des Zählers ist, wusste ich schon vorher. Aber jetzt kenne ich beide Nullstellen, und das bringt mich bei der Grenzwertberechnung ein ganzes Stück vorwärts, weil jede Nullstelle eines Polynoms zu einem Linearfaktor führt, der in dem Polynom enthalten sein muss. Mein Zählerpolynom hat also die Linearfaktoren $x - (-3) = x + 3$ und $x - 4$. Da ein quadratisches Polynom nicht mehr als zwei Linearfaktoren haben kann, heißt das:

$$x^2 - x - 12 = (x + 3) \cdot (x - 4),$$

wie Sie auch leicht durch Ausmultiplizieren überprüfen können, falls Sie mir nicht trauen sollten. Damit wird die Berechnung des Grenzwertes ganz einfach. Es gilt:

$$\lim_{x \to -3} \frac{x^2 - x - 12}{x + 3} = \lim_{x \to -3} \frac{(x + 3)(x - 4)}{x + 3}$$
$$= \lim_{x \to -3} (x - 4)$$
$$= -3 - 4 = -7.$$

In der ersten Gleichung habe ich dabei die Zerlegung des Zählers in seine zwei Linearfaktoren vorgenommen, in der zweiten Gleichung habe ich den gemeinsamen Faktor $x + 3$ aus Zähler und Nenner herausgekürzt, und in der dritten Gleichung habe ich nur noch festgestellt, dass $x - 4 \to -7$ gehen muss, wenn $x \to -3$ geht.

(iv) Der Grenzwert $\lim\limits_{x \to 2} \frac{x^2 - 3x + 2}{x^2 - 5x + 6}$ ist wieder etwas aufwendiger, aber nicht sehr. Zu Beginn teste ich wie üblich, was in Zähler und Nenner herauskommt, wenn ich den Wert $x_0 = 2$ einsetze, gegen den x gehen soll. Es gilt:

$$2^2 - 3 \cdot 2 + 2 = 0 \text{ und } 2^2 - 5 \cdot 2 + 6 = 0,$$

also ergibt sich in Zähler und Nenner der Wert Null. Die Zahl 2 gehört daher nicht zum Definitionsbereich der Funktion $f(x) = \frac{x^2 - 3x + 2}{x^2 - 5x + 6}$, und ich muss wieder zusehen, wie ich meine kritischen Linearfaktoren in Zähler und Nenner loswerde. Wie das geht, habe ich Ihnen aber schon in Teil (iii) gezeigt: sobald ich über alle Nullstellen eines Polynoms verfüge, kenne ich auch gleichzeitig seine Linearfaktoren, in die ich es aufspalten kann, denn sie haben alle die Form x-Nullstelle. Die Nullstellen von Zähler und Nenner berechne ich wieder mit Hilfe der p, q-Formel. So hat die Gleichung $x^2 - 3x + 2 = 0$ die Lösungen

$$x_{1,2} = \frac{3}{2} \pm \sqrt{\frac{9}{4} - 2} = \frac{3}{2} \pm \sqrt{\frac{1}{4}} = \frac{3}{2} \pm \frac{1}{2},$$

also $x_1 = 1$ und $x_2 = 2$. Daher kann ich den Zähler zerlegen in seine Linearfaktoren

$$x^2 - 3x + 2 = (x - 1) \cdot (x - 2).$$

Auf die gleiche Weise behandle ich den Nenner. Die Gleichung $x^2 - 5x + 6 = 0$ hat die Lösungen

$$x_{3,4} = \frac{5}{2} \pm \sqrt{\frac{25}{4} - 6} = \frac{5}{2} \pm \sqrt{\frac{1}{4}} = \frac{5}{2} \pm \frac{1}{2},$$

also $x_3 = 2$ und $x_4 = 3$. Beachten Sie übrigens, dass ich die Nullstellen hier mit x_3 und x_4 bezeichnen musste, weil die gängigen Bezeichnungen x_1 und x_2 schon für die Nullstellen des Zählers vergeben waren.In jedem Fall kann ich jetzt auch den Nenner in seine Linearfaktoren zerlegen:

$$x^2 - 5x + 6 = (x - 2) \cdot (x - 3).$$

Ist man einmal so weit gekommen, ist die eigentliche Berechnung des Grenzwertes gar kein Problem mehr. Es gilt nun:

$$\begin{aligned}
\lim_{x \to 2} \frac{x^2 - 3x + 2}{x^2 - 5x + 6} &= \lim_{x \to 2} \frac{(x - 1)(x - 2)}{(x - 2)(x - 3)} \\
&= \lim_{x \to 2} \frac{x - 1}{x - 3} \\
&= \frac{2 - 1}{2 - 3} = -1.
\end{aligned}$$

Dabei habe ich nichts anderes getan als in Teil (iii) auch. In der ersten Gleichung habe ich die Zerlegung des Zählers und des Nenners in jeweils zwei Linearfaktoren vorgenommen, in der zweiten Gleichung habe ich den gemeinsamen Faktor $x - 2$ aus Zähler und Nenner herausgekürzt, und in der dritten Gleichung habe ich nur noch festgestellt, dass $x - 1 \to 2 - 1$ und $x - 3 \to 2 - 3$ gehen muss, wenn $x \to 2$ geht.

5.6 Berechnen Sie für die Funktion

$$f(x) = \begin{cases} x^3, & \text{falls } x \leq 0 \\ x^2, & \text{falls } x > 0 \end{cases}$$

den Grenzwert

$$\lim_{x \to 0} f(x).$$

Ist die Funktion für $x_0 = 0$ stetig?

Lösung Die Funktion f in dieser Aufgabe ist stückweise definiert: links vom Nullpunkt einschließlich dem Nullpunkt selbst soll x^3 herauskommen, und rechts vom Nullpunkt ergibt sich x^2. Offenbar ist $x_0 = 0$ genau der „Umschlagpunkt", an dem sich das Verhalten der Funktion ändert, und genau an diesem Punkt soll ich den Grenzwert der Funktion berechnen. Geht es um die Bestimmung eines Grenzwertes an einem solchen Umschlagpunkt, dann empfiehlt sich fast immer die gleiche Vorgehensweise: die Verwendung einseitiger Grenzwerte.

Bei der Untersuchung des Grenzwertes $\lim_{x \to 0} f(x)$ geht man der Frage nach, wie sich $f(x)$ verhalten wird, wenn die x-Werte sich der Null annähern. Nun können sie sich aber auf zwei verschiedene Arten an die Null herantasten, von links oder von rechts, und das macht für die Funktion einen großen Unterschied: wenn die x-Werte von links kommen, erzeugen sie den Funktionswert $f(x) = x^3$, wenn sie von rechts kommen, haben wir den Funktionswert $f(x) = x^2$. Für das Verhalten der Funktion spielt es also eine Rolle, ob ich mit $x < 0$ oder mit $x > 0$ operiere. Deshalb werde ich jetzt die sogenannten einseitigen Grenzwerte ausrechnen. Der Grenzwert

$$\lim_{x \to 0, x < 0} f(x)$$

beschreibt, wie sich $f(x)$ verhält, wenn man sich der Null mit negativen x-Werten annähert, während der Grenzwert

$$\lim_{x \to 0, x > 0} f(x)$$

klarstellt, wie sich $f(x)$ verhält, wenn man sich der Null mit positiven x-Werten annähert. Es gilt:

$$\lim_{x \to 0, x < 0} f(x) = \lim_{x \to 0, x < 0} x^3 = 0^3 = 0,$$

denn für negative x-Werte habe ich immer den Funktionswert $f(x) = x^3$; wenn aber $x \to 0$ geht, dann muss $x^3 \to 0^3 = 0$ konvergieren. Weiterhin ist

$$\lim_{x \to 0, x > 0} f(x) = \lim_{x \to 0, x > 0} x^2 = 0^2 = 0,$$

und das Argument ist fast das gleiche wie eben: für positive x-Werte habe ich immer den Funktionswert $f(x) = x^2$; wenn aber $x \to 0$ geht, dann muss $x^2 \to 0^2 = 0$ konvergieren. Es spielt also keine Rolle, von welcher Seite ich mich der Null annähere, im Grenzwert kommt sowohl von links wie auch von rechts immer Null heraus. Daher gilt:

$$\lim_{x \to 0} f(x) = 0.$$

Nun geht es noch um die Frage, ob f im Punkt $x_0 = 0$ stetig ist. Eine Funktion f ist aber in einem Punkt x_0 genau dann stetig, wenn sie dort erstens einen Grenzwert besitzt und zweitens dieser Grenzwert auch noch mit dem dortigen Funktionswert übereinstimmt. In Formeln gesagt muss gelten:

$$\lim_{x \to x_0} f(x) = f(x_0).$$

Den Grenzwert habe ich bereits ausgerechnet; er lautet $\lim_{x \to 0} f(x) = 0$. Für $x = 0$ ist aber laut der Definition der Funktion $f(0) = 0^3 = 0$, und damit gilt:

$$\lim_{x \to 0} f(x) = 0 = f(0).$$

Da Grenzwert und Funktionswert für $x_0 = 0$ übereinstimmen, ist die Funktion bei $x_0 = 0$ stetig.

5.7 Untersuchen Sie die folgenden Funktionen auf Stetigkeit und erstellen Sie für jede Funktion ein Schaubild.

(i) $f : \mathbb{R} \to \mathbb{R}$, definiert durch

$$f(x) = \begin{cases} x, & \text{falls } x \leq 0 \\ x + 1, & \text{falls } x > 0. \end{cases}$$

(ii) $g : \mathbb{R} \to \mathbb{R}$, definiert durch

$$g(x) = \begin{cases} 6, & \text{falls } x = 3 \\ \frac{x^2 - 9}{x - 3}, & \text{falls } x \neq 3. \end{cases}$$

Wie kann man die Funktion g einfacher darstellen?

Lösung Es geht hier um ein ähnliches Problem wie in Aufgabe 5.6: von einer gegebenen Funktion ist festzustellen, ob sie stetig ist. Allerdings ist hier in beiden Fällen kein spezieller Punkt mehr angegeben, in dem die Stetigkeit getestet werden soll, und das bedeutet, dass ich mich um den gesamten Definitionsbereich kümmern muss. Stetigkeit heißt natürlich immer noch das Gleiche wie vorher: eine Funktion f ist genau dann stetig in einem Punkt x_0 aus ihrem Definitionsbereich, wenn der Grenzwert $\lim_{x \to x_0} f(x)$ existiert und gleich dem Funktionswert $f(x_0)$ ist. Wenn der Grenzwert also nicht existiert, dann ist die Funktion an diesem Punkt unstetig, denn ein nicht vorhandener Grenzwert kann nicht gleich dem Funktionswert sein. Und wenn es den Grenzwert tatsächlich gibt, muss man ihn noch mit dem Funktionswert vergleichen: erst wenn beide gleich sind, ist die Funktion im Punkt x_0 stetig. Da für beide Funktionen kein spezieller Punkt x_0 angegeben ist, muss ich den Test für jedes beliebige x_0 aus dem Definitionsbereich durchführen.

Abb. 5.5 Funktionsgraph für $f(x)$

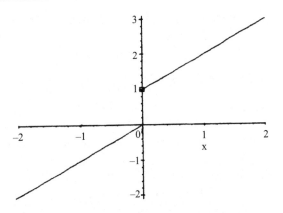

(i) In Abb. 5.5 ist das Schaubild der Funktion f aufgezeichnet: für $x \leq 0$ ist $f(x) = x$, für $x > 0$ ist $f(x) = x + 1$.
Die kritische Stelle dieser Funktion ist offenbar $x_0 = 0$, an allen anderen Stellen sieht sie ausgesprochen stetig aus. Dass sie so aussieht, ist natürlich noch längst kein Argument, und ich muss zusehen, wie ich für beliebige von 0 verschiedene Werte die Stetigkeit von f beweise. Da die Funktion stückweise definiert ist, macht es Sinn, erst Punkte links von der Null und dann Punkte rechts von der Null zu betrachten. Es sei nun also $x_1 < 0$. Zunächst muss ich den Grenzwert $\lim_{x \to x_1} f(x)$ berechnen, aber da gibt es nicht viel zu tun. Wenn x_1 kleiner als Null ist und $x \to x_1$ geht, dann muss früher oder später auch x kleiner als Null sein, und damit weiß ich genau, welchen Funktionswert x liefert. Es gilt also:

$$\lim_{x \to x_1} f(x) = \lim_{x \to x_1} x = x_1.$$

Da auch $f(x_1) = x_1$ gilt, ist die Funktion für jedes $x_1 < 0$ stetig. Damit kann ich zu positiven x-Werten übergehen und die Stetigkeit in einem beliebigen Punkt $x_2 > 0$ untersuchen. Zunächst werde ich wieder den Grenzwert $\lim_{x \to x_2} f(x)$ berechnen, aber auch hier fällt nicht viel Arbeit an. Wenn x_2 größer als Null ist und $x \to x_2$ geht, dann muss früher oder später auch x größer als Null sein, und damit weiß ich genau, welchen Funktionswert x liefert. Es gilt also:

$$\lim_{x \to x_2} f(x) = \lim_{x \to x_2} x + 1 = x_2 + 1.$$

Da auch $f(x_2) = x_2 + 1$ gilt, ist die Funktion für jedes $x_2 > 0$ stetig.
Übrig bleibt der kritische Fall $x_0 = 0$. Der Nullpunkt ist der Umschlagpunkt, an dem die Funktion ihr Verhalten ändert, da sie links von der Null nach einer anderen Berechnungsvorschrift gebildet wird als rechts. Folglich komme ich hier um die Betrachtung einseitiger Grenzwerte nicht herum. Es gilt:

$$\lim_{x \to 0, x < 0} f(x) = \lim_{x \to 0, x < 0} x = 0,$$

denn sobald ich mich dem Nullpunkt von links nähere, erhalte ich immer die Funktionswerte $f(x) = x$, und wenn $x \to 0$ geht, dann geht eben $x \to 0$. Weiterhin ist:

$$\lim_{x \to 0, x>0} f(x) = \lim_{x \to 0, x>0} x + 1 = 0 + 1 = 1,$$

denn sobald ich mich dem Nullpunkt von rechts nähere, erhalte ich immer die Funktionswerte $f(x) = x + 1$, und wenn $x \to 0$ geht, dann geht natürlich $x + 1 \to 0 + 1 = 1$. Links- und rechtsseitiger Grenzwert stimmen also bei $x_0 = 0$ nicht überein, und das bedeutet, dass die Funktion f im Nullpunkt keinen einheitlichen Grenzwert besitzt. Damit kann sie auch nicht stetig bei $x_0 = 0$ sein.

Die Funktion f ist also für $x_0 = 0$ unstetig und überall sonst stetig.

(ii) Bei der Funktion

$$g(x) = \begin{cases} 6, & \text{falls } x = 3 \\ \frac{x^2-9}{x-3}, & \text{falls } x \neq 3 \end{cases}$$

liegen die Dinge etwas anders. Sie ist zwar stückweise definiert, aber das erste Stück des Definitionsbereichs besteht nur aus der Zahl 3, während das zweite Stück den gesamten Rest der reellen Achse ausmacht. Das ist deshalb nötig, weil man in den Ausdruck $\frac{x^2-9}{x-3}$ den Wert $x = 3$ nicht einsetzen kann und somit separat festlegen muss, welcher Funktionswert bei $x = 3$ herauskommen soll. Der eigentlich kritische Punkt dürfte deshalb bei $x_0 = 3$ liegen. Ich fange mit dem einfacheren Fall an und untersuche zuerst die Stetigkeit in einem beliebigen Punkt $x_1 \neq 3$. Dazu muss ich den Grenzwert $\lim_{x \to x_1} g(x)$ ausrechnen. Wenn aber $x \to x_1$ geht und $x_1 \neq 3$ ist, dann muss früher oder später auch $x \neq 3$ sein, und damit ist klar, welche Funktionswerte x liefert. Es gilt also:

$$\lim_{x \to x_1} g(x) = \lim_{x \to x_1} \frac{x^2 - 9}{x - 3} = \frac{x_1^2 - 9}{x_1 - 3},$$

denn x_1 ist von 3 verschieden, und ich kann daher einfach den x-Wert x_1 in meine Funktionsgleichung einsetzen. Da zusätzlich auch noch $g(x_1) = \frac{x_1^2-9}{x_1-3}$ gilt, stimmen Grenzwert und Funktionswert überein, und die Funktion ist stetig in x_1.

Bei $x_0 = 3$ sieht das schon etwas anders aus. Zur Berechnung des Grenzwertes

$$\lim_{x \to 3} g(x) = \lim_{x \to 3} \frac{x^2 - 9}{x - 3}$$

kann ich nicht einfach in Zähler und Nenner $x \to 3$ gehen lassen, denn das ergibt beide Male den Wert Null. Ich muss mich also an die Methoden aus Aufgabe 5.5

Abb. 5.6 Funktionsgraph für $g(x)$

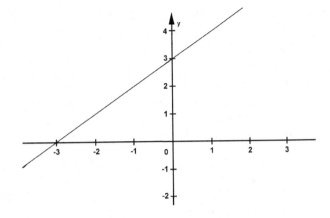

erinnern und dem Zähler dieses Bruches ansehen, dass er wieder einmal eine dritte binomische Formel darstellt. Wegen $x^2 - 9 = (x - 3)(x + 3)$ folgt:

$$\lim_{x \to 3} g(x) = \lim_{x \to 3} \frac{x^2 - 9}{x - 3} = \lim_{x \to 3} \frac{(x - 3)(x + 3)}{x - 3} = \lim_{x \to 3}(x + 3) = 3 + 3 = 6,$$

denn in dem Bruch konnte ich den gemeinsamen Faktor $x - 3$ aus Zähler und Nenner herauskürzen, so dass nur noch $x + 3$ im Limes stehenblieb. Ich habe also herausgefunden, dass

$$\lim_{x \to 3} g(x) = 6$$

gilt. Da auch $g(3) = 6$ gilt, stimmen Grenzwert und Funktionswert an der Stelle $x_0 = 3$ überein, weshalb g auch in $x_0 = 3$ stetig ist.

Man hätte sich das Leben auch gleich etwas einfacher machen können. Für $x \neq 3$ ist $g(x) = \frac{x^2-9}{x-3} = x + 3$. Für $x = 3$ ist aber $g(x) = 6 = 3 + 3 = x + 3$. Folglich gilt generell $g(x) = x + 3$, und da Polynome immer stetig sind, ist g eine auf ganz $\mathbb{R}$ stetige Funktion. Ihr Schaubild finden Sie in Abb. 5.6.

5.8 Bilden Sie jeweils die Hintereinanderausführungen $f \circ g$ und $g \circ f$.

(i) $f(x) = 2x + 3$ und $g(x) = \sqrt{\frac{x^2+1}{x^2-1}}$;

(ii) $f(x) = x^2 + x$ und $g(x) = \sqrt{x}$.

Lösung Die Hintereinanderausführung zweier Funktionen ist keine große Sache. Will man beispielsweise $(f \circ g)(x)$ berechnen, so bedeutet das, dass man erst $g(x)$ ausrechnet und das Ergebnis als Input für die Funktion f nimmt. Daher ist $(f \circ g)(x) = f(g(x))$: der Output von g ist der Input von f. Natürlich kann das nur funktionieren, wenn die Funktionen auch entsprechend zusammen passen. Da die Ergebnisse, die Funktionswerte

$g(x)$ der neue Input für die Funktion f sein sollen, muss der Wertebereich von g im Definitionsbereich von f liegen, denn sonst kann ich die Outputwerte $g(x)$ nicht in f einsetzen, um $f(g(x))$ zu erhalten.

(i) Gegeben sind hier die Funktionen $f(x) = 2x + 3$ und $g(x) = \sqrt{\frac{x^2+1}{x^2-1}}$, und ich soll sowohl $f \circ g$ als auch $g \circ f$ ausrechnen. Nun ist aber $(f \circ g)(x) = f(g(x))$, also muss ich $g(x)$ in die Funktion f einsetzen. Anstatt $f(x)$ betrachte ich deshalb $f(g(x))$, und das heißt:

$$f(g(x)) = 2 \cdot g(x) + 3,$$

denn der Input von f ist jetzt nicht mehr x, sondern $g(x)$. Ich weiß aber sehr genau, was $g(x)$ eigentlich ist; es gilt nämlich $g(x) = \sqrt{\frac{x^2+1}{x^2-1}}$. Daraus folgt schließlich:

$$(f \circ g)(x) = f(g(x)) = 2 \cdot g(x) + 3 = 2 \cdot \sqrt{\frac{x^2 + 1}{x^2 - 1}} + 3.$$

Umgekehrt kann ich auch die Outputs von f als Inputs von g betrachten: das ergibt dann $g \circ f$. Mit den gleichen Überlegungen wie eben ist $(g \circ f)(x) = g(f(x))$, also muss ich $f(x)$ ausrechnen und als Input in die Funktion g einsetzen. Folglich ist:

$$g(f(x)) = \sqrt{\frac{(f(x))^2 + 1}{(f(x))^2 - 1}},$$

denn der Input von g ist jetzt nicht mehr x, sondern $f(x)$. Ich muss das allerdings nicht so abstrakt stehen lassen, da ich ja weiß, was ich unter $f(x)$ zu verstehen habe, denn $f(x) = 2x + 3$. Daraus folgt:

$$\begin{aligned}(g \circ f)(x) &= g(f(x)) \\ &= \sqrt{\frac{(f(x))^2 + 1}{(f(x))^2 - 1}} \\ &= \sqrt{\frac{(2x + 3)^2 + 1}{(2x + 3)^2 - 1}} \\ &= \sqrt{\frac{4x^2 + 12x + 10}{4x^2 + 12x + 8}}.\end{aligned}$$

Wenn man ganz genau sein will (und eigentlich sollte man das sein), dann muss man noch darauf achten, dass man den Definitionsbereich der Funktion $g \circ f$ passend wählt. Sie können beispielsweise an der vorletzten Formel sehen, dass auf jeden Fall $(2x + 3)^2 \neq 1$ gelten muss, damit im Nenner keine Null entsteht. Das bedeutet:

$$(2x + 3)^2 \neq 1 \Leftrightarrow 2x + 3 \neq \pm 1 \Leftrightarrow 2x \neq -2 \text{ und } 2x \neq -4$$
$$\Leftrightarrow x \neq -1 \text{ und } x \neq -2.$$

Daher liegen die Werte -1 und -2 nicht im Definitionsbereich von $g \circ f$. Und es kommt noch etwas schlimmer, denn ich muss nicht nur eine Null im Nenner vermeiden, sondern auf jeden Fall auch negative Wurzelinhalte. Der Zähler meines Bruchs in der Wurzel wird immer positiv sein, aber der Nenner kann tatsächlich negative Werte annehmen: wann immer x zwischen den beiden gerade berechneten Lösungen -2 und -1 liegt, ist $4x^2 + 12x + 8$ nicht positiv, und das heißt, dass ich das gesamte Intervall $[-2, -1]$ aus dem Definitionsbereich herausnehmen muss. Folglich hat $g \circ f$ den Definitionsbereich:

$$D = \mathbb{R} \backslash [-2, -1].$$

(ii) Bei den Funktionen $f(x) = x^2 + x$ und $g(x) = \sqrt{x}$ sieht die prinzipielle Vorgehensweise nicht anders aus. Zur Bestimmung von $f \circ g$ rechne ich:

$$(f \circ g)(x) = f(g(x)) = (g(x))^2 + g(x),$$

denn jetzt ist nicht mehr x der Input von f, sondern $g(x)$. Wegen $g(x) = \sqrt{x}$ ist aber $(g(x))^2 = \sqrt{x}^2 = x$. Das führt zu:

$$(f \circ g)(x) = f(g(x)) = (g(x))^2 + g(x) = x + \sqrt{x}.$$

Umgekehrt kann ich auch wieder die Outputs von f als Inputs von g verwenden und damit zu der Hintereinanderausführung $g \circ f$ kommen. Es gilt:

$$(g \circ f)(x) = g(f(x)) = \sqrt{f(x)},$$

da jetzt $f(x)$ anstatt x der Input von g ist. Wegen $f(x) = x^2 + x$ heißt das dann:

$$(g \circ f)(x) = g(f(x)) = \sqrt{f(x)} = \sqrt{x^2 + x}.$$

5.9 Bestimmen Sie den größtmöglichen Definitionsbereich und den Wertebereich der Funktion $f(x) = \frac{x+3}{4-x}$ und untersuchen Sie f auf Monotonie.

Lösung Der Definitionsbereich D von f ist schnell bestimmt: offenbar darf ich jede reelle Zahl einsetzen, sofern dabei der Nenner nicht Null wird, und das heißt:

$$D = \mathbb{R} \backslash \{4\}.$$

Zur Bestimmung des Wertebereichs gehe ich so vor wie in Aufgabe 5.1. Wenn eine reelle Zahl y zum Wertebereich gehört, dann muss es ein $x \in D$ geben, das die Gleichung $y = f(x)$ erfüllt, und das bedeutet konkret, dass man die Gleichung

$$y = \frac{x+3}{4-x}$$

nach x auflösen können muss. Ich multipliziere mit dem Nenner und erhalte:

$$y(4 - x) = x + 3, \text{ also } 4y - xy = x + 3.$$

Nun bringe ich alle x-Terme auf eine Seite und finde:

$$-xy - x = 3 - 4y, \text{ also } x(-y - 1) = 3 - 4y.$$

Falls nun $-y - 1 \neq 0$ ist, kann ich durch die Klammer auf der linken Seite dividieren und damit die Gleichung nach x auflösen. Jedes $y \neq -1$ gehört also zum Wertebereich. Für $y = -1$ ist dagegen $-y - 1 = 0$, und die obige Gleichung lautet $0 = 7$, was offenbar nicht machbar ist. Daher hat die Funktion den Wertebereich

$$f(D) = \mathbb{R} \backslash \{-1\}.$$

Nun geht es mir um die Monotonie, und dazu schreibe ich die Funktion zuerst etwas anders. Es gilt nämlich:

$$f(x) = \frac{x + 3}{4 - x} = -\frac{x + 3}{x - 4} = -\frac{x - 4 + 7}{x - 4} = -\frac{x - 4}{x - 4} - \frac{7}{x - 4} = -1 - \frac{7}{x - 4}.$$

Das ist deshalb praktischer, weil jetzt kein x mehr im Zähler steht und der konstante Summand -1 vor dem Bruch für die Monotonie keine Rolle spielt. Und nun muss man zwei Fälle unterscheiden:

Fall 1: $x > 4$. Wenn ich mich nur für Zahlen oberhalb von 4 interessiere, dann ist die Funktion streng monoton steigend. Um das einzusehen, müssen Sie sich auf die Definition der Monotonie besinnen: eine Funktion f ist dann streng monoton steigend, wenn aus $x_1 < x_2$ die Ungleichung $f(x_1) < f(x_2)$ folgt. Ich nehme mir also zwei x-Werte mit $x_1, x_2 > 4$ und $x_1 < x_2$. Dann ist natürlich auch $x_1 - 4 < x_2 - 4$, und es gilt zusätzlich $x_1 - 4, x_2 - 4 > 0$, denn beide x-Werte sind größer als 4. Wenn nun aber eine positive Zahl kleiner ist als eine andere positive Zahl, dann ist der Kehrwert der ersten Zahl größer als der Kehrwert der zweiten, und das bedeutet:

$$\frac{1}{x_1 - 4} > \frac{1}{x_2 - 4}, \text{ also auch } \frac{7}{x_1 - 4} > \frac{7}{x_2 - 4}.$$

Ein Minuszeichen vor den Brüchen dreht das Relationszeichen um, also gilt:

$$-\frac{7}{x_1 - 4} < -\frac{7}{x_2 - 4},$$

und damit:

$$f(x_1) = -1 - \frac{7}{x_1 - 4} < -1 - \frac{7}{x_2 - 4} = f(x_2).$$

Damit ist die Monotonie auf dem Bereich oberhalb der 4 nachgewiesen.

Fall 2: $x < 4$. Jetzt interessiere ich mich nur noch für Zahlen unterhalb von 4 , aber auch dann ist die Funktion streng monoton steigend. Die Definition der Monotonie ist noch immer die gleiche, und ich brauche sie hier nicht zu wiederholen. Ich nehme mir also wieder zwei x-Werte mit $x_1 < x_2$, aber diesmal $x_1, x_2 < 4$. Dann ist $x_1 - 4 < x_2 - 4$, und es gilt zusätzlich $x_1 - 4, x_2 - 4 < 0$, denn beide x-Werte sind kleiner als 4. Aber bei zwei negativen Zahlen ist das nicht anders als bei zwei positiven: wenn nun eine negative Zahl kleiner ist als eine andere negative, dann ist der Kehrwert der ersten Zahl größer als der Kehrwert der zweiten, und das bedeutet:

$$\frac{1}{x_1 - 4} > \frac{1}{x_2 - 4}, \text{ also auch } \frac{7}{x_1 - 4} > \frac{7}{x_2 - 4}.$$

Ein Minuszeichen vor den Brüchen dreht das Relationszeichen um, also gilt:

$$-\frac{7}{x_1 - 4} < -\frac{7}{x_2 - 4},$$

und damit:

$$f(x_1) = -1 - \frac{7}{x_1 - 4} < -1 - \frac{7}{x_2 - 4} = f(x_2).$$

Damit ist die Monotonie auch auf dem Bereich oberhalb der 4 nachgewiesen.

Ich habe also insgesamt herausgefunden, dass f sowohl auf dem Intervall $(-\infty, 4)$ als auch auf dem Intervall $(4, \infty)$ streng monoton steigt. Vielleicht fragen Sie sich jetzt, warum ich diese lästige Fallunterscheidung vorgenommen und nicht gleich nachgewiesen habe, dass f auf seinem ganzen Definitionsbereich streng monoton steigt. Die Antwort ist einfach: es stimmt nicht. f hat bei $x = 4$ einen Sprung, und der führt dazu, dass die Monotonie insgesamt nicht gegeben ist.

Sie sehen schon an Abb. 5.7, dass hier von einer Gesamtmonotonie nicht die Rede sein kann: erst wächst f an, dann macht es einen heftigen Sprung von oben nach unten, und dann wächst es wieder an. Das kann man auch ganz einfach mit einem Beispiel belegen. So ist sicher $0 < 5$ aber $f(0) = \frac{3}{4} > -8 = f(5)$, und damit kann f insgesamt nicht streng monoton wachsend sein.

5.10

(i) Untersuchen Sie die Funktion $f : \mathbb{R} \to \mathbb{R}$,

$$f(x) = \begin{cases} -x, & \text{falls } x \leq 0 \\ x^2 + 1, & \text{falls } 0 < x \leq 1 \\ 3 - x, & \text{falls } x > 1 \end{cases}$$

in den Punkten $x_0 = 0$ und $x_1 = 1$ auf Stetigkeit.

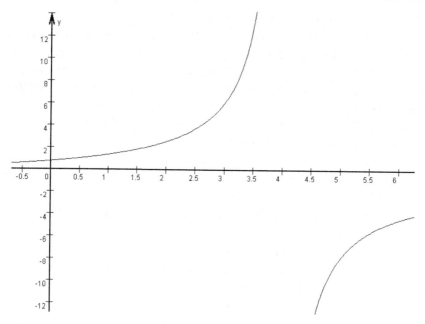

Abb. 5.7 $f_3(x) = \frac{x+3}{4-x}$

(ii)   Wie muss man die Zahl $a \in \mathbb{R}$ wählen, damit die Funktion $g : \mathbb{R} \to \mathbb{R}$,

$$g(x) = \begin{cases} \frac{x^2+x-2}{x^2-3x+2}, & \text{falls } x < 1 \\ a, & \text{falls } x = 1 \\ \frac{x^2-5x+4}{x-1}, & \text{falls } x > 1 \end{cases}$$

im Punkt $x_0 = -3$ stetig ist?

Lösung Sie sehen, dass es hier um den Begriff der Stetigkeit geht, und es kann daher nichts schaden, noch einmal zu notieren, wann eine Funktion in einem bestimmten Punkt x_0 stetig ist. Dazu muss sie zwei Bedingungen erfüllen: erstens muss der Grenzwert $\lim\limits_{x \to x_0} f(x)$ existieren und zweitens muss dieser Grenzwert mit dem Funktionswert $f(x_0)$ übereinstimmen. Wenn der Grenzwert also nicht existiert, dann ist die Funktion an diesem Punkt unstetig, denn eine nicht vorhandener Grenzwert kann nicht gleich dem Funktionswert sein. Und wenn es den Grenzwert tatsächlich gibt, muss man ihn noch mit dem Funktionswert vergleichen: erst wenn beide gleich sind, ist die Funktion im Punkt x_0 stetig.

(i)   Die Funktion f ist auf der Menge der reellen Zahlen definiert, aber ich interessiere mich für die Stetigkeit hier nur an zwei bestimmten kritischen Punkten: $x_0 = 0$ und

$x_1 = 1$. Ein Blick auf die Definition von f zeigt auch, warum. An genau diesen Stellen ändert die Funktion ihr Verhalten, weil an diesen beiden Stellen jeweils die beschreibende Formel für die Funktion wechselt. Links von $x_0 = 0$ ist $f(x) = -x$, aber zwischen 0 und 1 habe ich $f(x) = x^2 + 1$, während rechts von 1 dann $f(x) = 3 - x$ gilt. Und nun muss ich zunächst für $x_0 = 0$ den Grenzwert $\lim\limits_{x \to 0} f(x)$ berechnen – falls er existiert. Die Funktion ist aber stückweise definiert und zeigt links und rechts von x_0 verschiedenes Verhalten, weshalb es sinnvoll ist, einen Versuch mit einseitigen Grenzwerten zu machen. Wenn nämlich der Grenzwert von links (also für $x < 0$) gleich ist dem Grenzwert von rechts (also für $x > 0$), dann spielt es keine Rolle, aus welcher Richtung ich mich an $x_0 = 0$ annähere, denn der Grenzwert ist beide Male derselbe. In diesem Fall habe ich also einen Grenzwert. Wenn aber bei der Annäherung von links und von rechts verschiedene Grenzwerte herauskommen, dann gibt es keinen einheitlichen Grenzwert und die Funktion kann in diesem Punkt nicht stetig sein.

Wie schon erwähnt, habe ich für $x < 0$ den Funktionswert $f(x) = -x$. Wenn sich nun also x von links der Null annähert, dann lauten alle vorkommenden Funktionswerte $-x$, und mit $x \to 0$ geht auch $-x \to 0$. Damit folgt:

$$\lim_{x \to 0, x < 0} f(x) = \lim_{x \to 0, x < 0} -x = 0.$$

Geht dagegen x von rechts gegen Null, dann muss x zwar größer als Null, aber auch kleiner als 1 sein, denn sonst käme x nie an die Null heran. Deshalb gilt hier stets $f(x) = x^2 + 1$. Da aber $x \to 0$ geht, wird auch $x^2 \to 0$ und deshalb $x^2 + 1 \to 1$ gehen. Ich erhalte also:

$$\lim_{x \to 0, x > 0} f(x) = \lim_{x \to 0, x > 0} (x^2 + 1) = 1.$$

Somit habe ich herausgefunden, dass der linksseitige und der rechtsseitige Grenzwert nicht übereinstimmen, und daher kann es im Punkt $x_0 = 0$ keinen einheitlichen Grenzwert geben. Die Funktion f ist deshalb im Punkt $x_0 = 0$ unstetig.

Jetzt muss ich die gleichen Fragen für den Punkt $x_1 = 1$ untersuchen. Geht nun x von links gegen 1, dann muss x zwar kleiner als 1, aber auch größer als Null sein, denn sonst käme x nie an die 1 heran. Deshalb gilt hier stets $f(x) = x^2 + 1$. Da aber $x \to 1$ geht, wird auch $x^2 \to 1$ und deshalb $x^2 + 1 \to 2$ gehen. Ich erhalte also:

$$\lim_{x \to 1, x < 1} f(x) = \lim_{x \to 1, x < 1} (x^2 + 1) = 2.$$

Wenn sich aber x von rechts der 1 annähert, dann lauten alle vorkommenden Funktionswerte $3 - x$, und mit $x \to 1$ geht auch $3 - x \to 3 - 1 = 2$. Damit folgt:

$$\lim_{x \to 1, x > 1} f(x) = \lim_{x \to 1, x > 1} 3 - x = 3 - 1 = 2.$$

Diesmal stimmen also der linksseitige und der rechtsseitige Grenzwert tatsächlich überein und ich darf schreiben:

$$\lim_{x \to 1} f(x) = 2.$$

Und es gilt noch mehr, denn der Funktionswert von $x_1 = 1$ lautet $f(1) = 1^2 + 1 = 2$, woraus folgt:

$$\lim_{x \to 1} f(x) = 2 = f(1).$$

Da der Grenzwert bei $x_1 = 1$ gleich ist dem Funktionswert bei $x_1 = 1$, ist die Funktion f in diesem Punkt stetig.

(ii) Die Problemstellung für die Funktion g liegt ein wenig anders. Hier muss ich erst einmal herausfinden, wie ich den Wert a wählen aoll, damit die Funktion bei $x_0 = 1$ stetig wird. Nun ist g genau dann in $x_0 = 1$ stetig, wenn die Beziehung

$$\lim_{x \to 1} g(x) = g(1)$$

gilt, und es kann daher nicht schaden, sich erst einmal um den Grenzwert zu kümmern. Auch g ist stückweise definiert, weshalb ich zuerst die einseitigen Grenzwerte von links und von rechts für $x \to 1$ ausrechne. Geht x von links gegen 1, so lauten die Funktionswerte

$$g(x) = \frac{x^2 + x - 2}{x^2 - 3x + 2},$$

so dass ich den Grenzwert

$$\lim_{x \to 1, x < 1} \frac{x^2 + x - 2}{x^2 - 3x + 2}$$

auszurechnen habe. Solche Grenzwerte können Sie aber nicht erschrecken, denn wir haben einige von ihnen bereits ausgerechnet und Sie wissen, wie das geht: mit Hilfe der passenden Linearfaktoren. Setzen Sie hier $x = 1$ in Zähler und Nenner ein, dann ergibt sich beide Male Null, sodass in Zähler und Nenner der Linearfaktor $x - 1$ enthalten sein muss. Den jeweils zweiten Linearfaktor finde ich, indem ich die Nullstellen von Zähler und Nenner ausrechne. Für den Zähler führt die Gleichung $x^2 + x - 2 = 0$ zu den Lösungen

$$x_{1,2} = -\frac{1}{2} \pm \sqrt{\frac{1}{4} + 2} = -\frac{1}{2} \pm \sqrt{\frac{9}{4}} = -\frac{1}{2} \pm \frac{3}{2},$$

also $x_1 = -2$ und $x_2 = 1$. Daher ist

$$x^2 + x - 2 = (x + 2)(x - 1).$$

Für den Nenner führt die Gleichung $x^2 - 3x + 2 = 0$ zu den Lösungen

$$x_{3,4} = \frac{3}{2} \pm \sqrt{\frac{9}{4} - 2} = \frac{3}{2} \pm \sqrt{\frac{1}{4}} = \frac{3}{2} \pm \frac{1}{2},$$

also $x_3 = 1$ und $x_4 = 2$. Daher ist

$$x^2 - 3x + 2 = (x - 1)(x - 2).$$

Und somit gilt:

$$\begin{aligned}
\lim_{x \to 1, x < 1} g(x) &= \lim_{x \to 1, x < 1} \frac{x^2 + x - 2}{x^2 - 3x + 2} \\
&= \lim_{x \to 1, x < 1} \frac{(x + 2)(x - 1)}{(x - 1)(x - 2)} \\
&= \lim_{x \to 1, x < 1} \frac{x + 2}{x - 2} \\
&= \frac{1 + 2}{1 - 2} = -3.
\end{aligned}$$

Der linksseitige Grenzwert von g bei $x_0 = 1$ ist also -3. Geht nun x von rechts gegen 1, so lauten die Funktionswerte

$$g(x) = \frac{x^2 - 5x + 4}{x - 1},$$

so dass ich den Grenzwert

$$\lim_{x \to 1, x > 1} \frac{x^2 - 5x + 4}{x - 1}$$

ausrechnen muss. Auch hier erhalten Sie für $x = 1$ in Zähler und Nenner den Wert Null, sodass in Zähler und Nenner der Linearfaktor $x - 1$ enthalten sein muss. Im Nenner ist das einfach zu sehen, denn der Nenner heißt bereits $x - 1$. Den zweiten Linearfaktor des Zählers finde ich wieder, indem ich die Nullstellen des Zählers ausrechne. Die Gleichung $x^2 - 5x + 4 = 0$ führt zu den Lösungen

$$x_{1,2} = \frac{5}{2} \pm \sqrt{\frac{25}{4} - 4} = \frac{5}{2} \pm \sqrt{\frac{9}{4}} = \frac{5}{2} \pm \frac{3}{2},$$

also $x_1 = 1$ und $x_2 = 4$. Daher ist

$$x^2 - 5x + 4 = (x - 1)(x - 4).$$

Damit gilt:

$$\lim_{x \to 1, x > 1} g(x) = \lim_{x \to 1, x > 1} \frac{x^2 - 5x + 4}{x - 1}$$

$$= \lim_{x \to 1, x > 1} \frac{(x - 1)(x - 4)}{x - 1}$$

$$= \lim_{x \to 1, x > 1} (x - 4)$$

$$= -3.$$

Der rechtsseitige Grenzwert von g bei $x_0 = 1$ ist deshalb ebenfalls -3, und da links- und rechtsseitiger Grenzwert gleich sind, gilt:

$$\lim_{x \to 1} g(x) = -3.$$

Nun soll ich den Wert a so wählen, dass die Funktion g im Punkt $x_0 = 1$ stetig wird. Stetigkeit heißt aber, dass der Grenzwert mit dem Funktionswert übereinstimmt. Den Grenzwert habe ich gerade berechnet, er beträgt -3. Der Funktionswert ist laut Definition von g einfach nur $g(1) = a$. Und da g genau dann stetig ist, wenn

$$\lim_{x \to 1} g(x) = g(1)$$

gilt, heißt das:

$$-3 = a.$$

Die Funktion ist also genau dann stetig im Punkt $x_0 = 1$, wenn $a = -3$ gilt.

Trigonometrische Funktionen und Exponentialfunktion

6

6.1 Es seien $a > 0$, $b > 0$ und $c \in \mathbb{R}$. Man definiere $f : \mathbb{R} \to \mathbb{R}$ durch

$$f(x) = a \cdot \sin(bx + c).$$

Zeigen Sie, dass f die folgenden Eigenschaften hat.

(i) $|f(x)| \leq a$ für alle $x \in \mathbb{R}$.
(ii) $f\left(x + \frac{2\pi}{b}\right) = f(x)$ für alle $x \in \mathbb{R}$.
(iii) $f(x) = 0$ genau dann, wenn $x = \frac{k \cdot \pi - c}{b}$ mit $k \in \mathbb{Z}$ gilt.

Hinweis: Verwenden Sie die entsprechenden Eigenschaften der Sinus-Funktion.

Lösung Natürlich kennen Sie die Sinusfunktion und wissen auch über einige ihrer Eigenschaften Bescheid. Nun kann es aber vorkommen, dass man nicht nur den $\sin x$ in seiner reinen und unverfälschten Form braucht, sondern auch etwas unschönere Funktionen wie zum Beispiel $f(x) = a \cdot \sin(bx + c)$, die zwar eine Menge mit dem Sinus zu tun haben, ihn aber nicht einfach so lassen, wie Sie ihn gewöhnt sind. Um die Eigenschaften einer solchen Funktion zu untersuchen, muss man die entsprechenden Eigenschaften der Sinusfunktion selbst heranziehen.

(i) Es wird behauptet, dass für alle $x \in \mathbb{R}$ die Ungleichung $|f(x)| \leq a$ gilt. Da f sehr nah mit dem Sinus verwandt ist, liegt es nahe, nach einer entsprechenden Ungleichung für die pure Sinusfunktion zu suchen, und die ist auch schnell gefunden: es gilt immer $|\sin x| \leq 1$, ganz gleich, welches $x \in \mathbb{R}$ Sie auch einsetzen mögen. Bei $f(x)$ geht es aber gar nicht um eine simples $\sin x$, sondern um $\sin(bx + c)$, aber das schadet gar nichts. Der Betrag des Sinus ist für *jeden beliebigen Input* kleiner oder gleich 1, und wie ich den Input nenne, spielt dabei überhaupt keine Rolle. Schließlich

© Springer-Verlag Deutschland 2017
T. Rießinger, *Übungsaufgaben zur Mathematik für Ingenieure*,
DOI 10.1007/978-3-662-54803-5_6

ist für $x \in \mathbb{R}$ auch $bx + c \in \mathbb{R}$, und daraus folgt:

$$|\sin(bx + c)| \leq 1.$$

Damit ist auch schon fast alles erledigt, denn um an f heranzukommen, muss ich nur $\sin(bx + c)$ mit der Konstanten a multiplizieren. Das ergibt dann:

$$|f(x)| = |a \cdot \sin(bx + c)| = |a| \cdot |\sin(bx + c)| = a \cdot |\sin(bx + c)| \leq a \cdot 1 = a.$$

In der ersten Gleichung habe ich nur verwendet, dass $f(x) = a \cdot \sin(bx + c)$ gilt. In der zweiten Gleichung habe ich den Betrag auf die einzelnen Faktoren des Produkts $a \cdot \sin(bx + c)$ gezogen und dann in der dritten Gleichung benutzt, dass $a > 0$ gilt und deshalb $|a| = a$ ist. Anschließend konnte ich darauf zurückgreifen, dass $|\sin(bx + c)| \leq 1$ ist, und damit habe ich insgesamt die gesuchte Ungleichung $|f(x)| \leq a$ bewiesen.

(ii) Hier geht es darum festzustellen, in welchen Abständen sich die Funktionswerte von $f(x)$ wiederholen. Die Behauptung lautet, dass für alle $x \in \mathbb{R}$ die Gleichung $f\left(x + \frac{2\pi}{b}\right) = f(x)$ gilt, und wieder ist es am günstigsten, nach einer ähnlichen Behauptung für die pure Sinusfunktion zu suchen. Die ist aber schnell gefunden, denn bekanntlich gilt:

$$\sin(x + 2\pi) = \sin x \text{ für alle } x \in \mathbb{R}.$$

Das ist schon ein guter Anfang, denn immerhin kommt die ominöse Zahl 2π auch in der behaupteten Gleichung über f vor. Um nun diese praktische Eigenschaft des Sinus verwenden zu können, bleibt mir nichts anderes übrig, als die Definition von $f(x)$ heranzuziehen, denn in ihr kommt zum Glück die Sinusfunktion vor. Nun habe ich aber nicht mehr einfach nur $f(x)$, sondern den etwas komplizierteren Ausdruck $f\left(x + \frac{2\pi}{b}\right)$. Darin liegt allerdings kein Problem, da ich ja weiß, wie ich jeden beliebigen Input von f zu behandeln habe: erst wird $b \cdot \text{Input} + c$ berechnet, darauf wird der Sinus geworfen, und zum Schluss wird noch mit a multipliziert. Dass jetzt der Input nicht mehr schlicht x heißt, sondern $x + \frac{2\pi}{b}$, spielt dabei keine Rolle. Deshalb ist:

$$f\left(x + \frac{2\pi}{b}\right) = a \cdot \sin\left(b \cdot \left(x + \frac{2\pi}{b}\right) + c\right).$$

Innerhalb der Sinusfunktion kann ich ausmultiplizieren und erhalte:

$$a \cdot \sin\left(b \cdot \left(x + \frac{2\pi}{b}\right) + c\right) = a \cdot \sin(bx + 2\pi + c).$$

Das ist praktisch, da ich oben aufgeschrieben hatte, dass sich die Sinusfunktion jeweils nach 2π wiederholt: für jeden beliebigen Input $x \in \mathbb{R}$ gilt $\sin(x + 2\pi) = \sin x$, und das stimmt natürlich auch, wenn der Input auf einmal $bx + c$ heißt. Damit folgt:

$$a \cdot \sin(bx + 2\pi + c) = a \cdot \sin(bx + c + 2\pi) = a \cdot \sin(bx + c) = f(x),$$

denn genauso war $f(x)$ definiert. Fasst man alles zusammen, dann habe ich insgesamt herausgefunden:

$$f\left(x + \frac{2\pi}{b}\right) = a \cdot \sin\left(b \cdot \left(x + \frac{2\pi}{b}\right) + c\right)$$
$$= a \cdot \sin(bx + 2\pi + c)$$
$$= a \cdot \sin(bx + c + 2\pi)$$
$$= a \cdot \sin(bx + c)$$
$$= f(x).$$

Damit ist die gewünschte Gleichung bewiesen.

(iii) Nun muss ich die Nullstellen von $f(x)$ herausfinden. Die Behauptung lautet, dass genau dann $f(x) = 0$ gilt, wenn $x = \frac{k \cdot \pi - c}{b}$ mit $k \in \mathbb{Z}$ ist. Auch diese Behauptung führe ich natürlich zurück auf die entsprechende Behauptung für die Sinusfunktion. Sie wissen, dass

$$\cdots = \sin(-2\pi) = \sin(-\pi) = \sin 0 = \sin \pi = \sin 2\pi = \sin 3\pi = \cdots = 0$$

gilt, oder etwas knapper formuliert:

$$\sin k\pi = 0 \text{ für alle } k \in \mathbb{Z}.$$

Damit ist schon einmal die ganze Zahl k im Spiel, und jetzt ist der Rest nicht mehr schwer. Zunächst einmal gilt:

$$f(x) = 0 \Leftrightarrow a \cdot \sin(bx + c) = 0 \Leftrightarrow \sin(bx + c) = 0,$$

denn ich hatte vorausgesetzt, dass $a > 0$ ist, und somit kann das Produkt von a mit $\sin(bx + c)$ nur dann Null werden, wenn $\sin(bx + c)$ selbst Null ist. Oben habe ich aber aufgeschrieben, für welche Input-Werte der Sinus das Ergebnis Null liefert: der Input muss die Form $k\pi$ mit einer ganzen Zahl k haben. Da jetzt mein Input nicht mehr einfach nur x ist, sondern $bx + c$, bedeutet das:

$$bx + c = k\pi \text{ mit } k \in \mathbb{Z}.$$

Das heißt:

$$bx = k\pi - c, \text{ also } x = \frac{k \cdot \pi - c}{b}.$$

Schreibt man die gesamte Schlusskette noch einmal am Stück auf, ohne dass ich dazwischenrede, so lautet sie:

$$f(x) = 0 \Leftrightarrow a \cdot \sin(bx + c) = 0$$
$$\Leftrightarrow \sin(bx + c) = 0$$
$$\Leftrightarrow bx + c = k\pi \text{ mit } k \in \mathbb{Z}$$
$$\Leftrightarrow x = \frac{k \cdot \pi - c}{b} \text{ mit } k \in \mathbb{Z}.$$

6.2 Zeigen Sie, dass für alle $x \in \mathbb{R}$ die folgenden Beziehungen gelten.

(i) $\sin^2 x = \frac{1}{2}(1 - \cos(2x))$;

(ii) $\cos^2 x = \frac{1}{2}(1 + \cos(2x))$;

(iii) $\cos^4 x - \sin^4 x = \cos(2x)$.

Hinweis zu (i) und (ii): Verwenden Sie das Additionstheorem für den Cosinus mit $y = x$ und beachten Sie dann die trigonometrische Form des Pythagoras-Satzes.

  Hinweis zu (iii): Hier brauchen Sie zusätzlich zu den Hilfsmitteln für (i) und (ii) noch die dritte binomische Formel.

Lösung Für die trigonometrischen Funktionen Sinus und Cosinus gibt es einige Formeln, die sogenannten Additionstheoreme, die es ermöglichen, den Sinus oder Cosinus der Differenz oder der Summe zweier Inputs zu berechnen, wenn man die entsprechenden Funktionswerte für die einzelnen Inputs kennt. Man findet sie eigentlich in jeder Formelsammlung und auch in jedem Lehrbuch, in dem in irgendeiner Form Sinus und Cosinus vorkommen. Die Formeln für die Summe zweier Inputs lauten:

$$\sin(x + y) = \sin x \cos y + \cos x \sin y$$

und

$$\cos(x + y) = \cos x \cos y - \sin x \sin y.$$

Und auch der sogenannte trigonometrische Pythagoras ist nicht schwer einzusehen.

  In Abb. 6.1 ist ein Winkel x im Einheitskreis eingetragen, und deshalb gilt $c = \cos x$ und $s = \sin x$. Nach dem bekannten Satz des Pythagoras folgt dann:

$$1^2 = c^2 + s^2, \text{ und deshalb } 1 = \sin^2 x + \cos^2 x,$$

und diese Formel bezeichnet man oft als den trigonometrischen Pythagoras.

  Jetzt habe ich das nötige Rüstzeug zusammen, um die Aufgabe angehen zu können.

Abb. 6.1 Trigonometrischer
Pythagoras

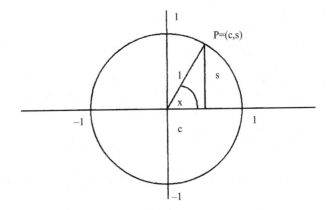

(i)   Zum Beweis der Formel $\sin^2 x = \frac{1}{2}(1 - \cos(2x))$ sollen Sie nach dem gegebenen Hinweis das Additionstheorem für den Cosinus mit $y = x$ anwenden. Wenn man schon einen Hinweis erhält, dann kann es nicht schaden, ihn zu befolgen und zu sehen, wohin er führt. Ich setze also im Additionstheorem $y = x$ und erhalte:

$$\cos(x + x) = \cos x \cos x - \sin x \sin x,$$

also

$$\cos(2x) = \cos^2 x - \sin^2 x.$$

Das ist noch nicht so ganz das, was ich herausfinden soll, denn in der gesuchten Formel kommen nur noch $\sin^2 x$ und $\cos(2x)$ vor, während hier noch zusätzlich der quadrierte Cosinus gebraucht wird. Sie haben aber noch nicht den gesamten Hinweis verwertet, denn schließlich wird uns dort auch geraten, den trigonometrischen Pythagoras anzuwenden. Aus $\sin^2 x + \cos^2 x = 1$ folgt natürlich $\cos^2 x = 1 - \sin^2 x$, und das kann ich in die oben erreichte Formel einsetzen. Dann erhalte ich:

$$\cos(2x) = \cos^2 x - \sin^2 x = 1 - \sin^2 x - \sin^2 x = 1 - 2\sin^2 x.$$

Damit ist $2\sin^2 x = 1 - \cos(2x)$, und daraus folgt die gewünschte Formel:

$$\sin^2 x = \frac{1}{2}(1 - \cos(2x)).$$

(ii)   Die Gleichung $\cos^2 x = \frac{1}{2}(1 + \cos(2x))$ kann man ganz genauso beweisen wie die Gleichung aus (i), und ich werde Ihnen zunächst diesen Weg zeigen. Anschließend führe ich Ihnen dann noch vor, wie es auch etwas kürzer gegangen wäre. Ich verwende also wieder das Additionstheorem für den Cosinus mit $y = x$. In der Zwischenzeit hat es sich nicht geändert, und deshalb gilt nach wie vor:

$$\cos(x + x) = \cos x \cos x - \sin x \sin x,$$

also

$$\cos(2x) = \cos^2 x - \sin^2 x.$$

Wenn Sie sich ansehen, was ich hier beweisen soll, dann geht es diesmal um $\cos^2 x$, und ich muss zusehen, wie ich den störenden Term $\sin^2 x$ aus meinem Zwischenergebnis entferne. Das geht natürlich wieder mit dem trigonometrischen Pythagoras, denn aus $\sin^2 x + \cos^2 x = 1$ folgt $\sin^2 x = 1 - \cos^2 x$, und das setze ich in mein Zwischenergebnis ein. Dann erhalte ich:

$$\cos(2x) = \cos^2 x - \sin^2 x = \cos^2 x - (1 - \cos^2 x) = 2\cos^2 x - 1.$$

Damit ist $2\cos^2 x = 1 + \cos(2x)$, und daraus folgt die gewünschte Formel:

$$\cos^2 x = \frac{1}{2}(1 + \cos(2x)).$$

Dieser Beweis ist völlig in Ordnung, aber wir hätten uns das Leben auch etwas leichter machen können. Man muss das Rad nicht bei jeder Aufgabe neu erfinden, und da ich eine ähnliche Formel bereits in (i) bewiesen hatte, macht es vielleicht Sinn, darauf zurückzugreifen. In (i) hatte ich bewiesen, dass immer

$$\sin^2 x = \frac{1}{2}(1 - \cos(2x))$$

gilt. Nun ist aber $\sin^2 x = 1 - \cos^2 x$, und wenn ich das hier einsetze, dann finde ich:

$$1 - \cos^2 x = \frac{1}{2}(1 - \cos(2x)) = \frac{1}{2} - \frac{1}{2}\cos(2x).$$

Auflösen nach $\cos^2 x$ ergibt dann:

$$\cos^2 x = \frac{1}{2} + \frac{1}{2}\cos(2x) = \frac{1}{2}(1 + \cos(2x)).$$

Es kann also durchaus Sinn machen, nicht immer wieder von vorn anzufangen, sondern die Ergebnisse, die man unterwegs erzielt hat, auf neue Probleme anzuwenden.

(iii) Die Gleichung $\cos^4 x - \sin^4 x = \cos(2x)$ sieht schlimm aus, ist aber eigentlich ganz leicht einzusehen, vor allem dann, wenn man den Hinweis auf die dritte binomische Formel beachtet. Bereits in (i) und (ii) hatte ich die Formel

$$\cos^2 x - \sin^2 x = \cos(2x)$$

aus dem Additionstheorem für den Cosinus hergeleitet, und diese Formel hat ja immerhin eine gewisse Ähnlichkeit mit der behaupteten Gleichung. Schade ist nur, dass die Exponenten verschieden sind: wo hier eine 2 steht, habe ich dort eine 4. Dieses Problem verschwindet aber ganz schnell. Die dritte binomische Formel, die hier zum

Einsatz kommen soll, lautet bekanntlich $a^2 - b^2 = (a - b) \cdot (a + b)$, und so, wie meine Gleichung aussieht, könnte ich es mit $a^2 = \cos^4 x$ und $b^2 = \sin^4 x$ versuchen. Ich setze also

$$a = \cos^2 x \text{ und } b = \sin^2 x.$$

Dann ist natürlich

$$a^2 = \cos^4 x \text{ und } b^2 = \sin^4 x,$$

und mit der dritten binomischen Formel folgt:

$$\cos^4 x - \sin^4 x = a^2 - b^2 = (a - b) \cdot (a + b)$$
$$= (\cos^2 x - \sin^2 x) \cdot (\cos^2 x + \sin^2 x).$$

Was ist damit gewonnen? Vergessen Sie nicht den trigonometrischen Pythagoras, der mir nach wie vor zur Verfügung steht und aussagt, dass $\cos^2 x + \sin^2 x = 1$ gilt. Die zweite Klammer meines letzten Produkts ist also nur eine besonders komplizierte Schreibweise für die 1, und das bedeutet:

$$(\cos^2 x - \sin^2 x) \cdot (\cos^2 x + \sin^2 x) = \cos^2 x - \sin^2 x = \cos(2x).$$

Damit Sie den gesamten Weg ohne Unterbrechung vor sich sehen, schreibe ich noch einmal alles vom Anfang bis zum Ende auf. Es gilt:

$$\cos^4 x - \sin^4 x = (\cos^2 x - \sin^2 x) \cdot (\cos^2 x + \sin^2 x)$$
$$= \cos^2 x - \sin^2 x$$
$$= \cos(2x).$$

6.3 Zeigen Sie:

$$\tan(x + y) = \frac{\tan x + \tan y}{1 - \tan x \tan y}.$$

Hinweis: Verwenden Sie die Additionstheoreme für Sinus und Cosinus.

Lösung In Aufgabe 6.2 haben Sie schon gesehen, dass es Additionstheoreme für die Sinus- und die Cosinusfunktion gibt, und was man damit anfangen kann. Bei dieser Aufgabe handelt es sich um ein Additionstheorem für den Tangens, denn es sagt aus, wie man aus den Tangenswerten für x und y den Tangenswert für $x + y$ berechnen kann. Zum Beweis werde ich einfach auf die Additionstheoreme für Sinus und Cosinus zurückgreifen: der Tangens ist definiert als Quotient aus Sinus und Cosinus, und man sollte erwarten, dass dann ein Additionstheorem für den Tangens irgendwie mit Hilfe der Additionsformeln für Sinus und Cosinus nachgewiesen werden kann. Zunächst einmal ist

$$\tan(x + y) = \frac{\sin(x + y)}{\cos(x + y)},$$

und das gibt Anlass zur Hoffnung, weil ich im Zähler das Additionstheorem für den Sinus und im Nenner das Additionstheorem für den Cosinus verwenden kann. Mit den Formeln aus Aufgabe 6.2 folgt dann:

$$\tan(x + y) = \frac{\sin(x + y)}{\cos(x + y)} = \frac{\sin x \cos y + \cos x \sin y}{\cos x \cos y - \sin x \sin y}.$$

Ich gebe sofort zu, dass dieser Bruch keinen sehr einladenden Eindruck macht. Dennoch ist er nicht annähernd so schlimm, wie er aussieht, und vor allem liefert er ein schönes Beispiel dafür, wie man von einem Term, den man zur Verfügung hat, auf einen Term kommt, den man gerne hätte. Bisher habe ich den Zähler $\sin x \cos y + \cos x \sin y$ erreicht, aber wie Sie der Behauptung entnehmen können hätte ich gern den Zähler $\tan x + \tan y$. Wegen $\tan x = \frac{\sin x}{\cos x}$ kann ich aus dem zweiten Summanden meines gegenwärtigen Zählers kaum einen Tangens von x erzeugen, aber der erste Summand enthält immerhin den Faktor $\sin x$. Wenn ich also den Bruch durch $\cos x$ kürze, dann steht da immerhin schon einmal $\frac{\sin x \cos y}{\cos x} = \tan x \cos y$. Nun bin ich aber schon beim Kürzen, und dann kann ich es auch gleich richtig gründlich machen und den störenden $\cos y$ mit herauskürzen. Ich werde jetzt also den bisher erreichten Bruch durch $\cos x \cos y$ kürzen und nachsehen, was dabei herauskommt. Da Kürzen bedeutet, dass ich Zähler und Nenner durch die gleiche Zahl teilen muss, erhalte ich:

$$\frac{\sin x \cos y + \cos x \sin y}{\cos x \cos y - \sin x \sin y} = \frac{\tan x + \frac{\cos x \sin y}{\cos x \cos y}}{\frac{\cos x \cos y}{\cos x \cos y} - \frac{\sin x \sin y}{\cos x \cos y}}.$$

Damit habe ich den $\tan x$ am Anfang meines Zählers erhalten. Der zweite Summand im Zähler lautet jetzt aber

$$\frac{\cos x \sin y}{\cos x \cos y} = \frac{\sin y}{\cos y} = \tan y,$$

womit ich also im Zähler genau das bekommen habe, was ich wollte. Der erste Summand des Nenners ist offenbar genau 1, und der zweite Summand des Nenners lässt sich vereinfachen durch:

$$\frac{\sin x \sin y}{\cos x \cos y} = \frac{\sin x}{\cos x} \cdot \frac{\sin y}{\cos y} = \tan x \cdot \tan y.$$

Insgesamt erhalte ich daher:

$$\frac{\tan x + \frac{\cos x \sin y}{\cos x \cos y}}{\frac{\cos x \cos y}{\cos x \cos y} - \frac{\sin x \sin y}{\cos x \cos y}} = \frac{\tan x + \tan y}{1 - \tan x \tan y},$$

und genau das sollte auch herauskommen.

Wie schon häufiger schreibe ich auch jetzt noch einmal die gesamte Gleichungskette am Stück auf. Es gilt:

$$\begin{aligned}
\tan(x + y) &= \frac{\sin(x + y)}{\cos(x + y)} \\[4pt]
&= \frac{\sin x \cos y + \cos x \sin y}{\cos x \cos y - \sin x \sin y} \\[4pt]
&= \frac{\tan x + \frac{\cos x \sin y}{\cos x \cos y}}{\frac{\cos x \cos y}{\cos x \cos y} - \frac{\sin x \sin y}{\cos x \cos y}} \\[4pt]
&= \frac{\tan x + \tan y}{1 - \tan x \tan y}.
\end{aligned}$$

6.4 Bestimmen Sie alle reellen Lösungen der folgenden trigonometrischen Gleichungen.

(i) $\sin(2x) = \cos x$;

(ii) $\sin(2x) = \tan x$;

(iii) $2\cos^2 x - 5\cos x = -2$.

(iv) $2\sin^2 x = \sin x + 1$.

Hinweis: Verwenden Sie in (i) und (ii) das Sinus-Additionstheorem mit $y = x$ und vereinfachen Sie anschließend die Gleichung so weit wie möglich. In (iii) und (iv) setzen Sie $z = \cos x$ bzw. $z = \sin x$ und lösen die entstehende quadratische Gleichung.

Lösung Im Gegensatz zu algebraischen Gleichungen wie beispielsweise quadratischen Gleichungen oder Gleichungen dritten Grades kommen bei trigonometrischen Gleichungen nicht nur Potenzen von x vor, sondern vor allem die auf die Unbekannte x angewandten trigonometrischen Funktionen. Das schafft natürlich Probleme, denn während es zum Beispiel für quadratische Gleichungen eine einfache Lösungsformel gibt, die auf der bekannten binomischen Formel beruht, ist so etwas für trigonometrische Gleichungen nicht möglich: die trigonometrischen Funktionen sind zu kompliziert, um einfache Lösungsformeln zu gestatten. Dazu kommt noch, dass man mit einer Unmenge an Lösungen rechnen muss. Schon die ausgesprochen einfache Gleichung $\sin x = 0$ hat als Lösungen alle Nullstellen der Sinusfunktion, das heißt die Lösungsmenge dieser simplen Gleichung lautet $\{k\pi \mid k \in \mathbb{Z}\}$. Man muss also bei solchen Gleichungen mit Schwierigkeiten rechnen, und Sie werden diese Schwierigkeiten auch gleich kennenlernen.

(i)   Zur Lösung der Gleichung $\sin(2x) = \cos x$ ist immerhin ein Hinweis vorhanden: ich soll das Additionstheorem der Sinusfunktion mit $y = x$ verwenden und anschließend die Gleichung so weit wie möglich vereinfachen. Mit $y = x$ folgt aus dem Additionstheorem:

$$\sin(x + x) = \sin x \cos x + \cos x \sin x, \text{ also } \sin(2x) = 2 \sin x \cos x.$$

Die Gleichung kann ich also auch schreiben als

$$2 \sin x \cos x = \cos x.$$

An dieser Stelle wird oft und gern ein bestimmter Fehler gemacht: da auf beiden Seiten der umformulierten Gleichung der Term $\cos x$ auftritt, könnte man ja einfach durch diesen $\cos x$ dividieren und wäre ihn dann ein für allemal los. Könnte man, kann man aber nicht. Bedenken Sie, dass der Cosinus durchaus auch zu Null werden kann, und dass Sie durch Null nicht teilen dürfen. Noch schlimmer: Für irgendein x mit $\cos x = 0$ haben Sie offenbar auf beiden Seiten der Gleichung eine Null stehen, so dass dieses x tatsächlich schon eine Lösung der Gleichung ist, die Sie durch das Abdividieren des Cosinus verlieren würden.

Man kann aber etwas anderes machen, das nicht viel anders aussieht und doch wesentlich besser ist. Zuerst bringe ich den $\cos x$ auf die linke Seite und dann klammere ich ihn aus. Das ergibt:

$$2 \sin x \cos x - \cos x = 0, \text{ also } \cos x \cdot (2 \sin x - 1) = 0.$$

Noch einmal: ich darf auch jetzt unter keinen Umständen einfach so durch $\cos x$ teilen. Ich kann mir aber zu Nutze machen, dass ich weiß, wann ein Produkt Null wird: genau dann, wenn einer der beiden Faktoren Null wird. Es gilt also:

$$\cos x \cdot (2 \sin x - 1) = 0 \Leftrightarrow \cos x = 0 \text{ oder } 2 \sin x - 1 = 0$$

$$\Leftrightarrow \cos x = 0 \text{ oder } \sin x = \frac{1}{2}.$$

Jetzt ist die Gleichung schon wesentlich übersichtlicher geworden, denn ich muss nur noch herausfinden, wann $\cos x = 0$ oder $\sin x = \frac{1}{2}$ ist. Die erste Frage ist leicht zu beantworten, denn es gilt:

$$\cos \frac{\pi}{2} = \cos \frac{3}{2}\pi = \cos \frac{5}{2}\pi = \cdots = 0,$$

das heißt, der Cosinus ist genau dann Null, wenn sein Input von der Form $\frac{\pi}{2} + k\pi$ mit einer ganzen Zahl k ist. Es gilt also:

$$\cos x = 0 \Leftrightarrow x = \frac{\pi}{2} + k\pi \text{ mit } k \in \mathbb{Z}.$$

Zur Frage, wann $\sin x = \frac{1}{2}$ gilt, finden Sie vielleicht mit Hilfe eines Taschenrechners heraus, dass $\sin 30° = \frac{1}{2}$, also im Bogenmaß $\sin \frac{\pi}{6} = \frac{1}{2}$ ist. Das ist aber noch nicht alles, denn es gilt immer $\sin(\pi - x) = \sin x$, und daraus folgt $\sin \frac{5}{6}\pi = \frac{1}{2}$. Da sich der Sinus natürlich bei jedem vollen Durchgang um 2π wiederholt, folgt daraus:

$$\sin x = \frac{1}{2} \Leftrightarrow x = \frac{\pi}{6} + 2k\pi \text{ mit } k \in \mathbb{Z} \text{ oder } x = \frac{5}{6}\pi + 2k\pi \text{ mit } k \in \mathbb{Z}.$$

Da die Lösungsmenge der Gleichung aus allen x-Werten besteht, für die $\cos x = 0$ oder $\sin x = \frac{1}{2}$ gilt, folgt:

$$\mathbb{L} = \left\{ \frac{\pi}{2} + k\pi \,\middle|\, k \in \mathbb{Z} \right\} \cup \left\{ \frac{\pi}{6} + 2k\pi \,\middle|\, k \in \mathbb{Z} \right\} \cup \left\{ \frac{5}{6}\pi + 2k\pi \,\middle|\, k \in \mathbb{Z} \right\}.$$

(ii)   Nun löse ich die Gleichung $\sin(2x) = \tan x$, und es ist nicht sehr überraschend, dass auch hier wieder die Formel für $\sin(2x)$ zum Einsatz kommt, die ich schon in Teil (i) gebraucht habe. Wegen $\sin(2x) = 2\sin x \cos x$ ist diese Gleichung also äquivalent zu der Gleichung

$$2\sin x \cos x = \tan x.$$

Auf der rechten Seite steht noch $\tan x$, aber das kann man leicht in Sinus und Cosinus umformen. Damit ergibt sich die Gleichung:

$$2\sin x \cos x = \frac{\sin x}{\cos x}.$$

Auch hier kann sich die Versuchung ergeben, unzulässig durch $\sin x$ zu dividieren, da der Sinus von x auf beiden Seiten der Gleichung in der passenden Position steht. Das wäre aber genauso verboten wie das Teilen durch $\cos x$ in Teil (i), denn natürlich kann auch $\sin x$ zu Null werden, und wir würden durch voreiliges Dividieren Lösungen verlieren. Ich kann aber alles auf eine Seite bringen und danach vorklammern. Das führt zu:

$$2\sin x \cos x - \frac{\sin x}{\cos x} = 0, \text{ also } \sin x \cdot \left(2\cos x - \frac{1}{\cos x} \right) = 0.$$

Nach dem alten Prinzip, dass ein Produkt genau dann Null ist, wenn wenigstens einer seiner beiden Faktoren Null ist, bedeutet das:

$$\sin x \cdot \left(2\cos x - \frac{1}{\cos x} \right) = 0 \Leftrightarrow \sin x = 0 \text{ oder } 2\cos x - \frac{1}{\cos x} = 0.$$

Der erste Teil ist wieder einfach. Sie wissen, dass

$$\sin 0 = \sin \pi = \sin 2\pi = \cdots = 0$$

gilt, und das heißt:

$$\sin x = 0 \Leftrightarrow x = k\pi \text{ mit } k \in \mathbb{Z}.$$

Nun muss ich noch herausfinden, wann $2 \cos x - \frac{1}{\cos x} = 0$ gilt. Dazu bleibt mir nicht viel anderes übrig, als mit $\cos x$ durchzumultiplizieren. Das ergibt dann:

$$2 \cos^2 x - 1 = 0, \text{ und damit } \cos^2 x = \frac{1}{2}, \text{ also } \cos x = \pm\sqrt{\frac{1}{2}} = \pm\frac{1}{2}\sqrt{2}.$$

Der Einsatz Ihres Taschenrechners liefert

$$\cos 45° = \cos 315° = \frac{1}{2}\sqrt{2},$$

also im Bogenmaß:

$$\cos\frac{\pi}{4} = \cos\frac{7}{4}\pi = \frac{1}{2}\sqrt{2}.$$

Weiterhin ist

$$\cos 135° = \cos 225° = -\frac{1}{2}\sqrt{2},$$

also im Bogenmaß:

$$\cos\frac{3}{4}\pi = \cos\frac{5}{4}\pi = -\frac{1}{2}\sqrt{2}.$$

Mit anderen Worten: multipliziert man $\frac{\pi}{4}$ mit einer ungeraden ganzen Zahl, dann ergibt sich für diesen Input der Cosinuswert $\frac{1}{2}\sqrt{2}$ oder $-\frac{1}{2}\sqrt{2}$.

Da die Lösungsmenge der Gleichung aus allen x-Werten besteht, für die $\sin x = 0$ oder $2 \cos x - \frac{1}{\cos x} = 0$ gilt, folgt:

$$\mathbb{L} = \{k\pi | k \in \mathbb{Z}\} \cup \left\{\frac{\pi}{4}(2k+1) \,\middle|\, k \in \mathbb{Z}\right\}.$$

(iii) Die Gleichung $2 \cos^2 x - 5 \cos x = -2$ legt ein anderes Verfahren nahe, das auch schon der zugehörige Hinweis beschreibt. Setzt man hier $z = \cos x$, so ergibt sich für die Unbekannte z die Gleichung:

$$2z^2 - 5z = -2, \text{ also } 2z^2 - 5z + 2 = 0 \text{ und damit } z^2 - \frac{5}{2}z + 1 = 0.$$

Das ist nun eine ganz normale quadratische Gleichung mit der Unkannten z, die ich wie üblich mit Hilfe der p, q-Formel lösen kann. Es gilt:

$$z_{1,2} = \frac{5}{4} \pm \sqrt{\frac{25}{16} - 1} = \frac{5}{4} \pm \sqrt{\frac{9}{16}} = \frac{5}{4} \pm \frac{3}{4}.$$

Also ist $z_1 = \frac{1}{2}$ und $z_2 = 2$. Nun darf man aber nicht vergessen, dass die Sache noch keineswegs zu Ende ist, denn z war nur eine Hilfsvariable, die für den Cosinus von x steht. Ich muss also noch die Gleichungen $\cos x = \frac{1}{2}$ und $\cos x = 2$ nach x auflösen und damit die x-Werte für jeden der beiden z-Werte bestimmen. Für $z_1 = \frac{1}{2}$ kann man wieder mit dem Taschenrechner feststellen, dass

$$\cos 60° = \cos 300° = \frac{1}{2},$$

also im Bogenmaß

$$\cos \frac{\pi}{3} = \cos \frac{5}{3}\pi = \frac{1}{2}$$

gilt. Da sich auch der Cosinus in Zyklen von 2π wiederholt, heißt das:

$$\cos x = \frac{1}{2} \Leftrightarrow x = \frac{\pi}{3} + 2k\pi \text{ mit } k \in \mathbb{Z} \text{ oder } x = \frac{5}{3}\pi + 2k\pi \text{ mit } k \in \mathbb{Z}.$$

Für $z_2 = 2$ ist alles etwas einfacher, denn die Gleichung $\cos x = 2$ kann keine Lösung haben, da stets $|\cos x| \leq 1$ gilt. Ich habe also nur z_1 als brauchbaren z-Wert, und damit ergibt sich die Lösungsmenge:

$$\mathbb{L} = \left\{ \frac{\pi}{3} + 2k\pi \,\middle|\, k \in \mathbb{Z} \right\} \cup \left\{ \frac{5}{3}\pi + 2k\pi \,\middle|\, k \in \mathbb{Z} \right\}.$$

(iv) Die Gleichung $2\sin^2 x = \sin x + 1$ lässt sich nach dem gleichen Prinzip angehen wie die Gleichung in Teil (iii), nur dass ich hier $z = \sin x$ setzen muss. Dann erhalte ich die neue Gleichung:

$$2z^2 = z + 1 \Leftrightarrow 2z^2 - z - 1 = 0 \Leftrightarrow z^2 - \frac{1}{2}z - \frac{1}{2} = 0.$$

Die p, q-Formel liefert:

$$z_{1,2} = \frac{1}{4} \pm \sqrt{\frac{1}{16} + \frac{1}{2}} = \frac{1}{4} \pm \sqrt{\frac{9}{16}} = \frac{1}{4} \pm \frac{3}{4}.$$

Also ist $z_1 = -\frac{1}{2}$ und $z_2 = 1$. Für $z_1 = -\frac{1}{2}$ muss ich nun feststellen, wann $\sin x = -\frac{1}{2}$ wird. Laut Taschenrechner ist aber

$$\sin 210° = \sin 330° = -\frac{1}{2},$$

also im Bogenmaß

$$\sin \frac{7}{6}\pi = \sin \frac{11}{6}\pi = -\frac{1}{2}.$$

Da sich der Sinus in Zyklen von 2π wiederholt, heißt das:

$$\sin x = -\frac{1}{2} \Leftrightarrow x = \frac{7}{6}\pi + 2k\pi \text{ mit } k \in \mathbb{Z} \text{ oder } x = \frac{11}{6}\pi + 2k\pi \text{ mit } k \in \mathbb{Z}.$$

Einfacher ist die Situation bei $z_2 = 1$. Natürlich ist

$$\sin \frac{\pi}{2} = \sin \left(\frac{\pi}{2} + 2\pi \right) = \sin \left(\frac{\pi}{2} + 4\pi \right) = \cdots = 1,$$

also

$$\sin x = 1 \Leftrightarrow x = \frac{\pi}{2} + 2k\pi \text{ mit } k \in \mathbb{Z}.$$

Insgesamt ergibt sich daher die Lösungsmenge:

$$\mathbb{L} = \left\{ \frac{\pi}{2} + 2k\pi \,\middle|\, k \in \mathbb{Z} \right\} \cup \left\{ \frac{7}{6}\pi + 2k\pi \,\middle|\, k \in \mathbb{Z} \right\} \cup \left\{ \frac{11}{6}\pi + 2k\pi \,\middle|\, k \in \mathbb{Z} \right\}.$$

6.5 Ein Kondensator hat eine Kapazität von $C = 10^{-5}\frac{\text{s}}{\Omega}$, einen Widerstand von $R = 100\,\Omega$ und einen Endwert der Kondensatorspannung von $u_0 = 70$ V. Zu welchem Zeitpunkt t hat die Kondensatorspannung 95 Prozent ihres Endwertes erreicht?

Hinweis: Man berechnet die Kondensatorspannung $u(t)$ nach der Formel

$$u(t) = u_0 \cdot \left(1 - e^{-\frac{t}{RC}} \right).$$

Lösung Da die Formel für die Kondensatorspannung angegeben ist, handelt es sich hier eigentlich nur um eine Übung im Logarithmieren. Zunächst fülle ich die Formel mit ein wenig Leben, indem ich die angegebenen Werte einsetze. Es gilt:

$$RC = 100\,\Omega \cdot 10^{-5}\frac{\text{s}}{\Omega} = 10^2 \cdot 10^{-5}\,\Omega\,\frac{\text{s}}{\Omega} = 10^{-3}\,\text{s} = 1\,\text{ms},$$

wobei „ms" für Millisekunden, also Tausendstelsekunden steht. Außerdem kenne ich mit $u_0 = 70$ V den Endwert der Kondensatorspannung, aber dieser Wert ist eigentlich eher zur Verwirrung gut als zum weiteren Rechnen, denn ich brauche ihn überhaupt nicht. Ich suche nämlich nach dem Zeitpunkt t, zu dem die Spannung $u(t)$ 95 Prozent des Endwertes u_0 erreicht hat, und das heißt in Formeln:

$$u(t) = 0{,}95u_0.$$

Setze ich diese Informationen in die Formel für die Kondensatorspannung ein, so ergibt sich:

$$0{,}95u_0 = u_0 \cdot \left(1 - e^{-\frac{t}{1\,\mathrm{ms}}}\right), \text{ also } 0{,}95 = 1 - e^{-\frac{t}{1\,\mathrm{ms}}},$$

und u_0 hat sich freundlicherweise herauskürzen lassen. Nun muss ich nach t auflösen. Es gilt:

$$e^{-\frac{t}{1\,\mathrm{ms}}} = 1 - 0{,}95 = 0{,}05.$$

Logarithmieren auf beiden Seiten führt zu:

$$-\frac{t}{1\,\mathrm{ms}} = \ln 0{,}05 = -2{,}9957,$$

und damit folgt:

$$t = 2{,}9957\,\mathrm{ms}.$$

Der Kondensator hat also nach 2,9957 Millisekunden 95 Prozent seiner Endspannung erreicht.

Im Lösungsteil des Lehrbuchs „Mathematik für Ingenieure" befindet sich bis zur zweiten Auflage bei dieser Aufgabe ein Zahlendreher: dort wird behauptet, dass $t = 2{,}9975$ ms gilt. Der korrekte Wert ist aber, wie Sie sehen konnten, $t = 2{,}9957$ ms.

6.6 Lösen Sie die Gleichung

$$e^{2x} - 3e^x + 2 = 0.$$

Hinweis: Setzen Sie $z = e^x$ und verwenden Sie die Beziehung $(e^x)^2 = e^{2x}$.

Lösung Das Lösungsprinzip dieser Aufgabe ist ganz ähnlich wie bei den Aufgaben 6.4 (iii) und 6.4 (iv): ich wandle durch die Einführung einer neuen Unbekannten z die Gleichung in eine quadratische Gleichung für z um und sehe anschließend nach, welche x-Werte zu den berechneten z-Werten passen. Welche Substitution hier sinnvoll ist, ergibt sich aus der Potenzrechnung, denn es gilt $e^{2x} = (e^x)^2$, und deshalb wähle ich $z = e^x$. Nun ist

$$e^{2x} - 3e^x + 2 = 0 \Leftrightarrow (e^x)^2 - 3e^x + 2 = 0 \Leftrightarrow z^2 - 3z + 2 = 0.$$

Wieder habe ich eine übersichtliche quadratische Gleichung, die mit der p, q-Formel gelöst werden kann. Die Lösungen lauten:

$$z_{1,2} = \frac{3}{2} \pm \sqrt{\frac{9}{4} - 2} = \frac{3}{2} \pm \sqrt{\frac{1}{4}} = \frac{3}{2} \pm \frac{1}{2}.$$

Also ist $z_1 = 1$ und $z_2 = 2$. Um an die eigentlich gesuchten x-Werte heranzukommen, muss ich nur noch herausfinden, für welche x die Gleichung $e^x = 1$ bzw. $e^x = 2$ gilt. Das ist aber ganz einfach, denn durch Logarithmieren folgt sofort:

$$e^x = 1 \Leftrightarrow x = \ln 1 \Leftrightarrow x = 0$$

sowie

$$e^x = 2 \Leftrightarrow x = \ln 2.$$

Die Gleichung hat also die Lösungen $x_1 = 0$ und $x_2 = \ln 2$. Daher lautet die Lösungsmenge

$$\mathbb{L} = \{0, \ln 2\}.$$

6.7 Bestimmen Sie für die folgenden Funktionen die jeweils kleinste Periode.

(i) $f(x) = e^{\cos 5x}$;
(ii) $g(x) = 17 + (\cos x)^2 - \frac{\sin 2x}{4}$;
(iii) $h(x) = \sin \frac{x}{2} + \cos \frac{x}{3}$.

Lösung Periodische Funktionen treten immer dann auf, wenn sich bestimmte Prozesse immer wieder wiederholen, wie das in der Physik beispielsweise bei Schwingungsvorgängen der Fall ist. Mathematisch kann man das durch eine einfache Eigenschaft der Funktion beschreiben: ist eine Funktion f gegeben, die als Definitionsbereich die gesamte Menge der reellen Zahlen hat, dann heißt die Funktion periodisch mit der Periode p, falls gilt: $f(x + p) = f(x)$ für alle $x \in \mathbb{R}$. In Worte gefasst heißt das nur, dass sich nach einer Strecke der Länge p auf der x-Achse alles wiederholt. Die Standardbeispiele aus der Mathematik sind natürlich sin und cos, die mit der Periode 2π versehen sind. Es gilt nämlich: $\sin(x + 2\pi) = \sin x$ und $\cos(x + 2\pi) = \cos x$ für alle $x \in \mathbb{R}$.

Wenn ich nun nach der kleinsten Periode einer gegebenen Funktion f suche, dann will ich die kleinste Zahl p herausfinden, für die gilt: $f(x + p) = f(x)$. Dabei macht es schon Sinn, die kleinste Zahl dieser Art zu suchen. Denken Sie nur an Sinus und Cosinus. Natürlich ist auch $\sin(x + 4\pi) = \sin x$, denn ob Sie einmal um einen vollen Kreis rennen oder gleich zweimal, ist im Ergebnis egal. Das heißt, die Sinusfunktion hat auch die Periode 4π oder auch 6π und viele andere mehr. Aber offenbar ist die einzige Periode, auf die es wirklich ankommt, die kleinste: 2π eben, von der sich alle anderen Perioden ableiten.

(i)   Ich will nun die kleinste Periode von

$$f(x) = e^{\cos 5x}$$

bestimmen. Das ist eine Verschachtelung zweier Funktionen: erst wird der Cosinus von $5x$ berechnet und dann darauf die Exponentialfunktion angewendet, das heißt, e wird mit $\cos 5x$ potenziert. Nun ist aber der Cosinus eine periodische Funktion mit der Periode 2π, weshalb sich die Cosinus-Werte bei jedem vollen Durchlauf eines Kreises wiederholen. Ich habe allerdings nicht den simplen $\cos x$ vor mir, sondern $\cos 5x$. Wenn aber der Input des Cosinus mit 5 multipliziert wird, dann werden offenbar die x-Werte mit fünffacher Geschwindigkeit durchlaufen. Um mit den Inputs also einmal einen vollen Kreis zu durchlaufen, muss das pure x nur die Strecke von 0 bis $\frac{2\pi}{5}$ hinter sich bringen, denn in diesem Fall durchläuft $5x$ die Strecke von $5 \cdot 0$ bis $5 \cdot \frac{2\pi}{5}$, also die Strecke von 0 bis 2π. Da ich also hier den Input x mit dem Faktor 5 strecke, reduziert sich die Periode von $\cos 5x$ auf ein Fünftel der üblichen Periode, nämlich auf $\frac{2\pi}{5}$. Das kann man auch leicht formelmäßig nachrechnen. Es gilt nämlich:

$$\cos\left(5 \cdot \left(x + \frac{2\pi}{5}\right)\right) = \cos(5x + 2\pi) = \cos 5x,$$

da die Cosinusfunktion die Periode 2π hat.

Damit habe ich also herausbekommen, dass der Exponent meiner Funktion f die Periode $\frac{2\pi}{5}$ hat. Und mit der Gesamtfunktion sieht es nicht anders aus, denn für sie muss ich ja nur noch e mit dem Cosinus von $5x$ potenzieren. Es liegt also die Vermutung nahe, dass auch f selbst die Persiode $\frac{2\pi}{5}$ hat. Ich rechne also

$$f\left(x + \frac{2\pi}{5}\right) = e^{\cos\left(5 \cdot \left(x + \frac{2\pi}{5}\right)\right)} = e^{\cos(5x + 2\pi)} = e^{\cos 5x} = f(x).$$

Damit ist also tatsächlich $f(x + \frac{2\pi}{5}) = f(x)$, und das heißt, dass f die Periode $\frac{2\pi}{5}$ hat.

(ii) Nun geht es um die Funktion

$$g(x) = 17 + (\cos x)^2 - \frac{\sin 2x}{4}.$$

Zunächst ist die 17 eine Konstante, die ohnehin immer gleich ist, also für die Periode keine Rolle spielt. Den zweiten Summanden $(\cos x)^2$ behandle ich zum Schluss, weil ich mich zuerst mit dem Bruch $\frac{\sin(2x)}{4}$ befassen will. Dass hier der $\sin(2x)$ durch 4 geteilt wird, ist für die Periode völlig unwichtig, denn wenn sich der Sinus-Wert nach einer bestimmten x-Strecke wiederholt, muss sich auch der geviertelte Sinus-Wert wiederholen. Von Bedeutung ist bei diesem Summanden also nur der Zähler sin(2x). Die Inputs werden hier im Vergleich zum schlichten sin x mit doppelter Geschwindigkeit durchlaufen, und deshalb wird die Periode halbiert. Wenn nämlich beim gewöhnlichen sin x die x-Werte von 0 bis 2π gelaufen sind, dann fängt alles von vorne an. Nun habe ich hier aber den Sinus von $2x$, und das heißt, dass der Input der Sinus-Funktion hier doppelt so schnell das Intervall von 0 bis 2π durchläuft wie gewohnt. Mit anderen Worten: sobald x von 0 bis π gelaufen ist, hat $2x$ den gesamten Bereich von 0 bis 2π durchmessen, und der Sinus fängt von vorne an. Somit hat der letzte Summand $\frac{\sin(2x)}{4}$ die Periode π. Das kann man auch leicht überprüfen, indem man einfach in die Funktion einsetzt. Es gilt nämlich:

$$\sin(2(x + \pi)) = \sin(2x + 2\pi) = \sin(2x),$$

da der Sinus die Periode 2π hat.

Nun muss ich noch den Term $(\cos x)^2$ untersuchen. Der Cosinus hat die Periode 2π, und daher ist natürlich auch

$$(\cos(x + 2\pi))^2 = (\cos x)^2,$$

also hat auch $(\cos x)^2$ die Periode 2π. Es ist aber leider nicht die kleinste Periode, und nach der war ja gefragt. Macht man nämlich einen Versuch mit der Periode π, so muss man testen, ob die Gleichung

$$(\cos(x + \pi))^2 = (\cos x)^2$$

gilt, denn nur in diesem Fall hätte ich die Periode π. Nun ist aber immer $\cos(x + \pi) = -\cos x$, und da beim Quadrieren bekanntlich sämtliche Minuszeichen verschwinden, folgt daraus:

$$(\cos(x + \pi))^2 = (\cos x)^2.$$

Deshalb hat auch $(\cos x)^2$ die Periode π. Die Funktion g besteht also aus drei Summanden, deren erster ohnehin konstant ist, und deren zweiter und dritter jeweils die Periode π haben. Daher hat g insgesamt die Periode π.

(iii) Die dritte Funktion $h(x) = \sin\frac{x}{2} + \cos\frac{x}{3}$ hat die Periode 12π, wie man mit den gleichen Argumenten sehen kann, die ich schon in den ersten beiden Teilaufgaben verwendet habe. Ich betrachte zunächst den ersten Summanden $\sin\frac{x}{2}$. Nun werden hier aber die Inputs im Vergleich zum schlichten sin x mit halber Geschwindigkeit durchlaufen, und deshalb wird die Periode verdoppelt. Wenn nämlich beim gewöhnlichen sin x die x-Werte von 0 bis 2π gelaufen sind, dann fängt alles von vorne an. Nun habe ich hier aber den Sinus von $\frac{x}{2}$, und das heißt, dass der Input der Sinus-Funktion hier nur halb so schnell das Intervall von 0 bis 2π durchläuft wie gewohnt. Mit anderen Worten: erst wenn x von 0 bis 4π gelaufen ist, hat $\frac{x}{2}$ den gesamten

Bereich von 0 bis 2π durchmessen, und der Sinus fängt von vorne an. Somit hat der Summand $\sin\frac{x}{2}$ die Periode 4π, wie ich auch durch eine leichte Rechnung überprüfen kann. Es gilt:

$$\sin\frac{x + 4\pi}{2} = \sin\left(\frac{x}{2} + 2\pi\right) = \sin\frac{x}{2}.$$

Ich werde jetzt die Argumente für die Periode des zweiten Summanden nicht mehr in dieser Ausführlichkeit ausbreiten wie eben: die Inputs des Cosinus durchlaufen das Intervall von 0 bis 2π hier nur mit einem Drittel der Geschwindigkeit des gewöhnlichen $\cos x$, und deshalb wird die Periode auf 6π verdreifacht. Die Rechnung zeigt auch tatsächlich:

$$\cos\frac{x + 6\pi}{3} = \cos\left(\frac{x}{3} + 2\pi\right) = \cos\frac{x}{3}.$$

Nun besteht meine Funktion h also aus zwei Summanden mit den Perioden 4π bzw. 6π. Für die gesame Funktion kann ich keine der beiden Einzelperioden verwenden, weil sie nicht zum jeweils anderen Summanden passt. Da sich aber der erste Summand in Abständen von 4π und der zweite Summand in Abständen von 6π wiederholt, werden sich auf jeden Fall beide Summanden in Abständen von 12π wiederholen, weil 12 ein gemeinsames Vielfaches von 3 und 4 ist. Und da 12 auch noch das kleinste gemeinsame Vielfache von 3 und 4 ist, habe ich mit 12π auch die kleinste Periode der Funktion h gefunden.

Differentialrechnung

7

7.1 Berechnen Sie die Ableitungen der folgenden Funktionen.

(i) $f_1(x) = 2x^3 - 6x^2 + 3x - 17$;
(ii) $f_2(x) = \frac{1}{x}$;
(iii) $f_3(x) = x^2 \cdot (2x + 1)$;
(iv) $f_4(x) = x \cdot e^x$.

Lösung Diese Ableitungsaufgaben sind ein Einstieg in die Methoden der Differential-rechnung, denn die angegebenen Funktionen sind so einfach, dass man noch kaum auf die üblichen Regeln zur Berechnung von Ableitungen zurückgreifen muss, sondern meist ohne großen Aufwand einfach ableiten kann.

(i)   Die Funktion $f_1(x) = 2x^3 - 6x^2 + 3x - 17$ ist ein Polynom, und um ein Polynom abzuleiten, muss man im Grunde nur zwei Dinge wissen: erstens kann man eine Summe ableiten, indem man die einzelnen Summanden der Reihe nach ableitet und die errechneten Ableitungen hinterher zusammenzählt, und zweitens gilt für jedes $n \in \mathbb{N}$ die Beziehung $(x^n)' = n \cdot x^{n-1}$. Um ganz genau zu sein, sollte ich auch noch erwähnen, dass ein konstanter Faktor vor einer Funktion beim Ableiten einfach erhalten bleibt, aber das wird niemanden überraschen. Es gilt also:

$$f_1'(x) = 2 \cdot 3x^{3-1} - 6 \cdot 2x^{2-1} + 3 \cdot x^{1-1},$$

denn die Ableitung einer konstanten Funktion ist immer Null. Daraus folgt dann:

$$f_1'(x) = 6x^2 - 12x + 3,$$

da $x^0 = 1$ gilt.

(ii) Etwas anders sieht es schon bei $f_2(x) = \frac{1}{x}$ aus. Offenbar ist f_2 kein Polynom, so dass sich die oben angeführte Regel $(x^n)' = n \cdot x^{n-1}$ nicht auf diesen Fall anwenden

T. Rießinger, *Übungsaufgaben zur Mathematik für Ingenieure*,
DOI 10.1007/978-3-662-54803-5_7

lässt. Man kann die Regel aber so verallgemeinern, dass etwas Verwertbares dabei herauskommt, denn sie gilt nicht nur für natürliche Exponenten $n \in \mathbb{N}$, sondern generell für beliebige Exponenten $a \in \mathbb{R}$. Mit anderen Worten: für jedes $a \in \mathbb{R}$ ist $(x^a)' = a \cdot x^{a-1}$. Das hilft beim Ableiten von $f_2(x) = \frac{1}{x}$ ungemein, weil man $\frac{1}{x}$ als Potenz schreiben kann. Bekanntlich ist nämlich $\frac{1}{x} = x^{-1}$, und das heißt, ich habe es hier mit einer Potenz mit dem Exponenten $a = -1$ zu tun. Damit folgt:

$$f_2'(x) = (-1) \cdot x^{-1-1} = -x^{-2} = -\frac{1}{x^2},$$

da $x^{-2} = \frac{1}{x^2}$ gilt.

(iii) Es gibt zwei Möglichkeiten, die Funktion $f_3(x) = x^2 \cdot (2x + 1)$ abzuleiten, und ich werde Ihnen beide Möglichkeiten zeigen. Einerseits habe ich hier natürlich ein Produkt, und da liegt es nahe, die Produktregel zum Ableiten zu benutzen. Sind also u und v zwei differenzierbare Funktionen, so sagt die Produktregel, dass

$$(u(x) \cdot v(x))' = u'(x) \cdot v(x) + v'(x) \cdot u(x)$$

gilt. In diesem Fall ist $u(x) = x^2$ und $v(x) = 2x + 1$. Daher gilt $u'(x) = 2x$ und $v'(x) = 2$, und das bedeutet für die Produktregel:

$$\begin{aligned} f_3'(x) &= (u(x) \cdot v(x))' \\ &= 2x \cdot (2x + 1) + 2 \cdot x^2 \\ &= 4x^2 + 2x + 2x^2 = 6x^2 + 2x. \end{aligned}$$

Das funktioniert, aber der Aufwand, hier erst die Produktregel zu bemühen, ist doch ein wenig zu hoch. Einfacher dürfte es hier sein, erst einmal f_3 ein wenig anders darzustellen, indem ich die Klammer ausmultipliziere. Das ergibt:

$$f_3(x) = x^2 \cdot (2x + 1) = 2x^3 + x^2.$$

Jetzt brauche ich überhaupt keine Produktregel mehr, denn in dieser Form kann man f_3 einfach der Reihe nach summandenweise ableiten. Damit folgt:

$$f_3'(x) = 2 \cdot 3x^2 + 2x = 6x^2 + 2x.$$

(iv) Zur Ableitung der Funktion $f_4(x) = x \cdot e^x$ hat man kaum eine Wahl: f_4 ist ein Produkt zweier Funktionen, bei dem sich nichts mehr ausmultiplizieren oder sonstwie vereinfachen lässt. Also werde ich um die Produktregel nicht herum kommen. Offenbar ist hier $u(x) = x$ und $v(x) = e^x$, so dass ich die einzelnen Ableitungen $u'(x) = 1$ und $v'(x) = e^x$ erhalte, denn die Ableitung der Exponentialfunktion ist wieder die Exponentialfunktion selbst. Mit der Produktregel folgt dann:

$$f_4'(x) = 1 \cdot e^x + e^x \cdot x = e^x + xe^x = e^x \cdot (1 + x).$$

7.2 Leiten Sie die folgenden Funktionen ab.

(i) $f_1(x) = x^2 e^x$;
(ii) $f_2(x) = \sqrt{1 + x^2}$;
(iii) $f_3(x) = 2x \cdot \cos(x^2)$;
(iv) $f_4(x) = \ln(1 + x^2)$;
(v) $f_5(x) = \sqrt{1 - x^2} \cdot \sin x$;
(vi) $f_6(x) = \frac{x^2-1}{x^2+1}$;
(vii) $f_7(x) = \frac{\sin x}{x^2}$.

Lösung Auch in dieser Aufgabe sind einige Ableitungen zu berechnen; allerdings setzen die angeführten Funktionen schon etwas mehr Differentialrechnung voraus als die Funktionen in Aufgabe 7.1. Neben der Produktregel, die auch schon in 7.1 vorkam, werden hier die Quotientenregel und die Kettenregel gebraucht sowie Kenntnisse über die Ableitungen einiger weiterer spezieller Funktionen wie der Logarithmus, die Wurzel und die trigonometrischen Funktionen.

(i)   Die Funktion $f_1(x) = x^2 e^x$ hat gewisse Ähnlichkeiten mit der Funktion, die wir uns in Aufgabe 7.1 (iv) angesehen haben: sie ist das Produkt einer Potenz von x mit der Exponentialfunktion e^x, und da keine Chance besteht, dieses Produkt weiter vereinfachen zu können, bevor man mit dem Ableiten anfängt, bleibt mir nichts anderes übrig, als die Produktregel zu verwenden. Es gilt $f_1(x) = u(x) \cdot v(x)$ mit $u(x) = x^2$ und $v(x) = e^x$. Die einzelnen Ableitungen lauten somit $u'(x) = 2x$ und $v'(x) = e^x$. Damit ergibt die Produktregel:

$$f_1'(x) = u'(x)v(x) + v'(x)u(x) = 2xe^x + e^x \cdot x^2 = e^x(x^2 + 2x).$$

Dabei habe ich in der ersten Gleichung nur die Produktregel aufgeschrieben, in der zweiten Gleichung die Funktionen u und v sowie ihre Ableitungen in die Produktregel eingesetzt, und in der dritten Gleichung den Faktor e^x vorgeklammert.

(ii)   Die Funktion $f_2(x) = \sqrt{1 + x^2}$ verlangt schon etwas andere Methoden. Die einzige bisher verwendete Ableitungsregel ist die Produktregel, und die hilft hier überhaupt nicht weiter, weil nirgendwo ein Produkt zu entdecken ist. Ich muss mich also auf eine andere Regel besinnen, und der Schlüssel liegt hier in der Kettenregel. f_2 ist nämlich eine verkettete Funktion, das heißt, f_2 entsteht als *Hintereinanderausführung* zweier Funktionen: für einen Input x wird zuerst $1 + x^2$ ausgerechnet und anschließend die Wurzel aus dem Ergebnis dieser Rechnung gezogen. Die innere Funktion, mit der noch etwas angestellt wird, ist also $v(x) = 1 + x^2$, und die äußere Funktion, die auf die innere Funktion angewendet werden muss, lautet $u(x) = \sqrt{x}$. Damit ist

$$f_2(x) = \sqrt{1 + x^2} = u(v(x)),$$

denn hier wird die Wurzelfunktion u nicht mehr einfach nur auf den Input x angewendet, sondern auf die innere Funktion $v(x) = 1 + x^2$. Für diese Situation gibt es die Kettenregel, die angibt, wie man eine verkettete Funktion ableiten kann. Sie lautet:

$$(u(v(x))' = v'(x) \cdot u'(v(x)).$$

In Worte gefasst heißt das: man leitet die verkettete Funktion ab, indem man die innere Ableitung mit der äußeren Ableitung multipliziert. Die innere Ableitung ist schlicht die Ableitung der inneren Funktion, also in diesem Fall $v'(x) = 2x$. Die äußere Ableitung ist die Ableitung der äußeren Funktion, wobei Sie darauf achten müssen, dass Sie in diese äußere Ableitung, sobald Sie sie erst einmal haben, auch als Input die innere Funktion $v(x)$ einsetzen. Ich berechne also zuerst die Ableitung von $u(x) = \sqrt{x}$. Auch das kann ich aber als Potenz schreiben, denn es gilt: $\sqrt{x} = x^{\frac{1}{2}}$. Nach der allgemeinen Regel über das Ableiten von Potenzen folgt dann:

$$u'(x) = \frac{1}{2} \cdot x^{\frac{1}{2}-1} = \frac{1}{2} x^{-\frac{1}{2}} = \frac{1}{2\sqrt{x}}.$$

Nun muss ich aber die äußere Ableitung nicht auf x anwenden, sondern auf die innere Funktion $v(x) = 1 + x^2$. Damit ist

$$u'(v(x)) = \frac{1}{2\sqrt{v(x)}} = \frac{1}{2\sqrt{1+x^2}},$$

und ich habe alles zusammen, um die Kettenregel mit Leben zu füllen. Es gilt:

$$f_2'(x) = v'(x) \cdot u'(v(x)) = 2x \cdot \frac{1}{2\sqrt{1+x^2}} = \frac{2x}{2\sqrt{1+x^2}} = \frac{x}{\sqrt{1+x^2}}.$$

(iii) Die Funktion $f_3(x) = 2x \cdot \cos(x^2)$ ist noch ein wenig schlimmer, weil man zwei Ableitungsregeln anwenden muss. Zunächst ist f_3 offenbar ein Produkt, und es macht Sinn, sich für den Anfang an die Produktregel zu erinnern. Sie liefert:

$$f_3'(x) = 2 \cdot \cos(x^2) + (\cos(x^2))' \cdot 2x.$$

Das wäre alles nicht weiter schlimm, wenn nicht die Funktion $\cos(x^2)$ noch abgeleitet werden müsste, und dafür brauche ich wieder die Kettenregel. Die innere Funktion lautet hier $v(x) = x^2$, und die äußere Funktion ist natürlich der Cosinus. Nach dem Prinzip „innere Ableitung · äußere Ableitung" folgt dann:

$$(\cos(x^2))' = 2x \cdot (-\sin(x^2)) = -2x\sin(x^2),$$

denn die innere Ableitung lautet $v'(x) = 2x$, und die Ableitung der Cosinusfunktion ist die negative Sinusfunktion, wobei ich wieder darauf achten muss, dass ich nicht einfach nur $\sin x$ schreibe, sondern in diese äußere Ableitung auch wieder die innere Funktion x^2 einsetze.

Nun habe ich mir also die fehlende Ableitung von $\cos(x^2)$ verschafft und kann die obige Rechnung zu Ende führen. Es gilt:

$$f_3'(x) = 2 \cdot \cos(x^2) + (\cos(x^2))' \cdot 2x$$
$$= 2\cos(x^2) + (-2x)\sin(x^2) \cdot 2x$$
$$= 2\cos(x^2) - 4x^2 \sin(x^2).$$

(iv) Um die Funktion $f_4(x) = \ln(1 + x^2)$ abzuleiten, braucht man einerseits die Kettenregel, denn offenbar gibt es hier eine innere Funktion $1+x^2$, auf die der Logarithmus als äußere Funktion angewendet wird. Und andererseits muss man natürlich wissen, was beim Ableiten des Logarithmus herauskommt, da die Kettenregel die Bestimmung der äußeren Ableitung verlangt, und das ist in diesem Fall die Ableitung der Logarithmusfunktion. Nach der Kettenregel ist jedenfalls

$$f_4'(x) = 2x \cdot \ln'(1 + x^2).$$

Man kann sich nun überlegen, dass $(\ln x)' = \frac{1}{x}$ gilt, und da ich in die äußere Ableitung wieder die innere Funktion einsetzen muss, folgt daraus:

$$f_4'(x) = 2x \cdot \ln'(1 + x^2) = 2x \cdot \frac{1}{1 + x^2} = \frac{2x}{1 + x^2}.$$

(v) Bei der Funktion $f_5(x) = \sqrt{1 - x^2} \cdot \sin x$ kommt wieder Verschiedenes auf einmal. Es ist dann immer günstig, die Dinge der Reihe nach abzuarbeiten und nicht jede Regel gleichzeitig anwenden zu wollen, denn das führt fast immer zu Durcheinander und Konfusion. Offenbar ist f_5 ein Produkt; also wende ich zunächst die Produktregel an und kümmere mich hinterher um den Rest. Damit gilt:

$$f_5'(x) = (\sqrt{1 - x^2})' \cdot \sin x + (\sin x)' \cdot \sqrt{1 - x^2}.$$

Bisher habe ich mich vor jedem Problem gedrückt: erstens ist die Wurzel aus $1 - x^2$ abzuleiten und zweitens die Ableitung von $\sin x$ anzugeben. Das zweite Problem ist leicht lösbar, denn es gilt $(\sin x)' = \cos x$. Und das erste Problem ist auch nicht dramatisch, da es sich bei der Berechnung von $\sqrt{1 - x^2}$ um eine Anwendung der Kettenregel handelt. Die innere Funktion ist $1 - x^2$ und die äußere Funktion ist die Wurzelfunktion. Da ich in Teil (ii) bereits nachgerechnet hatte, dass $(\sqrt{x})' = \frac{1}{2\sqrt{x}}$ gilt, folgt also nach dem Prinzip „innere Ableitung · äußere Ableitung":

$$(\sqrt{1 - x^2})' = -2x \cdot \frac{1}{2\sqrt{1 - x^2}} = -\frac{x}{\sqrt{1 - x^2}},$$

denn $-2x$ ist die Ableitung von $1 - x^2$, und in die Ableitung der Wurzelfunktion musste ich die innere Funktion $1 - x^2$ einsetzen.

Nun habe ich alle benötigten Ableitungen zusammen, und damit folgt:

$$f_5'(x) = (\sqrt{1 - x^2})' \cdot \sin x + (\sin x)' \cdot \sqrt{1 - x^2}$$
$$= -\frac{x}{\sqrt{1 - x^2}} \cdot \sin x + \cos x \cdot \sqrt{1 - x^2}.$$

(vi) Die Funktion $f_6(x) = \frac{x^2 - 1}{x^2 + 1}$ ist recht unproblematisch. Ich habe hier einen Quotienten aus zwei übersichtlichen Polynomen und kann ohne Weiteres die Quotientenregel verwenden. Sie lautet:

$$\left(\frac{u(x)}{v(x)}\right)' = \frac{u'(x)v(x) - v'(x)u(x)}{v^2(x)},$$

wobei $v^2(x)$ eine abkürzende Schreibweise für $(v(x))^2$ ist. Im Fall der Funktion f_6 ist $u(x) = x^2 - 1$ und $v(x) = x^2 + 1$. Damit erhalte ich die Ableitungen $u'(x) = v'(x) = 2x$. Aus der Quotientenregel folgt dann:

$$f_6'(x) = \frac{2x \cdot (x^2 + 1) - 2x \cdot (x^2 - 1)}{(x^2 + 1)^2}$$
$$= \frac{2x^3 + 2x - 2x^3 + 2x}{(x^2 + 1)^2}$$
$$= \frac{4x}{(x^2 + 1)^2}.$$

(vii) Auch bei der Funktion $f_7(x) = \frac{\sin x}{x^2}$ handelt es sich um eine Anwendung der Quotientenregel, wobei man noch zusätzlich wissen muss, wie die Ableitung der Sinusfunktion heißt. Das habe ich aber schon in Teil (v) geklärt: es gilt $(\sin x)' = \cos x$, und damit steht der Quotientenregel nichts mehr im Weg. Es gilt $u(x) = \sin x$ und $v(x) = x^2$, woraus sich sofort die Ableitungen $u'(x) = \cos x$ und $v'(x) = 2x$ ergeben. Insgesamt folgt dann aus der Quotientenregel:

$$f_7'(x) = \frac{\cos x \cdot x^2 - 2x \cdot \sin x}{(x^2)^2}$$
$$= \frac{x^2 \cos x - 2x \sin x}{x^4}$$
$$= \frac{x \cos x - 2 \sin x}{x^3}.$$

Dabei habe ich in der ersten Gleichung die konkreten Einzelableitungen in die Quotientenregel eingesetzt, in der zweiten Gleichung verwendet, dass $(x^2)^2 = x^4$ gilt, und in der dritten Gleichung schließlich den Bruch durch x gekürzt.

7.3 Bestimmen Sie für die folgenden Funktionen die Kurvenpunkte, in denen die Tangente parallel zur x-Achse verläuft.

(i) $f(x) = x^3 - 3x^2 - 9x + 2$;
(ii) $g(x) = \ln(1 + \sin^2 x)$.

Lösung Dass eine Gerade parallel zur x-Achse verläuft, kann man mit Hilfe ihrer Steigung ausdrücken: offenbar kann so eine Gerade weder ansteigen noch abfallen und muss deshalb die Steigung Null haben. Nun geht es hier aber nicht um irgendwelche Geraden, sondern um Tangenten zu bestimmten Funktionen, und die Steigung einer Tangente berechnet man mit Hilfe der ersten Ableitung der zugehörigen Funktion. Ist beispielsweise f die Funktion, so hat die Tangente im Punkt x_0 die Steigung $f'(x_0)$. Folglich ist es nicht schwer herauszufinden, in welchen Punkten eine Tangente die Steigung Null hat, sofern man die erste Ableitung der zugrunde liegenden Funktion kennt: man muss nur die Gleichung $f'(x) = 0$ lösen, und schon hat man die x-Werte, bei denen die Tangente parallel zur x-Achse verläuft.

(i)   Nach diesen prizipiellen Überlegungen machen die eigentlichen Aufgaben keine großen Probleme mehr. Die Funktion $f(x) = x^3 - 3x^2 - 9x + 2$ hat die Ableitung $f'(x) = 3x^2 - 6x - 9$. Herausfinden muss ich, für welche x-Werte diese Ableitung Null ergibt, mit anderern Worten: ich muss die Gleichung $3x^2 - 6x - 9 = 0$ lösen. Nun gilt:

$$3x^2 - 6x - 9 = 0 \Leftrightarrow x^2 - 2x - 3 = 0,$$

da ich hier einfach nur auf beiden Seiten durch 3 geteilt habe. Die Lösung dieser quadratischen Gleichung erfolgt mit der p, q-Formel. Es gilt:

$$x_{1,2} = 1 \pm \sqrt{1 + 3} = 1 \pm \sqrt{4} = 1 \pm 2.$$

Somit ist $x_1 = -1$ und $x_2 = 3$. Die Tangente an die Funktionskurve von $f(x) = x^3 - 3x^2 - 9x + 2$ verläuft also genau dann parallel zur x-Achse, wenn sie entweder bei $x_1 = -1$ oder bei $x_2 = 3$ gezogen wird.

(ii) Auch die Funktion $g(x) = \ln(1 + \sin^2 x)$ kann ich nach dem gleichen Schema behandeln mit dem kleinen Unterschied, dass g sicher kein Polynom ist und deshalb die Ableitung etwas komplizierter ausfällt. Ich habe hier wieder einmal eine verkettete Funktion, wobei die innere Funktion $v(x) = 1 + \sin^2 x$ lautet und die äußere Funktion der Logarithmus ist. Die innere Ableitung muss ich selbst schon mit Hilfe der Kettenregel ausrechnen, denn es gilt $v(x) = 1 + (\sin x)^2$, und daraus folgt:

$$v'(x) = \cos x \cdot 2 \sin x = 2 \sin x \cos x.$$

Weiterhin wissen Sie, dass $(\ln x)' = \frac{1}{x}$ ist, und da man in die äußere Ableitung immer die innere Funktion einsetzen muss, erhalte ich insgesamt:

$$g'(x) = 2 \sin x \cos x \cdot \frac{1}{1 + \sin^2 x} = \frac{2 \sin x \cos x}{1 + \sin^2 x}.$$

Auch hier muss ich der Frage nachgehen, wann diese erste Ableitung Null wird. Dass $g(x)$ ein einigermaßen komplizierter Bruch ist, spielt dabei keine große Rolle; es gilt nämlich:

$$g'(x) = 0 \Leftrightarrow \frac{2\sin x \cos x}{1 + \sin^2 x} = 0 \Leftrightarrow \sin x \cos x = 0,$$

denn ich kann die ursprüngliche Gleichung mit dem Nenner multiplizieren, der daraufhin wegen der Null auf der rechten Seite verschwindet, und anschließend noch auf beiden Seiten durch 2 teilen. Ein Produkt ist aber genau dann Null, wenn mindestens einer der beiden Faktoren Null ist. Daraus folgt:

$$g'(x) = 0 \Leftrightarrow \sin x = 0 \text{ oder } \cos x = 0.$$

Jetzt wird die Sache übersichtlich. Der Sinus wird genau dann Null, wenn sein Input ein geradzahliges Vielfaches von $\frac{\pi}{2}$ ist, während der Cosinus genau dann Null wird, wenn sein Input ein ungeradzahliges Vielfaches von $\frac{\pi}{2}$ ist. Da jede ganze Zahl entweder gerade oder ungerade ist, bedeutet das:

$$g'(x) = 0 \Leftrightarrow x = k\frac{\pi}{2} \text{ mit } k \in \mathbb{Z}.$$

Somit haben genau die Tangenten an g in den Punkten $k \cdot \frac{\pi}{2}, k \in \mathbb{Z}$, die Steigung Null.

7.4 Bestimmen Sie die Gleichung der Tangente an die Funktionskurve von $f(x) = \sin x$ für den Punkt $x_0 = \pi$.

Lösung Die Tangente an eine Funktionskurve ist eine Gerade, und daher geht es hier um die Bestimmung einer Geradengleichung $y = mx + b$. Dabei ist m die Steigung der Geraden und b der sogenannte y-Achsenabschnitt. Ich muss also die Werte von m und b bestimmen, und alles, was ich zur Verfügung habe, sind die Funktion $f(x) = \sin x$ und der Punkt $x_0 = \pi$. Das reicht aber auch. Die Steigung der Tangente ist nichts anderes als die erste Ableitung der Funktion in dem gegebenen Punkt, also $m = f'(x_0)$. Wegen $f'(x) = \cos x$ ist daher

$$m = f'(x_0) = \cos \pi = -1.$$

Das ist schon die halbe Miete, und ich muss jetzt nur noch b herausfinden. Nach dem bisherigen Stand lautet die Tangentengleichung $y = -x + b$. Ich weiß aber, dass die Tangente mit der Kurve von f einen Punkt gemeinsam hat: für $x_0 = \pi$ berühren sich die die Tangente und die Funktionskurve, denn so ist die Tangente gerade definiert, und das bedeutet, dass bei $x_0 = \pi$ der Funktionswert von f und der y-Wert der Tangente gleich sein müssen. Der Funktionswert lautet:

$$f(\pi) = \sin \pi = 0.$$

Für $x = \pi$ muss daher der y-Wert der Tangente ebenfalls Null sein, und da die Tangentengleichung $y = -x + b$ lautet, folgt daraus:

$$0 = -\pi + b, \text{ also } b = \pi.$$

Mit $m = -1$ und $b = \pi$ erhalte ich daher die Tangentengleichung

$$y = -x + \pi.$$

7.5 Berechnen Sie die erste Ableitung der folgenden Funktionen.

(i) $f(t) = \frac{e^t}{1+t^2}$;

(ii) $g(t) = t \cdot \ln t$;

(iii) $h(x) = x^x$.

Lösung Hier passiert nichts nennenswert anderes als in Aufgabe 7.1: zu einer gegebenen Funktion ist die erste Ableitung auszurechnen. Die Regeln sind im Wesentlichen dieselben, ich werde auch jetzt die Produktregel, die Quotientenregel und die Kettenregel brauchen.

(i)   Die einzige Besonderheit der Funktion $f(t) = \frac{e^t}{1+t^2}$ besteht darin, dass ihre unabhängige Variable nicht mehr x heißt, sondern t, aber für den Vorgang des Ableitens ist das unerheblich. Da es sich um einen Quotienten handelt, ist die Verwendung der Quotientenregel angebracht, und mit dem Zähler $u(t) = e^t$ sowie dem Nenner $v(t) = 1 + t^2$ gilt: $u'(t) = e^t$ und $v'(t) = 2t$. Daraus folgt:

$$\begin{aligned} f'(t) &= \frac{u'(t)v(t) - v'(t)u(t)}{(v(t))^2} \\[2mm] &= \frac{e^t(1+t^2) - 2te^t}{(1+t^2)^2} \\[2mm] &= \frac{e^t(t^2 - 2t + 1)}{(1+t^2)^2}. \end{aligned}$$

Wenn man will, kann man $f'(t)$ wegen der zweiten binomischen Formel auch als $f'(t) = \frac{e^t(1-t)^2}{(1+t^2)^2}$ schreiben, aber da es keinerlei Kürzungsmöglichkeiten gibt, macht das die Sache weder besser noch schlechter.

(ii) Dass auch bei der Funktion $g(t) = t \cdot \ln t$ die unabhängige Variable t heißt, kann Sie mittlerweile nicht mehr schrecken. Ansonsten ist $g(t)$ ein einfaches Produkt, dessen Ableitung ich mit der Produktregel berechne. Mit $u(t) = t$ und $v(t) = \ln t$ ist $u'(t) = 1$ und $v'(t) = \frac{1}{t}$. Nach der Produktregel gilt daher:

$$g'(t) = u'(t)v(t) + v'(t)u(t) = \ln t + \frac{1}{t} \cdot t = \ln t + 1.$$

(iii) Die Funktion $h(x) = x^x$ ist allerdings ein besonderer Fall, der immer wieder auf Entsetzen stößt. Bevor ich Ihnen zeige, wie man h *richtig* ableitet, will ich Ihnen noch zwei weitverbreitete Fehler zeigen, die man auf keinen Fall machen darf. Sie alle wissen, dass für beliebige reelle Exponenten $a \in \mathbb{R}$ die Gleichung $(x^a)' = a \cdot x^{a-1}$ gilt. Nun steht aber hier x im Exponenten, und natürlich ist x eine reelle Zahl, so dass man diese Regel auch auf $h(x) = x^x$ anwenden können müsste. In diesem Fall würde sich die Ableitung $x \cdot x^{x-1} = x^1 \cdot x^{x-1} = x^{1+x-1} = x^x$ ergeben, und das sollte jeden Anhänger dieser Theorie nachdenklich stimmen. Nach meiner etwas gewaltsamen Methode entspricht nämlich die Ableitung genau der Funktion selbst, und so etwas kommt eigentlich nur bei der Exponentialfunktion $f(x) = e^x$ vor. Der Fehler liegt darin, dass die Regel $(x^a)' = a \cdot x^{a-1}$ nur dann gilt, wenn a ein *fester* Exponent ist wie in x^2 oder x^{-17}. Sobald sich in den Exponenten eine Variable eingeschlichen hat, ist die Regel nicht mehr anwendbar.

Diese Erkenntnis führt manchmal zu dem umgekehrten Fehler: schließlich kennt man ja die Ableitung von a^x oder weiß zumindest, wo sie steht. Es gilt immer $(a^x)' = \ln a \cdot a^x$, und in diesem Fall würde das zu der Ableitung $\ln x \cdot x^x$ führen. Das ist aber genauso falsch, und das Argument ist fast das gleiche wie eben. Die Regel $(a^x)' = \ln a \cdot a^x$ gilt nur dann, wenn a eine *feste* Basis ist wie in 2^x oder 17^x. Sobald sich in der Basis eine Variable eingenistet hat, ist auch diese Regel nicht mehr anwendbar.

Der Schlüssel zur Ableitung von h liegt aber tatsächlich in der Exponentialfunktion, allerdings verbunden mit der Kettenregel. Wenn man $h(x)$ als e^{etwas} schreiben kann, dann lässt sich die Ableitung mit Hilfe der Kettenregel leicht berechnen. Nun gilt aber für jedes $x > 0$ die Beziehung $x = e^{\ln x}$, denn der natürliche Logarithmus von x ist die Zahl, mit der ich e potenzieren muss, um x zu bekommen, und wenn ich e mit genau dieser Zahl potenziere, dann muss eben x herauskommen. Damit ist aber:

$$x^x = (e^{\ln x})^x = e^{x \cdot \ln x},$$

denn man potenziert eine Potenz, indem man die Exponenten multipliziert. Nach der Kettenregel folgt:

$$h'(x) = (x \cdot \ln x)' \cdot e^{x \cdot \ln x},$$

da die äußere Ableitung gerade die Ableitung der Exponentialfunktion ist, die sich bekanntlich beim Ableiten selbst reproduziert. Ich weiß aber, was $e^{x \cdot \ln x}$ ist: das war genau x^x. Somit gilt:

$$h'(x) = (x \cdot \ln x)' \cdot x^x,$$

und ich muss nur noch die innere Ableitung ausrechnen. Eigentlich muss ich das aber gar nicht mehr, denn genau diese Ableitung war Gegenstand von Teil (ii) dieser Aufgabe, nur dass die Variable dort t anstatt x hieß. Mit dem Ergebnis von (ii) folgt dann insgesamt:

$$h'(x) = (\ln x + 1) \cdot x^x.$$

7.6 Berechnen Sie die erste und zweite Ableitung der Funktion

$$f(x) = \operatorname{arccot} x.$$

Hinweis: Betrachten Sie $\operatorname{arccot} x$ als Umkehrfunktion der Cotangensfunktion und verwenden Sie den Satz über die Ableitung von Umkehrfunktionen.

Lösung Da ich hier den Satz über die Ableitung der Umkehrfunktion verwenden soll, macht es Sinn, wenn ich diesen Satz erst einmal kurz vorstelle. Ist g eine differenzierbare Funktion mit einer Umkehrfunktion g^{-1}, so kann man diese Umkehrfunktion ableiten, indem man auf die Ableitung von g selbst zurückgreift. Für jedes y aus dem Definitionsbereich von g^{-1} gibt es natürlich ein x aus dem Definitionsbereich von g, so dass $y = g(x)$ gilt, denn der Definitionsbereich von g^{-1} ist der Wertebereich von g. Zu diesem x kann man die Ableitung $g'(x)$ ausrechnen, und falls $g'(x) \neq 0$ ist, gilt die Beziehung:

$$\left(g^{-1}(y)\right)' = \frac{1}{g'(x)} \text{ mit } y = g(x).$$

Das sieht zunächst etwas abstrakt aus, aber es wird sich gleich herausstellen, dass man damit sehr konkrete Ableitungen ausrechnen kann. Der Arcuscotangens soll als Umkehrfunktion des Cotangens betrachtet werden. Ich setze also

$$g(x) = \cot x.$$

Nun ist

$$y = \cot x \Leftrightarrow x = \operatorname{arccot} y.$$

Folglich ist

$$(\operatorname{arccot} y)' = \left(g^{-1}(y)\right)',$$

denn mit $g(x) = \cot x$ ist $g^{-1}(y) = \operatorname{arccot} y$. Nach dem Satz über die Ableitung der Umkehrfunktion ist dann:

$$\left(g^{-1}(y)\right)' = \frac{1}{g'(x)} \text{ wobei } y = g(x) \text{ ist.}$$

Mit der Quotientenregel kann man ausrechnen, dass

$$g'(x) = (\cot x)' = -\frac{1}{\sin^2 x}$$

gilt. Damit folgt:

$$\left(g^{-1}(y)\right)' = \frac{1}{g'(x)} = \frac{1}{-\frac{1}{\sin^2 x}} = -\sin^2 x,$$

wobei $y = g(x)$ ist. Das sieht schon nicht schlecht aus, ist aber noch sehr unbefriedigend. Gestartet bin ich hier mit der Inputvariablen y für den Arcuscotangens, und herausbekommen habe ich eine Ableitung, die von der Variablen x abhängt, wobei ich weiß, dass $y = \cot x$ ist. Ich muss das Ganze jetzt noch auf die Variable y umschreiben, und das heißt, dass ich möglichst gut $\sin^2 x$ mit Hilfe von y ausdrücken muss. Auf den Ansatz zu kommen, ist dabei gar nicht so leicht. Es gilt zunächst nach dem trigonometrischen Pythagoras:

$$\cot^2 x = \frac{\cos^2 x}{\sin^2 x} = \frac{1 - \sin^2 x}{\sin^2 x} = \frac{1}{\sin^2 x} - 1.$$

Daraus folgt:

$$\frac{1}{\sin^2 x} = \cot^2 x + 1, \text{ also } \sin^2 x = \frac{1}{\cot^2 x + 1}.$$

Damit ist das Problem schon fast gelöst. Wie oben schon erwähnt, gilt nämlich

$$y = \cot x \Leftrightarrow x = \text{arccot } y.$$

Und aus $\cot x = y$ folgt natürlich $\cot^2 x = y^2$. Setzt man das ein, so ergibt sich:

$$\sin^2 x = \frac{1}{\cot^2 x + 1} = \frac{1}{1 + y^2}.$$

Jetzt gehe ich wieder zurück zu meiner Ableitung von $g^{-1}(y)$. Dort hatte ich herausgefunden, dass

$$\left(g^{-1}(y)\right)' = -\sin^2 x$$

gilt, und mit unseren neuen Kenntnissen folgt daraus:

$$\left(g^{-1}(y)\right)' = -\sin^2 x = -\frac{1}{1 + y^2}.$$

Es gilt also

$$(\operatorname{arccot} y)' = -\frac{1}{1+y^2},$$

und da es auf den Namen der Variablen nicht ankommt, habe ich damit die Gleichung

$$(\operatorname{arccot} x)' = -\frac{1}{1+x^2}$$

bewiesen.

Der zweite Teil der Aufgabe ist Routine. Die zweite Ableitung von $\operatorname{arccot} x$ ist die erste Ableitung seiner ersten Ableitung, also die erste Ableitung von $-\frac{1}{1+x^2}$. Beim flüchtigen Hinschauen sieht es vielleicht gar nicht so aus, aber das ist ein Fall für die Kettenregel, denn ich kann schreiben:

$$-\frac{1}{1+x^2} = -(1+x^2)^{-1},$$

und habe damit eine verkettete Funktion vor mir. Die innere Funktion ist $v(x) = 1+x^2$ mit der inneren Ableitung $v'(x) = 2x$, während ich es mit der äußeren Funktion $u(x) = -x^{-1}$ mit der Ableitung $u'(x) = x^{-2} = \frac{1}{x^2}$ zu tun habe. Da ich bei Gebrauch der Kettenregel in die äußere Ableitung immer die innere Funktion $v(x)$ einsetzen muss, folgt daraus:

$$(\operatorname{arccot} x)'' = v'(x) \cdot u'(v(x)) = 2x \cdot \frac{1}{(1+x^2)^2} = \frac{2x}{(1+x^2)^2}.$$

7.7 Bestimmen Sie die ersten beiden Ableitungen der folgenden Funktionen.

(i) $f(x) = x \cdot \sqrt{1+x^2}$;

(ii) $g(x) = \arccos(x-1)$;

(iii) $h(x) = (x^2-4)^{-\frac{5}{3}}$.

Lösung In dieser Aufgabe gibt es einen wichtigen Unterschied zu den Aufgaben 7.1, 7.2 und 7.4: es geht hier nicht mehr nur um die gewohnte erste Ableitung, sondern es wird die zweite Ableitung verlangt. Das ist natürlich auch nichts prinzipiell anderes, denn die zweite Ableitung erhält man, indem man die erste Ableitung noch einmal ableitet. Was sich ändert ist einfach nur der Arbeitsaufwand, denn wenn ich vorher nur einmal pro Funktion ableiten musste, dann bleibt mir jetzt nichts anderes übrig, als es zweimal zu machen.

(i) Zum Berechnen der zweiten Ableitung von $f(x) = x \cdot \sqrt{1+x^2}$ bestimme ich erst einmal die erste Ableitung. Da f ein Produkt ist, bietet sich die Produktregel an. Es gilt:

$$f'(x) = 1 \cdot \sqrt{1+x^2} + \left(\sqrt{1+x^2}\right)' \cdot x.$$

Dabei habe ich die unproblematische Ableitung $(x)' = 1$ gleich hingeschrieben und die lästigere Ableitung von $\sqrt{1 + x^2}$ auf später verschoben. Für die brauche ich nämlich wieder einmal die Kettenregel. Die innere Funktion ist $v(x) = 1 + x^2$, und die äußere Funktion lautet $u(x) = \sqrt{x}$. Insgesamt ist dann $\sqrt{1 + x^2} = u(v(x))$. Nun wissen Sie sicher, dass $v'(x) = 2x$ gilt, und Sie wissen hoffentlich, wie man die Wurzelfunktion ableitet: es gilt $u'(x) = \frac{1}{2\sqrt{x}}$. Nach dem Prinzip „innere Ableitung · äußere Ableitung" folgt daraus:

$$\left(\sqrt{1 + x^2}\right)' = 2x \cdot \frac{1}{2\sqrt{1 + x^2}} = \frac{x}{\sqrt{1 + x^2}},$$

denn in die äußere Ableitung muss ich nicht mehr nur x einsetzen, sondern die innere Funktion $v(x) = 1 + x^2$. Für die erste Ableitung habe ich jetzt alles zusammen. Es folgt:

$$f'(x) = \sqrt{1 + x^2} + \left(\sqrt{1 + x^2}\right)' \cdot x$$
$$= \sqrt{1 + x^2} + \frac{x}{\sqrt{1 + x^2}} \cdot x$$
$$= \sqrt{1 + x^2} + \frac{x^2}{\sqrt{1 + x^2}}.$$

Bringt man diese Summe noch auf einen Bruch, so muss man $\sqrt{1 + x^2}$ mit $\sqrt{1 + x^2}$ erweitern und erhält:

$$f'(x) = \frac{1 + x^2}{\sqrt{1 + x^2}} + \frac{x^2}{\sqrt{1 + x^2}} = \frac{1 + 2x^2}{\sqrt{1 + x^2}}.$$

Damit ist die erste Ableitung erledigt, aber leider reicht das noch nicht, da hier die zweite Ableitung verlangt wird. Wegen $f''(x) = (f')'(x)$ werde ich jetzt also die berechnete erste Ableitung noch einmal ableiten. Ich habe es nun allerdings mit einem Quotienten zu tun und verwende daher die Quotientenregel. Sie liefert:

$$f''(x) = \frac{4x\sqrt{1 + x^2} - \left(\sqrt{1 + x^2}\right)' \cdot (1 + 2x^2)}{\sqrt{1 + x^2}^2}.$$

Das sieht viel schlimmer aus als es ist. Erstens habe ich die im Zähler auftauchende Ableitung eben gerade ausgerechnet, und zweitens lässt sich der Nenner deutlich vereinfachen, denn das Quadrat einer Wurzel ist immer ihr Wurzelinhalt. Damit folgt:

$$f''(x) = \frac{4x\sqrt{1 + x^2} - \frac{x}{\sqrt{1+x^2}} \cdot (1 + 2x^2)}{1 + x^2}.$$

Im Grunde genommen ist die Arbeit des Ableitens damit schon erledigt. Da das Ergebnis aber noch etwas unübersichtlich aussieht, will ich es ein wenig vereinfachen. Den Bruch im Zähler kann ich beseitigen, indem ich den ganzen Ausdruck mit $\sqrt{1+x^2}$ erweitere, denn beim Erweitern werden Zähler und Nenner mit $\sqrt{1+x^2}$ multipliziert. Außerdem hat das den Vorteil, dass die erste Wurzel im Zähler mit sich selbst multipliziert wird und damit ihr Wurzelinhalt herauskommt. Es gilt also:

$$f''(x) = \frac{4x(1+x^2) - x(1+2x^2)}{(1+x^2)\sqrt{1+x^2}} = \frac{4x + 4x^3 - x - 2x^3}{(1+x^2)\sqrt{1+x^2}} = \frac{3x + 2x^3}{(1+x^2)\sqrt{1+x^2}}.$$

Legt man Wert auf die Potenzschreibweise, so kann man sich für den Nenner noch überlegen, dass

$$(1+x^2)\sqrt{1+x^2} = (1+x^2)(1+x^2)^{\frac{1}{2}} = (1+x^2)^{\frac{3}{2}}$$

gilt, und erhält schließlich:

$$f''(x) = \frac{3x + 2x^3}{(1+x^2)^{\frac{3}{2}}}.$$

(ii) Nun geht es um die zweite Ableitung von $g(x) = \arccos(x-1)$. Die erste Ableitung ist nicht weiter dramatisch, wenn man weiß, dass $(\arccos x)' = -\frac{1}{\sqrt{1-x^2}}$ gilt. Meine Funktion g ist nämlich eine verkettete Funktion, deren innere Funktion $v(x) = x-1$ heißt, während ihre äußere Funktion gerade der Arcuscosinus ist. Die innere Ableitung beträgt also 1, und aus der Kettenregel folgt:

$$g'(x) = -\frac{1}{\sqrt{1-(x-1)^2}} = -\frac{1}{\sqrt{1-(x^2-2x+1)}} = -\frac{1}{\sqrt{2x-x^2}}.$$

Die zweite Ableitung ist nun wieder die erste Ableitung der ersten Ableitung. Dazu dürfte es am einfachsten sein, wenn man $g'(x)$ als Potenz schreibt, weil in diesem Fall das weitere Ableiten direkt über die Kettenregel abläuft und man sich die Quotientenregel für den Bruch ersparen kann. Nach den Regeln der Potenzrechnung gilt:

$$g'(x) = -\frac{1}{\sqrt{2x-x^2}} = -\frac{1}{(2x-x^2)^{\frac{1}{2}}} = -(2x-x^2)^{-\frac{1}{2}}.$$

Das ist offenbar eine verkettete Funktion: mit der inneren Funktion $v(x) = 2x - x^2$ und der äußeren Funktion $u(x) = -x^{-\frac{1}{2}}$ ist

$$g(x) = u(v(x)).$$

Die innere Ableitung ist mit $v'(x) = 2 - 2x$ ganz einfach zu berechnen. Die äußere Funktion ist zwar kein Polynom, aber doch immerhin – bis auf das vordere Minuszeichen – eine Potenz, die man nach der Regel $(x^a)' = ax^{a-1}$ ableiten kann. In diesem Fall heißt das:

$$u'(x) = -\left(-\frac{1}{2}\right) \cdot x^{-\frac{1}{2}-1} = \frac{1}{2}x^{-\frac{3}{2}}.$$

Bei der Anwendung der Kettenregel muss ich dann wieder die innere Ableitung mit der äußeren multiplizieren, wobei in die äußere Ableitung nicht mehr der Input x, sondern die innere Funktion $v(x)$ eingesetzt wird. Das bedeutet:

$$g''(x) = v'(x) \cdot u'(v(x)) = (2 - 2x) \cdot \frac{1}{2}(2x - x^2)^{-\frac{3}{2}}.$$

Aus der vorderen Klammer kann man den Faktor 2 vorklammern, der sich sofort gegen den Faktor $\frac{1}{2}$ wegkürzt. Bedenken Sie jetzt noch, was die Potenzierung mit einem negativen Exponenten bedeutet, dann erhalten Sie:

$$g''(x) = \frac{1 - x}{(2x - x^2)^{\frac{3}{2}}}.$$

(iii) Auch die Funktion $h(x) = (x^2 - 4)^{-\frac{5}{3}}$ wird mit Hilfe der Kettenregel abgeleitet. Die innere Funktion ist $v(x) = x^2 - 4$, und die äußere Funktion ist die Potenzierung mit $-\frac{5}{3}$, also $u(x) = x^{-\frac{5}{3}}$. Dann lautet die innere Ableitung $v'(x) = 2x$, und es gilt:

$$u'(x) = -\frac{5}{3}x^{-\frac{5}{3}-1} = -\frac{5}{3}x^{-\frac{8}{3}}.$$

Zur Anwendung der Kettenregel multipliziere ich die innere Ableitung mit der äußeren und muss dabei beachten, dass in die äußere Ableitung die innere Funktion eingesetzt wird. Damit folgt:

$$h'(x) = v'(x) \cdot u'(v(x)) = 2x \cdot \left(-\frac{5}{3}\right)(x^2 - 4)^{-\frac{8}{3}} = -\frac{10x}{3}(x^2 - 4)^{-\frac{8}{3}}.$$

Die zweite Ableitung ist wie üblich die erste Ableitung der ersten Ableitung, und da es sich bei der ersten Ableitung um ein Produkt handelt, brauche ich hier die Produktregel. Dabei schreibe ich die unproblematische Ableitung sofort auf und verschiebe die schwierigere auf später. Es gilt:

$$h''(x) = -\frac{10}{3} \cdot (x^2 - 4)^{-\frac{8}{3}} + \left((x^2 - 4)^{-\frac{8}{3}}\right)' \cdot \left(-\frac{10x}{3}\right).$$

Ich muss also nur noch die Ableitung von $(x^2 - 4)^{-\frac{8}{3}}$ herausfinden. Das ist jetzt aber nicht mehr schwer, weil es genauso funktioniert wie bei der ersten Ableitung von h selbst, nur dass ich jetzt den Exponenten $-\frac{8}{3}$ anstatt $-\frac{5}{3}$ habe. Es ergibt sich also:

$$\left((x^2 - 4)^{-\frac{8}{3}}\right)' = 2x \cdot \left(-\frac{8}{3}\right)(x^2 - 4)^{-\frac{11}{3}} = -\frac{16x}{3}(x^2 - 4)^{-\frac{11}{3}}.$$

Damit gehe ich jetzt in die Formel für $h''(x)$ und kann die fehlende Ableitung eintragen. Es folgt dann:

$$
\begin{aligned}
h''(x) &= -\frac{10}{3} \cdot (x^2 - 4)^{-\frac{8}{3}} + \left((x^2 - 4)^{-\frac{8}{3}}\right)' \cdot \left(-\frac{10x}{3}\right) \\
&= -\frac{10}{3} \cdot (x^2 - 4)^{-\frac{8}{3}} - \frac{16x}{3}(x^2 - 4)^{-\frac{11}{3}} \cdot \left(-\frac{10x}{3}\right) \\
&= -\frac{10}{3} \cdot (x^2 - 4)^{-\frac{8}{3}} + \frac{160}{9}x^2(x^2 - 4)^{-\frac{11}{3}},
\end{aligned}
$$

wobei ich im letzten Schritt noch die Zusammenfassung $-\frac{16x}{3} \cdot \left(-\frac{10x}{3}\right) = \frac{160}{9}x^2$ vorgenommen habe.

7.8 Zeigen Sie, dass für alle $x \in [-1, 1]$ die Beziehung

$$\arcsin x + \arccos x = \frac{\pi}{2}$$

gilt.

Hinweis: Leiten Sie die Funktion $f(x) = \arcsin x + \arccos x$ ab und stellen Sie fest, was das Ergebnis für die Funktion f bedeutet.

Lösung Hier geht es einmal nicht darum, bestimmte Ableitungen auszurechnen, sondern mit Hilfe der Differentialrechnung eine Gleichung über Arcussinus und Arcuscosinus nachzuweisen, obwohl in dieser Gleichung überhaupt keine Ableitungen vorkommen. Die Aufgabe setzt allerdings einige Kenntnisse über Differentialrechnung voraus, und ich schreibe jetzt erst einmal auf, was Sie alles wissen müssen, um sie wirklich lösen zu können.

Laut Hinweis sollen Sie die Funktion $f(x) = \arcsin x + \arccos x$ ableiten, und das bedeutet, dass Sie die Ableitungen von $\arcsin x$ und von $\arccos x$ kennen müssen. Das kann man sich so ähnlich überlegen wie die Ableitung des Arcuscotangens in Aufgabe 7.6, nur dass Sie bei $\arcsin x$ und $\arccos x$ nicht so viel mit den trigonometrischen Funktionen herumhantieren müssen wie ich es in 7.6 musste. Da es hier aber um eine Anwendung der Differentialrechnung geht, verzichte ich auf diese Rechnungen und teile Ihnen einfach mit, dass

$$(\arcsin x)' = \frac{1}{\sqrt{1 - x^2}} \quad \text{und} \quad (\arccos x)' = -\frac{1}{\sqrt{1 - x^2}}$$

gilt.

Weiterhin wird sich gleich herausstellen, dass ich etwas über Funktionen wissen muss, deren Ableitung durchgängig Null ist. Es ist aber nicht schwer, sich vorzustellen, wie solche Funktionen aussehen müssen: wenn eine Funktion $g : [a, b] \rightarrow \mathbb{R}$ überall die Tangentensteigung Null hat, dann kann sie weder ansteigen noch abfallen und muss deshalb konstant sein. Präzise beweisen kann man das mit dem sogenannten Mittelwertsatz, aber aus dem gleichen Grund wie oben verzichte ich auf die genaue Herleitung.

Mit diesem Hintergrundwissen ist die Aufgabe nicht mehr so schwer. Ich setze also $f(x) = \arcsin x + \arccos x$ und berechne die erste Ableitung von f. Mit den Aussagen über die Ableitungen von $\arcsin x$ und $\arccos x$ erhalte ich:

$$f'(x) = (\arcsin x)' + (\arccos x)' = \frac{1}{\sqrt{1 - x^2}} + \left(-\frac{1}{\sqrt{1 - x^2}} \right) = 0.$$

Somit ist $f'(x) = 0$ für alle $x \in [-1, 1]$. Nach dem eben zitierten Satz über Funktionen, deren Ableitung überall Null ist, bleibt f nichts anderes übrig, als eine konstante Funktion zu sein. Es gibt daher eine Zahl $c \in \mathbb{R}$, so dass gilt:

$$\arcsin x + \arccos x = c \text{ für alle } x \in [-1, 1].$$

Die Frage ist nur: was ist c? Das ist leicht herauszufinden, denn da für alle x-Werte das gleiche c herauskommen muss, gilt insbesondere:

$$\arcsin 0 + \arccos 0 = c.$$

Nun ist aber $\arcsin 0$ die Zahl, deren Sinus genau Null ist, und das heißt: $\arcsin 0 = 0$. Und weiterhin ist $\arccos 0$ die Zahl, deren Cosinus genau Null ist, und das heißt: $\arccos 0 = \frac{\pi}{2}$. Setzt man diese Werte ein, so ergibt sich:

$$c = \arcsin 0 + \arccos 0 = \frac{\pi}{2}.$$

Jetzt bin ich mit der Aufgabe auch schon fertig, denn ich habe $c = \frac{\pi}{2}$ herausgefunden, und daraus folgt:

$$\arcsin x + \arccos x = \frac{\pi}{2} \text{ für alle } x \in [-1, 1].$$

Im Interesse der Einfachheit habe ich mich hier aber einer kleinen Schlamperei schuldig gemacht. Wenn Sie die Berechnung der ersten Ableitung genauer ansehen, dann werden Sie feststellen, dass man sie genau genommen nur für $x \in (-1, 1)$ ausrechnen darf, da ansonsten durch Null dividiert wird. Das ist aber nicht weiter schlimm. Mit den gleichen Argumenten wie eben folgt dann $\arcsin x + \arccos x = \frac{\pi}{2}$ für alle $x \in (-1, 1)$, und da es sich um eine auf ganz $[-1, 1]$ stetige Funktion handelt, muss dann diese Gleichung auch auf $[-1, 1]$ gelten.

7.9 Es sei $n \in \mathbb{N}$. Bilden Sie für die nachstehenden Funktionen jeweils die n-te Ableitung $f^{(n)}(x)$.

(i) $f(x) = \cos x$;

(ii) $f(x) = \frac{1}{x}$;

(iii) $f(x) = \ln x$;

(iv) $f(x) = e^{2x}$.

Lösung Die Aufforderung, die n-te Ableitung einer gegebenen Funktion zu bestimmen, ist oft etwas schwieriger als die bisher betrachteten Ableitungsaufgaben. Wenn Sie zum Beispiel die erste oder auch die zweite Ableitung ausrechnen sollen, dann ist das eine überschaubare Angelegenheit: mit Hilfe der üblichen Regeln sieht man zu, dass man an die Ableitung herankommt, und dann hat sich die Sache. Bei der n-ten Ableitung kommt noch hinzu, dass man keine konkrete Ableitungsnummer hat, sondern eben die etwas abstrakte n-te Ableitung angehen muss. Da n irgendeine beliebige natürliche Zahl ist, bedeutet das im Grunde genommen, dass Sie *jede beliebige Ableitung* der Funktion mit einem Schlag ausrechnen müssen, denn sobald Sie über eine Formel für die n-te Ableitung verfügen, können Sie sofort durch pures Einsetzen die siebzehnte, achtunddreißigste oder auch fünfhunderttausendste Ableitung bestimmen. Dass so eine universelle Aufgabe schwieriger ist als das übliche Berechnen der ersten Ableitung, wird niemanden überraschen. Bei den Funktionen aus dieser Aufgabe ist der Aufwand allerdings noch vertretbar.

(i)   Ich suche nun die n-te Ableitung von $f(x) = \cos x$. Ein guter Anfang besteht fast immer darin, sich ein paar Ableitungen aufzuschreiben und zu sehen, ob sich irgendeine Gesetzmäßigkeit erkennen lässt, mit deren Hilfe man die n-te Ableitung beschreiben kann. Ich fange also einfach mit dem Ableiten an und erhalte:

$$f'(x) = -\sin x, \, f''(x) = -\cos x, \, f'''(x) = \sin x, \, f^{(4)}(x) = \cos x.$$

Neben der eher nebensächlichen Tatsache, dass ich ab $n = 4$ nicht mehr die Strichschreibweise, sondern die Schreibweise der eingeklammerten Zahlen für die Ableitungsnummer verwende, sollte Ihnen hier etwas auffallen. Die vierte Ableitung entspricht nämlich genau der Funktion selbst; es gilt:

$$f^{(4)}(x) = f(x) = \cos x.$$

Das ist praktisch, denn jetzt brauche ich eigentlich nichts mehr zu tun. Daraus folgt nämlich sofort:

$$f^{(5)}(x) = f'(x) = -\sin x, \, f^{(6)}(x) = f''(x) = -\cos x$$

und

$$f^{(7)}(x) = f'''(x) = \sin x, \, f^{(8)}(x) = f^{(4)}(x) = \cos x.$$

Und ab der neunten Ableitung wiederholt sich wieder alles. Unter all diesen Ableitungen der Funktion $f(x) = \cos x$ gibt es offenbar nur vier wirklich verschiedene, die sich in regelmäßigen Abständen immer wieder wiederholen, und ich muss jetzt nur noch ordentlich aufschreiben, wie man diese Wiederholung mathematisch formuliert.

Das ist aber nicht so schwer. Bezeichnet man die Funktion selbst als ihre nullte Ableitung, so ist offenbar

$$\cos x = f^{(0)}(x) = f^{(4)}(x) = f^{(8)}(x) = f^{(12)}(x) = \cdots,$$

und das heißt, dass bei allen durch vier teilbaren Ableitungsnummern n die n-te Ableitung $f^{(n)}(x) = \cos x$ herauskommt. In Formeln gefasst heißt das:

$$f^{(n)}(x) = \cos x \text{ für } n = 4m, m \in \mathbb{N}_0,$$

denn n ist genau dann durch 4 teilbar, wenn es eine natürliche Zahl m gibt mit $n = 4m$. Weiterhin haben Sie gesehen, dass

$$-\sin x = f^{(1)}(x) = f^{(5)}(x) = f^{(9)}(x) = f^{(13)}(x) = \cdots,$$

und das heißt:

$$f^{(n)}(x) = -\sin x \text{ für } n = 4m + 1, m \in \mathbb{N}_0,$$

denn die natürlichen Zahlen $n = 4m + 1, m \in \mathbb{N}_0$, sind genau die eben gebrauchten Zahlen $1, 5, 9, 13, \ldots$. Nun ist aber klar, wie es weitergeht. Die nächste Gruppe von möglichen Ableitungsnummern sind die Zahlen $n = 4m + 2, m \in \mathbb{N}_0$, und zum Schluss habe ich noch $n = 4m + 3, m \in \mathbb{N}_0$. Für diese beiden Gruppen gilt:

$$f^{(n)}(x) = -\cos x \text{ für } n = 4m + 2, m \in \mathbb{N}_0$$

und

$$f^{(n)}(x) = \sin x \text{ für } n = 4m + 3, m \in \mathbb{N}_0.$$

Insgesamt kann ich die n-te Ableitung von f also darstellen als:

$$f^{(n)}(x) = \begin{cases} \cos x, & \text{falls } n = 4m, \ m \in \mathbb{N}_0 \\ -\sin x, & \text{falls } n = 4m + 1, \ m \in \mathbb{N}_0 \\ -\cos x, & \text{falls } n = 4m + 2, \ m \in \mathbb{N}_0 \\ \sin x, & \text{falls } n = 4m + 3, \ m \in \mathbb{N}_0. \end{cases}$$

(ii) Zu berechnen ist die n-te Ableitung von $f(x) = \frac{1}{x}$. Zu diesem Zweck verwende ich wieder die angenehme Tatsache, dass man $\frac{1}{x}$ auch als Potenz schreiben kann, denn es gilt $f(x) = x^{-1}$, und das macht das Ableiten wesentlich einfacher. Berechnet man nach der Regel $(x^a)' = a \cdot x^{a-1}$ die ersten drei Ableitungen von f, so ergibt sich:

$$f'(x) = (-1) \cdot x^{-2}, f''(x) = (-1) \cdot (-2) \cdot x^{-3}$$

und

$$f'''(x) = (-1) \cdot (-2) \cdot (-3) \cdot x^{-4}.$$

Sie könnten hier natürlich auch die jeweiligen Vorfaktoren ausmultiplizieren und würden dann eben irgendeine Zahl vor der jeweiligen Potenz von x erhalten. Das wäre aber nicht sehr sinnvoll, denn indem ich die Faktoren einfach als Faktoren stehen lasse, kann ich in den verschiedenen Ableitungen schon jetzt ein System erkennen: Die Anzahl der Vorfaktoren von x^{etwas} entspricht genau der Nummer der Ableitung, und jedesmal starte ich mit dem Faktor -1. Bei der ersten Ableitung höre ich mit den Vorfaktoren auch bei -1 gleich wieder auf, bei der zweiten komme ich bis -2, bei der dritten bis -3, und folglich werde ich bei der n-ten Ableitung mit dem letzten Vorfaktor $-n$ aufhören. Meine n-te Ableitung wird also vor der Potenz von x die Vorfaktoren $(-1) \cdot (-2) \cdots (-n)$ haben. Jetzt muss ich nur noch den passenden Exponenten von x bestimmen. Wie Sie aber schon an den Beispielen gesehen haben, ist der Exponent von x immer um 1 kleiner als der letzte auftretende Vorfaktor, und deshalb wird bei der n-ten Ableitung mit dem letzten Vorfaktor $-n$ auch der Exponent $-n - 1$ verbunden sein. Insgesamt erhalte ich also:

$$f^{(n)}(x) = (-1) \cdot (-2) \cdot (-3) \cdots (-n) \cdot x^{-n-1}.$$

Das kann man etwas einfacher schreiben. Offenbar habe ich hier genau n Vorfaktoren $(-1) \cdots (-n)$ und damit auch genau n Minuszeichen. Bekanntlich wird Minus mal Minus zu Plus, während Minus mal Minus mal Minus wieder zu Minus wird. Ist n also gerade, so werden alle Minuszeichen zusammen genau ein Plus ergeben; ist n dagegen ungerade, so wird am Ende ein Minus herauskommen. Deshalb lassen sich alle Minuszeichen zu dem Term $(-1)^n$ zusammenfassen, der für ungerades n zu -1 und für gerades n zu 1 wird.

Hat man nun alle Minuszeichen aus den Vorfaktoren herausgezogen, so bleiben nur noch die nackten Zahlen $1 \cdot 2 \cdot 3 \cdots n$ übrig, und diesen Ausdruck pflegt man mit dem Zeichen $n!$ abzukürzen und als die *Fakultät von* n zu bezeichnen. Insgesamt erhalte ich also die Formel:

$$f^{(n)}(x) = (-1)^n \cdot n! \cdot x^{-n-1} = (-1)^n \cdot n! \cdot \frac{1}{x^{n+1}}.$$

(iii) Bei der Berechnung der n-ten Ableitung von $f(x) = \ln x$ fällt zunächst auf, dass

$$f'(x) = \frac{1}{x}$$

gilt, und das gibt Anlass zur Freude, wenn Sie noch einmal einen Blick auf die Teilaufgabe (ii) werfen. Jetzt folgt nämlich sofort:

$$f''(x) = \left(\frac{1}{x}\right)', f'''(x) = \left(\frac{1}{x}\right)'', f^{(4)}(x) = \left(\frac{1}{x}\right)'''$$

und ganz allgemein

$$f^{(n)}(x) = \left(\frac{1}{x}\right)^{(n-1)},$$

denn wenn $\frac{1}{x}$ die erste Ableitung von $\ln x$ ist, dann muss $\left(\frac{1}{x}\right)'$ die zweite Ableitung von $\ln x$ sein, und dieser Vorsprung um eine Ableitungsnummer zieht sich durch bis hin zur n-ten Ableitung $f^{(n)}(x)$, die der $(n-1)$-ten Ableitung von $\frac{1}{x}$ entspricht. In Teil (ii) hatte ich aber die n-te Ableitung von $\frac{1}{x}$ ausgerechnet. Sie lautet:

$$\left(\frac{1}{x}\right)^{(n)} = (-1)^n \cdot n! \cdot \frac{1}{x^{n+1}}.$$

Nun muss ich aber nicht die n-te, sondern die $(n-1)$-te Ableitung heranziehen, und das bedeutet, dass ich überall in der Ableitungsformel n durch $n-1$ zu ersetzen habe. Daraus folgt:

$$\left(\frac{1}{x}\right)^{(n-1)} = (-1)^{n-1} \cdot (n-1)! \cdot \frac{1}{x^{(n-1)+1}} = (-1)^{n-1} \cdot (n-1)! \cdot \frac{1}{x^n}.$$

Wegen

$$f^{(n)}(x) = \left(\frac{1}{x}\right)^{(n-1)}$$

heißt das dann

$$f^{(n)}(x) = (-1)^{n-1} \cdot (n-1)! \cdot \frac{1}{x^n}.$$

(iv) Die Funktion $f(x) = e^{2x}$ ist sicher die einfachste in der Riege der hier vertretenen Funktionen. Nach der Kettenregel gilt:

$$f'(x) = 2e^{2x}, f''(x) = 4e^{2x} = 2^2 e^{2x}, f'''(x) = 8e^{2x} = 2^3 e^{2x},$$

und offenbar wird bei jeder weiteren Ableitung der Exponent der 2 um 1 erhöht, während sich an e^{2x} nichts ändert. Damit folgt:

$$f^{(n)}(x) = 2^n \cdot e^{2x}.$$

7.10 Untersuchen Sie mit Hilfe der ersten Ableitung, auf welchen Teilmengen von $\mathbb{R}$ die folgenden Funktionen monoton wachsend bzw. monoton fallend sind.

(i) $f(x) = 2x^3 - 9x^2 + 12x + 17$;
(ii) $f(x) = x \cdot e^x$.

Lösung Solange man die Differentialrechnung nicht zur Verfügung hat, ist die Frage nach den Monotoniebereichen einer Funktion in aller Regel schwer zu beantworten. Um festzustellen, auf welchen Teilmengen des Definitionsbereiches eine Funktion f beispielsweise monoton steigend ist, muss man überprüfen, für welche Bereiche aus $x_1 < x_2$ immer $f(x_1) \leq f(x_2)$ folgt. Wenn die Funktion nicht mehr ganz so einfach ist, dann kann das eine recht komplizierte Aufgabe sein, und oft genug kommen dabei Ausdrücke vor, denen man einigermaßen hilflos gegenüber steht. Das Ganze wird deutlich einfacher, sobald man die Methoden der Differentialrechnung verwendet. Ist I irgendein Intervall und $f : I \to \mathbb{R}$ eine differenzierbare Funktion, so gilt beispielsweise genau dann $f'(x) \geq 0$ für alle $x \in I$, wenn f auf I monoton steigend ist, und auf analoge Weise kann man das monotone Fallen mit $f'(x) \leq 0$ charakterisieren. Und auch die strenge Monotonie kann man mit Hilfe von Ableitungen beschreiben, wobei allerdings keine „genau dann, wenn"-Beziehung mehr besteht: aus $f'(x) > 0$ für alle $x \in I$ folgt, dass f auf I streng monoton steigt, und aus $f'(x) < 0$ für alle $x \in I$ folgt, dass f auf I streng monoton fällt.

(i)   Nun ist die Funktion $f(x) = 2x^3 - 9x^2 + 12x + 17$ auf Monotonie zu untersuchen. Dazu bestimme ich zuerst die erste Ableitung von f. Es gilt:

$$f'(x) = 6x^2 - 18x + 12.$$

Die Monotonie von f hängt vom Vorzeichenverhalten der ersten Ableitung f' ab, und ich muss daher feststellen, wann $f'(x) > 0$ bzw. $f'(x) < 0$ gilt. Natürlich ist

$$6x^2 - 18x + 12 > 0 \Leftrightarrow x^2 - 3x + 2 > 0,$$

denn ich kann die erste Ungleichung auf beiden Seiten durch 6 teilen. Die entsprechende Gleichung $x^2 - 3x + 2 = 0$ hat die Lösungen

$$x_{1,2} = \frac{3}{2} \pm \sqrt{\frac{9}{4} - 2} = \frac{3}{2} \pm \sqrt{\frac{1}{4}} = \frac{3}{2} \pm \frac{1}{2}.$$

Also ist $x_1 = 1$ und $x_2 = 2$. Nun ging es aber gar nicht um die Gleichung, sondern um die Ungleichung $x^2 - 3x + 2 > 0$. Wenn Sie sich einmal die Parabel $y = x^2 - 3x + 2$

vorstellen, dann handelt es sich um eine nach oben geöffnete Parabel, die die x-Achse in den beiden Punkten $x_1 = 1$ und $x_2 = 2$ schneidet. Rechts von x_2 und links von x_1 liegt diese Parabel oberhalb der x-Achse, und das bedeutet:

$$x^2 - 3x + 2 > 0 \Leftrightarrow x < 1 \text{ oder } x > 2.$$

Mit anderen Worten: die erste Ableitung $f'(x)$ ist genau dann größer als Null, wenn $x < 1$ oder wenn $x > 2$ gilt. Und da die Parabel $y = x^2 - 3x + 2$ zwischen ihren beiden Nullstellen natürlich negative Werte liefert, gilt auch:

$$f'(x) < 0 \Leftrightarrow 1 < x < 2.$$

Folglich ist f auf dem Intervall $(1, 2)$ streng monoton fallend. Außerdem ist f auf den Intervallen $(-\infty, 1)$ und $(2, \infty)$ streng monoton steigend. Da die Hinzunahme eines einzigen Punktes am Rand des jeweiligen Intervalls nichts am Monotonieverhalten ändern kann, sofern die Funktion stetig ist, gilt: f ist streng monoton fallend auf $[1, 2]$ und streng monoton steigend auf den Intervallen $(-\infty, 1]$ und $[2, \infty)$.

(ii) Die Funktion $f(x) = x \cdot e^x$ gehe ich nach der gleichen Methode an. Nach der Produktregel gilt:

$$f'(x) = e^x + e^x \cdot x = e^x(1 + x).$$

Nun ist aber ein Produkt genau dann positiv, wenn entweder beide Faktoren positiv oder beide Faktoren negativ sind. Hier kann nur der der erste Fall eintreten, denn e^x ist schon von alleine immer positiv, und somit gilt:

$$e^x(1 + x) > 0 \Leftrightarrow 1 + x > 0 \Leftrightarrow x > -1,$$

also

$$f'(x) > 0 \Leftrightarrow x > -1 \text{ und genauso } f'(x) < 0 \Leftrightarrow x < -1.$$

Die Funktion f ist also streng monoton steigend auf dem Intervall $(-1, \infty)$ und streng monoton fallend auf dem Intervall $(-\infty, -1)$. Und wieder gilt: das Verhalten der stetigen Funktion f im Randpunkt -1 kann die Monotonieeigenschaft nicht mehr beeinflussen, und daraus folgt: f ist also streng monoton steigend auf dem Intervall $[-1, \infty)$ und streng monoton fallend auf dem Intervall $(-\infty, -1]$.

7.11 Man definiere $g : [0, 1] \to \mathbb{R}$ durch

$$g(x) = \sqrt{x \cdot (1 - x)}.$$

Bestimmen Sie alle Minima und Maxima von g auf $[0, 1]$.

Hinweis: g hat mehr als eine Extremstelle.

Lösung Der Hinweis wirkt auf den ersten Blick eher verwirrend als hilfreich, denn warum sollte man sich schon am Anfang einer Aufgabe dafür interessieren, wieviele Extremstellen am Ende herauskommen werden, da man doch die üblichen Methoden der Differentialrechnung zur Verfügung hat? Behalten Sie den Hinweis für den Anfang einfach im Gedächtnis und gehen Sie ganz nach dem Standardverfahren zur Bestimmung von Extremwerten vor. Hat man eine Funktion g gegeben, so berechnet man zuerst die Nullstellen der ersten Ableitung $g'(x)$. Mit diesen Nullstellen geht man dann in die zweite Ableitung $g''(x)$ und testet, ob sich für die zweite Ableitung ein positives oder eine negatives Resultat ergibt, wenn man die Nullstellen der ersten Ableitung dort der Reihe nach einsetzt. Bei positiver zweiter Ableitung liegt ein lokales Minimum vor, bei negativer zweiter Ableitung ein lokales Maximum. Die Nullstellen der ersten Ableitung sind also keineswegs gesicherte Extremwerte, sondern nur Extremwertkandidaten, die durch Einsetzen in die zweite Ableitung noch getestet werden müssen.

In dieser Aufgabe habe ich die Funktion $g : [0, 1] \to \mathbb{R}$, definiert durch $g(x) = \sqrt{x \cdot (1 - x)}$. Die erste Ableitung berechne ich nach der Kettenregel, und multipliziere dazu der Einfachheit halber die Klammern innerhalb der Wurzel aus. Es gilt also $g(x) = \sqrt{x - x^2}$, und das heißt, dass die innere Funktion $v(x) = x - x^2$ lautet, während die äußere Funktion die Wurzelfunktion ist. Wegen $\left(\sqrt{x}\right)' = \frac{1}{2\sqrt{x}}$ folgt dann mit der Kettenregel:

$$g'(x) = (1 - 2x) \cdot \frac{1}{2\sqrt{x - x^2}} = \frac{1 - 2x}{2\sqrt{x - x^2}}.$$

Da ich schon dabei bin, berechne ich auch gleich die zweite Ableitung $g''(x)$ mit Hilfe der Quotientenregel. Den Faktor 2 im Nenner ziehe ich dabei als Faktor $\frac{1}{2}$ vor den gesamten Bruch und erhalte damit:

$$g''(x) = \frac{1}{2} \cdot \frac{-2\sqrt{x - x^2} - (1 - 2x)\left(\sqrt{x - x^2}\right)'}{\sqrt{x - x^2}^2}$$

$$= \frac{1}{2} \cdot \frac{-2\sqrt{x - x^2} - (1 - 2x)\left(\sqrt{x - x^2}\right)'}{x - x^2},$$

denn das Quadrieren einer Wurzel liefert den Wurzelinhalt. Was mir hier noch fehlt, ist die Ableitung von $\sqrt{x - x^2}$, aber die hatte ich ja mit $g'(x)$ gerade eben ausgerechnet. Somit folgt:

$$g''(x) = \frac{1}{2} \cdot \frac{-2\sqrt{x - x^2} - (1 - 2x)\left(\sqrt{x - x^2}\right)'}{x - x^2}$$

$$= \frac{1}{2} \cdot \frac{-2\sqrt{x - x^2} - (1 - 2x)\frac{1 - 2x}{2\sqrt{x - x^2}}}{x - x^2}$$

$$= \frac{1}{2} \cdot \frac{-2\sqrt{x - x^2} - \frac{(1 - 2x)^2}{2\sqrt{x - x^2}}}{x - x^2}.$$

Abb. 7.1 $g(x) = \sqrt{x \cdot (1-x)}$
auf dem Intervall $[0,1]$

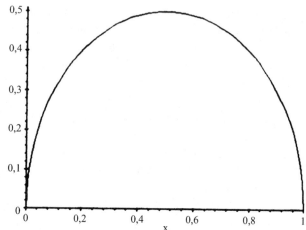

Nun könnte man diesen Ausdruck noch ein Stück weit vereinfachen, indem man mit dem Term $2\sqrt{x - x^2}$ erweitert und damit den Bruch im Zähler los wird, aber die zweite Ableitung soll hier eigentlich nur dazu dienen, die Nullstellen der ersten Ableitung einzusetzen und dann das Vorzeichen zu überprüfen. Es ist oft einfacher, sich die Mühe des weiteren formalen Rechnens zu sparen und sich dann später etwas mehr Mühe mit dem konkreten Zahlenrechnen zu machen als umgekehrt. Sollten dabei später noch Probleme auftauchen, kann man die Formel schließlich immer noch vereinfachen.

Die Berechnung der Ableitungen stellt aber nur die Vorarbeit dar, denn ich suche nach den Extremwerten der Funktion. Nullsetzen der ersten Ableitung führt zu:

$$g'(x) = 0 \Leftrightarrow \frac{1 - 2x}{2\sqrt{x - x^2}} = 0 \Leftrightarrow 1 - 2x = 0 \Leftrightarrow x = \frac{1}{2},$$

denn ein Bruch kann nur dann den Wert Null annehmen, wenn sein Zähler Null wird. Die einzige Nullstelle von g' ist also $x = \frac{1}{2}$, und diese Nullstelle muss ich in die zweite Ableitung einsetzen. Für $x = \frac{1}{2}$ ist aber $1 - 2x = 0$ und $x - x^2 = \frac{1}{4}$. Damit folgt:

$$g''\left(\frac{1}{2}\right) = \frac{1}{2} \cdot \frac{-2\sqrt{\frac{1}{4}}}{\frac{1}{4}} < 0.$$

Vergessen Sie nicht, dass mir der tatsächliche Wert der zweiten Ableitung egal sein kann: ich brauche nur ihr Vorzeichen, und offenbar ist $g''\left(\frac{1}{2}\right)$ negativ. Damit liegt bei $x_0 = \frac{1}{2}$ ein lokales Maximum vor.

Das ist der richtige Zeitpunkt, um sich an den in der Aufgabe gegebenen Hinweis zu erinnern: es hieß dort, dass die Funktion mehr als eine Extremstelle hat. Ich habe aber nur eine Extremstelle ausgerechnet, und mehr gab die Differentialrechnung nicht her, da $g'(x)$ nur eine Nullstelle hatte. Die Differentialrechnung hat aber auch ihre Tücken. Der Satz, dass jede Extremstelle von g eine Nullstelle der ersten Ableitung sein muss, gilt nämlich *nur dann*, wenn sich die Extremstelle nicht am Rand des betrachteten Definitionsintervalls befindet. In diesem Beispiel heißt das, dass ich zwar mit $x_0 = \frac{1}{2}$ jede Extremstelle im *offenen Intervall* $(0, 1)$ erwischt habe, aber ich weiß noch nichts über die beiden Randpunkte 0 und 1. Die Differentialrechnung liefert nur Informationen über die Extremstellen, die *im Inneren* des Intervalls liegen; über die Randpunkte sagt sie rein gar nichts. Und genau daran hängt es. Für $0 \leq x \leq 1$ ist natürlich $x \cdot (1 - x) \geq 0$, sonst könnte ich die Wurzel gar nicht ausrechnen, und es gilt $g(x) \geq 0$. Nun ist aber $g(0) = g(1) = 0$, wie Sie leicht durch Einsetzen feststellen können. Daher gibt es keine Funktionswerte, die kleiner sind als $g(0)$ bzw. $g(1)$, und daraus folgt, dass sowohl bei $x_1 = 0$ als auch bei $x_2 = 1$ ein globales Minimum der Funktion g vorliegt. Es gibt also in Wahrheit drei Extremstellen von g: ein Maximum bei $\frac{1}{2}$ und jeweils ein Minimum bei 0 und bei 1.

Wie das bildlich aussieht, können Sie sich in Abb. 7.1 ansehen.

7.12 Ein Zylinder mit Boden und Deckel soll bei einem gegebenen Materialverbrauch $F = 10$ ein möglichst großes Volumen umschließen. Berechnen Sie den optimalen Radius r und die optimale Höhe h sowie das daraus resultierende Volumen.

Lösung In Abb. 7.2 ist ein Zylinder mit der Höhe h und dem Radius r aufgezeichnet.

Gegeben ist der Materialverbrauch beim Erstellen des Zylinders, und das bedeutet, dass ich die *Oberfläche* des Zylinders kenne: die gesamte Oberfläche einschließlich Boden und Deckel soll 10 Flächeneinheiten betragen. Bei diesem gegebenen Materialverbrauch sollen Radius und Höhe so eingestellt werden, dass das Volumen des Zylinders so groß wie möglich wird. Hier liegt also eine Optimierungsaufgabe mit einer Nebenbedingung vor, denn ich soll das Volumen des Zylinders unter der Bedingung optimieren, dass seine Fläche genau 10 Flächeneinheiten beträgt.

Um diese Aufgabe zu lösen, muss man sich erst einmal die Formeln für das Volumen und die Oberfläche eines Zylinders verschaffen. Das Volumen V stellt kein Problem dar,

Abb. 7.2 Zylinder mit Radius r und Höhe h

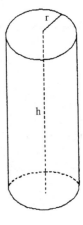

denn bekanntlich gilt:

$$V = \text{Grundfläche} \cdot \text{Höhe} = \pi r^2 h.$$

Etwas komplizierter sieht es bei der Oberfläche aus, die offenbar aus drei Teilen besteht: der Bodenfläche, der Deckelfläche und dem Mantel. Boden- und Deckelfläche haben aber den gleichen Inhalt, nämlich πr^2. Und der Mantel ist nur ein verkapptes Rechteck, denn wenn Sie sich vorstellen, dass Sie die Mantelfläche einmal aufrollen, dann ergibt sich ein Rechteck mit der Höhe h und einer Grundseite, deren Länge genau dem Umfang des Kreises mit Radius r entspricht, also $2\pi r$. Die Mantelfläche beträgt also $2\pi rh$, und damit ergibt sich eine Gesamtoberfläche des Zylinders von

$$O = 2\pi r^2 + 2\pi rh.$$

Da ich aber die Gesamtoberfläche als Vorgabe für den Materialverbrauch bereits kenne, folgt daraus:

$$10 = 2\pi r^2 + 2\pi rh.$$

In der Form $V = \pi r^2 h$ kann ich das Volumen sicher nicht maximieren, weil hier noch zwei Variablen r und h vorkommen und ich die Extremwertberechnung zur Zeit nur mit einer Variablen vornehmen kann. Das macht aber nichts. Die Nebenbedingung $10 = 2\pi r^2 + 2\pi rh$ stellt nämlich eine wichtige Information über die beiden Variablen r und h bereit: ich kann die Nebenbedingungsgleichung nach einer der beiden Variablen auflösen und das Resultat in meine Volumenfunktion V einsetzen. Nach welcher Variable Sie auflösen wollen, bleibt im Prinzip Ihnen überlassen; allerdings entscheidet man sich normalerweise für die Variable, bei der die Auflösung leichter durchzuführen ist. In diesem Fall ist das die Variable h, da sie im Gegensatz zu r nur in ihrer reinsten Form und ohne Quadrate vorkommt. Auflösen nach h ergibt:

$$2\pi rh = 10 - 2\pi r^2, \text{ also } h = \frac{10}{2\pi r} - \frac{2\pi r^2}{2\pi r} = \frac{5}{\pi r} - r.$$

Das setze ich in die Volumenfunktion V ein, die somit nur noch vom Radius r abhängt. Es gilt nun:

$$V(r) = \pi r^2 h = \pi r^2 \left(\frac{5}{\pi r} - r \right) = 5r - \pi r^3.$$

Sobald man so weit ist, kann man die übliche Maschinerie zur Anwendung bringen: Ableitungen ausrechnen, erste Ableitung Null setzen und mit Hilfe der zweiten Ableitung testen, ob auch alles in Ordnung ist. Dass die Variable hier r heißt, sollte dabei nicht weiter stören. Es gilt:

$$V'(r) = 5 - 3\pi r^2 \text{ und } V''(r) = -6\pi r.$$

Nun muss ich die Nullstellen der ersten Ableitung ausrechnen. Das ergibt:

$$5 - 3\pi r^2 = 0 \Leftrightarrow r^2 = \frac{5}{3\pi} \Leftrightarrow r = \sqrt{\frac{5}{3\pi}}.$$

Dabei kann ich mich gleich auf die positive Wurzel beschränken, denn der Radius eines Zylinders kann kaum negativ werden. Ich habe also nur einen Kandidaten für den optimalen Radius, nämlich $r = \sqrt{\frac{5}{3\pi}}$. Um zu testen, ob er auch wirklich zu einem Maximum führt, ziehe ich die zweite Ableitung von V heran und setze dort diesen Radius ein. Dann gilt:

$$V''\left(\sqrt{\frac{5}{3\pi}}\right) = -6\pi \cdot \sqrt{\frac{5}{3\pi}} < 0,$$

und damit liegt für $r = \sqrt{\frac{5}{3\pi}}$ tatsächlich ein Maximum vor.

Gefragt ist aber nicht nur nach dem optimalen Radius, sondern auch nach der optimalen Höhe und dem zugehörigen Volumen. Das ist nun kein Fall mehr für die Differentialrechnung, sondern eine Übung im schlichten Formelrechnen. Aus der Nebenbedingung weiß ich, dass $h = \frac{5}{\pi r} - r$ gilt, und inzwischen kenne ich auch r. Damit folgt:

$$h = \frac{5}{\pi \cdot \sqrt{\frac{5}{3\pi}}} - \sqrt{\frac{5}{3\pi}}.$$

Das sieht eher entmutigend aus, aber man kann es noch deutlich vereinfachen. Für den ersten Bruch gilt nämlich:

$$\frac{5}{\pi \cdot \sqrt{\frac{5}{3\pi}}} = \frac{\frac{5}{\pi}}{\sqrt{\frac{5}{3\pi}}} = 3 \cdot \frac{\frac{5}{3\pi}}{\sqrt{\frac{5}{3\pi}}} = 3 \cdot \sqrt{\frac{5}{3\pi}}.$$

Dabei habe ich zuerst den Vorfaktor π aus dem Nenner in den Zähler gezogen und musste dafür den Preis bezahlen, dass jetzt der Zähler selbst ein Bruch mit dem Nenner π ist. Dann habe ich den Zähler durch 3 geteilt und diese Operation mit der 3 vor dem ganzen Bruch wieder ausgeglichen, denn $3 \cdot \frac{5}{3} = 5$. Und schließlich habe ich ausgenutzt, dass immer $\frac{x}{\sqrt{x}} = \sqrt{x}$ gilt, denn der Zähler meines manipulierten Bruchs war genau der Wurzelinhalt aus dem Nenner. Insgesamt gilt nun:

$$h = \frac{5}{\pi \cdot \sqrt{\frac{5}{3\pi}}} - \sqrt{\frac{5}{3\pi}} = 3 \cdot \sqrt{\frac{5}{3\pi}} - \sqrt{\frac{5}{3\pi}} = 2 \cdot \sqrt{\frac{5}{3\pi}} = 2r.$$

Die optimale Höhe ist also gleich dem doppelten optimalen Radius bzw. gleich dem optimalen Durchmesser. Anschaulich gesprochen: der Zylinder mit maximalem Volumen ist so hoch wie breit. Sein Volumen beträgt dann:

$$V = \pi r^2 h = \pi \cdot \frac{5}{3\pi} \cdot 2 \cdot \sqrt{\frac{5}{3\pi}} = \frac{10}{3} \cdot \sqrt{\frac{5}{3\pi}}.$$

7.13 Gegeben sei die Kurve $y = x^2 - 3x + 3$. Welcher Punkt (x, y) auf dieser Kurve hat den geringsten Abstand zum Nullpunkt?

Lösung In Abb. 7.3 sehen Sie die Kurve $y = x^2 - 3x + 3$. Ich habe auch gleich noch die Strecke zum optimalen Punkt eingezeichnet, aber den werden wir jetzt erst einmal ausrechnen.

Ist (x, y) irgendein Punkt auf der Ebene, so hat er nach dem Satz des Pythagoras zum Nullpunkt den Abstand $\sqrt{x^2 + y^2}$. Nun kenne ich aber für die Kurvenpunkte einen Zusammenhang zwischen x und y: sobald (x, y) auf der Kurve liegt, muss $y = x^2 - 3x + 3$ gelten. Folglich hat ein Kurvenpunkt für gegebenes x zum Nullpunkt den Abstand:

$$\sqrt{x^2 + (x^2 - 3x + 3)^2} = \sqrt{x^2 + x^4 - 6x^3 + 15x^2 - 18x + 9}$$
$$= \sqrt{x^4 - 6x^3 + 16x^2 - 18x + 9}.$$

Besonders schön sieht das nicht aus. Jetzt muss ich aber den x-Wert herausfinden, der den minimalen Abstand zum Nullpunkt verbürgt, und das heißt, dass ich diesen Ausdruck auch noch zweimal ableiten muss, um die übliche Prozedur zu starten. Das ist zwar kein prinzipielles Problem, aber da hier Wurzeln vorkommen, wäre vor allem die Berechung der zweiten Ableitung mit etwas Mühe verbunden. Man kann sich das Leben allerdings etwas leichter machen und auf die Wurzel verzichten. Wenn nämlich ein Kurvenpunkt unter allen möglichen Kurvenpunkten den geringsten Abstand zum Nullpunkt hat, dann wird auch sein quadrierter Abstand kleiner sein als alle anderen quadrierten Abstände, da das Quadrieren positiver Zahlen die Größenrelationen erhält. Und umgekehrt: hat man einen Punkt, dessen quadrierter Abstand zum Nullpunkt das Minimum aller möglichen quadrierten Abstände ist, dann hat er auch ohne Quadrierung den geringstmöglichen Abstand zum

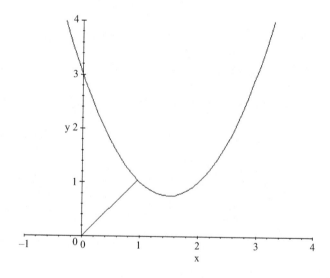

Abb. 7.3 Funktionskurve
$y = x^2 - 3x + 3$

Nullpunkt, weil auch das Wurzelziehen die Größenrelationen nicht verändert. Mit einem Wort: an Stelle des Abstandes selbst kann ich auch den quadrierten Abstand minimieren und werde trotzdem den richtigen Punkt finden. Beim Quadrieren der Abstandsfunktion geht aber genau die lästige Wurzel verloren, und das bedeutet, dass ich einfach nur das Minimum der Funktion

$$q(x) = x^4 - 6x^3 + 16x^2 - 18x + 9$$

ausrechnen muss, wobei das q für den *quadrierten* Abstand steht.

Ab jetzt geht alles wie gewohnt. Ich berechne die ersten beiden Ableitungen von q und erhalte:

$$q'(x) = 4x^3 - 18x^2 + 32x - 18 \text{ und } q''(x) = 12x^2 - 36x + 32.$$

Nun muss ich die Nullstellen von q' herausfinden, und das ist insofern etwas unangenehm, als q' ein Polynom dritten Grades ist, das man nicht mehr so einfach angehen kann wie ein quadratisches Polynom. Hier hilft erst einmal nur probieren. Der einfachste Testwert ist natürlich $x = 0$, aber es gilt $q'(0) = -18 \neq 0$. Der nächsteinfache Testwert ist $x = 1$, und es gilt $q'(1) = 4 - 18 + 32 - 18 = 0$. Damit ist schon eine Nullstelle der ersten Ableitung gefunden, nämlich $x_0 = 1$. Das Polynom $q'(x) = 4x^3 - 18x^2 + 32x - 18$ muss also den Linearfaktor $x - 1$ enthalten, und diesen Linearfaktor kann ich jetzt mit Hilfe des Horner-Schemas, das ich im fünften Kapitel besprochen habe, oder auch durch Polynomdivision abdividieren. Ich entscheide mich für das Horner-Schema, das dann folgendermaßen lautet:

$$
x_0 = 1 \quad
\begin{array}{r|rrrr}
 & 4 & -18 & 32 & -18 \\
 &   & +   & + & +   \\
 &   & 4   & -14 & 18 \\
\hline
 & 4 & -14 & 18 & 0
\end{array}
$$

Wie beim Horner-Schema üblich, ergeben die ersten drei Einträge der dritten Zeile die Koeffizienten des Restpolynoms. Es gilt also:

$$q'(x) = (x - 1) \cdot (4x^2 - 14x + 18).$$

Die fehlenden Nullstellen von q' sind daher die Nullstellen des quadratischen Polynoms $4x^2 - 14x + 18$. Nun gilt:

$$4x^2 - 14x + 18 = 0 \Leftrightarrow x^2 - \frac{7}{2}x + \frac{9}{2} = 0.$$

Die letzte Gleichung kann ich aber mit Hilfe der p, q-Formel lösen. Es gilt:

$$x_{1,2} = \frac{7}{4} \pm \sqrt{\frac{49}{16} - \frac{9}{2}} = \frac{7}{4} \pm \sqrt{-\frac{23}{16}}.$$

Da der Wurzelinhalt negativ ist, hat diese Gleichung keine reellen Lösungen, und deshalb hat q' nur die reelle Nullstelle $x_0 = 1$. Mit dieser Nullstelle gehe ich jetzt in die zweite Ableitung q''. Es gilt:

$$q''(1) = 12 - 36 + 32 = 8 > 0.$$

Daher liegt bei $x_0 = 0$ tatsächlich ein Minimum vor. Der zugehörige y-Wert auf der Kurve $y = x^2 - 3x + 3$ lautet $y_0 = 1 - 3 + 3 = 1$. Damit ist $(x_0, y_0) = (1, 1)$ der Punkt auf der Kurve $y = x^2 - 3x + 3$, der zum Nullpunkt den geringsten Abstand hat.

7.14 Führen Sie an der Funktion

$$f(x) = \frac{x^2 + 8x + 7}{x - 1}$$

eine Kurvendiskussion durch.

Lösung Eine Kurvendiskussion ist ein mühseliges Geschäft, da es eine große Anzahl von Aufgaben gibt, die erledigt werden müssen. Im folgenden werde ich am Beispiel der gegebenen Funktion f die einzelnen Punkte durchrechnen. Ziel der ganzen Angelegenheit ist es, genügend Informationen zusammen zu tragen, um über den Kurvenverlauf Bescheid zu wissen und ein Schaubild der Funktion zu erstellen.

(i)   Ich beginne mit dem Definitionsbereich. Man findet den Definitionsbereich einer rationalen Funktion, indem man die Nullstellen des Nenners ausschließt, weil man durch Null nicht teilen kann. Da offenbar genau dann $x - 1 = 0$ gilt, wenn $x = 1$ ist, erhalten wir den maximalen Definitionsbereich

$$D = \mathbb{R} \backslash \{1\}.$$

(ii)   Anschließend suche ich nach den Nullstellen von f. Das ist aber nicht schwer, denn ein Bruch ist genau dann gleich Null, wenn sein Zähler gleich Null ist und der Nenner an dieser Stelle zeigt, dass der Punkt zum Definitionsbereich gehört. Die Gleichung

$$x^2 + 8x + 7 = 0$$

löse ich mit der p, q-Formel und erhalte:

$$x_{1,2} = -4 \pm \sqrt{16 - 7} = -4 \pm \sqrt{9} = -4 \pm 3.$$

Damit ist $x_1 = -7$ und $x_2 = -1$. Da der Nennerwert sowohl für $x_1 = -7$ als auch für $x_2 = -1$ von Null verschieden ist, habe ich mit -7 und -1 die beiden Nullstellen von f gefunden.

(iii)   Zum Feststellen der Pole muss ich alle Definitionslücken untersuchen. Glücklicherweise gibt es hier nur eine Lücke, nämlich $x_0 = 1$. Die Frage ist nun, ob die Funktion f bei Annäherung an $x_0 = 1$ gegen Unendlich geht. Das Verhalten von f hängt stark davon ab, ob man sich der 1 von links oder von rechts nähert. In beiden Fällen wird der Zählerwert 16 und der Nennerwert 0 sein, und da das Teilen von Zahlen, die sich in der Nähe der 16 aufhalten, durch sehr kleine Zahlen zu sehr großen Ergebnissen führt, ist die Tendenz gegen Unendlich tatsächlich gegeben. Um das richtige Vorzeichen zu finden, sehen Sie einmal genau hin, wie sich Zähler und Nenner verhalten, wenn man von links oder von rechts an $x_0 = 1$ herankommt. Für $x < 1$, aber x in der Nähe von 1, ist $x^2 + 8x + 7 > 0$, aber $x - 1 < 0$. Deshalb ist in diesem Fall $f(x) < 0$, und daraus folgt

$$\lim_{x \to 1, x < 1} \frac{x^2 + 8x + 7}{x - 1} = -\infty.$$

Für $x > 1$, aber x in der Nähe von 1, ist immer noch $x^2 + 8x + 7 > 0$, aber jetzt wird $x - 1 > 0$. Deshalb ist in diesem Fall $f(x) > 0$, und daraus folgt

$$\lim_{x \to 1, x > 1} \frac{x^2 + 8x + 7}{x - 1} = \infty.$$

Der Wert $x_0 = 1$ ist demnach ein Pol von f, bei dem im Grenzübergang sowohl $-\infty$ als auch $+\infty$ erreicht werden.

(iv) Das Berechnen der Ableitungen ist oft das Lästigste an der ganzen Kurvendiskussion. Ich rechne im folgenden die ersten drei Ableitungen von f ohne jeden weiteren Kommentar aus. Es handelt sich dabei jeweils um Standardanwendungsfälle der Quotientenregel.

Für die Ableitungen gilt:

$$f'(x) = \frac{(2x + 8) \cdot (x - 1) - 1 \cdot (x^2 + 8x + 7)}{(x - 1)^2}$$
$$= \frac{2x^2 - 2x + 8x - 8 - x^2 - 8x - 7}{(x - 1)^2}$$
$$= \frac{x^2 - 2x - 15}{(x - 1)^2}.$$

Die zweite Ableitung ist wie immer die Ableitung der ersten Ableitung. Damit folgt:

$$f''(x) = \frac{(2x - 2) \cdot (x - 1)^2 - 2 \cdot (x - 1) \cdot (x^2 - 2x - 15)}{(x - 1)^4}$$
$$= \frac{(2x - 2) \cdot (x - 1) - 2 \cdot (x^2 - 2x - 15)}{(x - 1)^3}$$
$$= \frac{2x^2 - 2x - 2x + 2 - 2x^2 + 4x + 30}{(x - 1)^3}$$
$$= \frac{32}{(x - 1)^3}.$$

Das erleichtert das weitere Rechnen, denn ich kann die zweite Ableitung auch als

$$f''(x) = 32 \cdot (x - 1)^{-3}$$

schreiben, und damit erweist sich die dritte Ableitung als ein einfacher Fall für die Kettenregel. Es gilt nämlich:

$$f'''(x) = 32 \cdot (-3) \cdot (x - 1)^{-4} = \frac{-96}{(x - 1)^4}.$$

Damit sind die Vorarbeiten zur Bestimmung der Extremwerte erledigt.

(v)   Zur Berechnung der Extremstellen suche ich nach den Nullstellen von f'. Es gilt

$$\begin{aligned}
f'(x) = 0 &\Leftrightarrow \frac{x^2 - 2x - 15}{(x - 1)^2} = 0 \\
&\Leftrightarrow x^2 - 2x - 15 = 0 \\
&\Leftrightarrow x = 1 \pm \sqrt{1 + 15} \\
&\Leftrightarrow x = 1 \pm 4 \\
&\Leftrightarrow x = -3 \text{ oder } x = 5,
\end{aligned}$$

wobei ich die unterwegs auftretende quadratische Gleichung wie üblich mit Hilfe der p, q-Formel gelöst habe. Kandidaten für Extremwerte sind also $x_3 = -3$ und $x_4 = 5$. Ich muss dazu bemerken, dass ich hier nicht die übliche Bezeichungsweise x_1 und x_2 verwenden kann, weil diese Namen schon für die Nullstellen von f belegt sind. Um nun herauszufinden, ob sie auch wirklich als Extremwerte bezeichnet werden dürfen oder nur so tun, als wären sie extrem, muss ich beide Werte in die zweite Ableitung einsetzen. Es folgt dann:

$$f''(-3) = \frac{32}{(-3 - 1)^3} = \frac{32}{-64} = -\frac{1}{2} < 0$$

und

$$f''(5) = \frac{32}{(5 - 1)^3} = \frac{32}{64} = \frac{1}{2} > 0.$$

Folglich liegt bei $x_3 = -3$ ein lokales Maximum und bei $x_4 = 5$ ein lokales Minimum vor. Die entsprechenden Funktionswerte lauten

$$f(-3) = \frac{9 - 24 + 7}{-4} = 2 \text{ und } f(5) = \frac{25 + 40 + 7}{4} = 18.$$

(vi)   Die Berechnung der Wendepunkte ist in diesem Fall besonders einfach, da es keine
       gibt. Bedingung für einen Wendepunkt ist das Verschwinden der zweiten Ableitung,
       und es gilt:

$$f''(x) = 0 \Leftrightarrow \frac{32}{(x-1)^3} = 0 \Leftrightarrow 32 = 0,$$

       und das ist nun wirklich nicht zu erwarten. Da natürlich 32 von 0 verschieden ist,
       hat die zweite Ableitung keine Nullstellen und deshalb die Funktion auch keine
       Wendepunkte. Daran können Sie sehen, dass es nichts schadet, mit der Berechnung
       der dritten Ableitung ein wenig zu warten, weil es durchaus passieren kann, dass
       man sie überhaupt nicht braucht: wenn man die Extremwerte schon mit Hilfe der
       zweiten Ableitung feststellen kann und diese zweite Ableitung dann auch keine
       Nullstellen hat, ist die Berechnung der dritten Ableitung schlicht unnötig.

(vii) Ein wesentlicher Punkt der Kurvendiskussion ist das sogenannte asymptotische
       Verhalten. Bei der Zeichnung des Schaubildes ist es eine unverzichtbare Infor-
       mationsquelle, zu wissen, ob sich die Funktion f für große x-Werte tendenziell
       einer einfacheren Funktion wie zum Beispiel einem Polynom angleichen wird. Das
       übliche Hilfsmittel zum Herausfinden dieser einfacheren Funktion ist die *Polynom-
       division*. Ich werde sie jetzt für die Funktion $f(x) = \frac{x^2+8x+7}{x-1}$ vorführen und danach
       noch ein paar Worte dazu sagen. Ein Bruch ist nichts weiter als ein Quotient, und
       deshalb kann ich die Funktion $f(x)$ auch darstellen, indem ich den Zähler wie bei
       Zahlen auch durch den Nenner dividiere. Die Prozedur ist dabei die gleiche wie
       beim Teilen von Zahlen.

$$
\begin{array}{l}
(x^2 + 8x + 7) : (x - 1) = x + 9 + \dfrac{16}{x-1} \\[4pt]
\underline{x^2 - x} \\[2pt]
9x + 7 \\[2pt]
\underline{9x - 9} \\[2pt]
16
\end{array}
$$

       Hier ist nichts Besonderes passiert. Ich habe zuerst die höchste Potenz des Zählers
       durch die höchste Potenz des Nenners geteilt, das ergab $\frac{x^2}{x} = x$. Anschließend
       musste ich wie beim gewöhnlichen Dividieren den gesamten Nenner mit dem Er-
       gebnis x multiplizieren und bekam $x^2 - x$ heraus. Wie üblich schreibe ich diesen
       Term unter den Zähler und ziehe ihn vom entsprechenden Zählerterm $x^2 + 8x$ ab.
       Damit bekomme ich $9x$, und wieder mache ich dasselbe wie beim Dividieren von
       Zahlen: ich hole die nächste Stelle herunter und schreibe sie einfach dazu. Damit
       erhalte ich den Term $9x + 7$, mit dem ich genauso verfahre wie vorher mit dem
       ursprünglichen Zähler. Ich muss also $9x$ durch x teilen, wobei ich das Ergebnis 9
       erhalte. Anschließend wird wieder der Nenner mit diesem Ergebnis multipliziert,
       was zu $9x - 9$ führt. Sie sehen, wo $9x - 9$ steht, nämlich genau unter $9x + 7$, und
       die Subtraktion beider Terme ergibt 16.

Ich gehe also genauso vor wie beim Dividieren natürlicher Zahlen, nur dass hier nicht ausschließlich Zahlen, sondern eben Polynome auftauchen. Das Ergebnis der Division ist

$$(x^2 + 8x + 7) : (x - 1) = x + 9 \text{ Rest } 16.$$

Der Rest 16 bedeutet aber nur, dass beim Dividieren von 16 durch den Nenner $x-1$ nichts Besseres herauskommt als ein schlichtes $\frac{16}{x-1}$, und genau das habe ich oben aufgeschrieben. Im Endergebnis finden Sie also

$$(x^2 + 8x + 7) : (x - 1) = x + 9 + \frac{16}{x - 1}.$$

Das war nun ein etwas längliche Erklärung zur Polynomdivision, ohne die man bei der Untersuchung des asymptotischen Verhaltens nicht auskommt. Wir wissen nun, dass

$$f(x) = \frac{x^2 + 8x + 7}{x - 1} = x + 9 + \frac{16}{x - 1}$$

gilt. Für betragsmäßig sehr große x-Werte, das heißt für $x \to \infty$ oder $x \to -\infty$, wird aber der Ausdruck $\frac{16}{x-1}$ beliebig klein. Genauer ausgedrückt bedeutet das:

$$\lim_{x \to \infty} \frac{16}{x - 1} = \lim_{x \to -\infty} \frac{16}{x - 1} = 0.$$

Mit anderen Worten: für sehr großes x kann man den Term $\frac{16}{x-1}$ vernachlässigen, da er ohnehin annähernd Null ist. Das asymptotische Verhalten von f lässt sich also beschreiben durch

$$f(x) \approx x + 9 \text{ für } x \to \pm\infty.$$

Sie werden gleich beim Zeichnen sehen, dass man mit diesem Ergebnis etwas anfangen kann.

(viii) Nun sollte man den Wertebereich der Funktion f bestimmen. Es ist oft sinnvoll und auch in diesem Beispiel machbar, die konkrete Bestimmung des Wertebereichs auf das Ende zu verschieben, das heißt auf den Zeitpunkt, an dem man den Funktionsgraphen erstellt, weil sich dann häufig der Wertebereich von alleine ergibt. Man kann es aber auch zu Fuß machen, genauso wie ich es bei Aufgabe 5.1 vorgeführt habe. Eine kleine Wiederholung kann hier nicht schaden.

Für eine reelle Zahl y aus dem Wertebereich von f muss es ein x geben, so dass die Gleichung

$$y = \frac{x^2 + 8x + 7}{x - 1}$$

erfüllt ist, und das heißt, dass diese Gleichung nach x auflösbar sein muss. Multiplizieren mit dem Nenner ergibt:

$$y(x-1) = x^2 + 8x + 7 \text{ also } x^2 + 8x - yx + 7 + y = 0.$$

Für ein y aus dem Wertebereich muss also die Gleichung

$$x^2 + (8-y)x + 7 + y = 0$$

eine Lösung x haben. Geht man diese quadratische Gleichung mit der p, q-Formel an, so ergibt sich:

$$x_{y_{1,2}} = -\frac{8-y}{2} \pm \sqrt{\frac{(8-y)^2}{4} - 7 - y}.$$

Damit diese Gleichung überhaupt lösbar sein kann, darf in der Wurzel nichts Negatives stehen, das heißt: für jedes y aus dem Wertebereich muss

$$\frac{(8-y)^2}{4} - 7 - y \geq 0$$

sein. Multiplizieren mit 4 ergibt:

$$(8-y)^2 - 28 - 4y \geq 0, \text{ also } 64 - 16y + y^2 - 28 - 4y \geq 0,$$

und damit

$$y^2 - 20y + 36 \geq 0.$$

Nun kann man wieder mit der p, q-Formel feststellen, dass

$$y^2 - 20y + 36 = (y-2)(y-18)$$

gilt, und dieses Produkt ist genau dann größer oder gleich Null, wenn $y \geq 18$ oder $y \leq 2$ gilt. Damit habe ich herausgefunden, dass der Wertebereich $f(D)$ von f aus den Zahlen y besteht, für die gilt: $y \geq 18$ oder $y \leq 2$. In Formeln:

$$f(D) = (-\infty, 2] \cup [18, \infty).$$

(ix) Für die Bestimmung von Symmetrien gilt im Prinzip dasselbe wie für den Wertebereich: man kann zuerst die Funktion zeichnen und dann eventuell vorhandene Symmetrien an der Zeichnung ablesen. Manchmal kann man auch die Symmetrie direkt an der definierenden Formel für die Funktion erkennen, aber das ist hier nicht der Fall.

Abb. 7.4 Funktionskurve von
$f(x) = \frac{x^2+8x+7}{x-1}$

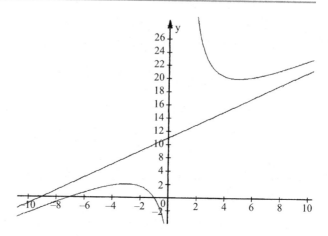

(x)   Zum Aufmalen des Funktionsgraphen brauche ich nur noch die Informationen zusammenzutragen. Man zeichnet am besten zuerst die Asymptoten ein. Für $x \to \pm\infty$ ist das die Gerade $y = x + 9$, und für $x \to 1$ nähert sich die Funktion von rechts $+\infty$ und von links $-\infty$, wird sich also von verschiedenen Seiten der senkrechten Geraden $x = 1$ anschmiegen. Ihre Nullstellen liegt bei $x_1 = -7$ und $x_2 = -1$, im Punkt $(-3, 2)$ hat sie ein lokales Maximum, im Punkt $(5, 18)$ ein lokales Minimum. Sie muss also zwei Zweige haben. Der erste Zweig kommt von links aus der Tiefe von $-\infty$ und wird dabei begleitet von der Geraden $y = x + 9$. Bei $x = -3$ dreht er sich wieder nach unten, um für $x \to 1$ in die negative Unendlichkeit zu verschwinden. Der zweite Zweig kommt entlang der senkrechten Geraden $x = 1$ aus der positiven Unendlichkeit nach unten, bis er $x = 5$ erreicht hat und dann wieder entlang der Geraden $y = x + 9$ gegen ∞ zu verschwinden. Insgesamt hat f also das Schaubild aus Abb. 7.4, in der auch die Gerade $y = x + 9$ eingetragen ist.

Daran können Sie auch sofort den Wertebereich ablesen. Die Funktion erwischt alle reellen Zahlen bis auf die Zahlen zwischen 2 und 18. Folglich ist

$$f(D) = \mathbb{R}\backslash(2, 18) = (-\infty, 2] \cup [18, \infty).$$

Auch eine Symmetrie ist jetzt erkennbar, denn offenbar ist der Funktionsgraph punktsymmetrisch zum Punkt $(1, 10)$.

7.15 Gegeben sei die Gleichung

$$e^x - x - 5 = 0.$$

Lösen Sie diese Gleichung mit Hilfe des Newton-Verfahrens. Geben Sie dabei an, wie groß für die Startwerte $x_0 = -1$ bzw. $x_0 = 1$ der Wert n sein muss, damit x_n und x_{n+1} sich frühestens in der sechsten Stelle nach dem Komma unterscheiden. Geben Sie jeweils x_n und $e^{x_n} - x_n - 5$ an.

Lösung Das Newton-Verfahren ist eine recht einfache Methode, um Nullstellen einer differenzierbaren Funktion auszurechnen. Sie beruht auf dem Prinzip der Iteration, und das heißt: man startet mit einer ersten Näherung x_0, berechnet aus ihr eine hoffentlich bessere Näherung x_1, daraus wieder eine hoffentlich noch bessere Näherung x_2 und so weiter. Für jedes $n \in \mathbb{N}_0$ bestimmt man also aus der bereits erreichten Näherung x_n eine weitere Näherung x_{n+1} und erhält so eine ganze Folge reeller Zahlen, die unter günstigen Umständen gegen eine Nullstelle der gegebenen Funktion konvergieren. Die Vorschrift des Newton-Verfahrens zur Bestimmung von x_{n+1} aus x_n lautet:

$$x_{n+1} = x_n - \frac{f(x_n)}{f'(x_n)} \text{ für } f'(x_n) \neq 0.$$

Beim praktischen Rechnen muss man natürlich irgendwann mit der Arbeit aufhören. Also einigt man sich auf irgendein Kriterium, das es erlaubt, den Rechenvorgang abzubrechen. Beliebt ist dabei die auch in dieser Aufgabe verwendete Methode: man hört dann auf, wenn sich beim Weiterrechnen bis hin zu einer bestimmten Stelle nach dem Komma nichts mehr verändert, weil man dann davon ausgeht, dass die erreichte Lösung schon mit einer gegebenen und gewünschten Genauigkeit mit der gesuchten Nullstelle übereinstimmt.

Für die Funktion $f(x) = e^x - x - 5$ ist $f'(x) = e^x - 1$. Daher lautet die Berechnungsvorschrift hier:

$$x_{n+1} = x_n - \frac{f(x_n)}{f'(x_n)} = x_n - \frac{e^{x_n} - x_n - 5}{e^{x_n} - 1}.$$

Für $n = 0$ folgt daraus mit $x_0 = 1$:

$$x_1 = 1 - \frac{e^1 - 1 - 5}{e^1 - 1} = 2{,}9098835,$$

wobei ich mit einer Genauigkeit von sieben Stellen nach dem Komma rechne. Dieses x_1 wird jetzt wieder in die Newton-Formel eingesetzt, um x_2 zu erhalten. Damit folgt:

$$x_2 = 1 - \frac{e^{x_1} - x_1 - 5}{e^{x_1} - 1} = 2{,}3080408.$$

Die Rechnung findet ihr natürliches Ende, wenn sich x_n und x_{n+1} frühestens in der sechsten Nachkommastelle unterscheiden. In der folgenden Tabelle finden Sie die nötigen Näherungswerte.

n	x_n
0	1
1	2,9098835
2	2,3080408
3	2,0046996
4	1,9394486
5	1,9368514
6	1,9368474
7	1,9368474

Ab $x_6 = 1,9368474$ ist sogar in den ersten sieben Nachkommastellen keine Veränderung mehr festzustellen. Für $n = 6$ ist also die gewünschte Genauigkeit erreicht, und ein sehr genauer Taschenrechner liefert den Funktionswert $f(x_6) = 5,4 \cdot 10^{-11}$, so dass im Funktionswert mit hoher Genauigkeit Null herauskommt.

Für $x_0 = -1$ ergibt sich die folgende Tabelle:

n	x_n
0	-1
1	$-6,7459301$
2	$-4,9967679$
3	$-4,9932162$
4	$-4,9932162$

Hier ist schon für $n = 3$ das stabile Ergebnis $x_3 = -4,9932162$ erreicht. Der Rechner liefert dazu den Funktionswert $f(x_3) = 4,3 \cdot 10^{-8}$, so dass ich wieder mit hoher Genauigkeit den Funktionswert Null habe.

7.16 Berechnen Sie unter Verwendung der Regel von l'Hospital die folgenden Grenzwerte.

(i) $\lim\limits_{x \to 3} \frac{x^3 - 27}{x - 3}$;

(ii) $\lim\limits_{x \to 0} \frac{1 - \cos x}{x^2}$;

(iii) $\lim\limits_{x \to -2} \frac{x^2 + 5x + 6}{x^2 + x - 2}$.

Lösung Die Regel von l'Hospital stellt eine sehr angenehme Methode zur Berechnung von Grenzwerten einer bestimmten Art dar. Ist ein Grenzwert der Form

$$\lim_{x \to x_0} \frac{f(x)}{g(x)}$$

gesucht und gilt $\lim\limits_{x \to x_0} f(x) = \lim\limits_{x \to x_0} g(x) = 0$ oder $\lim\limits_{x \to x_0} f(x) = \lim\limits_{x \to x_0} g(x) = \pm\infty$, so gilt die Gleichung:

$$\lim_{x \to x_0} \frac{f(x)}{g(x)} = \lim_{x \to x_0} \frac{f'(x)}{g'(x)},$$

sofern der zweite Grenzwert existiert. Meistens kann man durch das separate Ableiten von Zähler und Nenner den Bruch einfacher und übersichtlicher machen, und das vereinfacht dann auch das Berechnen des Grenzwerts.

(i)   Der Grenzwert $\lim\limits_{x \to 3} \frac{x^3 - 27}{x - 3}$ ist genau vom verlangten Typ: offenbar ist $\lim\limits_{x \to 3} x^3 - 27 = \lim\limits_{x \to 3} x - 3 = 0$, und ich kann die Regel von l'Hospital anwenden. Separates Ableiten von Zähler und Nenner führt zu:

$$\lim_{x \to 3} \frac{x^3 - 27}{x - 3} = \lim_{x \to 3} \frac{3x^2}{1} = 3 \cdot 3^2 = 27.$$

Damit ist der Grenzwert auch schon berechnet.

(ii) Etwas schwieriger ist es bei $\lim\limits_{x \to 0} \frac{1 - \cos x}{x^2}$. Die Voraussetzungen für die Regel von l'Hospital sind erfüllt, denn es gilt $\lim\limits_{x \to 0}(1 - \cos x) = \lim\limits_{x \to 0} x^2 = 0$. Leitet man aber Zähler und Nenner ab und schreibt das Ganze dann wieder in einen neuen Grenzwert, so ergibt sich:

$$\lim_{x \to 0} \frac{1 - \cos x}{x^2} = \lim_{x \to 0} \frac{\sin x}{2x},$$

und das sieht nicht sehr hilfreich aus, weil jetzt die Beziehung $\lim\limits_{x \to 0} \sin x = \lim\limits_{x \to 0} 2x = 0$ gilt und ich den neuen Grenzwert daher nicht so ohne Weiteres berechnen kann. Das schadet aber nichts, denn eben habe ich ja nachgewiesen, dass auch der neue Grenzwert die Voraussetzung der Regel von l'Hospital erfüllt, die ich somit noch einmal anwenden kann. Dann folgt:

$$\lim_{x \to 0} \frac{\sin x}{2x} = \lim_{x \to 0} \frac{\cos x}{2} = \frac{\cos 0}{2} = \frac{1}{2}.$$

Insgesamt habe ich also:

$$\lim_{x \to 0} \frac{1 - \cos x}{x^2} = \frac{1}{2}.$$

(iii) Der Grenzwert $\lim\limits_{x \to -2} \frac{x^2 + 5x + 6}{x^2 + x - 2}$ ist wieder unproblematisch. Natürlich gilt $\lim\limits_{x \to -2} x^2 + 5x + 6 = 4 - 10 + 6 = 0$ und $\lim\limits_{x \to -2} x^2 + x - 2 = 4 - 2 - 2 = 0$, so dass ich die Regel von l'Hospital anwenden darf. Es folgt:

$$\lim_{x \to -2} \frac{x^2 + 5x + 6}{x^2 + x - 2} = \lim_{x \to -2} \frac{2x + 5}{2x + 1} = \frac{-4 + 5}{-4 + 1} = -\frac{1}{3}.$$

7.17 Berechnen Sie ersten Ableitungen der folgenden Funktionen.

(i) $f_1(x) = \sqrt[3]{(\sin 2x)^2}$;

(ii) $f_2(x) = \left(\frac{x}{2}\right)^{\sin 2x}$;

(iii) $f_3(x) = (x \cdot \tan x)^2$;

(iv) $f_4(x) = \frac{(x - 2x^2)^3}{x^5}$;

(v) $f_5(x) = \sqrt[3]{\sqrt{x}}$;

(vi) $f_6(x) = \frac{\sqrt{x+1} - 1}{\sqrt{x+1} + 1}$.

Lösung Genau wie in den Aufgaben 7.1 und 7.2 geht es hier darum, die Ableitungen einiger Funktionen auszurechnen, und ich werde dazu die beliebten Hilfsmittel Produktregel, Quotientenregel und Kettenregel brauchen. Damit sie alle noch einmal an zentraler Stelle versammelt sind, schreibe ich die entsprechenden Formeln noch einmal auf. Die Produktregel lautet:

$$(f(x) \cdot g(x))' = f'(x) \cdot g(x) + g'(x) \cdot f(x).$$

Sie hat leichte Ähnlichkeiten mit der Quotientenregel, die folgendermaßen aussieht:

$$\left(\frac{f(x)}{g(x)} \right)' = \frac{f'(x) \cdot g(x) - g'(x) \cdot f(x)}{g^2(x)},$$

wobei $g^2(x)$ nur eine abkürzende Schreibweise für $(g(x))^2$ ist. Und die Kettenregel lautet schließlich:

$$(f(g(x))' = g'(x) \cdot f'(g(x)).$$

Diese Regeln werde ich gleich auf die einzelnen Beispiele anwenden, aber das reicht nicht. Wie Sie sehen werden, braucht man neben den grundlegenden Ableitungsregeln auch ein paar Kenntnisse über die ersten Ableitungen einiger grundlegender Funktionen: ich kann einen Quotienten aus zwei Funktionen beispielsweise nur dann ableiten, wenn ich die Ableitung von Zähler und Nenner kenne, denn sonst helfen mir alle Quotientenregeln der Welt nichts.

(i)   Die Funktion $f_1(x) = \sqrt[3]{(\sin 2x)^2}$ schreibe ich zunächst als Potenz, was ihre Darstellung ein ganzes Stück vereinfachen wird. Da das Ziehen der dritten Wurzel gleichbedeutend ist mit dem Potenzieren mit $\frac{1}{3}$, habe ich:

$$f_1(x) = \left((\sin 2x)^2 \right)^{\frac{1}{3}} = (\sin 2x)^{\frac{2}{3}},$$

denn man potenziert eine Potenz, indem man die Exponenten multipliziert. Das ist nun eine verkettete Funktion, denn zuerst wird der Sinus von $2x$ ausgerechnet und anschließend das Ergebnis mit $\frac{2}{3}$ potenziert. Die innere Funktion ist also $\sin(2x)$, die äußere ist das Potenzieren mit $\frac{2}{3}$. Nach der Kettenregel ist dann

$$f_1'(x) = (\sin 2x)' \cdot \frac{2}{3} \cdot (\sin 2x)^{\frac{2}{3}-1},$$

denn ich muss die innere Ableitung $(\sin 2x)'$ multiplizieren mit der äußeren Ableitung, und die Ableitung der Potenz mit dem Exponenten $\frac{2}{3}$ finde ich, indem ich eben diese $\frac{2}{3}$ vorschalte und den Exponenten um 1 vermindere. Es ist allerdings noch offen, wie die Ableitung von $\sin 2x$ lautet, aber auch hier ist die Kettenregel einsetzbar.

Die innere Funktion ist hier $2x$, die äußere der Sinus, und nach dem Prinzip „innere Ableitung mal äußere Ableitung" folgt daraus:

$$(\sin 2x)' = 2 \cdot \cos 2x.$$

Das kann ich nun oben einsetzen und erhalte:

$$f_1'(x) = (\sin 2x)' \cdot \frac{2}{3} \cdot (\sin 2x)^{\frac{2}{3}-1}$$

$$= 2 \cdot (\cos 2x) \cdot \frac{2}{3} \cdot (\sin 2x)^{-\frac{1}{3}}$$

$$= \frac{4}{3} \cdot \cos 2x \cdot \frac{1}{\sqrt[3]{\sin 2x}}$$

$$= \frac{4}{3} \frac{\cos 2x}{\sqrt[3]{\sin 2x}}.$$

Beachten Sie dabei, dass ich in der dritten Zeile nur ausgenutzt habe, dass das Potenzieren mit einer negativen Zahl dem Kehrwert des Potenzierens mit der positiven Zahl entspricht.

(ii) Für Funktionen wie $f_2(x) = \left(\frac{x}{2}\right)^{\sin 2x}$, in denen unübersichtliche Potenzen auftauchen und x sowohl in der Basis wie auch im Exponenten auftaucht, gibt es eine brauchbare Faustregel: schreiben Sie die Funktion so gut es geht als Exponentialfunktion mit der Standardbasis e. In der Regel sollte das auch kein großes Problem sein, wenn Sie sich an die Bedeutung des natürlichen Logarithmus $\ln a$ erinnern. Ist nämlich $a > 0$, dann ist $\ln a$ die Zahl, mit der man e potenzieren muss, um a zu bekommen, und folglich gilt $e^{\ln a} = a$. Das bedeutet dann aber für irgendeinen Exponenten b:

$$a^b = (e^{\ln a})^b = e^{b \cdot \ln a}$$

nach der Regel über das Potenzieren von Potenzen. Im Falle der Funktion f_2 heißt das:

$$f_2(x) = e^{\sin 2x \cdot \ln \frac{x}{2}}.$$

Und schon wieder kann ich die Kettenregel anwenden. Die innere Funktion ist der Exponent $\sin 2x \cdot \ln \frac{x}{2}$, und die äußere Funktion ist die schlichte Exponentialfunktion, die bekanntlich mit ihrer Ableitung übereinstimmt. Das macht die Berechnung der äußeren Ableitung besonders einfach, denn sie lautet schlicht:

$$\text{Äußere Ableitung} = e^{\sin 2x \cdot \ln \frac{x}{2}} = \left(\frac{x}{2}\right)^{\sin 2x}.$$

Die innere Ableitung ist die Ableitung der inneren Funktion $\sin 2x \cdot \ln \frac{x}{2}$, für die ich eine Kombination aus Produkt- und Kettenregel brauche. Zunächst gilt nach der

Produktregel:

$$\left(\sin 2x \cdot \ln \frac{x}{2} \right)' = (\sin 2x)' \cdot \ln \frac{x}{2} + \left(\ln \frac{x}{2} \right)' \sin 2x.$$

Nach der Kettenregel ist aber

$$(\sin 2x)' = 2\cos 2x \text{ und } \left(\ln \frac{x}{2} \right)' = \frac{1}{2} \cdot \frac{1}{\frac{x}{2}} = \frac{1}{2} \cdot \frac{2}{x} = \frac{1}{x}.$$

Daraus folgt dann:

$$\left(\sin 2x \cdot \ln \frac{x}{2} \right)' = 2\cos 2x \cdot \ln \frac{x}{2} + \frac{1}{x} \cdot \sin 2x.$$

Insgesamt ergibt sich:

$$f_2'(x) = \left(2\cos 2x \cdot \ln \frac{x}{2} + \frac{1}{x} \cdot \sin 2x \right) \cdot \left(\frac{x}{2} \right)^{\sin 2x}.$$

(iii) Die Funktion $f_3(x) = (x \cdot \tan x)^2$ quadriert man am besten vor dem Ableiten aus und erhält $f_3(x) = x^2 \cdot (\tan x)^2$. Nach der Produktregel gilt:

$$y'(x) = 2x \cdot (\tan x)^2 + x^2 \cdot ((\tan x)^2)'.$$

Jetzt muss ich also nur noch die Ableitung von $(\tan x)^2$ bestimmen, aber auch das geht wieder einmal mit der Kettenregel, sofern man die Ableitung der Tangensfunktion kennt. Es gilt nämlich $(\tan x)' = \frac{1}{\cos^2 x}$, und daraus folgt in Verbindung mit der Kettenregel:

$$((\tan x)^2)' = \frac{1}{\cos^2 x} \cdot 2 \cdot \tan x = \frac{2\tan x}{\cos^2 x}.$$

Ein Wort noch zu dieser Rechnung. Die innere Funktion ist hier der Tangens, denn zuerst wird $\tan x$ ausgerechnet und anschließend quadriert. Deshalb ist die innere Ableitung $\frac{1}{\cos^2 x}$, während die äußere Funktion im Quadrieren besteht und man ihre Ableitung erhält, indem man die 2 vorschaltet und den Exponenten auf 1 vermindert. Insgesamt folgt dann:

$$f_3'(x) = 2x \cdot (\tan x)^2 + x^2 \cdot \frac{2\tan x}{\cos^2 x} = 2x \tan^2 x + 2x^2 \frac{\tan x}{\cos^2 x}.$$

Wenn Sie auf die Brüche verzichten wollen, dann können Sie das auch noch etwas anders schreiben. Sie kennen vermutlich die trigonometrische Form des Pythagoras-Satzes $\sin^2 x + \cos^2 x = 1$, und wenn man sie hier benutzt, dann folgt:

$$\frac{1}{\cos^2 x} = \frac{\sin^2 x + \cos^2 x}{\cos^2 x} = \frac{\sin^2 x}{\cos^2 x} + 1 = \tan^2 x + 1.$$

Also ist

$$\frac{\tan x}{\cos^2 x} = \tan x \cdot \frac{1}{\cos^2 x} = \tan x \cdot (\tan^2 x + 1) = \tan x + \tan^3 x.$$

Daraus folgt schließlich:

$$f_3'(x) = 2x\tan^2 x + 2x^2 \tan x + 2x^2 \tan^3 x.$$

(iv) Die Funktion

$$y = \frac{(x - 2x^2)^3}{x^5}$$

sollte man erst etwas vereinfachen, bevor man sie ableitet. Aus der Klammer im Zähler kann ich x vorklammern und erhalte die Beziehung:

$$(x - 2x^2)^3 = (x \cdot (1 - 2x))^3 = x^3 \cdot (1 - 2x)^3.$$

Nun habe ich aber im Zähler den Faktor x^3 und im Nenner den Faktor x^5 und darf deshalb x^3 herauskürzen. Nach den Regeln der Potenzrechnung gilt dann:

$$\frac{(x - 2x^2)^3}{x^5} = \frac{x^3 \cdot (1 - 2x)^3}{x^5} = \frac{(1 - 2x)^3}{x^2}.$$

Der Einfachheit halber werde ich jetzt auch noch den Zähler ausmultiplizieren. Es gilt:

$$(1 - 2x)^3 = (1 - 2x)^2 (1 - 2x) = (1 - 4x + 4x^2)(1 - 2x)$$
$$= 1 - 4x + 4x^2 - 2x + 8x^2 - 8x^3 = -8x^3 + 12x^2 - 6x + 1.$$

Also ist

$$f_4(x) = \frac{-8x^3 + 12x^2 - 6x + 1}{x^2}.$$

Ableiten nach der Quotientenregel ergibt:

$$f_4'(x) = \frac{(-24x^2 + 24x - 6) \cdot x^2 - 2x \cdot (-8x^3 + 12x^2 - 6x + 1)}{x^4}$$
$$= \frac{(-24x^2 + 24x - 6) \cdot x - 2 \cdot (-8x^3 + 12x^2 - 6x + 1)}{x^3}$$
$$= \frac{-24x^3 + 24x^2 - 6x + 16x^3 - 24x^2 + 12x - 2}{x^3}$$
$$= \frac{-8x^3 + 6x - 2}{x^3}.$$

(v)   Auch $f_5 = \sqrt[3]{\sqrt{x}}$ kann man mit den Regeln der Potenzrechnung vereinfachen, bevor man ans Ableiten geht. Hier gilt:

$$\sqrt[3]{\sqrt{x}} = \sqrt[3]{x^{\frac{1}{2}}} = \left(x^{\frac{1}{2}}\right)^{\frac{1}{3}} = x^{\frac{1}{2}\cdot\frac{1}{3}} = x^{\frac{1}{6}}.$$

Alternativ dazu kann man sich natürlich auch direkt überlegen, dass die dritte Wurzel aus der zweiten Wurzel gleich der sechsten Wurzel sein muss, und kommmt auch so auf die Formel:

$$f_5(x) = x^{\frac{1}{6}}.$$

Nun ist aber für jeden beliebigen Exponenten $a \in \mathbb{R}$: $(x^a)' = a \cdot x^{a-1}$, und damit kann ich alles erledigen. Es gilt:

$$f_5'(x) = \frac{1}{6}\cdot x^{\frac{1}{6}-1} = \frac{1}{6}\cdot x^{-\frac{5}{6}} = \frac{1}{6}\cdot\frac{1}{x^{\frac{5}{6}}} = \frac{1}{6}\cdot\frac{1}{\sqrt[6]{x^5}} = \frac{1}{6\sqrt[6]{x^5}}.$$

(vi) Hier geht es um die Funktion $f_6 = \frac{\sqrt{x+1}-1}{\sqrt{x+1}+1}$. Ich werde es nicht vermeiden können, die Ableitung von $\sqrt{x+1}$ auszurechnen, also mache ich es besser gleich, und zwar mit Hilfe der Kettenregel. Bei der Ableitung von $\sqrt{x+1} = (x+1)^{\frac{1}{2}}$ ist $x+1$ die innere Funktion mit der inneren Ableitung 1. Die äußere Funktion besteht im Potenzieren mit $\frac{1}{2}$, so dass ich aus der Kettenregel die Ableitung

$$\left(\sqrt{x+1}\right)' = 1\cdot\frac{1}{2}\cdot(x+1)^{-\frac{1}{2}} = \frac{1}{2}\cdot\frac{1}{\sqrt{x+1}} = \frac{1}{2\sqrt{x+1}}$$

erhalte. Da konstante Summanden beim Ableiten verschwinden, folgt daraus sofort:

$$\left(\sqrt{x+1}-1\right)' = \frac{1}{2\sqrt{x+1}} \text{ und } \left(\sqrt{x+1}+1\right)' = \frac{1}{2\sqrt{x+1}}.$$

Damit habe ich alles zusammen, um mit der Quotientenregel anfangen zu können. Sie liefert:

$$f_6'(x) = \frac{\frac{1}{2\sqrt{x+1}}\cdot\left(\sqrt{x+1}+1\right) - \frac{1}{2\sqrt{x+1}}\cdot\left(\sqrt{x+1}-1\right)}{\left(\sqrt{x+1}+1\right)^2}.$$

Im Zähler habe ich kaum eine andere Wahl, als die vorkommenden Klammern aus-zumultiplizieren. Immerhin fällt dadurch das eine oder andere weg, da vor den Klammern die Wurzel im Nenner steht. Ich erhalte dann:

$$\frac{\frac{1}{2\sqrt{x+1}} \cdot (\sqrt{x+1}+1) - \frac{1}{2\sqrt{x+1}} \cdot (\sqrt{x+1}-1)}{(\sqrt{x+1}+1)^2}$$

$$= \frac{\frac{1}{2} + \frac{1}{2\sqrt{x+1}} - \frac{1}{2} + \frac{1}{2\sqrt{x+1}}}{(\sqrt{x+1}+1)^2}$$

$$= \frac{\frac{1}{\sqrt{x+1}}}{(\sqrt{x+1}+1)^2}$$

$$= \frac{1}{\sqrt{x+1}(\sqrt{x+1}+1)^2},$$

denn einen Bruch dividiert man durch eine Zahl, indem man die beiden Nenner multipliziert. Insgesamt habe ich also die Ableitung:

$$f_6'(x) = \frac{1}{\sqrt{x+1}(\sqrt{x+1}+1)^2}.$$

7.18

(i) Bestimmen Sie das Polynom zweiten Grades $f(x) = ax^2 + bx + c$, das für $x = 1$ den Funktionswert 6 hat, dessen erste Ableitung bei $x = 1$ genau -1 ist, und das bei $x = 1,5$ eine waagrechte Tangente hat.

(ii) Stellen Sie fest, wie man die Werte a_1 und a_2 wählen muss, damit die beiden Funktionen $f_1(x) = 3x^3 + 2a_1x^2 + 8a_2x + 9$ und $f_2(x) = x^3 - a_1x^2 + 2a_2x + 1$ für genau einen Punkt x_0 parallel velaufende Tangenten haben. Bestimmen Sie außerdem x_0.

Lösung In beiden Teilen sind Funktionen gegeben, aber in beiden Teilen ist die Definition der Funktionen nicht so ganz vollständig: ein quadratisches Polynom $f(x) = ax^2 + bx + c$ ist eben noch nicht voll und ganz beschrieben, solange man a, b und c noch nicht kennt. Es geht nun darum, diese unbekannten Parameter auszurechnen, indem man die mehr oder weniger verbal formulierten Eigenschaften der Funktionen in Gleichungen umsetzt und zusieht, was man mit diesen Gleichungen anfangen kann.

(i) Der Funktionswert von $f(x) = ax^2 + bx + c$ bei $x = 1$ soll 6 sein, und das kann ich dadurch ausdrücken, dass ich $x = 1$ in die Funktionsgleichung einsetze und 6 herausbekomme. Es gilt also:

$$6 = f(1) = a + b + c.$$

Damit habe ich eine Gleichung mit drei Unbekannten, was natürlich noch nicht ausreicht, um die Werte von a, b und c zu bestimmen, aber noch sind zwei Eigenschaften übrig, die ich in Gleichungen übersetzen muss. Die erste Ableitung bei $x = 1$ soll den Wert -1 haben; also bestimme ich zuerst einmal die erste Ableitung von f. Sie lautet:

$$f'(x) = 2ax + b,$$

und durch Einsetzen folgt:

$$-1 = f'(1) = 2a + b.$$

Die dritte Bedingung sagt, dass bei $x = 1{,}5$ eine waagrechte Tangente vorliegt. Nun entspricht aber die Steigung der Tangente genau der ersten Ableitung, und daraus folgt, dass die erste Ableitung bei $x = 1{,}5$ gerade Null sein soll. Damit habe ich die dritte Gleichung:

$$0 = f'(1{,}5) = 3a + b.$$

Insgesamt hat sich also das lineare Gleichungssystem

$$\begin{aligned} a + b + c &= 6 \\ 2a + b &= -1 \\ 3a + b &= 0 \end{aligned}$$

mit den drei Unbekannten a, b und c ergeben, das man beispielsweise mit dem Gauß-Algorithmus lösen kann. Es ist aber so einfach aufgebaut, dass sich die Mühe kaum lohnt, das Gleichungssystem in Matrixform aufzuschreiben. Ich kann einfach die zweite Gleichung von der dritten abziehen und finde sofort $a = 1$. Einsetzen dieses Wertes in die zweite oder dritte Gleichung liefert $b = -3$, und wenn Sie mit diesen beiden Werten in die erste Gleichung gehen, dann erhalten Sie für c den Wert $c = 8$. Die Funktion lautet also:

$$f(x) = x^2 - 3x + 8.$$

(ii) Hier ist die Situation ein wenig anders als in Teil (i). Es geht nicht mehr nur darum, eine Funktion exakt aufzuschreiben, sondern ich muss eine gemeinsame Eigenschaft von zwei verschiedenen Funktionen verarbeiten: die beiden Funktionen $f_1(x) = 3x^3 + 2a_1x^2 + 8a_2x + 9$ und $f_2(x) = x^3 - a_1x^2 + 2a_2x + 1$ sollen für genau einen Punkt x_0 parallel verlaufende Tangenten haben. Wie schon in Teil (i) bemerkt, ist die Tangentensteigung in einem Punkt genau der Wert der ersten Ableitung in diesem Punkt, und ich sollte deshalb erst einmal die Ableitungen von f_1 und f_2 ausrechnen. Sie lauten:

$$f_1'(x) = 9x^2 + 4a_1x + 8a_2 \text{ und } f_2'(x) = 3x^2 - 2a_1x + 2a_2.$$

Nun soll es genau einen Punkt geben, in dem die Tangenten zu f_1 und f_2 parallel verlaufen, und das bedeutet: es soll genau einen Punkt geben, in dem die beiden Ableitungen gleich sind, denn parallel verlaufende Geraden kann man dadurch beschreiben, dass ihre Steigungen gleich sind. Ich muss also die beiden Werte a_1 und a_2 so wählen, dass die Gleichung

$$f_1'(x) = f_2'(x)$$

genau eine Lösung hat. Dazu mache ich den Ansatz:

$$f_1'(x) = f_2'(x) \Leftrightarrow 9x^2 + 4a_1x + 8a_2 = 3x^2 - 2a_1x + 2a_2$$
$$\Leftrightarrow 6x^2 + 6a_1x + 6a_2 = 0.$$

Diese Gleichung teile ich durch 6 und erhalte damit die quadratische Gleichung

$$x^2 + a_1x + a_2 = 0$$

mit den Lösungen

$$x_{1,2} = -\frac{a_1}{2} \pm \sqrt{\frac{a_1^2}{4} - a_2}.$$

Da ich im Moment nichts Näheres über die Zahlen a_1 und a_2 weiß, kann ich die Lösungen der Gleichung nicht genauer ausrechnen. Das ist aber auch gar nicht mein Problem, denn ich soll ja herausfinden, wann diese Gleichung *genau eine* Lösung hat. Und das ist genau dann der Fall, wenn der Ausdruck innerhalb der Wurzel zu Null wird, denn nur dann erhalte ich die zweifache Lösung $-\frac{a_1}{2}$. Es gilt also: die beiden Funktionen haben genau dann in genau einem Punkt x_0 eine parallel verlaufende Tangente, wenn

$$\frac{a_1^2}{4} - a_2 = 0, \text{ also } a_2 = \frac{a_1^2}{4}$$

gilt. In diesem Fall ist x_0 die Lösung der oben beschriebenen quadratischen Gleichung, und da der Wurzelterm wegfällt, folgt:

$$x_0 = -\frac{a_1}{2}.$$

7.19 Bestimmen Sie für die folgenden Funktionen die jeweiligen Extremstellen und untersuchen Sie, in welchen Bereichen sie konkav bzw. konvex sind.

(i) $f(x) = x^2 \cdot e^{-x}$;
(ii) $g(x) = e^{x^2}$.

Lösung Die Berechnung der Extremstellen erfolgt nach dem gleichen Routineschema wie immer: ich werde die ersten beiden Ableitungen ausrechnen, die Nullstellen der ersten Ableitung bestimmen und dann mit Hilfe der zweiten Ableitung feststellen, ob es sich bei den gefundenen Extremwertkandidaten tatsächlich um Extremwerte handelt und ob ein Minimum oder ein Maximum vorliegt. Dagegen sind die Begriffe *konkav* und *konvex* neu, wenn auch leicht zu definieren. Eine auf $[a, b]$ stetig differenzierbare Funktion f heißt konvex, falls ihre erste Ableitung f' monoton wachsend ist. Sie heißt konkav, falls ihre erste Ableitung f' monoton fallend ist. Hat man es nun sogar mit einer zweimal stetig differenzierbaren Funktion zu tun, dann kann man Konvexität und Konkavität recht leicht überprüfen: die erste Ableitung ist dann monoton wachsend, wenn ihre Ableitung größer oder gleich Null ist, und die Ableitung der ersten Ableitung ist bekanntlich die zweite Ableitung. Folglich ist eine zweimal stetig differenzierbare Funktion f dann konvex, wenn $f''(x) \geq 0$ ist für alle x aus dem Definitionsintervall, und sie ist dann konkav, wenn $f''(x) \leq 0$ für alle x aus dem Definitionsintervall gültig ist.

(i)   Zunächst berechne ich die ersten beiden Ableitungen von $f(x) = x^2 \cdot e^{-x}$. Mit der Produktregel gilt:

$$f'(x) = 2x \cdot e^{-x} + x^2 \cdot (-1) \cdot e^{-x} = 2x \cdot e^{-x} - x^2 \cdot e^{-x} = (2x - x^2) \cdot e^{-x}$$

sowie:

$$f''(x) = (2 - 2x) \cdot e^{-x} + (2x - x^2) \cdot (-1) \cdot e^{-x}$$
$$= e^{-x} \cdot (2 - 2x - 2x + x^2) \cdot e^{-x} = (2 - 4x + x^2) \cdot e^{-x}.$$

Die Extremwertkandidaten sind nun die Nullstellen der ersten Ableitung. Da aber e^{-x} immer positiv ist und deshalb nie Null werden kann, gilt:

$$f'(x) = 0 \Leftrightarrow 2x - x^2 = 0 \Leftrightarrow x(2 - x) = 0 \Leftrightarrow x = 0 \text{ oder } x = 2.$$

Ich habe also die beiden Extremwertkandidaten $x_1 = 0$ und $x_2 = 2$. Um festzustellen, ob es sich wirklich um Extremstellen handelt, muss ich die zweite Ableitung bemühen, in die ich die gefundenen Kandidaten einsetze. Es gilt:

$$f''(0) = 2 \cdot e^0 = 2 > 0 \text{ und } f''(2) = -2 \cdot e^{-2} < 0,$$

und deshalb liegt bei $x_1 = 0$ ein lokales Minimum vor, während bei $x_2 = 2$ ein lokales Maximum auftritt.

Die Frage nach den Extremstellen ist damit erledigt. Wann f konkav bzw. konvex ist, kann ich an der zweiten Ableitung sehen, denn f ist dann konvex, wenn $f''(x) \geq 0$, und dann konkav, wenn $f''(x) \leq 0$ ist. Aber noch immer ist e^{-x} stets positiv, und deshalb habe ich:

$$f''(x) \geq 0 \Leftrightarrow 2 - 4x + x^2 \geq 0.$$

Das ist nun eine quadratische Ungleichung, die Sie mit den Methoden aus Kapitel 3 lösen können. Ich gehe zuerst die zugehörige quadratische Gleichung $x^2 - 4x + 2 = 0$ an, die nach der p, q-Formel die Lösungen

$$x_{1,2} = 2 \pm \sqrt{4 - 2} = 2 \pm \sqrt{2},$$

hat, also $x_1 = 2 - \sqrt{2}$ und $x_2 = 2 + \sqrt{2}$. Die Parabel $y = x^2 - 4x + 2$ ist nach oben geöffnet und geht bei $x_1 = 2 - \sqrt{2}$ und $x_2 = 2 + \sqrt{2}$ durch die x-Achse. Folglich muss sie zwischen den beiden Nullstellen unterhalb der x-Achse liegen und sowohl links von x_1 als auch rechts von x_2 oberhalb der x-Achse. Damit gilt:

$$f''(x) \geq 0 \Leftrightarrow x \in \left(-\infty, 2 - \sqrt{2}\right] \text{ oder } x \in \left[2 + \sqrt{2}, \infty\right)$$

und

$$f''(x) \leq 0 \Leftrightarrow x \in \left[2 - \sqrt{2}, 2 + \sqrt{2}\right].$$

Die Funktion ist daher konkav auf dem Intervall $\left[2 - \sqrt{2}, 2 + \sqrt{2}\right]$ und konvex auf den Intervallen $\left(-\infty, 2 - \sqrt{2}\right]$ und $\left[2 + \sqrt{2}, \infty\right)$.

(ii) Nun geht es um die Funktion $g(x) = e^{x^2}$. Ich berechne wieder zuerst die erste und zweite Ableitung, für die ich hier die Kettenregel und die Produktregel brauche. Es gilt:

$$g'(x) = 2x \cdot e^{x^2}$$

und

$$g''(x) = 2 \cdot e^{x^2} + 2x \cdot 2x \cdot e^{x^2} = (2 + 4x^2) \cdot e^{x^2}.$$

Die Nullstellen der ersten Ableitung sind schnell bestimmt, denn natürlich ist auch e^{x^2} immer positiv, und deshalb ist $g'(x)$ genau dann Null, wenn $2x = 0$ ist, also nur für $x = 0$. Setzt man diesen Extremwertkandidaten in die zweite Ableitung ein, so ergibt sich:

$$g''(0) = 2 \cdot e^0 = 2 > 0,$$

weshalb bei $x = 0$ ein lokales Minimum vorliegt.

Auch die Frage nach Konvexität und Konkavität von g ist einfach zu beantworten. Ich hatte $g''(x) = (2 + 4x^2) \cdot e^{x^2}$ ausgerechnet, und das ist ein Produkt aus zwei positiven Faktoren: e^{x^2} ist grundsätzlich immer positiv, und natürlich gilt auch $2 + 4x^2 > 0$, denn ein Quadrat ist immer größer oder gleich Null, und wenn ich darauf noch 2 addiere, dann lande ich auf jeden Fall im positiven Bereich. Somit ist $g''(x) > 0$ für alle $x \in \mathbb{R}$, und das heißt: g ist auf ganz $\mathbb{R}$ konvex.

Integralrechnung

8

8.1 Berechnen Sie die folgenden bestimmten Integrale.

(i) $\int_0^1 2x^2 - 4x + 3 \, dx$;

(ii) $\int_0^\pi \sin t - 2\cos t \, dt$;

(iii) $\int_1^2 \sqrt{x} \cdot (x - 1) \, dx$;

(iv) $\int_0^{\ln 2} e^x - 1 \, dx$.

Lösung Die Berechnung eines bestimmten Integrals zerfällt in zwei verschiedene Teile. Zunächst müssen Sie zu der gegebenen Funktion eine Stammfunktion bestimmen, und anschließend setzen Sie in diese Stammfunktion die sogenannten Integrationsgrenzen ein. Etwas konkreter gesagt: ist $f : [a, b] \to \mathbb{R}$ eine stetige Funktion und sucht man nach dem Integral $\int_a^b f(x) \, dx$, so ist zuerst eine Stammfunktion F von f zu finden, und das heißt, dass die Ableitung von F der gegebenen Funktion f entsprechen muss. Während Sie also beim Differenzieren zu einer gegebenen Funktion einfach nur die Ableitung ausrechnen, ist hier die Fragestellung umgekehrt: Sie brauchen eine Funktion F mit der Eigenschaft $F'(x) = f(x)$. Deshalb sprechen manche Leute auch vom *Aufleiten* im Gegensatz zum *Ableiten* und verursachen mir dadurch immer wieder Magenbeschwerden.

Sobald Sie dann die Stammfunktion zur Verfügung haben, ist die Berechnung des bestimmten Integrals in aller Regel kein Problem mehr, denn Sie müssen jetzt nur noch die Integrationsgrenzen a und b in die Stammfunktion F einsetzen und die Ergebnisse voneinander abziehen. Das heißt also:

$$\int_a^b f(x) \, dx = F(b) - F(a),$$

und dafür schreibt man auch oft:

$$\int_a^b f(x) \, dx = F(x)\big|_a^b = F(b) - F(a).$$

© Springer-Verlag Deutschland 2017
T. Rießinger, *Übungsaufgaben zur Mathematik für Ingenieure*,
DOI 10.1007/978-3-662-54803-5_8

(i)   Nun ist das Integral $\int_0^1 2x^2 - 4x + 3 \, dx$ zu berechnen. Da es sich hier um eine
schlichte Summe von Funktionen handelt, kann man einfach der Reihe nach integrieren, also:

$$\int\limits_0^1 2x^2 - 4x + 3 \, dx = \int\limits_0^1 2x^2 \, dx - \int\limits_0^1 4x \, dx + \int\limits_0^1 3 \, dx.$$

Jedes einzelne dieser Integrale ist leicht zu ermitteln. Offenbar ist $\frac{2}{3}x^3$ eine Stammfunktion zu $2x^2$, während $2x^2$ eine Stammfunktion zu $4x$ und $3x$ eine Stammfunktion zu 3 ist. Damit folgt:

$$\int\limits_0^1 2x^2 - 4x + 3 \, dx = \int\limits_0^1 2x^2 \, dx - \int\limits_0^1 4x \, dx + \int\limits_0^1 3 \, dx$$

$$= \frac{2}{3}x^3 \Big|_0^1 - 2x^2 \Big|_0^1 + 3x \Big|_0^1$$

$$= \frac{2}{3} \cdot 1^3 - \frac{2}{3} \cdot 0^3 - \left(2 \cdot 1^2 - 2 \cdot 0^2\right) + 3 \cdot 1 - 3 \cdot 0$$

$$= \frac{2}{3} - 2 + 3 = \frac{5}{3}.$$

Diese Vorgehensweise ist zwar absolut korrekt, aber wegen ihrer Umständlichkeit
nicht unbedingt zu empfehlen. Besser und effizienter ist es, gleich eine Stammfunktion für den *gesamten* Integranden $2x^2 - 4x + 3$ zu suchen und dann in diese gesamte
Stammfunktion die obere und die untere Grenze des Integrals einzusetzen. Und wenn
man eine Stammfunktion sucht, dann sollte man auch ein wenig systematisch vorgehen und sich nicht unbedingt auf seine Intuition verlassen. Schließlich gibt es Regeln
zum Auffinden von Stammfunktionen, und eine der wichtigsten lautet: für $a \neq -1$
ist $\frac{x^{a+1}}{a+1}$ eine Stammfunktion zu x^a. Damit kann ich jetzt das gesamte Integral erledigen, indem ich diese Regel einzeln für jeden Summanden anwende, wobei zuerst
$a = 2$, dann $a = 1$ und schließlich $a = 0$ ist. Das ergibt:

$$\int\limits_0^1 2x^2 - 4x + 3 \, dx = 2\frac{x^3}{3} - 4\frac{x^2}{2} + 3x \Big|_0^1$$

$$= 2\frac{x^3}{3} - 2x^2 + 3x \Big|_0^1$$

$$= 2 \cdot \frac{1}{3} - 2 \cdot 1 + 3 - 0$$

$$= \frac{2}{3} - 2 + 3 = \frac{5}{3}.$$

(ii) Nach dem gleichen Verfahren gehe ich jetzt das bestimmte Integral $\int_0^\pi \sin t - 2\cos t \, dt$ an. Die Integrationsvariable heißt jetzt t anstatt x, aber das hat uns schon beim Differenzieren nicht weiter gestört: man muss nur alle anfallenden Rechnungen mit der Variable t vornehmen, und beim Einsetzen der Integrationsgrenzen fällt die Integrationsvariable ohnehin weg. Bei der Suche nach der Stammfunktion kann ich natürlich meine Kenntnisse über die Ableitungen der trigonometrischen Funktionen verwenden, denn bekanntlich gilt: $(\sin t)' = \cos t$ und $(\cos t)' = -\sin t$. Daher ist $-\cos t$ eine Stammfunktion zu $\sin t$, und $2\sin t$ ist eine Stammfunktion zu $2\cos t$. Ich erhalte also:

$$\int_0^\pi \sin t - 2\cos t \, dt = -\cos t - 2\sin t \Big|_0^\pi$$

$$= -\cos \pi - 2\sin \pi - (-\cos 0 - 2\sin 0).$$

Für den Fall, dass Sie sich mit den trigonometrischen Funktionen und vor allem mit ihren Funktionswerten nicht mehr so genau auskennen, schreibe ich die einzelnen Werte einmal auf. Es gilt:

$$\cos \pi = -1, \sin \pi = 0, \cos 0 = 1, \sin 0 = 0.$$

Setzt man das nun in das Zwischenergebnis für das Integral ein, so ergibt sich:

$$\int_0^\pi \sin t - 2\cos t \, dt = -(-1) - 2 \cdot 0 - (-1 - 2 \cdot 0) = 1 - (-1) = 2.$$

(iii) Das Integral $\int_1^2 \sqrt{x} \cdot (x - 1) \, dx$ kann auf den ersten Blick verwirrend wirken, weil in ihm ein Produkt vorkommt. Ganz abgesehen davon, dass das gar kein Grund zur Verwirrung ist, weil es auch für Integranden in Produktform mit der partiellen Integration und der Substitutionsregel Lösungsmöglichkeiten gibt, muss man sich hier nicht einmal auf das Produkt einlassen. Schließlich kann ich ohne Probleme die Klammer ausmultiplizieren und erhalte:

$$\int_1^2 \sqrt{x} \cdot (x - 1) \, dx = \int_1^2 x\sqrt{x} - \sqrt{x} \, dx.$$

Sehr überzeugend sieht das allerdings noch nicht aus, und auch jetzt steht noch ein Produkt in der Klammer. Wenn Sie sich aber darauf besinnen, dass man mit $\sqrt{x} = x^{\frac{1}{2}}$ jede Wurzel auch als Potenz schreiben kann, dann wird daraus ganz schnell:

$$\int_1^2 x\sqrt{x} - \sqrt{x} \, dx = \int_1^2 x \cdot x^{\frac{1}{2}} - x^{\frac{1}{2}} \, dx = \int_1^2 x^{\frac{3}{2}} - x^{\frac{1}{2}} \, dx,$$

denn nach den Regeln der Potenzrechnung ist $x^1 \cdot x^{\frac{1}{2}} = x^{\frac{3}{2}}$. Jetzt ist aber alles ganz einfach, denn ich kann wieder die alte Regel anwenden, dass $\frac{x^{a+1}}{a+1}$ für $a \neq -1$ eine Stammfunktion zu x^a ist. Hier ist im ersten Summanden $a = \frac{3}{2}$ und im zweiten Summanden $a = \frac{1}{2}$. Damit folgt:

$$\int_1^2 x^{\frac{3}{2}} - x^{\frac{1}{2}} \, dx = \frac{x^{\frac{3}{2}+1}}{\frac{3}{2}+1} - \frac{x^{\frac{1}{2}+1}}{\frac{1}{2}+1} \Bigg|_1^2$$

$$= \frac{x^{\frac{5}{2}}}{\frac{5}{2}} - \frac{x^{\frac{3}{2}}}{\frac{3}{2}} \Bigg|_1^2$$

$$= \frac{2}{5}x^{\frac{5}{2}} - \frac{2}{3}x^{\frac{3}{2}} \Bigg|_1^2$$

$$= \frac{2}{5}2^{\frac{5}{2}} - \frac{2}{3}2^{\frac{3}{2}} - \left(\frac{2}{5} - \frac{2}{3}\right)$$

$$= \frac{2}{5}\sqrt{2^5} - \frac{2}{3}\sqrt{2^3} - \frac{2}{5} + \frac{2}{3}$$

$$= \frac{2}{5}(\sqrt{32} - 1) - \frac{2}{3}(\sqrt{8} - 1)$$

$$\approx 0{,}64379.$$

(iv) Für das Integral $\int_0^{\ln 2} e^x - 1 \, dx$ muss man im Grunde genommen gar nichts tun, denn die Stammfunktionen bestimmen sich fast von alleine. Wegen $(e^x)' = e^x$ ist e^x wieder Stammfunktion zu e^x, und natürlich ist x Stammfunktion zu 1. Daraus folgt:

$$\int_0^{\ln 2} e^x - 1 \, dx = e^x - x \big|_0^{\ln 2}$$

$$= e^{\ln 2} - e^0 - (\ln 2 - 0)$$

$$= 2 - 1 - \ln 2$$

$$= 1 - \ln 2.$$

Ein Wort zur vorletzten Zeile. Hier habe ich benützt, dass $e^{\ln 2} = 2$ gilt, und das liegt an der Definition des natürlichen Logarithmus. $\ln 2$ ist die Zahl, mit der ich e potenzieren muss, um 2 zu bekommen, und wenn ich nun e tatsächlich mit dieser Zahl potenziere, indem ich $e^{\ln 2}$ ausrechne, dann muss eben 2 herauskommen.

8.2 Berechnen Sie die folgenden unbestimmten Integrale.

(i) $\int 2x^3 - 5x^2 + 6x - 17 \, dx$;
(ii) $\int \sqrt{x} + 3\sin x - 5\cos(2x) \, dx$;
(iii) $\int \frac{1}{t^2} + \frac{1}{\cos^2 t} \, dt$.

Lösung Unbestimmte Integrale haben gegenüber bestimmten Integralen den Vorteil, dass man keine Integrationsgrenzen mehr in die Stammfunktion einsetzen muss, denn es sind einfach keine Integrationsgrenzen vorhanden. Der Begriff „Unbestimmtes Integral" ist nur ein anderes Wort für „Stammfunktion", so dass also die Berechnung eines unbestimmten Integrals auf die Suche nach einer Stammfunktion hinausläuft. Kurz gesagt: hat man irgendeine stetige Funktion f und eine Stammfunktion F von f, so ist

$$\int f(x)\,dx = F(x).$$

Ich muss also bei den folgenden Aufgaben nichts anderes tun als nach einer Stammfunktion F zu dem jeweils gegebenen Integranden zu suchen.

(i)   Das geht bei dem Integral $\int 2x^3 - 5x^2 + 6x - 17\,dx$ ohne jedes Problem. Schon in Aufgabe 8.1 hatte ich mehrfach die Regel verwendet, dass $\frac{x^{a+1}}{a+1}$ für $a \neq -1$ eine Stammfunktion zu x^a ist. Mit ihrer Hilfe lässt sich jedes Polynom ohne Weiteres integrieren, da ich der Reihe nach die Stammfunktionen jedes einzelnen Summanden aufschreiben kann. Es gilt also:

$$\int 2x^3 - 5x^2 + 6x - 17\,dx = 2\frac{x^4}{4} - 5\frac{x^3}{3} + 6\frac{x^2}{2} - 17x + c$$
$$= \frac{1}{2}x^4 - \frac{5}{3}x^3 + 3x^2 - 17x + c,$$

wobei die Konstante c noch ein paar Worte verdient. Da das unbestimmte Integral nichts weiter als eine Stammfunktion ist, kann man nicht erwarten, dass es nur ein einziges unbestimmtes Integral gibt: sobald $F'(x) = f(x)$ gilt, habe ich mit einer beliebigen Konstanten c auch $(F(x) + c)' = f(x)$, und damit ist auch $F(x) + c$ eine Stammfunktion. Man kann daher das unbestimmte Integral nie ganz genau angeben, sondern immer nur bis auf eine Konstante, die dazuaddiert werden kann, ohne dass man die Eigenschaft der Stammfunktion verliert. Deshalb pflegt man hinter die berechnete Stammfunktion immer noch das berühmte $+c$ anzufügen.

(ii) Das Integral $\int \sqrt{x} + 3\sin x - 5\cos(2x)\,dx$ ist schon ein wenig schwieriger als das simple Polynomintegral aus Aufgabe (i). Hier geht man am besten schrittweise vor und sucht für jeden einzelnen Summanden die passende Stammfunktion. Für $\sqrt{x}$ kann ich auf das verweisen, was ich schon in Aufgabe 8.1 (iii) gemacht habe: ich schreibe die Wurzel als Potenz und verwende dann wieder die Regel, dass $\frac{x^{a+1}}{a+1}$ für $a \neq -1$ eine Stammfunktion zu x^a ist. Wegen $\sqrt{x} = x^{\frac{1}{2}}$ ist also

$$\frac{x^{\frac{1}{2}+1}}{\frac{1}{2}+1} = \frac{x^{\frac{3}{2}}}{\frac{3}{2}} = \frac{2}{3} \cdot x^{\frac{3}{2}}$$

eine Stammfunktion zu $\sqrt{x}$. Auch die Sinusfunktion macht keine großen Schwierigkeiten, denn wegen $(\cos x)' = -\sin x$ ist $-\cos x$ eine Stammfunktion zu $\sin x$. Damit ist natürlich auch $-3\cos x$ Stammfunktion zu $3\sin x$. Erst beim letzten Summanden $5\cos(2x)$ tritt ein kleines Problem auf, denn die erste Idee, die man vielleicht hat, funktioniert nicht: da nun mal $(\sin x)' = \cos x$ gilt, liegt der Gedanke nahe, es mit der eventuellen Stammfunktion $\sin(2x)$ zu versuchen, aber das geht schief. Nach der Kettenregel gilt nämlich $(\sin(2x))' = 2\cos(2x)$, und damit habe ich hier einen Faktor 2 erhalten, den ich überhaupt nicht haben wollte. Das schadet aber nichts, denn aus dieser Idee kann man doch noch etwas machen. Da ich beim Ableiten von $\sin(2x)$ einen unangenehmen, aber doch immerhin konstanten Faktor 2 produziert habe, kann ich ihn auch gleich wieder los werden, indem ich den Vorfaktor $\frac{1}{2}$ vor den Sinus schreibe. Dann gilt:

$$\left(\frac{1}{2}\sin(2x)\right)' = \frac{1}{2}\cdot 2\cos(2x) = \cos(2x),$$

und damit ist das Spiel auch schon gewonnen, denn es hat sich herausgestellt, dass $\frac{1}{2}\sin(2x)$ Stammfunktion zu $\cos(2x)$ ist. Insgesamt folgt:

$$\int \sqrt{x} + 3\sin x - 5\cos(2x)\,dx = \frac{2}{3}\cdot x^{\frac{3}{2}} - 3\cos x - 5\cdot\frac{1}{2}\sin(2x) + c$$
$$= \frac{2}{3}x^{\frac{3}{2}} - 3\cos x - \frac{5}{2}\sin(2x) + c.$$

(iii) Auch das Integral $\int \frac{1}{t^2} + \frac{1}{\cos^2 t}\,dt$ sieht schlimmer aus als es ist. Der erste Summand lässt sich problemlos mit der oft zitierten Regel erledigen, dass $\frac{x^{a+1}}{a+1}$ für $a \neq -1$ eine Stammfunktion zu x^a ist. In diesem Fall heißt die Variable zwar t, aber am Prinzip ändert das natürlich nichts. Sobald ich nämlich $\frac{1}{t^2} = t^{-2}$ schreibe, ergibt sich sofort:

$$\int \frac{1}{t^2}\,dt = \int t^{-2}\,dt = \frac{t^{-1}}{-1} = -\frac{1}{t}.$$

Damit ist $-\frac{1}{t}$ eine Stammfunktion zu $\frac{1}{t^2}$. Und der zweite Summand ist ein klassisches Beispiel dafür, dass in der Mathematik die Dinge aufeinander aufbauen. Sieht man ihn einfach nur so ohne weitere Vorkenntnisse aus der Differentialrechnung an, dann kann seine Integration tatsächlich Kopfschmerzen bereiten. Es sollte Ihnen aber beim mehrfachen Hinsehen auffallen, dass Ihnen $\frac{1}{\cos^2 t}$ schon einmal im Rahmen der Differentialrechnung begegnet ist, denn es gilt:

$$(\tan t)' = \frac{1}{\cos^2 t}.$$

Somit ist $\tan t$ eine Stammfunktion zu $\frac{1}{\cos^2 t}$, und das ergibt insgesamt:

$$\int \frac{1}{t^2} + \frac{1}{\cos^2 t}\,dt = -\frac{1}{t} + \tan t + c.$$

Abb. 8.1 $f(x) = 18 - \frac{x^2}{2}$

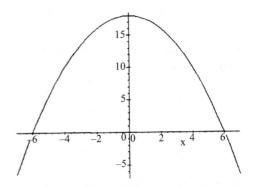

8.3 Welchen Flächeninhalt schließt der Funktionsgraph von $f(x) = 18 - \frac{x^2}{2}$ mit der x-Achse ein?

Lösung In Abb. 8.1 ist der Funktionsgraph von $f(x) = 18 - \frac{x^2}{2}$ eingezeichnet.

Die Fläche, die der Funktionsgraph mit der x-Achse einschließt, können Sie hier leicht erkennen: sie beginnt links bei der ersten Nullstelle der Funktion, liegt dann zwischen der Funktionskurve und der x-Achse und endet schließlich rechts bei der zweiten Nullstelle von f. Um nun den Flächeninhalt auszurechnen, muss ich also die Nullstellen der Funktion bestimmen. Das ist aber nicht weiter aufregend, denn es gilt:

$$18 - \frac{x^2}{2} = 0 \Leftrightarrow \frac{x^2}{2} = 18 \Leftrightarrow x^2 = 36 \Leftrightarrow x = \pm 6.$$

Die Funktion f hat also die beiden Nullstellen $x_1 = -6$ und $x_2 = 6$. Der gesuchte Flächeninhalt ist dann das bestimmte Integral der Funktion, wobei die Nullstellen die Integrationsgrenzen sind. Damit folgt:

$$
\begin{aligned}
\text{Flächeninhalt} &= \int_{-6}^{6} 18 - \frac{x^2}{2}\, dx \\
&= 18x - \frac{x^3}{3 \cdot 2}\Big|_{-6}^{6} \\
&= 18x - \frac{x^3}{6}\Big|_{-6}^{6} \\
&= 18 \cdot 6 - \frac{6^3}{6} - \left(18 \cdot (-6) - \frac{(-6)^3}{6}\right) \\
&= 108 - 36 - (-108 + 36) = 144.
\end{aligned}
$$

Die gesuchte Fläche beträgt also 144 Flächeneinheiten.

Man hätte sich hier übrigens das Leben etwas erleichtern können, denn offenbar ist die Funktion symmetrisch zur y-Achse, und deshalb erhält man auch den gesuchten Flächeninhalt, indem man nur die rechte Hälfte ausrechnet und dann das Ergebnis mit 2 multipliziert. Es gilt also:

$$\text{Flächeninhalt} = 2 \int_{0}^{6} 18 - \frac{x^2}{2} \, dx,$$

wie eine einfache Rechnung bestätigt.

8.4 Berechnen Sie die folgenden Integrale durch partielle Integration.

(i) $\int x^2 \cdot \cos x \, dx$;
(ii) $\int x^2 \cdot e^{-x} \, dx$;
(iii) $\int x \cdot \ln x \, dx$.

Lösung Die partielle Integration ist eine Möglichkeit, komplizierte Integrale auf hoffentlich einfachere Integral zurückzuführen. Hat man für zwei stetig differenzierbare Funktionen f und g das Integral $\int f'(x) \cdot g(x) \, dx$ zu berechnen, so kann man die Formel

$$\int f'(x) \cdot g(x) \, dx = f(x) \cdot g(x) - \int g'(x) \cdot f(x) \, dx$$

verwenden. Auf den ersten Blick sieht es so aus, als sei damit nur wenig gewonnen. Es kann aber passieren, dass der Ausdruck $f'(x) \cdot g(x)$ recht kompliziert und einer direkten Integration nicht zugänglich ist, während der Ausdruck $g'(x) \cdot f(x)$ auf der rechten Seite einfacher integrierbar ist. Wie gesagt: es kann passieren, es muss aber nicht. Erstens gibt es Fälle, bei denen die partielle Integration nicht weiterführt, und zweitens steht man bei jedem konkreten Integral, dessen Integrand ein Produkt aus zwei Funktionen ist, vor der Frage, welche der beiden Funktionen nun $f'(x)$ und welche $g(x)$ sein soll. Das kann oft nur ein Versuch entscheiden.

(i)   Das Integral $\int x^2 \cdot \cos x \, dx$ ist ein klassisches Beispiel für die partielle Integration. Offenbar kann man nicht so ohne Weiteres eine Stammfunktion angeben, weshalb eine Vereinfachung des Integrals nötig ist. Nun gibt es aber ein einfaches Kriterium, welchen der beiden Faktoren ich als f' betrachten will und welchen als g: auf der rechten Seite der partiellen Integrationsformel steht das Integral $\int g'(x) \cdot f(x) \, dx$, und deshalb ist es sinnvoll, mein g' so einfach wie möglich zu gestalten. Setze ich also $g(x) = x^2$, so wird $g'(x) = 2x$, und das ist immerhin schon besser als x^2. Würde ich dagegen $f'(x) = x^2$ setzen, dann hätte ich auf der rechten Seite den Faktor $f(x) = \frac{x^3}{3}$, was das Integral kaum vereinfachen würde. Ich entscheide mich also für die Kombination:

$$f'(x) = \cos x, \ g(x) = x^2, \ \text{also } f(x) = \sin x, \ g'(x) = 2x.$$

Dann liefert die partielle Integration:

$$\int x^2 \cdot \cos x \, dx = \sin x \cdot x^2 - \int 2x \cdot \sin x \, dx$$

$$= \sin x \cdot x^2 - 2 \int x \cdot \sin x \, dx,$$

denn $f(x) \cdot g(x) = \sin x \cdot x^2$ und $g'(x) \cdot f(x) = 2x \cdot \sin x$. Offensichtlich ist das Integral noch nicht vollständig berechnet, aber es ist immerhin so weit reduziert, dass ich jetzt nur noch das etwas einfacher aussehende Integral $\int x \cdot \sin x \, dx$ ausrechnen muss. Dass ein Integral einfacher *aussieht* als ein anderes, ist zwar noch lange kein Beweis dafür, dass es auch einfacher ist, in diesem Fall allerdings gibt es damit keine Probleme: ich brauche nur noch einmal die partielle Integration anzusetzen. Mit dem gleichen Argument wie oben mache ich für $\int x \cdot \sin x \, dx$ den Ansatz

$$f'(x) = \sin x, \; g(x) = x, \; \text{also } f(x) = -\cos x, \; g'(x) = 1.$$

Mit der partiellen Integration folgt:

$$\int x \cdot \sin x \, dx = (-\cos x) \cdot x - \int (-\cos x) \cdot 1 \, dx$$

$$= -x \cdot \cos x + \int \cos \, dx$$

$$= -x \cdot \cos x + \sin x.$$

Dieses Integral ist damit vollständig berechnet. Es war aber nur eine Art von Hilfs-integral, das bei der ersten partiellen Integration aufgetreten ist, und ich muss mein Zwischenergebnis noch oben einsetzen. Es gilt nämlich:

$$\int x^2 \cdot \cos x \, dx = \sin x \cdot x^2 - \int 2x \cdot \sin x \, dx$$

$$= \sin x \cdot x^2 - 2 \int x \cdot \sin x \, dx$$

$$= \sin x \cdot x^2 - 2(-x \cdot \cos x + \sin x)$$

$$= x^2 \cdot \sin x + 2x \cdot \cos x - 2 \sin x.$$

Um ganz genau zu sein, füge ich noch die bekannte Konstante c hinzu und erhalte das Endergebnis:

$$\int x^2 \cdot \cos x \, dx = x^2 \cdot \sin x + 2x \cdot \cos x - 2 \sin x + c.$$

(ii) Das Integral $\int x^2 \cdot e^{-x} dx$ kann ich nach genau der gleichen Methode angehen wie das Integral aus Teil (i). Damit die rechte Seite wieder einfacher wird als die linke, setze ich

$$f'(x) = e^{-x}, \ g(x) = x^2, \text{ also } f(x) = -e^{-x}, \ g'(x) = 2x.$$

Beachten Sie dabei übrigens, dass Sie wegen des Minuszeichens im Exponenten von e^{-x} für $f(x)$ selbst ein Minuszeichen *vor* der Exponentialfunktion springen lassen müssen, da beim Ableiten von e^{-x} die Kettenregel den Faktor -1 als innere Ableitung entstehen lässt. Mit der Formel für die partielle Integration gilt nun:

$$\int x^2 \cdot e^{-x} dx = (-e^{-x}) \cdot x^2 - \int (-e^{-x}) \cdot 2x \ dx$$

$$= -x^2 \cdot e^{-x} + 2 \int x \cdot e^{-x} \ dx,$$

wobei ich beim Übergang zur zweiten Gleichung aus dem Integral sowohl das Minuszeichen als auch den Faktor 2 herausgezogen habe. Jetzt bin ich wieder in der gleichen Situation wie in Teilaufgabe (i): das Integral sieht etwas einfacher aus, ist aber noch nicht vollständig berechnet. Um es endgültig zu erledigen, brauche ich noch einmal die partielle Integration für das Integral $\int x \cdot e^{-x} \ dx$. Dass ich dabei ähnlich wie in Aufgabe (i)

$$f'(x) = e^{-x}, \ g(x) = x, \text{ also } f(x) = -e^{-x}, \ g'(x) = 1$$

wähle, ist wahrscheinlich keine große Überraschung. Damit gilt:

$$\int x \cdot e^{-x} \ dx = (-e^{-x}) \cdot x - \int (-e^{-x}) \cdot 1 \ dx$$

$$= -x \cdot e^{-x} + \int e^{-x} \ dx$$

$$= -x \cdot e^{-x} - e^{-x},$$

denn wieder muss ich beim Integrieren von e^{-x} beachten, dass das Minuszeichen im Exponenten Auswirkungen beim Ableiten der Stammfunktion hat, die ich durch die Einführung eines Minuszeichens vor der Exponentialfunktion ausgleichen kann. Setze ich nun dieses Zwischenergebnis oben ein, dann ergibt sich:

$$\int x^2 \cdot e^{-x} dx = (-e^{-x}) \cdot x^2 - \int (-e^{-x}) \cdot 2x \ dx$$

$$= -x^2 \cdot e^{-x} + 2 \int x \cdot e^{-x} \ dx$$

$$= -x^2 \cdot e^{-x} + 2(-x \cdot e^{-x} - e^{-x})$$

$$= -x^2 \cdot e^{-x} - 2x \cdot e^{-x} - 2e^{-x}.$$

Fügt man wieder die Konstante c hinzu, so ergibt sich das Ergebnis

$$\int x^2 \cdot e^{-x} dx = -x^2 \cdot e^{-x} - 2x \cdot e^{-x} - 2e^{-x} + c.$$

(iii) Das Integral $\int x \cdot \ln x \, dx$ sieht nicht viel anders aus als die ersten beiden Integrale in dieser Aufgabe, und die Vermutung liegt nahe, dass man es auch genauso löst. Hier trägt aber der Schein. Natürlich kann ich versuchsweise $g(x) = x$ und $f'(x) = \ln x$ setzen, aber dann entsteht das Problem, ein passendes f zu finden, dessen Ableitung genau $\ln x$ ist. Selbst wenn man nach einigen Mühen zu der Funktion $f(x) = x \ln x - x$ gelangen sollte, für die tatsächlich $f'(x) = \ln x$ gilt, so sieht dieses f doch ein wenig kompliziert aus. Es könnte also sinnvoll sein, es einmal anders herum zu versuchen. Ich setze also:

$$f'(x) = x, \; g(x) = \ln x, \text{ also } f(x) = \frac{x^2}{2}, \; g'(x) = \frac{1}{x},$$

denn die Ableitung von $\ln x$ ist $\frac{1}{x}$. Mit der partiellen Integration folgt dann:

$$\begin{aligned}
\int x \cdot \ln x \, dx &= \frac{x^2}{2} \cdot \ln x - \int \frac{1}{x} \cdot \frac{x^2}{2} \, dx \\
&= \frac{x^2}{2} \cdot \ln x - \int \frac{x}{2} \, dx \\
&= \frac{x^2}{2} \cdot \ln x - \frac{1}{2} \int x \, dx \\
&= \frac{x^2}{2} \cdot \ln x - \frac{x^2}{4},
\end{aligned}$$

denn $\frac{x^2}{2}$ ist Stammfunktion zu x. Also gilt:

$$\int x \cdot \ln x \, dx = \frac{x^2}{2} \cdot \ln x - \frac{x^2}{4} + c.$$

Man sieht an diesem Beispiel, dass es manchmal sinnvoll ist, vom vertrauten Standard abzuweichen.

8.5 Berechnen Sie das Integral

$$\int \arctan x \, dx.$$

Hinweis: Man braucht zuerst die partielle Integration und danach die Substitutionsregel.

Lösung Ohne den Hinweis wäre man bei diesem Integral erst einmal etwas verloren, aber vielen Leuten geht es vermutlich auch mit dem Hinweis nicht besser. Schließlich erwartet die partielle Integration eine Produkt der Form $f'(x) \cdot g(x)$, und im Integranden $\arctan x$ ist beim besten Willen kein Produkt zu entdecken. Man kann aber leicht ein Produkt herstellen, indem man $\arctan x = 1 \cdot \arctan x$ schreibt. Um darauf die partielle Integration anzuwenden, muss ich mich nur noch entscheiden, was $f'(x)$ und was $g(x)$ sein soll. Diese Entscheidung fällt aber leicht. Würde ich $f'(x) = \arctan x$ setzen, dann müsste ich dazu ein passendes f finden, und das heißt, dass ich eine Stammfunktion zum Arcustangens auftreiben müsste. Das ist aber genau die Aufgabenstellung, um die es hier geht, denn das unbestimmte Integral ist nur eine andere Schreibweise für die Stammfunktion. Ich müsste also zuerst das Problem lösen, bevor ich das Problem lösen kann, und das ist keine vertretbare Methode. Ich wähle also den anderen Weg und setze $f'(x) = 1$. Dann muss $g(x) = \arctan x$ sein, und aus der Differentialrechnung wissen Sie (oder können es nachlesen), dass $g'(x) = \frac{1}{1+x^2}$ gilt. Ich habe also:

$$f'(x) = 1, \ g(x) = \arctan x, \ \text{also } f(x) = x, \ g'(x) = \frac{1}{1+x^2}.$$

Die partielle Integration liefert dann:

$$\int 1 \cdot \arctan x \, dx = x \cdot \arctan x - \int x \cdot \frac{1}{1+x^2} \, dx.$$

Damit ist die partielle Integration erledigt, und ich muss sehen, wie ich auf andere Weise weiter komme. Der Hinweis zur Aufgabe sagt mir aber schon, was ich zu tun habe: es geht um eine Anwendung der Substitutionsregel. Diese Regel beschreibt, wie man eine bestimmte Art von Produkten integrieren kann. Sobald Sie einen Integranden der Form $g'(x) \cdot f(g(x))$ mit einer stetigen Funktion f und einer differenzierbaren Funktion g haben, kann man das Integral

$$\int g'(x) \cdot f(g(x)) \, dx$$

berechnen, indem man eine Stammfunktion F von f sucht, und in diese Stammfunktion dann die innere Funktion $g(x)$ einsetzt. Die Substitutionsregel sagt also:

$$\int g'(x) \cdot f(g(x)) \, dx = F(g(x)) = \int f(g) \, dg,$$

denn die letzte Gleichung sagt nur aus, dass ich die Funktion f integrieren muss, und zwar nach der Variablen g, so dass also am Ende genau $F(g)$ herauskommt.

Im Fall des Integrals $\int x \cdot \frac{1}{1+x^2} \, dx$ brauche ich also ein f und ein g. Die innere Funktion $g(x)$ ist schnell gefunden, denn eine innere Funktion wird dadurch charakterisiert, dass man mit ihr noch etwas anstellt, und dafür gibt es den Kandidaten $g(x) = 1 + x^2$: immerhin wird von $g(x)$ der Kehrwert genommen. Nun ist aber $g'(x) = 2x$, und den Faktor $2x$

habe ich nicht im Integral. Ich habe ihn aber fast, denn der Faktor x kommt vor, und mit konstanten Faktoren kann man beim Integrieren beliebig manipulieren. Es gilt also:

$$\int x \cdot \frac{1}{1+x^2}\, dx = \frac{1}{2} \int 2x \cdot \frac{1}{1+x^2}\, dx.$$

Mit diesem einfachen Trick habe ich jetzt die Ableitung $g'(x)$ im Integral stehen. Da der Kehrwert von g genommen wird, bietet sich für f die Funktion $f(x) = \frac{1}{x}$ an. Dann ist nämlich

$$f(g(x)) = \frac{1}{g(x)} = \frac{1}{1+x^2},$$

und das Integral hat jetzt die Form:

$$\int x \cdot \frac{1}{1+x^2}\, dx = \frac{1}{2} \int 2x \cdot \frac{1}{1+x^2}\, dx = \frac{1}{2} \int g'(x) \cdot f(g(x))\, dx.$$

Nach der Substitutionsregel ist dann

$$\frac{1}{2} \int g'(x) \cdot f(g(x))\, dx = \frac{1}{2} \int f(g)\, dg = \frac{1}{2} \int \frac{1}{g}\, dg = \frac{1}{2} \ln|g| = \frac{1}{2} \ln(1+x^2).$$

Die Stammfunktion zu $\frac{1}{g}$ ist nämlich $\ln|g|$, und in der letzten Gleichung musste ich nur noch das einsetzen, was g eigentlich ist, nämlich $g(x) = 1+x^2$. Dass dabei die Betragsstriche wegfallen, liegt daran, dass $1+x^2$ von alleine immer positiv ist. Insgesamt ergibt sich dann:

$$\int \arctan x\, dx = x \cdot \arctan x - \int x \cdot \frac{1}{1+x^2}\, dx = x \cdot \arctan x - \frac{1}{2} \ln(1+x^2) + c.$$

8.6 Berechnen Sie die folgenden Integrale mit Hilfe der Substitutionsregel.

(i) $\int \frac{\sqrt{\ln x}}{x}\, dx$;

(ii) $\int x \cdot \sin(x^2)\, dx$;

(iii) $\int \frac{2x^2}{\sqrt{1+x^3}}\, dx$;

(iv) $\int \cos x \cdot e^{\sin x}\, dx$.

Lösung Das Prinzip der Substitutionsregel habe ich schon in Aufgabe 8.5 beschrieben. Es geht darum, Integrale der Form $\int g'(x) \cdot f(g(x))\, dx$ etwas einfacher aufzuschreiben, so dass sie ausgerechnet werden können. Zu diesem Zweck integriert man einfach die Funktion f ohne weiteren Zusatz, aber nicht nach der vertrauten Variablen x, sondern nach der neuen Variablen g. Damit erhält man natürlich eine Stammfunktion von f, nämlich $F(g)$, denn die Integrationsvariable war hier g. Es gilt also:

$$\int g'(x) \cdot f(g(x))\, dx = F(g(x)) = \int f(g)\, dg.$$

Wem diese Formel zu lang und unangenehm ist, der kann sie sich auch anders merken. Schreibt man $g'(x) = \frac{dg}{dx}$, wie es auch häufig üblich ist, so kann man rein formal nach dg auflösen und erhält $dg = g'(x)dx$. Im gegebenen Integral kommt aber $g'(x)dx$ vor, da $g'(x)$ ein Faktor des Integranden ist. Da ich nun $g'(x)dx$ ersetzen kann durch dg, bleibt im Integral nur noch $f(g)$ übrig, das dann nicht mehr nach x, sondern nach g integriert werden muss.

(i) Das Integral $\int \frac{\sqrt{\ln x}}{x}\, dx$ muss ich zuerst in die passende Form umschreiben. Die Substitutionsregel verlangt ein Produkt, und deshalb verwandle ich den Bruch im Integranden in ein Produkt aus $\frac{1}{x}$ und $\sqrt{\ln x}$. Dann gilt:

$$\int \frac{\sqrt{\ln x}}{x}\, dx = \int \frac{1}{x} \cdot \sqrt{\ln x}\, dx.$$

Zur Anwendung der Substitutionsregel brauche ich immer eine innere Funktion $g(x)$, deren Ableitung $g'(x)$ als Faktor im Integral vorkommt. Das ist praktisch, denn hier habe ich genau die richtige Situation: bekanntlich ist $(\ln x)' = \frac{1}{x}$, und damit ist es sinnvoll, $g(x) = \ln x$ zu setzen. Ich erhalte also:

$$\int \frac{1}{x} \cdot \sqrt{\ln x}\, dx = \int g'(x) \cdot \sqrt{g(x)}\, dx.$$

Das lässt mir keinen Spielraum mehr für die Festsetzung von f: natürlich muss $f(x) = \sqrt{x}$ und damit auch $f(g) = \sqrt{g}$ gelten. Nach der Substitutionsregel kann ich nun den Ausdruck $g'(x)dx$ durch dg ersetzen und erhalte:

$$\int g'(x) \cdot \sqrt{g(x)}\, dx = \int \sqrt{g}\, dg = \int g^{\frac{1}{2}}\, dg = \frac{g^{\frac{3}{2}}}{\frac{3}{2}} = \frac{2}{3} g^{\frac{3}{2}} = \frac{2}{3}(\ln x)^{\frac{3}{2}}.$$

In der ersten Gleichung habe ich die Substitutionsregel angewendet und $g'(x)dx$ durch dg ersetzt. Dann habe ich $\sqrt{g}$ als Potenz $g^{\frac{1}{2}}$ geschrieben, um die übliche Integrationsregel für Potenzen anwenden zu können. Das habe ich dann im nächsten Schritt getan, denn beim Integrieren einer Potenz erhöht man den Exponenten um eins und teilt dann die Potenz durch diesen Exponenten. Der nächste Schritt ist pure Bruchrechnung, und zum Schluss habe ich für g wieder das eingesetzt, was es ist, nämlich $g(x) = \ln x$. Ich habe also das Endergebnis:

$$\int \frac{\sqrt{\ln x}}{x}\, dx = \frac{2}{3}(\ln x)^{\frac{3}{2}} + c.$$

(ii) Das Integral $\int x \cdot \sin(x^2)\, dx$ bietet nun methodisch kaum noch etwas Neues. Zuerst muss ich wieder g und g' identifizieren, aber die einzige innere Funktion, die überhaupt in Betracht kommt, ist $g(x) = x^2$ mit der Ableitung $g'(x) = 2x$. Im Integral habe ich zwar nicht den Faktor $2x$, aber doch immerhin den Faktor x, und der lässt sich leicht in den Faktor $2x$ verwandeln, indem ich *im* Integral mit 2 multipliziere und *vor* dem Integral den Faktor $\frac{1}{2}$ hinzufüge. Dann gilt:

$$\int x \cdot \sin(x^2)\, dx = \frac{1}{2} \int 2x \cdot \sin(x^2)\, dx = \frac{1}{2} \int g'(x) \cdot \sin(g(x))\, dx.$$

Jetzt ist alles so, wie es die Substitutionsregel braucht. Ich kann wieder $g'(x)dx$ ersetzen durch dg und erhalte:

$$\frac{1}{2} \int g'(x) \cdot \sin(g(x))\, dx = \frac{1}{2} \int \sin g\, dg = \frac{1}{2}(-\cos g) = -\frac{1}{2} \cos(x^2).$$

Das Schema ist das gleiche wie in der Teilaufgabe (i). Zuerst wende ich die Substitutionsregel an. Dann integriere ich den neuen Integranden nach der Variablen g, und da die Stammfunktion zum Sinus der negative Cosinus ist, erhalte ich $\frac{1}{2}(-\cos g)$. Zum Schluss muss ich wieder nur für g das einsetzen, was es ist, nämlich $g(x) = x^2$. Damit ergibt sich das Resultat:

$$\int x \cdot \sin(x^2)\, dx = -\frac{1}{2} \cos(x^2) + c.$$

(iii) Auch zur Bestimmung des Integrals $\int \frac{2x^2}{\sqrt{1+x^3}}\, dx$ muss man kleine Manipulationen vornehmen, bevor die Substitutionsregel angewendet werden kann. Da diese Regel auf jeden Fall ein Produkt braucht, schreibe ich:

$$\int \frac{2x^2}{\sqrt{1+x^3}}\, dx = \int 2x^2 \cdot \frac{1}{\sqrt{1+x^3}}\, dx.$$

Damit dürfte $2x^2$ ein Kandidat für $g'(x)$ sein, aber das passt nicht ganz, weil die innere Funktion vermutlich aus dem Wurzelinhalt besteht, und der lautet $g(x) = 1+x^3$ mit der Ableitung $g'(x) = 3x^2$. Wie man dieses Problem löst, haben Sie schon in Teilaufgabe (ii) gesehen: ich muss hier nur den konstanten Faktor so manipulieren, dass er in mein Schema hineinpasst, und da man konstante Faktoren beliebig aus dem Integral heraus- oder in das Integral hineinziehen kann, ist das auch nicht weiter schwierig. Es gilt nämlich:

$$\int 2x^2 \cdot \frac{1}{\sqrt{1+x^3}}\, dx = \frac{2}{3} \int 3x^2 \cdot \frac{1}{\sqrt{1+x^3}}\, dx,$$

und damit habe ich im Integral die nötige Ableitung $g'(x)$. Mit der Substitutionsregel folgt nun:

$$\frac{2}{3} \int 3x^2 \cdot \frac{1}{\sqrt{1+x^3}}\, dx = \frac{2}{3} \int g'(x) \cdot \frac{1}{\sqrt{g(x)}}\, dx = \frac{2}{3} \int \frac{1}{\sqrt{g}}\, dg,$$

denn ich darf wieder $g'(x)dx$ durch dg ersetzen. Ab jetzt ist es nur noch eine Routineaufgabe. Ich schreibe den Integranden $\frac{1}{\sqrt{g}}$ als Potenz $g^{-\frac{1}{2}}$, und daraus folgt:

$$\frac{2}{3}\int \frac{1}{\sqrt{g}}\, dg = \frac{2}{3}\int g^{-\frac{1}{2}}\, dg = \frac{2}{3}\cdot\frac{g^{\frac{1}{2}}}{\frac{1}{2}} = \frac{4}{3}g^{\frac{1}{2}} = \frac{4}{3}\sqrt{g} = \frac{4}{3}\sqrt{1+x^3}.$$

Alles was hier zu beachten ist, sind die Regeln der Potenzrechnung und der Bruchrechnung sowie der Umstand, dass Sie am Ende für g wieder das einsetzen müssen, was es ist, also $g(x) = 1 + x^3$. Damit ergibt sich das Ergebnis

$$\int \frac{2x^2}{\sqrt{1+x^3}}\, dx = \frac{4}{3}\sqrt{1+x^3} + c.$$

(iv) Das Integral $\int \cos x \cdot e^{\sin x}\, dx$ ist von allen hier besprochenen Beispielen zur Substitutionsregel das einfachste. Die Wahl von g ergibt sich fast von alleine, denn es gibt hier nur die innere Funktion $g(x) = \sin x$, deren Ableitung $g'(x) = \cos x$ tatsächlich auch als Faktor im Integral vorkommt. Damit ist

$$\int \cos x \cdot e^{\sin x}\, dx = \int g'(x)e^{g(x)}\, dx.$$

Nach der Substitutionsregel kann ich wieder $g'(x)dx$ durch dg ersetzen und erhalte:

$$\int g'(x)e^{g(x)}\, dx = \int e^g\, dg = e^g = e^{\sin x},$$

denn e^g ist beim Integrieren nach der Variablen g seine eigene Stammfunktion, und zum Schluss habe ich nur wieder $g(x) = \sin x$ eingesetzt. Das Resultat lautet also:

$$\int \cos x e^{\sin x}\, dx = e^{\sin x} + c.$$

8.7 Es seien a, b und k reelle Zahlen und es gelte $a \neq 0$. Berechnen Sie

$$\int (ax + b)^k\, dx.$$

Lösung Dieses Integral ist ein einfacher Anwendungsfall für die Substitutionsregel, wobei eine kleine Falle eingebaut ist. Zunächst sieht es gar nicht nach der Substitutionsregel aus, weil im Integranden kein Produkt zu sehen ist, aber Produkte lassen sich leicht herstellen, solange es nur um Konstanten geht, die man dazumultiplizieren muss. Es gibt nämlich nur einen sinnvollen Kandidaten für meine innere Funktion $g(x)$, und das ist $g(x) = ax + b$. Nur diese Funktion kann ich mit einem gewissen Recht als innere Funktion bezeichnen, da sie mit k potenziert wird. Natürlich hat sie die Ableitung $g'(x) = a$, und ich muss daher im Integranden den Faktor a zum Vorschein bringen. Das ist aber überhaupt kein Problem, denn a ist eine von Null verschiedene konstante Zahl, und Konstanten darf ich beliebig in das Integral hineinmultiplizieren oder aus dem Integral herausziehen. Wenn ich also im Integral den Faktor a brauche, dann schreibe ich einfach vor das Integral den Faktor $\frac{1}{a}$, und alles ist wieder ausgeglichen. Das darf ich aber nur machen, weil ich weiß, dass a erstens von Null verschieden und zweitens eine Konstante ist. Es gilt also:

$$\int (ax + b)^k \, dx = \frac{1}{a} \int a \cdot (ax + b)^k \, dx.$$

Mit $g(x) = ax + b$ und $g'(x) = a$ folgt dann aus der Substitutionsregel:

$$\frac{1}{a} \int a \cdot (ax + b)^k \, dx = \frac{1}{a} \int g'(x) \cdot (g(x))^k \, dx = \frac{1}{a} \int g^k \, dg,$$

denn wieder kann ich $g'(x)dx$ durch dg ersetzen, und dann bleibt im Integral nur noch g^k übrig.

Damit ist die Substitutionsregel abgearbeitet, und ich muss nur noch g^k integrieren. Hier ist allerdings die kleine Falle versteckt: von der Zahl k weiß ich nur, dass sie reell ist. Ich kann also fast immer die übliche Integrationsregel für Potenzen anwenden, die besagt, dass man den Exponenten um 1 erhöht und dann die neue Potenz durch diesen Exponenten dividiert. Kurz gesagt: Stammfunktion zu g^k ist $\frac{g^{k+1}}{k+1}$. Das gilt aber nur für $k \neq -1$, denn für $k = -1$ hätte ich dann eine Null im Nenner, was unter keinen Umständen erlaubt ist. Für $k = -1$ ist aber $g^k = g^{-1} = \frac{1}{g}$, und auch dafür steht mit $\ln|g|$ eine Stammfunktion zur Verfügung. Es gilt also:

$$\int g^k \, dg = \begin{cases} \frac{g^{k+1}}{k+1}, & \text{falls } k \neq -1 \\ \ln|g|, & \text{falls } k = -1. \end{cases}$$

Setzt man das nun ein, so ergibt sich:

$$\int (ax + b)^k \, dx = \begin{cases} \frac{1}{a} \frac{(ax+b)^{k+1}}{k+1}, & \text{falls } k \neq -1 \\ \frac{1}{a} \ln|ax + b|, & \text{falls } k = -1, \end{cases}$$

wobei ich gleich verwendet habe, dass $g(x) = ax + b$ gilt. Die übliche Konstante c habe ich hier aus Gründen der Übersichtlichkeit weggelassen.

8.8 Berechnen Sie mit Hilfe von Aufgabe 8.7:

(i) $\int (5x + 3)^{17} \, dx$;
(ii) $\int \sqrt{x + 1} \, dx$.

Lösung Beide Integrale sind einfache Anwendungen des Ergebnisses aus Aufgabe 8.7. Dort hatten wir nachgerechnet, was das Integral $\int (ax+b)^k \, dx$ ergibt, und jetzt muss ich nur noch sehen, welche Werte a, b und k in den beiden folgenden Aufgaben zum Tragen kommen.

(i) Für das Integral $\int (5x+3)^{17} \, dx$ gilt $a = 5, b = 3$ und $k = 17$. Damit bin ich nicht in dem kritischen Fall $k = -1$, sondern kann die vertraute Exponentialregel anwenden. Aus dem Resultat von Aufgabe 8.7 folgt dann sofort:

$$\int (5x+3)^{17} \, dx = \frac{1}{5} \cdot \frac{(5x+3)^{18}}{18} + c = \frac{(5x+3)^{18}}{90} + c.$$

(ii) Das Integral $\int \sqrt{x+1} \, dx$ zeigt, wie sinnvoll es war, in Aufgabe 8.7 nicht nur natürliche Exponenten k zuzulassen, sondern ganz allgemein $k \in \mathbb{R}$ zu betrachten. Es ist nämlich

$$\sqrt{x+1} = (x+1)^{\frac{1}{2}} = (1x+1)^{\frac{1}{2}}.$$

Damit ist im Sinne von Aufgabe 8.7 $a = b = 1$ und $k = \frac{1}{2}$. Aus 8.7 folgt dann:

$$\int \sqrt{x+1} \, dx = \int (x+1)^{\frac{1}{2}} \, dx = \frac{(x+1)^{\frac{3}{2}}}{\frac{3}{2}} + c = \frac{2}{3} \cdot (x+1)^{\frac{3}{2}} + c.$$

8.9 Bestimmen Sie die folgenden Integrale mit Hilfe der Partialbruchzerlegung.

(i) $\int \frac{4x-2}{x^2-2x-35} \, dx$;
(ii) $\int \frac{2x}{x^3+3x^2-4} \, dx$;
(iii) $\int \frac{2x+5}{x^2+4x+5} \, dx$.

Lösung Das Verfahren der Partialbruchzerlegung beruht auf der Idee, einen komplizierten Bruch in eine Summe aus mehreren einfachen Brüchen zu zerlegen, die man dann mehr oder weniger problemlos integrieren kann. Genauer gesagt, geht man immer von einem Quotienten $\frac{p(x)}{q(x)}$ zweier Polynome p und q aus, wobei der Grad, also der höchste Exponent, des Zählerpolynoms kleiner sein muss als der Grad des Nennerpolynoms. In diesem Fall kann man tatsächlich eine Zerlegung in einfachere Brüche vornehmen, die sich an den *Nullstellen* des Nennerpolynoms orientiert. Ist nämlich $a \in \mathbb{R}$ eine k-fache Nullstelle des Polynoms $q(x)$, so kann man aus $q(x)$ den Linearfaktor $(x-a)^k$ herausziehen. Der Ansatz besteht nun darin, dass eine solche k-fache Nullstelle a zu k verschiedenen Summanden der Zerlegung führt: der erste hat den Nenner $x-a$, der zweite den Nenner $(x-a)^2$ und so weiter bis hin zum letzten, der den Nenner $(x-a)^k$ hat. Die Zähler sind dabei jeweils irgendwelche Konstanten, die man nicht von vornherein kennt, und in der Berechnung dieser Konstanten liegt dann die eigentliche Arbeit. In der Regel verwendet man dazu ein lineares Gleichungssystem, wie Sie gleich sehen werden.

(i) Zur Berechnung von $\int \frac{4x-2}{x^2-2x-35} \, dx$ brauche ich die Nullstellen des Nenners. Die Gleichung $x^2 - 2x - 35 = 0$ hat die Lösungen

$$x_{1,2} = 1 \pm \sqrt{1+35} = 1 \pm \sqrt{36} = 1 \pm 6.$$

Also ist $x_1 = -5$ und $x_2 = 7$. Ich kann daher das Nennerpolynom zerlegen in die Faktoren

$$x^2 - 2x - 35 = (x+5)(x-7).$$

Da beide Nullstellen einfach sind, resultiert auch aus jeder Nullstelle nur ein Summand, der dann den Nenner $x + 5$ bzw. $x - 7$ haben muss, während die Zähler irgendwelche konstanten Zahlen sind, die ich jetzt berechnen will. Ich mache also den Ansatz:

$$\frac{4x-2}{x^2-2x-35} = \frac{A}{x+5} + \frac{B}{x-7}.$$

Das Ziel besteht jetzt darin, an die unbekannten Zähler A und B heranzukommen, denn erst dann kann ich das Integral konkret ausrechnen. Um den Ausdruck etwas übersichtlicher zu gestalten, multipliziere ich die Gleichung mit dem Hauptnenner $(x+5)(x-7)$. Wegen $x^2 - 2x - 35 = (x+5)(x-7)$ fällt dann auf der linken Seite der Nenner weg. Auf der rechten Seite kürzt sich im ersten Bruch $x + 5$ und im zweiten Bruch $x - 7$ heraus. Damit folgt:

$$4x - 2 = A(x-7) + B(x+5).$$

Da auf der linken Seite alles ordentlich nach Potenzen von x sortiert ist, nehme ich diese Sortierung auch auf der rechten Seite vor. Dann ist

$$4x - 2 = Ax - 7A + Bx + 5B = x(A+B) - 7A + 5B.$$

Nun steht aber links und rechts jeweils ein Polynom ersten Grades, und die Gleichung besagt, dass beide Polynome gleich sein sollen. Das geht nur, wenn die beiden Polynome die gleichen Koeffizienten haben: der Vorfaktor von x muss auf beiden Seiten gleich sein, und auf beiden Seiten muss auch dasselbe absolute Glied stehen. Somit folgt:

$$A + B = 4$$
$$-7A + 5B = -2.$$

Das ist nun ein lineares Gleichungssystem mit den zwei Unbekannten A und B. Ich kann beispielsweise das Siebenfache der ersten Gleichung auf die zweite addieren und erhalte:

$$12B = 26, \text{ also } B = \frac{26}{12} = \frac{13}{6}.$$

Damit wird

$$A = 4 - B = 4 - \frac{13}{6} = \frac{11}{6}.$$

Die Hauptarbeit ist nun getan. Ich habe herausgefunden, dass

$$\frac{4x - 2}{x^2 - 2x - 35} = \frac{\frac{11}{6}}{x + 5} + \frac{\frac{13}{6}}{x - 7} = \frac{11}{6} \cdot \frac{1}{x + 5} + \frac{13}{6} \cdot \frac{1}{x - 7}$$

gilt. Für das gesuchte Integral bedeutet das:

$$\int \frac{4x - 2}{x^2 - 2x - 35} \, dx = \frac{11}{6} \cdot \int \frac{1}{x + 5} \, dx + \frac{13}{6} \cdot \int \frac{1}{x - 7} \, dx$$

$$= \frac{11}{6} \ln |x + 5| + \frac{13}{6} \ln |x - 7| + c,$$

wobei Sie die Integrale beispielsweise mit Hilfe der Formel aus Aufgabe 8.7 mit $k = -1$ berechnen können.

(ii)   Auch wenn das Integral $\int \frac{2x}{x^3 + 3x^2 - 4} \, dx$ nach dem gleichen Prinzip behandelt werden kann wie das Integral in Teilaufgabe (i), gibt es doch einen wesentlichen Unterschied, den Sie gleich sehen werden. Zuerst suche ich wieder nach den Nullstellen des Nenners. Die entsprechende Gleichung lautet hier aber

$$x^3 + 3x^2 - 4 = 0,$$

und das ist leider eine Gleichung dritten Grades, die man nicht mehr so einfach lösen kann wie eine quadratische Gleichung. Immerhin kann man hoffen, eine erste Lösung durch genaues Hinsehen zu erraten, und tatsächlich ist $1^3 + 3 \cdot 1^2 - 4 = 1 + 3 - 4 = 0$. Somit ist $x_1 = 1$ eine Nullstelle des Nenners. Die weiteren Nullstellen kann ich herausfinden, indem ich aus dem Polynom $q(x) = x^3 + 3x^2 - 4$ den Linearfaktor $x - 1$ abdividiere. Das geht beispielsweise mit Hilfe des Horner-Schemas, das Sie in den Erklärungen zu den Aufgaben 5.3 und 5.4 finden. Mit ihm kann ich das quadratische Polynom $q_1(x)$ finden, das die Gleichung $q(x) = (x - 1) \cdot q_1(x)$ erfüllt. Für $q(x) = x^3 + 3x^2 - 4$ und $x_1 = 1$ ergibt sich dann folgendes Horner-Schema:

$$
x_1 = 1 \quad
\begin{array}{r|rrrr}
 & 1 & 3 & 0 & -4 \\
 & & + & + & + \\
 & & 1 & 4 & 4 \\
\hline
 & 1 & 4 & 4 & 0
\end{array}
$$

Nach dem allgemeinen Prinzip des Horner-Schemas stellen dann die ersten drei Einträge der dritten Zeile gerade die Koeffizienten des gesuchten Polynoms q_1 dar. Es gilt also:

$$q_1(x) = x^2 + 4x + 4.$$

Nun ist aber $q(x) = (x - 1) \cdot q_1(x)$, und das bedeutet konkret:

$$x^3 + 3x^2 - 4 = (x - 1) \cdot (x^2 + 4x + 4).$$

Daher teilen sich die Nullstellen meines Nenners auf in die Nullstelle $x_1 = 1$ des Linearfaktors $x - 1$ und die beiden Nullstellen des Faktors $x^2 + 4x + 4$. Die kann ich allerdings leicht mit der p, q-Formel bestimmen. Es gilt:

$$x_{2,3} = -2 \pm \sqrt{4 - 4} = -2.$$

Es stellt sich also heraus, dass der Nenner neben der einfachen Nullstelle $x_1 = 1$ auch noch die doppelte Nullstelle $x_2 = x_3 = -2$ hat. Somit lautet die Zerlegung des Nenners:

$$x^3 + 3x^2 - 4 = (x - 1)(x + 2)^2.$$

Damit ist schon viel gewonnen, denn jetzt ist klar, wie die Zerlegung des Integranden aussehen muss. Aus der einfachen Nullstelle $x_1 = 1$ gewinne ich einen Summanden mit dem Nenner $x - 1$, und aus der doppelten Nullstelle $x_2 = x_3 = -2$ resultieren zwei Summanden: einer mit dem Nenner $x + 2$ und einer mit dem Nenner $(x + 2)^2$. Der Ansatz für die Zerlegung lautet also:

$$\frac{2x}{x^3 + 3x^2 - 4} = \frac{A}{x - 1} + \frac{B_1}{x + 2} + \frac{B_2}{(x + 2)^2}.$$

Diese Gleichung multipliziere ich mit dem Hauptnenner $(x - 1)(x + 2)^2$. Dann fällt auf der linken Seite der Nenner weg, während sich auf der rechten Seite jeweils die Faktoren herauskürzen, die bei den einzelnen Summanden im Nenner stehen. Es folgt also:

$$2x = A(x + 2)^2 + B_1(x - 1)(x + 2) + B_2(x - 1).$$

Jetzt gehe ich genauso vor wie schon bei Teilaufgabe (i): ich ordne die rechte Seite nach den Potenzen von x. Dann gilt:

$$\begin{aligned} 2x &= A(x + 2)^2 + B_1(x - 1)(x + 2) + B_2(x - 1) \\ &= A(x^2 + 4x + 4) + B_1(x^2 + x - 2) + B_2(x - 1) \\ &= x^2(A + B_1) + x(4A + B_1 + B_2) + 4A - 2B_1 - B_2. \end{aligned}$$

Nun habe ich wieder zwei Polynome, die gleich sein sollen, und das bedeutet, dass ihre Koeffizienten gleich sein müssen. Wegen $2x = 0x^2 + 2x + 0$ heißt das:

$$\begin{aligned} A + B_1 &= 0 \\ 4A + B_1 + B_2 &= 2 \\ 4A - 2B_1 - B_2 &= 0. \end{aligned}$$

Das resultierende lineare Gleichungssystem besteht also aus drei Gleichungen mit drei Unbekannten. Wie üblich, kann man es mit dem bekannten Gauß-Algorithmus lösen. In Matrixform lautet das System:

$$\begin{pmatrix} 1 & 1 & 0 & 0 \\ 4 & 1 & 1 & 2 \\ 4 & -2 & -1 & 0 \end{pmatrix},$$

wobei die Einträge dieser Matrix entstehen, indem man die Koeffizienten des Gleichungssystems einschließlich der rechten Seite in die einzelnen Zeilen schreibt. Zieht man das Vierfache der ersten Zeile von der zweiten und der dritten Zeile ab, so ergibt sich die Matrix:

$$\begin{pmatrix} 1 & 1 & 0 & 0 \\ 0 & -3 & 1 & 2 \\ 0 & -6 & -1 & 0 \end{pmatrix}.$$

Nun ziehe ich die doppelte zweite Zeile von dritten ab. Das führt zu:

$$\begin{pmatrix} 1 & 1 & 0 & 0 \\ 0 & -3 & 1 & 2 \\ 0 & 0 & -3 & -4 \end{pmatrix}.$$

Die letzte Gleichung lautet jetzt also $-3B_2 = -4$, also $B_2 = \frac{4}{3}$. Die zweite Gleichung lautet $-3B_1 + B_2 = 2$, und mit $B_2 = \frac{4}{3}$ folgt daraus $B_1 = -\frac{2}{9}$. Schließlich lautet die erste Gleichung noch immer $A + B_1 = 0$, und deshalb ist $A = \frac{2}{9}$. Damit habe ich alles gefunden, was ich für meine Zerlegung brauche. Es gilt jetzt:

$$\frac{2x}{x^3 + 3x^2 - 4} = \frac{2}{9} \cdot \frac{1}{x-1} - \frac{2}{9} \cdot \frac{1}{x+2} + \frac{4}{3} \cdot \frac{1}{(x+2)^2}.$$

Für das Integral folgt daraus:

$$\int \frac{2x}{x^3 + 3x^2 - 4} \, dx = \frac{2}{9} \int \frac{1}{x-1} \, dx - \frac{2}{9} \int \frac{1}{x+2} \, dx + \frac{4}{3} \int \frac{1}{(x+2)^2} \, dx$$

$$= \frac{2}{9} \ln|x-1| - \frac{2}{9} \ln|x+2| - \frac{4}{3} \cdot \frac{1}{x+2} + c.$$

Dabei folgen die ersten beiden Integrale aus der Formel in Aufgabe 8.7 mit $k = -1$, während das dritte Integral ebenfalls mit Hilfe von Aufgabe 8.7 berechnet wird, aber mit $k = -2$. Das ergibt dann:

$$\int \frac{1}{(x+2)^2} \, dx = \int (x+2)^{-2} \, dx = (-1) \cdot (x+2)^{-1} = -\frac{1}{x+2}.$$

Insgesamt habe ich also:

$$\int \frac{2x}{x^3 + 3x^2 - 4}\, dx = \frac{2}{9} \ln|x-1| - \frac{2}{9} \ln|x+2| - \frac{4}{3} \cdot \frac{1}{x+2} + c.$$

(iii) Während bei den Integralen in den Teilaufgaben (i) und (ii) die Nenner ordentlich in reelle Linearfaktoren zerlegt werden konnten, ist die Lage bei $\int \frac{2x+5}{x^2+4x+5}\, dx$ ein wenig anders. Das quadratische Polynom $x^2 + 4x + 5$ hat die Nullstellen

$$x_{1,2} = -2 \pm \sqrt{4-5} = -2 \pm \sqrt{-1} = -2 \pm i,$$

und deshalb kann der Nenner nicht in zwei reelle Linearfaktoren zerlegt werden. In diesem Fall kann man auf zwei verschiedene Arten vorgehen. Es gibt beispielsweise eine allgemeine Lösungsformel, die jedes Integral dieser Art erledigt. Ist nämlich $x^2 + px + q$ ein quadratisches Polynom mit den komplexen Nullstellen $a + b \cdot i$ und $a - b \cdot i$, dann ist

$$\int \frac{Ax + B}{x^2 + px + q}\, dx = \frac{A}{2} \ln|x^2 + px + q| + \frac{Aa + B}{b} \arctan\left(\frac{x-a}{b}\right) + c.$$

Das sieht zwar nicht sehr vergnüglich aus, aber wenn man diese allgemeine Lösungsformel einmal zur Verfügung hat, kann man das Integral leicht ausrechnen. Im Nenner habe ich ja gerade so ein Polynom mit zwei komplexen Nullstellen $-2 + i$ und $-2 - i$, und auch der Zähler $2x + 5$ passt ohne Weiteres in das Schema dieser Lösungsformel. Es ist also $2x + 5 = Ax + B$ und $x^2 + 4x + 5 = x^2 + px + q$. Damit erhalte ich:

$$A = 2,\, B = 5,\, p = 4,\, q = 5,\, a = -2,\, b = 1,$$

denn die beiden Nullstellen des Nenners heißen in der allgemeinen Formel $a \pm bi$. Einsetzen in die allgemeine Formel ergibt dann:

$$\int \frac{2x+5}{x^2+4x+5}\, dx = \frac{2}{2} \ln|x^2 + 4x + 5| + \frac{2 \cdot (-2) + 5}{1} \arctan\left(\frac{x+2}{1}\right) + c$$

$$= \ln|x^2 + 4x + 5| + \arctan(x+2) + c.$$

Damit ist das Integral zwar vollständig berechnet, aber die Methode ist doch etwas unbefriedigend, weil Sie von der Existenz einer undurchsichtigen Lösungsformel abhängig sind. Man kann das Integral aber auch zu Fuß ausrechnen, nur dauert das eine Weile und ist nicht so einfach. Ich werde den Rechenweg hier kurz vorstellen. Zunächst fällt auf, dass für die Ableitung des Nenners $(x^2 + 4x + 5)' = 2x + 4$ gilt, und das habe ich fast im Zähler stehen. Ich teile deshalb das Integral auf in

$$\int \frac{2x+5}{x^2+4x+5}\, dx = \int \frac{2x+4}{x^2+4x+5}\, dx + \int \frac{1}{x^2+4x+5}\, dx.$$

Nun berechne ich das erste Integral in dieser Summe. Mit $g(x) = x^2 + 4x + 5$ ist $g'(x) = 2x + 4$, und deshalb gilt:

$$\int \frac{2x+4}{x^2+4x+5}\,dx = \int \frac{g'(x)}{g(x)}\,dx = \int g'(x) \cdot \frac{1}{g(x)}\,dx.$$

Nach der Substitutionsregel kann ich nun wieder $g'(x)dx$ durch dg ersetzen. Daraus folgt:

$$\int g'(x) \cdot \frac{1}{g(x)}\,dx = \int \frac{1}{g}\,dg = \ln|g| = \ln|x^2+4x+5|.$$

Damit ist das erste Integral berechnet. Für das zweite Integral schreibe ich den Nenner etwas um, denn es gilt:

$$\int \frac{1}{x^2+4x+5}\,dx = \int \frac{1}{x^2+4x+4+1}\,dx = \int \frac{1}{(x+2)^2+1}\,dx.$$

Wieder kommt die Substitutionsregel zum Einsatz. Mit $g(x) = x + 2$ ist sie sogar besonders einfach anzuwenden, weil hier $g'(x) = 1$ gilt und man den Faktor 1 nicht erst künstlich dazu multiplizieren muss. Es gilt also:

$$\int \frac{1}{(x+2)^2+1}\,dx = \int g'(x) \cdot \frac{1}{(g(x))^2+1}\,dx = \int \frac{1}{g^2+1}\,dg,$$

wobei ich im letzten Schritt wieder einmal $g'(x)dx$ durch dg ersetzt habe. Das letzte Integral ist aber leicht zu lösen, denn eine Stammfunktion zu $\frac{1}{g^2+1}$ ist der Arcustangens, angewendet auf die Variable g. Damit folgt:

$$\int \frac{1}{(x+2)^2+1}\,dx = \int \frac{1}{g^2+1}\,dg = \arctan g + c = \arctan(x+2) + c.$$

Wenn Sie nun beide Teilintegrale addieren, dann kommen Sie genau auf das Ergebnis, das auch die allgemeine Lösungsformel geliefert hat.

8.10 Berechnen Sie die folgenden uneigentlichen Integrale.

(i) $\int_1^\infty \frac{1}{x^4}\,dx$;

(ii) $\int_0^\infty x \cdot e^{-x}\,dx$;

(iii) $\int_1^2 \frac{1}{\sqrt{x-1}}\,dx$.

Lösung Uneigentliche Integrale sind bestimmte Integrale einer ganz besonderen Sorte. Während man bei den üblichen bestimmten Integralen zwei Integrationsgrenzen hat, die im Definitionsbereich des Integranden f liegen, ist das bei uneigentlichen Integralen nicht mehr der Fall: mindestens eine Integrationsgrenze kann man hier nicht in die Funktion einsetzen, sei es, weil sie unendlich groß ist, oder weil sie zwar eine gewöhnliche Zahl ist, der Integrand aber in dieser Zahl nicht definiert werden kann. Das geht natürlich nur dann, wenn zwar diese Integrationsgrenze nicht in f eingesetzt werden darf, man sich aber doch der Grenze nähern kann, ohne den Definitionsbereich von f zu verlassen. In diesem Fall kann man sich nämlich mit einem Grenzprozess der kritischen Integrationsgrenze nähern und dabei hoffen, dass die entsprechenden Integrale sich eindeutig auf einen Grenzwert zu bewegen.

(i) Das Integral $\int_1^\infty \frac{1}{x^4}\, dx$ ist genau so ein Fall. Offenbar ist die untere Integrationsgrenze 1 unproblematisch, denn ich kann die 1 jederzeit in die Funktion $\frac{1}{x^4}$ einsetzen. Am oberen Ende habe ich aber nicht einmal eine Zahl, sondern das ∞-Symbol, und das bedeutet, ich muss das Integral mit einem Grenzprozess berechnen. In aller Regel ist es dabei sinnvoll, erst einmal das unbestimmte Integral anzugehen. Es gilt:

$$\int \frac{1}{x^4}\, dx = \int x^{-4}\, dx = \frac{x^{-3}}{-3} + c = -\frac{1}{3x^3} + c.$$

Die Konstante hätte ich allerdings weglassen können, denn bei der Berechnung bestimmter Integrale subtrahiert man zwei Werte der Stammfunktion voneinander, und dabei fällt c auf jeden Fall heraus. Für eine beliebige Zahl $a > 1$ gilt nun:

$$\int_1^a \frac{1}{x^4}\, dx = -\frac{1}{3x^3}\bigg|_1^a = -\frac{1}{3a^3} + \frac{1}{3}.$$

Nun ist meine obere Integrationsgrenze aber nicht eine Zahl $a > 1$, sondern Unendlich, und deshalb muss ich mit dem Wert a gegen Unendlich gehen. Damit ergibt sich:

$$\int_1^\infty \frac{1}{x^4}\, dx = \lim_{a\to\infty} \int_1^a \frac{1}{x^4}\, dx$$

$$= \lim_{a\to\infty} \left(-\frac{1}{3a^3} + \frac{1}{3}\right)$$

$$= \frac{1}{3}.$$

Also ist

$$\int_1^\infty \frac{1}{x^4}\, dx = \frac{1}{3}.$$

(ii) Auch das Integral $\int_0^\infty x \cdot e^{-x}\,dx$ lässt sich nach dem gleichen Schema behandeln. Ich berechne also zuerst wieder das unbestimmte Integral, und zwar mit der Methode der partiellen Integration. Ich wähle hier:

$$f'(x) = e^{-x}, g(x) = x, \text{ also } f(x) = -e^{-x}, g'(x) = 1.$$

Dann ist:

$$\int x \cdot e^{-x}\,dx = (-e^{-x}) \cdot x - \int 1 \cdot (-e^{-x})\,dx$$

$$= -x \cdot e^{-x} + \int e^{-x}\,dx$$

$$= -x \cdot e^{-x} - e^{-x} + c.$$

Für $a > 0$ folgt dann:

$$\int\limits_0^a x \cdot e^{-x}\,dx = -x \cdot e^{-x} - e^{-x}\big|_0^a = -ae^{-a} - e^{-a} - (-e^0) = 1 - ae^{-a} - e^{-a}.$$

Nun muss wieder a gegen Unendlich gehen. Wegen $e^{-a} = \frac{1}{e^a}$ ist klar, dass dann e^{-a} gegen Null geht. Und auch der Ausdruck $ae^{-a} = \frac{a}{e^a}$ ist nicht schwer in den Griff zu bekommen. Fasst man für einen Moment a als unabhängige Variable auf, so gilt nach der Regel von l'Hospital:

$$\lim_{a \to \infty} \frac{a}{e^a} = \lim_{a \to \infty} \frac{1}{e^a} = 0,$$

denn die Ableitung des Zählers nach der Variablen a ist 1, während der Nenner beim Ableiten nach a wieder die Exponentialfunktion liefert. Insgesamt folgt:

$$\int\limits_0^\infty x \cdot e^{-x}\,dx = \lim_{a \to \infty} \int\limits_0^a x \cdot e^{-x}\,dx$$

$$= \lim_{a \to \infty} 1 - ae^{-a} - e^{-a} = 1.$$

(iii) Etwas anders sieht es bei dem Integral $\int_1^2 \frac{1}{\sqrt{x-1}}\,dx$ aus. Hier kommt die Integrationsgrenze ∞ nicht vor, aber dafür lautet die untere Integrationsgrenze 1, und die 1 darf ich in die Funktion $f(x) = \frac{1}{\sqrt{x-1}}$ nicht einsetzen. Ich habe es also auch hier mit einem uneigentlichen Integral zu tun und werde mich per Grenzwert an die untere Grenze 1 herantasten. Zunächst gilt für das unbestimmte Integral:

$$\int \frac{1}{\sqrt{x-1}}\,dx = \int (x-1)^{-\frac{1}{2}}\,dx = \frac{(x-1)^{\frac{1}{2}}}{\frac{1}{2}} = 2(x-1)^{\frac{1}{2}} = 2\sqrt{x-1}.$$

Für $1 < a < 2$ folgt damit:

$$\int_a^2 \frac{1}{\sqrt{x-1}}\, dx = 2\sqrt{x-1}\big|_a^2 = 2\sqrt{2-1} - 2\sqrt{a-1} = 2 - 2\sqrt{a-1}.$$

Nun muss allerdings noch a gegen die kritische Integrationsgrenze 1 laufen. Mit $a \to 1$ geht aber $a - 1 \to 0$ und damit auch $2\sqrt{a-1} \to 0$. Das führt dann zu:

$$\int_1^2 \frac{1}{\sqrt{x-1}}\, dx = \lim_{a \to 1} \int_a^2 \frac{1}{\sqrt{x-1}}\, dx = \lim_{a \to 1}(2 - 2\sqrt{a-1}) = 2.$$

8.11 Berechnen Sie die Fläche, die von den Funktionen $f(x) = x$ und $g(x) = x^3$ eingeschlossen wird.

Lösung Die beiden Funktionen sind in Abb. 8.2 aufgezeichnet.

Um die Fläche zu berechnen, die sie beide einschließen, muss man die einzelnen Flächenbereiche ermitteln, die jeweils zwischen zwei Schnittpunkten der Funktionskurven liegen, und zum Schluss die Einzelflächen addieren. Die Schnittpunkte der Funktionskurven sind aber genau die Punkte, in denen die beiden Funktionen die gleichen Funktionswerte haben, in denen also die Gleichung $f(x) = g(x)$ erfüllt ist. Ich muss also daher zuerst die Gleichung $x = x^3$ lösen. Das ist nicht weiter aufegend, denn es gilt:

$$x = x^3 \Leftrightarrow x - x^3 = 0 \Leftrightarrow x(1 - x^2) = 0 \Leftrightarrow x(1 - x)(1 + x) = 0.$$

Die Nullstellen lauten also $x_1 = -1, x_2 = 0$ und $x_3 = 1$. Das macht auch sofort deutlich, in welchen Bereichen die einzelnen Flächeninhalte ausgerechnet werden müssen:

Abb. 8.2 $f(x) = x$ und $g(x) = x^3$

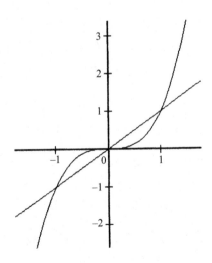

erst zwischen -1 und 0 und dann zwischen 0 und 1. Und die Fläche zwischen den beiden Funktionen berechnet man, indem man das Integral der Differenzfunktion zwischen zwei Nullstellen ausrechnet und anschließend den Absolutbetrag nimmt, da eine Fläche nicht negativ sein darf. Zwischen -1 und 0 gilt also:

$$\left| \int_{-1}^{0} x - x^3 \, dx \right| = \left| \left[\frac{x^2}{2} - \frac{x^4}{4} \right]_{-1}^{0} \right| = \left| 0 - \frac{1}{2} + \frac{1}{4} \right| = \frac{1}{4},$$

und genauso findet man für die Fläche zwischen 0 und 1:

$$\left| \int_{0}^{1} x - x^3 \, dx \right| = \left| \left[\frac{x^2}{2} - \frac{x^4}{4} \right]_{0}^{1} \right| = \left| \frac{1}{2} - \frac{1}{4} \right| = \frac{1}{4}.$$

Die Gesamtfläche beträgt daher

$$\text{Fläche} = \frac{1}{4} + \frac{1}{4} = \frac{1}{2}.$$

8.12 Berechnen Sie das Volumen des *Paraboloids*, das entsteht, wenn man die Parabel $f(x) = \sqrt{x}$ zwischen 0 und $a > 0$ um die x-Achse dreht.

Lösung Es gibt eine einfache Methode, mit der man das Volumen eines solchen Rotationskörpers berechnen kann. Ist $f : [b, c] \to \mathbb{R}$ eine stetige Funktion, deren Funktionskurve um die x-Achse gedreht wird, dann gilt für das Volumen des entstehenden Körpers:

$$V = \pi \int_{b}^{c} (f(x))^2 \, dx.$$

In diesem Fall ist $f : [0, a] \to \mathbb{R}$ definiert durch $f(x) = \sqrt{x}$. Dann ist $(f(x))^2 = (\sqrt{x})^2 = x$, und für das gesuchte Volumen folgt:

$$V = \pi \int_{0}^{a} x \, dx = \pi \cdot \frac{x^2}{2} \Big|_{0}^{a} = \pi \frac{a^2}{2} = \frac{\pi a^2}{2}.$$

8.13 Man definiere $f : [3, 8] \to \mathbb{R}$ durch

$$f(x) = \frac{2}{3} \cdot \sqrt{x^3}.$$

Berechnen Sie die Länge der Funktionskurve von f.

Lösung Auch für die Länge einer Funktionskurve, die sogenannte *Bogenlänge* gibt es eine übersichtliche Formel. Ist $f : [a, b] \to \mathbb{R}$ eine stetig differenzierbare Funktion, so hat ihre Funktionskurve die Länge:

$$L = \int_a^b \sqrt{1 + (f'(x))^2} \, dx.$$

Mit $f(x) = \frac{2}{3} \cdot \sqrt{x^3} = \frac{2}{3} \cdot x^{\frac{3}{2}}$ ist nun

$$f'(x) = \frac{2}{3} \cdot \frac{3}{2} \cdot x^{\frac{1}{2}} = \sqrt{x}.$$

Folglich ist $(f'(x))^2 = \sqrt{x}^2 = x$, und für die Bogenlänge folgt:

$$
\begin{aligned}
L &= \int_3^8 \sqrt{1 + (f'(x))^2} \, dx \\
&= \int_3^8 \sqrt{1 + x} \, dx \\
&= \int_3^8 (1 + x)^{\frac{1}{2}} \, dx \\
&= \frac{2}{3}(1 + x)^{\frac{3}{2}} \Big|_3^8 \\
&= \frac{2}{3} \cdot \left(9^{\frac{3}{2}} - 4^{\frac{3}{2}} \right) \\
&= \frac{2}{3} \cdot \left(\sqrt{9}^3 - \sqrt{4}^3 \right) \\
&= \frac{2}{3} \cdot (3^3 - 2^3) \\
&= \frac{2}{3} \cdot (27 - 8) = \frac{38}{3}.
\end{aligned}
$$

8.14 Berechnen Sie numerisch das bestimmte Integral

$$\int_0^1 \frac{6}{\sqrt{4 - x^2}} \, dx.$$

Verwenden Sie dabei die Trapezregel, indem Sie mit $n = 5$ starten und mit der Genauigkeitsschranke $\varepsilon = 0{,}01$ rechnen. Die Rechnungen sind mit mindestens vier Nachkommastellen durchzuführen.

Abb. 8.3 Trapezregel

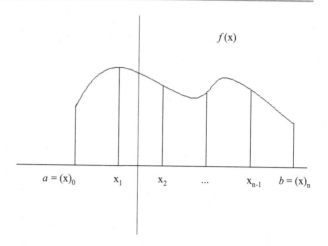

Lösung Oft genug kann man ein bestimmtes Integral nicht auf die übliche analytische Weise ausrechnen, weil die Funktion im Integral zu kompliziert ist, um die Berechnung einer Stammfunktion zuzulassen. In solchen Fällen bleibt Ihnen nur der Rückgriff auf die numerische Integration, und das bedeutet, dass Sie einen *Näherungswert* für das Integral bestimmen, ohne eine Stammfunktion zur Verfügung zu haben. Von der Vielzahl der Methoden zur numerischen Integration werden ich hier zwei recht angenehme und auch weitverbreitete Methoden besprechen: die Trapezregel und die Simpsonregel.

Die Grundidee der Trapezregel ist einfach genug. Da ich die Funktion selbst nicht integrieren kann, muss ich sie durch eine einfachere Funktion annähern, deren Integral keine Schwierigkeiten macht, und so eine Funktion lässt sich leicht finden.

Ist $f : [a, b] \to \mathbb{R}$ die zu integrierende Funktion, so unterteile ich das Intervall $[a, b]$ in n Teilstücke gleicher Länge. Ich setze also $h = \frac{b-a}{n}$ und trage auf der x-Achse die Punkte

$$x_0 = a, x_1 = a + h, x_2 = a + 2h, \ldots, x_{n-1} = a + (n-1) \cdot h, x_n = a + n \cdot h$$

ein. Dann ist aber

$$x_n = a + n \cdot h = a + n \cdot \frac{b-a}{n} = a + b - a = b.$$

Somit entspricht der erste meiner Punkte dem Intervallanfang und der letzte dem Intervallende, wobei jeder Punkt zum nächsten eine Entfernung von h hat. Die Aufteilung des Intervalls sehen Sie in Abb. 8.3. Die Idee der Trapezregel besteht nun darin, die Fläche zwischen der Funktionskurve und der x-Achse aufzuteilen in die Flächen zwischen den einzelnen Punkten x_k und x_{k+1}, wobei $k \in \{1, \ldots, n-1\}$ gilt. Die Summe der Teilflächen ist dann natürlich wieder das bestimmte Integral, aber die Teilflächen selbst kann ich annähern, indem ich den linken Funktionswert $f(x_k)$ durch eine gerade Linie mit dem rechten Funktionswert $f(x_{k+1})$ verbinde und auf diese Weise ein Trapez mit den Ecken $x_k, x_{k+1}, f(x_k)$ und $f(x_{k+1})$ erhalte. Wenn Sie dann die Trapezflächen einzeln ausrechnen und aufaddieren, bekommen Sie eine Näherung für die eigentliche Fläche, also eine

Näherung für das bestimmte Integral. Ich will Sie hier nicht mit der Herleitung der endgültigen Formel für die Trapezregel belasten, sondern schlicht mitteilen, dass man diese
Näherungsfläche auf einfache Weise ausrechnen kann, nämlich durch

$$T_n = \frac{h}{2} \cdot (f(x_0) + f(x_n) + 2 \cdot (f(x_1) + f(x_2) + \cdots + f(x_{n-1})).$$

Wie man diese Formel in eine einfache Tabelle umsetzt, sehen Sie gleich.

Nun ist das bestimmte Integral

$$\int_0^1 \frac{6}{\sqrt{4 - x^2}}\, dx$$

mit Hilfe der Trapezregel auszurechnen. Dazu muss ich aber wissen, in wie viele Teilintervalle ich mein großes Intervall [0, 1] aufteilen muss und wie genau meine Näherung sein
soll. Die Anzahl der Teilintervalle habe ich in der Aufgabenstellung mit $n = 5$ angegeben, aber über die Rolle der Genauigkeitsschranke $\varepsilon = 0{,}01$ muss ich noch ein paar Worte
verlieren. Man geht oft so vor, dass man mit irgendeinem n startet und daraus eine erste
Näherung T_n berechnet. Im nächsten Schritt wird dann die Anzahl der Teilintervalle verdoppelt und eine neue Näherung berechnet, und anschließend bestimmt man den Abstand
der beiden Näherungen, also ihre Differenz. Wenn diese Differenz schon sehr klein ist,
dann kann man davon ausgehen, dass eine weitere Erhöhung der Anzahl der Teilintervalle
nicht mehr viel bringt und die Näherung schon genau genug ist. Haben Sie dagegen eine
Differenz, die noch über der Genauigkeitsschranke liegt, dann müssen Sie das Spiel von
vorne anfangen, die Anzahl der Teilintervalle wieder verdoppeln und die erneut berechnete Näherung mit dem vorherigen Wert vergleichen – so lange, bis Sie mit der Differenz
unter die vorgegebene Genauigkeitsschranke fallen.

Wenn Sie nun noch einen Blick auf die Formel

$$T_n = \frac{h}{2} \cdot (f(x_0) + f(x_n) + 2 \cdot (f(x_1) + f(x_2) + \cdots + f(x_{n-1}))$$

werfen, dann werden Sie feststellen, dass man sie in eine einfache Tabelle umsetzen kann.
Ich setze dazu

$$\Sigma_1 = f(x_0) + f(x_n) \text{ und } \Sigma_2 = f(x_1) + f(x_2) + \cdots + f(x_{n-1}).$$

Dann ist

$$T_n = \frac{h}{2} \cdot (\Sigma_1 + 2\Sigma_2),$$

und das berücksichtige ich, indem ich eine vierspaltige Tabelle verwende. In der ersten
Spalte stehen die laufenden Nummern, in der zweiten die nötigen x-Werte, in der dritten
Spalte stehen nur die Funktionswerte, die zu Σ_1 beitragen, und in der vierten Spalte finden
Sie nur die Funktionswerte, aus denen sich Σ_2 zusammensetzt. Da hier für den Anfang

$n = 5$ gelten soll und ich mich auf dem Intervall $[0, 1]$ bewege, habe ich $h = 0,2$ und damit die x-Werte $0, 0,2, 0,4, 0,6, 0,8, 1$. Die Tabelle sieht dann folgendermaßen aus:

k	x_k	$f(x_k)$	$f(x_k)$
0	0	3	
1	0,2		3,0151
2	0,4		3,0619
3	0,6		3,1449
4	0,8		3,2733
5	1	3,4641	
		6,4641	**12,4952**

Beachten Sie, dass in der dritten Spalte nur die Funktionswerte von 0 und 1 stehen, denn nur diese Werte tragen etwas zu Σ_1 bei. Die restlichen Funktionswerte finden Sie in der letzten Spalte, also beispielsweise $f(0,4) = 3,0619$ und $f(0,8) = 3,2733$. In der letzten Zeile sind dann die entsprechenden Summen eingetragen, die ich mit Σ_1 und Σ_2 bezeichnet habe. Daher ist

$$\Sigma_1 = 6,4641 \text{ und } \Sigma_2 = 12,4952.$$

Damit folgt für die Trapezregel:

$$T_5 = \frac{h}{2} \cdot (\Sigma_1 + 2\Sigma_2) = \frac{0,2}{2} \cdot (6,4641 + 2 \cdot 12,4952) = 3,14545.$$

Meine erste Näherung lautet also $T_5 = 3,14545$. Jetzt muss ich die Trapezregel für das verdoppelte n anwenden, um nachzusehen, wie genau meine Rechnung schon ist. Ich setze also $n = 10$ und demzufolge $h = 0,1$. Natürlich wird die Sache jetzt genauer, denn ich arbeite mit der doppelten Anzahl von x-Werten, nämlich $0, 0,1, 0,2, 0,3, \ldots, 0,9, 1$. Am prinzipiellen Aufbau der zugehörigen Tabelle ändert sich gar nichts, nur dass sie jetzt doppelt so lang ist. Sie lautet:

k	x_k	$f(x_k)$	$f(x_k)$
0	0	3	
1	0,1		3,0038
2	0,2		3,0151
3	0,3		3,0343
4	0,4		3,0619
5	0,5		3,0984
6	0,6		3,1449
7	0,7		3,2026
8	0,8		3,2733
9	0,9		3,3594
10	1	3,4641	
		6,4641	**28,1937**

Nun ist $\Sigma_1 = 6{,}4641$ und $\Sigma_2 = 28{,}1937$. Daraus folgt:

$$T_{10} = \frac{h}{2} \cdot (\Sigma_1 + 2\Sigma_2) = \frac{0{,}1}{2} \cdot (6{,}4641 + 2 \cdot 28{,}1937) = 3{,}14258.$$

Meine zweite Näherung lautet also $T_{10} = 3{,}14258$. Die Differenz beider Näherungswerte beträgt:

$$|T_{10} - T_5| = 0{,}00287 < 0{,}01 = \varepsilon,$$

also ist die gewünschte Genauigkeit erreicht, und es gilt:

$$\int_0^1 \frac{6}{\sqrt{4 - x^2}} \, dx \approx 3{,}14258.$$

8.15 Berechnen Sie mit der Simpsonregel das Integral

$$\int_1^4 \frac{1}{x^2 + 4} \, dx$$

mit fünf Nachkommastellen bei einer Genauigkeitsschranke von $\varepsilon = 0{,}0001$. Verwenden Sie dabei für den ersten Durchgang $2n = 6$.

Lösung Nun sollen wir die Simpsonregel anwenden, bei der man noch einen Schritt weiter geht als bei der Trapezregel. Das zugrunde liegende Intervall $[a, b]$ wird jetzt nicht mehr in n Teilstücke aufgeteilt, sondern gleich in $2n$, weshalb ich hier $h = \frac{b-a}{2n}$ setzen muss und außerdem die $2n$ Punkte

$$x_0 = a, x_1 = a + h, x_2 = a + 2h, \ldots, x_{2n-1} = a + (2n - 1) \cdot h, x_{2n} = a + 2n \cdot h$$

erhalte. Mit dem gleichen Argument wie bei der Trapezregel ist $x_{2n} = b$, also habe ich tatsächlich eine vollständige Aufteilung von $[a, b]$. Nur habe ich jetzt viel mehr Punkte zur Verfügung, so dass ich nicht nur wie bei der Trapezregel zwei nebeneinanderliegende Funktionswerte durch eine gerade Linie verbinden kann, sondern gleich jeweils drei Punkte nehme. Zieht man beispielsweise die drei Punkte x_0, x_1 und x_2 heran, dann kann man sich überlegen, dass es genau ein quadratisches Polynom p gibt, das an diesen drei Punkten die gleichen Funktionswerte hat wie f selbst. So ein Polynom ist natürlich deutlich runder und glatter als ein Geradenstück, und man kann hoffen, dass die Fläche unter dem Polynomstück eine gute Näherung für die Teilfläche von f zwischen x_0 und x_2 ist. Und so macht man das immer weiter, von x_2 nach x_4, von x_4 nach x_6 und so weiter, bis Sie bei $x_{2n} = b$ angekommen sind.

Glücklicherweise kann man mit etwas Aufwand auch diesen Prozess in eine überschaubare Formel umsetzen. Sie lautet:

$$S_n = \frac{h}{3} \cdot (f(x_0) + 4f(x_1) + 2f(x_2) + 4f(x_3)$$

$$+ \cdots + 2f(x_{2n-2}) + 4f(x_{2n-1}) + f(x_{2n}))$$

$$= \frac{h}{3} \cdot (f(x_0) + f(x_{2n}) + 4(f(x_1) + f(x_3) + \cdots + f(x_{2n-1}))$$

$$+ 2(f(x_2) + f(x_4) + \cdots f(x_{2n-2}))).$$

Die Simpsonregel hat also den folgenden Aufbau. Zuerst werden der allererste und der allerletzte Funktionswert addiert. Dann berechnet man die Summe der Funktionswerte mit ungerader laufender Nummer, also $f(x_1) + f(x_3) + \cdots + f(x_{2n-1})$, die vierfach gerechnet wird. Und schließlich werden alle Funktionswerte mit gerader laufender Nummer addiert (mit Ausnahme des ersten und des letzten) und zweifach gerechnet. Sobald Sie dann die Gesamtsumme mit dem Faktor $\frac{h}{3}$ multipliziert haben, verfügen Sie über eine Näherung nach der Simpsonregel. Will man die Formel etwas kürzer schreiben, so geht man ähnlich vor wie schon bei der Trapezregel und setzt

$$\Sigma_1 = f(x_0) + f(x_{2n}), \Sigma_2 = f(x_1) + f(x_3) + \cdots + f(x_{2n-1})$$

und

$$\Sigma_3 = f(x_2) + f(x_4) + \cdots + f(x_{2n-2}).$$

In diesem Fall gilt:

$$S_n = \frac{h}{3} \cdot (\Sigma_1 + 4\Sigma_2 + 2\Sigma_3).$$

Man kann die Näherung nach der Simpsonregel mit Hilfe einer einfachen Tabelle ausrechnen. Soll das Grundintervall in $2n$ Teilintervalle gesplittet werden, so schreibt man in die erste Spalte die laufenden Nummern $0, 1, \ldots, 2n$. In die zweite Spalte schreibt man die x-Werte $x_0, x_1, \ldots, x_{2n}$, zu denen die Funktionswerte ausgerechnet werden müssen. Danach kommen drei Spalten mit Funktionswerten: die erste dieser Spalten enthält nur die Funktionswerte $f(x_0)$ und $f(x_{2n})$, denn das sind die einzigen, die nur einfach gerechnet werden. Die zweite dieser Spalten enthält dagegen die Funktionswerte $f(x_1), f(x_3), \ldots, f(x_{2n-1})$, denn sie alle werden vierfach gerechnet. Und in der dritten dieser Spalten versammeln sich die Werte $f(x_2), f(x_4), \ldots, f(x_{2n-2})$, die man in der Simpsonregel doppelt rechnet. Setzt man nun wieder

$$\Sigma_1 = f(x_0) + f(x_{2n}), \Sigma_2 = f(x_1) + f(x_3) + \cdots + f(x_{2n-1})$$

und

$$\Sigma_3 = f(x_2) + f(x_4) + \cdots + f(x_{2n-2}).$$

so muss ich Σ_1 einfach rechnen, Σ_2 dagegen vierfach und Σ_3 doppelt, und die drei Summen erhalte ich ganz einfach als Summen der Werte in der ersten, der zweiten und der dritten y-Spalte. Sobald mir diese Werte also zur Verfügung stehen, ergibt sich als Näherung:

$$S_n = \frac{h}{3} \cdot (\Sigma_1 + 4 \cdot \Sigma_2 + 2 \cdot \Sigma_3).$$

Die Tabelle der Simpsonregel für $2n = 6$ lautet dann für meine gegebene Funktion:

k	x_k	$f(x_k)$	$f(x_k)$	$f(x_k)$
0	1	0,2		
1	1,5		0,16	
2	2			0,125
3	2,5		0,09756	
4	3			0,07692
5	3,5		0,06154	
6	4	0,05		
		0,25	**0,31910**	**0,20192**

Damit ist $\Sigma_1 = 0{,}25$, $\Sigma_2 = 0{,}31910$, $\Sigma_3 = 0{,}20192$, und aus der Formel für die Simpsonregel ergibt sich:

$$
\begin{aligned}
S_3 &= \frac{h}{3} \cdot (\Sigma_1 + 4\Sigma_2 + 2\Sigma_3) \\
&= \frac{0{,}5}{3} \cdot (0{,}25 + 4 \cdot 0{,}31910 + 2 \cdot 0{,}20192) \\
&= 0{,}32171.
\end{aligned}
$$

Um eine Genauigkeitsaussage treffen zu können, verdoppelt man nun genau wie bei der Trapezregel die Anzahl der Intervalle, halbiert also die Schrittweite h auf $0{,}25$. Das ergibt die Tabelle:

k	x_k	$f(x_k)$	$f(x_k)$	$f(x_k)$
0	1	0,2		
1	1,25		0,17978	
2	1,5			0,16
3	1,75		0,14159	
4	2			0,125
5	2,25		0,11034	
6	2,5			0,09756
7	2,75		0,08649	
8	3			0,07692
9	3,25		0,06867	
10	3,5			0,06154
11	3,75		0,05536	
12	4	0,05		
		0,25	**0,64223**	**0,52102**

Damit ist $\Sigma_1 = 0{,}25$, $\Sigma_2 = 0{,}64223$, $\Sigma_3 = 0{,}52102$, und aus der Formel für die Simpsonregel ergibt sich:

$$
\begin{aligned}
S_6 &= \frac{h}{3} \cdot (\Sigma_1 + 4\Sigma_2 + 2\Sigma_3) \\
&= \frac{0{,}25}{3} \cdot (0{,}25 + 4 \cdot 0{,}64223 + 2 \cdot 0{,}52102) \\
&= 0{,}32175.
\end{aligned}
$$

Folglich ist

$$
|S_6 - S_3| = |0{,}32175 - 0{,}32171| = 0{,}00004 < \varepsilon,
$$

und die gewünschte Genauigkeit ist erreicht. Daher gilt:

$$
\int_1^4 \frac{1}{x^2 + 4}\, dx \approx 0{,}32175.
$$

8.16 Es sei $f : [a, b] \to \mathbb{R}$ ein Polynom dritten Grades. Zeigen Sie, dass die numerische Integration von f nach der Simpsonregel bei beliebigem $n \in \mathbb{N}$ zum exakten Ergebnis führt, das heißt:

$$
\int_a^b f(x)\, dx = S_n.
$$

Lösung Die numerische Integration, ganz gleich mit welchem Verfahren, liefert in aller Regel nur eine Näherungslösung, also eine Lösung, die nicht ganz genau dem exakten bestimmten Integral entspricht. Tatsächlich gibt es eine Formel, mit der man den Unterschied zwischen exakter Lösung und Näherungslösung ausrechnen kann, wenn auch mit einem gewissen Aufwand. Man kann nämlich zeigen, dass für eine viermal stetig differenzierbare Funktion f immer gilt:

$$
\left| S_n - \int_a^b f(x)\, dx \right| \leq h^4 \cdot \frac{b - a}{180} \cdot \max_{x \in [a,b]} |f^{(4)}(x)|.
$$

Schön ist diese Formel nicht, aber manchmal ganz praktisch: der Unterschied zwischen dem von der Simpsonregel gelieferten Wert und dem tatsächlichen bestimmten Integral ist kleiner oder gleich irgendeinem Ausdruck, der sich aus der vierten Ableitung meiner Funktion ausrechnen lässt. Und genau das wird mir jetzt weiter helfen, denn in dieser

Aufgabe habe ich eine recht übersichtliche Funktion. Da f nämlich ein Polynom dritten Grades ist, gilt auf jeden Fall $f^{(4)}(x) = 0$ für alle $x \in \mathbb{R}$, und daraus folgt:

$$\max_{x \in [a,b]} |f^{(4)}(x)| = 0,$$

denn wenn die vierte Ableitung durchgängig Null ist, dann kann auch der betragsmäßig größte Wert der vierten Ableitung nur Null sein. Das ist aber ausgesprochen praktisch, denn Einsetzen in die obige Ungleichung ergibt jetzt:

$$\left| S_n - \int_a^b f(x)\, dx \right| \leq 0,$$

und da ein Betrag auch immer größer oder gleich Null ist, folgt daraus:

$$\left| S_n - \int_a^b f(x)\, dx \right| = 0,$$

also auch

$$S_n = \int_a^b f(x)\, dx.$$

8.17 Berechnen Sie die folgenden Integrale.

(i) $\int e^x \cdot \cos(2x)\, dx$;

(ii) $\int x \cdot \arctan x\, dx$;

(iii) $\int \frac{x}{\sqrt{4 - x^2}}\, dx$;

(iv) $\int \frac{2 - x}{1 + \sqrt{x}}\, dx$;

(v) $\int \frac{4x^3}{x^3 + 2x^2 - x - 2}\, dx$.

Lösung

(i)   Das Integral $\int e^x \cdot \cos(2x)\, dx$ ist zwar ein Fall für die partielle Integration, aber man muss dabei etwas Geduld an den Tag legen. In Aufgabe 8.4 habe ich das Prinzip der partiellen Integration zwar schon einmal erklärt, aber trotzdem noch einmal: die partielle Integration ist eine Möglichkeit, komplizierte Integrale auf hoffentlich einfachere Integral zurückzuführen. Hat man für zwei stetig differenzierbare Funktionen f und g das Integral $\int f'(x) \cdot g(x)\, dx$ zu berechnen, so kann man die Formel

$$\int f'(x) \cdot g(x)\, dx = f(x) \cdot g(x) - \int g'(x) \cdot f(x)\, dx$$

verwenden. Auf den ersten Blick sieht es so aus, als sei damit nur wenig gewonnen. Es kann aber passieren, dass der Ausdruck $f'(x) \cdot g(x)$ recht kompliziert und einer direkten Integration nicht zugänglich ist, während der Ausdruck $g'(x) \cdot f(x)$ auf der rechten Seite einfacher integrierbar ist. Ich gebe zu, dass dieser sehr wünschenswerte Fall hier leider nicht eintreten wird, aber trotzdem wird sich die partielle Integration als hilfreich erweisen. Ich setze jetzt $f'(x) = e^x$ und $g(x) = \cos(2x)$. Dann ist $f(x) = e^x$ und $g'(x) = -2\sin(2x)$, und mit der Formel für die partielle Integration folgt:

$$\int e^x \cdot \cos(2x)\, dx = e^x \cdot \cos(2x) - \int -2\sin(2x) \cdot e^x\, dx$$

$$= e^x \cdot \cos(2x) + 2\int e^x \cdot \sin(2x)\, dx.$$

Das sieht nicht so aus, als ob irgend etwas besser geworden wäre, und in so einem Fall kann es nichts schaden, die partielle Integration noch einmal anzuwenden. Ich versuche jetzt also, das neu entstandene Integral $\int e^x \cdot \sin(2x)\, dx$ mit Hilfe der partiellen Integration auszurechnen. Dazu setze ich $f'(x) = e^x$ und $g(x) = \sin(2x)$. Dann ist $f(x) = e^x$ und $g'(x) = 2\cos(2x)$, und mit der Formel für die partielle Integration ergibt sich:

$$\int e^x \cdot \sin(2x)\, dx = e^x \cdot \sin(2x) - \int 2\cos(2x) \cdot e^x\, dx$$

$$= e^x \cdot \sin(2x) - 2\int e^x \cdot \cos(2x)\, dx.$$

Es sieht ganz danach aus, als würde ich mich hier im Kreis drehen, aber der Schein trügt. Dieses neue Ergebnis kann ich nämlich oben einsetzen, denn bei der ersten Anwendung der partiellen Integration hatte ich das ursprüngliche Integral auf das neue Integral $\int e^x \cdot \sin(2x)\, dx$ zurückgeführt. Es gilt also:

$$\int e^x \cdot \cos(2x)\, dx = e^x \cdot \cos(2x) + 2\int e^x \cdot \sin(2x)\, dx$$

$$= e^x \cdot \cos(2x) + 2 \cdot \left(e^x \cdot \sin(2x) - 2\int e^x \cdot \cos(2x)\, dx\right)$$

$$= e^x \cdot \cos(2x) + 2e^x \cdot \sin(2x) - 4\int e^x \cdot \cos(2x)\, dx.$$

Nun bin ich fast fertig, denn ich habe herausgefunden, dass

$$\int e^x \cdot \cos(2x)\, dx = e^x \cdot \cos(2x) + 2e^x \cdot \sin(2x) - 4\int e^x \cdot \cos(2x)\, dx$$

gilt. Indem ich das vierfache Integral auf die linke Seite bringe, erhalte ich:

$$5\int e^x \cdot \cos(2x)\, dx = e^x \cdot \cos(2x) + 2e^x \cdot \sin(2x)$$

und damit:

$$\int e^x \cdot \cos(2x)\, dx = \frac{1}{5} \cdot (e^x \cdot \cos(2x) + 2e^x \cdot \sin(2x)) + c.$$

(ii) Nun berechne ich das Integral $\int x \cdot \arctan x\, dx$, und es wird sich herausstellen, dass man dafür sowohl die partielle Integration als auch ein wenig Fingerspitzengefühl braucht. Zunächst setze ich für die partielle Integration $f'(x) = x$ und $g(x) = \arctan x$. Dann ist $f(x) = \frac{x^2}{2}$ und $g'(x) = \frac{1}{x^2+1}$. Aus der Formel für die partielle Integration folgt deshalb:

$$\int x \cdot \arctan x\, dx = \frac{x^2}{2} \cdot \arctan x - \int \frac{x^2}{2} \cdot \frac{1}{x^2+1}\, dx$$

$$= \frac{x^2}{2} \cdot \arctan x - \frac{1}{2} \int \frac{x^2}{x^2+1}\, dx.$$

Auch das sieht nicht sehr vertrauenerweckend aus, aber das wird sich gleich ändern, denn den Bruch im letzten Integral kann man so umschreiben, dass er der Integration zugänglicher wird. Es gilt nämlich:

$$\frac{x^2}{x^2+1} = \frac{x^2+1-1}{x^2+1} = \frac{x^2+1}{x^2+1} - \frac{1}{x^2+1} = 1 - \frac{1}{x^2+1}$$

und damit:

$$\int \frac{x^2}{x^2+1}\, dx = \int 1 - \frac{1}{x^2+1}\, dx = x - \arctan x,$$

denn x ist Stammfunktion zu 1 und $\arctan x$ ist Stammfunktion zu $1 - \frac{1}{x^2+1}$. Wenn ich das nun wieder oben einsetze, dann erhalte ich:

$$\int x \cdot \arctan x\, dx = \frac{x^2}{2} \cdot \arctan x - \frac{1}{2} \int \frac{x^2}{x^2+1}\, dx$$

$$= \frac{x^2}{2} \cdot \arctan x - \frac{1}{2}(x - \arctan x) + c$$

$$= \frac{x^2}{2} \cdot \arctan x + \frac{1}{2} \cdot \arctan x - \frac{x}{2} + c.$$

(iii) Das Integral $\int \frac{x}{\sqrt{4-x^2}}\, dx$ ist ein Standardbeispiel für die Substitutionsregel, die ich schon in den Aufgaben 8.5 und 8.6 besprochen habe. Sie beschreibt, wie man eine bestimmte Art von Produkten integrieren kann. Sobald Sie einen Integranden der Form $g'(x) \cdot f(g(x))$ mit einer stetigen Funktion f und einer differenzierbaren Funktion g haben, kann man das Integral

$$\int g'(x) \cdot f(g(x))\, dx$$

berechnen, indem man eine Stammfunktion F von f sucht, und in diese Stammfunktion dann die innere Funktion $g(x)$ einsetzt. Die Substitutionsregel sagt also:

$$\int g'(x) \cdot f(g(x))\, dx = F(g(x)) = \int f(g)\, dg,$$

denn die letzte Gleichung sagt nur aus, dass ich die Funktion f integrieren muss,
und zwar nach der Variablen g, so dass also am Ende genau $F(g)$ herauskommt.
Nun brauche ich also eine innere Funktion $g(x)$, deren Ableitung innerhalb des Integrals als Faktor vorkommt. Der natürliche Kandidat für eine innere Funktion ist
aber $g(x) = 4 - x^2$, denn diese Funktion wird durch Wurzel und Kehrwert weiter
verarbeitet. Es gilt allerdings $g'(x) = -2x$, und der Faktor $-2x$ kommt im Integral
leider nicht vor – jedenfalls nicht direkt. Sie dürfen aber jederzeit konstante Faktoren
aus dem Integral heraus- oder in das Integral hineinziehen, ohne etwas am Wert des
Integrals zu ändern, und genau das hilft mir jetzt weiter. Ich schreibe nämlich:

$$\int \frac{x}{\sqrt{4 - x^2}}\, dx = \int x \cdot \frac{1}{\sqrt{4 - x^2}}\, dx = -\frac{1}{2} \int -2x \cdot \frac{1}{\sqrt{4 - x^2}}\, dx.$$

Jetzt ist alles so, wie es die Substitutionsregel verlangt: ich habe eine innere Funktion
$g(x)$, mit der noch etwas angestellt wird, und die Ableitung von $g(x)$ tritt im Integral
als Faktor auf. Ich kann daher im Integral die Größen $g(x)$ und $g'(x)$ an die richtigen
Stellen schreiben und erhalte:

$$-\frac{1}{2} \int -2x \cdot \frac{1}{\sqrt{4 - x^2}}\, dx = -\frac{1}{2} \int g'(x) \cdot \frac{1}{\sqrt{g(x)}}\, dx.$$

Die Substitutionsregel sagt nun aus, dass Sie dieses Integral vereinfachen können,
indem Sie $g'(x)dx$ ersetzen durch dg. Im Integral bleibt dann nur noch $\frac{1}{\sqrt{g(x)}}$ übrig,
das Sie anschließend nach der Variablen g integrieren müssen. Ich erhalte also:

$$-\frac{1}{2} \int g'(x) \cdot \frac{1}{\sqrt{g(x)}}\, dx = -\frac{1}{2} \int \frac{1}{\sqrt{g}}\, dg = -\frac{1}{2} \int g^{-\frac{1}{2}}\, dg.$$

Jetzt geht es also nur noch darum, die Potenzfunktion $g^{-\frac{1}{2}}$ nach der Integrations-
variablen g zu integrieren, und dafür gibt es eine einfache Regel: man erhöhe den
Exponenten um 1 und teile die neue Potenz durch eben diesen neuen Exponenten.
Das heißt:

$$-\frac{1}{2} \int g^{-\frac{1}{2}}\, dg = -\frac{1}{2} \cdot \frac{g^{\frac{1}{2}}}{\frac{1}{2}} = -g^{\frac{1}{2}} = -\sqrt{g} = -\sqrt{4 - x^2},$$

denn Sie dürfen nicht vergessen, dass $g(x) = 4 - x^2$ gilt. Fasst man nun alles zusammen, dann habe ich herausgefunden:

$$\int \frac{x}{\sqrt{4 - x^2}}\, dx = -\sqrt{4 - x^2} + c.$$

(iv) Das Integral $\int \frac{2-x}{1+\sqrt{x}}\,dx$ gehe ich ebenfalls mit der Substitutionsregel an, auch wenn es auf den ersten Blick recht hoffnungslos aussieht. Sie haben hier im Gegensatz zu Teil (iii) keinen Standardfall für diese Regel vor sich, bei dem Sie mehr oder weniger sofort sehen können, was $g(x)$ und was $g'(x)$ ist. Hier muss man schon noch etwas Arbeit investieren, um die passende Form für die Substitutionsregel herzustellen. Was am Integranden stört, ist ja offenbar die Wurzelfunktion; ohne sie wäre das Integral kein großes Problem. Ideal wäre es, wenn ich $g(x) = \sqrt{x}$ wählen könnte, da in diesem Fall die Wurzel früher oder später verschwindet. Ich werde also versuchshalber $g(x) = \sqrt{x}$ setzen und sehen, wie weit ich damit komme. Dann ist aber $g'(x) = \frac{1}{2\sqrt{x}}$, und ein Faktor dieser Art ist im Integral beim besten Willen nicht zu entdecken. In so einem Fall hat man nur die Wahl, den Faktor durch günstiges Erweitern in das Integral hinein zu bekommen, wobei Sie allerdings auf eines achten müssen: Nur Konstanten dürfen Sie beliebig in das Integral hinein- und aus ihm herausziehen, bei echten Funktionen geht das nicht. Ich darf jetzt also auf keinen Fall den Faktor $\frac{1}{2\sqrt{x}}$ *in* das Integral schreiben und ihn dann durch den Faktor $2\sqrt{x}$ *vor* dem Integral ausgleichen, denn so etwas geht nur bei Konstanten. Statt dessen muss ich mich innerhalb des Integrals bewegen und schreibe deshalb:

$$\int \frac{2-x}{1+\sqrt{x}}\,dx = \int \frac{1}{2\sqrt{x}} \cdot 2\sqrt{x} \cdot \frac{2-x}{1+\sqrt{x}}\,dx.$$

Damit habe ich offenbar am Integral nichts verändert. Den Faktor $2\sqrt{x}$ ziehe ich auf den Zähler des Bruchs und erhalte:

$$\int \frac{1}{2\sqrt{x}} \cdot 2\sqrt{x} \cdot \frac{2-x}{1+\sqrt{x}}\,dx = \int \frac{1}{2\sqrt{x}} \cdot \frac{2\sqrt{x} \cdot (2-x)}{1+\sqrt{x}}\,dx$$

$$= \int \frac{1}{2\sqrt{x}} \cdot \frac{4\sqrt{x} - 2\sqrt{x}^3}{1+\sqrt{x}}\,dx,$$

denn $2\sqrt{x} \cdot x = 2\sqrt{x} \cdot \sqrt{x}^2 = 2\sqrt{x}^3$. Jetzt bin ich tatsächlich so weit, dass ich die Substitutionsregel anwenden kann. Der Bruch $\frac{4\sqrt{x}-2\sqrt{x}^3}{1+\sqrt{x}}$ ist eine Funktion von $g(x) = \sqrt{x}$, und die Ableitung von $g(x)$ kommt auch wirklich als Faktor im Integral vor. Ich kann also mit $g(x) = \sqrt{x}$ schreiben:

$$\int \frac{1}{2\sqrt{x}} \cdot \frac{4\sqrt{x} - 2\sqrt{x}^3}{1+\sqrt{x}}\,dx = \int g'(x) \cdot \frac{4g(x) - 2(g(x))^3}{1+g(x)}\,dx.$$

Nach der Substitutionsregel kann ich wieder $g'(x)dx$ ersetzen durch dg, so dass sich ergibt:

$$\int g'(x) \cdot \frac{4g(x) - 2(g(x))^3}{1+g(x)}\,dx = \int \frac{4g - 2g^3}{1+g}\,dg.$$

Das sieht zwar auch noch nicht sehr schön aus, aber doch immerhin etwas übersichtlicher, denn jetzt habe ich es nur noch mit einer rationalen Funktion im Integral
zu tun. Auch sie kann ich nicht so ohne Weiteres integrieren, sondern ich muss sie
noch in eine Form bringen, die das Integrieren leichter macht. Dazu bietet sich die
Polynomdivision an: ich werde jetzt $4g - 2g^3$ durch $g + 1$ dividieren und dann das
entstehende Ergebnis ohne Probleme integrieren. Für die Polynomdivision muss ich
aber erst $4g - 2g^3$ umschreiben zu $-2g^3 + 4g$, denn man sollte eine Polynomdivision
immer mit dem höchsten Exponenten beginnen. Was im Einzelnen bei der Polynomdivision passiert, können Sie in der Lösung zu Aufgabe 7.14 nachlesen, ich werde
sie hier nur noch kommentarlos durchführen. Es gilt also:

$$
\begin{array}{l}
(-2g^3 + 4g) \; : \; (g + 1) = -2g^2 + 2g + 2 - \dfrac{2}{g+1} \\[2pt]
\underline{-2g^3 - 2g^2} \\[2pt]
\qquad 2g^2 + 4g \\[2pt]
\qquad \underline{2g^2 + 2g} \\[2pt]
\qquad\qquad 2g \\[2pt]
\qquad\qquad \underline{2g + 2} \\[2pt]
\qquad\qquad\quad -2
\end{array}
$$

Damit habe ich herausgefunden, dass

$$
\frac{4g - 2g^3}{1 + g} = -2g^2 + 2g + 2 - \frac{2}{g+1}
$$

gilt. Das macht das Integrieren leicht, denn jetzt erhalte ich:

$$
\begin{aligned}
\int \frac{4g - 2g^3}{1+g}\, dg &= \int -2g^2 + 2g + 2 - \frac{2}{g+1}\, dg \\
&= -\frac{2}{3}g^3 + g^2 + 2g - 2\ln|1+g| \\
&= -\frac{2}{3}\sqrt{x}^3 + \sqrt{x}^2 + 2\sqrt{x} - 2\ln|1 + \sqrt{x}| \\
&= -\frac{2}{3}x^{\frac{3}{2}} + x + 2\sqrt{x} - 2\ln|1 + \sqrt{x}|.
\end{aligned}
$$

In der dritten Zeile habe ich dabei benutzt, dass $g = \sqrt{x}$ gilt, und in der vierten
Zeile habe ich erstens die Beziehung $\sqrt{x}^3 = \left(x^{\frac{1}{2}}\right)^3 = x^{\frac{3}{2}}$ und zweitens die Tatsache
$\sqrt{x}^2 = x$ verwendet. Damit ergibt sich also insgesamt:

$$
\int \frac{2 - x}{1 + \sqrt{x}}\, dx = -\frac{2}{3}x^{\frac{3}{2}} + x + 2\sqrt{x} - 2\ln|1 + \sqrt{x}| + c.
$$

(v) Das Integral $\int \frac{4x^3}{x^3+2x^2-x-2}\,dx$ ruft nach einer Partialbruchzerlegung, die ich bereits in Aufgabe 8.9 besprochen habe, aber man muss dabei ein wenig vorsichtig sein. Das übliche Verfahren der Partialbruchzerlegung funktioniert nämlich nur dann, wenn der Grad des Zählers kleiner ist als der Grad des Nenners, und das ist hier nicht der Fall: der höchste (und gleichzeitig einzige) Exponent im Zähler ist die 3, und im Nenner sieht es genauso aus. Ich muss also notgedrungen den Bruch so umschreiben, dass im Zähler höchstens der Exponent 2 auftaucht. Das können Sie beispielsweise immer durch eine kurze Polynomdivision erreichen, die Sie ja nur so lange durchführen müssen, bis Sie den passenden Grad erreicht haben. In diesem Fall heißt das:

$$
\begin{array}{l}
4x^3 \ : \quad (x^3 + 2x^2 - x - 2) = 4 + \dfrac{-8x^2 + 4x + 8}{x^3 + 2x^2 - x - 2} \\[2pt]
\underline{4x^3 + \ \ 8x^2 - \ 4x - 8} \\[2pt]
\qquad\ -8x^2 + \ 4x + 8
\end{array}
$$

Es gilt also

$$
\frac{4x^3}{x^3 + 2x^2 - x - 2} = 4 + \frac{-8x^2 + 4x + 8}{x^3 + 2x^2 - x - 2} = 4 - 4 \cdot \frac{2x^2 - x - 2}{x^3 + 2x^2 - x - 2},
$$

und damit habe ich den Bruch so wie ich ihn brauche, denn jetzt ist der Grad des Zählers 2, während der Nennergrad immer noch bei 3 liegt. Das Verfahren der Partialbruchzerlegung verlangt jetzt, dass ich mich um die Nullstellen des Nenners kümmere. Das sieht auf den ersten Blick ein wenig kompliziert aus, weil ich es mit einem Polynom dritten Grades zu tun habe, aber Sie sollten sich einmal die ersten beiden Summanden ansehen. Aus ihnen kann ich den Faktor x^2 vorklammern und erhalte:

$$
x^3 + 2x^2 - x - 2 = x^2 \cdot (x + 2) - x - 2 = x^2 \cdot (x + 2) - (x + 2)
$$
$$
= (x + 2) \cdot (x^2 - 1) = (x + 2) \cdot (x - 1) \cdot (x + 1).
$$

Die Zerlegung des Nenners in Linearfaktoren ist damit vollständig. Ich mache also den Ansatz:

$$
\frac{2x^2 - x - 2}{x^3 + 2x^2 - x - 2} = \frac{A}{x + 2} + \frac{B}{x - 1} + \frac{C}{x + 1}.
$$

Das nützt mir gar nichts, solange ich nicht die unbekannten Größen A, B und C kenne, denn erst dann kann ich das Integral konkret ausrechnen. Um die Sache etwas übersichtlicher zu gestalten, multipliziere ich die Gleichung mit dem Nenner $x^3 + 2x^2 - x - 2 = (x + 2) \cdot (x - 1) \cdot (x + 1)$ durch. Auf der linken Seite bleibt dann nur noch der Zähler stehen, auf der rechten Seite kürzt sich beim ersten Bruch der

Faktor $x + 2$ heraus, beim zweiten Bruch der Faktor $x - 1$ und beim dritten Bruch der Faktor $x + 1$. Daraus folgt:

$$2x^2 - x - 2 = A \cdot (x - 1) \cdot (x + 1) + B \cdot (x + 2) \cdot (x + 1) + C \cdot (x + 2) \cdot (x - 1)$$
$$= A \cdot (x^2 - 1) + B \cdot (x^2 + 3x + 2) + C \cdot (x^2 + x - 2).$$

Noch immer kenne ich die gesuchten Größen A, B und C nicht. Ich habe aber auf der linken Seite ein Polynom zweiten Grades stehen, und auf der rechten Seite in der letzten Zeile ebenfalls, auch wenn es noch ein wenig unübersichtlich aussieht. Ich sortiere deshalb den zuletzt berechneten Ausdruck nach Potenzen von x und erhalte:

$$A \cdot (x^2 - 1) + B \cdot (x^2 + 3x + 2) + C \cdot (x^2 + x - 2)$$
$$= x^2 \cdot (A + B + C) + x \cdot (3B + C) - A + 2B - 2C.$$

Es gilt also:

$$2x^2 - x - 2 = x^2 \cdot (A + B + C) + x \cdot (3B + C) - A + 2B - 2C,$$

und damit beide Polynome gleich sein können, müssen einfach nur ihre Koeffizienten gleich sein. Folglich ist:

$$\begin{aligned}
A + B + C &= 2 \\
3B + C &= -1 \\
-A + 2B - 2C &= -2.
\end{aligned}$$

Jetzt bin ich schon sehr nahe an die Bestimmung von A, B und C herangekommen, denn es handelt sich hier um ein ganz normales lineares Gleichungssystem, das man beispielsweise mit dem Gauß-Algorithmus lösen kann. In Matrixform lautet es:

$$\begin{pmatrix} 1 & 1 & 1 & 2 \\ 0 & 3 & 1 & -1 \\ -1 & 2 & -2 & -2 \end{pmatrix}.$$

Addieren der ersten Zeile auf die dritte ergibt:

$$\begin{pmatrix} 1 & 1 & 1 & 2 \\ 0 & 3 & 1 & -1 \\ 0 & 3 & -1 & 0 \end{pmatrix}$$

Ich subtrahiere nun die zweite Zeile von der dritten und finde:

$$\begin{pmatrix} 1 & 1 & 1 & 2 \\ 0 & 3 & 1 & -1 \\ 0 & 0 & -2 & 1 \end{pmatrix}$$

und damit $-2C = 1$, also $C = -\frac{1}{2}$. Daraus folgt mit der zweiten Zeile:

$$3B - \frac{1}{2} = -1, \text{ also } 3B = -\frac{1}{2} \text{ und somit } B = -\frac{1}{6}.$$

Schließlich erhalte ich aus der ersten Zeile:

$$A - \frac{1}{6} - \frac{1}{2} = 2, \text{ also } A = 2 + \frac{1}{6} + \frac{1}{2} = \frac{8}{3}.$$

Die Zerlegung des Bruchs lautet deshalb:

$$\frac{2x^2 + x + 2}{x^3 + 2x^2 - x - 2} = \frac{8}{3} \cdot \frac{1}{x+2} - \frac{1}{6} \cdot \frac{1}{x-1} - \frac{1}{2} \cdot \frac{1}{x+1}.$$

Damit ergibt sich das Integral:

$$\int \frac{2x^2 + x + 2}{x^3 + 2x^2 - x - 2} \, dx = \frac{8}{3} \cdot \int \frac{1}{x+2} \, dx - \frac{1}{6} \cdot \int \frac{1}{x-1} \, dx - \frac{1}{2} \cdot \int \frac{1}{x+1} \, dx$$

$$= \frac{8}{3} \cdot \ln|x+2| \, dx - \frac{1}{6} \cdot \ln|x-1| - \frac{1}{2} \cdot \ln|x+1|.$$

Ich möchte aber darauf hinweisen, dass das noch nicht mein gesuchtes Integral ist. Ursprünglich bin ich von dem Problem ausgegangen,

$$\int \frac{4x^3}{x^3 + 2x^2 - x - 2} \, dx$$

zu berechnen, und das habe ich mit einer Polynomdivision zurückgeführt auf das Integral von

$$4 - 4 \cdot \frac{2x^2 - x - 2}{x^3 + 2x^2 - x - 2}.$$

Damit folgt aber:

$$\int \frac{4x^3}{x^3 + 2x^2 - x - 2} \, dx$$

$$= \int 4 - 4 \cdot \frac{2x^2 - x - 2}{x^3 + 2x^2 - x - 2} \, dx$$

$$= 4x - 4 \cdot \int \frac{2x^2 - x - 2}{x^3 + 2x^2 - x - 2} \, dx$$

$$= 4x - 4 \cdot \left(\frac{8}{3} \cdot \ln|x+2| \, dx - \frac{1}{6} \cdot \ln|x-1| - \frac{1}{2} \cdot \ln|x+1| \right)$$

$$= 4x - \frac{32}{3} \cdot \ln|x+2| \, dx + \frac{2}{3} \cdot \ln|x-1| + 2 \cdot \ln|x+1|.$$

Also ist:

$$\int \frac{4x^3}{x^3 + 2x^2 - x - 2}\, dx = 4x - \frac{32}{3}\cdot \ln|x+2|\, dx + \frac{2}{3}\cdot \ln|x-1|$$
$$+ 2\cdot \ln|x+1| + c.$$

8.18

(i) Berechnen Sie den Inhalt der Fläche, die von den Funktionskurven der beiden Funktionen $f(x) = \frac{1}{1+x^2} - \frac{1}{2}$ und $g(x) = x^2 - 1$ eingeschlossen wird.

(ii) Die Kurve der Funktion $f(x) = e^x$ schließt mit der Geraden $y = -\frac{1}{e}\cdot x$ und der Tangenten an die Funktion f für $x_0 = 1$ eine Fläche ein. Berechnen Sie den zugehörigen Flächeninhalt.

Lösung Die Berechnung einer Fläche zwischen zwei oder gar mehreren Funktionskurven ist nichts Geheimnisvolles. Haben Sie beispielsweise wie in Teil (i) zwei Funktionen und sollen ausrechnen, welche Fläche sie einschließen, so beginnen Sie am besten mit dem Berechnen der Schnittpunkte, indem Sie die beiden Funktionen gleichsetzen. Diese Schnittpunkte bilden dann die Integrationsgrenzen, wobei Sie bei mehr als zwei Schnittpunkten darauf achten müssen, dass Sie die Differenz beider Funktionen immer nur von Schnittpunkt zu Schnittpunkt integrieren und das jeweilige Ergebnis in den Betrag nehmen. Etwas komplizierter sieht es in Teil (ii) aus, denn hier müssen Sie erst noch einen Teil der Funktionen selbst berechnen, bevor Sie sich ans Integrieren machen können. Die eigentliche Flächenberechnung wird dann aber nach dem gleichen Prinzip erfolgen.

(i) Die Schnittpunkte der Funktionskurven von $f(x) = \frac{1}{1+x^2} - \frac{1}{2}$ und $g(x) = x^2 - 1$ bekomme ich, indem ich beide Funktionen gleichsetze. Ich mache also den Ansatz:

$$f(x) = g(x) \Leftrightarrow \frac{1}{1+x^2} - \frac{1}{2} = x^2 - 1.$$

Multiplizieren mit dem Nenner $1 + x^2$ führt zu der Gleichung:

$$1 - \frac{1}{2}(1+x^2) = (x^2 - 1)\cdot(1+x^2),$$

Auf der linken Seite löse ich die Klamer auf, während ich auf der rechten Seite die dritte binomische Formel anwende. Das ergibt:

$$\frac{1}{2} - \frac{1}{2}x^2 = x^4 - 1$$

und damit:

$$x^4 + \frac{1}{2}x^2 - \frac{3}{2} = 0.$$

Das ist nun eine sogenannte biquadratische Gleichung, die Sie ganz einfach in eine vertraute quadratische Gleichung überführen können: Sie setzen $z = x^2$ und erhalten daraus eine quadratische Gleichung mit der Unbekannten z, nämlich:

$$z^2 + \frac{1}{2}z - \frac{3}{2} = 0.$$

Nach der p, q-Formel hat sie die Lösungen:

$$z_{1,2} = -\frac{1}{4} \pm \sqrt{\frac{1}{16} + \frac{3}{2}} = -\frac{1}{4} \pm \sqrt{\frac{25}{16}} = -\frac{1}{4} \pm \frac{5}{4},$$

also $z_1 = -\frac{3}{2}$ und $z_2 = 1$. Da ich aber $z = x^2$ gesetzt habe, kommt die Lösung z_1 überhaupt nicht in Betracht, denn das Quadrat einer reellen Zahl kann nie negativ werden. Interessant ist hier nur $z_2 = 1$, und daraus folgt: $x_1 = -1$ und $x_2 = 1$. Die beiden Funktionskurven schneiden sich also bei -1 und 1, und damit habe ich auch schon meine Integrationsgrenzen gefunden. Den Flächeninhalt erhalte ich jetzt, indem ich die Differenz der beiden Funktionen in den gefundenen Grenzen integriere: da es nur zwei Schnittpunkte gibt, brauche ich mir auch keine Gedanken darüber zu machen, dass ich immer schrittweise von Schnittpunkt zu Schnittpunkt integrieren muss, denn nach dem ersten Integrieren bin ich schon fertig. Es geht jetzt also um das Integral:

$$\int_{-1}^{1} f(x) - g(x)\, dx = \int_{-1}^{1} \frac{1}{1+x^2} - \frac{1}{2} - (x^2 - 1)\, dx$$

$$= \int_{-1}^{1} \frac{1}{1+x^2} - \frac{1}{2} - x^2 + 1\, dx$$

$$= \int_{-1}^{1} \frac{1}{1+x^2} - x^2 + \frac{1}{2}\, dx.$$

Das einzige Problem liegt hier darin, die Stammfunktion zu $\frac{1}{1+x^2}$ zu finden, aber wegen $(\arctan x)' = \frac{1}{1+x^2}$ ist das der Arcustangens. Damit folgt:

$$\int_{-1}^{1} \frac{1}{1+x^2} - x^2 + \frac{1}{2}\, dx = \arctan x - \frac{x^3}{3} + \frac{x}{2}\bigg|_{-1}^{1}$$

$$= \arctan 1 - \frac{1}{3} + \frac{1}{2} - \left(\arctan(-1) + \frac{1}{3} - \frac{1}{2}\right)$$

$$= \arctan 1 - \arctan(-1) - \frac{2}{3} + 1$$

$$= \arctan 1 - \arctan(-1) + \frac{1}{3}.$$

Wenn Sie mit Hilfe eines Taschenrechners den Arcustangens von 1 bestimmen und den Rechner auf Grad eingestellt haben, dann werden Sie das Ergebnis 45° erhalten. In der Differential- und Integralrechnung arbeitet man aber mit dem Bogenmaß, und ein Winkel von 45° entspricht einem Bogenmaß von $\frac{\pi}{4}$. Daher ist $\arctan 1 = \frac{\pi}{4}$ und entsprechend $\arctan(-1) = -\frac{\pi}{4}$. Daraus folgt:

$$\arctan 1 - \arctan(-1) + \frac{1}{3} = \frac{\pi}{2} + \frac{1}{3},$$

und ich erhalte den Flächeninhalt:

$$\int_{-1}^{1} f(x) - g(x)\, dx = \frac{\pi}{2} + \frac{1}{3}.$$

(ii) Um hier an den gesuchten Flächeninhalt heranzukommen, muss ich mir erst einmal Klarheit über die beteiligten Funktionen verschaffen. Vorgegeben sind $f(x) = e^x$ und die Gerade $y = -\frac{1}{e}x$. Dagegen muss ich die Tangente von f für $x_0 = 1$ erst berechnen, und dazu brauche ich wie üblich die Ableitung von f. Wie jede Gerade hat auch die Tangente eine Geradengleichung der Form $y = mx + b$, wobei m die Steigung der Geraden ist. Da es sich aber um die Tangente von f bei $x_0 = 1$ handelt, muss die Steigung genau der ersten Ableitung $f'(1)$ entsprechen. Das ist günstig, denn die Exponentialfunktion lässt sich besonders einfach ableiten: aus $f'(x) = e^x$ folgt $f'(1) = e$, und damit lautet die Geradengleichung $y = ex + b$. Jetzt muss ich noch b ausrechnen, aber das ist nicht problematisch. Die Tangente hat bei $x_0 = 1$ den gleichen Funktionswert wie die Funktion selbst, da sich Tangente und Funktionskurve dort berühren. Wegen $f(1) = e$ folgt daraus $e = e \cdot 1 + b$, also $b = 0$. Damit ist die Gleichung der Tangente vollständig berechnet, und sie lautet: $y = e \cdot x$. Den oberen Rand der gesuchten Fläche bildet einheitlich die Funktion $f(x) = e^x$, aber beim unteren Rand ist die Lage ein wenig anders. Bis zum Punkt $x = 0$ wird die

Fläche unten von der Geraden $y = -\frac{1}{e}x$ berandet, aber ab $x = 0$ wird die Rolle der unteren Begrenzung von der Tangenten $y = e \cdot x$ übernommen, die dann bei $x_0 = 1$ auf die Funktionskurve von $f(x) = e^x$ trifft. Für den rechten Teil der Fläche werde ich also die Differenz $e^x - e \cdot x$ zwischen 0 und 1 integrieren müssen. Für den linken Teil dagegen muss ich die Differenz $e^x - \left(-\frac{1}{e}x\right) = e^x + \frac{1}{e}x$ integrieren, wobei die obere Grenze bei 0 liegt. Aber wo liegt die untere? Sie liegt genau in dem Punkt, in dem sich die Kurve von $f(x) = e^x$ und die Gerade schneiden, und dazu müsste ich eigentlich die Gleichung

$$e^x = -\frac{1}{e}x$$

lösen. Leider geht das nicht so einfach, da nicht klar ist, wie man hier nach x auflösen soll. Es ist aber auch gar nicht nötig, dass Sie sich damit belasten, denn man kann eine Lösung durch ein wenig Probieren finden: wenn Sie spaßeshalber einmal $x = -1$ einsetzen, dann erhalten Sie:

$$e^{-1} = -\frac{1}{e} \cdot (-1) = \frac{1}{e},$$

und das ist sicher wahr, denn e^{-1} ist nur eine andere Schreibweise für $\frac{1}{e}$. Der Schnittpunkt liegt also genau bei -1, und somit habe ich die letzte benötigte Integrationsgrenze gefunden. Jetzt kann ich leicht den linken Teil der Fläche berechnen. Es gilt:

$$\int_{-1}^{0} e^x - \left(-\frac{1}{e}x\right) \, dx = \int_{-1}^{0} e^x + \frac{1}{e}x \, dx$$

$$= e^x + \frac{1}{e} \cdot \frac{x^2}{2} \Big|_{-1}^{0}$$

$$= e^0 - \left(e^{-1} + \frac{1}{e} \cdot \frac{1}{2}\right)$$

$$= 1 - \frac{3}{2} \cdot \frac{1}{e},$$

denn $e^{-1} = \frac{1}{e}$. Dagegen habe ich auf der rechten Seite:

$$\int_{0}^{1} e^x - e \cdot x \, dx = e^x - e \cdot \frac{x^2}{2} \Big|_{0}^{1}$$

$$= e^1 - e \cdot \frac{1}{2} - e^0$$

$$= \frac{1}{2} \cdot e - 1.$$

Die Gesamtfläche ergibt sich dann als Summe der beiden Teilflächen, und damit erhalte ich:

$$\text{Flächeninhalt} = 1 - \frac{3}{2} \cdot \frac{1}{e} + \frac{1}{2} \cdot e - 1 = -\frac{3}{2} \cdot \frac{1}{e} + \frac{1}{2} \cdot e = \frac{e}{2} - \frac{3}{2e}.$$

8.19 Bestimmen Sie den Schwerpunkt der Fläche, die durch die Funktionskurve von $f(x) = x + \sin x$, die senkrechte Gerade $x = \pi$ und die x-Achse berandet wird.

Lösung Die Bestimmung des Schwerpunktes einer Fläche ist mit einem gewissen Rechenaufwand verbunden, weil man drei Integrale ausrechnen muss. Man kann das in einem etwas allgemeineren Zusammenhang sehen, wenn man sich vorher mit mehrdimensionalen Integralen beschäftigt hat, aber für Flächen, die sich innerhalb des gewöhnlichen Koordinatensystems befinden, kommen Sie auch mit der gewohnten Integralrechnung aus; Beispiele der anderen Art finden Sie dann in Kapitel 14.

Zunächst kann man sich nicht davor drücken, den Flächeninhalt der betrachteten Fläche auszurechnen, aber darin liegt kein besonderes Problem, denn Sie haben beispielsweise in Aufgabe 8.15 schon gesehen, wie man das macht. Um nun die Koordinaten des Schwerpunktes ausrechnen zu können, setze ich voraus, dass meine Fläche von zwei Funktionskurven $f_1(x)$ und $f_2(x)$ mit x-Werten aus dem Intervall $[a, b]$ begrenzt wird, wobei der Einfachheit halber für alle in Frage kommenden x-Werte gelten soll: $f_1(x) \leq f_2(x)$. Nun gibt es eine einfache Formel für die Koordinaten des Schwerpunktes, die nur den kleinen Nachteil hat, dass in ihr zwei Integrale vorkommen. Bezeichnet man nämlich den Flächeninhalt der Fläche mit A, dann gilt für den Schwerpunkt $S = (x_S, y_S)$:

$$x_S = \frac{1}{A} \cdot \int_a^b x \cdot (f_2(x) - f_1(x)) \, dx$$

und

$$y_S = \frac{1}{2A} \cdot \int_a^b f_2^2(x) - f_1^2(x) \, dx.$$

Sofern Sie alle auftretenden Integrale ausrechnen können, ist damit der Schwerpunkt vollständig bestimmt.

Ist man sich über die eigentliche Vorgehensweise klar, dann ist die konkrete Rechnung mehr oder weniger Routine. Bevor ich aber die nötigen Integrale ausrechne, kann es nicht schaden, sich ein wenig Klarheit über die Funktion $f(x) = x + \sin x$ zu verschaffen und sich vor allem zu überlegen, welche Integrationsgrenzen ich nachher brauchen werde. Es gilt $f(0) = 0 + \sin 0 = 0$ und $f(\pi) = \pi + \sin \pi = \pi$, denn $\sin \pi = 0$. Man kann daher den Verdacht hegen, dass sich die Funktion ab $x = 0$ aufwärts bewegen wird, und der

Verdacht ist auch leicht zu bestätigen: eine Funktion ist dann monoton wachsend, wenn $f'(x) \geq 0$ gilt, und hier habe ich tatsächlich:

$$f'(x) = 1 + \cos x \geq 0 \text{ für alle } x \in \mathbb{R},$$

denn der Cosinus kann den Wert -1 nie unterschreiten. Da die Funktion also auf ganz $\mathbb{R}$ monoton wächst und $f(0) = 0$ gilt, wird sie zwischen $x = 0$ und $x = \pi$ auf jeden Fall über der x-Achse liegen und daher zusammen mit der x-Achse und der senkrechten Geraden $x = \pi$ eine Fläche einschließen. Meine Integrationsgrenzen lauten also $a = 0$ und $b = \pi$. Die Fläche ist jetzt leicht berechnet, denn es handelt sich ganz einfach um die Fläche zwischen der Funktionskurve von f und der x-Achse zwischen $a = 0$ und $b = \pi$, also schlicht um das bestimmte Integral zwischen 0 und π. Daher gilt:

$$A = \int_0^\pi x + \sin x \, dx = \left. \frac{x^2}{2} - \cos x \right|_0^\pi$$

$$= \frac{\pi^2}{2} - \cos \pi - (-\cos 0) = \frac{\pi^2}{2} + 1 + 1 = \frac{\pi^2}{2} + 2.$$

Jetzt geht es an die x-Koordinate des Schwerpunktes. Die obere Begrenzungslinie ist die Funktionskurve von f, also ist in der Formel aus der Vorbemerkung $f_2(x) = x + \sin x$. Dagegen ist die untere Begrenzungslinie ganz einfach die x-Achse, und einfacher kann man es nicht mehr haben, denn ich kann deshalb $f_1(x) = 0$ setzen. Damit folgt:

$$x_S = \frac{1}{A} \int_0^\pi x \cdot (x + \sin x - 0) \, dx = \frac{1}{A} \int_0^\pi x \cdot (x + \sin x) \, dx$$

$$= \frac{1}{A} \int_0^\pi x^2 + x \cdot \sin x \, dx.$$

In solchen Fällen empfehle ich normalerweise, erst das unbestimmte Integral auszurechnen und danach die Grenzen einzusetzen, da sonst das Mitschleppen der Integrationsgrenzen nur verwirrt. Natürlich ist:

$$\int x^2 + x \cdot \sin x \, dx = \frac{x^3}{3} + \int x \cdot \sin x \, dx,$$

und das verbleibende Integral rechne ich mit Hilfe der partiellen Integration aus. Es gilt:

$$\int x \cdot \sin x \, dx = (-\cos x) \cdot x - \int (-\cos x) \cdot 1 \, dx$$

$$= -x \cdot \cos x + \int \cos x \, dx$$

$$= -x \cdot \cos x + \sin x.$$

Daraus folgt:

$$\int_0^\pi x \cdot \sin x \, dx = -x \cdot \cos x + \sin x \big|_0^\pi = -\pi \cdot \cos \pi + \sin \pi = \pi.$$

Das setze ich nun oben ein und erhalte:

$$\int_0^\pi x^2 + x \cdot \sin x \, dx = \frac{x^3}{3}\bigg|_0^\pi + \int_0^\pi x \cdot \sin x \, dx$$

$$= \frac{\pi^3}{3} + \pi.$$

Die x-Koordinate des Schwerpunktes lautet daher:

$$x_S = \frac{1}{A} \cdot \left(\frac{\pi^3}{3} + \pi\right) = \frac{1}{\frac{\pi^2}{2} + 2} \cdot \left(\frac{\pi^3}{3} + \pi\right) \approx 1{,}9434.$$

Um die y-Koordinate des Schwerpunktes zu berechnen, muss ich die Funktionen der oberen und der unteren Begrenzungslinie quadrieren und voneinander abziehen, bevor ich sie ins Integral schreibe. Hier bedeutet das:

$$y_S = \frac{1}{2A} \int_0^\pi (x + \sin x)^2 - 0^2 \, dx = \frac{1}{2A} \int_0^\pi x^2 + 2x \sin x + \sin^2 x \, dx.$$

Das sieht schlimmer aus als es ist. Zunächst werde ich wieder nur das unbestimmte Integral ausrechnen und dabei die drei Summanden einzeln integrieren. Natürlich ist die Stammfunktion von x^2 leicht zu finden, aber auch $2x \sin x$ stellt kein Problem dar, denn ich habe gerade eben ausgerechnet, dass

$$\int x \cdot \sin x \, dx = -x \cdot \cos x + \sin x$$

gilt. Damit erhalte ich:

$$\int x^2 + 2x \sin x + \sin^2 x \, dx = \frac{x^3}{3} + 2(-x \cdot \cos x + \sin x) + \int \sin^2 x \, dx$$

$$= \frac{x^3}{3} - 2x \cdot \cos x + 2 \sin x + \int \sin^2 x \, dx.$$

Was bleibt, ist das unangenehme Integral von $\sin^2 x$, das man nur mit einer recht trickreichen partiellen Integration ausrechnen kann. Falls Sie zufällig in meinem Lehrbuch „Mathematik für Ingenieure" das achte Kapitel gelesen haben, dann ist Ihnen dieses Integral im Beispiel 8.2.3 begegnet. Für den Fall, dass Sie es dort aber nie angesehen oder vielleicht wieder vergessen haben, werde ich es jetzt vorrechnen. Gesucht ist also

$$\int \sin^2 x\, dx = \int \sin x \cdot \sin x\, dx.$$

Für die partielle Integration setze ich $u'(x) = \sin x$ und $v(x) = \sin x$. Dann ist $u(x) = -\cos x$ und $v'(x) = \cos x$. Die partielle Integration ergibt somit:

$$\int \sin^2 x\, dx = -\cos x \cdot \sin x - \int (-\cos x) \cdot \cos x\, dx$$

$$= -\cos x \cdot \sin x + \int \cos^2 x\, dx.$$

Es sieht so aus, als müsste ich die partielle Integration noch einmal anwenden, um weiter zu kommen, aber wenn Sie sich dazu überwinden, auf die gleiche Weise das Integral von $\cos^2 x$ auszurechnen, dann werden Sie feststellen, dass Sie sich im Kreis bewegen und am Ende wieder genau da herauskommen, wo Sie angefangen haben. Besser ist es, nicht mehr weiter zu integrieren und sich an die trigonometrische Version des Pythagoras-Satzes

$$\sin^2 x + \cos^2 x = 1$$

zu halten. Mit dieser Gleichung gehe ich in die Formel für das Integral von $\sin^2 x$ und finde:

$$\int \sin^2 x\, dx = -\cos x \cdot \sin x + \int \cos^2 x\, dx$$

$$= -\cos x \cdot \sin x + \int 1 - \sin^2 x\, dx$$

$$= -\cos x \cdot \sin x + \int 1\, dx - \int \sin^2 x\, dx$$

$$= -\cos x \cdot \sin x + x - \int \sin^2 x\, dx.$$

Jetzt brauchen Sie nur noch das Integral auf beiden Seiten der Gleichung

$$\int \sin^2 x\, dx = -\cos x \cdot \sin x + x - \int \sin^2 x\, dx$$

zu addieren und erhalten

$$2 \int \sin^2 x\, dx = -\cos x \cdot \sin x + x,$$

also

$$\int \sin^2 x\, dx = \frac{x}{2} - \frac{1}{2} \cos x \cdot \sin x.$$

Damit habe ich alle Teile des Integrals zusammen. Es gilt also:

$$\int x^2 + 2x \sin x + \sin^2 x \, dx = \frac{x^3}{3} - 2x \cdot \cos x + 2 \sin x + \int \sin^2 x \, dx$$

$$= \frac{x^3}{3} - 2x \cdot \cos x + 2 \sin x + \frac{x}{2} - \frac{1}{2} \cos x \cdot \sin x$$

$$= \frac{x^3}{3} + \frac{x}{2} - 2x \cdot \cos x + 2 \sin x - \frac{1}{2} \cos x \cdot \sin x.$$

Einsetzen der Grenzen ergibt dann:

$$\int\limits_0^\pi x^2 + 2x \sin x + \sin^2 x \, dx = \frac{x^3}{3} + \frac{x}{2} - 2x \cdot \cos x + 2 \sin x - \frac{1}{2} \cos x \cdot \sin x \Big|_0^\pi$$

$$= \frac{\pi^3}{3} + \frac{\pi}{2} - 2\pi \cos \pi$$

$$= \frac{\pi^3}{3} + \frac{\pi}{2} + 2\pi$$

$$= \frac{\pi^3}{3} + \frac{5\pi}{2}$$

Um nun die y-Koordinate des Schwerpunktes auszurechnen, muss ich dieses Ergebnis noch durch $2A$ teilen. Damit erhalte ich:

$$y_S = \frac{1}{2A} \cdot \left(\frac{\pi^3}{3} + \frac{5\pi}{2} \right) = \frac{1}{\pi^2 + 4} \cdot \left(\frac{\pi^3}{3} + \frac{5\pi}{2} \right) \approx 1{,}3115.$$

8.20 Gegeben sei die Funktion $f : [0, 3] \to \mathbb{R}$, $f(x) = \frac{x^3}{3}$. Bestimmen Sie Volumen und Mantelfläche des Körpers, der durch die Rotation der Funktionskurve von f um die x-Achse entsteht.

Lösung Wenn Sie die Kurve einer Funktion $f : [a, b] \to \mathbb{R}$ um die x-Achse rotieren lassen, dann entsteht offenbar ein dreidimensionales Gebilde, ein sogenannter *Rotationskörper*. Glücklicherweise gibt es eine sehr einfache Formel, mit deren Hilfe man das Volumen V eines solchen Rotationskörpers berechnen kann, denn es gilt:

$$V = \pi \cdot \int\limits_a^b f^2(x) \, dx.$$

Sie brauchen also nur die Funktion selbst zu quadrieren, ihr Integral zwischen a und b auszurechnen und das Ergebnis dann mit π zu multiplizieren.

Etwas komplizierter wird die Sache, wenn es um die sogenannte Mantelfläche M geht, unter der man einfach nur den Inhalt der *Oberfläche* des entstandenen Rotationskörpers versteht. Auch sie kann man mit einem Integral ausrechnen – nur ist dieses Integral leider ein wenig schwieriger als das Volumenintegral. Es gilt nämlich für eine durchgängig positive Funktion $f(x)$:

$$M = 2\pi \cdot \int_a^b f(x) \cdot \sqrt{1 + (f'(x))^2}\, dx.$$

Sie müssen hier also $f'(x)$ quadrieren, aber anschließend wird noch das Quadrat um 1 erhöht, die Wurzel gezogen und das Ganze mit der Funktion $f(x)$ selbst multipliziert, und das macht den Integranden unter Umständen etwas unangenehm. Dabei kann es sehr leicht passieren, dass man das Integral gar nicht mehr wirklich ausrechnen kann, sondern nur noch mit Hilfe bestimmter numerischer Verfahren eine Näherung für das bestimmte Integral herausfindet.

Im vorliegenden Fall gibt es allerdings keine Probleme. Mit $f(x) = \frac{x^3}{3}$ im Bereich zwischen 0 und 3 gilt:

$$V = \pi \int_0^3 \left(\frac{x^3}{3}\right)^2 dx = \pi \int_0^3 \frac{x^6}{9}\, dx = \pi \cdot \left.\frac{x^7}{7 \cdot 9}\right|_0^3$$

$$= \pi \cdot \frac{3^7}{7 \cdot 3^2} = \pi \cdot \frac{3^5}{7} = \pi \cdot \frac{243}{7} \approx 109{,}0581.$$

Das Integral zur Berechnung der Mantelfläche verursacht mehr Arbeit. Zunächst ist

$$f'(x) = 3 \cdot \frac{x^2}{3} = x^2 \text{ und damit } (f'(x))^2 = x^4.$$

Folglich gilt nach der obigen Formel für die Mantelfläche:

$$M = 2\pi \int_0^3 \frac{x^3}{3} \cdot \sqrt{1 + x^4}\, dx = \frac{2}{3}\pi \int_0^3 x^3 \cdot \sqrt{1 + x^4}\, dx,$$

wobei ich den Faktor $\frac{1}{3}$ vor das Integral gezogen habe. Um mit den Integrationsgrenzen nicht in Schwierigkeiten zu geraten, berechne ich zuerst das unbestimmte Integral $\int x^3 \cdot \sqrt{1 + x^4}\, dx$. Das ist ein Fall für die Substitutionsregel, denn mit $g(x) = 1 + x^4$ ist $g'(x) = 4x^3$, und diese Ableitung von g steht fast schon als Faktor im Integral. Da man *konstante* Faktoren beliebig aus dem Integral hinaus- und in das Integral hineinziehen kann, ist es nicht schwer, das Integral auf die Form zu bringen, die von der Substitutionsregel verlangt wird, nämlich:

$$\int x^3 \cdot \sqrt{1 + x^4}\, dx = \frac{1}{4} \int 4x^3 \cdot \sqrt{1 + x^4}\, dx = \frac{1}{4} \int g'(x) \cdot \sqrt{g(x)}\, dx.$$

Nach der Substitutionsregel darf ich jetzt $g'(x)dx$ ersetzen durch dg, so dass im Integral nur noch der Wurzelausdruck in der Variablen g übrigbleibt, den ich nach g integrieren muss. Es gilt also:

$$\frac{1}{4}\int g'(x) \cdot \sqrt{g(x)}\, dx = \frac{1}{4}\int \sqrt{g}\, dg = \frac{1}{4}\int g^{\frac{1}{2}}\, dg$$

$$= \frac{1}{4} \cdot \frac{g^{\frac{3}{2}}}{\frac{3}{2}} = \frac{1}{4} \cdot \frac{2}{3} \cdot g^{\frac{3}{2}} = \frac{1}{6} \cdot g^{\frac{3}{2}} = \frac{1}{6} \cdot (1+x^4)^{\frac{3}{2}},$$

denn schließlich war $g(x) = 1 + x^4$. Jetzt muss ich die neu berechnete Stammfunktion nur noch in die Formel für die Mantelfläche einsetzen. Das ergibt:

$$M = \frac{2}{3}\pi \int_0^3 x^3 \cdot \sqrt{1+x^4}\, dx$$

$$= \frac{2}{3}\pi \cdot \frac{1}{6} \cdot (1+x^4)^{\frac{3}{2}}\bigg|_0^3$$

$$= \frac{1}{9}\pi \cdot (1+x^4)^{\frac{3}{2}}\bigg|_0^3$$

$$= \frac{1}{9}\pi \cdot \left((1+3^4)^{\frac{3}{2}} - 1\right)$$

$$= \frac{1}{9}\pi \cdot \left(82^{\frac{3}{2}} - 1\right)$$

$$= \frac{1}{9}\pi \cdot (742{,}5416 - 1)$$

$$\approx 258{,}8468.$$

Die Mantelfläche beträgt daher 258,8468.

Reihen und Taylorreihen

9

9.1 Bestimmen Sie die Grenzwerte folgender Reihen.

(i) $\displaystyle\sum_{n=1}^{\infty} \left(\frac{1}{3^n} + \frac{1}{n(n+1)} \right)$;

(ii) $\displaystyle\sum_{n=0}^{\infty} \frac{1}{x^{2n}}$ mit $|x| > 1$.

Lösung Um den Grenzwert einer Reihe zu bestimmen, muss man feststellen, welchem Ergebnis man sich annähern wird, wenn man alle unendlich vielen Summanden zusammenzählt. Das ist nicht immer einfach und oft genug sogar nicht möglich, aber es gibt Standardfälle, die dabei oft hilfreich sind. Der wichtigste Standardfall dürfte die geometrische Reihe $\displaystyle\sum_{n=0}^{\infty} q^n = 1 + q + q^2 + q^3 + \cdots$ sein, denn bei ihr weiß man erstens genau, wann sie konvergiert, und kennt auch zweitens ihren Grenzwert. Für $|q| < 1$ gilt nämlich:

$$\sum_{n=0}^{\infty} q^n = \frac{1}{1-q},$$

und für $|q| \geq 1$ ist die Reihe divergent. Dieser Umstand wird auch hier nützlich sein.

(i) Zu bestimmen ist der Grenzwert der Reihe

$$\sum_{n=1}^{\infty} \left(\frac{1}{3^n} + \frac{1}{n(n+1)} \right).$$

Sie sieht zu Anfang recht unübersichtlich aus, vor allem deshalb, weil die einzelnen Summanden wieder aus zwei Summanden bestehen, nämlich aus $\frac{1}{3^n}$ und $\frac{1}{n(n+1)}$. Das

© Springer-Verlag Deutschland 2017
T. Rießinger, *Übungsaufgaben zur Mathematik für Ingenieure*,
DOI 10.1007/978-3-662-54803-5_9

macht aber nichts. Eine Reihe ist nichts anderes als eine unendliche Summe, und das heißt, dass ich alles, was nach dem Summenzeichen steht, aufaddieren muss. Folglich werden alle Summanden der Form $\frac{1}{3^n}$ und auch alle Summanden der Form $\frac{1}{n(n+1)}$ der Reihe nach aufaddiert, weil die ursprüngliche Reihe genau aus diesen beiden Teilen zusammengesetzt ist. Ich kann also die große Summe aufteilen in zwei etwas kleinere:

$$\sum_{n=1}^{\infty} \left(\frac{1}{3^n} + \frac{1}{n(n+1)} \right) = \sum_{n=1}^{\infty} \frac{1}{3^n} + \sum_{n=1}^{\infty} \frac{1}{n(n+1)}.$$

Damit ist schon einiges gewonnen, denn diese beiden Summen kann ich nun separat ausrechnen, und es stellt sich als recht einfach heraus. Ich beginne mit der zweiten Summe und sehe mir zuerst die einzelnen Summanden etwas genauer an. Sie können sich leicht davon überzeugen, dass

$$\frac{1}{n(n+1)} = \frac{1}{n} - \frac{1}{n+1}$$

gilt. Nun kann ich ohne Probleme die Partialsummen s_n ausrechnen. Es gilt

$$s_n = \frac{1}{1 \cdot 2} + \frac{1}{2 \cdot 3} + \cdots + \frac{1}{n(n+1)}$$

$$= \left(\frac{1}{1} - \frac{1}{2} \right) + \left(\frac{1}{2} - \frac{1}{3} \right) + \left(\frac{1}{3} - \frac{1}{4} \right) + \cdots + \left(\frac{1}{n} - \frac{1}{n+1} \right)$$

$$= 1 - \frac{1}{n+1},$$

denn in jeder Klammer entspricht der negative Teil dem positiven Teil der nächsten Klammer, so dass sie sich gegenseitig aufheben und nur noch der allererste und der allerletzte Term übrig bleiben. Deshalb ist $\lim_{n \to \infty} s_n = \lim_{n \to \infty} \left(1 - \frac{1}{n+1} \right) = 1$, und daraus folgt:

$$\sum_{n=1}^{\infty} \frac{1}{n(n+1)} = 1.$$

Das ist eine feine Sache, denn damit habe ich die große Summe reduziert auf

$$\sum_{n=1}^{\infty} \left(\frac{1}{3^n} + \frac{1}{n(n+1)} \right) = \left(\sum_{n=1}^{\infty} \frac{1}{3^n} \right) + 1,$$

weil die zweite Summe als Ergebnis 1 liefert. Wie sieht es nun mit der verbliebenen Reihe

$$\sum_{n=1}^{\infty} \frac{1}{3^n}$$

aus? Auch wenn sie nicht gleich so aussieht, ist sie doch eine geometrische Reihe der Art $\sum_{n=1}^{\infty} q^n$. Allerdings steht hier nicht die Summe über 3^n, sondern die Potenz von 3 steht im Nenner. Und außerdem beginnt die Addition hier bei $n = 1$ und nicht schon bei $n = 0$, weshalb die Summenformel, die ich oben aufgeführt hatte, nicht angewendet werden kann. Ich kann aber

$$\frac{1}{3^n} = \left(\frac{1}{3}\right)^n$$

schreiben, und damit ist:

$$\sum_{n=1}^{\infty} \frac{1}{3^n} = \sum_{n=1}^{\infty} \left(\frac{1}{3}\right)^n .$$

Damit habe ich eine geometrische Reihe, und zwar mit $q = \frac{1}{3}$.
Es bleibt nur noch das kleine Problem zu lösen, dass die Summation hier mit $n = 1$ anfängt und nicht - wie in der Summenformel für die geometrische Reihe verlangt – mit $n = 0$. Aber auch das ist nicht weiter tragisch. Schreiben wir einmal die klassische geometrische Reihe für $q = \frac{1}{3}$ mit ihrem Grenzwert auf. Es gilt:

$$\sum_{n=0}^{\infty} \left(\frac{1}{3}\right)^n = 1 + \frac{1}{3} + \frac{1}{9} + \frac{1}{27} + \cdots = \frac{1}{1 - \frac{1}{3}} = \frac{1}{\frac{2}{3}} = \frac{3}{2},$$

wobei ich für die Grenzwertberechnung die allgemeine Formel herangezogen habe, die weiter oben im Text steht. Die Reihe in dieser Aufgabe lautet aber:

$$\sum_{n=1}^{\infty} \left(\frac{1}{3}\right)^n = \frac{1}{3} + \frac{1}{9} + \frac{1}{27} + \cdots ,$$

und das heißt, sie unterscheidet sich von der klassischen geometrischen Reihe um nichts weiter als den Summanden 1, der in unserer Reihe nicht vorkommt. Wenn aber beim Aufsummieren der klassischen Reihe $\frac{3}{2}$ herauskommt und meine Reihe um 1 kleiner sein muss, dann heißt das

$$\sum_{n=1}^{\infty} \left(\frac{1}{3}\right)^n = \frac{3}{2} - 1 = \frac{1}{2} .$$

Insgesamt ergibt sich:

$$\sum_{n=1}^{\infty}\left(\frac{1}{3^n}+\frac{1}{n(n+1)}\right)=\sum_{n=1}^{\infty}\frac{1}{3^n}+\sum_{n=1}^{\infty}\frac{1}{n(n+1)}=\frac{1}{2}+1=\frac{3}{2},$$

denn die erste Teilsumme ergab $\frac{1}{2}$, und die zweite Teilsumme lieferte 1.

Der ganze Trick bei dieser Aufgabe besteht also darin, eine dicke Reihe aufzuspalten in zwei etwas dünnere Reihen, deren Grenzwerte man vollständig oder doch nahezu vollständig kennt. Das ist ein beliebtes Prinzip bei der Berechnung von Reihen: man führe eine unbekannte Reihe irgendwie zurück auf eine oder mehrere bekannte Reihen und verwende die schon früher berechneten Resultate für die bekannten Reihen.

(ii) Hier ist der Grenzwert der Reihe

$$\sum_{n=0}^{\infty}\frac{1}{x^{2n}}\text{ für }|x|>1$$

gesucht. Obwohl die Reihe vielleicht ein wenig abschreckend aussieht, stellt sie sich bei etwas Nachdenken als sehr einfach heraus. Bei Reihen, in denen irgendetwas mit der laufenden Nummer n potenziert wird, ist es immer eine gute Idee, zuerst einmal an die geometrische Reihe zu denken. Ich muss also etwas identifizieren, was die Rolle von q^n spielen soll. Zunächst kann man natürlich schreiben:

$$\frac{1}{x^{2n}}=\left(\frac{1}{x}\right)^{2n},$$

aber das scheint nicht viel zu helfen, weil hier mit $2n$ potenziert wird anstatt mit einem schlichten n. Der Ausdruck $\frac{1}{x}$ kann also nicht die Rolle von q übernehmen. Wir brauchen aber nur noch einen Schritt weiter zu gehen, um ans Ziel zu kommen. Sie wissen nämlich, dass man eine Potenz potenziert, indem man die auftretenden Exponenten miteinander multipliziert. Deshalb gilt:

$$\frac{1}{x^{2n}}=\left(\frac{1}{x}\right)^{2n}=\left(\frac{1}{x^2}\right)^{n}.$$

Damit ist der passende Wert für q schon gefunden: mit $q=\frac{1}{x^2}$ werden in der Reihe nur noch Summanden der Form q^n aufaddiert, und das macht die Reihe tatsächlich zu einer geometrischen Reihe. Weiterhin habe ich $|x|>1$ vorausgesetzt. Deshalb ist auch $x^2>1$, also $0<q=\frac{1}{x^2}<1$. Es passt somit alles zusammen. Ich habe eine klassische geometrische Reihe, deren q auch noch unterhalb von 1 liegt und daher die Konvergenz der Reihe garantiert. Nach der Summenformel für geometrische Reihen gilt dann:

$$\sum_{n=0}^{\infty} \frac{1}{x^{2n}} = \sum_{n=0}^{\infty} \left(\frac{1}{x^2}\right)^n$$

$$= \sum_{n=0}^{\infty} q^n$$

$$= \frac{1}{1-q}$$

$$= \frac{1}{1 - \frac{1}{x^2}}$$

$$= \frac{x^2}{x^2 - 1},$$

wobei die letzte Gleichung durch Erweitern mit x^2 zustande kommt. Zusammenfassend erhalte ich also:

$$\sum_{n=0}^{\infty} \frac{1}{x^{2n}} = \frac{x^2}{x^2 - 1}$$

für alle $|x| > 1$.

9.2 Untersuchen Sie, ob die folgenden Reihen konvergieren.

(i) $\sum_{n=1}^{\infty} \frac{n}{17^n}$;

(ii) $\sum_{n=1}^{\infty} \frac{3^n}{n!}$;

(iii) $1 - \frac{1}{3} + \frac{1}{5} - \frac{1}{7} \pm \cdots$;

(iv) $\sum_{n=1}^{\infty} \left(1 + \frac{1}{n}\right)^n$.

Hinweis: Sie brauchen zweimal das Quotientenkriterium, einmal das Leibnizkriterium und einmal eine notwendige Bedingung für Konvergenz.

Lösung In dieser Aufgabe sollen einige Reihen auf Konvergenz untersucht werden. Es geht also nicht darum, was herauskommt, wenn man alle Summanden zusammenzählt, sondern nur um die Frage, ob überhaupt ein vernünftiges Ergebnis erzielt werden kann. Zu diesem Zweck gibt es einige sehr praktische Kriterien, die Auskunft darüber geben, ob eine Reihe konvergiert oder nicht. Das *Quotientenkriterium* besagt, dass eine Reihe $\sum_{n=1}^{\infty} a_n$ mit Sicherheit dann konvergiert, wenn der Grenzwert $\lim_{n \to \infty} \left|\frac{a_{n+1}}{a_n}\right| < 1$ ist. In diesem Fall konvergiert die Reihe absolut. Das *Wurzelkriterium* verwendet nicht die Quotienten aufeinanderfolgender Summanden, sondern zieht n-te Wurzeln und garantiert die absolute Konvergenz jeder Reihe, für die $\lim\limits_{n\to\infty} \sqrt[n]{|a_n|} < 1$ ist. Und das Leibnizkriterium befasst sich mit sogenannten alternierenden Reihen. Ist nämlich (a_n) eine monoton fallende Folge aus positiven Gliedern und gilt $\lim\limits_{n\to\infty} a_n = 0$, so konvergieren nach dem Leibniz-Kriterium die Reihen $\sum\limits_{n=1}^{\infty}(-1)^{n+1}a_n = a_1 - a_2 + a_3 - a_4 + \cdots$ und $\sum\limits_{n=1}^{\infty}(-1)^n a_n = -a_1 + a_2 - a_3 + a_4 - \cdots$.

(i)   Hier geht es um die Reihe

$$\sum_{n=1}^{\infty} \frac{n}{17^n}.$$

Würde man hier das Wurzelkriterium zu Rate ziehen, so müsste man sich unter anderem mit dem Ausdruck $\sqrt[n]{n}$ herumschlagen, und um das zu vermeiden, mache ich einen Versuch mit dem Quotientenkriterium. Zu diesem Zweck muss ich den $n+1$-ten Summanden durch den n-ten Summanden dividieren. Sie lauten:

$$a_n = \frac{n}{17^n} \text{ und natürlich } a_{n+1} = \frac{n+1}{17^{n+1}}.$$

Das Quotientenkriterium verlangt nun die folgende Vorgehensweise. Zuerst muss ich die Beträge der beiden Summanden durcheinander teilen und anschließend die laufende Nummer n gegen Unendlich gehen lassen. Erhalten wir im Ergebnis eine Zahl kleiner als 1, so ist die Konvergenz gesichert. Erhalten wir dagegen eine Zahl größer als 1, so wissen wir, dass die Reihe divergiert. Nur falls der Grenzwert der Quotienten genau 1 ergibt, wissen wir gar nichts. Es gilt nun:

$$
\begin{aligned}
\left|\frac{a_{n+1}}{a_n}\right| &= \left|\frac{\frac{n+1}{17^{n+1}}}{\frac{n}{17^n}}\right| \\
&= \frac{n+1}{17^{n+1}} \cdot \frac{17^n}{n} \\
&= \frac{n+1}{17n},
\end{aligned}
$$

denn die Betragsstriche kann ich auf Grund der ohnehin positiven Zahlen weglassen, und durch einen Bruch teilt man bekanntlich, indem man mit seinem Kehrbruch multipliziert. Dass dann beim Kürzen von 17^{n+1} gegen 17^n noch genau eine 17 im Nenner übrigbleibt, bedarf kaum der Erwähnung.
Jetzt muss nur noch der Grenzwert für $n \to \infty$ ausgerechnet werden. Es gilt:

$$\lim_{n\to\infty} \left|\frac{a_{n+1}}{a_n}\right| = \lim_{n\to\infty} \frac{n+1}{17n} = \lim_{n\to\infty} \frac{1 + \frac{1}{n}}{17} = \frac{1}{17} < 1.$$

Deshalb ist die Reihe nach dem Quotientenkriterium absolut konvergent und damit auch konvergent.

(ii) Bei der Reihe

$$\sum_{n=1}^{\infty} \frac{3^n}{n!}$$

gehen ich genauso vor. Auch hier führt das Quotientenkriterium zum Erfolg. Ich notiere wieder den n-ten und den $(n+1)$-ten Summanden. Sie lauten:

$$a_n = \frac{3^n}{n!} \text{ und } a_{n+1} = \frac{3^{n+1}}{(n+1)!},$$

wobei man unter $m!$ die Zahl $m! = 1 \cdot 2 \cdot 3 \cdots m$ versteht. Das Quotientenkriterium erfordert wieder die Division der Beträge der beiden Summanden. Es gilt also:

$$\left| \frac{a_{n+1}}{a_n} \right| = \left| \frac{\frac{3^{n+1}}{(n+1)!}}{\frac{3^n}{n!}} \right|$$

$$= \frac{3^{n+1}}{(n+1)!} \cdot \frac{n!}{3^n}$$

$$= \frac{3}{n+1},$$

denn beim Kürzen der beiden Dreierpotenzen bleibt genau eine Drei im Zähler übrig, während beim Kürzen der beiden Fakultäten $n!$ und $(n+1)!$ nur der Faktor $n+1$ ohne Gegenstück ist und deshalb alleine im Nenner zurückbleibt. Zur endgültigen Anwendung des Quotientenkriteriums muss noch n gegen Unendlich gehen. Es gilt:

$$\lim_{n \to \infty} \left| \frac{a_{n+1}}{a_n} \right| = \lim_{n \to \infty} \frac{3}{n+1} = 0 < 1.$$

Aus dem Quotientenkriterium folgt daher die Konvergenz der Reihe $\sum_{n=1}^{\infty} \frac{3^n}{n!}$.

(iii) Die Reihe

$$1 - \frac{1}{3} + \frac{1}{5} - \frac{1}{7} \pm \cdots = \sum_{n=1}^{\infty} (-1)^{n+1} \frac{1}{2n-1}$$

ist besonders leicht zu untersuchen. Offenbar gehen die Werte

$$1, \frac{1}{3}, \frac{1}{5}, \frac{1}{7}, \cdots$$

monoton fallend gegen 0, und in der Reihe sind diese Werte mit abwechselndem Vorzeichen versehen. Ich habe es also mit einer alternierenden Reihe zu tun, deren Summanden die Voraussetzungen des Leibniz-Kriteriums erfüllen. Folglich muss die Reihe konvergieren.

(iv)   Dagegen ist die Reihe

$$\sum_{n=1}^{\infty}\left(1+\frac{1}{n}\right)^{n}$$

divergent. Die einzelnen Summanden lauten

$$a_n = \left(1+\frac{1}{n}\right)^{n}.$$

Die Divergenz der Reihe kann man *nicht* mit dem Wurzelkriterium für Divergenz zeigen, obwohl es sich zunächst vielleicht anbieten würde. Es gilt nämlich:

$$\sqrt[n]{|a_n|} = \sqrt[n]{\left(1+\frac{1}{n}\right)^{n}} = 1 + \frac{1}{n},$$

und damit leider

$$\lim_{n\to\infty}\sqrt[n]{|a_n|} = 1.$$

Das Wurzelkriterium liefert aber nur dann eine Aussage, wenn dieser Grenzwert größer als 1 ist. Ich muss es also anders versuchen. Es gibt aber ein einfaches *notwendiges* Kriterium für die Konvergenz von Reihen: *falls* die Reihe $\sum_{n=1}^{\infty} a_n$ konvergiert, *dann* muss für die Folge der Summanden gelten: $\lim_{n\to\infty} a_n = 0$. Wenn eine Reihe also überhaupt Chancen auf Konvergenz haben soll, dann müssen sich ihre Summanden a_n mit der Zeit immer deutlicher der Null annähern. Das ist aber ganz offensichtlich bei der vorliegenden Reihe nicht der Fall. Die Summanden

$$a_n = \left(1+\frac{1}{n}\right)^{n}$$

sind natürlich alle größer als 1, und wenn sie alle größer als 1 sind, dann können sie sicher nicht gegen 0 konvergieren. Daher ist die Reihe nach dem notwendigen Kriterium divergent.

9.3 Untersuchen Sie, ob die folgenden Reihen konvergieren.

(i) $\sum_{n=1}^{\infty} \frac{1}{n^n}$;

(ii) $\sum_{n=0}^{\infty} \frac{n+1}{2^n}$.

Hinweis: Wurzel- und Quotientenkriterium.

Lösung Auch hier sind Reihen auf Konvergenz zu untersuchen. Es wird sich aber herausstellen, dass die Methoden immer die gleichen sind und im Vergleich zu Aufgabe 9.2 keine neuen Probleme mehr auftreten.

(i) Zu untersuchen ist die Reihe

$$\sum_{n=1}^{\infty} \frac{1}{n^n}.$$

Die Tatsache, dass hier n^n vorkommt, lässt an das Wurzelkriterium denken, da hier durch das Ziehen der n-ten Wurzel die n-te Potenz automatisch verschwindet. Die Summanden dieser Reihe lauten:

$$a_n = \frac{1}{n^n},$$

und deshalb liefert das Wurzelkriterium:

$$\sqrt[n]{|a_n|} = \sqrt[n]{\frac{1}{n^n}} = \frac{1}{n} \to 0 < 1$$

für $n \to \infty$. Folglich ist der Grenzwert der n-ten Wurzeln aus den Summanden gleich Null, und da Null kleiner als Eins ist, muss die Reihe nach dem Wurzelkriterium konvergieren.

(ii) Nun geht es um die Reihe

$$\sum_{n=0}^{\infty} \frac{n+1}{2^n}.$$

Das Wurzelkriterium könnte hier etwas unangenehm sein, weil man dann so etwas wie $\sqrt[n]{n+1}$ untersuchen müsste. Es lohnt daher ein Versuch mit dem Quotientenkriterium. Dafür brauche ich wieder sowohl den n-ten als auch den $(n+1)$-ten Summanden. Sie lauten:

$$a_n = \frac{n+1}{2^n} \text{ und } a_{n+1} = \frac{n+2}{2^{n+1}}.$$

Wie üblich berechne ich für das Quotientenkriterium den Betrag des Quotienten der aufeinanderfolgenden Summanden. Damit haben wir:

$$\left| \frac{a_{n+1}}{a_n} \right| = \left| \frac{\frac{n+2}{2^{n+1}}}{\frac{n+1}{2^n}} \right|$$

$$= \frac{n+2}{2^{n+1}} \cdot \frac{2^n}{n+1}$$

$$= \frac{1}{2} \cdot \frac{n+2}{n+1},$$

denn von den Zweierpotenzen 2^n und 2^{n+1} bleibt nach dem Kürzen nur noch eine 2 im Nenner übrig. Um nun das Quotientenkriterium vollständig anzuwenden, muss ich noch n gegen Unendlich gehen lassen. Damit ergibt sich:

$$\lim_{n \to \infty} \left| \frac{a_{n+1}}{a_n} \right| = \lim_{n \to \infty} \frac{1}{2} \cdot \frac{n+2}{n+1} = \frac{1}{2} < 1.$$

Da der Grenzwert $\frac{1}{2}$ unterhalb von 1 liegt, folgt aus dem Quotientenkriterium, dass die Reihe konvergiert.

9.4 Bestimmen Sie die Grenzwerte der folgenden Reihen.

(i) $\displaystyle\sum_{n=0}^{\infty} \frac{n}{2^n}$;

(ii) $\displaystyle\sum_{n=1}^{\infty} \frac{1}{n \cdot 2^n}$.

Lösung Im Gegensatz zu den vorherigen beiden Aufgaben geht es hier darum, die konkreten Grenzwerte zweier Reihen auszurechnen. Das kann eine komplizierte Angelegenheit sein, da nicht alle Reihen so einfach zu berechnende Grenzwerte haben. Es ist aber oft möglich, eine kompliziert aussehende Reihe auf einfachere Reihen zurückzuführen. Das habe ich bereits in Aufgabe 9.1 praktiziert, wobei die Verfahrensweisen noch recht übersichtlich waren. In dieser Aufgabe wird es etwas schwieriger, denn man kommt hier nicht mehr ohne die Differentialrechnung aus, die nun auf Potenzreihen angewendet werden muss. Hat man nämlich eine Potenzreihe $\displaystyle\sum_{n=0}^{\infty} a_n x^n$, so kann man sie ableiten, indem man jeden einzelnen Summanden für sich ableitet und die neuen Summanden dann wieder zu einer neuen Reihe zusammenaddiert. Das gliedweise Differenzieren ist dabei nicht weiter schwer, da wie Sie wissen immer $(a_n x^n)' = a_n \cdot n \cdot x^{n-1}$ gilt. Ich erhalte also die Gleichung:

$$\left(\sum_{n=0}^{\infty} a_n x^n \right)' = \sum_{n=0}^{\infty} a_n \cdot n \cdot x^{n-1}$$

für alle x-Werte aus dem Konvergenzbereich der ursprünglichen Potenzreihe. Das ist dann besonders von Bedeutung, wenn ich für die erste Potenzreihe eine einfache Summenformel kenne, wie das zum Beispiel bei der geometrischen Reihe der Fall ist: in diesem Fall ist dann die neue Potenzreihe der einzelnen Ableitungen gleich der Ableitung der Summenformel.

(i)   Zu berechnen ist

$$\sum_{n=0}^{\infty} \frac{n}{2^n}.$$

Nach der Summenformel für die geometrische Reihe ist

$$\sum_{n=0}^{\infty} x^n = \frac{1}{1-x} \text{ für } |x| < 1.$$

Nun kann ich diese Gleichung auf beiden Seiten ableiten und erhalte daraus zunächst die neue Gleichung:

$$\sum_{n=0}^{\infty} n \cdot x^{n-1} = \frac{1}{(1-x)^2} \text{ für } |x| < 1,$$

die man noch ein wenig umschreiben kann, damit sie besser zur Aufgabe passt. Auf der linken Seite steht nämlich als erster Summand nur die Null, und es ist daher sinnvoll, erst mit dem zweiten Summanden zu beginnen. Schreibt man diese Summe einmal ohne Summenzeichen auf, so lautet sie:

$$1 + 2x + 3x^2 + 4x^3 + \cdots = \sum_{n=0}^{\infty} (n+1) \cdot x^n.$$

Es folgt also:

$$\sum_{n=0}^{\infty} (n+1) \cdot x^n = \frac{1}{(1-x)^2} \text{ für } |x| < 1.$$

Diese Reihe kann ich aber als Summe zweier Reihen schreiben, denn es gilt:

$$\sum_{n=0}^{\infty} (n+1) \cdot x^n = \sum_{n=0}^{\infty} (n \cdot x^n + x^n) = \sum_{n=0}^{\infty} n \cdot x^n + \sum_{n=0}^{\infty} x^n.$$

Das ist praktisch, denn ich kenne den Wert der geometrischen Reihe: es gilt immer $\sum_{n=0}^{\infty} x^n = \frac{1}{1-x}$. Daraus folgt nun für $|x| < 1$:

$$\frac{1}{(1-x)^2} = \sum_{n=0}^{\infty} (n+1) \cdot x^n$$

$$= \sum_{n=0}^{\infty} n \cdot x^n + \sum_{n=0}^{\infty} x^n$$

$$= \sum_{n=0}^{\infty} n \cdot x^n + \frac{1}{1-x}.$$

Diese Gleichung kann ich nach der verbliebenen Reihe auflösen und erhalte:

$$\sum_{n=0}^{\infty} n \cdot x^n = \frac{1}{(1-x)^2} - \frac{1}{1-x} = \frac{x}{(1-x)^2}.$$

Nach diesen Vorarbeiten ist die eigentliche Aufgabe nicht mehr so schwer; ich muss nur noch in die ermittelte Formel die richtige Zahl einsetzen. Da wir wissen, dass für alle $|x| < 1$ die Gleichung

$$\sum_{n=0}^{\infty} n \cdot x^n = \frac{x}{(1-x)^2}$$

gilt, und da außerdem $\frac{1}{2} < 1$ gilt, folgt:

$$\sum_{n=0}^{\infty} n \cdot \left(\frac{1}{2}\right)^n = \frac{\frac{1}{2}}{\left(1 - \frac{1}{2}\right)^2} = \frac{\frac{1}{2}}{\frac{1}{4}} = 2.$$

Aus

$$n \cdot \left(\frac{1}{2}\right)^n = \frac{n}{2^n}$$

folgt damit

$$\sum_{n=0}^{\infty} \frac{n}{2^n} = 2.$$

Die Reihe lässt sich also ausrechnen, wenn man einige Kenntnisse über die Grenzwerte bestimmter Potenzreihen hat.

(ii) Nun geht es um die Reihe

$$\sum_{n=1}^{\infty} \frac{1}{n \cdot 2^n}.$$

Schreibt man sie als

$$\sum_{n=1}^{\infty} \frac{1}{n} \cdot \left(\frac{1}{2}\right)^n,$$

so stellt sie den Wert der Potenzreihe

$$\sum_{n=1}^{\infty} \frac{x^n}{n}$$

für $x = \frac{1}{2}$ dar. Wenn ich also eine Summenformel für diese Potenzreihe habe, dann kann ich auch die spezielle Reihe ausrechnen. Nun ist aber

$$\left(\sum_{n=1}^{\infty} \frac{x^n}{n}\right)' = \sum_{n=1}^{\infty} n \frac{x^{n-1}}{n} = \sum_{n=1}^{\infty} x^{n-1} = \sum_{n=0}^{\infty} x^n,$$

denn die vorletzte der aufgeschriebenen Reihen startet mit dem Summanden x^0. Die Ableitung meiner bisher noch unbekannten Potenzreihe ist also die bekannte geometrische Reihe

$$\sum_{n=0}^{\infty} x^n = \frac{1}{1-x}.$$

Folglich muss die Reihe $\sum_{n=1}^{\infty} \frac{x^n}{n}$ selbst eine Stammfunktion zu $\frac{1}{1-x}$ darstellen, und da aus der Kettenregel die Gleichung $(\ln(1-x))' = -\frac{1}{1-x}$ folgt, gibt es eine Konstante c, so dass für jedes $|x| < 1$ gilt:

$$\sum_{n=1}^{\infty} \frac{x^n}{n} = -\ln(1-x) + c.$$

Die Konstante c kann ich herausfinden, indem ich einen speziellen Wert für x einsetze. Mit $x = 0$ ergibt sich $0 = -\ln 1 + c$, also $c = 0$. Damit wird dann:

$$\sum_{n=1}^{\infty} \frac{x^n}{n} = -\ln(1-x) \text{ für } |x| < 1.$$

Die Summenformel für die Potenzreihe habe ich jetzt gefunden, und ich muss nur noch das passende x in diese Potenzreihe einsetzen. Wegen

$$\frac{1}{n \cdot 2^n} = \frac{\frac{1}{2^n}}{n} = \frac{\left(\frac{1}{2}\right)^n}{n}$$

kann das aber nur $x = \frac{1}{2}$ sein, denn in diesem Fall ist

$$\frac{1}{n \cdot 2^n} = \frac{x^n}{n}.$$

Da auch noch $\frac{1}{2} < 1$ gilt, darf ich den Wert $x = \frac{1}{2}$ tatsächlich in die Potenzreihe einsetzen und erhalte:

$$\sum_{n=1}^{\infty} \frac{1}{n \cdot 2^n} = -\ln\left(1 - \frac{1}{2}\right) = -\ln\frac{1}{2} = \ln 2,$$

denn bekanntlich ist $\ln\frac{1}{a} = \ln 1 - \ln a = -\ln a$.

Beide Beispielreihen zeigen, dass es oft sinnvoll ist, sich bei einer neuen Reihe zu überlegen, ob sie zu einer bereits bekannten Reihe passt. In Bezug auf Potenzreihen bedeutet das häufig: gibt es eine Potenzreihe mit bekanntem Grenzwert, in die man nur noch eine passende Zahl einsetzen muss, um die gesuchte Reihe zu erhalten? Sobald man die richtige Potenzreihe identifiziert hat, ist der Rest eine einfache Einsetz- und Rechenaufgabe.

9.5 Bestimmen Sie die Konvergenzradien der nachstehenden Potenzreihen und geben Sie an, für welche $x \in \mathbb{R}$ die Reihen konvergieren.

(i) $\displaystyle\sum_{n=1}^{\infty} \frac{x^n}{n^2}$;

(ii) $\displaystyle\sum_{n=0}^{\infty} n! \cdot x^n$;

(iii) $\displaystyle\sum_{n=0}^{\infty} \frac{n}{n+1} \cdot x^n$.

Lösung Im Gegensatz zu den bisherigen Aufgaben, bei denen es darum ging, gegebene Reihen auf Konvergenz zu prüfen oder konkrete Grenzwerte von Zahlenreihen auszurechnen, haben wir es jetzt mit Potenzreihen zu tun und sollen feststellen, für welche $x \in \mathbb{R}$ sie konvergieren. Das bedeutet, ich muss herausfinden, welche Zahlen x man in die jeweilige Reihe einsetzen darf, damit beim Aufsummieren etwas Vernünftiges herauskommt. Zu diesem Zweck hat man die Begriffe *Konvergenzradius* und *Konvergenzbereich* entwickelt. Der Konvergenzradius gibt an, wie weit man sich vom Entwicklungspunkt weg entfernen darf, ohne die Konvergenz zu verlieren. Hat man also eine Reihe mit dem Entwicklungspunkt 0 (wie alle Beispielreihen in dieser Aufgabe) und z. B. mit dem Konvergenzradius 1, so darf man von der Null aus genau 1 nach rechts und 1 nach links gehen, ohne mit der Konvergenz Schwierigkeiten zu bekommen. Diese Aussage gilt aber nur für das sogenannte offene Intervall, d. h. wir haben eine konvergente Potenzreihe für $x \in (-1, 1)$ und wir haben eine divergente Potenzreihe für $x \in (-\infty, -1) \cup (1, \infty)$, sofern der Konvergenzradius genau 1 beträgt. Über die beiden Randpunkte sagt der Konvergenzradius nichts aus. Was also z. B. beim Einsetzen von 1 und -1 in die Reihe passiert, muss für jede Reihe einzeln für jeden der beiden Randpunkte geprüft werden. Erst dann kennen Sie den Konvergenzbereich, d. h. den Bereich an x-Werten, die Sie in die Potenzreihe ungestraft einsetzen dürfen, ohne die Konvergenz zu verlieren.

Den Konvergenzradius kann man aber glücklicherweise ganz einfach bestimmen, ohne allzusehr nachdenken zu müssen. Hat man nämlich eine Potenzreihe

$$\sum_{n=0}^{\infty} a_n (x - x_0)^n$$

mit dem Entwicklungspunkt x_0 und den Koeffizienten a_n, so ergibt sich der Konvergenzradius aus der Formel

$$r = \lim_{n \to \infty} \left| \frac{a_n}{a_{n+1}} \right| \in [0, \infty].$$

Dabei ist zu beachten, dass ich auch unendlich große Grenzwerte zulassen muss, weil der Konvergenzradius auch gelegentlich Unendlich sein kann. Das bedeutet dann nur, dass die Reihe für jedes beliebige $x \in \mathbb{R}$ konvergiert. Außerdem darf man sich hier nicht durch eine gewisse Ähnlichkeit zum Quotientenkriterium irritieren lassen. Bei den Quotienten, die im Quotientenkriterium auftreten, dividiert man immer die kompletten Summanden durcheinander. Zur Berechnung des Konvergenzradius dividiert man nur die *Koeffizienten* der Potenzreihe! Bedenkt man zum Schluss noch, dass hier der n-te Koeffizient durch den $(n+1)$-ten geteilt wird und nicht umgekehrt, dann kann nicht mehr viel schiefgehen.

(i) Im ersten Beispiel ist die Reihe

$$\sum_{n=1}^{\infty} \frac{x^n}{n^2}$$

zu untersuchen. Man kann sie auch schreiben als

$$\sum_{n=1}^{\infty} \frac{1}{n^2} \cdot x^n,$$

und das macht es etwas leichter, die Koeffizienten zu identifizieren. Der Entwicklungspunkt ist $x_0 = 0$, und die Koeffizienten lauten

$$a_n = \frac{1}{n^2},$$

denn die Koeffizienten sind immer der Ausdruck, der bei x^n (oder bei $(x - x_0)^n$) steht. Folglich ist $a_{n+1} = \frac{1}{(n+1)^2}$, und daraus folgt:

$$\left| \frac{a_n}{a_{n+1}} \right| = \frac{\frac{1}{n^2}}{\frac{1}{(n+1)^2}}$$

$$= \frac{1}{n^2} \cdot (n+1)^2$$

$$= \frac{(n+1)^2}{n^2}$$

$$= \frac{n^2 + 2n + 1}{n^2} = 1 + \frac{2}{n} + \frac{1}{n^2} \to 1.$$

Daher gilt für den Konvergenzradius der Reihe $r = 1$. Die Reihe konvergiert also in jedem Fall für jedes x aus dem offenen Intervall $(-1, 1)$. Um den Konvergenzbereich festzustellen, muss ich noch das Verhalten in den Randpunkten -1 und 1 untersuchen.

Für $x = -1$ ergibt sich die Reihe

$$\sum_{n=1}^{\infty} (-1)^n \frac{1}{n^2}.$$

Sie ist offenbar eine alternierende Reihe, die das Leibniz-Kriterium erfüllt und deshalb klaglos konvergiert. Für $x = 1$ dagegen ergibt sich die Reihe

$$\sum_{n=1}^{\infty} \frac{1}{n^2}.$$

Auch sie konvergiert, denn man kann sie schreiben als

$$\sum_{n=1}^{\infty} \frac{1}{n^2} = 1 + \sum_{n=1}^{\infty} \frac{1}{(n+1)^2},$$

und es gilt natürlich $\frac{1}{(n+1)^2} \leq \frac{1}{n(n+1)}$. Da aber die Reihe

$$\sum_{n=1}^{\infty} \frac{1}{n(n+1)}$$

nach Aufgabe 9.1 (i) konvergiert, stellt sie eine konvergente Majorante zu der Reihe $\sum_{n=1}^{\infty} \frac{1}{(n+1)^2}$ dar, und damit ist die Konvergenz gezeigt. Daher konvergiert die Reihe sowohl für $x = -1$ als auch für $x = 1$ und daher auf dem gesamten Intervall $[-1, 1]$. Der Konvergenzbereich lautet also

$$K = [-1, 1].$$

(ii) Nun geht es um die Reihe

$$\sum_{n=0}^{\infty} n! \cdot x^n.$$

Dabei ist wieder $n! = 1 \cdot 2 \cdot 3 \cdots n$. Die Koeffizienten a_n sind einfach festzustellen; sie lauten:

$$a_n = n!.$$

Damit ergibt die Formel für den Konvergenzradius:

$$r = \lim_{n \to \infty} \left| \frac{a_n}{a_{n+1}} \right| = \lim_{n \to \infty} \frac{n!}{(n+1)!} = \lim_{n \to \infty} \frac{1}{n+1} = 0,$$

denn beim Kürzen der Fakultäten gegeneinander bleibt nur noch der Faktor $n + 1$ im Nenner stehen. Wir haben also den Konvergenzradius $r = 0$, und das bedeutet, ich darf mich vom Entwicklungspunkt $x_0 = 0$ überhaupt nicht weg bewegen, ohne sofort die Konvergenz zu verlieren. Die Reihe

$$\sum_{n=0}^{\infty} n! \cdot x^n$$

konvergiert also nur für den einen Punkt $x = 0$ und hat dort offenbar den Wert $0! \cdot 0^0 = 1$, aber für alle anderen x-Werte divergiert sie. Mit anderen Worten: diese Reihe ist ziemlich überflüssig und dient nur als schlechtes Beispiel.

(iii)   Als letzte Reihe haben wir

$$\sum_{n=0}^{\infty} \frac{n}{n+1} x^n.$$

Hier ist natürlich $x_0 = 0$ und

$$a_n = \frac{n}{n+1}.$$

Zur Berechnung des Konvergenzradius brauche ich noch den $(n+1)$-ten Koeffizienten. Er lautet:

$$a_{n+1} = \frac{n+1}{(n+1)+1} = \frac{n+1}{n+2}.$$

Jetzt geht alles nach Schema. Ich berechne den Quotienten:

$$\left| \frac{a_n}{a_{n+1}} \right| = \frac{\frac{n}{n+1}}{\frac{n+1}{n+2}}$$

$$= \frac{n}{n+1} \cdot \frac{n+2}{n+1}$$

$$= \frac{n^2 + 2n}{n^2 + 2n + 1}$$

$$= \frac{1 + \frac{2}{n}}{1 + \frac{2}{n} + \frac{1}{n^2}} \to 1.$$

Auch hier ergibt sich also ein Konvergenzradius $r = 1$. Wie in Teil (i) folgt daraus sofort die Konvergenz der Reihe für alle $x \in (-1, 1)$. Ich muss aber noch das Verhalten in den Randpunkten -1 und 1 untersuchen. Für $x = 1$ ergibt sich die Reihe

$$\sum_{n=0}^{\infty} \frac{n}{n+1}.$$

Ihre Summanden $\frac{n}{n+1}$ konvergieren offenbar gegen 1, bilden also keine gegen Null konvergierende Folge, und daher kann diese Reihe nicht konvergieren. Ebenso ist es bei $x = -1$. Hier erhalten wir die Reihe

$$\sum_{n=0}^{\infty} \frac{n}{n+1} \cdot (-1)^n.$$

Ihre Summanden $\frac{n}{n+1} \cdot (-1)^n$ konvergieren zwar nicht gegen 1, weil sie ständig das Vorzeichen wechseln, aber sie wackeln andauernd in der Nähe von -1 und 1 hin und her. Daher können auch sie nicht gegen Null konvergieren, und deshalb konvergiert die Reihe nicht.

Es stellt sich also heraus, dass die Reihe

$$\sum_{n=0}^{\infty} \frac{n}{n+1} x^n$$

genau für $x \in (-1, 1)$ konvergiert. Ihr Konvergenzbereich lautet daher

$$K = (-1, 1).$$

9.6 Welche Funktionen werden durch folgende Potenzreihen dargestellt? Für welche $x \in \mathbb{R}$ konvergieren sie?

(i) $\sum_{n=0}^{\infty} \frac{x^{2n}}{n!}$;

(ii) $\sum_{n=1}^{\infty} (-1)^n \cdot 2n \cdot x^{2n-1} = -2x + 4x^3 - 6x^5 \pm \cdots$.

Hinweis: In Nummer (i) sollten Sie $z = x^2$ setzen. Für Nummer (ii) suchen Sie nach einem Zusammenhang zwischen der gegebenen Reihe und der Reihe $1 - x^2 + x^4 - x^6 \pm \cdots$.

Lösung Diese Aufgabe geht nun einen Schritt weiter als Aufgabe 9.5. Sie sollen nicht nur feststellen, für welche x-Werte die Reihen konvergieren, sondern auch das Ergebnis berechnen. Dazu ist es meistens sinnvoll, die Reihen auf altbekannte Reihen zurückzuführen, deren Ergebnis man schon kennt.

(i) Zu untersuchen ist die Potenzreihe

$$\sum_{n=0}^{\infty} \frac{x^{2n}}{n!}.$$

Sie hat eine starke Ähnlichkeit mit der Reihe der Exponentialfunktion, denn wir wissen, dass für alle $x \in \mathbb{R}$ die Gleichung

$$e^x = \sum_{n=0}^{\infty} \frac{x^n}{n!}$$

gilt. Störend ist dabei nur der Umstand, dass in der Summe x^{2n} und nicht einfach nur x^n steht. Das macht aber gar nichts, denn es gilt:

$$x^{2n} = (x^2)^n.$$

Folglich ist

$$\sum_{n=0}^{\infty} \frac{x^{2n}}{n!} = \sum_{n=0}^{\infty} \frac{(x^2)^n}{n!}.$$

Die vorliegende Reihe ist also nichts anderes als die Exponentialreihe, in die nicht ein schlichtes x, sondern eben x^2 eingesetzt wurde. Da die Exponentialreihe aber für jeden beliebigen Wert konvergiert, den man in sie einsetzt, folgt daraus:

$$\sum_{n=0}^{\infty} \frac{x^{2n}}{n!} = e^{(x^2)} \text{ für alle } x \in \mathbb{R}.$$

(ii) Hier handelt es sich um die Reihe

$$\sum_{n=1}^{\infty} (-1)^n \cdot 2n \cdot x^{2n-1} = -2x + 4x^3 - 6x^5 \pm \cdots.$$

Diese Reihe hat etwas zu tun mit der Reihe

$$1 - x^2 + x^4 - x^6 \pm \cdots,$$

denn Sie brauchen nur die zweite Reihe abzuleiten, um die erste zu erhalten. Leitet man nämlich

$$1 - x^2 + x^4 - x^6 \pm \cdots$$

ab, so darf man das der Reihe nach tun und erhält:

$$(1 - x^2 + x^4 - x^6 \pm \cdots)' = -2x + 4x^3 - 6x^5 \pm \cdots.$$

Nun ist aber diese neue Reihe nicht schwer zu berechnen: mit $q = -x^2$ ist sie gerade die altbekannte geometrische Reihe $\sum_{n=0}^{\infty} q^n$, die für $|q| < 1$ konvergiert. Natürlich ist genau dann $|q| < 1$, wenn $|x| < 1$ ist, denn schließlich ist $q = -x^2$, und die Zahlen zwischen -1 und 1 landen, wenn man sie quadriert, wieder zwischen -1 und 1. Somit ergibt sich für $|x| < 1$ die Formel:

$$1 - x^2 + x^4 - x^6 \pm \cdots = 1 + q + q^2 + q^3 + \cdots = \frac{1}{1-q} = \frac{1}{1+x^2}.$$

Entsprechend folgt für $|x| < 1$:

$$-2x + 4x^3 - 6x^5 \pm \cdots = (1 - x^2 + x^4 - x^6 \pm \cdots)'$$

$$= \left(\frac{1}{1 + x^2}\right)'$$

$$= -\frac{2x}{(1 + x^2)^2}.$$

Dabei entsteht die letzte Zeile aus der Kettenregel und dem Umstand, dass man $\frac{1}{1+x^2}$ zum Zweck des Ableitens auch als $(1 + x^2)^{-1}$ schreiben kann.

9.7 Lösen Sie die Gleichung

$$\cos x = \frac{25}{24} - \frac{x^2}{2}$$

näherungsweise, indem Sie $\cos x$ durch sein Taylorpolynom vierten Grades mit dem Entwicklungspunkt $x_0 = 0$ ersetzen und die entstehende neue Gleichung lösen. Testen Sie mit Hilfe eines Taschenrechners durch Einsetzen in die ursprüngliche Gleichung, ob diese Näherungslösung akzeptabel ist.

Lösung Die Idee bei dieser Aufgabe besteht darin, eine Gleichung dadurch näherungsweise zu lösen, dass man die in ihr auftretenden Funktionen annähert und somit einfachere Gleichungen erhält. Offenbar ist die vorliegende Gleichung mit keiner der üblichen Methoden direkt zu lösen; nach der Unbekannten x aufzulösen, so dass man eine vernünftige Formel

$$x = \text{dies und das}$$

erhält, ist unmöglich. Ich muss mir deshalb mit Näherungsmethoden helfen, und eine brauchbare Näherungsmethode besteht in der Verwendung von Taylorreihen bzw. Taylorpolynomen. Dazu muss man natürlich die Taylorreihe der Cosinusfunktion kennen. Es gilt für alle $x \in \mathbb{R}$:

$$\cos x = 1 - \frac{x^2}{2!} + \frac{x^4}{4!} - \frac{x^6}{6!} + \frac{x^8}{8!} \pm \cdots.$$

Um nun die Gleichung zu lösen, kann ich nicht mit der gesamten Reihe rechnen, denn in diesem Fall wäre ein Auflösen nach x schon wieder unmöglich. Ich werde daher die Taylorreihe nach endlich vielen Summanden abbrechen und mich mit dem Taylorpolynom begnügen. Die Frage nach einem passenden Grad ist hier leicht zu beantworten. Würde ich bis zum Grad sechs gehen, so hätte ich es auf einmal mit einer Gleichung sechsten Grades zu tun, und es gibt es keine Lösungsformeln für Gleichungen ab dem Grad fünf.

Deshalb ist es sinnvoll, das Taylorpolynom vierten Grades zu verwenden. Es lautet

$$T_{4,\cos}(x) = 1 - \frac{x^2}{2!} + \frac{x^4}{4!} = 1 - \frac{x^2}{2} + \frac{x^4}{24}.$$

In die Gleichung setze ich nun dieses Polynom an Stelle von $\cos x$ ein. Ich erhalte eine neue Gleichung:

$$1 - \frac{x^2}{2} + \frac{x^4}{24} = \frac{25}{24} - \frac{x^2}{2}.$$

Das ist natürlich nicht mehr dieselbe Gleichung wie am Anfang, aber es besteht die Hoffnung, dass sie nicht allzuweit von der Ursprungsgleichung entfernt ist, da wir ja nur den Cosinus durch sein Taylorpolynom ersetzt haben. Wie dem auch sei, in jedem Fall kann man diese neue Gleichung leicht lösen. Der quadratische Term verschwindet auf beiden Seiten, und es folgt:

$$1 + \frac{x^4}{24} = \frac{25}{24},$$

woraus ich sofort

$$\frac{x^4}{24} = \frac{1}{24},$$

also

$$x^4 = 1$$

erhalte.

Offenbar hat diese Gleichung zwei reelle Lösungen, nämlich $x_1 = -1$ und $x_2 = 1$. Der erste Teil der Aufgabe ist damit erledigt: die Gleichung ist näherungsweise durch $x_1 = -1$ und $x_2 = 1$ gelöst. Ich muss nur noch testen, wie gut diese Lösungen zur ursprünglichen Gleichung passen, und der beste Test besteht im schlichten Nachrechnen. Ich werde jetzt also die erhaltenen Näherungslösungen in die Gleichung

$$\cos x = \frac{25}{24} - \frac{x^2}{2}$$

einsetzen und sehen, was passiert.

Auf der linken Seite steht für $x_1 = -1$:

$$\cos(-1) = 0{,}5403023.$$

Dagegen erhalte ich auf der rechten Seite:

$$\frac{25}{24} - \frac{1}{2} = \frac{13}{24} = 0{,}5416667.$$

Die gleichen Werte findet man auch für $x_2 = 1$. Mit anderen Worten: unsere Näherungswerte -1 und 1 liefern auf zwei Nachkommastellen genau auf beiden Seiten der ursprünglichen Gleichung dieselben Resultate, nämlich jeweils 0,54. Im Rahmen dieser Genauigkeit ist das Taylor-Verfahren hier anwendbar; will man eine höhere Genauigkeit haben, so muss man zu anderen Methoden Zuflucht nehmen. So findet man z. B. mit dem Newton-Verfahren eine auf sechs Nachkommastellen genaue Lösung mit den Werten $x_{1,2} = \pm 1{,}008506$.

9.8 Berechnen Sie das Taylorpolynom dritten Grades mit dem Entwicklungspunkt $x_0 = 0$ der Funktion $f(x) = \tan x$. Testen Sie, wie gut $\tan x$ durch $T_{3,f}(x)$ angenähert wird, indem Sie $T_{3,f}\left(\frac{1}{2}\right)$ und $\tan \frac{1}{2}$ sowie $T_{3,f}(1)$ und $\tan 1$ berechnen. Dabei sind die Winkel im Bogenmaß zu verstehen.

Lösung Zum Berechnen eines Taylorpolynoms geht man am besten in drei Schritten vor: zuerst bestimmt man die nötigen Ableitungen, danach setzt man den Entwicklungspunkt in die Ableitungsformeln ein, und zum Schluss geht man mit diesen Ableitungen in die Taylorformel. Der Vorteil bei dieser Aufgabe besteht darin, dass ich nicht alle Ableitungen ausrechnen muss, was bei der Tangensfunktion auch ein wenig schwierig wäre, sondern nur die ersten drei, denn das Taylorpolynom dritten Grades hat die Form:

$$T_{3,f}(x) = \sum_{m=0}^{3} \frac{f^{(m)}(0)}{m!} \cdot x^m.$$

Ich mache mich deshalb jetzt daran, die Ableitungen von $f(x) = \tan x$ auszurechnen. Die erste Ableitung von $f(x) = \tan x$ lautet bekanntlich

$$f'(x) = \frac{1}{\cos^2 x},$$

wie man leicht nachrechnen kann, indem man $\tan x = \frac{\sin x}{\cos x}$ schreibt und die Quotientenregel verwendet. Zum weiteren Ableiten schreibe ich die erste Ableitung in einer etwas günstigeren Form auf, und zwar als

$$f'(x) = (\cos x)^{-2}.$$

Mit der Kettenregel folgt dann:

$$f''(x) = (-2) \cdot (\cos x)^{-3} \cdot (-\sin x) = \frac{2 \sin x}{\cos^3 x}.$$

Dabei entsteht der Faktor $(-\sin x)$ als innere Ableitung, und der Faktor $(-2) \cdot (\cos x)^{-3}$ ist die äußere Ableitung, denn die Ableitung von *etwas*$^{-2}$ ist immer $(-2) \cdot$ *etwas*$^{-3}$.

Damit bin ich schon ein Stück weitergekommen und muss nur noch die dritte Ableitung bestimmen. Sie ergibt sich durch eine kombinierte Anwendung von Quotienten- und

Kettenregel. Das ergibt:

$$f'''(x) = \frac{2\cos x \cdot \cos^3 x - 3 \cdot \cos^2 x \cdot (-\sin x) \cdot 2 \cdot \sin x}{\cos^6 x}$$

$$= \frac{2\cos^4 x + 6\cos^2 x \sin^2 x}{\cos^6 x}$$

$$= \frac{2\cos^2 x + 6\sin^2 x}{\cos^4 x}$$

$$= \frac{2 + 4\sin^2 x}{\cos^4 x}.$$

Zunächst habe ich in der ersten Zeile nur die Quotientenregel angewendet und deshalb die Ableitung des Zählers mit dem Nenner multipliziert. Die Quotientenregel verlangt aber auch die Ableitung des Nenners, und deshalb musste ich mit der Kettenregel $\cos^3 x$ ableiten, was zu dem Ausdruck $3 \cdot \cos^2 x \cdot (-\sin x)$ führt. Dass diese Ableitung schließlich noch mit dem Zähler $2\sin x$ multipliziert werden musste, bedarf kaum einer Erwähnung. In der zweiten Zeile habe ich nur die Ergebnisse der ersten Zeile zusammengefasst, und in der dritten Zeile habe ich die ganze Geschichte etwas vereinfacht, indem ich durch $\cos^2 x$ gekürzt habe. Die vierte Zeile sieht zunächst etwas erstaunlich aus, ist aber eigentlich ganz einfach. Wenn Sie einen genaueren Blick auf den Zähler werfen, den ich bis zur dritten Zeile errechnet habe, so finden Sie:

$$2\cos^2 x + 6\sin^2 x = 2\cos^2 x + 2\sin^2 x + 4\sin^2 x$$

$$= 2(\cos^2 x + \sin^2 x) + 4\sin^2 x$$

$$= 2 + 4\sin^2 x,$$

denn $\sin^2 x + \cos^2 x = 1$. Beachten Sie aber, dass die letzte Vereinfachung der dritten Ableitung für mein eigentliches Ziel völlig überflüssig war, denn wir brauchen für das Taylorpolynom nur die Ableitungen am Nullpunkt, und den Nullpunkt hätte ich schon in die erste Zeile der obigen Gleichungskette einsetzen können. In jedem Fall erhalte ich unter Berücksichtigung der Tatsache, dass $\sin 0 = 0$ und $\cos 0 = 1$ gilt:

$$f(0) = 0,\ f'(0) = 1,\ f''(0) = 0,\ f'''(0) = 2.$$

Jetzt kann die eigentliche Berechnung des Taylorpolynoms schnell erfolgen. Definitionsgemäß gilt:

$$T_{3,f}(x) = \sum_{m=0}^{3} \frac{f^{(m)}(0)}{m!} \cdot x^m$$

$$= f(0) + f'(0) \cdot x + \frac{f''(0)}{2} \cdot x^2 + \frac{f'''(0)}{6} \cdot x^3$$

$$= 0 + 1 \cdot x + 0 \cdot x^2 + \frac{2}{6}x^3$$

$$= x + \frac{x^3}{3}.$$

Das Taylorpolynom dritten Grades lautet also

$$T_{3,f}(x) = x + \frac{x^3}{3}.$$

Um die Qualität dieses Polynoms zu testen, setze ich zwei Werte ein. Zunächst ist

$$T_{3,f}\left(\frac{1}{2}\right) = \frac{1}{2} + \frac{1}{24} = 0{,}5416667.$$

Andererseits ist

$$\tan\frac{1}{2} = 0{,}5463025.$$

Somit ist also für $x = \frac{1}{2}$ die Näherung durch das Taylorpolynom gar nicht so schlecht, nämlich auf zwei Stellen nach dem Komma genau. Anders sieht es aus für $x = 1$. Hier haben wir:

$$T_{3,f}(1) = 1 + \frac{1}{3} = 1{,}3333333,$$

aber

$$\tan 1 = 1{,}5574077,$$

und daran sehen Sie, dass schon für $x = 1$ die Näherung miserabel wird. Im Prinzip ist das auch immer so: je weiter man sich vom Entwicklungspunkt wegbewegt, desto schlechter wird die Näherung. Will man auch dann noch brauchbare Näherungswerte finden, so bleibt einem nichts anderes übrig, als dem Taylorpolynom einen höheren Grad zuzugestehen und damit die höhere Genauigkeit herbeizuführen. Der Preis für diese Genauigkeit besteht natürlich in einem höheren Rechenaufwand.

9.9 Bis zu welchem Grad muss man die Taylorreihe von sin bzw. cos mit dem Entwicklungspunkt $x_0 = 0$ berechnen, um die Werte sin 1 und cos 1 jeweils mit einer Abweichung von höchstens 10^{-5} zu erhalten? Begründen Sie Ihre Antwort mit Hilfe der Restgliedformeln für Taylorreihen. Die Winkel sind wieder im Bogenmaß zu verstehen.

Lösung In dieser Aufgabe geht es um das Genauigkeitsproblem: wie weit muss ich mit dem Grad des Taylorpolynoms gehen, um eine bestimmte Rechengenauigkeit zu erreichen? Konkret habe ich zunächst das folgende Problem: bis zu welchem Grad muss ich rechnen, damit ich sin 1 mit einer Genauigkeit von 10^{-5} bestimmen kann?

Das sieht auf den ersten Blick recht abschreckend aus, ist aber nur halb so schlimm, wenn man über die nötigen Vorkenntnisse verfügt. Vor allem brauchen Sie natürlich die

Taylorreihe der Sinusfunktion. Sie lautet:

$$T_{\sin}(x) = x - \frac{x^3}{3!} + \frac{x^5}{5!} - \frac{x^7}{7!} \pm \cdots .$$

Das ist aber noch nicht alles. Darüber hinaus gibt es eine ausgesprochen praktische Abschätzung für das sogenannte Restglied: wenn Sie die Taylorreihe bei einem bestimmten Grad abbrechen und sich somit auf das *Taylorpolynom* dieses Grades beschränken, dann kann man angeben, wie groß der Rest sein wird, den man vernachlässigt hat. Zwischen der Funktion f selbst und ihrem Taylorpolynom $T_{m,f}$ vom Grade m gibt es in aller Regel eine Differenz, und für diese Differenz gilt immer die Gleichung:

$$f(x) - T_{m,f}(x) = R_{m+1}(x)$$

mit

$$R_{m+1}(x) = \frac{f^{(m+1)}(\xi)}{(m+1)!} \cdot (x - x_0)^{m+1},$$

wobei ξ eine nicht näher bestimmbare Zahl zwischen x und dem Entwicklungspunkt x_0 ist. Man kann also mit etwas Glück feststellen, wie groß dieses *Restglied* $R_{m+1}(x)$ sein wird, vor allem dann, wenn sich die zugrunde liegende Funktion f leicht ableiten lässt. Und genau das ist bei der Funktion $f(x) = \sin x$ schließlich der Fall: jede Ableitung von f ist von der Form $\pm \sin x$ oder $\pm \cos x$, je nachdem, um die wievielte Ableitung es sich handelt. Da aber sowohl Sinus als auch Cosinus betragsmäßig nicht über die 1 hinauswachsen können, folgt daraus mit dem Entwicklungspunkt $x_0 = 0$:

$$|R_{m+1}(x)| = \left| \frac{f^{(m+1)}(\xi)}{(m+1)!} \cdot x^{m+1} \right| = \frac{\left| f^{(m+1)}(\xi) \right|}{(m+1)!} \cdot \left| x^{m+1} \right| \leq \frac{1}{(m+1)!} \cdot \left| x^{m+1} \right|,$$

also

$$|R_{m+1}(x)| \leq \frac{\left| x^{m+1} \right|}{(m+1)!}.$$

Es kommt sogar noch etwas besser. Da in der Taylorreihe der Sinusfunktion nur ungerade Potenzen auftreten, werde ich natürlich nicht das Polynom $T_{m,\sin}$ angehen, sondern gleich das Polynom $T_{2m+1,\sin}$, denn jede ungerade Zahl hat die Form $2m + 1$. Daher geht es jetzt auch nicht um das Restglied $R_{m+1}(x)$, sondern un $R_{2m+1+1}(x) = R_{2m+2}(x)$. Das führt dann zu der folgenden Abschätzung.

$$\left| \sin x - \left(x - \frac{x^3}{3!} + \frac{x^5}{5!} \mp \cdots + (-1)^m \frac{x^{2m+1}}{(2m+1)!} \right) \right| = |\sin x - T_{2m+1,\sin}(x)|$$
$$= |R_{2m+2}(x)|$$
$$\leq \frac{|x|^{2m+2}}{(2m+2)!}.$$

Die Arbeit, die wir jetzt noch zu tun haben, ist leicht und schnell erledigt. Hier ist nämlich der Wert $x = 1$ vorgegeben, und ich brauche deshalb das Restglied nur für $x = 1$ zu untersuchen. In diesem Fall gilt:

$$|R_{2m+2}(1)| \leq \frac{1^{2m+2}}{(2m+2)!} = \frac{1}{(2m+2)!}.$$

Das sieht doch schon etwas einfacher aus: das Restglied, das den Unterschied zwischen Funktion selbst und dem Taylorpolynom angibt, liegt nach der obigen Formel jedenfalls unter $\frac{1}{(2m+2)!}$ – und dieser Bruch neigt dazu, ziemlich schnell ziemlich klein zu werden.

Ich muss jetzt nur noch sehen, wann

$$\frac{1}{(2m+2)!} \leq 10^{-5} = \frac{1}{100.000}$$

gilt, denn das war schließlich die Aufgabenstellung. Da hilft nur probieren. Für $m = 3$ ist

$$\frac{1}{(2m+2)!} = \frac{1}{8!} = \frac{1}{40.320} > \frac{1}{100.000},$$

das heißt, mit $m = 3$ komme ich noch nicht ans Ziel. Für $m = 4$ gilt dagegen:

$$\frac{1}{(2m+2)!} = \frac{1}{10!} = \frac{1}{3.628.800} < \frac{1}{100.000}.$$

Somit reicht es also, $m = 4$ zu wählen, und deshalb liefert $T_{9,\sin}(x)$ die gewünschte Genauigkeit: bedenken Sie dabei, dass der Grad des Polynoms in diesem Fall nicht einfach nur m beträgt, sondern $2m + 1$; deshalb muss der Grad $2 \cdot 4 + 1 = 9$ sein.

Man kann also $\sin 1$ mit einer Genauigkeit von mindestens 10^{-5} berechnen, wenn man sich an das Taylorpolynom neunten Grades hält. Die entsprechende Rechnung für die Cosinusfunktion will ich hier nur noch kurz besprechen. Die Taylorreihe lautet:

$$T_{\cos}(x) = 1 - \frac{x^2}{2!} + \frac{x^4}{4!} - \frac{x^6}{6!} \pm \cdots.$$

Für das Restglied $R_{m+1}(x)$ gilt ebenfalls die Ungleichung:

$$|R_{m+1}(x)| \leq \frac{|x^{m+1}|}{(m+1)!}.$$

Die Taylorreihe der Cosinusfunktion besteht nur aus geraden Potenzen, und daher betrachtet man das Taylorpolynom $T_{2m,\cos}$ mit dem Restglied $R_{2m+1}(x)$. Damit ergibt sich:

$$\begin{aligned}
\left| \cos x - \left(1 - \frac{x^2}{2!} + \frac{x^4}{4!} \mp \cdots + (-1)^m \frac{x^{2m}}{(2m)!} \right) \right| &= |\cos x - T_{2m,\cos}(x)| \\
&= |R_{2m+1}(x)| \\
&\leq \frac{|x|^{2m+1}}{(2m+1)!}.
\end{aligned}$$

Für $x = 1$ folgt daraus:

$$|R_{2m+1}(1)| \leq \frac{1^{2m+1}}{(2m+1)!} = \frac{1}{(2m+1)!}.$$

Man kann leicht nachrechnen, dass die Bedingung

$$\frac{1}{(2m+1)!} \leq 10^{-5}$$

für $m = 4$ erfüllt ist, so dass also das Taylorpolynom $T_{8,\cos}$ die gewünschte Genauigkeit liefert.

9.10 Berechnen Sie die Taylorreihen der folgenden Funktionen mit dem jeweils angegebenen Entwicklungspunkt x_0.

(i) $f(x) = \ln x$, $x_0 = 1$;
(ii) $g(x) = \sin x$, $x_0 = \frac{\pi}{6}$.

Lösung Um zu einer gegebenen Funktion f die Taylorreihe zu berechnen, sollte man sich erst einmal die allgemeine Form der Taylorreihe aufschreiben. Ist also f beliebig oft differenzierbar und ist x_0 ein Punkt aus dem Definiitonsbereich von f, so lautet die zugehörige Taylorreihe:

$$T_f(x) = \sum_{n=0}^{\infty} \frac{f^{(n)}(x_0)}{n!}(x - x_0)^n$$

$$= f(x_0) + \frac{f'(x_0)}{1!}(x - x_0) + \frac{f''(x_0)}{2!}(x - x_0)^2 + \frac{f'''(x_0)}{3!}(x - x_0)^3 + \cdots.$$

Man kann sie am besten ausrechnen, indem man nach einem dreistufigen Schema vorgeht: zuerst bestimmt man sämtliche Ableitungen von f, danach setzt man den Entwicklungspunkt x_0 in diese Ableitungen ein, und schließlich geht man mit den berechneten Ableitungen in die Taylorformel.

(i) Zu berechnen ist die Taylorreihe von $f(x) = \ln x$ mit dem Entwicklungspunkt $x_0 = 1$. Dazu gehe ich nach dem oben beschriebenen dreistufigen Schema vor und bestimme zunächst die Ableitungen. Sie wissen noch, dass

$$f'(x) = \frac{1}{x} = x^{-1}$$

gilt. Dieser Umstand macht das weitere Ableiten ziemlich einfach. Ich schreibe erst einmal die drei folgenden Ableitungen kommentarlos auf. Es gilt:

$$f''(x) = (-1) \cdot x^{-2},$$
$$f'''(x) = (-1) \cdot (-2) \cdot x^{-3},$$
$$f^{(4)}(x) = (-1) \cdot (-2) \cdot (-3) \cdot x^{-4}.$$

Damit sollte das System klar sein. Zur Berechnung der m-ten Ableitung fange ich mit dem Vorfaktor (-1) an und ende bei dem Vorfaktor $(-m + 1)$. Der Exponent von x dagegen entspricht genau der Zahl $-m$. Folglich ist

$$f^{(m)}(x) = (-1) \cdot (-2) \cdots (-m + 1) \cdot x^{-m}.$$

In jedem der $m-1$ Vorfaktoren steckt natürlich der Faktor -1, den ich deshalb $(m-1)$-mal vorklammern kann. Was übrig bleibt, sind die positiven Faktoren, und das heißt:

$$f^{(m)}(x) = (-1)^{m-1} \cdot 1 \cdot 2 \cdot 3 \cdots (m - 1) \cdot x^{-m} = (-1)^{m-1} \cdot (m - 1)! \cdot x^{-m}$$

für alle $m \geq 1$. Das ist nun eine Formel, mit der man etwas anfangen kann, denn im nächsten Schritt muss ich den Entwicklungspunkt $x_0 = 1$ in die Ableitungsformel einsetzen. Dann gilt:

$$f^{(m)}(1) = (-1)^{m-1} \cdot (m - 1)!,$$

denn $1^{-m} = 1$. Im dritten Schritt habe ich diese Ableitungen in die Taylorformel einzusetzen. Das ergibt dann die Formel:

$$\begin{aligned} T_f(x) &= \sum_{m=0}^{\infty} \frac{f^{(m)}(1)}{m!} \cdot (x - 1)^m \\ &= \sum_{m=0}^{\infty} \frac{(-1)^{m-1} \cdot (m - 1)!}{m!} \cdot (x - 1)^m \\ &= \sum_{m=0}^{\infty} \frac{(-1)^{m-1}}{m} \cdot (x - 1)^m, \end{aligned}$$

denn der Ausdruck $(m - 1)!$ im Zähler kürzt sich vollständig gegen den Faktor $m!$ im Nenner heraus, und es bleibt nur noch ein schlichtes m im Nenner übrig.
Leider ist mir dabei jetzt ein kleiner Fehler unterlaufen. Für $m = 0$ steht hier offensichtlich eine Null im Nenner, und das kann ja wohl nicht sein. Die Ableitungsformel, die ich hier einfach so in die Taylorformel eingesetzt habe, gilt nämlich nur für $m \geq 1$. Für $m = 0$ muss ich die nullte Ableitung, also den Funktionswert selbst nehmen, und der lautet

$$\ln 1 = 0.$$

Damit verschwindet der Summand mit der Nummer $m = 0$, und ich erhalte die korrekte Taylorreihe

$$T_f(x) = \sum_{m=1}^{\infty} \frac{(-1)^{m-1}}{m} \cdot (x - 1)^m.$$

(ii) Nun berechne ich die Taylorreihe von $g(x) = \sin x$ mit dem recht ungewöhnlichen Entwicklungspunkt $x_0 = \frac{\pi}{6}$. Wie üblich gehe ich in drei Schritten vor und berechne zuerst die allgemeine Ableitung der Sinusfunktion. Schreibt man die ersten vier Ableitungen der Reihe nach auf, so ergibt sich:

$$g'(x) = \cos x, g''(x) = -\sin x, g'''(x) = -\cos x, g^{(4)}(x) = \sin x,$$

und ab hier geht es wieder von vorne los. Ich habe also im Prinzip die gleiche Situation wie in der Aufgabe 7.9 (i), wo es darum ging, die n-te Ableitung von $\cos x$ auszurechnen. Genau wir dort stellt sich auch hier heraus, dass es vier Fälle für die Ableitung gibt: je nachdem, wie es mit der Teilbarkeit der Ableitungsnummer durch 4 aussieht, ergeben sich die folgenden Ableitungen:

$$g^{(m)}(x) = \begin{cases} \sin x, & \text{falls } m = 4k, \ k \in \mathbb{N}_0 \\ \cos x, & \text{falls } m = 4k+1, \ k \in \mathbb{N}_0 \\ -\sin x, & \text{falls } m = 4k+2, \ k \in \mathbb{N}_0 \\ -\cos x, & \text{falls } m = 4k+3, \ k \in \mathbb{N}_0. \end{cases}$$

Jetzt muss ich nur noch den Entwicklungspunkt in diese Ableitungsformel einsetzen. Da $\frac{\pi}{6}$ genau $30°$ entspricht, gilt aber:

$$\sin \frac{\pi}{6} = \frac{1}{2} \text{ und } \cos \frac{\pi}{6} = \frac{1}{2}\sqrt{3}.$$

Damit folgt:

$$g^{(m)}\left(\frac{\pi}{6}\right) = \begin{cases} \frac{1}{2}, & \text{falls } m = 4k, \ k \in \mathbb{N}_0 \\ \frac{1}{2}\sqrt{3}, & \text{falls } m = 4k+1, \ k \in \mathbb{N}_0 \\ -\frac{1}{2}, & \text{falls } m = 4k+2, \ k \in \mathbb{N}_0 \\ -\frac{1}{2}\sqrt{3}, & \text{falls } m = 4k+3, \ k \in \mathbb{N}_0. \end{cases}$$

Es wäre nun etwas kompliziert, wenn man die daraus resultierende Taylorreihe ganz klassisch mit dem Summenzeichen $\sum$ aufschreiben wollte, da die Ableitungen sich nicht allzu gutwillig verhalten. Einfacher ist es, einige Summanden zu notieren und dann die beliebte Pünktchenschreibweise ins Spiel zu bringen. Es gilt also:

$$\begin{aligned} T_g(x) &= \sum_{m=0}^{\infty} \frac{g^{(m)}\left(\frac{\pi}{6}\right)}{m!} \cdot \left(x - \frac{\pi}{6}\right)^m \\ &= \frac{1}{2} + \frac{1}{1!}\frac{1}{2}\sqrt{3} \cdot \left(x - \frac{\pi}{6}\right) - \frac{1}{2!}\frac{1}{2} \cdot \left(x - \frac{\pi}{6}\right)^2 - \frac{1}{3!}\frac{1}{2}\sqrt{3} \cdot \left(x - \frac{\pi}{6}\right)^3 \\ &\quad + \frac{1}{4!}\frac{1}{2} \cdot \left(x - \frac{\pi}{6}\right)^4 + \frac{1}{5!}\frac{1}{2}\sqrt{3} \cdot \left(x - \frac{\pi}{6}\right)^5 \pm \cdots. \end{aligned}$$

Dabei habe ich nichts weiter getan als die Ableitungen der Sinusfunktion, die ich für den Entwicklungspunkt $\frac{\pi}{6}$ bestimmt habe, in die Taylorformel einzusetzen.

9.11 Berechnen Sie mit Hilfe einer Taylorreihe näherungsweise $\sqrt{17}$.

Lösung Zur Berechnung von Wurzeln kann man auf einen Spezialfall des binomischen Lehrsatzes zurückgreifen. Dieser Satz stellt eigentlich nur die Taylorreihe für Potenzen von $1 + x$ auf und macht eine Aussage darüber, für welche x-Werte diese Taylorreihe gegen die entsprechende Potenz von $1 + x$ konvergiert. Setzt man für eine beliebige reelle Zahl α:

$$\binom{\alpha}{n} = \frac{\alpha \cdot (\alpha - 1) \cdots (\alpha - n + 1)}{n!} \quad \text{und} \quad \binom{\alpha}{0} = 1$$

und bezeichnet diesen Ausdruck als den Binomialkoeffizienten „α über n", dann gilt für jede Zahl x mit $|x| < 1$:

$$(1 + x)^\alpha = \sum_{n=0}^{\infty} \binom{\alpha}{n} x^n,$$

wobei die Reihe auf der rechten Seite genau die Taylorreihe der Funktion $f(x) = (1+x)^\alpha$ mit dem Entwicklungspunkt $x_0 = 0$ ist. Nun geht es aber um Wurzeln, und daher setze ich speziell $\alpha = \frac{1}{2}$. Dann gilt also für $|x| < 1$:

$$\sqrt{1 + x} = \sum_{n=0}^{\infty} \binom{\frac{1}{2}}{n} \cdot x^n.$$

Um nun mit dieser Formel konkret rechnen zu können, sollte ich einige der Binomialkoeffizienten ausrechnen. Natürlich ist $\binom{\frac{1}{2}}{0} = 1$, denn das gilt für jedes α. Weiterhin ist

$$\binom{\frac{1}{2}}{1} = \frac{1}{2}, \binom{\frac{1}{2}}{2} = \frac{\frac{1}{2} \cdot (\frac{1}{2} - 1)}{2!} = -\frac{1}{8}, \binom{\frac{1}{2}}{3} = \frac{\frac{1}{2} \cdot (\frac{1}{2} - 1) \cdot (\frac{1}{2} - 2)}{3!} = \frac{1}{16},$$

$$\binom{\frac{1}{2}}{4} = \frac{\frac{1}{2} \cdot (\frac{1}{2} - 1) \cdot (\frac{1}{2} - 2) \cdot (\frac{1}{2} - 3)}{4!} = -\frac{5}{128}.$$

Da ich nicht die gesamte Taylorreihe ausrechnen kann, gehe ich nur bis zum Taylorpolynom vierten Grades und schreibe:

$$\sqrt{1 + x} = \sum_{n=0}^{\infty} \binom{\frac{1}{2}}{n} \cdot x^n \approx 1 + \frac{1}{2}x - \frac{1}{8}x^2 + \frac{1}{16}x^3 - \frac{5}{128}x^4$$

für $|x| < 1$. Natürlich kann ich diese Formel für meine Aufgabenstellung nicht direkt in der Form $\sqrt{17} = \sqrt{1 + 16}$ für $x = 16$ anwenden, da offenbar $|16| > 1$ ist. Man kann sich aber mit einem kleinen Trick behelfen. Ich ziehe die 16 aus der Wurzel heraus und erhalte:

$$\sqrt{17} = \sqrt{16 \cdot \frac{17}{16}} = 4 \cdot \sqrt{1 + \frac{1}{16}}$$
$$\approx 4 \cdot \left(1 + \frac{1}{2 \cdot 16} - \frac{1}{8 \cdot 256} + \frac{1}{16 \cdot 4096} - \frac{5}{128 \cdot 65.536}\right)$$
$$\approx 4 \cdot 1{,}0307764 = 4{,}1231056,$$

wobei ich die obige Wurzelformel für $x = \frac{1}{16}$ verwendet habe. Damit habe ich die Näherung

$$\sqrt{17} \approx 4{,}1231056,$$

die immerhin auf sieben Stellen nach dem Komma genau ist.

9.12 Untersuchen Sie, ob die folgenden Reihen konvergieren.

(i) $\sum\limits_{n=1}^{\infty} \frac{\sqrt{n-1}}{n^3+1}$;

(ii) $\sum\limits_{n=2}^{\infty} \frac{2\sqrt{n+1}}{n-1}$;

(iii) $\sum\limits_{n=1}^{\infty} \cos \frac{1}{n}$;

(iv) $\sum\limits_{n=1}^{\infty} \frac{1}{(n+1) \cdot \ln^2 (n+1)}$.

Lösung Die Frage nach der Konvergenz einer Reihe müssen Sie genau unterscheiden von der Frage nach dem tatsächlichen Grenzwert dieser Reihe: oft genug kommt es vor, dass man zwar nachweisen kann, dass eine Reihe konvergiert und damit einen Grenzwert *besitzt*, aber weit davon entfernt ist, diesen Grenzwert auch ausrechnen zu können. In dieser Aufgabe geht es nun darum festzustellen, ob die gegebenen Reihen irgendeinen Grenzwert haben – aber falls sie einen haben, ist es nicht verlangt, ihn tatsächlich auszurechnen, zumal das bei diesen Reihen kaum oder nur sehr schwer möglich sein dürfte.

In den Aufgaben 9.2 und 9.3 haben Sie schon einige Kriterien gesehen, mit deren Hilfe man die Konvergenz bzw. Divergenz einer Reihe feststellen kann. Hier werden nun weitere hinzukommen.

(i) Schon bei der Reihe $\sum\limits_{n=1}^{\infty} \frac{\sqrt{n-1}}{n^3+1}$ geht es los, denn sie ist ein Fall für das Majorantenkriterium, das ich zunächst einmal allgemein formuliere. Dazu seien $\sum\limits_{n=1}^{\infty} a_n$ und $\sum\limits_{n=1}^{\infty} b_n$

Reihen und es gelte $b_n \geq 0$ für alle natürlichen Zahlen n ab irgendeiner Nummer n_0. Ist dann $\sum\limits_{n=1}^{\infty} b_n$ konvergent und gilt $|a_n| \leq b_n$ für alle n ab irgendeiner Nummer n_1, so ist $\sum\limits_{n=1}^{\infty} a_n$ absolut konvergent. Das heißt erstens, dass $\sum\limits_{n=1}^{\infty} |a_n|$ konvergiert, und zweitens folgt daraus, dass auch die Reihe $\sum\limits_{n=1}^{\infty} a_n$ selbst konvergiert.

Um dieses Majorantenkriterium anzuwenden, muss ich also eine Reihe finden, deren Summanden über denen der gegebenen Reihe liegen und die außerdem noch konvergiert. Das ist hier gar nicht so schwer. Natürlich ist

$$\frac{\sqrt{n-1}}{n^3+1} \leq \frac{\sqrt{n-1}}{n^3},$$

denn im zweiten Bruch teile ich durch weniger, so dass ich einen größeren Wert erhalten muss. Wegen $\sqrt{n-1} \leq \sqrt{n}$ folgt weiterhin:

$$\frac{\sqrt{n-1}}{n^3+1} \leq \frac{\sqrt{n-1}}{n^3} \leq \frac{\sqrt{n}}{n^3} = \frac{n^{\frac{1}{2}}}{n^3} = \frac{1}{n^{2,5}} \leq \frac{1}{n^2}.$$

Also ist

$$\frac{\sqrt{n-1}}{n^3+1} \leq \frac{1}{n^2}$$

für alle natürlichen Zahlen n. Von der Reihe $\sum\limits_{n=1}^{\infty} \frac{1}{n^2}$ ist aber bekannt, dass sie konvergiert, was Sie beispielsweise der Lösung zu Aufgabe 9.5 (i) entnehmen können. Ich habe daher in dieser Reihe eine konvergente Majorante zu meiner ursprünglichen Reihe gefunden, und da alle auftretenden Summanden positiv sind, folgt aus dem Majorantenkriterium, dass die Reihe konvergiert.

(ii) Das umgekehrte Kriterium findet bei der Reihe $\sum\limits_{n=2}^{\infty} \frac{2\sqrt{n+1}}{n-1}$ eine Anwendung: das Minorantenkriterium, das angibt, wann bestimmte Reihen divergieren. Dass die Reihe erst bei $n = 2$ und nicht wie sonst bei $n = 1$ anfängt, braucht Sie nicht weiter zu stören, denn erstens könnte man hier $n = 1$ überhaupt nicht einsetzen und zweitens hängt die Konvergenz einer Reihe nicht vom ersten Summanden ab. Wenden wir uns also zunächst dem allgemeinen Minorantenkriterium zu. Dazu seien wieder $\sum\limits_{n=1}^{\infty} a_n$ und $\sum\limits_{n=1}^{\infty} b_n$ Reihen und es gelte $b_n \geq 0$ für alle natürlichen Zahlen n ab irgendeiner Nummer n_0. Ist dann $\sum\limits_{n=1}^{\infty} b_n$ divergent und gilt $|a_n| \geq b_n$ für alle n ab irgendeiner Nummer n_1, so ist $\sum\limits_{n=1}^{\infty} a_n$ nicht absolut konvergent, das heißt, die Reihe $\sum\limits_{n=1}^{\infty} |a_n|$ ist divergent. Gilt auch noch $a_n \geq 0$ für alle Summanden a_n ab irgendeiner natürlichen Zahl, dann folgt daraus natürlich sofort, dass auch die ursprüngliche Reihe $\sum\limits_{n=1}^{\infty} a_n$

divergiert, da sie bis auf ein paar Summanden mit der divergenten Reihe der Beträge
von a_n übereinstimmt.

Um nun dieses Minorantenkriterium anzuwenden, muss ich eine Reihe finden, deren
Summanden unter den Summanden der gegebenen Reihe liegen und die außerdem
divergiert. Nun ist aber sicher

$$\frac{2\sqrt{n+1}}{n-1} \geq \frac{2\sqrt{n+1}}{n},$$

denn im zweiten Bruch teile ich durch einen größeren Nenner und erhalte dadurch
eine kleinere Zahl. Außerdem gilt wegen $\sqrt{n+1} \geq 1$:

$$\frac{2\sqrt{n+1}}{n-1} \geq \frac{2\sqrt{n+1}}{n} \geq \frac{2}{n}.$$

Von der sogenannten harmonischen Reihe $\sum_{n=1}^{\infty} \frac{1}{n}$ ist aber bekannt, dass sie divergiert,
und die verdoppelte Reihe $\sum_{n=1}^{\infty} \frac{2}{n}$ hat keine Chance, der Divergenz gegen Unendlich
zu entkommen. Ich habe daher in dieser Reihe eine divergente Minorante zu meiner
ursprünglichen Reihe gefunden, und da alle auftretenden Summanden positiv sind,
folgt aus dem Minorantenkriterium, dass die Reihe divergiert.

(iii) Die Reihe $\sum_{n=1}^{\infty} \cos \frac{1}{n}$ sieht ein wenig abschreckend aus, aber ihre Divergenz ist leicht
einzusehen, wenn man ein *notwendiges* Kriterium für die Konvergenz einer Reihe
heranzieht: *falls* die Reihe $\sum_{n=1}^{\infty} a_n$ konvergiert, *dann* muss für die Folge der Summanden gelten: $\lim_{n\to\infty} a_n = 0$. Wenn eine Reihe also überhaupt Chancen auf Konvergenz
haben soll, dann müssen sich ihre Summanden a_n mit der Zeit immer deutlicher der
Null annähern. Und das ist hier eben nicht der Fall, denn mit $n \to \infty$ geht bekanntlich $\frac{1}{n} \to 0$, und da der Cosinus eine stetige Funktion ist, folgt daraus:

$$\lim_{n\to\infty} \cos \frac{1}{n} = \cos 0 = 1.$$

Die Folge der Summanden geht also nicht gegen 0, und damit kann die Reihe nicht
konvergieren. Sie ist also divergent.

(iv) Sicher kommt Ihnen die Reihe $\sum_{n=1}^{\infty} \frac{1}{(n+1)\cdot\ln^2(n+1)}$ ganz besonders schlimm vor, und es
fällt einem nicht sofort ein, was man mit ihr machen könnte. Hier kann das sogenann-
te Integralkriterium helfen, das eine Verbindung zwischen einer Reihe und einem
uneigentlichen Integral herstellt. Dazu sei $f : [1, \infty) \to [0, \infty)$ eine monoton fallende Funktion und $a_n = f(n)$. Existiert dann das uneigentliche Integral $\int_1^{\infty} f(x)\, dx$,
so konvergiert auch die Reihe $\sum_{n=1}^{\infty} a_n$. Existiert das Integral dagegen nicht, so divergiert die Reihe. Bei der vorliegenden Reihe habe ich kaum eine Wahl für die Funktion

f: ich muss hier $f(x) = \frac{1}{(x+1)\cdot\ln^2(x+1)}$ setzen, denn dann gilt $f(n) = \frac{1}{(n+1)\cdot\ln^2(n+1)}$. Die Funktion f liefert auch nur positive Funktionswerte und ist außerdem noch monoton fallend, so dass ich das Integralkriterium anwenden kann. Dazu muss ich aber erst einmal das Integral

$$\int \frac{1}{(x+1)\cdot\ln^2(x+1)}\, dx$$

ausrechnen. Das geht mit der Substitutionsregel, denn wenn ich schreibe:

$$\int \frac{1}{(x+1)\cdot\ln^2(x+1)}\, dx = \int \frac{1}{x+1}\cdot\frac{1}{\ln^2(x+1)}\, dx,$$

dann ist $\frac{1}{x+1}$ genau die Ableitung von $g(x) = \ln(x+1)$. Nun drücke ich das Integral mit Hilfe der Funktion g aus und erhalte:

$$\int \frac{1}{x+1}\cdot\frac{1}{\ln^2(x+1)}\, dx = \int g'(x)\cdot\frac{1}{g^2(x)}\, dx.$$

Nach der Substitutionsregel darf ich $g'(x)dx$ ersetzen durch dg, weshalb nur noch der Ausdruck $\frac{1}{g^2}$ übrigbleibt, der nach der Variablen g integriert werden muss. Es gilt also:

$$\int g'(x)\cdot\frac{1}{g^2(x)}\, dx = \int \frac{1}{g^2}\, dg = \int g^{-2}\, dg = \frac{g^{-1}}{-1} = -\frac{1}{g} = -\frac{1}{\ln(x+1)},$$

denn ich hatte $g(x) = \ln(x+1)$ gesetzt.

Das war natürlich noch nicht alles: das Integralkriterium verlangt das uneigentliche Integral zwischen 1 und Unendlich. So ein uneigentliches Integral rechnen Sie in aller Regel aus, indem Sie eine obere Grenze a einführen, mit dieser Grenze das normale bestimmte Integral berechnen und anschließend a nach Unendlich gehen lassen. In diesem Fall heißt das:

$$\int_1^\infty \frac{1}{(x+1)\cdot\ln^2(x+1)}\, dx = \lim_{a\to\infty}\int_1^a \frac{1}{(x+1)\cdot\ln^2(x+1)}\, dx$$

$$= \lim_{a\to\infty}\left. -\frac{1}{\ln(x+1)}\right|_1^a$$

$$= \lim_{a\to\infty}\left(-\frac{1}{\ln(a+1)} + \frac{1}{\ln 2}\right).$$

Dabei habe ich in der zweiten Zeile nur die oben berechnete Stammfunktion herangezogen und dann die Integrationsgrenzen in diese Stammfunktion eingesetzt. Für

$a \to \infty$ wird nun aber der Logarithmus von $a + 1$ beliebig groß und sein Kehrwert daher beliebig klein. Deshalb ist:

$$\lim_{a \to \infty} \left(-\frac{1}{\ln(a + 1)} + \frac{1}{\ln 2} \right) = \frac{1}{\ln 2},$$

und daraus folgt, dass das uneigentliche Integral tatsächlich existiert. Nach dem Integralkriterium ist dann auch die Reihe konvergent.

Komplexe Zahlen und Fourierreihen

10

10.1 Berechnen Sie:

(i) $(2 - 7i) + (12 - 13i)$;

(ii) $(5 - 23i) - (2 - 3i)$;

(iii) $(5 - 23i) \cdot (2 - 3i)$;

(iv) $(4 + i) \cdot (6 - 2i)$.

Lösung Ausgangspunkt der gesamten komplexen Zahlen ist die sogenannte imaginäre Einheit $i = \sqrt{-1}$, also die imaginäre Wurzel aus -1. Jede komplexe Zahl hat dann die Form $a + bi$, wobei a und b reelle Zahlen sind und man normalerweise a als den Realteil und b als den Imaginärteil der komplexen Zahl $a + bi$ bezeichnet. In dieser Aufgabe geht es darum, die üblichen Grundrechenarten für komplexe Zahlen einzuüben. Am einfachsten sind dabei Addition und Subtraktion: man addiert bzw. subtrahiert zwei komplexe Zahlen genauso, wie man zwei Klammerausdrücke addieren oder subtrahieren würde, in denen die Variable i vorkommt. Das heißt also, man verarbeitet einerseits die Realteile und andererseits die Imaginärteile. Auch die Multiplikation ist einfach, denn zwei komplexe Zahlen kann man als zwei Klammerausdrücke deuten, die durch schlichtes Ausmultiplizieren der Klammern miteinander multipliziert werden können. Sobald das getan ist, muss man nur noch beachten, dass $i^2 = -1$ gilt, und die Multiplikation ist erledigt. Bei der Division ist es etwas schwieriger, aber das werde ich nachher in Aufgabe 10.2 erklären.

(i)   Die Additionsaufgabe $(2 - 7i) + (12 - 13i)$ löse ich, indem ich separat nach Real- und Imaginärteilen addiere. Es gilt also:

$$(2 - 7i) + (12 - 13i) = 2 + 12 + (-7 - 13)i = 14 - 20i.$$

(ii) Bei der Subtraktion $(5 - 23i) - (2 - 3i)$ gehe ich genauso vor. Damit folgt:

$$(5 - 23i) - (2 - 3i) = 5 - 2 + (-23 - (-3))i = 3 - 20i.$$

© Springer-Verlag Deutschland 2017

T. Rießinger, *Übungsaufgaben zur Mathematik für Ingenieure*,

DOI 10.1007/978-3-662-54803-5_10

(iii) Um die Multiplikation $(5-23i)\cdot(2-3i)$ durchzuführen, multipliziere ich einfach die beiden Klammern aus, und das heißt, ich multipliziere jeden Summanden der ersten Klammer mit jedem Summanden der zweiten. Das ergibt:

$$(5-23i)\cdot(2-3i) = 5\cdot 2 + 5\cdot(-3i) - 23i\cdot 2 - 23i\cdot(-3i)$$
$$= 10 - 15i - 46i + 69i^2.$$

Nun gilt aber $-15i - 46i = -61i$ und außerdem folgt aus $i^2 = -1$ sofort $69i^2 = -69$. Setzt man das oben ein, so ergibt sich:

$$10 - 15i - 46i + 69i^2 = 10 - 61i - 69 = -59 - 61i.$$

Insgesamt habe ich also

$$(5-23i)\cdot(2-3i) = -59 - 61i.$$

(iv) Nicht anders geht man bei der Multiplikation $(4+i)\cdot(6-2i)$ vor. Ausmultiplizieren ergibt:

$$(4+i)\cdot(6-2i) = 4\cdot 6 + 4\cdot(-2i) + i\cdot 6 + i\cdot(-2i) = 24 - 8i + 6i - 2i^2.$$

Da aber $-8i + 6i = -2i$ und $-2i^2 = -2\cdot(-1) = 2$ gilt, folgt:

$$24 - 8i + 6i - 2i^2 = 24 - 2i + 2 = 26 - 2i,$$

also

$$(4+i)\cdot(6-2i) = 26 - 2i.$$

10.2 Berechnen Sie:

(i) $\frac{3+4i}{3-4i}$;

(ii) $\frac{1-2i}{-5+i}$;

(iii) $\left|\frac{i}{1-i}\right|$.

Lösung Bei der Division komplexer Zahlen kann man sich nicht mehr auf Analogien zum vertrauten Rechnen mit Klammern berufen, sondern muss sich etwas Neues einfallen lassen. Sobald ich die Divisionsaufgabe

$$\frac{a+bi}{c+di}$$

durchzuführen habe, muss ich in aller Regel auf die dritte binomische Formel $(x+y)(x-y) = x^2 - y^2$ zurückgreifen. Mit $x = c$ und $y = di$ gilt dann nämlich:

$$(c+di)(c-di) = c^2 - (di)^2 = c^2 - d^2 i^2 = c^2 + d^2,$$

denn $i^2 = -1$. Ich kann daher den komplexen Nenner aus der Welt schaffen, indem ich den Bruch mit der Zahl $c - di$ erweitere.

(i) Nach dem beschriebenen Verfahren berechne ich $\frac{3+4i}{3-4i}$. Der Nenner lautet $3 - 4i$, also erweitere ich den gesamten Bruch mit $3 + 4i$. Dann ist

$$\frac{3+4i}{3-4i} = \frac{(3+4i)(3+4i)}{(3-4i)(3+4i)}.$$

Den Zähler kann ich mit der ersten binomischen Formel erledigen, während auf den Nenner natürlich genau die dritte binomische Formel passt, denn genau das war ja mein Ziel. Es gilt also:

$$\frac{(3+4i)(3+4i)}{(3-4i)(3+4i)} = \frac{9+24i+16i^2}{3^2-(4i)^2} = \frac{9+24i-16}{9-(-16)} = \frac{-7+24i}{25}.$$

Daher ist

$$\frac{3+4i}{3-4i} = \frac{-7+24i}{25} = -\frac{7}{25} + \frac{24}{25}i.$$

(ii) Auch die Divisionsaufgabe $\frac{1-2i}{-5+i}$ stellt uns vor keine neuen Probleme. Der Nenner heißt hier $-5 + i$, also erweitere ich den Bruch mit der Zahl $-5 - i$. Das ergibt:

$$\frac{1-2i}{-5+i} = \frac{(1-2i)(-5-i)}{(-5+i)(-5-i)}.$$

Im Zähler muss ich die beiden Klammern ausmultiplizieren, während für den Nenner wieder die dritte binomische Formel passt. Es folgt also:

$$\frac{(1-2i)(-5-i)}{(-5+i)(-5-i)} = \frac{-5-i+10i+2i^2}{(-5)^2-(i^2)} = \frac{-7+9i}{25+1} = \frac{-7+9i}{26}.$$

Daher ist

$$\frac{1-2i}{-5+i} = \frac{-7+9i}{26} = -\frac{7}{26} + \frac{9}{26}i.$$

(iii) Natürlich kann man $\left|\frac{i}{1-i}\right|$ ausrechnen, indem man erst die komplexe Division durchführt und anschließend den Betrag des Resultats bestimmt. Sie können sich das Leben aber auch etwas erleichtern, indem Sie die Tatsache ausnutzen, dass man einen Betrag immer über die Multiplikation und die Division durchziehen kann. Mit anderen Worten: es gilt

$$\left|\frac{i}{1-i}\right| = \frac{|i|}{|1-i|}.$$

Ich kann also die Beträge von Zähler und Nenner ausrechnen und dann die wesentlich bequemere reelle Division vornehmen. Dazu muss ich nur noch wissen, wie man den Betrag einer komplexen Zahl bestimmt. Das ist aber nicht schwer, denn für $z = a + bi$ gilt immer $|z| = \sqrt{a^2 + b^2}$, wie Sie auch gleich noch in Aufgabe 10.3 sehen werden. Damit folgt:

$$|i| = |0 + 1i| = \sqrt{0^2 + 1^2} = \sqrt{1} = 1$$

und

$$|1 - i| = |1 + (-1)i| = \sqrt{1^2 + (-1)^2} = \sqrt{2}.$$

Insgesamt erhalte ich deshalb:

$$\left| \frac{i}{1-i} \right| = \frac{|i|}{|1-i|} = \frac{1}{\sqrt{2}} = \frac{1}{2}\sqrt{2},$$

wobei Sie die letzte Gleichung erhalten, indem Sie den Bruch $\frac{1}{\sqrt{2}}$ mit $\sqrt{2}$ erweitern.

10.3 Bestimmen Sie die Polarformen der folgenden komplexen Zahlen.

(i) $z = 3 + 4i$;
(ii) $z = 2 - i$.

Lösung Die Polarform oder auch trigonometrische Form komplexer Zahlen hat etwas mit der Gaußschen Zahlenebene zu tun.

Man kann jede komplexe Zahl $z = x + yi$ auch dadurch beschreiben, dass man sie als zweidimensionalen Vektor in der Ebene auffasst und dann Richtung und Länge dieses Vektors angibt. Die Länge wird als der Betrag von z bezeichnet und ist schnell berechnet, denn nach dem Satz des Pythagoras gilt

$$|z| = \sqrt{x^2 + y^2}.$$

Bezeichnet dann φ den Winkel, den z mit der positiven x-Achse einschließt, so gilt wegen

$$\cos \varphi = \frac{x}{|z|} \text{ und } \sin \varphi = \frac{y}{|z|}$$

die Beziehung

$$z = |z| \cdot (\cos \varphi + i \cdot \sin \varphi).$$

Diese Darstellung von z wird als die Polarform von z bezeichnet. Während man den Betrag leicht aus x und y mit Hilfe des Pythagoras-Satzes bestimmen kann, muss man

Abb. 10.1 Komplexe Zahl in
der Zahlenebene

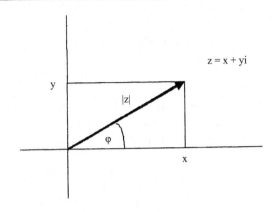

sich für den Winkel etwas überlegen. Sie können zwar an den Winkel φ mit Hilfe der
gängigen Winkelfunktionen sin und cos herankommen, aber das hat den Nachteil, dass die
sogenannte Ankathete regelmäßig die Länge $|z|$ hat und somit wegen der Wurzelfunktion
mit Rundungsfehlern zu rechnen ist. Direkter geht es, wenn Sie den Tangens verwenden:
in Abb. 10.1 ist offenbar:

$$\tan \varphi = \frac{y}{x}, \text{ also } \varphi = \arctan \frac{y}{x},$$

wobei arctan den Arcustangens bezeichnet und die Umkehrfunktion des Tangens darstellt,
die Sie auf dem Taschenrechner in der Regel mit so etwas wie der *inv*-Taste finden. Das
Bild täuscht aber ein wenig, denn wenn Sie mit der Zahl $z = x + yi$ aus Abb. 10.1 auf
einmal $z_1 = -x - yi$ betrachten, dann müssen Sie z genau um einen Winkel von 180°
drehen, um zu z_1 zu kommen. Deshalb ist $\varphi_1 = \varphi + 180°$. Die Formel würde aber liefern:
$\varphi_1 = \arctan \frac{-y}{-x} = \arctan \frac{y}{x} = \varphi$. Das kann aber nicht sein, und daraus folgt, dass man
auf den puren Arcustangens-Wert unter Umständen noch einen Winkel addieren muss, je
nachdem, in welchem Quadranten der Gaußschen Zahlenebene sich meine komplexe Zahl
befindet. Die folgende Tabelle zeigt, wie Sie rechnen müssen; dabei sind alle Winkel im
Bogenmaß angegeben.

x, y	φ (in Bogenmaß)
$x > 0, y \geq 0$	$\varphi = \arctan \frac{y}{x}$
$x < 0, y \geq 0$	$\varphi = \arctan \frac{y}{x} + \pi$
$x < 0, y \leq 0$	$\varphi = \arctan \frac{y}{x} + \pi$
$x > 0, y \leq 0$	$\varphi = \arctan \frac{y}{x} + 2\pi$
$x = 0, y > 0$	$\varphi = \frac{\pi}{2}$
$x = 0, y < 0$	$\varphi = \frac{3}{2}\pi$
$x = 0, y = 0$	$\varphi = 0$

(i) Für $z = 3 + 4i$ ist $|z| = \sqrt{3^2 + 4^2} = \sqrt{25} = 5$. Weiterhin gilt hier $x = 3, y = 4$, also befinde ich mich in der ersten Zeile meiner Tabelle. Daher gilt:

$$\varphi = \arctan \frac{4}{3} = 0{,}9273,$$

wie Sie leicht mit dem Taschenrechner nachvollziehen können, falls Sie ihn auf Bogenmaß eingestellt haben – dafür sollte es so etwas wie eine *rad*-Taste geben. Die Polarform lautet also:

$$z = |z| \cdot (\cos \varphi + i \cdot \sin \varphi) = 5 \cdot (\cos 0{,}9273 + i \cdot \sin 0{,}9273).$$

(ii) Für $z = 2 - i$ ist $|z| = \sqrt{2^2 + (-1)^2} = \sqrt{5} \approx 2{,}2361$. Hier ist nun $x = 2$ und $y = -1$, und daher befinde ich mich in der vierten Zeile der Tabelle. Damit folgt:

$$\varphi = \arctan \frac{-1}{2} + 2\pi = -0{,}4636 + 2\pi = 5{,}8196,$$

wobei ich mit einer Genauigkeit von vier Stellen nach dem Komma gerechnet habe. Die Polarform lautet also:

$$z = |z| \cdot (\cos \varphi + i \cdot \sin \varphi) = \sqrt{5} \cdot (\cos 5{,}8196 + i \cdot 5{,}8196).$$

10.4 Rechnen Sie die folgenden komplexen Zahlen in die Form $z = a + b \cdot i$ um.

(i) $z = |z|(\cos \varphi + i \sin \varphi)$ mit $|z| = 1$ und $\varphi = \frac{\pi}{4}$;
(ii) $z = |z|(\cos \varphi + i \sin \varphi)$ mit $|z| = 3$ und $\varphi = 2$.

Dabei sind die Winkel jeweils im Bogenmaß zu verstehen.

Lösung Bei dieser Aufgabe sollen Sie den umgekehrten Weg gehen und aus der Polarform die sogenannte Normalform $z = a + bi$ berechnen. Dazu ist nur wenig zu sagen. Sowohl der Winkel φ als auch der Betrag $|z|$ sind gegeben, und Sie müssen nur noch in die gegebene Formel einsetzen.

(i) Aus $z = |z|(\cos \varphi + i \sin \varphi)$ mit $|z| = 1$ und $\varphi = \frac{\pi}{4}$ folgt:

$$z = \cos \frac{\pi}{4} + i \cdot \sin \frac{\pi}{4}.$$

Nun entspricht aber das Bogenmaß von $\frac{\pi}{4}$ einem Winkel von 45°, und wenn Sie diesen Winkel in einen Einheitskreis einzeichnen, werden Sie feststellen, dass Sinus und Cosinus den gleichen Wert liefern, nämlich $\frac{1}{2}\sqrt{2} = 0{,}7071$. Natürlich können Sie diesen Wert auch mit einem Taschenrechner ermitteln. In jedem Fall ist dann:

$$z = \frac{1}{2}\sqrt{2} + i \cdot \frac{1}{2}\sqrt{2} = \frac{1}{2}\sqrt{2}(1 + i).$$

(ii) Aus $z = |z|(\cos\varphi + i\sin\varphi)$ mit $|z| = 3$ und $\varphi = 2$ folgt:

$$z = 3 \cdot (\cos 2 + i \cdot \sin 2).$$

Hier hilft nun keine Geometrie mehr, die Winkelfunktionswerte von $\varphi = 2$ muss man sich mit dem Taschenrechner verschaffen. Mit einer Genauigkeit von vier Stellen nach dem Komma gilt:

$$\cos 2 = -0{,}4161 \text{ und } \sin 2 = 0{,}9093.$$

Daraus folgt:

$$z = -3 \cdot 0{,}4161 + 3 \cdot 0{,}9093i = -1{,}2483 + 2{,}7279i.$$

10.5 Es sei $z = 2 + 3i$. Bestimmen Sie die Polarform von z und berechnen Sie mit Hilfe der Polarform die komplexe Zahl z^7. Berechnen Sie außerdem beide Quadratwurzeln aus z.

Lösung Sobald Sie die Polarform einer komplexen Zahl zur Verfügung haben, ist die Potenzierung sehr einfach. Für $z = |z|(\cos\varphi + i\sin\varphi)$ gilt immer:

$$z^n = |z|^n \cdot (\cos n\varphi + i \cdot \sin n\varphi).$$

Natürlich muss ich zu diesem Zweck erst einmal $|z|$ und φ kennen, aber das macht mit den Methoden aus Aufgabe 10.3 keine Schwierigkeiten. Zunächst lautet der Betrag:

$$|z| = \sqrt{2^2 + 3^2} = \sqrt{13}.$$

Und da beide Komponenten von z positiv sind, kann ich den Winkel direkt nach der ersten Zeile der Tabelle aus Aufgabe 10.2 berechnen. Das heißt:

$$\varphi = \arctan\frac{3}{2} = 0{,}9828,$$

wobei der Winkel im Bogenmaß gerechnet ist. Damit habe ich die Polarform

$$z = \sqrt{13}(\cos 0{,}9828 + i\sin 0{,}9828).$$

Nun kann ich direkt die oben angegebene Formel verwenden. Verbal formuliert sagt sie aus, dass man den Betrag von z mit n potenziert und den Winkel mit n multipliziert. Die Potenzierung des Betrags führt zu

$$|z|^7 = \sqrt{13}^{\,7} = \sqrt{13}^{\,6} \cdot \sqrt{13} = \left(13^{\frac{1}{2}}\right)^6 \cdot \sqrt{13} = 13^3 \cdot \sqrt{13} = 2197 \cdot \sqrt{13} = 7921{,}3959$$

mit einer Genauigkeit von vier Stellen nach dem Komma. Wegen $7 \cdot 0{,}9828 = 6{,}8796$ folgt dann:

$$
\begin{aligned}
z^7 &= (\sqrt{13}(\cos 0{,}9828 + i \sin 0{,}9828))^7 \\
&= 7921{,}3959 \cdot (\cos 6{,}8796 + i \cdot \sin 6{,}8796) \\
&= 7921{,}3959 \cdot (0{,}8274 + 0{,}5617i) \\
&= 6554{,}1629 + 4449{,}448i.
\end{aligned}
$$

Hier ist allerdings etwas Vorsicht am Platz. Da ich andauernd mit Wurzeln, Cosinus- und Sinuswerten rechne, mache ich natürlich Rundungsfehler. In diesem Fall würde das exakte Ergebnis lauten:

$$
z^7 = 6554 + 4449i.
$$

Auch das Wurzelziehen ist kein großer Aufwand, wenn man die Polarform zur Verfügung hat. Da das Wurzelziehen die gegenteilige Operation zum Potenzieren ist, muss man auch die gegenteiligen Operationen mit den Bestandteilen Betrag und Winkel durchführen: da vorher der Betrag potenziert wurde, wird jetzt die Wurzel aus ihm gezogen, und da vorher der Winkel mit dem Exponenten multipliziert wurde, werde ich jetzt den Winkel durch den Exponenten teilen. Damit folgt für die *erste* Quadratwurzel z_1 von z:

$$
z_1 = \sqrt{|z|} \left(\cos \frac{\varphi}{2} + i \cdot \sin \frac{\varphi}{2} \right).
$$

Im Falle meiner konkreten Zahl z ist aber $|z| = \sqrt{13}$ und $\varphi = 0{,}9828$. Wegen $\sqrt{\sqrt{13}} = \sqrt[4]{13} = 1{,}8988$ und $\frac{0{,}9828}{2} = 0{,}4914$ gilt dann:

$$
\begin{aligned}
z_1 &= 1{,}8988 \cdot (\cos 0{,}4914 + i \cdot \sin 0{,}4914) \\
&= 1{,}8988 \cdot (0{,}8817 + 0{,}4719i) \\
&= 1{,}6742 + 0{,}8960i.
\end{aligned}
$$

Wie üblich bei Quadratwurzeln ist die zweite Quadratwurzel gleich der negativen ersten, und daher:

$$
z_2 = -1{,}6742 - 0{,}8960i.
$$

Natürlich werden die Ergebnisse besser und genauer, je mehr Stellen man bei der Rechnung mitschleppt. Hier habe ich beispielsweise mit vier Stellen nach dem Komma gerechnet; bei sieben Stellen erhalten Sie die genaueren Werte

$$
z_1 = 1{,}6741494 + 0{,}8959774i \text{ und } z_2 = -1{,}6741494 - 0{,}8959774i.
$$

10.6 Rechnen Sie die folgenden komplexen Zahlen in die Form $z = a + b \cdot i$ um.

(i) $z_1 = e^{3-4i}$;

(ii) $z_2 = 5e^{\frac{\pi}{4}i}$.

Lösung Die Exponentialform einer komplexen Zahl ist eigentlich nichts weiter als eine andere Schreibweise für die Polarform. Man kann sich überlegen, dass man in die übliche Exponentialfunktion zur Basis e auch komplexe Zahlen einsetzen darf, und dass dabei die folgende *Eulersche Formel* herauskommt:

$$e^{x+yi} = e^x \cdot (\cos y + i \cdot \sin y),$$

wobei der Wert von y natürlich wieder als Bogenmaß interpretiert wird. Deshalb gilt auch für eine beliebige komplexe Zahl z:

$$z = |z| \cdot (\cos \varphi + i \cdot \sin \varphi) = |z| \cdot e^{i \cdot \varphi},$$

und diese Darstellung nennt man die Exponentialform der komplexen Zahl z. Sie können also eine in der Polarform gegebene Zahl direkt in die Exponentialform umschreiben und umgekehrt. Die Exponentialform hat dabei den Vorteil, dass die üblichen Regeln für die Exponentialfunktion auch noch gültig bleiben, wenn man komplexe anstatt reelle Inputs verwendet. Zum Beispiel wissen Sie, dass man eine Potenz potenziert, indem man die Exponenten miteinander multipliziert. Für $n \in \mathbb{N}$ gilt also: $\left(e^{yi}\right)^n = e^{nyi}$. Das wird sich in Aufgabe 10.7 noch als nützlich erweisen. In Aufgabe 10.6 geht es zunächst einmal nur um die Umrechnung von der Exponentialform in die Normalform $a + bi$.

(i)   Die komplexe Zahl $z_1 = e^{3-4i}$ ist in die Form $a + bi$ umzurechnen. Nach der Eulerschen Formel ist

$$e^{3-4i} = e^3 \cdot (\cos(-4) + i \sin(-4)),$$

wobei der Input -4 im Bogenmaß zu verstehen ist. Schon das kann man mit einem Taschenrechner erledigen. Sie können aber auch noch ausnutzen, dass man im Cosinus ein Minuszeichen ignorieren kann, denn es gilt immer $\cos(-x) = \cos x$, während man das Minuszeichen aus dem Sinus herausziehen kann, weil stets $\sin(-x) = -\sin x$ gilt. Daher ist:

$$e^3 \cdot (\cos(-4) + i \sin(-4)) = e^3 \cdot (\cos 4 - i \sin 4).$$

Der Rechner liefert $e^3 = 20{,}0855, \cos 4 = -0{,}6536$ und $\sin 4 = -0{,}7568$. Damit folgt:

$$e^{3-4i} = e^3 \cdot (\cos 4 - i \sin 4) = 20{,}0855 \cdot (-0{,}6536 - 0{,}7568i)$$
$$= -13{,}1279 - 15{,}2007i.$$

Die Rechnung habe ich dabei jeweils mit einer Genauigkeit von vier Stellen nach dem Komma durchgeführt.

(ii) Bei $z_2 = 5e^{\frac{\pi}{4}i}$ kann man wieder auf ein wenig Trigonometrie zurückgreifen. Nach der Eulerschen Formel ist

$$5e^{\frac{\pi}{4}i} = 5 \cdot \left(\cos\frac{\pi}{4} + i \cdot \sin\frac{\pi}{4}\right).$$

In Aufgabe 10.4 (i) hatte ich aber schon erwähnt, dass man Cosinus- und Sinuswert von $\frac{\pi}{4}$ mit Hilfe eines gleichschenkligen rechtwinkligen Dreiecks bestimmen kann und dabei die Werte

$$\cos\frac{\pi}{4} = \sin\frac{\pi}{4} = \frac{1}{2}\sqrt{2}$$

herausfindet. Daraus folgt:

$$5e^{\frac{\pi}{4}i} = 5 \cdot \left(\cos\frac{\pi}{4} + i \cdot \sin\frac{\pi}{4}\right) = 5 \cdot \left(\frac{1}{2}\sqrt{2} + i \cdot \frac{1}{2}\sqrt{2}\right) = \frac{5}{2}\sqrt{2} + \frac{5}{2}\sqrt{2} \cdot i.$$

10.7 Es sei $z = 1 + 2i$. Bestimmen Sie die Exponentialform von z und berechnen Sie mit Hilfe der Exponentialform die komplexe Zahl z^7. Berechnen Sie außerdem beide Quadratwurzeln aus z.

Lösung Sie werden bei dieser Aufgabe eine gewisse Ähnlichkeit zu Aufgabe 10.5 erkennen: dort musste man mit einer anderen Zahl im Grunde das Gleiche erledigen, nur dass das Hilfsmittel in 10.5 die Polarform war. Hier soll ich die Aufgabe mit Hilfe der Exponentialform angehen, aber Sie haben schon in Aufgabe 10.6 gesehen, dass die Exponentialform eigentlich nur eine andere Schreibweise für die Polarform ist. Ich berechne also wie üblich erst einmal den Betrag $|z|$ und den passenden Winkel φ. Für den Betrag gilt:

$$|z| = \sqrt{1^2 + 2^2} = \sqrt{5}.$$

Für den Winkel verwende ich wieder die Tabelle aus Aufgabe 10.3. Mit $x = 1$ und $y = 2$ befinde ich mich in der ersten Zeile der Tabelle, und das heißt:

$$\varphi = \arctan\frac{2}{1} = 1{,}1071.$$

Die Polarform lautet also

$$z = \sqrt{5} \cdot (\cos 1{,}1071 + i \cdot \sin 1{,}1071),$$

und nach der Eulerschen Formel ergibt das die Exponentialform:

$$z = \sqrt{5} \cdot e^{1{,}1071i}.$$

Das Potenzieren ist jetzt sehr einfach, denn es gelten die üblichen Regeln der Potenz-rechnung: man potenziert eine Potenz, indem man die Exponenten multipliziert. Zunächst ist

$$\sqrt{5}^7 = \sqrt{5}^6 \cdot \sqrt{5} = \left(5^{\frac{1}{2}}\right)^6 \cdot \sqrt{5} = 5^3 \cdot \sqrt{5} = 125 \cdot \sqrt{5} = 279{,}5085.$$

Weiterhin gilt:

$$\left(e^{1{,}1071i}\right)^7 = e^{7 \cdot 1{,}1071i} = e^{7{,}7497i}.$$

Wegen $e^{ix} = \cos x + i \cdot \sin x$ bedeutet das:

$$\left(e^{1{,}1071i}\right)^7 = e^{7{,}7497i} = \cos 7{,}7497 + i \cdot \sin 7{,}7497.$$

Nun setze ich die Ergebnisse zusammen und erhalte:

$$\begin{aligned}
z^7 &= \sqrt{5}^7 \cdot \left(e^{1{,}1071i}\right)^7 \\
&= 279{,}5085 \cdot (\cos 7{,}7497 + i \cdot \sin 7{,}7497) \\
&= 279{,}5085 \cdot (0{,}1041 + 0{,}9946i) \\
&= 29{,}0968 + 277{,}9991i.
\end{aligned}$$

Auch hier wieder der übliche Aufruf zur Vorsicht. Die Nachkommastellen entstehen durch unvermeidliche Rundungsfehler, denn beim Potenzieren von $1 + 2i$ mit der natürlichen Zahl 7 kann wieder nur eine komplexe Zahl mit ganzzahligem Real- und Imaginärteil herauskommen. Aber das kann man auch schon an dem hier berechneten Ergebnis ablesen, denn das exakte Resultat lautet natürlich:

$$z^7 = 29 + 278i.$$

Nun geht es noch um die Quadratwurzeln von z. Ich gehe dabei so vor wie in Aufgabe 10.5 und berechne nur eine Wurzel z_1, da sich die zweite Quadratwurzel z_2 automatisch aus $z_2 = -z_1$ ergibt. Nun liegt aber z bereits in der Form $z = |z| \cdot e^{i\varphi}$ vor, und genau wie in 10.5 kann ich daraus mein z_1 berechnen, indem ich die Wurzel aus dem Betrag ziehe und den Winkel halbiere. Wegen

$$z = \sqrt{5} \cdot e^{1{,}1071i}$$

rechne ich also:

$$\sqrt{\sqrt{5}} = \sqrt[4]{5} = 1{,}4953 \text{ und } \frac{1{,}1071}{2} = 0{,}55355.$$

Damit folgt:

$$z_1 = 1{,}4953 \cdot e^{0{,}55355i}$$
$$= 1{,}4953 \cdot (\cos 0{,}55355 + i \cdot \sin 0{,}55355)$$
$$= 1{,}4953 \cdot (0{,}8507 + 0{,}5257i)$$
$$= 1{,}2721 + 0{,}7861i.$$

Daraus folgt dann sofort $z_2 = -1{,}2721 - 0{,}7861i$.

Ich möchte wieder daran erinnern, dass ich nur mit vier Stellen nach dem Komma gerechnet habe. Die Genauigkeit wird natürlich um so größer, je mehr Stellen ich mitführe. Bei einer Rechnung mit sieben Stellen erhält man beispielsweise:

$$z_1 = 1{,}2720196 + 0{,}7861514i \text{ und } z_2 = -1{,}2720196 - 0{,}7861514i.$$

10.8 Die Funktion $f : \mathbb{R} \to \mathbb{R}$ sei definiert durch

$$f(x) = \begin{cases} \pi - x, & \text{falls } 0 \leq x \leq \pi \\ x - \pi, & \text{falls } \pi \leq x \leq 2\pi, \end{cases}$$

wobei f periodisch auf ganz $\mathbb{R}$ fortgesetzt wird. Zeichnen Sie ein Schaubild von f und berechnen Sie die Fourierreihe von f. Zeigen Sie, dass die Fourierreihe nach dem Dirichlet-Kriterium gegen die Funktion f konvergiert.

Lösung Dass im Kapitel über komplexe Zahlen eine Fourierreihe auftaucht, mag auf den ersten Blick etwas überraschend wirken, hat aber durchaus seinen Sinn. Zunächst einmal geht es bei der Fourierreihe darum, eine gegebene Funktion f als Summe von trigonometrischen Funktionen $\sin(nx)$ und $\cos(nx)$ zu schreiben. Man sucht also nicht mehr die Taylorreihe einer Funktion, sondern eine sogenannte trigonometrische Reihe

$$\frac{a_0}{2} + \sum_{n=1}^{\infty} (a_n \cos(nx) + b_n \sin(nx)),$$

die meine Funktion f darstellen soll. Sie sehen, dass in dieser Reihe kein einziges i auftaucht, so dass die Frage, welche Berechtigung eine solche Aufgabe in einem Kapitel über komplexe Zahlen hat, sich fast schon aufdrängt. Es ist aber doch so, dass man nicht nur diese abstrakte Reihe aufschreiben will, sondern konkret wissen möchte, wie die Koeffizienten a_n und b_n heißen. Diese *Fourierkoeffizienten* kann man mit Hilfe von Integralen ausrechnen. Es gilt nämlich:

$$a_n = \frac{1}{\pi} \int_0^{2\pi} f(x) \cos(nx) \, dx \text{ für alle } n \in \mathbb{N} \cup \{0\}$$

und

$$b_n = \frac{1}{\pi} \int\limits_0^{2\pi} f(x) \sin(nx) \, dx \text{ für alle } n \in \mathbb{N},$$

sofern f eine 2π-periodische und integrierbare Funktion ist, die man durch eine Fourier-reihe darstellen kann. Bei der Herleitung dieser Formeln braucht man aber ganz massiv die Eulersche Formel über die Exponentialform komplexer Zahlen, die Sie in Aufgabe 10.6 gesehen haben. Die komplexen Zahlen spielen daher bei der konkreten Berechnung der Fourierreihe einer Funktion keine Rolle mehr, aber ohne sie fällt die Herleitung der nötigen Formeln mehr als schwer.

Ist nun eine Funktion f gegeben, so gibt es mit den sogenannten *Dirichlet-Bedingungen* ein einfaches Kriterium dafür, wann diese Funktion ihrer eigenen Fourierreihe entspricht. Dazu nehme ich eine 2π-periodische Funktion $f : \mathbb{R} \to \mathbb{R}$, die die folgenden Bedingungen erfüllt.

(a) Man kann das Intervall $[0, 2\pi)$ in endlich viele Teilintervalle zerlegen, auf denen f stetig und monoton ist.

(b) An jeder Unstetigkeitsstelle x_0 existieren die einseitigen Grenzwerte

$$f_-(x_0) = \lim_{x \to x_0, x < x_0} f(x) \text{ und } f_+(x_0) = \lim_{x \to x_0, x > x_0} f(x).$$

Dann weiß man, dass f an jeder Stetigkeitsstelle mit seiner Fourierreihe übereinstimmt, und zusätzlich konvergiert für jede Unstetigkeitsstelle x_0 die Fourierreihe gegen den Wert

$$f(x_0) = \frac{1}{2}(f_-(x_0) + f_+(x_0)).$$

Jetzt habe ich das gesamte nötige Material bereitgestellt und kann mich der konkreten gegebenen Funktion

$$f(x) = \begin{cases} \pi - x, & \text{falls } 0 \leq x \leq \pi \\ x - \pi, & \text{falls } \pi \leq x \leq 2\pi \end{cases}$$

widmen. Ihr Schaubild finden Sie in Abb. 10.2.

Die Funktion f erfüllt offenbar die Dirichlet-Bedingungen, denn sie ist nicht nur stückweise, sondern sogar durchgängig stetig, und das Intervall $[0, 2\pi)$ kann ich in die Teilintervalle $[0, \pi)$ und $[\pi, 2\pi)$ zerlegen, auf denen f monoton ist. Damit ist garantiert, dass f für jedes $x \in \mathbb{R}$ mit seiner Fourierreihe übereinstimmt, und ich muss diese Reihe nur noch ausrechnen. Das ist eine etwas längere Übung im Integrieren.

Abb. 10.2 Funktion f

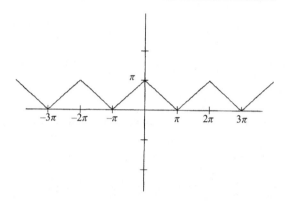

Für $n = 0$ ist

$$a_0 = \frac{1}{\pi} \int\limits_0^{2\pi} f(x)\, dx,$$

und das entspricht genau dem Flächeninhalt des Dreiecks mit der Grundseite von $-\pi$ bis π, wie Sie in Abb. 10.2 sehen können. Die Grundseite des Dreiecks hat die Länge 2π, und die Höhe beträgt gerade π. Für die Fläche und damit für das Integral folgt dann:

$$\int\limits_0^{2\pi} f(x)\, dx = \frac{1}{2} \cdot 2\pi \cdot \pi = \pi^2.$$

Daraus folgt:

$$a_0 = \frac{1}{\pi} \cdot \pi^2 = \pi.$$

Die anderen Integrale sind nicht ganz so leicht auszurechnen. Nach der allgemeinen Formel für die Fourierkoeffizienten gilt nun für $n \in \mathbb{N}$:

$$a_n = \frac{1}{\pi} \int\limits_0^{2\pi} f(x) \cos(nx)\, dx.$$

Nun ist aber die Funktion f stückweise definiert, und deshalb macht es Sinn, dieses Integral in zwei Teile aufzuteilen: einmal das Integral von 0 bis π, und dann das Integral von π bis 2π. Das ergibt:

$$\int\limits_0^{2\pi} f(x) \cos(nx)\, dx = \int\limits_0^{\pi} f(x) \cos(nx)\, dx + \int\limits_{\pi}^{2\pi} f(x) \cos(nx)\, dx$$

$$= \int\limits_0^{\pi} (\pi - x) \cos(nx)\, dx + \int\limits_{\pi}^{2\pi} (x - \pi) \cos(nx)\, dx.$$

In beiden Integralen kann ich die Klammer ausmultiplizieren und erhalte:

$$\int_0^\pi (\pi - x)\cos(nx)\,dx + \int_\pi^{2\pi} (x - \pi)\cos(nx)\,dx$$

$$= \int_0^\pi \pi \cos(nx)\,dx - \int_0^\pi x\cos(nx)\,dx + \int_\pi^{2\pi} x\cos(nx)\,dx - \int_\pi^{2\pi} \pi \cos(nx)\,dx$$

$$= \pi \int_0^\pi \cos(nx)\,dx - \int_0^\pi x\cos(nx)\,dx + \int_\pi^{2\pi} x\cos(nx)\,dx - \pi \int_\pi^{2\pi} \cos(nx)\,dx.$$

Es gibt hier also zwei Grundintegrale, die ich erst einmal ausrechnen sollte, nämlich

$$\int \cos(nx)\,dx \text{ und } \int x\cos(nx)\,dx.$$

Das erste ist recht einfach, denn Sie wissen, dass $\sin x$ eine Stammfunktion zu $\cos x$ ist. Daher ist nach der Kettenregel $(\sin(nx))' = n \cdot \cos(nx)$, und daraus folgt sofort, dass $\frac{1}{n}\sin(nx)$ eine Stammfunktion zu $\cos(nx)$ ist. Ich erhalte also für das erste Integral:

$$\int \cos(nx)\,dx = \frac{1}{n}\sin(nx).$$

Auch das zweite Integral ist nicht so dramatisch, wie es auf den ersten Blick vielleicht aussieht, denn im achten Kapitel haben Sie gesehen, wie man so etwas mit Hilfe der partiellen Integration ausrechnen kann. In der Regel

$$\int u'(x)v(x)\,dx = u(x)v(x) - \int v'(x)u(x)\,dx$$

setze ich hier:

$$v(x) = x, u'(x) = \cos(nx).$$

Dann ist $v'(x) = 1$, und wie ich gerade festgestellt habe, gilt $u(x) = \frac{1}{n}\sin(nx)$. Die partielle Integration ergibt also:

$$\int x\cos(nx)\,dx = x \cdot \frac{1}{n}\sin(nx) - \int \frac{1}{n}\sin(nx)\,dx = \frac{x}{n}\sin(nx) + \frac{1}{n^2}\cos(nx),$$

denn $-\frac{1}{n^2}\cos(nx)$ ist Stammfunktion zu $\frac{1}{n}\sin(nx)$. Das sieht nicht so berauschend aus, aber Sie müssen bedenken, dass ich hier erst die unbestimmten Integrale ausgerechnet habe und noch die jeweiligen Integrationsgrenzen eingesetzt werden – das wird dann alles

wieder etwas übersichtlicher machen. Wie Sie oben noch einmal nachsehen können, geht
es hier um vier bestimmte Integrale, und das erste lautet:

$$\int_0^\pi \cos(nx)\,dx = \frac{1}{n}\sin(nx)\Big|_0^\pi = \frac{1}{n}\sin(n\pi),$$

denn $\sin 0 = 0$. Und schon sieht die Sache etwas angenehmer aus, weil für jedes $n \in \mathbb{N}$
die Gleichung $\sin(n\pi) = 0$ gilt. Damit gilt für das erste Integral in meiner obigen Formel:

$$\int_0^\pi \cos(nx)\,dx = 0.$$

Man kann nicht erwarten, dass das immer so weiter geht. Das zweite Integral lautet:

$$\int_0^\pi x\cos(nx)\,dx = \frac{x}{n}\sin(nx) + \frac{1}{n^2}\cos(nx)\Big|_0^\pi$$

$$= \frac{\pi}{n}\sin(n\pi) + \frac{1}{n^2}\cos(n\pi) - \frac{0}{n}\sin(0) - \frac{1}{n^2}\cos(0)$$

$$= \frac{1}{n^2}\cos(n\pi) - \frac{1}{n^2},$$

denn $\sin(n\pi)$ hatte ich eben schon als 0 identifiziert, und dass $\sin 0 = 0, \cos 0 = 1$ gilt,
bedarf kaum der Erwähnung. Was übrig bleibt, ist die Frage nach dem Wert von $\cos(n\pi)$.
Es gilt aber

$$\cos 0 = 1, \cos \pi = -1, \cos(2\pi) = 1, \cos(3\pi) = -1,\ldots$$

und so geht es abwechselnd immer hin und her, woraus die Formel

$$\cos(n\pi) = (-1)^n$$

folgt. Insgesamt habe ich also herausgefunden, dass

$$\int_0^\pi x\cos(nx)\,dx = \frac{1}{n^2}\cdot(-1)^n - \frac{1}{n^2} = \frac{(-1)^n - 1}{n^2}$$

gilt. Ich will Sie nicht übermäßig langweilen und behandle deswegen die verbleibenden
Integrale etwas kürzer – es sind ja im Grunde die gleichen Integrale wie eben, nur mit

anderen Integrationsgrenzen. Zunächst ist

$$
\begin{aligned}
\int_{\pi}^{2\pi} x \cos(nx)\, dx &= \frac{x}{n} \sin(nx) + \frac{1}{n^2} \cos(nx) \Big|_{\pi}^{2\pi} \\
&= \frac{2\pi}{n} \sin(2\pi n) + \frac{1}{n^2} \cos(2\pi n) - \frac{\pi}{n} \sin(n\pi) - \frac{1}{n^2} \cos(n\pi) \\
&= \frac{1}{n^2} - \frac{1}{n^2} \cdot (-1)^n \\
&= \frac{1 - (-1)^n}{n^2},
\end{aligned}
$$

denn die Sinusterme werden wieder alle zu Null, und es gilt $\cos(n\pi) = (-1)^n$ sowie $\cos(2\pi n) = 1$. Schließlich habe ich noch das letzte Integral:

$$
\int_{\pi}^{2\pi} \cos(nx)\, dx = \frac{1}{n} \sin(nx) \Big|_{\pi}^{2\pi} = \frac{1}{n} \sin(2\pi n) - \frac{1}{n} \sin(n\pi) = 0,
$$

da beide Sinusterme zu Null werden.

Damit sind alle Teilintegrale ausgerechnet. Nun fasse ich meine Teilergebnisse zusammen, um den Koeffizienten a_n auszurechnen. Es gilt:

$$
\begin{aligned}
\int_{0}^{2\pi} f(x) \cos(nx)\, dx &= -\int_{0}^{\pi} x \cos(nx)\, dx + \int_{\pi}^{2\pi} x \cos(nx)\, dx \\
&= -\frac{(-1)^n - 1}{n^2} + \frac{1 - (-1)^n}{n^2} \\
&= \frac{2}{n^2} (1 - (-1)^n).
\end{aligned}
$$

In meiner großen Integral-Litanei sind nämlich das erste und das letzte Integral weggefallen, weil ich für sie den Wert Null ausgerechnet hatte, und deshalb habe ich nur noch das zweite und das dritte Integral aufgeschrieben und dann die berechneten Ergebnisse eingesetzt. Daraus ergibt sich:

$$
a_n = \frac{1}{\pi} \int_{0}^{2\pi} f(x) \cos(nx)\, dx = \frac{2}{\pi n^2} (1 - (-1)^n).
$$

Es kommt aber noch etwas besser. Für gerades $n \in \mathbb{N}$ ist bekanntlich $(-1)^n = 1$, und daher $1 - (-1)^n = 0$. Deshalb ist $a_n = 0$ für gerades $n \in \mathbb{N}$. Und für ungerades n habe ich $(-1)^n = -1$, also $1 - (-1)^n = 2$. Somit ist $a_n = \frac{4}{\pi n^2}$, und ich erhalte die Formel:

$$a_n = \begin{cases} 0, & \text{falls } n \text{ gerade ist} \\ \frac{4}{\pi n^2}, & \text{falls } n \text{ ungerade ist.} \end{cases}$$

Nach langen Mühen habe ich jetzt die Koeffizienten a_n alle zur Hand und weiß damit, was ich in der Fourierreihe vor die Cosinusterme schreiben muss. Mit ähnlicher Mühe kann man jetzt auch noch die Koeffizienten b_n berechnen, die man für die Sinusterme braucht, aber zum Glück geht das hier auch ein wenig schneller. Die Funktion f ist nämlich symmetrisch zur y-Achse, und deswegen kommen auch nur die achsensymmetrischen Summanden der Reihe zum Tragen. Da die Sinusfunktionen aber punktsymmetrisch und nicht achsensymmetrisch zur y-Achse sind, werden ihre Koeffizienten verschwinden, und ich habe:

$$b_n = 0 \text{ für alle } n \in \mathbb{N}.$$

Damit habe ich alles zusammen und kann die Fourierreihe aufschreiben. Sie lautet:

$$\begin{aligned} f(x) &= \frac{a_0}{2} + \sum_{n=1}^{\infty} (a_n \cos(nx) + b_n \sin(nx)) \\ &= \frac{\pi}{2} + \sum_{n=1}^{\infty} a_n \cos(nx) \\ &= \frac{\pi}{2} + \frac{4}{\pi \cdot 1^2} \cos x + \frac{4}{\pi \cdot 3^2} \cos(3x) + \frac{4}{\pi \cdot 5^2} \cos(5x) + \cdots \\ &= \frac{\pi}{2} + \frac{4}{\pi} \left(\cos x + \frac{\cos(3x)}{3^2} + \frac{\cos(5x)}{5^2} + \cdots \right) \\ &= \frac{\pi}{2} + \frac{4}{\pi} \sum_{n=1}^{\infty} \frac{\cos((2n-1)x)}{(2n-1)^2}. \end{aligned}$$

Differentialgleichungen 11

11.1 Lösen Sie die folgenden Differentialgleichungen durch Trennung der Variablen.

(i) $2x^2 y' = y^2$;

(ii) $y' = (y+2)^2$;

(iii) $y' \cdot (1 + x^3) = 3x^2 y$.

Lösung Die Trennung der Variablen ist vermutlich das einfachste und angenehmste Verfahren zur Lösung von Differentialgleichungen, hat aber dafür auch einen recht eingeschränkten Anwendungsbereich: sie lässt sich nur bei Differentialgleichungen der Form $y' = f(x)g(y)$ anwenden. In diesem Fall kann man sich nämlich an die Schreibweise $y' = \frac{dy}{dx}$ erinnern und die Gleichung umschreiben zu $\frac{dy}{dx} = f(x)g(y)$. Das sieht nicht so aus, als würde es weiterhelfen, aber wenn man zu formalen Zugeständnissen bereit ist, dann kommt man ein Stück vorwärts. Natürlich ist der Ausdruck $\frac{dy}{dx}$ kein wirklicher Bruch, sondern nur eine andere formale Schreibweise für die erste Ableitung. Sie können ihn allerdings für einen Moment als Bruch betrachten und dann die Gleichung $\frac{dy}{dx} = f(x)g(y)$ nach Variablen sortieren. Das führt dann zu der neuen Gleichung

$$\frac{1}{g(y)}\, dy = f(x)\, dx.$$

Da ich nun schon alle Skrupel über Bord geworfen habe, kann ich auch gleich weitermachen und auf beiden Seiten integrieren. Daraus folgt dann

$$\int \frac{1}{g(y)}\, dy = \int f(x)\, dx.$$

Man integriert also links nach der Variablen y und rechts nach der Variablen x. Demnach entsteht links eine neue Funktion in der Variablen y und rechts eine neue Funktion in der Variablen x, und Sie brauchen nur noch diese Gleichung nach y aufzulösen, um die gesuchte Lösung der Differentialgleichung zu erhalten.

© Springer-Verlag Deutschland 2017
T. Rießinger, *Übungsaufgaben zur Mathematik für Ingenieure*,
DOI 10.1007/978-3-662-54803-5_11

So seltsam dieses Verfahren auch aussehen mag: Tatsache ist, dass man seine Gültigkeit beweisen kann und auf diese Weise die allgemeine Lösung der Differentialgleichung erhält.

(i) Die Differentialgleichung $2x^2 y' = y^2$ passt genau zum Typ der Gleichung mit getrennten Variablen, denn ich kann sie schreiben als

$$y' = \frac{y^2}{2x^2}.$$

Nun verwende ich die Beziehung $y' = \frac{dy}{dx}$ und finde:

$$\frac{dy}{dx} = \frac{y^2}{2x^2}.$$

Um die Variablen voneinander zu trennen, teile ich auf beiden Seiten durch y^2 und multipliziere mit dx. Daraus folgt:

$$\frac{1}{y^2}\, dy = \frac{1}{2x^2}\, dx.$$

Jetzt habe ich auf beiden Seiten so etwas wie einen Integranden stehen, der mit einer Funktion anfängt und mit dy bzw. dx aufhört, und werde deshalb auf beiden Seiten integrieren. Das führt zu der Gleichung:

$$\int \frac{1}{y^2}\, dy = \int \frac{1}{2x^2}\, dx.$$

Sie sehen, dass jetzt Kenntnisse über Integralrechnung gefragt sind. Nach der Regel über das Integrieren von Potenzen gilt:

$$\int \frac{1}{y^2}\, dy = \int y^{-2}\, dy = \frac{y^{-1}}{-1} + c_1 = -\frac{1}{y} + c_1$$

und

$$\int \frac{1}{2x^2}\, dx = \frac{1}{2} \int x^{-2}\, dx = \frac{1}{2} \cdot \frac{x^{-1}}{-1} + c_2 = -\frac{1}{2x} + c_2.$$

Da beide Integrale gleich sein sollten, bedeutet das:

$$-\frac{1}{y} + c_1 = -\frac{1}{2x} + c_2,$$

also

$$\frac{1}{y} = \frac{1}{2x} - \tilde{c},$$

denn die Zusammenfassung beider Konstanten führt insgesamt zu einer Konstante $\tilde{c}$, die ich auf die Seite von x schreibe. Jetzt bin ich aber schon fertig, denn ich muss nur noch auf beiden Seiten den Kehrwert nehmen, um schließlich die Lösung

$$y = \frac{1}{\frac{1}{2x} - \tilde{c}} = \frac{2x}{1 - 2\tilde{c}x} = \frac{2x}{1 - cx},$$

wobei ich $c = 2\tilde{c}$ gesetzt habe. Die Differentialgleichung hat also unendlich viele Lösungen

$$y(x) = \frac{2x}{1 - cx} \text{ mit } c \in \mathbb{R},$$

weil Sie für jede reelle Zahl c eine andere Lösung y erhalten.

(ii) Die Gleichung $y' = (y + 2)^2$ wirkt auf den ersten Blick etwas verwirrend, weil in ihr kein x vorkommt. Das schadet aber nichts. Ich gehe einfach nach dem üblichen Schema vor und schreibe

$$\frac{dy}{dx} = (y + 2)^2.$$

Nun muss ich wieder die Variablen voneinander trennen und deshalb auf beiden Seiten der Gleichung durch $(y + 2)^2$ teilen und mit dx multiplizieren. Das ergibt:

$$\frac{1}{(y + 2)^2} \, dy = 1 \, dx.$$

Und schon bin ich so weit, dass ich auf beiden Seiten ein Integralzeichen vor den jeweiligen Ausdruck schreiben kann. Damit erhalte ich:

$$\int \frac{1}{(y + 2)^2} \, dy = \int 1 \, dx.$$

Nun ist aber nach Aufgabe 8.7:

$$\int \frac{1}{(y + 2)^2} \, dy = \int (y + 2)^{-2} \, dy = \frac{(y + 2)^{-1}}{-1} = -\frac{1}{y + 2}$$

und natürlich

$$\int 1 \, dx = x.$$

Fügt man noch die übliche Konstante c auf der rechten Seite ein, so folgt daraus:

$$-\frac{1}{y+2} = x + c, \text{ also } \frac{1}{y+2} = -(x+c).$$

Somit ist

$$y + 2 = -\frac{1}{x+c}, \text{ also schließlich } y = -\frac{1}{x+c} - 2.$$

Die Gleichung hat also die Lösungen

$$y(x) = -\frac{1}{x+c} - 2 \text{ mit } c \in \mathbb{R}.$$

(iii) Auch die Differentialgleichung $y' \cdot (1 + x^3) = 3x^2 y$ lässt sich nach dem Schema der Variablentrennung behandeln. Ich löse zunächst nach der Ableitung y' auf und erhalte:

$$y' = \frac{3x^2 y}{(1 + x^3)}.$$

Dann schreibe ich wieder y' als $\frac{dy}{dx}$ und schreibe die Gleichung noch einmal in der veränderten Form auf, also:

$$\frac{dy}{dx} = \frac{3x^2 y}{(1 + x^3)} = \frac{3x^2}{(1 + x^3)} \cdot y.$$

Die rechte Seite habe ich gleich so geschrieben, dass die eigentliche Trennung der Variablen leichter fällt, denn ich muss jetzt durch y teilen und mit dx multiplizieren. Das ergibt:

$$\frac{1}{y} dy = \frac{3x^2}{(1 + x^3)} dx.$$

Integrieren auf beiden Seiten führt dann zu der Gleichung:

$$\int \frac{1}{y} dy = \int \frac{3x^2}{(1 + x^3)} dx.$$

Das Integral auf der linken Seite ist nicht weiter aufregend, denn das Integrieren der Kehrwertfunktion ergibt die Logarithmusfunktion. Es gilt also:

$$\int \frac{1}{y} dy = \ln |y|.$$

Auf der rechten Seite brauche ich dagegen die Substitutionsregel: mit $g(x) = 1 + x^3$ ist $g'(x) = 3x^2$, und ich kann das Integral schreiben als:

$$\int \frac{3x^2}{(1+x^3)} \, dx = \int 3x^2 \cdot \frac{1}{(1+x^3)} \, dx = \int g'(x) \cdot \frac{1}{g(x)} \, dx.$$

Die Substitutionsregel sagt dann bekanntlich, dass ich $g'(x)dx$ durch dg ersetzen kann, und das bedeutet hier:

$$\int g'(x) \cdot \frac{1}{g(x)} \, dx = \int \frac{1}{g} \, dg = \ln|g|.$$

Also ergibt sich insgesamt:

$$\int \frac{3x^2}{(1+x^3)} \, dx = \ln|1+x^3| + \tilde{c}.$$

Da beide Integrale gleich sein sollen, folgt:

$$\ln|y| = \ln|1+x^3| + \tilde{c}.$$

Nun will ich aber y selbst herausfinden und muss deshalb den unangenehmen Logarithmus loswerden. Zu diesem Zweck wende ich auf beiden Seiten die Exponentialfunktion an und finde:

$$|y| = e^{\ln|y|} = e^{\ln|1+x^3|+\tilde{c}} = e^{\ln|1+x^3|} \cdot e^{\tilde{c}} = c \cdot |1+x^3|,$$

wobei ich $c = e^{\tilde{c}}$ gesetzt und den Umstand benutzt habe, dass stets $e^{\ln a} = a$ gilt. Da ich aber nicht an $|y|$, sondern an y selbst interessiert bin, kann ich die Betragsstriche weglassen und erhalte:

$$y(x) = c \cdot (1 + x^3) \text{ mit } c \in \mathbb{R}.$$

11.2 Lösen Sie die folgenden Anfangswertprobleme durch Trennung der Variablen, das heißt, geben Sie die Lösung der Differentialgleichung an, die die aufgeführte Anfangsbedingung erfüllt.

(i) $y' + y \sin x = 0$, $y(\pi) = \frac{1}{e}$;
(ii) $(x-1) \cdot (x+1) \cdot y' = y$, $y(2) = 1$.

Lösung Die Problemstellung dieser Aufgabe ist recht ähnlich zu der aus Aufgabe 11.1 – mit einem wesentlichen Unterschied. Während ich in 11.1 nach einer allgemeinen Lösung gesucht habe, in der immer noch eine frei wählbare Konstante $c \in \mathbb{R}$ vorkam, stehe ich jetzt vor einem Anfangswertproblem, denn neben der eigentlichen Differentialgleichung ist auch noch ein konkreter Funktionswert vorgegeben. Ich werde deshalb zuerst die allgemeine Lösung der jeweiligen Differentialgleichung bestimmen und dann zusehen, wie ich mit Hilfe der Anfangsbedingung den konkreten Wert der Konstanten c berechne.

(i) Die allgemeine Lösung der Gleichung $y' + y \sin x = 0$ lässt sich wieder durch eine Variablentrennung ermitteln. Ich löse nach der Ableitung y' auf und schreibe gleichzeitig y' als $\frac{dy}{dx}$. Dann ist

$$\frac{dy}{dx} = -y \sin x.$$

Um die Variablen zu trennen, teile ich durch y und multipliziere mit dx. Das führt zu:

$$\frac{1}{y} \, dy = -\sin x \, dx.$$

Integrieren auf beiden Seiten ergibt:

$$\int \frac{1}{y} \, dy = \int -\sin x \, dx, \text{ also } \ln|y| = \cos x + \tilde{c}.$$

Ich verwende hier zur Bezeichnung der Konstanten den Namen $\tilde{c}$ und nicht einfach nur c, da diese Konstante noch ein wenig manipuliert wird und ich den Namen c für die endgültige Konstante reservieren möchte. Durch Anwendung der Exponentialfunktion auf beiden Seiten erhalte ich nämlich:

$$|y| = e^{\cos x + \tilde{c}} = e^{\cos x} \cdot e^{\tilde{c}} = c \cdot e^{\cos x},$$

wobei ich $c = e^{\tilde{c}}$ setze. Nun ist aber diese Konstante sicher größer als Null, da die Exponentialfunktion immer nur positive Ergebnisse liefert, und das passt auch zu der Tatsache, dass links der Betrag von y steht. Wenn ich also y selbst ohne Betragsstriche haben will, dann muss ich zu einer beliebigen reellen Konstante c übergehen, und das heißt:

$$y(x) = c \cdot e^{\cos x} \text{ mit } c \in \mathbb{R}.$$

Aus der eigentlichen Differentialgleichung habe ich damit alles herausgeholt, was sie hergibt. Jetzt muss ich die Anfangsbedingung verwenden. Sie lautet $y(\pi) = \frac{1}{e}$, und das kann ich in die gewonnene allgemeine Lösung einsetzen. Dann folgt:

$$\frac{1}{e} = y(\pi) = c \cdot e^{\cos \pi} = c \cdot e^{-1} = \frac{c}{e}.$$

Also ist $\frac{1}{e} = \frac{c}{e}$, und daraus folgt sofort $c = 1$. Die Lösung des Anfangswertproblems lautet deshalb:

$$y(x) = e^{\cos x}.$$

(ii) Die Gleichung $(x-1) \cdot (x+1) \cdot y' = y$ behandle ich nach dem gleichen Muster wie die Teilaufgabe (i). Auflösen nach y' und Umschreiben der Ableitung in die Form $\frac{dy}{dx}$ ergibt:

$$\frac{dy}{dx} = \frac{y}{(x-1)(x+1)}.$$

Wie üblich trenne ich nun die Variablen, und das heißt, dass ich durch y teile und mit dx multipliziere. Dann habe ich:

$$\frac{1}{y}\, dy = \frac{1}{(x-1)(x+1)}\, dx.$$

Integrieren auf beiden Seiten führt schließlich zu:

$$\int \frac{1}{y}\, dy = \int \frac{1}{(x-1)(x+1)}\, dx.$$

Auf der linken Seite habe ich die mittlerweile schon vertraute Stammfunktion $\ln|y|$. Auf der rechten Seite bleibt mir nicht viel anderes übrig, als eine Partialbruchzerlegung vorzunehmen, die aber hier sehr einfach ist, da der Nenner bereits als Produkt seiner Linearfaktoren vorliegt und alle Nullstellen einfach sind. Ich mache also den Ansatz:

$$\frac{1}{(x-1)(x+1)} = \frac{A}{x-1} + \frac{B}{x+1}.$$

Multiplizieren mit dem Hauptnenner $(x-1)(x+1)$ beseitigt dann sämtliche vorkommenden Nenner, und ich erhalte die Gleichung:

$$\begin{aligned}
1 &= A(x+1) + B(x-1) \\
&= Ax + A + Bx - B \\
&= x(A+B) + A - B.
\end{aligned}$$

Es muss also $1 = x(A+B) + A - B$ gelten, und das kann nur dann sein, wenn $A + B = 0$ und $A - B = 1$ gilt. Dieses lineare Gleichungssystem ist so einfach, dass die Anwendung des Gauß-Algorithmus nicht lohnt, denn man sieht schon fast durch bloßes Hinsehen, dass $A = \frac{1}{2}$ und $B = -\frac{1}{2}$ ist. Daraus folgt für das Integral:

$$\begin{aligned}
\int \frac{1}{(x-1)(x+1)}\, dx &= \frac{1}{2}\int \frac{1}{x-1}\, dx - \frac{1}{2}\int \frac{1}{x+1}\, dx \\
&= \frac{1}{2}\ln|x-1| - \frac{1}{2}\ln|x+1| + \tilde{c} \\
&= \frac{1}{2}\ln\left|\frac{x-1}{x+1}\right| + \tilde{c} \\
&= \ln\sqrt{\left|\frac{x-1}{x+1}\right|} + \tilde{c},
\end{aligned}$$

wobei ich die Rechenregeln $\ln a - \ln b = \ln \frac{a}{b}$ und $\frac{1}{2} \ln a = \ln \sqrt{a}$ verwendet habe. Insgesamt ist also

$$\ln |y| = \ln \sqrt{\left| \frac{x-1}{x+1} \right|} + \tilde{c},$$

und die Anwendung der Exponentialfunktion auf beiden Seiten liefert dann:

$$|y| = e^{\ln \sqrt{\left| \frac{x-1}{x+1} \right|} + \tilde{c}} = c \cdot \sqrt{\left| \frac{x-1}{x+1} \right|}$$

mit $c = e^{\tilde{c}}$. Da ich an y selbst und nicht an $|y|$ interessiert bin, lasse ich wieder die Betragsstriche weg und verwende eine beliebige reelle Konstante c. Daraus folgt:

$$y(x) = c \cdot \sqrt{\frac{x-1}{x+1}} \text{ mit } c \in \mathbb{R}.$$

Damit habe ich die allgemeine Lösung der Differentialgleichung bestimmt. Nun kenne ich aber aus der Anfangsbedingung einen Funktionswert dieser Lösung, nämlich: $y(2) = 1$. Einsetzen in die allgemeine Lösung ergibt dann:

$$1 = y(2) = c \cdot \sqrt{\frac{2-1}{2+1}} = c \cdot \sqrt{\frac{1}{3}},$$

und damit

$$c = \sqrt{3}.$$

Somit ist die Funktion

$$y(x) = \sqrt{3} \cdot \sqrt{\frac{x-1}{x+1}}$$

die Lösung meines Anfangswertproblems.

11.3 Lösen Sie die folgenden Differentialgleichungen durch Variation der Konstanten.

(i) $y' + 2xy = 3x$;
(ii) $xy' + y = x \cdot \sin x$.

Lösung Die Variation der Konstanten ist eine Weiterentwicklung der Trennung der Variablen, die sich auf Differentialgleichungen der Form $y' = y \cdot f(x) + g(x)$ anwenden lässt. Sie beruht auf folgender Idee. Bei einer Differentialgleichung $y' = y \cdot f(x) + g(x)$

kann man leider noch so beharrlich versuchen, die Variablen anständig zu trennen, es wird einem in aller Regel nicht gelingen. Man macht sich deshalb das Leben etwas leichter, indem man zuerst die sogenannte *homogene Gleichung* löst, die deshalb so heißt, weil man den *Störterm* $g(x)$ der Einfachheit halber durch 0 ersetzt und sich für den Anfang auf die Gleichung $y' = y \cdot f(x)$ beschränkt. Diese Gleichung ist einer Trennung der Variablen zugänglich, und man bekommt eine vorläufige Lösung $y = c \cdot$ irgendetwas heraus. Natürlich ist das keine Lösung der ursprünglichen Gleichung, also muss ich noch etwas tun. Der Trick besteht nun darin, die Konstante c zu *variieren*, sie also auf einmal als eine Funktion $c(x)$ zu betrachten, die man allerdings vorerst nicht kennt. Das ändert alles, denn beim Berechnen von y' muss ich jetzt die Produktregel verwenden, und wenn man nun die neue Funktion mit dem unbekannten Teilstück $c(x)$ in die alte Differentialgleichung einsetzt, dann stellt man fest, dass sich alle Schwierigkeiten herauskürzen und die endgültige Lösung $y(x)$ berechenbar wird. Wie das im Einzelnen geht, sehen Sie an den folgenden Beispielen.

(i) Der Störterm in der Differentialgleichung $y' + 2xy = 3x$ ist der Term, der kein y enthält, also offenbar $3x$. Ich löse daher zunächst die homogene Gleichung $y' + 2xy = 0$ mit Hilfe der Trennung der Variablen. Dazu muss ich wieder die Gleichung nach y' auflösen und die Ableitung als Differentialquotient schreiben. Das ergibt:

$$\frac{dy}{dx} = -2xy.$$

Jetzt trenne ich die Variablen, indem ich durch y teile und mit dx multipliziere. Daraus folgt:

$$\frac{1}{y}\, dy = -2x\, dx.$$

Integrieren auf beiden Seiten führt dann zu der Beziehung

$$\int \frac{1}{y}\, dy = \int -2x\, dx.$$

Nun steht hier auf der linken Seite wieder einmal das Integral über $\frac{1}{y}$ mit der Stammfunktion $\ln |y|$. Ich habe Ihnen aber schon in den Aufgaben 11.1 und 11.2 gezeigt, wie am Ende die Betragsstriche wegfallen, indem man von der positiven Konstanten $e^{\tilde{c}}$ zu der beliebigen reellen Konstanten c übergeht, und damit kann ich mir die Betragsstriche auch gleich von Anfang an sparen. Also erhalte ich:

$$\ln y = -x^2 + \tilde{c},$$

was mit Hilfe der Exponentialfunktion zu

$$y = e^{-x^2 + \tilde{c}} = e^{-x^2} \cdot e^{\tilde{c}} = c \cdot e^{-x^2}$$

mit einer *beliebigen* reellen Konstante c führt. Nun kann das aber nicht die Lösung der ursprünglichen Differentialgleichung sein, denn ich hatte ja den Störterm $3x$ weggelassen. Um nun an die richtige Lösung heranzukommen, variiere ich die Konstante c und mache den Ansatz:

$$y = c(x) \cdot e^{-x^2}$$

mit einer bisher unbekannten Funktion $c(x)$. Wenn dieses y eine Lösung der Differentialgleichung sein soll, dann muss man es in die Gleichung einsetzen können, ohne in Schwierigkeiten zu geraten. Das werde ich im folgenden auch tun, und dazu rechne ich erst einmal die Ableitung der neuen Funktion y aus. Nach der Produkt- und der Kettenregel gilt:

$$y' = c'(x) \cdot e^{-x^2} + \left(e^{-x^2} \right)' \cdot c(x)$$
$$= c'(x) \cdot e^{-x^2} - 2x \cdot e^{-x^2} \cdot c(x).$$

Jetzt kann ich in die gegebene Differentialgleichung $y' + 2xy = 3x$ einsetzen, da ich sowohl y als auch y' kenne. Dabei fange ich mit der rechten Seite an und schreibe:

$$3x = y' + 2xy$$
$$= c'(x) \cdot e^{-x^2} - 2x \cdot e^{-x^2} \cdot c(x) + 2x \cdot c(x) \cdot e^{-x^2}$$
$$= c'(x) \cdot e^{-x^2}.$$

In der zweiten Zeile habe ich erstens die berechnete erste Ableitung y' verwendet und zweitens eingesetzt, dass $y = c(x) \cdot e^{-x^2}$ gilt. Und dabei stellt sich heraus, dass beide Summanden, in denen $c(x)$ vorkommt, sich gegenseitig aufheben, so dass nur noch der Ausdruck $c'(x) \cdot e^{-x^2}$ übrig bleibt. Ich habe also herausgefunden, dass

$$c'(x) \cdot e^{-x^2} = 3x$$

gilt. Auflösen nach $c'(x)$ ergibt dann

$$c'(x) = 3x \cdot e^{x^2}.$$

Was ich aber eigentlich wissen will, ist natürlich nicht $c'(x)$, sondern $c(x)$. Dafür gibt es ein gutes Mittel: $c(x)$ ist Stammfunktion von $c'(x)$, also muss ich $c'(x)$ nur integrieren und erhalte:

$$c(x) = \int 3x \cdot e^{x^2} \, dx.$$

Das ist nun ein Fall für die Substitutionsregel. Mit $g(x) = x^2$ ist $g'(x) = 2x$, was ich fast im Integral vorfinde: ich muss nur für den konstanten Faktor 2 innerhalb des

Integrals sorgen. Es gilt also:

$$\int 3x \cdot e^{x^2}\, dx = \frac{3}{2}\int 2x \cdot e^{x^2}\, dx = \frac{3}{2}\int g'(x)e^{g(x)}\, dx$$

$$= \frac{3}{2}\int e^g\, dg = \frac{3}{2}e^g + k = \frac{3}{2}e^{x^2} + k,$$

wobei Sie nur bedenken müssen, dass die Substitutionsregel es erlaubt, $g'(x)dx$ durch dg zu ersetzen, und dass ich die Integrationskonstante am Ende nicht mehr mit dem Buchstaben c bezeichnen darf, weil c schon besetzt ist. Deshalb habe ich mich für ein k entschieden. Es gilt nun also:

$$c(x) = \frac{3}{2}e^{x^2} + k \text{ mit } k \in \mathbb{R}.$$

Es gab aber einen einfachen Zusammenhang zwischen $y(x)$ und $c(x)$, nämlich $y(x) = c(x) \cdot e^{-x^2}$, und da ich $c(x)$ mittlerweile kenne, kann ich auch endgültig y ausrechnen. Das Resultat lautet also:

$$y(x) = \left(\frac{3}{2}e^{x^2} + k\right) \cdot e^{-x^2} = \frac{3}{2} + k \cdot e^{-x^2} \text{ mit } k \in \mathbb{R}.$$

(ii) Nicht anders geht man bei der Differentialgleichung $xy' + y = x \cdot \sin x$ vor. Hier lautet der Störterm $x \cdot \sin x$, und ich löse zuerst die homogene Gleichung $xy' + y = 0$ durch Variablentrennung. Die inzwischen vertraute Umformung ergibt:

$$\frac{dy}{dx} = -\frac{y}{x}, \text{ also } \frac{1}{y}\, dy = -\frac{1}{x}\, dx.$$

Integrieren auf beiden Seiten führt zu:

$$\int \frac{1}{y}\, dy = -\int \frac{1}{x}\, dx, \text{ und damit } \ln y = -\ln x + \tilde{c}.$$

Wie üblich verwende ich dabei eine „vorläufige" Konstante $\tilde{c}$, die ich dann mit Hilfe der Exponentialfunktion gleich in die endgültige Konstante $c = e^{\tilde{c}}$ umwandle, denn es gilt jetzt:

$$y = e^{-\ln x + \tilde{c}} = e^{-\ln x} \cdot e^{\tilde{c}} = \frac{1}{e^{\ln x}} \cdot c = \frac{c}{x},$$

denn erstens habe ich wieder einmal $c = e^{\tilde{c}}$ gesetzt, und zweitens ist $e^{\ln x} = x$. Damit steht die Lösung $y = \frac{c}{x}$ der homogenen Gleichung fest. Um nun auch die ursprüngliche Gleichung $xy' + y = x \cdot \sin x$ zu lösen, mache ich den Ansatz

$$y = \frac{c(x)}{x},$$

variiere also wieder die Konstante c und betrachte sie als Funktion. Wie schon in Teil (i) will ich mit diesem Ansatz in die Differentialgleichung hineingehen, und dazu brauche ich die Ableitung meiner neuen Funktion y. Nach der Quotientenregel gilt aber:

$$y' = \frac{c'(x) \cdot x - c(x)}{x^2} = \frac{c'(x)}{x} - \frac{c(x)}{x^2}.$$

Und nun setze ich sowohl diese Ableitung als auch die Ansatzfunktion $y = \frac{c(x)}{x}$ in die gegebene Differentialgleichung $xy' + y = x \cdot \sin x$ ein, wobei ich wieder mit der rechten Seite anfange. Es gilt:

$$x \cdot \sin x = xy' + y$$
$$= x \cdot \left(\frac{c'(x)}{x} - \frac{c(x)}{x^2} \right) + \frac{c(x)}{x}$$
$$= c'(x) - \frac{c(x)}{x} + \frac{c(x)}{x}$$
$$= c'(x).$$

Also ist $c'(x) = x \sin x$, und da $c(x)$ eine Stammfunktion von $c'(x)$ ist, folgt:

$$c(x) = \int x \sin x \, dx.$$

Im achten Kapitel haben Sie gesehen, wie man so etwas mit Hilfe der partiellen Integration ausrechnen kann. Setzt man $f'(x) = \sin x$ und $g(x) = x$, also $f(x) = -\cos x$ und $g'(x) = 1$, so folgt:

$$\int x \sin x \, dx = -\cos x \cdot x - \int -\cos x \, dx = -x \cos x + \int \cos x \, dx$$
$$= -x \cos x + \sin x + k,$$

mit $k \in \mathbb{R}$. Damit ist $c(x) = -x \cos x + \sin x + k$, und da mein Ansatz $y = \frac{c(x)}{x}$ lautet, ergibt sich daraus:

$$y(x) = \frac{-x \cos x + \sin x + k}{x} = -\cos x + \frac{\sin x}{x} + \frac{k}{x} \text{ mit } k \in \mathbb{R}.$$

11.4 Lösen Sie die folgenden Anfangswertprobleme durch Variation der Konstanten.

(i) $y' + \frac{y}{x} = \frac{\ln x}{x}$, $y(1) = 1$;
(ii) $y' = 3x^2 y + e^{x^3} \cos x$, $y(0) = 2$.

Lösung Auch hier geht es um die Variation der Konstanten, aber im Gegensatz zu Aufgabe 11.3 sind jetzt Anfangswertprobleme gegeben. Ich suche also nicht mehr nur nach der allgemeinen Lösung, sondern muss zusätzlich die Konstante, die in der allgemeinen Lösung auftritt, noch mit Leben füllen, indem ich die Anfangsbedingung in die allgemeine Lösung einsetze.

(i) Die Gleichung $y' + \frac{y}{x} = \frac{\ln x}{x}$ wird gelöst, indem ich zunächst die homogene Differentialgleichung $y' + \frac{y}{x} = 0$ mit Hilfe der Variablentrennung löse. Die übliche Umformung ergibt:

$$\frac{dy}{dx} = -\frac{y}{x}, \text{ also } \frac{1}{y}\,dy = -\frac{1}{x}\,dx.$$

Integrieren auf beiden Seiten führt zu:

$$\int \frac{1}{y}\,dy = -\int \frac{1}{x}\,dx, \text{ und damit } \ln y = -\ln x + \tilde{c}.$$

Die „vorläufige" Konstante $\tilde{c}$ werde ich mit Hilfe der Exponentialfunktion gleich in die endgültige Konstante $c = e^{\tilde{c}}$ umwandeln, denn es gilt jetzt:

$$y = e^{-\ln x + \tilde{c}} = e^{-\ln x} \cdot e^{\tilde{c}} = \frac{1}{e^{\ln x}} \cdot c = \frac{c}{x},$$

da ich erstens $c = e^{\tilde{c}}$ gesetzt habe und zweitens $e^{\ln x} = x$ ist. Damit steht die Lösung $y = \frac{c}{x}$ der homogenen Gleichung fest. Um nun auch die ursprüngliche Gleichung $y' + \frac{y}{x} = \frac{\ln x}{x}$ zu lösen, mache ich den Ansatz

$$y = \frac{c(x)}{x},$$

variiere also wieder die Konstante c und betrachte sie als Funktion. Die Prozedur verlangt nun von mir, dass ich diese Ansatzfunktion in die ursprüngliche Differentialgleichung einsetze, und dazu brauche ich die Ableitung von y. Mit der Quotientenregel gilt:

$$y' = \frac{c'(x) \cdot x - c(x)}{x^2} = \frac{c'(x)}{x} - \frac{c(x)}{x^2}.$$

Damit kann ich sowohl y als auch y' in die Differentialgleichung $y' + \frac{y}{x} = \frac{\ln x}{x}$ einsetzen und finde:

$$\frac{\ln x}{x} = y' + \frac{y}{x} = \frac{c'(x)}{x} - \frac{c(x)}{x^2} + \frac{c(x)}{x^2}$$
$$= \frac{c'(x)}{x}.$$

Ich erhalte also

$$\frac{c'(x)}{x} = \frac{\ln x}{x}, \text{ und damit } c'(x) = \ln x.$$

Nun geht es wieder ans Integrieren, denn es folgt $c(x) = \int \ln x \, dx$. Dahinter steckt eine getarnte partielle Integration, denn mit $f'(x) = 1$ und $g(x) = \ln x$, also mit $f(x) = x$ und $g'(x) = \frac{1}{x}$, ergibt sich:

$$\int \ln x \, dx = \int 1 \cdot \ln x \, dx = x \cdot \ln x - \int \frac{1}{x} \cdot x \, dx$$

$$= x \cdot \ln x - \int 1 \, dx = x \cdot \ln x - x + k, \text{ mit } k \in \mathbb{R}.$$

Ich habe also die Beziehung $c(x) = x \cdot \ln x - x + k$ gefunden, und wegen $y = \frac{c(x)}{x}$ folgt daraus:

$$y(x) = \frac{x \cdot \ln x - x + k}{x} = \ln x - 1 + \frac{k}{x} \text{ mit } k \in \mathbb{R}.$$

Erst jetzt kommt die Anfangsbedingung zum Zuge. Setzt man in die allgemeine Lösung die Bedingung $y(1) = 1$ ein, so folgt:

$$1 = y(1) = \ln 1 - 1 + k = -1 + k, \text{ also } k = 2.$$

Damit lautet die Lösung des Anfangswertproblems:

$$y(x) = \ln x - 1 + \frac{2}{x}.$$

(ii) Es ist unbestreitbar, dass die Gleichung $y' = 3x^2 y + e^{x^3} \cos x$ ausgesprochen abschreckend aussieht, aber das scheint nur so. Es wird sich herausstellen, dass sich alle Probleme herauskürzen, und außerdem lasse ich am Anfang ohnehin den üblen Term weg, indem ich erst einmal zur homogenen Gleichung $y' = 3x^2 y$ übergehe. In der Form, in der ich sie für die Variablentrennung brauche, lautet sie:

$$\frac{dy}{dx} = 3x^2 y, \text{ also } \frac{1}{y} dy = 3x^2 \, dx.$$

Integrieren auf beiden Seiten ergibt:

$$\int \frac{1}{y} dy = \int 3x^2 \, dx \text{ und damit } \ln y = x^3 + \tilde{c}.$$

Die Exponentialfunktion beseitigt dann wieder den Logarithmus und liefert:

$$y = e^{x^3 + \tilde{c}} = e^{x^3} \cdot e^{\tilde{c}} = c \cdot e^{x^3}$$

mit einer reellen Konstanten c. Da die Lösung der homogenen Gleichung also $y = c \cdot e^{x^3}$ lautet, mache ich für die gegebene Gleichung $y' = 3x^2 y + e^{x^3} \cos x$ den Ansatz:

$$y = c(x) \cdot e^{x^3}.$$

Um diese Ansatzfunktion in die Gleichung einsetzen zu können, berechne ich ihre Ableitung. Nach der Produkt- und der Kettenregel lautet sie:

$$y' = c'(x) \cdot e^{x^3} + \left(e^{x^3}\right)' \cdot c(x) = c'(x) \cdot e^{x^3} + 3x^2 \cdot e^{x^3} \cdot c(x).$$

Einsetzen in die Differentialgleichung $y' = 3x^2 y + e^{x^3} \cos x$ liefert dann:

$$\begin{aligned} c'(x) \cdot e^{x^3} + 3x^2 \cdot e^{x^3} \cdot c(x) &= y' \\ &= 3x^2 y + e^{x^3} \cos x \\ &= 3x^2 \cdot c(x) \cdot e^{x^3} + e^{x^3} \cos x. \end{aligned}$$

Auf beiden Seiten der Gleichung steht jetzt der Ausdruck $3x^2 \cdot c(x) \cdot e^{x^3}$, den ich deshalb auf beiden Seiten abziehen kann. Das reduziert die Gleichung zu:

$$c'(x) \cdot e^{x^3} = e^{x^3} \cos x, \text{ also } c'(x) = \cos x.$$

Es haben sich also tatsächlich alle Probleme von selbst herausgekürzt, denn jetzt ist natürlich

$$c(x) = \int \cos x \, dx = \sin x + k \text{ mit } k \in \mathbb{R}.$$

Da ich den Ansatz $y = c(x) \cdot e^{x^3}$ gemacht hatte, kann ich hier jetzt $c(x)$ einsetzen und finde:

$$y(x) = (\sin x + k) \cdot e^{x^3} = \sin x \cdot e^{x^3} + k \cdot e^{x^3} \text{ mit } k \in \mathbb{R}.$$

Die Aufgabe ist aber noch nicht vollständig gelöst, weil ich noch die Anfangsbedingung $y(0) = 2$ verarbeiten muss. Das sollte jetzt aber kein Problem mehr sein, denn Sie wissen, was ich dafür tun muss: nur noch die Anfangsbedingung in die allgemeine Lösung der Gleichung einsetzen. Dann gilt:

$$2 = y(0) = \sin 0 \cdot e^0 + k \cdot e^0 = k, \text{ also } k = 2.$$

Daraus folgt:

$$y(x) = (\sin x + 2) \cdot e^{x^3}.$$

11.5 Lösen Sie die folgenden Differentialgleichungen mit Hilfe geeigneter Substitutionen.

(i) $y' = (2x + y - 3)^2 - 2$;

(ii) $xy' = y + \sqrt{x^2 - y^2}$.

Hinweis: Teilen Sie in Nummer (ii) die Gleichung durch x und setzen Sie dann $z = \frac{y}{x}$.

Lösung Die Methode der Substitution läuft darauf hinaus, die unbekannte Funktion y für eine Weile zu vergessen und dafür eine neue unbekannte Funktion z einzuführen, an die man mit etwas Glück leichter herankommen kann. Das Problem dabei besteht in der passenden Auswahl dieser neuen Substitutionsfunktion. Ist zum Beispiel eine Differentialgleichung der Form $y' = f(ax + by + c)$ mit einer bekannten Funktion f und bekannten Konstanten a, b, c gegeben, dann kann es sinnvoll sein, eine neue Funktion $z = ax + by + c$ zu kreieren. Zunächst gilt dann natürlich $y' = f(z)$, weil ich den Input von f gerade mit z bezeichnet habe. Auf der anderen Seite ist aber immer noch $z = ax + by + c$, und Auflösen nach y ergibt $y = \frac{z - ax - c}{b}$, sofern $b \neq 0$ gilt. Das kann ich aber wieder nach x ableiten, wobei Sie bedenken müssen, dass z eine Funktion ist, aber a, b, c nichts weiter als Konstanten darstellen. Daraus folgt: $y' = \frac{z' - a}{b}$, und ich habe jetzt zwei Ausdrücke für y', die ich gleichsetzen kann. Folglich ist

$$\frac{z' - a}{b} = f(z).$$

Das ist aber eine Differentialgleichung für die Funktion z, die man mit der Methode der Variablentrennung lösen kann. Und sobald ich $z(x)$ kenne, kann ich natürlich mit Hilfe der Gleichung $y = \frac{z - ax - c}{b}$ auch das eigentlich gesuchte $y(x)$ bestimmen.

Ähnlich funktioniert es bei Gleichungen der Form $y = f\left(\frac{y}{x}\right)$, bei denen man normalerweise $z = \frac{y}{x}$ setzt und dann genauso verfährt, wie ich es oben beschrieben habe.

(i) Bei der Gleichung $y' = (2x + y - 3)^2 - 2$ setze ich $z = 2x + y - 3$. Dann ist in jedem Fall

$$y' = z^2 - 2,$$

denn ich brauche nur den Klammerausdruck in der Differentialgleichung durch z zu ersetzen. Andererseits kann ich aber auch $z = 2x + y - 3$ nach y auflösen, was zu der Beziehung $y = z - 2x + 3$ führt. Wenn ich nun diese Gleichung nach x ableite, erhalte ich:

$$y' = z' - 2,$$

weil auch z eine Funktion von x ist und beim Ableiten deshalb z' entsteht. Nun habe ich zwei verschiedene Ausdrücke für y', die ich natürlich gleichsetzen kann. Daraus folgt:

$$z' - 2 = z^2 - 2,$$

und das ist eine einfache Differentialgleichung, die Sie mit der Methode der Variablentrennung lösen können. Zunächst entfällt die -2 auf beiden Seiten, und es gilt:

$$\frac{dz}{dx} = z^2, \text{ also } \frac{1}{z^2}\, dz = 1\, dx.$$

Integrieren auf beiden Seiten führt zu:

$$\int \frac{1}{z^2}\, dz = \int 1\, dx.$$

Dass auf der rechten Seite $\int 1\, dx = x$ gilt, bedarf kaum einer Erwähnung. Auf der linken Seite habe ich nach den Regeln über das Integrieren von Potenzen:

$$\int \frac{1}{z^2}\, dz = \int z^{-2}\, dz = \frac{z^{-1}}{-1} = -\frac{1}{z}.$$

Damit habe ich beide Integrale ausgerechnet, und wenn ich noch die nötige Konstante c einfüge, ergibt sich:

$$-\frac{1}{z} = x + c \text{ also } \frac{1}{z} = -(x + c), \text{ und damit } z = -\frac{1}{x+c}$$

mit einer reellen Konstanten c. Da ich aber ganz am Anfang festgesetzt habe, dass $z = 2x + y - 3$ und deshalb $y = z - 2x + 3$ gilt, folgt daraus:

$$y(x) = z(x) - 2x + 3 = -\frac{1}{x+c} - 2x + 3 \text{ mit } c \in \mathbb{R}.$$

(ii) Für die Gleichung $xy' = y + \sqrt{x^2 - y^2}$ gibt die Aufgabenstellung einen Hinweis, den ich auch sofort befolge. Ich teile also die Gleichung durch x und erhalte:

$$y' = \frac{y}{x} + \frac{1}{x}\sqrt{x^2 - y^2} = \frac{y}{x} + \sqrt{1 - \frac{y^2}{x^2}} = \frac{y}{x} + \sqrt{1 - \left(\frac{y}{x}\right)^2}.$$

Dabei habe ich den Faktor $\frac{1}{x}$ in die Wurzel hineingezogen, und innerhalb der Wurzel wird er zum Faktor $\frac{1}{x^2}$, mit dem ich die beiden Summanden des Wurzelinhalts multipliziert habe. Jetzt kann ich mich an den zweiten Teil des Hinweises halten und $z = \frac{y}{x}$ setzen. Damit lautet die Differentialgleichung:

$$y' = z + \sqrt{1 - z^2}.$$

Wenn ich aber die Beziehung $z = \frac{y}{x}$ nach y auflöse, dann erhalte ich $y = zx$, und mit der Produktregel folgt beim Ableiten nach x:

$$y' = z'x + z,$$

denn die Ableitung der Funktion x ist 1. Wieder habe ich zwei Ausdrücke für y' gewonnen, die ich gleichsetzen kann, und das ergibt die folgende Differentialgleichung für die unbekannte Funktion z:

$$z'x + z = z + \sqrt{1 - z^2}.$$

Sie können sie vereinfachen, indem Sie auf beiden Seiten z abziehen. Das ergibt:

$$z'x = \sqrt{1 - z^2},$$

und jetzt kommt wieder die Variablentrennung zum Einsatz. Ich löse also nach z' auf und schreibe danach z' wie üblich als Differentialquotient. Dann ist:

$$\frac{dz}{dx} = \frac{1}{x} \cdot \sqrt{1 - z^2}.$$

Sortieren nach den Variablen z und x ergibt:

$$\frac{1}{\sqrt{1 - z^2}}\, dz = \frac{1}{x}\, dx.$$

Nun muss ich wieder auf beiden Seiten integrieren. Auf der rechten Seite habe ich bekanntlich:

$$\int \frac{1}{x}\, dx = \ln|x|.$$

Für die linke Seite muss man die Stammfunktion zu $\frac{1}{\sqrt{1-z^2}}$ kennen, und wenn man sie nicht kennt, dann hilft wohl nur das Nachsehen in irgendeiner Formelsammlung. Dort finden Sie:

$$\int \frac{1}{\sqrt{1 - z^2}}\, dz = \arcsin z.$$

Einschließlich der Konstanten $c \in \mathbb{R}$ ergibt sich damit die Gleichung

$$\arcsin z = \ln|x| + c.$$

Nun ist aber der Arcussinus die Umkehrfunktion des Sinus. Wenn also der Arcussinus von z dem Ausdruck auf der rechten Seite entspricht, dann muss umgekehrt der Sinus der rechten Seite genau z sein. Ich erhalte also:

$$z = \sin(\ln|x| + c) \text{ mit } c \in \mathbb{R}.$$

Und jetzt müssen Sie sich nur noch daran erinnern, dass $y = zx$ gilt, um das Endergebnis

$$y(x) = x \cdot \sin(\ln|x| + c) \text{ mit } c \in \mathbb{R}$$

zu erhalten.

11.6 Gegeben sei ein Teilchen der Masse m in einer Flüssigkeit. Die Sinkgeschwindigkeit $v(t)$ dieses Teilchens in Abhängigkeit von der Zeit t wird beschrieben durch die Differentialgleichung

$$m \cdot \frac{dv}{dt} + k \cdot v = m \cdot g,$$

wobei k der Reibungsfaktor und g die übliche Erdbeschleunigung ist.

(i) Bestimmen Sie die allgemeine Lösung $v(t)$.
(ii) Wie lautet die Lösung bei gegebener Anfangsgeschwindigkeit $v(0) = v_0$?

Lösung

(i) Diese Aufgabe wirkt deshalb kompliziert, weil die Gleichung nicht wie sonst mit konkreten Zahlen als Koeffizienten angegeben ist, sondern die Koeffizienten abstrakte Größen m, k und g sind. An der Gleichung selbst und den Verfahren zu ihrer Lösung ändert das aber gar nichts. Die Funktion heißt hier eben $v(t)$ anstatt $y(x)$, und die unabhängige Variable ist dementsprechend t anstatt x, aber ansonsten löse ich die Differentialgleichung nach den gewohnten Methoden, und das heißt in diesem Fall: mit der Trennung der Variablen. Dazu löse ich zuerst nach der Ableitung auf und erhalte:

$$\frac{dv}{dt} = g - \frac{k}{m} \cdot v,$$

da sich beim Teilen durch m der Faktor m vor g herauskürzt. Auf der rechten Seite steht nun kein t mehr, so dass ich einfach die Gleichung durch die gesamte rechte Seite teilen und mit dt multiplizieren kann, um die Variablen säuberlich voneinander zu trennen. Das ergibt:

$$\frac{1}{g - \frac{k}{m} \cdot v} \, dv = 1 \, dt.$$

Integrieren auf beiden Seiten führt dann zu der Gleichung:

$$\int \frac{1}{g - \frac{k}{m} \cdot v} \, dv = \int 1 \, dt.$$

Das Integral auf der rechten Seite macht keine Probleme, denn es gilt $\int 1\, dt = t$. Und für die linke Seite verweise ich wie schon häufiger auf die Formel, die wir in Aufgabe 8.7 bewiesen haben. Schreibt man nämlich den Integranden als Potenz, so folgt:

$$\int \frac{1}{g - \frac{k}{m} \cdot v}\, dv = \int \left(g - \frac{k}{m} \cdot v\right)^{-1} dv = \frac{1}{-\frac{k}{m}} \cdot \ln\left| g - \frac{k}{m} \cdot v \right|$$

$$= -\frac{m}{k} \cdot \ln\left| g - \frac{k}{m} \cdot v \right|.$$

Mit einer Konstanten $\tilde{c}$ habe ich also die Gleichung:

$$-\frac{m}{k} \cdot \ln\left| g - \frac{k}{m} \cdot v \right| = t + \tilde{c}.$$

Nun will ich aber die Funktion $v(t)$ herausbekommen, muss also diese Gleichung nach v auflösen. Dazu multipliziere ich zuerst mit $-\frac{k}{m}$. Dann lautet die Gleichung:

$$\ln\left| g - \frac{k}{m} \cdot v \right| = -\frac{k}{m}t + \bar{c}$$

mit $\bar{c} = -\frac{k}{m}\tilde{c}$, denn die Multiplikation irgendeiner Konstanten $\tilde{c}$ mit einer konstanten Zahl ergibt nur wieder irgendeine andere Konstante, die ich mit $\bar{c}$ bezeichne. Da jetzt auf der linken Seite der natürliche Logarithmus steht, wende ich auf beide Seiten die Exponentialfunktion an und erhalte:

$$\left| g - \frac{k}{m} \cdot v \right| = e^{-\frac{k}{m}t + \bar{c}} = e^{-\frac{k}{m}t} \cdot e^{\bar{c}} = c_1 \cdot e^{-\frac{k}{m}t}$$

mit $c_1 = e^{\bar{c}} > 0$. Um nun die Betragsstriche auf der linken Seite loszuwerden, lasse ich einfach nicht nur positive, sondern beliebige reelle Konstanten zu. Damit folgt:

$$g - \frac{k}{m} \cdot v = c_1 \cdot e^{-\frac{k}{m}t} \text{ mit } c_1 \in \mathbb{R}.$$

Das endgültige Auflösen nach v ist jetzt nur noch Routine. Zunächst ist

$$-\frac{k}{m} \cdot v = c_1 \cdot e^{-\frac{k}{m}t} - g,$$

und wenn Sie diese Gleichung noch mit $-\frac{m}{k}$ multiplizieren, erhalten Sie:

$$v = \frac{m}{k}g - \frac{m}{k} \cdot c_1 \cdot e^{-\frac{k}{m}t} = \frac{m}{k}g - c \cdot e^{-\frac{k}{m}t}$$

mit $c = \frac{m}{k}c_1$. Die allgemeine Lösung der Differentialgleichung lautet also:

$$v(t) = \frac{m}{k}g - c \cdot e^{-\frac{k}{m}t} \text{ mit } c \in \mathbb{R}.$$

(ii) Nun ist aber noch nach der Lösung bei einer gegebenen Anfangsbedingung gefragt: wie lautet die Gleichung für $v(t)$, wenn eine Anfangsgeschwindigkeit $v_0 = v(0)$ gegeben ist? Dafür muss ich nur wieder meinen Anfangswert in die allgemeine Lösung einsetzen, um den konkreten Wert für die Konstante c zu erhalten. Es gilt also:

$$v_0 = v(0) = \frac{m}{k}g - c \cdot e^0 = \frac{m}{k}g - c,$$

und daraus folgt:

$$c = \frac{m}{k}g - v_0.$$

Einsetzen von c in die allgemeine Lösung ergibt dann die spezielle Lösung:

$$v(t) = \frac{m}{k}g - \left(\frac{m}{k}g - v_0\right) \cdot e^{-\frac{k}{m}t},$$

also

$$v(t) = \frac{m}{k}g + \left(v_0 - \frac{m}{k}g\right) \cdot e^{-\frac{k}{m}t}.$$

11.7 Lösen Sie die folgenden homogenen linearen Differentialgleichungen.

(i) $y'' + y' - 12y = 0$;
(ii) $2y'' + 12y' + 18y = 0$;
(iii) $y''' - 5y'' + 8y' - 4y = 0$.

Lösung Lineare homogene Differentialgleichungen haben den Vorteil, dass man sie ohne jedes Integral lösen kann. Ist beispielsweise $y'' + a_1 y' + a_0 = 0$ eine solche lineare homogene Differentialgleichung zweiter Ordnung, so betrachtet man das sogenannte *charakteristische Polynom* $P(x) = x^2 + a_1 x + a_0$, dessen Koeffizienten genau den Koeffizienten der Differentialgleichung entsprechen. Die Nullstellen λ_1 und λ_2 des Polynoms P führen dann auf sehr einfache Weise zu den Lösungen der Differentialgleichung: gilt $\lambda_1 \neq \lambda_2$, so bilden die beiden Funktionen $y_1(x) = e^{\lambda_1 x}$ und $y_2(x) = e^{\lambda_2 x}$ ein *Fundamentalsystem* der Gleichung, und das bedeutet: jede Lösung lässt sich aus diesen beiden Grundlösungen kombinieren, weshalb also für die allgemeine Lösung gilt:

$$y(x) = c_1 \cdot y_1(x) + c_2 \cdot y_2(x) = c_1 e^{\lambda_1 x} + c_2 e^{\lambda_2 x}$$

mit reellen Konstanten c_1 und c_2. Und genauso sieht es bei Gleichungen höherer Ordnung aus. Im Falle der Ordnung n hat nämlich das charakteristische Polynom n Nullstellen $\lambda_1, \ldots, \lambda_n$, und wenn sie alle voneinander verschieden und reell sind, dann lautet das Fundamentalsystem der Differentialgleichung:

$$y_1(x) = e^{\lambda_1 x}, y_2(x) = e^{\lambda_2 x}, \ldots, y_n(x) = e^{\lambda_n x}.$$

Etwas anders sieht es aus, wenn die Nullstellen nicht mehr alle voneinander verschieden sind. Ist zum Beispiel λ eine doppelte Nullstelle von P, dann kommt zu der üblichen Lösung $e^{\lambda x}$ auch noch die Lösung $x \cdot e^{\lambda x}$ ins Fundamentalsystem. Und dieser Ansatz lässt sich auch verallgemeinern: ist nämlich λ eine m-fache Nullstelle des charakteristischen Polynoms P, dann enthält das Fundamentalsystem die Lösungen:

$$e^{\lambda x}, x \cdot e^{\lambda x}, x^2 \cdot e^{\lambda x}, \ldots, x^{m-1} \cdot e^{\lambda x}.$$

Eine m-fache Nullstelle λ beliefert also das Fundamentalsystem mit m verschiedenen Lösungen.

(i)   Das charakteristische Polynom der Gleichung $y'' + y' - 12y = 0$ lautet $P(x) = x^2 + x - 12$. Nach der p, q-Formel hat es die Nullstellen

$$\lambda_{1,2} = -\frac{1}{2} \pm \sqrt{\frac{1}{4} + 12} = -\frac{1}{2} \pm \sqrt{\frac{49}{4}} = -\frac{1}{2} \pm \frac{7}{2}.$$

Daher ist $\lambda_1 = -4$ und $\lambda_2 = 3$, und da jede Nullstelle des charakteristischen Polynoms zu einer Lösungsfunktion im Fundamentalsystem führt, besteht dieses Fundamentalsystem aus den Funktionen $y_1(x) = e^{-4x}$ und $y_2(x) = e^{3x}$. Folglich lautet die allgemeine Lösung:

$$y(x) = c_1 e^{-4x} + c_2 e^{3x} \text{ mit } c_1, c_2 \in \mathbb{R}.$$

(ii) Die Differentialgleichung $2y'' + 12y' + 18y = 0$ teile ich erst durch zwei, um sie in die übliche Standardform zu überführen. Dann lautet sie:

$$y'' + 6y' + 9y = 0.$$

Deshalb heißt das charakteristische Polynom $P(x) = x^2 + 6x + 9$, und es hat die Nullstellen

$$\lambda_{1,2} = -3 \pm \sqrt{9 - 9} = -3.$$

Die Situation ist also etwas anders als in Teilaufgabe (i). Dort hatte ich bei einer Gleichung zweiter Ordnung auch zwei verschiedene Nullstellen von P, und das machte den Aufbau des Fundamentalsystems sehr einfach. Hier tritt nun $\lambda = -3$ als doppelte Nullstelle auf, und das heißt, sie muss auch zwei Beiträge zum Fundamentalsystem liefern, nämlich $y_1(x) = e^{-3x}$ und $y_2(x) = x \cdot e^{-3x}$. Eine lineare Differentialgleichung zweiter Ordnung braucht aber auch nur zwei Lösungsfunktionen in ihrem Fundamentalsystem, und damit ist die Gleichung auch schon gelöst. Ihre allgemeine Lösung lautet:

$$y(x) = c_1 e^{-3x} + c_2 x e^{-3x} \text{ mit } c_1, c_2 \in \mathbb{R}.$$

(iii) Die Gleichung $y''' - 5y'' + 8y' - 4y = 0$ hat die Ordnung 3, und entsprechend ist auch ihr charakteristisches Polynom $P(x) = x^3 - 5x^2 + 8x - 4$ ein Polynom dritten Grades. Wenn Sie nicht gerade mit komplizierten Lösungsformeln die Nullstellen von P berechnen wollen, empfiehlt es sich, durch Einsetzen ein wenig zu probieren. Die einfachste Möglichkeit $x = 0$ kommt nicht in Frage, da $P(0) = -4$ gilt. Aber schon der nächste Versuch führt zum Ziel, denn es gilt: $P(1) = 1 - 5 + 8 - 4 = 0$. Daher ist $\lambda_1 = 1$ die erste Nullstelle von P. Die weiteren Nullstellen kann ich herausfinden, indem ich aus dem Polynom $p(x) = x^3 - 5x^2 + 8x - 4$ den Linearfaktor $x - 1$ abdividiere. Das geht beispielsweise mit Hilfe des Horner-Schemas, das Sie in den Erklärungen zu den Aufgaben 5.3 und 5.4 finden. Mit ihm kann ich das quadratische Polynom $q(x)$ finden, das die Gleichung $p(x) = (x - 1) \cdot q(x)$ erfüllt. Für $p(x) = x^3 - 5x^2 + 8x - 4$ und $x_1 = 1$ ergibt sich dann folgendes Horner-Schema:

$$
\begin{array}{c|rrrr}
 & 1 & -5 & 8 & -4 \\
 & & + & + & + \\
x_1 = 1 & & 1 & -4 & 4 \\
\hline
 & 1 & -4 & 4 & 0
\end{array}
$$

Nach dem allgemeinen Prinzip des Horner-Schemas stellen dann die ersten drei Einträge der dritten Zeile gerade die Koeffizienten des gesuchten Polynoms q dar. Es gilt also:

$$q(x) = x^2 - 4x + 4.$$

Nun ist aber $p(x) = (x - 1) \cdot q(x)$, und das bedeutet konkret:

$$x^3 - 5x^2 + 8x - 4 = (x - 1) \cdot (x^2 - 4x + 4).$$

Daher teilen sich die Nullstellen meines Polynoms auf in die Nullstelle $\lambda_1 = 1$ des Linearfaktors $x - 1$ und die beiden Nullstellen des Faktors $x^2 - 4x + 4$. Die kann ich allerdings leicht mit der p, q-Formel bestimmen. Es gilt:

$$\lambda_{2,3} = 2 \pm \sqrt{4 - 4} = 2.$$

Es stellt sich also heraus, dass P neben der einfachen Nullstelle $\lambda_1 = 1$ auch noch die doppelte Nullstelle $\lambda_2 = \lambda_3 = 2$ hat. Aus $\lambda_1 = 1$ entsteht deshalb die Lösung $y_1 = e^x$, und aus der doppelten Nullstelle $\lambda_2 = 2$ entstehen die beiden Lösungen $y_2(x) = e^{2x}$ und $y_3(x) = xe^{2x}$. Damit hat mein Fundamentalsystem die nötigen drei Funktionen, und die allgemeine Lösung der Differentialgleichung lautet:

$$y(x) = c_1 e^x + c_2 e^{2x} + c_3 xe^{2x} \text{ mit } c_1, c_2, c_3 \in \mathbb{R}.$$

11.8 Lösen Sie die folgenden Anfangswertprobleme.

(i) $y'' + 10y' + 21y = 0$, $y(0) = 0$, $y'(0) = 4$;
(ii) $9y'' - 6y' + y = 0$, $y(0) = 1$, $y'(0) = 2$.

Lösung Im Gegensatz zu Aufgabe 11.7, in der allgemeine Lösungen gesucht waren, geht es hier um Anfangswertprobleme. Die Vorgehensweise ist dabei ganz ähnlich wie bei den Anfangswertproblemen aus den Aufgaben 11.2 und 11.4: zuerst bestimme ich die allgemeine Lösung des Anfangswertproblems, und anschließend bestimme ich durch Einsetzen der Anfangsbedingungen in die allgemeine Lösung die konkreten Werte der Konstanten.

(i) Die Gleichung $y'' + 10y' + 21y = 0$ hat das charakteristische Polynom $P(x) = x^2 + 10x + 21$ mit den Nullstellen

$$\lambda_{1,2} = -5 \pm \sqrt{25 - 21} = -5 \pm \sqrt{4} = -5 \pm 2.$$

Folglich ist $\lambda_1 = -7, \lambda_2 = -3$, und die allgemeine Lösung der Differentialgleichung lautet:

$$y(x) = c_1 e^{-7x} + c_2 e^{-3x} \text{ mit } c_1, c_2 \in \mathbb{R}.$$

Nun muss ich aber noch die Anfangsbedingungen einsetzen, um die Konstanten c_1 und c_2 mit konkreten Werten zu belegen. Bei der ersten Anfangsbedingung geht das auch ganz problemlos, denn es gilt:

$$0 = y(0) = c_1 e^0 + c_2 e^0 = c_1 + c_2.$$

Für die zweite Bedingung brauche ich allerdings die Ableitung von y, die ich mir erst einmal verschaffen muss. Da $y(x) = c_1 e^{-7x} + c_2 e^{-3x}$ gilt, folgt aus der Kettenregel:

$$y'(x) = -7c_1 e^{-7x} - 3c_2 e^{-3x},$$

und jetzt kann ich auch die zweite Anfangsbedingung einsetzen Sie lautet:

$$4 = y'(0) = -7c_1 e^0 - 3c_2 e^0 = -7c_1 - 3c_2.$$

Insgesamt habe ich also das lineare Gleichungssystem

$$c_1 + c_2 = 0$$
$$-7c_1 - 3c_2 = 4.$$

Es lohnt nicht, dafür den Gauß-Algorithmus hervorzukramen, denn offenbar ist $c_2 = -c_1$, und wenn Sie das in die zweite Gleichung einsetzen, finden Sie:

$$-7c_1 + 3c_1 = 4, \text{ also } -4c_1 = 4, \text{ und damit } c_1 = -1.$$

Somit folgt sofort $c_2 = -c_1 = 1$, und die Lösung des Anfangswertproblems lautet:

$$y(x) = -e^{-7x} + e^{-3x}.$$

(ii) Zur Lösung der Gleichung $9y'' - 6y' + y = 0$ teile ich zuerst auf beiden Seiten durch 9, damit die Gleichung mit dem Ausdruck y'' beginnt. Sie lautet dann

$$y'' - \frac{2}{3}y' + \frac{1}{9}y = 0$$

und hat das charakteristische Polynom $P(x) = x^2 - \frac{2}{3}x + \frac{1}{9}$. Die Nullstellen von P lassen sich leicht mit der p, q-Formel berechnen und lauten:

$$\lambda_{1,2} = \frac{1}{3} \pm \sqrt{\frac{1}{9} - \frac{1}{9}} = \frac{1}{3}.$$

Das Polynom P hat also unangenehmerweise die doppelte Nullstelle $\lambda_1 = \frac{1}{3}$, und eine doppelte Nullstelle liefert immer zwei Lösungen für das Fundamentalsystem. Deshalb besteht das Fundamentalsystem aus den beiden Lösungen $y_1(x) = e^{\frac{1}{3}x}$ und $y_2(x) = xe^{\frac{1}{3}x}$. Die allgemeine Lösung der Differentialgleichung lautet dann:

$$y(x) = c_1 e^{\frac{1}{3}x} + c_2 x e^{\frac{1}{3}x} \text{ mit } c_1, c_2 \in \mathbb{R}.$$

Die Differentialgleichung selbst ist damit gelöst, und ich kann mich den Anfangsbedingungen zuwenden. Die erste kann ich wieder leicht einsetzen, denn es gilt:

$$1 = y(0) = c_1 e^0 + c_2 \cdot 0 \cdot e^0 = c_1.$$

Da in der zweiten Anfangsbedingung die Ableitung von y verlangt wird, muss ich diese Ableitung erst einmal berechnen. Das ist nicht mehr ganz so angenehm wie in Teilaufgabe (i), weil ich hier für den zweiten Summanden eine Kombination aus Produkt- und Kettenregel brauche. Es gilt nämlich:

$$y'(x) = \frac{1}{3}c_1 e^{\frac{1}{3}x} + c_2 e^{\frac{1}{3}x} + c_2 x \cdot \frac{1}{3}e^{\frac{1}{3}x}.$$

In diese Ableitung kann ich jetzt meine Anfangsbedingung einsetzen und erhalte:

$$2 = y'(0) = \frac{1}{3}c_1 e^0 + c_2 e^0 + c_2 \cdot 0 \cdot \frac{1}{3}e^0 = \frac{1}{3}c_1 + c_2.$$

Wieder komme ich auf ein lineares Gleichungssystem aus zwei Gleichungen mit zwei Unbekannten, nämlich:

$$c_1 \qquad\quad = 1$$
$$\frac{1}{3}c_1 + c_2 = 2.$$

Aus $c_1 = 1$ folgt aber in der zweiten Gleichung sofort $\frac{1}{3} + c_2 = 2$ und damit $c_2 = \frac{5}{3}$. Das Anfangswertproblem hat also die Lösung:

$$y(x) = e^{\frac{1}{3}x} + \frac{5}{3}xe^{\frac{1}{3}x}.$$

11.9 Lösen Sie die folgenden homogenen linearen Differentialgleichungen.

(i) $y'' - 2y' + 10y = 0$;
(ii) $y'' + 4y' + 8y = 0$.

Lösung Die bisherigen linearen homogenen Differentialgleichungen hatten den Vorzug, dass ihre charakteristischen Polynome immer nur reelle Nullstellen hatten. Das muss natürlich nicht immer so sein, denn ein Polynom kann auch mit komplexen Nullstellen geschlagen sein. Im Falle der Differentialgleichungen zweiter Ordnung, um die es hier geht, macht das aber nichts, denn Sie können aus den komplexen Nullstellen des charakteristischen Polynoms sofort das Fundamentalsystem ablesen. Hat nämlich das charakteristische Polynom P die beiden komplexen Nullstellen $\lambda + i\mu$ und $\lambda - i\mu$, dann besteht das reelle Fundamentalsystem der Differentialgleichung aus den beiden Funktionen

$$y_1(x) = e^{\lambda x}\cos(\mu x) \text{ und } y_2(x) = e^{\lambda x}\sin(\mu x).$$

(i)   Das charakteristische Polynom von $y'' - 2y' + 10y = 0$ lautet $P(x) = x^2 - 2x + 10$ und hat die Nullstellen

$$\lambda_{1,2} = 1 \pm \sqrt{1 - 10} = 1 \pm \sqrt{-9} = 1 \pm 3i.$$

Daher ist mit den Bezeichnungen aus dem Vortext $\lambda = 1$ und $\mu = 3$, und das Fundamentalsystem besteht aus den Lösungen $y_1(x) = e^x\cos(3x)$ und $y_2(x) = e^x\sin(3x)$. Die allgemeine Lösung lautet also:

$$y(x) = c_1 e^x\cos(3x) + c_2 e^x\sin(3x) = e^x(c_1\cos(3x) + c_2\sin(3x)).$$

(ii) Das charakteristische Polynom von $y'' + 4y' + 8y = 0$ lautet $P(x) = x^2 + 4x + 8$ und hat die Nullstellen

$$\lambda_{1,2} = -2 \pm \sqrt{4 - 8} = -2 \pm \sqrt{-4} = -2 \pm 2i.$$

Mit den Bezeichnungen aus dem Vortext ist daher $\lambda = -2$ und $\mu = 2$, und das Fundamentalsystem besteht aus den Lösungen $y_1(x) = e^{-2x}\cos(2x)$ und $y_2(x) = e^{-2x}\sin(2x)$. Die allgemeine Lösung lautet also:

$$y(x) = c_1 e^{-2x}\cos(2x) + c_2 e^{-2x}\sin(2x) = e^{-2x}(c_1\cos(2x) + c_2\sin(2x)).$$

11.10 Lösen Sie die folgenden Anfangswertprobleme.

(i) $y'' + 6y' + 10y = 0$, $y(0) = 1$, $y'(0) = 1$;
(ii) $y'' + 6y' + 9y = 0$, $y(0) = 1$, $y'(0) = 1$.

Lösung In dieser Aufgabe gehe ich wieder über zu den Anfangswertproblemen. Ich suche also nicht mehr nur nach der allgemeinen Lösung, sondern werde auch noch die in der allgemeinen Lösung vorkommenden Konstanten mit Leben füllen, indem ich die Anfangsbedingungen in die allgemeine Lösung einsetze.

(i) Die Gleichung $y'' + 6y' + 10y = 0$ hat das charakteristische Polynom $P(x) = x^2 + 6x + 10$ mit den Nullstellen

$$\lambda_{1,2} = -3 \pm \sqrt{9 - 10} = -3 \pm \sqrt{-1} = -3 \pm i.$$

Die Nullstellen von P sind also komplex, und deshalb bestimme ich das Fundamentalsystem der Gleichung nach der Regel, dass aus der Beziehung $\lambda_{1,2} = \lambda \pm i\mu$ für das Fundamentalsystem folgt: $y_1(x) = e^{\lambda x}\cos(\mu x)$ und $y_2(x) = e^{\lambda x}\sin(\mu x)$. Wegen $-3 \pm i = -3 \pm 1i$ ist $\lambda = -3$ und $\mu = 1$. Somit besteht das Fundamentalsystem aus den beiden Funktionen $y_1(x) = e^{-3x}\cos x$ und $y_2(x) = e^{-3x}\sin x$. Sobald man aber das Fundamentalsystem hat, lässt sich die allgemeine Lösung leicht aufschreiben. Sie lautet:

$$y(x) = c_1 e^{-3x}\cos x + c_2 e^{-3x}\sin x \text{ mit } c_1, c_2 \in \mathbb{R}.$$

Nun geht es aber gar nicht um die allgemeine Lösung, sondern um die Lösung des konkreten Anfangswertproblems, und um die herauszufinden, muss ich die Anfangsbedingungen in die allgemeine Lösung einsetzen. Bei der ersten Bedingung ist das nicht weiter schwer, da hier keine Ableitungen vorkommen. Es gilt also:

$$1 = y(0) = c_1 e^0 \cos 0 + c_2 e^0 \sin 0 = c_1.$$

Damit steht schon fest, dass $c_1 = 1$ gilt. Für die zweite Anfangsbedingung brauche ich die Ableitung der allgemeinen Lösungsfunktion. Mit Hilfe der Produkt- und der Kettenregel erhalte ich:

$$y'(x) = c_1(-3)e^{-3x}\cos x + c_1 e^{-3x}(-\sin x) + c_2(-3)e^{-3x}\sin x + c_1 e^{-3x}(\cos x)$$
$$= e^{-3x} \cdot (c_1(-3\cos x - \sin x) + c_2(-3\sin x + \cos x)).$$

Einsetzen der zweiten Anfangsbedingung liefert dann:

$$1 = y'(0) = e^0(c_1(-3\cos 0 - \sin 0) + c_2(-3\sin 0 + \cos 0) = -3c_1 + c_2.$$

Aus $c_1 = 1$ folgt dann sofort $1 = -3 + c_2$ und damit $c_2 = 4$. Die Lösung des Anfangswertproblems lautet also:

$$y(x) = e^{-3x} \cos x + 4e^{-3x} \sin x.$$

(ii) Die Gleichung $y'' + 6y' + 9y = 0$ unterscheidet sich nur im letzten Koeffizienten ein wenig von der Differentialgleichung aus Teilaufgabe (i), und die Anfangsbedingungen sind sogar genau die gleichen wie in (i). Trotzdem wird sich zeigen, dass ihre Lösung ein ganzes Stück anders aussieht als die Lösung von (i). Ich berechne zuerst wieder die allgemeine Lösung der Gleichung, indem ich die Nullstellen des charakteristischen Polynoms $P(x) = x^2 + 6x + 9$ bestimme. Sie lauten:

$$\lambda_{1,2} = -3 \pm \sqrt{9 - 9} = -3.$$

Das Polynom P hat also eine doppelte Nullstelle $\lambda = -3$, und deshalb besteht das Fundamentalsystem der Differentialgleichung aus den Funktionen $y_1(x) = e^{-3x}$ und $y_2(x) = xe^{-3x}$. Mit den üblichen reellen Konstanten c_1 und c_2 hat die Gleichung also die allgemeine Lösung

$$y(x) = c_1 e^{-3x} + c_2 x e^{-3x}.$$

Jetzt geht es wieder an die Anfangsbedingungen. Die erste ist schnell eingesetzt, denn es gilt:

$$1 = y(0) = c_1 e^0 + c_2 \cdot 0 \cdot e^0 = c_1.$$

Folglich ist $c_1 = 1$. Um auch die zweite Anfangsbedingung einsetzen zu können, brauche ich die Ableitung der allgemeinen Lösung, die ich wieder mit einer Kombination aus Produkt- und Kettenregel ermitteln kann. Sie lautet:

$$y'(x) = -3c_1 e^{-3x} + c_2 e^{-3x} + c_2 x(-3)e^{-3x} = e^{-3x}(-3c_1 + c_2(1 - 3x)).$$

Jetzt ist das Einsetzen der zweiten Anfangbedingung nicht mehr problematisch. Aus der Formel für die erste Ableitung $y'(x)$ folgt:

$$1 = y'(0) = -3c_1 + c_2, \text{ also } 1 = -3 + c_2,$$

denn ich hatte schon aus der ersten Anfangsbedingung geschlossen, dass $c_1 = 1$ gilt. Mit $c_2 = 4$ habe ich daher die Lösung

$$y(x) = e^{-3x} + 4xe^{-3x}.$$

11.11 Bestimmen Sie die allgemeinen Lösungen der folgenden inhomogenen Differentialgleichungen.

(i) $y'' - 3y' + 2y = e^{17x}$;
(ii) $y'' - y = \cos x$.

Lösung Inhomogene lineare Differentialgleichungen sind etwas unangenehmer als homogene, weil Sie bei ihnen etwas mehr Arbeit haben. Das Prinzip ist zwar recht einfach, aber die Durchführung oft genug ein wenig kompliziert. In jedem Fall besteht die Idee darin, dass man sich erst einmal eine einzige Lösung der Gleichung verschafft, ganz egal welche. Diese Lösung nennt man *Partikulärlösung* y_p, weil sie natürlich noch nicht die allgemeine Lösung sein kann, sondern eben nur ein Teil der Lösung. Aber der fehlende Rest ist leicht zu finden: Sie müssen nur noch die zugehörige *homogene* Gleichung lösen und die allgemeine Lösung dieser homogenen Gleichung auf die Partikulärlösung addieren. Die allgemeine Lösung der inhomogenen Gleichung ist also die Summe aus der Partikulärlösung und der allgemeinen Lösung der zugehörigen homogenen Gleichung. Wie Sie sich leicht denken können, liegt das Problem oft bei der Bestimmung einer Partikulärlösung, aber zum Glück gibt es für einige Typen von rechten Seiten Standardlösungen. Ein paar davon werden Sie in den nächsten Aufgaben sehen.

(i) Die Gleichung $y'' - 3y' + 2y = e^{17x}$ hat die rechte Seite e^{17x}. Sobald auf der rechten Seite eine Exponentialfunktion steht und Sie noch etwas Glück haben, finden Sie leicht eine Partikulärlösung, weil hier ein einfaches Prinzip gilt: lautet die rechte Seite $c \cdot e^{\mu x}$ und ist μ keine Nullstelle des charakteristischen Polynoms P, so ist die Funktion $y_p(x) = \frac{c}{P(\mu)} \cdot e^{\mu x}$ eine Partikulärlösung der Differentialgleichung. Im Fall der Gleichung $y'' - 3y' + 2y = e^{17x}$ ist $\mu = 17$ und $P(x) = x^2 - 3x + 2$. Das charakteristische Polynom hat also die Nullstellen

$$\lambda_{1,2} = \frac{3}{2} \pm \sqrt{\frac{9}{4} - 2} = \frac{3}{2} \pm \sqrt{\frac{1}{4}} = \frac{3}{2} \pm \frac{1}{2}.$$

Also ist $\lambda_1 = 1$ und $\lambda_2 = 2$, und auf keinen Fall zählt $\mu = 17$ zu den Nullstellen von P. Ich darf also das Prinzip von oben anwenden und erhalte eine Partikulärlösung

$$y_p(x) = \frac{1}{P(17)} e^{17x} = \frac{1}{240} e^{17x},$$

denn $P(17) = 17^2 - 3 \cdot 17 + 2 = 289 - 51 + 2 = 240$. Der erste Schritt ist damit schon getan, aber der zweite Schritt ist nicht mehr schwierig: zur Partikulärlösung $y_p(x)$ muss ich noch die allgemeine Lösung der homogenen Gleichung addieren – und wie Sie die bekommen, wissen Sie. Die Nullstellen des charakteristischen Polynoms P habe ich mit $\lambda_1 = 1$ und $\lambda_2 = 2$ bereits ausgerechnet, und sie liefern mir ein aus den beiden Funktionen $y_1(x) = e^x$ und $y_2(x) = e^{2x}$ bestehendes Fundamentalsystem. Folglich lautet die allgemeine Lösung der *homogenen* Differentialgleichung

$$y(x) = c_1 e^x + c_2 e^{2x} \text{ mit } c_1, c_2 \in \mathbb{R}.$$

Und diese allgemeine Lösung muss ich auf die Partikulärlösung addieren. Die *inhomogene* Differentialgleichung hat also die Lösung:

$$y(x) = \frac{1}{240} e^{17x} + c_1 e^x + c_2 e^{2x} \text{ mit } c_1, c_2 \in \mathbb{R}.$$

(ii) Bei der Gleichung $y'' - y = \cos x$ steht nun keine Exponentialfunktion mehr auf der rechten Seite, sondern schlicht $\cos x$. Auch dafür gibt es ein allgemeines Prinzip, zumindest dann, wenn es sich wie hier um eine Gleichung zweiter Ordnung handelt. Wenn dann nämlich auf der rechten Seite $c \sin(\beta x)$ oder $c \cos(\beta x)$ auftaucht, unterscheidet man zwei Fälle. Entweder ist $i\beta$ keine Nullstelle des charakteristischen Polynoms P: in diesem Fall gibt es eine Partikulärlösung der Form $y_p(x) = a \sin(\beta x) + b \cos(\beta x)$, wobei a und b unbekannte Konstanten sind. Oder $i\beta$ ist doch eine Nullstelle des charakteristischen Polynoms P, und in diesem Fall gibt es eine Partikulärlösung der Form $y_p(x) = x \cdot (a \sin(\beta x) + b \cos(\beta x))$. In beiden Fällen müssen Sie allerdings noch die Konstanten a und b berechnen, und wie das geht, können Sie hier gleich sehen.

Da in dieser Gleichung auf der rechten Seite $\cos x$ steht, ist $\beta = 1$ und damit $i\beta = i$. Das charakteristische Polynom lautet $P(x) = x^2 - 1$, und das ist sehr angenehm, denn offenbar hat P die beiden Nullstellen $\lambda_1 = -1$ und $\lambda_2 = 1$, so dass $i\beta = i$ *keine* Nullstelle des charakteristischen Polynoms ist. Es gibt also eine Partikulärlösung der Form

$$y_p(x) = a \sin x + b \cos x,$$

und ich muss zusehen, wie ich die Konstanten a und b herausbekomme. Zu diesem Zweck setze ich y_p in die Differentialgleichung ein und warte ab, was passiert. Das geht aber nicht auf Anhieb, denn in der Gleichung kommt schließlich die zweite Ableitung vor, und deshalb muss ich auch die zweite Ableitung von y_p ausrechnen. Es gilt:

$$y_p'(x) = a \cos x - b \sin x, \text{ und daher } y_p''(x) = -a \sin x - b \cos x.$$

Jetzt erst kann ich meine Partikulärlösung in die Differentialgleichung $y'' - y = \cos x$ einsetzen. Ich starte dabei mit der rechten Seite. Dann gilt:

$$\begin{aligned}
\cos x &= y_p''(x) - y_p(x) \\
&= -a \sin x - b \cos x - (a \sin x + b \cos x) \\
&= -2a \sin x - 2b \cos x.
\end{aligned}$$

Damit ist schon einiges gewonnen. Auf der linken Seite steht ein einfaches $\cos x$, während auf der rechten Seite der Ausdruck $-2a \sin x - 2b \cos x$ vorkommt. Und beide sollen gleich sein. Deshalb muss $-2a = 0$ und $-2b = 1$ sein, denn nur in diesem Fall steht links wie rechts nur noch $\cos x$. Daraus folgt aber:

$$a = 0 \text{ und } b = -\frac{1}{2},$$

woraus sich dann die Partikulärlösung

$$y_p(x) = -\frac{1}{2} \cos x$$

ergibt. Um nun die allgemeine Lösung der inhomogenen Differentialgleichung zu erhalten, muss ich auf die Partikulärlösung noch die allgemeine Lösung der homogenen Gleichung addieren. Für das charakteristische Polynom P hatte ich aber schon die beiden Nullstellen $\lambda_1 = -1$ und $\lambda_2 = 1$ ausgerechnet, die mir die Fundamentallösungen $y_1(x) = e^{-x}$ und $y_2(x) = e^x$ liefern. Die allgemeine Lösung der *homogenen* Gleichung lautet also

$$y(x) = c_1 e^{-x} + c_2 e^x \text{ mit } c_1, c_2 \in \mathbb{R},$$

und die allgemeine Lösung der *inhomogenen* Gleichung bekomme ich, indem ich die homogene Lösung auf die Partikulärlösung addiere. Damit folgt:

$$y(x) = -\frac{1}{2} \cos x + c_1 e^{-x} + c_2 e^x \text{ mit } c_1, c_2 \in \mathbb{R}$$

ist die allgemeine Lösung der inhomogenen Differentialgleichung.

11.12 Bestimmen Sie die allgemeinen Lösungen der folgenden inhomogenen Differentialgleichungen.

(i) $y'' + 2y' = xe^x$;
(ii) $y'' - 5y' + 6y = e^{2x}$.

Lösung Nicht immer sind die rechten Seiten einer inhomogenen linearen Differentialgleichung so angenehm und übersichtlich wie in Aufgabe 11.11. Etwas komplizierter wird die Lage, wenn man es auf der rechten Seite mit einem Produkt aus einem Polynom und einer Exponentialfunktion zu tun hat, aber immerhin greift auch in diesem Fall ein allgemeines Prinzip. Steht also auf der rechten Seite ein Ausdruck der Form $f(x)e^{\mu x}$ mit einem Polynom f, so kommt es auf den Grad des Polynoms f und auch auf die Zahl μ an, wie die Partikulärlösung aussieht. Zunächst bezeichne ich den Grad, also den höchsten Exponenten von f, mit m. Weiterhin kann es vorkommen, dass μ eine Nullstelle des charakteristischen Polynoms P ist oder eben nicht. Falls μ eine Nullstelle ist, kann ich mit k

ihre Vielfachheit bezeichnen: bei einer einfachen Nullstelle ist $k = 1$, bei einer doppelten Nullstelle ist $k = 2$ und so weiter. Falls μ aber keine Nullstelle von P ist, dann kann man μ mit gutem Gewissen als eine nullfache Nullstelle von P bezeichnen und setzt deshalb $k = 0$. Sobald aber m und k bestimmt sind, weiß man: es gibt eine Partikulärlösung der Form

$$y_p(x) = h(x)e^{\mu x},$$

wobei h ein Polynom vom Grad $m + k$ ist.

Dieser Ansatz ist gewöhnungsbedürftig und wird in den folgenden zwei Beispielen durchgerechnet.

(i)   Bei der Gleichung $y'' + 2y' = xe^x$ ist $f(x) = x$ und $\mu = 1$, denn $e^{1x} = e^x$. Offenbar ist der höchste in f vorkommende Exponent die 1, und deshalb ist $m = 1$. Um k herauszufinden, muss ich feststellen, ob $\mu = 1$ eine Nullstelle des charakteristischen Polynoms ist, und wenn ja, welche Vielfachheit sie hat. Nun ist aber $P(x) = x^2 + 2x = x(x + 2)$, und die Nullstellen lauten deshalb $\lambda_1 = 0$ und $\lambda_2 = -2$. Da somit $\mu = 1$ nicht unter den Nullstellen von P auftaucht, kann man μ als nullfache Nullstelle bezeichnen, und es gilt $k = 0$. Nach dem allgemeinen Prinzip aus dem Vortext gibt es also eine Partikulärlösung der Form $y_p(x) = h(x)e^x$, wobei h ein Polynom von Grad $m + k = 1 + 0 = 1$ ist. Ich kann also schreiben:

$$y_p(x) = (ax + b)e^x \text{ mit unbekannten Konstanten } a, b \in \mathbb{R}.$$

Die Situation ist jetzt ganz ähnlich wie in Aufgabe 1.11 (ii). Auch dort hatte ich eine Partikulärlösung, in der noch zwei unbekannte Konstanten auftraten, und ich musste die Werte dieser Konstanten bestimmen. Die Methode ist hier die gleiche wie dort: ich werde die nötigen Ableitungen von y_p ausrechnen und dann y_p in die Differentialgleichung einsetzen. Für die erste Ableitung gilt nach der Produktregel:

$$y_p'(x) = ae^x + (ax + b)e^x = (ax + a + b)e^x.$$

Daraus folgt dann wieder mit der Produktregel die zweite Ableitung:

$$y_p''(x) = ae^x + (ax + a + b)e^x = (ax + 2a + b)e^x.$$

Mit y_p' und y_p'' gehe ich nun in die inhomogene Differentialgleichung $y'' + 2y' = xe^x$ hinein. Dabei schreibe ich zuerst die rechte Seite auf und erhalte:

$$\begin{aligned} xe^x &= y_p''(x) + 2y_p'(x) \\ &= (ax + 2a + b)e^x + 2((ax + a + b)e^x) \\ &= (ax + 2a + b + 2ax + 2a + 2b)e^x \\ &= (3ax + 4a + 3b)e^x. \end{aligned}$$

Ich habe also herausgefunden, dass

$$xe^x = (3ax + 4a + 3b)e^x$$

gelten soll, und das ist nur dann möglich, wenn auch $3ax + 4a + 3b = x$ gilt. Daraus kann ich aber die nötigen Informationen für meine Konstanten a und b ablesen, denn es folgt:

$$3a = 1 \text{ und } 4a + 3b = 0,$$

weil nur in diesem Fall für $3ax + 4a + 3b$ genau x herauskommt. Also ist $a = \frac{1}{3}$, und wenn Sie das in die zweite Gleichung einsetzen, finden Sie $b = -\frac{4}{9}$. Die Partikulärlösung lautet also:

$$y_p(x) = \left(\frac{1}{3}x - \frac{4}{9}\right)e^x.$$

Die allgemeine Lösung der inhomogenen Gleichung bekommen Sie, indem Sie die allgemeine Lösung der homogenen Gleichung zur Partikulärlösung hinzuaddieren. Das ist aber nicht mehr schwierig; schließlich habe ich mit $\lambda_1 = 0$ und $\lambda_2 = -2$ schon die Nullstellen des charakteristischen Polynoms ausgerechnet. Das ergibt die Fundamentallösungen $y_1(x) = e^0 = 1$ und $y_2(x) = e^{-2x}$. Folglich hat die *homogene* Differentialgleichung die allgemeine Lösung

$$y(x) = c_1 + c_2 e^{-2x} \text{ mit } c_1, c_2 \in \mathbb{R},$$

und die allgemeine Lösung der inhomogenen Differentialgleichung lautet:

$$y(x) = \left(\frac{x}{3} - \frac{4}{9}\right)e^x + c_1 + c_2 e^{-2x} \text{ mit } c_1, c_2 \in \mathbb{R}.$$

(ii) Mit der gleichen Methode mache ich mich an die Gleichung $y'' - 5y' + 6y = e^{2x}$. Auf der rechten Seite steht hier e^{2x}, also ist $f(x) = 1$ und $\mu = 2$. Das macht die Bestimmung des Grades von f besonders einfach, denn natürlich hat f wegen $x^0 = 1$ den höchsten Exponenten $m = 0$. Anders sieht es aus bei der Bestimmung von k, das angibt, wie oft $\mu = 2$ als Nullstelle im charakteristischen Polynom vorkommt. Es gilt $P(x) = x^2 - 5x + 6$, und P hat die Nullstellen:

$$\lambda_{1,2} = \frac{5}{2} \pm \sqrt{\frac{25}{4} - 6} = \frac{5}{2} \pm \sqrt{\frac{1}{4}} = \frac{5}{2} \pm \frac{1}{2}.$$

Daher ist $\lambda_1 = 2$ und $\lambda_2 = 3$, und meine Zahl $\mu = 2$ kommt tatsächlich unter den Nullstellen von P vor, wenn auch zum Glück nur als einfache Nullstelle. Folglich ist hier $k = 1$. Nach dem allgemeinen Prinzip aus dem Vortext gibt es also eine Partikulärlösung der Form $y_p(x) = h(x)e^{2x}$, wobei h ein Polynom von Grad $m+k = 0 + 1 = 1$ ist. Ich kann also schreiben:

$$y_p(x) = (ax + b)e^{2x} \text{ mit unbekannten Konstanten } a, b \in \mathbb{R}.$$

Wieder muss ich die Konstanten a und b ausrechnen, damit die Partikulärlösung etwas konkreter wird. Das Hilfsmittel ist hier das gleiche wie oben: ich berechne die Ableitungen von $y_p(x)$ und setze sie in die Differentialgleichung ein. Mit einer Kombination aus Produkt- und Kettenregel finden Sie:

$$y_p'(x) = ae^{2x} + (ax + b) \cdot 2e^{2x} = (2ax + a + 2b)e^{2x}$$

sowie

$$y_p''(x) = 2ae^{2x} + (2ax + a + 2b) \cdot 2e^{2x} = (4ax + 4a + 4b)e^{2x}.$$

Nun setze ich y_p mit seinen Ableitungen in die Differentialgleichung $y'' - 5y' + 6y = e^{2x}$ ein und lese dabei die Gleichung wieder von rechts nach links. Dann folgt:

$$\begin{aligned}
e^{2x} &= y_p''(x) - 5y_p'(x) + 6y_p(x) \\
&= (4ax + 4a + 4b)e^{2x} - 5(2ax + a + 2b)e^{2x} + 6(ax + b)e^{2x} \\
&= (4ax + 4a + 4b)e^{2x} + (-10ax - 5a - 10b)e^{2x} + (6ax + 6b)e^{2x} \\
&= (4ax + 4a + 4b - 10ax - 5a - 10b + 6ax + 6b)e^{2x} \\
&= -ae^{2x},
\end{aligned}$$

denn alle anderen Terme in der Klammer heben sich gegenseitig auf. Ich habe also herausgefunden, dass $e^{2x} = -ae^{2x}$ gelten soll, und daraus folgt sofort $a = -1$. Aber was ist mit b passiert? Es ist im Laufe der Rechnung verschwunden, und das hat die Konsequenz, dass Sie sich irgendein beliebiges b aussuchen können: welches b auch immer Sie für die Partikulärlösung verwenden, beim Einsetzen in die Differentialgleichung wird es auf jeden Fall verschwinden und kann daher keinen Einfluss auf den Gang der Dinge mehr nehmen. Ich wähle deshalb das einfachste mögliche b, also $b = 0$. Damit lautet die Partikulärlösung:

$$y_p(x) = -xe^{2x}.$$

Die allgemeine Lösung der inhomogenen Gleichung bekommen Sie nun wieder, indem Sie die allgemeine Lösung der homogenen Gleichung zur Partikulärlösung hinzuaddieren. Da ich mit $\lambda_1 = 2$ und $\lambda_2 = 3$ schon die Nullstellen des charakteristischen Polynoms ausgerechnet habe, kenne ich auch sofort die beiden Fundamentallösungen $y_1(x) = e^{2x}$ und $y_2(x) = e^{3x}$. Folglich hat die *homogene* Differentialgleichung die allgemeine Lösung

$$y(x) = c_1 e^{2x} + c_2 e^{3x} \text{ mit } c_1, c_2 \in \mathbb{R},$$

und die allgemeine Lösung der inhomogenen Differentialgleichung lautet:

$$y(x) = -x e^{2x} + c_1 e^{2x} + c_2 e^{3x} \text{ mit } c_1, c_2 \in \mathbb{R}.$$

11.13 Lösen Sie das Anfangswertproblem

$$y'' + 2y' + 2y = e^{-2x}, \ y(0) = 0, y'(0) = 1.$$

Lösung Man löst dieses Anfangswertproblem wie alle anderen auch: zuerst bestimmt man die allgemeine Lösung der Differentialgleichung, und danach berechnet man durch Einsetzen der Anfangsbedingungen in die allgemeine Lösung die Werte der vorkommenden Konstanten. Der einzige Unterschied zu den bisherigen Anfangswertproblemen liegt hier darin, dass die Differentialgleichung eine inhomogene lineare Gleichung ist, aber für die prinzipielle Methode spielt das keine Rolle. Ich löse also zuerst die pure Gleichung $y'' + 2y' + 2y = e^{-2x}$. Da auf der rechten Seite nur eine Exponentialfunktion steht, bietet sich ein Versuch mit der Methode aus 11.11 (i) an: wenn die Zahl -2, die im Exponenten der Exponentialfunktion steht, keine Nullstelle des charakteristischen Polynoms ist, dann ist die Partikulärlösung schnell ausgerechnet. Das Polynom lautet $P(x) = x^2 + 2x + 2$ und hat die Nullstellen

$$\lambda_{1,2} = -1 \pm \sqrt{1-2} = -1 \pm \sqrt{-1} = -1 \pm i.$$

Offenbar ist also $\mu = -2$ keine Nullstelle von P, und deshalb lautet nach dem Verfahren aus 11.11 (i) die Partikulärlösung:

$$y_p(x) = \frac{1}{P(-2)} e^{-2x} = \frac{1}{2} e^{-2x}.$$

Um die allgemeine Lösung der inhomogenen Gleichung zu bekommen, muss ich wie üblich erst einmal die allgemeine Lösung der homogenen Gleichung ausrechnen. Die Nullstellen des charakteristischen Polynoms habe ich gerade bestimmt: sie lauten $-1 \pm i = -1 \pm 1i$. In den Aufgaben 11.9 und 11.10 habe ich aber schon erklärt, wie man daraus ein Fundamentalsystem macht; man wählt sich einfach eine Nullstelle aus, zum Beispiel $-1 + 1i$, und der Realteil dieser Nullstelle bestimmt dann den Exponenten der Exponentialfunktion, während der Imaginärteil im Cosinus- und Sinusterm auftaucht. Konkret heißt das, dass die Funktionen $y_1(x) = e^{-x} \cos x$ und $y_2(x) = e^{-x} \sin x$ ein Fundamentalsystem der homogenen Differentialgleichung bilden. Die allgemeine Lösung der homogenen Gleichung lautet also:

$$y(x) = c_1 e^{-x} \cos x + c_2 e^{-x} \sin x \text{ mit } c_1, c_2 \in \mathbb{R}.$$

Für die allgemeine Lösung der inhomogenen Gleichung muss ich dazu noch die Partikulärlösung addieren und finde:

$$y(x) = \frac{1}{2}e^{-2x} + c_1 e^{-x}\cos x + c_2 e^{-x}\sin x \text{ mit } c_1, c_2 \in \mathbb{R}.$$

Die Aufgabe ist damit leider noch nicht gelöst, denn noch sind die Anfangsbedingungen nicht berücksichtigt. Die erste Anfangsbedingung $y(0) = 0$ macht keine Probleme, denn ich habe die allgemeine Lösung der inhomogenen Gleichung und kann dort die Werte einsetzen. Es gilt dann:

$$0 = y(0) = \frac{1}{2}e^0 + c_1 e^0 \cos 0 + c_2 e^0 \sin 0 = \frac{1}{2} + c_1.$$

Daraus folgt schon, dass $c_1 = -\frac{1}{2}$ gilt. Für die zweite Anfangsbedingung brauche ich die Ableitung von y, die ich also erst einmal ausrechnen sollte. Nach der Produktregel gilt:

$$y'(x) = \frac{1}{2}\cdot(-2)e^{-2x} - c_1 e^{-x}\cos x + c_1 e^{-x}(-\sin x) - c_2 e^{-x}\sin x + c_2 e^{-x}\cos x$$
$$= -e^{-2x} + e^{-x}(c_1(-\cos x - \sin x) + c_2(-\sin x + \cos x)).$$

Einsetzen der Bedingung $y'(0) = 1$ ergibt dann:

$$1 = y'(0) = -e^0 + e^0(-c_1 + c_2) = -1 + c_2 - c_1 = -1 + c_2 + \frac{1}{2} = c_2 - \frac{1}{2},$$

denn ich hatte vorher schon festgestellt, dass $c_1 = -\frac{1}{2}$ gilt. Also ist $c_2 = \frac{3}{2}$, und die Lösung des Anfangswertproblems lautet:

$$y(x) = \frac{1}{2}e^{-2x} - \frac{1}{2}e^{-x}\cos x + \frac{3}{2}e^{-x}\sin x.$$

11.14 Bestimmen Sie die Laplace-Transformierten der folgenden Funktionen.

(i) $f_1(t) = t^3 - 5t^2 + 17t - 1$;

(ii) $f_2(t) = e^{2t}\cdot\cos^2(3t)$;

(iii) $f_3(t) = \begin{cases} 0, & \text{falls } t < 1 \\ \left(\frac{1}{2}(t-1)^2 + (t-1)\right)\cdot e^{t-1}, & \text{falls } t \geq 1. \end{cases}$

(iv) $f_4(t) = 2^t$.

Lösung Die Laplace-Transformation ist eine feine Sache, wenn es darum geht, lineare inhomogene Anfangswertprobleme zu lösen, ohne sich mehr als unbedingt nötig mit

Integralen zu belasten. Das werden wir uns in den Aufgaben 11.16 und 11.17 ansehen. Hier geht es zunächst einmal darum, wie man die Laplace-Transformierte einer gegebenen Funktion berechnet. Es ist zwar immer möglich, sich auf die Definition

$$\mathcal{L}\{f(t)\} = F(s) = \int_0^\infty f(t) \cdot e^{-st}\, dt$$

zu besinnen: man bestimmt die Laplace-Transformierte einer Funktion $f(t)$, indem man das uneigentliche Integral über die Funktion $f(t) \cdot e^{-st}$ auf dem Intervall von 0 bis Unendlich ausrechnet, wobei das Integral noch von einem Parameter s abhängt. Je nachdem, welches s ich nehme, wird sich auch der Wert des Integrals verändern, und deshalb ist dieses Integral eine Funktion von s, die ich mit $F(s)$ bezeichne. Dass man diese Funktion dann auch noch mit $\mathcal{L}\{f(t)\}$ bezeichnet, ist nur ein weiterer Name, an den Sie sich einfach gewöhnen müssen.

Nun ist aber das Berechnen eines uneigentlichen Integrals nur selten ein reines Vergnügen, weshalb man sich zwei Dinge überlegt hat. Erstens gibt es Tabellen der Laplace-Transformierten einiger Grundfunktionen, in denen bereits ausgerechnet wurde, was herauskommt, wenn man bestimmte Funktionen dieser Integraltransformation unterwirft. Im folgenden habe ich eine solche Tabelle zusammengestellt.

$F(s) = \mathcal{L}\{f(t)\}$	$f(t)$	$F(s) = \mathcal{L}\{f(t)\}$	$f(t)$
$\frac{1}{s}$	1	$\frac{1}{s-a}$	e^{at}
$\frac{1}{s^{n+1}}$	$\frac{t^n}{n!}$	$\frac{1}{(s-a)^{n+1}}$	$\frac{t^n}{n!} \cdot e^{at}$
$\frac{1}{s \cdot (s-a)}$	$\frac{e^{at}-1}{a}$	$\frac{1}{(s-a)^2}$	$t \cdot e^{at}$
$\frac{1}{(s-a)\cdot(s-b)}$	$\frac{e^{at}-e^{bt}}{a-b}$	$\frac{s}{(s-a)\cdot(s-b)}$	$\frac{a \cdot e^{at}-b \cdot e^{bt}}{a-b}$
$\frac{s}{(s-a)^2}$	$(1+at) \cdot e^{at}$	$\frac{1}{s^2 \cdot (s-a)}$	$\frac{e^{at}-at-1}{a^2}$
$\frac{1}{s \cdot (s-a)^2}$	$\frac{(at-1) \cdot e^{at}+1}{a^2}$	$\frac{s}{(s-a)^3}$	$\left(\frac{1}{2}at^2 + t\right) \cdot e^{at}$
$\frac{s^2}{(s-a)^3}$	$\left(\frac{1}{2}a^2 t^2 + 2at + 1\right) \cdot e^{at}$	$\frac{1}{s^2+a^2}$	$\frac{\sin(at)}{a}$
$\frac{s}{s^2+a^2}$	$\cos(at)$	$\frac{1}{s^2-a^2}$	$\frac{\sinh(at)}{a}$
$\frac{s}{s^2-a^2}$	$\cosh(at)$	$\frac{1}{(s-b)^2-a^2}$	$\frac{e^{bt} \cdot \sinh(at)}{a}$
$\frac{s-b}{(s-b)^2-a^2}$	$e^{bt} \cdot \cosh(at)$	$\frac{1}{(s-b)^2+a^2}$	$\frac{e^{bt} \cdot \sin(at)}{a}$
$\frac{s-b}{(s-b)^2+a^2}$	$e^{bt} \cdot \cos(at)$	$\frac{1}{s \cdot (s^2+4a^2)}$	$\frac{\sin^2(at)}{2a^2}$
$\frac{s^2+2a^2}{s \cdot (s^2+4a^2)}$	$\cos^2(at)$	$\frac{s}{(s^2+a^2)^2}$	$\frac{t \cdot \sin(at)}{2a}$
$\frac{s^2-a^2}{(s^2+a^2)^2}$	$t \cdot \cos(at)$	$\frac{s}{(s^2-a^2)^2}$	$\frac{t \cdot \sinh(at)}{2a}$
$\frac{s^2+a^2}{(s^2-a^2)^2}$	$t \cdot \cosh(at)$	$\arctan\left(\frac{a}{s}\right)$	$\frac{\sin(at)}{t}$

Und zweitens gibt es einige Sätze, die es erlauben, die Grundfunktionen ein wenig zu verändern oder miteinander zu kombinieren und trotzdem noch ohne Probleme die jeweilige Laplace-Transformierte auszurechnen. Mit beiden Hilfsmitteln gehe ich jetzt die folgenden Beispiele an.

(i) Ich will die Laplace-Transformierte $F_1(s)$ der Funktion $f_1(t) = t^3 - 5t^2 + 17t - 1$ ausrechnen. Da es sich bei f_1 um eine Summe handelt, wende ich den sogenannten Additionssatz an, der besagt, dass man die Laplace-Transformation über die Addition ziehen und außerdem konstante Faktoren herausziehen kann. Ich kann mich also auf die einzelnen Summanden konzentrieren. Die Tabelle sagt mir aber, dass die Laplace-Transformierte von $\frac{t^n}{n!}$ gerade $\frac{1}{s^{n+1}}$ ist, und das wird mir hier weiterhelfen. Daraus folgt nämlich:

$$\mathcal{L}\left\{t^3\right\} = 3! \cdot \mathcal{L}\left\{\frac{t^3}{3!}\right\} = 6 \cdot \frac{1}{s^4} = \frac{6}{s^4}.$$

Weiterhin ist

$$\mathcal{L}\left\{5t^2\right\} = 5 \cdot 2! \cdot \mathcal{L}\left\{\frac{t^2}{2!}\right\} = 10 \cdot \frac{1}{s^3} = \frac{10}{s^3}$$

und

$$\mathcal{L}\{17t\} = 17 \cdot \mathcal{L}\left\{\frac{t^1}{1!}\right\} = 17 \cdot \frac{1}{s^2} = \frac{17}{s^2}$$

sowie

$$\mathcal{L}\{1\} = \mathcal{L}\left\{\frac{t^0}{0!}\right\} = \frac{1}{s^1} = \frac{1}{s},$$

denn es gilt $0! = 1$. Nach dem Additionssatz muss ich jetzt nur noch die Einzelergebnisse zusammenfassen und erhalte:

$$F_1(s) = \mathcal{L}\{f_1(t)\} = \frac{6}{s^4} - \frac{10}{s^3} + \frac{17}{s^2} - \frac{1}{s}.$$

(ii) Die Funktion $f_2(t) = e^{2t} \cdot \cos^2(3t)$ sieht schon etwas komplizierter, macht aber auch keine besonderen Schwierigkeiten. Der Tabelle können Sie entnehmen, dass die Laplace-Transformierte von $\cos^2(3t)$ die Funktion

$$F(s) = \frac{s^2 + 2 \cdot 3^2}{s \cdot (s^2 + 4 \cdot 3^2)} = \frac{s^2 + 18}{s \cdot (s^2 + 36)}$$

ist. Und alles weitere erledigt der sogenannte *Dämpfungssatz*, der besagt, dass mit $F(s) = \mathcal{L}\{f(t)\}$ auch $\mathcal{L}\{e^{-at} f(t)\}$ leicht zu berechnen ist, denn es gilt:

$\mathcal{L}\{e^{-at} f(t)\} = F(s + a)$. Da die Exponentialfunktion hier e^{2t} heißt, ist $a = -2$, also

$$F(s + a) = F(s - 2) = \frac{(s - 2)^2 + 18}{(s - 2) \cdot ((s - 2)^2 + 36)}.$$

Natürlich könnte man diesen Bruch auch noch weiter umformen, indem man ausquadriert und ausmultipliziert, aber dadurch würde keine wesentlich neue Information entstehen, weshalb ich hier darauf verzichte. Ich erhalte also:

$$F_2(s) = \mathcal{L}\{f_2(t)\} = \frac{(s - 2)^2 + 18}{(s - 2) \cdot ((s - 2)^2 + 36)}.$$

(iii) Auch die Funktion

$$f_3(t) = \begin{cases} 0, & \text{falls } t < 1 \\ \left(\frac{1}{2}(t - 1)^2 + (t - 1)\right) \cdot e^{t-1}, & \text{falls } t \geq 1 \end{cases}$$

sieht nicht einfach aus, aber das täuscht, wie Sie gleich sehen werden, wenn Sie die Tabelle und den sogenannten *Verschiebungssatz* zu Rate ziehen. Er sagt aus: ist $f(t)$ eine Funktion mit der Laplace-Transformierten $F(s) = \mathcal{L}\{f(t)\}$ und setzt man mit $a > 0$: $f(t - a) = 0$ für $t < a$, so gilt:

$$\mathcal{L}\{f(t - a)\} = e^{-as} \cdot F(s).$$

Und genau diesen Fall habe ich hier. Mit

$$f(t) = \left(\frac{1}{2}t^2 + t\right) \cdot e^t$$

ist nämlich:

$$f_3(t) = \begin{cases} 0, & \text{falls } t < 1 \\ f(t - 1), & \text{falls } t \geq 1, \end{cases}$$

und ich habe die Situation des Verschiebungssatzes mit $a = 1$. Sobald ich also die Laplace-Transformierte $F(s)$ von $f(t)$ gefunden habe, sagt mir der Verschiebungssatz sofort, wie ich an die Laplace-Transformierte $F_3(s)$ von $f_3(t)$ herankomme, denn es muss gelten:

$$F_3(s) = e^{-s} \cdot F(s).$$

Die Laplace-Transformierte von $f(t)$ ist aber kein Geheimnis, weil Sie der sechsten Zeile meiner Tabelle entnehmen können, dass $F(s) = \frac{s}{(s-1)^3}$ gilt. Damit folgt:

$$F_3(s) = \mathcal{L}\{f_3(t)\} = e^{-s} \cdot F(s) = e^{-s} \cdot \frac{s}{(s-1)^3}.$$

Und wieder einmal ist es Zeit, auf einen Fehler in den ersten beiden Auflagen meines Lehrbuchs „Mathematik für Ingenieure" aufmerksam zu machen: dort steht nämlich in der Definition von f_3: „falls $t \leq 1$" anstatt korrekt: „falls $t \geq 1$".

(iv) Die Funktion $f_4(t) = 2^t$ ist nun ein ganz einfacher Fall, für die man gar keine komplizierten Sätze, sondern nur die Tabelle braucht, auch wenn es auf den ersten Blick so aussieht, als käme sie in der Tabelle gar nicht vor. Sie finden aber in der ersten Zeile die Information, dass die Laplace-Transformierte zu $f(t) = e^{at}$ die Funktion $F(s) = \frac{1}{s-a}$ ist. Und da

$$2^t = \left(e^{\ln 2}\right)^t = e^{\ln 2 \cdot t}$$

gilt, folgt mit $a = \ln 2$:

$$F_4(s) = \mathcal{L}\{f_4(t)\} = \frac{1}{s - \ln 2}.$$

11.15 Gegeben seien die folgenden Bildfunktionen $F_i(s)$. Bestimmen Sie die Originalfunktionen $f_i(t)$, für die $\mathcal{L}\{f_i(t)\} = F_i(s)$ gilt.

(i) $F_1(s) = \frac{3}{s} - \frac{2}{s^2} + \frac{5}{s-2}$;

(i) $F_2(s) = \frac{2}{s^2+9} + \frac{17s}{s^2-9}$;

(iii) $F_3(s) = \frac{6-8s}{s^3-4s^2+3s}$;

(iv) $F_4(s) = \frac{1}{s^2 \cdot (s^2+1)}$.

Lösung Hier geht es nun um die umgekehrte Fragestellung wie in Aufgabe 11.14. Gegeben ist nicht mehr die Originalfunktion, deren Laplace-Transformierte ich bestimmen soll, sondern umgekehrt die Bildfunktion, also die Laplace-Transformierte selbst, und ich muss zusehen, welche Originalfunktion zu dieser Transformierten geführt hat. Der Schlüssel zur Lösung dieser Aufgabe liegt wieder in der Tabelle aus Aufgabe 11.14.

(i)   Zuerst ist die Originalfunktion zu $F_1(s) = \frac{3}{s} - \frac{2}{s^2} + \frac{5}{s-2}$ gesucht. Aus dem Additionssatz weiß ich aber, dass ich einfach nur die Originalfunktionen der einzelnen Summanden von $F_1(s)$ suchen muss, die ich dann anschließend addieren kann. Das macht die Sache einfach. Die erste Zeile der Tabelle sagt mir, dass die Laplace-Transformierte zu 1 die Funktion $\frac{1}{s}$ ist, und deshalb wird $\mathcal{L}\{3\} = \frac{3}{s}$. Weiterhin weiß ich aus der zweiten Tabellenzeile, dass die Laplace-Transformation von $\frac{t^1}{1!} = t$

die Funktion $\frac{1}{s^2}$ ergibt. Deshalb wird $\mathcal{L}\{2t\} = \frac{2}{s^2}$. Und schließlich erfahre ich aus dem hinteren Teil der ersten Zeile, dass man die Funktion $\frac{1}{s-2}$ erhält, wenn man e^{2t} Laplace-transformiert, und das führt zu $\mathcal{L}\{5e^{2t}\} = \frac{5}{s-2}$. Insgesamt erhalte ich also die Originalfunktion

$$f_1(t) = 3 - 2t + 5e^{2t}.$$

(ii) Nun suche ich die Originalfunktion $f_2(t)$ zur gegebenen Bildfunktion $F_2(s) = \frac{2}{s^2+9} + \frac{17s}{s^2-9}$. Auch hier ist es hilfreich, dass die Bildfunktion in mehrere Summanden aufgeteilt ist, denn ich kann wieder die Originalfunktionen zu den einzelnen Summanden suchen und anschließend addieren. Der erste Summand wird in der siebten Zeile meiner Tabelle behandelt: für $f(t) = \frac{\sin(3t)}{3}$ ist $F(s) = \frac{1}{s^2+3^2} = \frac{1}{s^2+9}$. Also wird

$$\mathcal{L}\left\{\frac{2}{3}\sin(3t)\right\} = 2\mathcal{L}\left\{\frac{\sin(3t)}{3}\right\} = \frac{2}{s^2+9}.$$

Und auch für den zweiten Summanden findet sich ein Eintrag in der Tabelle: im vorderen Teil der neunten Zeile finden Sie die Information, dass die Laplace-Transformierte von $\cosh(3t)$ die Funktion $\frac{s}{s^2-3^2} = \frac{s}{s^2-9}$ ist, und daraus folgt:

$$\mathcal{L}\{17\cosh(3t)\} = \frac{17s}{s^2-9}.$$

Insgesamt ergibt sich also die Originalfunktion

$$f_2(t) = \frac{2}{3}\sin(3t) + 17\cosh(3t).$$

(iii) Bisher ist in dieser Aufgabe noch kein ernstzunehmendes Problem aufgetreten, weil Sie die gegebenen Bildfunktionen immer summandenweise einzelnen Originalfunktionen zuordnen konnten, die dann nur noch addiert werden mussten. Bei der Bildfunktion $F_3(s) = \frac{6-8s}{s^3-4s^2+3s}$ sieht das schon etwas anders aus. Hier muss ich erst einmal den großen Bruch in eine vertretbare Summe aus einfacheren Brüchen zerlegen, für die ich dann in der Tabelle eine Originalfunktion auftreiben kann, und das beste Mittel für eine Zerlegung in Teilbrüche ist immer noch die Partialbruchzerlegung. Zu diesem Zweck muss ich erst einmal den Nenner in seine Linearfaktoren zerlegen. Der Anfang geht ganz leicht, denn es gilt:

$$s^3 - 4s^2 + 3s = s(s^2 - 4s + 3).$$

Die Linearfaktoren des quadratischen Faktors $s^2 - 4s + 3$ finde ich, indem ich seine Nullstellen berechne. Die p, q-Formel liefert:

$$s_{1,2} = 2 \pm \sqrt{4-3} = 2 \pm 1.$$

Also ist $s_1 = 1$, $s_2 = 3$, und es folgt: $s^2 - 4s + 3 = (s-1)(s-3)$. Für den gesamten Nenner ergibt sich damit die Zerlegung:

$$s^3 - 4s^2 + 3s = s(s^2 - 4s + 3) = s(s-1)(s-3).$$

Wie bei der Partialbruchzerlegung üblich, mache ich jetzt den Ansatz:

$$\frac{6 - 8s}{s^3 - 4s^2 + 3s} = \frac{A}{s} + \frac{B}{s-1} + \frac{C}{s-3}.$$

Diese Gleichung multipliziere ich mit dem Nenner $s(s-1)(s-3)$ und erhalte:

$$
\begin{aligned}
6 - 8s &= A(s-1)(s-3) + Bs(s-3) + Cs(s-1) \\
&= A(s^2 - 4s + 3) + B(s^2 - 3s) + C(s^2 - s) \\
&= s^2(A + B + C) + s(-4A - 3B - C) + 3A.
\end{aligned}
$$

Dabei habe ich im ersten Schritt nur mit den Nenner durchmultipliziert und darauf geachtet, dass sich in den einzelnen Summanden auf der rechten Seite jeweils ein Faktor herauskürzt. Dann habe ich die vorkommenden Faktoren ausmultipliziert und schließlich die ganze rechte Seite nach Potenzen von s geordnet. Da jetzt aber die Gleichung $6 - 8s = s^2(A + B + C) + s(-4A - 3B - C) + 3A$ gelten soll, kann ich daraus schließen, dass die Koeffizienten der einzelnen Potenzen auf beiden Seiten gleich sein müssen, und das heißt:

$$
\begin{aligned}
A + B + C &= 0 \\
-4A - 3B - C &= -8 \\
3A &= 6.
\end{aligned}
$$

Damit habe ich wieder einmal ein lineares Gleichungssystem, allerdings eins von der einfacheren Sorte, denn ich erhalte aus der dritten Gleichung sofort $A = 2$. Setzt man das in die beiden oberen Gleichungen ein und bringt die A-Werte auf die rechte Seite, so ergibt sich:

$$
\begin{aligned}
B + C &= -2 \\
-3B - C &= 0.
\end{aligned}
$$

Addieren der beiden Gleichungen führt zu $-2B = -2$, also $B = 1$, und daraus folgt durch Einsetzen sofort $C = -3$. Das sieht schon gut aus, denn jetzt weiß ich, dass ich die Bildfunktion $F_3(s)$ darstellen kann als:

$$F_3(s) = \frac{2}{s} + \frac{1}{s-1} - \frac{3}{s-3}.$$

Jeder einzelne Summand ist einer einfachen Rücktransformation in eine Original-funktion zugänglich, denn in der ersten Zeile meiner Tabelle finden Sie die Bezie-hung $\mathcal{L}\{e^{at}\} = \frac{1}{s-a}$. Daraus folgt schließlich:

$$f_3(t) = 2e^{0t} + e^t - 3e^{3t} = 2 + e^t - 3e^{3t}.$$

(iv) Auch die Bildfunktion $F_4(s) = \frac{1}{s^2 \cdot (s^2+1)}$ unterwerfe ich einer Partialbruchzerlegung. Allerdings kann man sie hier mit bloßem Auge und ohne aufwendige Rechnung durchführen, denn es gilt:

$$\frac{1}{s^2 \cdot (s^2 + 1)} = \frac{1}{s^2} - \frac{1}{s^2 + 1},$$

wie Sie leicht ausrechnen können, indem Sie die rechte Seite der Gleichung mit Hilfe des passenden Hauptnenners zusammenzählen. Bei beiden Summanden hilft mir nun die Tabelle weiter. Wie Sie der zweiten Zeile entnehmen können, ist $\mathcal{L}\{t\} = \frac{1}{s^2}$, und in der siebten Zeile finden Sie: $\mathcal{L}\{\sin t\} = \frac{1}{s^2+1}$. Insgesamt folgt damit:

$$f_4(t) = t - \sin t.$$

11.16 Lösen Sie das Anfangswertproblem

$$y'' + 2y' + 2y = e^{-2t},\ y(0) = 0, y'(0) = 1$$

mit Hilfe der Laplace-Transformation.

Lösung Die Idee, ein Anfangswertproblem mit Hilfe der Laplace-Transformation lösen zu wollen, beruht auf dem *Ableitungssatz*, der beschreibt, wie man die Laplace-Transformierte der Ableitung $f'(t)$ und der höheren Ableitungen von f ausrechnen kann, wenn man bereits die Laplace-Transformierte von f kennt. Ist nämlich $f(t)$ eine zwei-mal differenzierbare Funktion mit der Laplace-Transformierten $F(s) = \mathcal{L}\{f(t)\}$, dann haben die Ableitungen von f die Laplace-Transformierten $\mathcal{L}\{f'(t)\} = s \cdot F(s) - f(0)$ und $\mathcal{L}\{f''(t)\} = s^2 \cdot F(s) - s \cdot f(0) - f'(0)$. Ähnliche Formeln gibt es auch für die Transformierten der höheren Ableitungen, aber da hier nur eine Gleichung zweiter Ordnung auftaucht, kann ich mir die Auflistung ersparen. Um nun das Anfangswert-problem zu lösen, unterwirft man einfach die linke und die rechte Seite der Gleichung der Laplace-Transformation. Natürlich hat auch die Lösungsfunktion $y(t)$ eine Laplace-Transformierte $Y(s)$, und mit Hilfe des Ableitungssatzes kann ich die gesamte linke Seite als einen Ausdruck von $Y(s)$ schreiben, in dem keine einzige Ableitung mehr auftaucht. Wenn ich dann noch die rechte Seite Laplace-transformiert habe, steht auf einmal eine algebraische Gleichung für die unbekannte Funktion $Y(s)$ da, die ich in aller Regel recht problemlos lösen kann. Somit muss ich zum Schluss nur noch die Bildfunktion $Y(s)$ rücktransformieren und erhalte die gesuchte Lösung $y(t)$.

Ich behandle nun das Anfangswertproblem $y'' + 2y' + 2y = e^{-2t}$, $y(0) = 0, y'(0) = 1$ auf genau diese Weise: auf beide Seiten der Gleichung will ich die Laplace-Transformation anwenden und damit eine einfachere Gleichung herausbekommen. Für die rechte Seite kann ich direkt die Tabelle aus Aufgabe 11.14 einsetzen, denn in er ersten Zeile steht, dass

$$\mathcal{L}\{e^{-2t}\} = \frac{1}{s+2}$$

gilt. Für die linke Seite habe ich den Ableitungssatz. Ist nämlich $y(t)$ die gesuchte Lösungsfunktion und $Y(s)$ die zugehörige Laplace-Transformierte, so folgt:

$$\mathcal{L}\{y'(t)\} = s \cdot Y(s) - y(0) = s \cdot Y(s),$$

da ich den Anfangswert $y(0) = 0$ habe. Die Formel für die zweite Ableitung liefert:

$$\mathcal{L}\{y''(t)\} = s^2 \cdot Y(s) - s \cdot y(0) - y'(0) = s^2 \cdot Y(s) - 1,$$

wie Sie wieder den Anfangswerten entnehmen können.

Nach dem Additionssatz kann ich die linke Seite der Differentialgleichung transformieren, indem ich summandenweise vorgehe. Folglich ist

$$\mathcal{L}\{y''(t) + 2y'(t) + 2y(t)\} = s^2 Y(s) - 1 + 2(sY(s)) + 2Y(s) = (s^2 + 2s + 2)Y(s) - 1.$$

Daraus folgt nun die Gleichung:

$$(s^2 + 2s + 2)Y(s) - 1 = \frac{1}{s+2},$$

denn ich muss die Laplace-Transformierten der linken und der rechten Seite gleichsetzen. Das ist eine neue Gleichung mit der unbekannten Funktion $Y(s)$, in der nicht mehr die geringste Ableitung vorkommt. Auflösen nach $Y(s)$ ergibt:

$$Y(s) = \frac{1}{s^2 + 2s + 2} + \frac{1}{(s+2)(s^2 + 2s + 2)}.$$

Damit kenne ich zwar noch nicht die eigentliche Lösungsfunktion $y(t)$, aber doch immerhin deren Laplace-Transformierte $Y(s)$. Mit Hilfe der Tabelle aus Aufgabe 11.14 und der Sätze über die Laplace-Transformation muss ich jetzt $Y(s)$ zücktransformieren, um die Lösung $y(t)$ zu erhalten, und wie man solche Rücktransformationen angeht, haben Sie schon in Aufgabe 11.15 gesehen.

Ich beginne mit dem ersten Summanden $\frac{1}{s^2+2s+2}$. Nach der ersten binomischen Formel ist $\frac{1}{s^2+2s+2} = \frac{1}{(s+1)^2+1}$, und das gibt erst einmal Anlass, in der Tabelle nach einer Bildfunktion zu suchen, die zu $\frac{1}{s^2+1}$ passen könnte. Die finden Sie aber im hinteren Teil der siebten Zeile, denn es gilt: $\mathcal{L}\{\sin t\} = \frac{1}{s^2+1}$. Und aus dem Dämpfungssatz, den ich schon in Aufgabe 11.14 besprochen hatte, folgt dann:

$$\mathcal{L}\{e^{-t}\sin t\} = \frac{1}{(s+1)^2+1} = \frac{1}{s^2+2s+2}.$$

Der erste Summand ist somit erledigt, aber der zweite ist leider etwas komplizierter. Da im Nenner ein Produkt steht, bleibt mir nichts anderes übrig, als es mit einer Partialbruch-zerlegung zu versuchen. Nun ist aber der zweite Faktor des Nenners ein Polynom mit komplexen Nullstellen, und deshalb ist der zugehörige Zähler in der Partialbruchzerle-gung nicht einfach nur eine Konstante, sondern selbst wieder ein lineares Polynom. Ich mache also den Ansatz:

$$\frac{1}{(s+2)(s^2+2s+2)} = \frac{A}{s+2} + \frac{Bs+C}{s^2+2s+2}.$$

Diese Gleichung multipliziere ich mit dem Nenner $(s+2)(s^2+2s+2)$ und erhalte:

$$\begin{aligned}
1 &= A(s^2+2s+2) + (Bs+C)(s+2)\\
&= A(s^2+2s+2) + Bs^2 + 2Bs + Cs + 2C\\
&= s^2(A+B) + s(2A+2B+C) + 2A+2C.
\end{aligned}$$

Dabei habe ich im ersten Schritt nur mit den Nenner durchmultipliziert und darauf ge-achtet, dass sich in den Summanden auf der rechten Seite jeweils ein Faktor herauskürzt. Dann habe ich die vorkommenden Faktoren ausmultipliziert und schließlich die ganze rechte Seite nach Potenzen von s geordnet. Da jetzt aber die Gleichung $1 = s^2(A+B) + s(2A+2B+C)+2A+2C$ gelten soll, kann ich daraus schließen, dass die Koeffizienten der einzelnen Potenzen auf beiden Seiten gleich sein müssen, und das heißt:

$$\begin{aligned}
A + \ B \qquad\quad &= 0\\
2A + 2B + \ C &= 0\\
2A + \qquad\ 2C &= 1.
\end{aligned}$$

Die zweite Gleichung liefert nun $0 = 2A+2B+C = 2(A+B)+C = C$, da nach der ersten Gleichung $A+B = 0$ gilt. Nach der dritten Gleichung ist dann $2A = 1$, also $A = \frac{1}{2}$, und aus der ersten Gleichung folgt sofort $B = -A = -\frac{1}{2}$. Ich erhalte also:

$$\frac{1}{(s+2)(s^2+2s+2)} = \frac{1}{2}\frac{1}{s+2} - \frac{1}{2}\frac{s}{s^2+2s+2}.$$

Zum ersten Summanden dieser Zerlegung passt wiederum nach der ersten Zeile meiner Tabelle die Originalfunktion $\frac{1}{2}e^{-2t}$. Zum zweiten Summanden werden Sie leider in der

Tabelle keine passende Originalfunktion finden, aber doch immerhin fast. Aus der elften und der zehnten Tabellenzeile folgt nämlich:

$$\mathcal{L}\{e^{-t}\cos t\} = \frac{s+1}{(s+1)^2+1} = \frac{s+1}{s^2+2s+2}$$

sowie

$$\mathcal{L}\{e^{-t}\sin t\} = \frac{1}{(s+1)^2+1} = \frac{1}{s^2+2s+2}.$$

Und wenn Sie nun die zweite Beziehung von der ersten subtrahieren, finden Sie:

$$\mathcal{L}\{e^{-t}\cos t - e^{-t}\sin t\} = \frac{s+1}{s^2+2s+2} - \frac{1}{s^2+2s+2} = \frac{s}{s^2+2s+2}.$$

Damit ist endlich auch die Originalfunktion zum letzten Summanden gefunden, denn es gilt:

$$\mathcal{L}\left\{\frac{1}{2}e^{-t}\cos t - \frac{1}{2}e^{-t}\sin t\right\} = \frac{1}{2}\frac{s}{s^2+2s+2}.$$

Jetzt habe ich alles zusammen, um die Rücktransformation von $Y(s)$ durchzuführen. Zur Erinnerung: es gilt

$$\begin{aligned} Y(s) &= \frac{1}{s^2+2s+2} + \frac{1}{(s+2)(s^2+2s+2)} \\ &= \frac{1}{s^2+2s+2} + \frac{1}{2}\frac{1}{s+2} - \frac{1}{2}\frac{s}{s^2+2s+2}, \end{aligned}$$

wie ich durch Partialbruchzerlegung herausgefunden hatte. Der erste Summand hatte die Originalfunktion $e^{-t}\sin t$, der zweite Summand führte zu $\frac{1}{2}e^{-2t}$, und die Originalfunktion des dritten Summanden habe ich eben gerade mit $-\left(\frac{1}{2}e^{-t}\cos t - \frac{1}{2}e^{-t}\sin t\right)$ festgelegt. Nach dem Additionssatz folgt daraus:

$$y(t) = e^{-t}\sin t + \frac{1}{2}e^{-2t} - \frac{1}{2}e^{-t}\cos t + \frac{1}{2}e^{-t}\sin t = \frac{1}{2}e^{-2t} - \frac{1}{2}e^{-t}\cos t + \frac{3}{2}e^{-t}\sin t.$$

11.17 Lösen Sie das Anfangswertproblem

$$y'' - 5y' + 6y = 6t^2 + 2t + 16, \; y(0) = 5, y'(0) = 4$$

mit Hilfe der Laplace-Transformation.

Lösung Dieses Anfangswertproblem gehe ich mit der gleichen Methode an wie das Problem aus Aufgabe 11.16, so dass ich hier über die prinzipielle Vorgehensweise nichts mehr sagen muss. Die Laplace-Transformierte der rechten Seite lautet nach der zweiten Zeile der Tabelle aus Aufgabe 11.14:

$$\mathcal{L}\{6t^2 + 2t + 16\} = \mathcal{L}\left\{12\frac{t^2}{2} + 2t + 16\right\} = \frac{12}{s^3} + \frac{2}{s^2} + \frac{16}{s}.$$

Für die linke Seite verwende ich den Ableitungssatz. Mit $Y(s) = \mathcal{L}\{y(t)\}$ gilt:

$$\mathcal{L}\{y'(t)\} = s \cdot Y(s) - y(0) = s \cdot Y(s) - 5,$$

da ich den Anfangswert $y(0) = 5$ habe. Die Formel für die zweite Ableitung liefert:

$$\mathcal{L}\{y''(t)\} = s^2 \cdot Y(s) - s \cdot y(0) - y'(0) = s^2 \cdot Y(s) - 5s - 4,$$

wie Sie wieder den Anfangswerten entnehmen können. Setzt man diese Teilergebnisse in die linke Seite ein, so folgt:

$$\begin{aligned}
\mathcal{L}\{y''(t) - 5y'(t) + 6y(t)\} &= s^2 \cdot Y(s) - 5s - 4 - 5(s \cdot Y(s) - 5) + 6Y(s) \\
&= Y(s)(s^2 - 5s + 6) - 5s - 4 + 25 \\
&= Y(s)(s^2 - 5s + 6) - 5s + 21.
\end{aligned}$$

Da die Laplace-Transformierten der linken und der rechten Seite gleich sein müssen, heißt das:

$$Y(s)(s^2 - 5s + 6) - 5s + 21 = \frac{12}{s^3} + \frac{2}{s^2} + \frac{16}{s}.$$

Die Brüche auf der rechten Seite fasse ich zu einem Bruch zusammen. Dann ist

$$Y(s)(s^2 - 5s + 6) - 5s + 21 = \frac{12 + 2s + 16s^2}{s^3}.$$

Auflösen nach $Y(s)$ ergibt dann:

$$Y(s) = \frac{5s - 21}{s^2 - 5s + 6} + \frac{12 + 2s + 16s^2}{s^3(s^2 - 5s + 6)}.$$

Sehr schön sieht das leider nicht aus, und um nun die gesuchte Lösung $y(t)$ auszurechnen, muss ich diesen Ausdruck wieder rücktransformieren. Natürlich stehen solche Brüche nicht in meiner Transformationstabelle; es bleibt wieder keine andere Wahl, als beide Brüche mit Hilfe der Partialbruchzerlegung in einfachere Brüche zu zerlegen, die ich anschließend leicht in eine Originalfunktion rücktransformieren kann. Die Partialbruchzerlegung habe ich aber inzwischen schon so oft durchgeführt, dass ich hier nur noch den Ansatz und das Ergebnis aufschreiben möchte. Zunächst ist $s^2 - 5s + 6 = (s-2)(s-3)$, wie man beispielsweise mit der p, q-Formel ausrechnen kann. Die Partialbruchzerlegung für den ersten Bruch braucht also den Ansatz:

$$\frac{5s - 21}{s^2 - 5s + 6} = \frac{A}{s-2} + \frac{B}{s-3},$$

und mit den üblichen Methoden kommen Sie dann zu einem linearen Gleichungssystem mit den zwei Unbekannten A und B, das man leicht lösen kann. Die Lösungen lauten $A = 11$ und $B = -6$. Also gilt:

$$\frac{5s - 21}{s^2 - 5s + 6} = \frac{11}{s-2} - \frac{6}{s-3}.$$

Etwas unangenehmer ist die Zerlegung des zweiten Bruchs, da sein Nenner komplizierter ist: im Nenner ist die Null eine dreifache Nullstelle, und deshalb reicht es nicht, den Linearfaktor s nur einmal als Nenner eines Partialbruchs auftauchen zu lassen, sondern man braucht ihn eben dreimal, und zwar als s, als s^2 und als s^3. Daher lautet hier der Ansatz:

$$\frac{12 + 2s + 16s^2}{s^3(s^2 - 5s + 6)} = \frac{A_1}{s} + \frac{A_2}{s^2} + \frac{A_3}{s^3} + \frac{B}{s-2} + \frac{C}{s-3}.$$

Sie sehen, dass die Partialbruchzerlegung zu einem linearen Gleichungssystem mit fünf Unbekannten führt, aber man kann eben nicht immer gewinnen. Wenn Sie das Verfahren durchziehen, dann erhalten Sie:

$$A_1 = 4, A_2 = 2, A_3 = 2, B = -10 \text{ und } C = 6.$$

Diese Werte können Sie nun in die Ansatzgleichung einsetzen und erhalten die Darstellung:

$$\frac{12 + 2s + 16s^2}{s^3(s^2 - 5s + 6)} = \frac{4}{s} + \frac{2}{s^2} + \frac{2}{s^3} - \frac{10}{s-2} + \frac{6}{s-3}.$$

Insgesamt habe ich also:

$$\begin{aligned} Y(s) &= \frac{5s - 21}{s^2 - 5s + 6} + \frac{12 + 2s + 16s^2}{s^3(s^2 - 5s + 6)} \\ &= \frac{11}{s-2} - \frac{6}{s-3} + \frac{4}{s} + \frac{2}{s^2} + \frac{2}{s^3} - \frac{10}{s-2} + \frac{6}{s-3} \\ &= \frac{1}{s-2} + \frac{4}{s} + \frac{2}{s^2} + \frac{2}{s^3}. \end{aligned}$$

Das sieht nun schon deutlich einfacher aus und ist einer Rücktransformation ohne weiteres zugänglich. Die Originalfunktion zu $\frac{1}{s-2}$ lautet nach der ersten Zeile meiner Tabelle e^{2t}, während Sie die Originalfunktionen der restlichen Summanden in der zweiten Zeile finden. Insgesamt folgt:

$$y(t) = e^{2t} + 4 + 2t + t^2 = t^2 + 2t + 4 + e^{2t},$$

denn $\mathcal{L}\{4\} = \frac{4}{s}$, $\mathcal{L}\{2t\} = \frac{2}{s^2}$ und $\mathcal{L}\{t^2\} = 2\mathcal{L}\left\{\frac{t^2}{2}\right\} = \frac{2}{s^3}$.

Matrizen und Determinanten

12

12.1 Man definiere $f : \mathbb{R}^3 \to \mathbb{R}^2$ durch

$$f\begin{pmatrix} x \\ y \\ z \end{pmatrix} = \begin{pmatrix} x + y + z \\ -3x + 5y - 2z \end{pmatrix}.$$

Bestimmen Sie die darstellende Matrix von f.

Lösung Der Umgang mit Matrizen wird im Allgemeinen als einigermaßen einfach empfunden, und das dürfte daran liegen, dass er tatsächlich recht einfach ist. Sie können es schon an dieser Aufgabe sehen. Hat man eine lineare Abbildung $f : \mathbb{R}^n \to \mathbb{R}^m$ gegeben, so erhält man die darstellende Matrix $[f]$ von f, indem man die Koeffizienten aus jeder Outputkomponente von f der Reihe nach in jeweils eine Zeile der Matrix schreibt. Hat man also beispielsweise in der ersten Outputkomponente von f das Ergebnis $a_{11}x_1 + a_{12}x_2 + \cdots + a_{1n}x_n$, so stehen in der ersten Zeile der Matrix $[f]$ einfach nur die Zahlen $a_{11}\, a_{12} \ldots a_{1n}$. Nun hat aber die gegebene Abbildung f in der ersten Komponente den Ausdruck $x + y + z = 1x + 1y + 1z$ und in der zweiten Ergebniskomponente den Ausdruck $-3x + 5y - 2z$. Daher lautet die darstellende Matrix:

$$[f] = \begin{pmatrix} 1 & 1 & 1 \\ -3 & 5 & -2 \end{pmatrix}.$$

12.2 Gegeben seien die Matrizen

$$A = \begin{pmatrix} -2 & 5 & 9 \\ 1 & 2 & 3 \\ 0 & 1 & 0 \end{pmatrix} \text{ und } B = \begin{pmatrix} 17 & 0 & -1 \\ 2 & 9 & 7 \\ 1 & 0 & 1 \end{pmatrix}.$$

Berechnen Sie $A + B$, $A - B$ und $2A - 3B$.

© Springer-Verlag Deutschland 2017
T. Rießinger, *Übungsaufgaben zur Mathematik für Ingenieure*,
DOI 10.1007/978-3-662-54803-5_12

Lösung Die hier verlangten Matrizenoperationen sind recht leicht durchzuführen: man addiert zwei Matrizen gleichen Typs, indem man die an gleicher Stelle stehenden Komponenten addiert, und man multipliziert eine Matrix mit einem Skalar, indem man jeden einzelnen Eintrag der Matrix mit diesem Skalar multipliziert. Daher gilt:

$$A + B = \begin{pmatrix} -2 & 5 & 9 \\ 1 & 2 & 3 \\ 0 & 1 & 0 \end{pmatrix} + \begin{pmatrix} 17 & 0 & -1 \\ 2 & 9 & 7 \\ 1 & 0 & 1 \end{pmatrix} = \begin{pmatrix} -2+17 & 5+0 & 9-1 \\ 1+2 & 2+9 & 3+7 \\ 0+1 & 1+0 & 0+1 \end{pmatrix}$$

$$= \begin{pmatrix} 15 & 5 & 8 \\ 3 & 11 & 10 \\ 1 & 1 & 1 \end{pmatrix},$$

$$A - B = \begin{pmatrix} -2 & 5 & 9 \\ 1 & 2 & 3 \\ 0 & 1 & 0 \end{pmatrix} - \begin{pmatrix} 17 & 0 & -1 \\ 2 & 9 & 7 \\ 1 & 0 & 1 \end{pmatrix} = \begin{pmatrix} -2-17 & 5-0 & 9+1 \\ 1-2 & 2-9 & 3-7 \\ 0-1 & 1-0 & 0-1 \end{pmatrix}$$

$$= \begin{pmatrix} -19 & 5 & 10 \\ -1 & -7 & -4 \\ -1 & 1 & -1 \end{pmatrix}$$

sowie

$$2A - 3B = \begin{pmatrix} -4 & 10 & 18 \\ 2 & 4 & 6 \\ 0 & 2 & 0 \end{pmatrix} - \begin{pmatrix} 51 & 0 & -3 \\ 6 & 27 & 21 \\ 3 & 0 & 3 \end{pmatrix}$$

$$= \begin{pmatrix} -4-51 & 10-0 & 18+3 \\ 2-6 & 4-27 & 6-21 \\ 0-3 & 2-0 & 0-3 \end{pmatrix}$$

$$= \begin{pmatrix} -55 & 10 & 21 \\ -4 & -23 & -15 \\ -3 & 2 & -3 \end{pmatrix}.$$

12.3 Gegeben seien die Matrizen

$$A = \begin{pmatrix} 1 & 0 \\ -2 & 1 \\ 0 & 3 \end{pmatrix} \text{ und } B = \begin{pmatrix} 2 & 1 & 9 \\ 0 & -1 & -2 \end{pmatrix}.$$

Berechnen Sie $A \cdot B$ und $B \cdot A$.

Lösung Die Matrizenmultiplikation ist nicht mehr ganz so einfach wie die bisher besprochenen Operationen. Der Gedanke, dass man das Prinzip der Matrizenaddition übernimmt und Matrizen einfach komponentenweise multipliziert, ist zwar naheliegend, aber falsch. Man kann das Produkt $A \cdot B$ nur dann ausrechnen, wenn A so viele Spalten hat wie B Zeilen, und das ist hier offenbar der Fall, denn A hat zwei Spalten und B besitzt zwei Zeilen. Eine beliebte Methode zur Multiplikation zweier passender Matrizen ist dann das sogenannte Falksche Schema, das Sie hier vor sich sehen.

$$
\begin{array}{cc|ccc}
   &   & 2 & 1 & 9 \\
   &   & 0 & -1 & -2 \\
\hline
1 & 0 & 2 & 1 & 9 \\
-2 & 1 & -4 & -3 & -20 \\
0 & 3 & 0 & -3 & -6
\end{array}
$$

Man schreibt die beiden Matrizen A und B in dieser Anordnung auf: A steht links unten, B steht rechts oben. In den Raum, den A und B einschließen, passt genau eine 3×3-Matrix, und das ist auch gut so, denn da A eine 3×2-Matrix und B eine 2×3-Matrix ist, muss das Produkt $A \cdot B$ eine 3×3-Matrix sein. Die Einträge der Produktmatrix können Sie jetzt leicht bestimmen. Jede Position der Ergebnismatrix bekommen Sie, indem Sie eine A-Zeile nach rechts und eine B-Spalte nach unten fortführen, denn diese beiden Linien müssen sich genau innerhalb des Platzes für die Ergebnismatrix schneiden. Nehmen wir zum Beispiel die erste Zeile von A und die erste Spalte von B, so schneiden sich die fortgeführten Linien genau an der Stelle, an der die Zahl 2 eingetragen ist. Und diese Zahl 2 entsteht, indem sie den A-Zeilenvektor $(1, 0)$ mit dem B-Spaltenvektor $\begin{pmatrix} 2 \\ 0 \end{pmatrix}$ komponentenweise multiplizieren und anschließend die Ergebnisse addieren. Das ergibt:

$$1 \cdot 2 + 0 \cdot 0 = 2.$$

Nach dem gleichen Prinzip geht es weiter. Der nächste Eintrag in der ersten Zeile der Produktmatrix entsteht, indem man auf die angegebene Weise die erste A-Zeile $(1, 0)$ mit der zweiten B-Spalte $\begin{pmatrix} 1 \\ -1 \end{pmatrix}$ kombiniert, und das ergibt:

$$1 \cdot 1 + 0 \cdot (-1) = 1.$$

Und den dritten Eintrag rechnen Sie aus, indem Sie die erste A-Zeile mit der dritten B-Spalte $\begin{pmatrix} 9 \\ -2 \end{pmatrix}$ kombinieren, also:

$$1 \cdot 9 + 0 \cdot (-2) = 9.$$

Damit ist die erste Zeile von $A \cdot B$ schon gefüllt, und beim Übergang zur zweiten Zeile muss ich der Reihe nach die zweite Zeile $(-2, 1)$ von A mit allen Spalten von B kombinieren. Die entsprechenden Rechnungen lauten:

$$(-2) \cdot 2 + 1 \cdot 0 = -4, (-2) \cdot 1 + 1 \cdot (-1) = -3 \text{ und } (-2) \cdot 9 + 1 \cdot (-2) = -20.$$

Daher hat die Produktmatrix in der zweiten Zeile die Einträge $-4, -3$ und -20. Beim Übergang zur dritten Zeile muss ich nun der Reihe nach die dritte Zeile $(0, 3)$ von A mit allen Spalten von B kombinieren. Die entsprechenden Rechnungen lauten:

$$0 \cdot 2 + 3 \cdot 0 = 0, 0 \cdot 1 + 3 \cdot (-1) = -3 \text{ und } 0 \cdot 9 + 3 \cdot (-2) = -6.$$

Daher hat die Produktmatrix in der zweiten Zeile die Einträge $0, -3$ und -6.

Auch die Matrix $B \cdot A$ kann ausgerechnet werden, denn B hat drei Spalten, während A drei Zeilen besitzt. Das Falksche Schema lautet in diesem Fall:

$$
\begin{array}{ccc|cc}
 & & & 1 & 0 \\
 & & & -2 & 1 \\
 & & & 0 & 3 \\
\hline
2 & 1 & 9 & 0 & 28 \\
0 & -1 & -2 & 2 & -7 \\
\end{array}
$$

Dabei werden die Einträge in der i-ten Zeile und der j-ten Spalte der Produktmatrix ausgerechnet, indem man die i-te Zeile von B mit der j-ten Spalte von A verknüpft, also ihre Komponenten miteinander multipliziert und die Ergebnisse addiert. Ich musste daher im Schema die folgenden Rechnungen durchführen:

$$2 \cdot 1 + 1 \cdot (-2) + 9 \cdot 0 = 0, 2 \cdot 0 + 1 \cdot 1 + 9 \cdot 3 = 28,$$

und damit ist die erste Zeile von $B \cdot A$ schon berechnet. Für die zweite Zeile ergibt sich:

$$0 \cdot 1 + (-1) \cdot (-2) + (-2) \cdot 0 = 2, 0 \cdot 0 + (-1) \cdot 1 + (-2) \cdot 3 = -7.$$

12.4 Stellen Sie fest, ob die folgenden 2×2-Matrizen invertierbar sind und berechnen Sie gegebenenfalls ihre Inverse.

(i)

$$A = \begin{pmatrix} 1 & 2 \\ 2 & 4 \end{pmatrix}.$$

(ii)

$$B = \begin{pmatrix} 2 & 1 \\ 3 & 1 \end{pmatrix}.$$

Lösung Hat man eine quadratische Matrix A mit n Zeilen und n Spalten, so kann man nach der inversen Matrix A^{-1} suchen, die die Bedingung

$$A \cdot A^{-1} = A^{-1} \cdot A = I_n$$

erfüllt, wobei

$$I_n = \begin{pmatrix} 1 & 0 & \cdots & 0 \\ 0 & 1 & \cdots & 0 \\ \vdots & 0 & \ddots & \vdots \\ 0 & \cdots & 0 & 1 \end{pmatrix}$$

die n-dimensionale Einheitsmatrix ist. Das Verfahren zur Berechnung der Inversen beruht auf dem Gauß-Algorithmus, den man eher bei linearen Gleichungssystemen gewöhnt ist. Die Vorgehensweise ist dabei die folgende. Ist $A = (a_{ij})_{\substack{i=1,\dots,n \\ j=1,\dots,n}} \in \mathbb{R}^{n \times n}$ eine quadratische Matrix, deren inverse Matrix A^{-1} berechnet werden soll, dann fasst man A und die Einheitsmatrix I_n in einer großen Matrix zusammen:

$$\left(\begin{array}{cccc|cccc} a_{11} & a_{12} & \cdots & a_{1n} & 1 & 0 & \cdots & 0 \\ a_{21} & a_{22} & \cdots & a_{2n} & 0 & 1 & \cdots & 0 \\ \vdots & \vdots & & \vdots & \vdots & 0 & \ddots & \vdots \\ a_{n1} & a_{n2} & \cdots & a_{nn} & 0 & \cdots & 0 & 1 \end{array} \right).$$

Diese Matrix formt man dann mit Hilfe der Zeilenoperationen aus dem Gauß-Algorithmus so um, dass die linke Hälfte in die Einheitsmatrix I_n verwandelt wird. Falls das funktioniert, steht dann die inverse Matrix A^{-1} in der rechten Hälfte der umgeformten großen Matrix. Falls es aber nicht möglich ist, in der linken Hälfte die Einheitsmatrix herzustellen, ist A nicht invertierbar.

(i) Ich will jetzt feststellen, ob $A = \begin{pmatrix} 1 & 2 \\ 2 & 4 \end{pmatrix}$ invertierbar ist. Dazu schreibe ich A zusammen mit der zweidimensionalen Einheitsmatrix in die folgende große Matrix:

$$\left(\begin{array}{cc|cc} 1 & 2 & 1 & 0 \\ 2 & 4 & 0 & 1 \end{array} \right).$$

Um in der linken Hälfte die Einheitsmatrix herzustellen, ziehe ich das Doppelte der ersten Zeile von der zweiten Zeile ab. Das liefert die neue Matrix:

$$\left(\begin{array}{cc|cc} 1 & 2 & 1 & 0 \\ 0 & 0 & -2 & 1 \end{array} \right).$$

Da ich nun aber in der linken Hälfte der zweiten Zeile zwei Nullen produziert habe, ist es nicht mehr möglich, die zweidimensionale Einheitsmatrix zu erhalten, und deshalb ist die Matrix A nicht invertierbar.

Bei einer so kleinen Matrix können Sie die Invertierbarkeit auch leicht testen, indem Sie die sogenannte Determinante von A ausrechnen. Das geht bei einer 2×2 Matrix ganz leicht, weil Sie die Determinante durch „Über-Kreuz-Multiplizieren" der Einträge von A erhalten, also:

$$\det A = 1 \cdot 4 - 2 \cdot 2 = 0.$$

Da eine quadratische Matrix genau dann invertierbar ist, wenn ihre Determinante nicht Null wird, kann A nicht invertierbar sein.

(ii) Anders sieht es aus bei der Matrix $B = \begin{pmatrix} 2 & 1 \\ 3 & 1 \end{pmatrix}$. Schreibt man sie zusammen mit der Einheitsmatrix in eine große Matrix, so ergibt sich die Matrix:

$$\left(\begin{array}{cc|cc} 2 & 1 & 1 & 0 \\ 3 & 1 & 0 & 1 \end{array} \right).$$

Nun muss ich links unten eine Null produzieren, und das erreiche ich am besten dadurch, dass ich das $\frac{3}{2}$-fache der ersten Zeile von der zweiten Zeile abziehe. Das ergibt:

$$\left(\begin{array}{cc|cc} 2 & 1 & 1 & 0 \\ 0 & -\frac{1}{2} & -\frac{3}{2} & 1 \end{array} \right).$$

Die zweite Zeile multipliziere ich jetzt mit -2 und erhalte die Matrix:

$$\left(\begin{array}{cc|cc} 2 & 1 & 1 & 0 \\ 0 & 1 & 3 & -2 \end{array} \right).$$

Ich will aber in der linken Hälfte der Matrix die Einheitsmatrix haben, und deshalb muss ich noch die zweite Zeile von der ersten abziehen. Das führt zu:

$$\left(\begin{array}{cc|cc} 2 & 0 & -2 & 2 \\ 0 & 1 & 3 & -2 \end{array} \right).$$

Schließlich teile ich noch die erste Zeile durch 2 und habe die Endform:

$$\left(\begin{array}{cc|cc} 1 & 0 & -1 & 1 \\ 0 & 1 & 3 & -2 \end{array} \right).$$

Jetzt steht die inverse Matrix B^{-1} in der rechten Hälfte, und das bedeutet:

$$B^{-1} = \begin{pmatrix} -1 & 1 \\ 3 & -2 \end{pmatrix}.$$

Da auch B eine 2×2-Matrix ist, hätte ich auch hier zur Determinante Zuflucht nehmen können. Zwar reicht es hier nicht, einfach nur die Determinante der Matrix auszurechnen, denn damit kann ich ja nur feststellen, ob die Matrix überhaupt invertierbar ist, aber nicht, wie ihre Inverse aussieht. Aber für 2×2-Matrizen gibt es eine einfache Regel. Ist $B = \begin{pmatrix} a & b \\ c & d \end{pmatrix}$, so kann man erst einmal die Determinante det $B = ad - bc$ ausrechnen. Ist dann det $B \neq 0$, so gilt:

$$B^{-1} = \frac{1}{ad - bc} \cdot \begin{pmatrix} d & -b \\ -c & a \end{pmatrix}.$$

Im Falle unserer Matrix B ist nun $a = 2, b = 1, c = 3$ und $d = 1$. Daher ist

$$\det B = 2 \cdot 1 - 1 \cdot 3 = -1 \neq 0,$$

und daraus folgt:

$$B^{-1} = \frac{1}{-1} \cdot \begin{pmatrix} 1 & -1 \\ -3 & 2 \end{pmatrix} = \begin{pmatrix} -1 & 1 \\ 3 & -2 \end{pmatrix}.$$

12.5 Berechnen Sie

$$\det \begin{pmatrix} -1 & 2 & 3 \\ 0 & -4 & 1 \\ 2 & 1 & -2 \end{pmatrix}.$$

Lösung Determinanten berechnet man in der Regel, indem man sie nach einer Zeile oder einer Spalte entwickelt. Konkret bedeutet das, dass Sie sich beispielsweise eine Zeile aussuchen und diese Zeile erst einmal aus der zugrundeliegenden Matrix streichen. Anschließend streichen Sie der Reihe nach die erste, zweite, dritte … und schließlich die letzte Spalte. Bei jeder gestrichenen Spalte erhalten Sie eine neue quadratische Matrix, die wiederum eine Determinante besitzt, die man ausrechnen kann, wobei man davon ausgeht, dass die Determinanten der kleineren Matrizen auch tatsächlich einfacher berechenbar sind als die gesuchte Determinante der großen Matrix. Hat die ursprüngliche Matrix also n Zeilen und n Spalten, so habe ich in diesem Stadium n Unterdeterminanten ausgerechnet, aus denen ich irgendwie die große Determinante zusammensetzen muss. Das macht man so: wenn Sie die i-te Zeile und die j-te Spalte gestrichen haben, dann ergibt das erstens eine neue kleinere Matrix A_{ij} und zweitens habe ich im Schnittpunkt der i-ten Zeile und der j-ten Spalte genau das Element a_{ij} meiner Matrix A. Das kombiniert man, indem man a_{ij} mit der Determinante von A_{ij} multipliziert, also $a_{ij} \cdot \det A_{ij}$ berechnet. Nun müssen Sie nur noch auf die Vorzeichen achten, und schon haben Sie die Formel:

$$\det A = (-1)^{i+1} a_{i1} \det A_{i1} + (-1)^{i+2} a_{i2} \det A_{i2} + \cdots + (-1)^{i+n} a_{in} \det A_{in}$$

$$= \sum_{j=1}^{n} (-1)^{i+j} a_{ij} \det A_{ij},$$

die man als die *Entwicklung nach der i-ten Zeile* bezeichnet. Wählt man umgekehrt die j-te Spalte als stets zu streichende Spalte aus und streicht dann der Reihe nach alle Zeilen der Matrix, so erhält man die Entwicklung nach der j-ten Spalte mit der Formel:

$$\det A = (-1)^{1+j} a_{1j} \det A_{1j} + (-1)^{2+j} a_{2j} \det A_{2j} + \cdots + (-1)^{n+j} a_{nj} \det A_{nj}$$

$$= \sum_{i=1}^{n} (-1)^{i+j} a_{ij} \det A_{ij}.$$

Für die vorliegende Matrix

$$A = \begin{pmatrix} -1 & 2 & 3 \\ 0 & -4 & 1 \\ 2 & 1 & -2 \end{pmatrix}$$

wähle ich die Entwicklung nach der zweiten Zeile, da dort eine Null vorkommt und das Multiplizieren mit Null besonders angenehm ist. Ich streiche also im folgenden generell die zweite Zeile und dann der Reihe nach die erste, zweite und dritte Spalte. Das ergibt:

$$\det A = (-1)^{2+1} \cdot 0 \cdot \det \begin{pmatrix} 2 & 3 \\ 1 & -2 \end{pmatrix} + (-1)^{2+2} \cdot (-4) \cdot \det \begin{pmatrix} -1 & 3 \\ 2 & -2 \end{pmatrix}$$

$$+ (-1)^{2+3} \cdot 1 \cdot \det \begin{pmatrix} -1 & 2 \\ 2 & 1 \end{pmatrix}.$$

Damit ist die 3×3-Determinante reduziert auf drei 2×2-Determinanten, die man leicht durch Über-Kreuz-Multiplizieren ausrechnen kann. Die Lage ist sogar noch besser, denn die erste dieser kleinen Determinanten brauche ich gar nicht auszurechnen, da sie ohnehin mit Null multipliziert wird. Für die restlichen Determinanten gilt:

$$\det \begin{pmatrix} -1 & 3 \\ 2 & -2 \end{pmatrix} = (-1) \cdot (-2) - 3 \cdot 2 = -4, \det \begin{pmatrix} -1 & 2 \\ 2 & 1 \end{pmatrix} = (-1) \cdot 1 - 2 \cdot 2 = -5.$$

Damit folgt:

$$\det A = (-4) \cdot (-4) - 1 \cdot (-5) = 16 + 5 = 21.$$

12.6 Testen Sie die Gültigkeit der Formel $\det(A \cdot B) = \det A \cdot \det B$ an den Matrizen

$$A = \begin{pmatrix} 1 & 0 & -1 \\ -8 & 4 & 1 \\ -2 & 1 & 0 \end{pmatrix} \text{ und } B = \begin{pmatrix} 1 & 2 & 3 \\ 0 & -2 & 7 \\ 0 & 0 & 1 \end{pmatrix}.$$

Lösung Ein wesentlicher Vorzug von Determinanten ist der Determinantenproduktsatz, der besagt, dass die Determinante eines Matrizenprodukts gleich ist dem Produkt der Determinanten der einzelnen Matrizen. In Formeln: $\det(A \cdot B) = \det A \cdot \det B$. In dieser Aufgabe soll nur diese Formel an einem konkreten Beispiel getestet werden. Ich muss also erst $A \cdot B$ ausrechnen und seine Determinante bestimmen, und anschließend soll ich die einzelnen Determinanten von A und B berechnen und miteinander multiplizieren. Wenn alles gut geht, kommt bei beiden Rechenwegen das gleiche Ergebnis heraus.

Ich beginne also mit der Matrizenmultiplikation, die ich nach dem Falkschen Schema aus Aufgabe 12.3 durchführe. Es liefert:

$$\begin{array}{ccc|ccc}
 & & & 1 & 2 & 3 \\
 & & & 0 & -2 & 7 \\
 & & & 0 & 0 & 1 \\
\hline
1 & 0 & -1 & 1 & 2 & 2 \\
-8 & 4 & 1 & -8 & -24 & 5 \\
-2 & 1 & 0 & -2 & -6 & 1
\end{array}.$$

Also ist

$$A \cdot B = \begin{pmatrix} 1 & 2 & 2 \\ -8 & -24 & 5 \\ -2 & -6 & 1 \end{pmatrix}.$$

Zur Berechnung der Determinante von $A \cdot B$ ist es ziemlich egal, welche Zeile oder Spalte ich mir aussuche, da nirgendwo eine Null auftaucht. Ich wähle daher die Entwicklung nach der ersten Zeile, die ich im folgenden generell streiche, und streiche dann der Reihe nach die erste, zweite, dritte Spalte. Dann gilt:

$$\det(A \cdot B) = (-1)^{1+1} \cdot 1 \cdot \det \begin{pmatrix} -24 & 5 \\ -6 & 1 \end{pmatrix} + (-1)^{1+2} \cdot 2 \cdot \det \begin{pmatrix} -8 & 5 \\ -2 & 1 \end{pmatrix}$$
$$+ (-1)^{1+3} \cdot 2 \cdot \det \begin{pmatrix} -8 & -24 \\ -2 & -6 \end{pmatrix}$$
$$= (-24) \cdot 1 - 5 \cdot (-6) - 2 \cdot ((-8) \cdot 1 - 5 \cdot (-2))$$
$$+ 2 \cdot ((-8) \cdot (-6) - (-24) \cdot (-2))$$
$$= 6 - 2 \cdot 2 + 2 \cdot 0$$
$$= 2.$$

Damit ist die Hälfte der Angelegenheit erledigt. Für die andere Hälfte muss ich noch die Determinanten von A und B berechnen. A hat eine Null in der ersten Zeile, weshalb ich hier die Entwicklung nach der ersten Zeile vornehme und dann der Reihe nach die erste, zweite, dritte Spalte streiche. Das ergibt:

$$\det A = (-1)^{1+1} \cdot 1 \cdot \det \begin{pmatrix} 4 & 1 \\ 1 & 0 \end{pmatrix} + 0 + (-1)^{1+3} \cdot (-1) \cdot \det \begin{pmatrix} -8 & 4 \\ -2 & 1 \end{pmatrix}$$
$$= 4 \cdot 0 - 1 \cdot 1 - ((-8) \cdot 1 - 4 \cdot (-2))$$
$$= -1 - 0$$
$$= -1.$$

Die Matrix B ist noch angenehmer, weil in ihrer letzten Zeile zwei Nullen stehen und deshalb nur sehr wenig zu rechnen ist. Ich entwickle also B nach der dritten Zeile und erhalte durch Streichen der Spalten:

$$\det B = 0 + 0 + (-1)^{3+3} \cdot 1 \cdot \det \begin{pmatrix} 1 & 2 \\ 0 & -2 \end{pmatrix}$$
$$= 1 \cdot (-2) - 2 \cdot 0$$
$$= -2.$$

Ich habe also herausgefunden, dass $\det A = -1$ und $\det B = -2$ gilt. Daraus folgt:

$$\det A \cdot \det B = (-1) \cdot (-2) = 2 = \det(A \cdot B),$$

und der Determinantenproduktsatz ist bestätigt.

12.7 Berechnen Sie

$$\det \begin{pmatrix} -1 & 3 & 0 & 3 \\ 0 & 1 & -2 & 0 \\ 2 & 4 & -1 & 0 \\ 0 & 2 & 0 & 5 \end{pmatrix}.$$

Lösung Große und breite Determinanten rechnet man genauso aus wie kleine und schmale, nur dass man etwas länger rechnen muss. Das Prinzip ist aber immer dasselbe: Sie suchen sich eine Zeile oder eine Spalte aus, nach der Sie die Determinante entwickeln wollen, und streichen dann der Reihe nach alle Spalten oder Zeilen, je nachdem, womit Sie gestartet sind. Bei der gegebenen Determinante ist es beispielsweise sinnvoll, nach der ersten Spalte zu entwickeln, weil hier zwei Nullen stehen und somit die Anzahl der

Multiplikationen deutlich reduziert wird. Es gilt also:

$$\det \begin{pmatrix} -1 & 3 & 0 & 3 \\ 0 & 1 & -2 & 0 \\ 2 & 4 & -1 & 0 \\ 0 & 2 & 0 & 5 \end{pmatrix} = (-1)^{1+1} \cdot (-1) \cdot \det \begin{pmatrix} 1 & -2 & 0 \\ 4 & -1 & 0 \\ 2 & 0 & 5 \end{pmatrix} + 0$$

$$+ (-1)^{3+1} \cdot 2 \cdot \det \begin{pmatrix} 3 & 0 & 3 \\ 1 & -2 & 0 \\ 2 & 0 & 5 \end{pmatrix} + 0.$$

Die 4 × 4-Determinante ist jetzt immerhin reduziert auf zwei 3 × 3-Determinanten, aber diese beiden Determinanten muss ich jetzt noch mit der gleichen Methode ausrechnen. Ein weit verbreiteter Fehler besteht dabei darin, beispielsweise die erste Spalte der ersten kleineren Matrix für die zweite Spalte zu halten, weil sie ja aus der zweiten Spalte der ursprünglichen Matrix entstanden ist. Das ist aber ein Trugschluss. Die neue Matrix ist ein Objekt für sich, mit eigenen Spalten und Zeilen, und deshalb fange ich auch hier das Zählen der Zeilen- und Spaltennummern ganz normal mit der Eins an. Da die erste 3 × 3-Matrix in der letzten Spalte zwei Nullen aufweist, entwickle ich natürlich nach der dritten Spalte und finde:

$$\det \begin{pmatrix} 1 & -2 & 0 \\ 4 & -1 & 0 \\ 2 & 0 & 5 \end{pmatrix} = (-1)^{3+3} \cdot 5 \cdot \det \begin{pmatrix} 1 & -2 \\ 4 & -1 \end{pmatrix}$$

$$= 5 \cdot (1 \cdot (-1) - (-2) \cdot 4)$$

$$= 35.$$

Die zweite 3 × 3-Matrix hat in der zweiten Spalte zwei Nullen, also werde ich sie auch nach dieser zweiten Spalte entwickeln. Es gilt:

$$\det \begin{pmatrix} 3 & 0 & 3 \\ 1 & -2 & 0 \\ 2 & 0 & 5 \end{pmatrix} = 0 + (-1)^{2+2} \cdot (-2) \cdot \det \begin{pmatrix} 3 & 3 \\ 2 & 5 \end{pmatrix} + 0$$

$$= (-2) \cdot (3 \cdot 5 - 3 \cdot 2)$$

$$= (-2) \cdot 9 = -18.$$

Die Werte für die Determinanten der kleineren Matrizen setze ich jetzt ein in die Entwicklungsformel für die große Determinante. Das ergibt:

$$\det \begin{pmatrix} -1 & 3 & 0 & 3 \\ 0 & 1 & -2 & 0 \\ 2 & 4 & -1 & 0 \\ 0 & 2 & 0 & 5 \end{pmatrix} = (-1) \cdot 35 + 2 \cdot (-18) = -35 - 36 = -71.$$

12.8 Berechnen Sie die inverse Matrix von

$$A = \begin{pmatrix} 1 & 2 & -1 \\ 0 & 1 & -4 \\ 1 & 1 & 2 \end{pmatrix}.$$

Lösung In Aufgabe 12.4 habe ich bereits erklärt, wie man mit dem Gauß-Algorithmus inverse Matrizen ausrechnet: man schreibt die gegebene Matrix A zusammen mit der Einheitsmatrix I in eine große Matrix $(A \mid I)$ und sieht dann zu, dass man durch Anwendung der üblichen Zeilenoperationen in der linken Hälfte dieser großen Matrix die Einheitsmatrix erhält. Daraus folgt dann, dass in der rechten Hälfte die inverse Matrix A^{-1} steht. Ich starte also mit der Matrix

$$\begin{pmatrix} 1 & 2 & -1 & \vline & 1 & 0 & 0 \\ 0 & 1 & -4 & \vline & 0 & 1 & 0 \\ 1 & 1 & 2 & \vline & 0 & 0 & 1 \end{pmatrix},$$

die entsteht, indem ich A mit der Einheitsmatrix zusammenpacke. In der ersten Spalte will ich nun unterhalb der obersten 1 nur noch Nullen haben. Das ist in der zweiten Zeile kein Problem, da ich dort am Anfang schon eine Null vorfinde, und in der dritten Zeile erzeuge ich die Null, indem ich die erste Zeile von der dritten abziehe. Das ergibt:

$$\begin{pmatrix} 1 & 2 & -1 & \vline & 1 & 0 & 0 \\ 0 & 1 & -4 & \vline & 0 & 1 & 0 \\ 0 & -1 & 3 & \vline & -1 & 0 & 1 \end{pmatrix}.$$

Damit ist die erste Spalte auch schon erledigt. In der zweiten Spalte muss die -1 in der dritten Zeile durch eine Null ersetzt werden, und ich addiere deshalb die zweite Zeile auf die dritte. Dann erhalte ich:

$$\begin{pmatrix} 1 & 2 & -1 & \vline & 1 & 0 & 0 \\ 0 & 1 & -4 & \vline & 0 & 1 & 0 \\ 0 & 0 & -1 & \vline & -1 & 1 & 1 \end{pmatrix}.$$

Natürlich will ich in der dritten Zeile und dritten Spalte eine 1 haben, denn links soll ja die Einheitsmatrix stehen. Dazu brauche ich nur die letzte Zeile mit -1 zu multiplizieren und bekomme die Matrix:

$$\begin{pmatrix} 1 & 2 & -1 & \vline & 1 & 0 & 0 \\ 0 & 1 & -4 & \vline & 0 & 1 & 0 \\ 0 & 0 & 1 & \vline & 1 & -1 & -1 \end{pmatrix}.$$

Jetzt habe ich die Rechnung von oben nach unten abgeschlossen und muss mich wieder von unten nach oben arbeiten. Wenn ich das Vierfache der dritten Zeile auf die zweite addiere, erhalte ich:

$$\left(\begin{array}{ccc|ccc} 1 & 2 & -1 & 1 & 0 & 0 \\ 0 & 1 & 0 & 4 & -3 & -4 \\ 0 & 0 & 1 & 1 & -1 & -1 \end{array}\right),$$

und bin damit dem Ziel wieder etwas näher gelangt, in der linken Hälfte eine Einheitsmatrix zu erzeugen. Nun addiere ich die dritte Zeile auf die erste und finde:

$$\left(\begin{array}{ccc|ccc} 1 & 2 & 0 & 2 & -1 & -1 \\ 0 & 1 & 0 & 4 & -3 & -4 \\ 0 & 0 & 1 & 1 & -1 & -1 \end{array}\right),$$

so dass ich nur noch das Doppelte der zweiten Zeile von der ersten abziehen muss, um schließlich die gewünschte Form

$$\left(\begin{array}{ccc|ccc} 1 & 0 & 0 & -6 & 5 & 7 \\ 0 & 1 & 0 & 4 & -3 & -4 \\ 0 & 0 & 1 & 1 & -1 & -1 \end{array}\right)$$

zu erreichen. Die inverse Matrix A^{-1} können Sie nun direkt aus der rechten Hälfte der großen Matrix ablesen. Es gilt also:

$$\left(\begin{array}{ccc} -6 & 5 & 7 \\ 4 & -3 & -4 \\ 1 & -1 & -1 \end{array}\right).$$

Mehrdimensionale Differentialrechnung

13

13.1 Berechnen Sie die ersten und zweiten partiellen Ableitungen der folgenden Funktionen.

(i) $f_1(x, y) = \frac{2x}{4y-3x}$;

(ii) $f_2(x, y, z) = 2x^2 yz^3 - 3xy^5 z + x$;

(iii) $f_3(x, y) = e^{x-y} + \sin(x + y)$;

(iv) $f_4(x, y) = \arctan \frac{y}{x}$.

Lösung Die Berechnung partieller Ableitungen gehört nicht zu den spannendsten Aufgaben, die man sich vorstellen kann. Dafür ist sie nicht besonders schwierig, wenn man sich einmal an das Prinzip gewöhnt hat. Haben Sie beispielsweise eine Funktion $f(x, y)$ mit zweidimensionalem Input (x, y), aber reellem Output, dann können Sie diese Funktion sowohl nach der Variablen x als auch nach der Variablen y ableiten. In beiden Fällen spricht man von einer partiellen Ableitung, da man eben nur nach jeweils einer Variablen ableitet. Das hat dann aber auch sofort Konsequenzen für die Berechnungsmethode: wenn Sie $f(x, y)$ nur nach der Variablen x ableiten, dann bedeutet das, dass Sie für eine Weile y nicht mehr als Variable betrachten, sondern als schlichte Konstante, was es relativ zu x ja auch ist. Man leitet also partiell nach x ab, indem man y als Konstante betrachtet und dann die Funktion als vertraute Funktion in der einen Variablen x interpretiert, die man mit den gewohnten Methoden ableiten kann. Und für y ist es genauso, nur dass ich dann x als Konstante betrachten und f als Funktion in der Variablen y interpretieren muss. Die Ergebnisse dieser Rechnungen bezeichnet man als die partiellen Ableitungen $\frac{\delta f}{\delta x}(x, y)$ und $\frac{\delta f}{\delta y}(x, y)$, wobei ich dazu sagen sollte, dass viele Leute das Zeichen ∂ anstelle des üblichen griechischen Buchstabens δ benutzen, aber dieser Verunstaltung eines Buchstabens mag ich mich nicht anschließen.

Sobald nun die partiellen Ableitungen $\frac{\delta f}{\delta x}(x, y)$ und $\frac{\delta f}{\delta y}(x, y)$ vorliegen, kann man zu den zweiten Ableitungen übergehen. Schließlich sind beide partielle Ableitungen wieder Funktionen in x und y, die ich ihrerseits wieder nach x und nach y ableiten kann. Sie

© Springer-Verlag Deutschland 2017

T. Rießinger, *Übungsaufgaben zur Mathematik für Ingenieure*,

DOI 10.1007/978-3-662-54803-5_13

müssen sich hier nur daran gewöhnen, dass die Reihenfolge der Ableitungsvariablen von rechts nach links gelesen wird: will man also erst nach x und dann nach y ableiten, so schreibt man $\frac{\delta^2 f}{\delta y \delta x}(x, y)$, während unter $\frac{\delta^2 f}{\delta x \delta y}(x, y)$ zu verstehen ist, dass erst nach y und dann nach x abgeleitet wird.

(i) Nun sind die ersten und zweiten partiellen Ableitungen von $f_1(x, y) = \frac{2x}{4y-3x}$ zu berechnen. Um an $\frac{\delta f_1}{\delta x}(x, y)$ heranzukommen, betrachte ich y als gewöhnliche Konstante und leite nur nach x ab. Damit ist aber die Ableitung ein Fall für die Quotientenregel, wobei die Ableitung des Zählers 2 lautet, während beim Ableiten des Nenners -3 herauskommt, denn y ist jetzt eine Konstante, die beim Ableiten wegfällt. Nach der Quotientenregel gilt dann:

$$\frac{\delta f_1}{\delta x}(x, y) = \frac{2 \cdot (4y-3x) - (-3) \cdot 2x}{(4y-3x)^2} = \frac{8y - 6x + 6x}{(4y-3x)^2} = \frac{8y}{(4y-3x)^2}.$$

Zur Berechnung der ersten partiellen Ableitung nach y sollten Sie beachten, dass im Zähler der Funktion überhaupt kein y auftaucht, so dass ich mir hier die Verwendung der Quotientenregel ersparen kann. Ich muss jetzt x als Konstante betrachten und die Funktion nach y ableiten. Dazu schreibe ich zunächst:

$$f_1(x, y) = \frac{2x}{4y-3x} = 2x \cdot (4y-3x)^{-1}.$$

Nun ist aber x als Konstante zu interpretieren, und deshalb ist der Faktor $2x$ ein konstanter Faktor, den man beim Ableiten nach y einfach mitschleppen kann. Im zweiten Faktor kommt dann allerdings ein y vor, und hier hilft die Kettenregel: die innere Funktion ist $4y - 3x$, die äußere das Potenzieren mit -1. Daraus folgt:

$$\frac{\delta f_1}{\delta y}(x, y) = 2x \cdot 4 \cdot (-1) \cdot (4y-3x)^{-2} = -\frac{8x}{(4y-3x)^2}.$$

Die Arbeit ist damit leider nicht getan, denn ich muss noch die zweiten partiellen Ableitungen berechnen. Die zweite Ableitung $\frac{\delta^2 f_1}{\delta x \delta x}(x, y)$ bekomme ich, indem ich die erste Ableitung $\frac{\delta f_1}{\delta x}(x, y)$ noch einmal nach x ableite und dabei y wieder als Konstante betrachte. Dafür schreibt man dann meistens abkürzend $\frac{\delta^2 f_1}{\delta x^2}(x, y)$. Nun ist aber $\frac{\delta f_1}{\delta x}(x, y) = \frac{8y}{(4y-3x)^2}$, und ich habe hier eine Funktion von x, die im Zähler keine Variable erhält. Damit kann ich mir wieder die etwas schwerfällige Quotientenregel sparen und schreibe die erste partielle Ableitung nach x als:

$$\frac{\delta f_1}{\delta x}(x, y) = 8y \cdot (4y-3x)^{-2}.$$

Mit der Kettenregel kann ich dann diesen Ausdruck bei konstantem y wieder nach x ableiten, und erhalte

$$\frac{\delta^2 f_1}{\delta x^2}(x,y) = 8y \cdot (-3) \cdot (-2) \cdot (4y - 3x)^{-3} = 48y \cdot (4y - 3x)^{-3} = \frac{48y}{(4y - 3x)^3}.$$

Die zweifache Ableitung $\frac{\delta^2 f_1}{\delta y^2}(x,y) = \frac{\delta^2 f_1}{\delta y \delta y}(x,y)$ berechne ich nun nach dem gleichen Prinzip, indem ich die vorher bestimmte partielle Ableitung $-\frac{8x}{(4y-3x)^2}$ noch einmal bei konstant gehaltenem x nach y ableite. Im Zähler steht mit $8x$ keine Variable y, und damit ist wieder einmal eine Anwendung der Kettenregel angesagt. Es gilt nämlich

$$\frac{\delta f_1}{\delta y}(x,y) = -\frac{8x}{(4y - 3x)^2} = -8x \cdot (4y - 3x)^{-2},$$

und daraus folgt mit der Kettenregel:

$$\frac{\delta^2 f_1}{\delta y^2}(x,y) = -8x \cdot 4 \cdot (-2) \cdot (4y - 3x)^{-3} = 64x \cdot (4y - 3x)^{-3} = \frac{64x}{(4y - 3x)^3}.$$

Jetzt bin ich fast fertig, aber zwei zweite Ableitungen fehlen immer noch. Ich habe nämlich bisher nur die zweifachen Ableitungen nach jeweils einer Variable berechnet und mich nicht um die ebenfalls möglichen gemischten Ableitungen gekümmert: erst nach x und dann nach y oder umgekehrt. Für $\frac{\delta^2 f_1}{\delta x \delta y}(x,y)$ nehme ich die partielle Ableitung $\frac{\delta f_1}{\delta y}(x,y)$ und leite sie bei konstant gehaltenem y nach x ab. Wegen

$$\frac{\delta f_1}{\delta y}(x,y) = -\frac{8x}{(4y - 3x)^2}$$

kommt dabei wieder die Quotientenregel zum Tragen, wobei Sie darauf achten müssen, dass ich jetzt nach x ableiten will. Damit ergibt sich:

$$\begin{aligned}
\frac{\delta^2 f_1}{\delta x \delta y}(x,y) &= -\frac{8 \cdot (4y - 3x)^2 - (-3) \cdot 2 \cdot (4y - 3x) \cdot 8x}{(4y - 3x)^4} \\
&= -\frac{8 \cdot (4y - 3x) + 6 \cdot 8x}{(4y - 3x)^3} \\
&= -\frac{32y - 24x + 48x}{(4y - 3x)^3} \\
&= -\frac{32y + 24x}{(4y - 3x)^3} = -8 \cdot \frac{4y + 3x}{(4y - 3x)^3}.
\end{aligned}$$

Ein paar Worte zu dieser Rechnung: in der ersten Zeile habe ich die Quotientenregel angewendet, also die Ableitung des Zählers mit dem Nenner multipliziert und davon das Produkt aus der Ableitung des Nenners mit dem Zähler abgezogen. Den Nenner habe ich dabei mit der Kettenregel abgeleitet, denn die innere Funktion ist $4y - 3x$, während die äußere Funktion aus dem Quadrieren besteht. In der nächsten Zeile habe ich durch den gemeinsamen Faktor $4y - 3x$ gekürzt, was den Bruch deutlich vereinfacht, und anschließend musste ich nur noch den Zähler ein wenig zusammenfassen, um zu meinem Endergebnis zu kommen.

Das Ende dieser mühseligen Rechnung ist erreicht, sobald ich auch noch $\frac{\delta^2 f_1}{\delta y \delta x}(x, y)$ berechnet habe, und das heißt, dass ich die erste partielle Ableitung nach x jetzt noch nach y ableiten muss. Wegen

$$\frac{\delta f_1}{\delta x}(x, y) = \frac{8y}{(4y - 3x)^2}$$

ist das schon wieder ein Fall für die Quotientenregel, denn die Variable y kommt in Zähler und Nenner vor. Die Rechnungen werden dabei sehr ähnlich sein zu denen, die ich eben gerade vorgenommen habe, weshalb ich sie hier kommentarlos vorführe. Es gilt also:

$$\begin{aligned}
\frac{\delta^2 f_1}{\delta y \delta x}(x, y) &= \frac{8 \cdot (4y - 3x)^2 - 4 \cdot 2 \cdot (4y - 3x) \cdot 8y}{(4y - 3x)^4} \\
&= \frac{8 \cdot (4y - 3x) - 8 \cdot 8y}{(4y - 3x)^3} \\
&= \frac{32y - 24x - 64y}{(4y - 3x)^3} \\
&= \frac{-32y - 24x}{(4y - 3x)^3} \\
&= -\frac{32y + 24x}{(4y - 3x)^3} = -8 \cdot \frac{4y + 3x}{(4y - 3x)^3}.
\end{aligned}$$

Hier sollte Ihnen etwas auffallen. Es hat sich herausgestellt, dass

$$\frac{\delta^2 f_1}{\delta x \delta y}(x, y) = \frac{\delta^2 f_1}{\delta y \delta x}(x, y)$$

gilt, und das ist kein Zufall. Da die gegebene Funktion $f(x, y)$ eine rationale Funktion darstellt, kann man davon ausgehen, dass alle auftretenden zweiten partiellen Ableitungen stetig sind, und in diesem Fall sagt der *Satz von Schwarz*, dass man bei den gemischten Ableitungen die Reihenfolge des Ableitens ohne Folgen für das Ergebnis vertauschen kann.

(ii) Die Funktion $f_2(x, y, z) = 2x^2yz^3 - 3xy^5z + x$ ist einerseits etwas angenehmer als f_1, denn es handelt sich hier um ein Polynom, und Polynome lassen sich in aller Regel leicht ableiten. Andererseits ist sie aber auch unangenehmer, da sie drei Inputvariablen hat und nicht mehr nur zwei, was die Anzahl der partiellen Ableitungen deutlich erhöht. Zunächst habe ich hier drei erste partielle Ableitungen: eine nach x, eine nach y und eine nach z. Um nach x abzuleiten, betrachte ich die beiden anderen Variablen y und z als Konstanten und verwende nur x als Ableitungsvariable. Dann ist:

$$\frac{\delta f_2}{\delta x}(x, y, z) = 4xyz^3 - 3y^5z + 1,$$

denn ich muss beispielsweise im ersten Summanden die Faktoren y und z^3 als konstante Faktoren betrachten, die beim Ableiten einfach stehen bleiben. Mit der gleichen Methode berechne ich die erste partielle Ableitung nach y, indem ich die beiden Variablen x und z als Konstanten betrachte und nur nach y ableite. Das ergibt:

$$\frac{\delta f_2}{\delta y}(x, y, z) = 2x^2z^3 - 15xy^4z,$$

denn im letzten Summanden kommt kein y mehr vor, und konstante Summanden verschwinden beim Ableiten. Schließlich finde ich die erste partielle Ableitung nach z, indem ich sowohl x als auch y konstant halte und nur nach z ableite. Damit wird:

$$\frac{\delta f_2}{\delta z}(x, y, z) = 6x^2yz^2 - 3xy^5,$$

wobei der letzte Summand wegfällt, weil er auch die Variable z nicht enthält. Nun geht es an die zweiten Ableitungen, und dabei zeigt es sich, wie sehr die Anzahl der Variablen zu Buche schlägt. Jede der ersten partiellen Ableitungen muss ich jetzt wieder nach jeder der drei Variablen ableiten, und das ergibt insgesamt neun zweite partielle Ableitungen. Immerhin muss man sie nicht alle von Hand ausrechnen, denn f_2 ist ein Polynom und daher sicher zweimal stetig partiell differenzierbar. Nach dem Satz von Schwarz wird es also bei den gemischten Ableitungen keinen Unterschied machen, in welcher Reihenfolge man die Ableitungsvariablen antreten lässt. Zunächst werde ich die partielle Ableitung $\frac{\delta f_2}{\delta x}(x, y, z)$ nach den drei Variablen x, y und z partiell differenzieren. Beim erneuten Ableiten nach x halte ich y und z konstant und leite nur nach x ab. Das ergibt:

$$\frac{\delta^2 f_2}{\delta x^2}(x, y, z) = 4yz^3,$$

denn in den beiden anderen Summanden von $\frac{\delta f_2}{\delta x}(x, y, z)$ kommt überhaupt kein x mehr vor, so dass sie beim Ableiten nach x als konstante Summanden verschwinden. Beim Ableiten nach y sieht es nicht ganz so gut aus, denn zwei von drei Summanden in $\frac{\delta f_2}{\delta x}(x, y, z)$ verfügen noch über ein y, so dass nur einer beim Ableiten nach y verschwindet. Daraus folgt:

$$\frac{\delta^2 f_2}{\delta y \delta x}(x, y, z) = 4xz^3 - 15y^4z.$$

Und dasselbe passiert beim Ableiten nach z, denn auch die Variable z kommt in zwei Summanden von $\frac{\delta f_2}{\delta x}(x, y, z)$ vor. Das heißt dann:

$$\frac{\delta^2 f_2}{\delta z \delta x}(x, y, z) = 12xyz^2 - 3y^5.$$

Damit ist schon das meiste geschafft. Als nächstes gehe ich von der ersten partiellen Ableitung $\frac{\delta f_2}{\delta y}(x, y, z)$ aus und leite sie nach den einzelnen Variablen ab. Die gemischte Ableitung $\frac{\delta^2 f_2}{\delta x \delta y}(x, y, z)$ kenne ich aber schon, denn nach dem Satz von Schwarz ist

$$\frac{\delta^2 f_2}{\delta x \delta y}(x, y, z) = \frac{\delta^2 f_2}{\delta y \delta x}(x, y, z) = 4xz^3 - 15y^4 z.$$

Für die doppelte Ableitung nach y muss ich allerdings die partielle Ableitung $\frac{\delta f_2}{\delta y}(x, y, z)$ wieder nach y ableiten. Hier kommt wieder nur ein Summand zum Tragen, da der erste Summand kein y enthält, und das heißt:

$$\frac{\delta^2 f_2}{\delta y^2}(x, y, z) = -60xy^3 z.$$

Und wenn ich schließlich $\frac{\delta f_2}{\delta y}(x, y, z)$ nach z ableite, ergibt sich:

$$\frac{\delta^2 f_2}{\delta z \delta y}(x, y, z) = 6x^2 z^2 - 15xy^4.$$

Nun werde ich von der ersten partiellen Ableitung $\frac{\delta f_2}{\delta z}(x, y, z)$ ausgehen, die ich nach den drei Variablen x, y und z ableite. Dabei ist kaum noch etwas zu tun, denn nach dem Satz von Schwarz gilt:

$$\frac{\delta^2 f_2}{\delta x \delta z}(x, y, z) = \frac{\delta^2 f_2}{\delta z \delta x}(x, y, z) = 12xyz^2 - 3y^5$$

und

$$\frac{\delta^2 f_2}{\delta y \delta z}(x, y, z) = \frac{\delta^2 f_2}{\delta z \delta y}(x, y, z) = 6x^2 z^2 - 15xy^4.$$

Nur für die doppelte partielle Ableitung nach der Variablen z muss ich noch einmal differenzieren, indem ich $\frac{\delta f_2}{\delta z}(x, y, z)$ nach z ableite. Dann erhalte ich:

$$\frac{\delta^2 f_2}{\delta z^2}(x, y, z) = 12x^2 yz.$$

(iii) Die Funktion $f_3(x, y) = e^{x-y} + \sin(x+y)$ hat nur zwei Inputvariablen, was die Zahl der zweiten partiellen Ableitungen auf vier reduziert. Zuerst muss ich aber die beiden ersten partiellen Ableitungen ausrechnen. Zum Ableiten nach x halte ich y als Konstante fest und differenziere nur nach x. Dafür brauche ich zweimal die Kettenregel: bei e^{x-y} ist $x - y$ die innere Funktion mit der Ableitung 1, und die Exponentialfunktion ist die äußere Funktion. Dagegen hat $\sin(x + y)$ die innere Funktion $x + y$ mit der Ableitung 1, und die äußere Funktion ist der Sinus. Damit gilt:

$$\frac{\delta f_3}{\delta x}(x, y) = e^{x-y} + \cos(x + y).$$

Ähnlich sieht es bei der Ableitung nach y aus. Hier halte ich x als Konstante fest und habe natürlich wieder die gleiche Aufteilung in innere und äußere Funktionen. Nur bei einer inneren Ableitung gibt es einen Unterschied: leitet man die innere Funktion $x - y$ nach y ab, so ergibt sich die innere Ableitung -1. Das heißt also:

$$\frac{\delta f_3}{\delta y}(x, y) = -e^{x-y} + \cos(x + y).$$

Nun sind die zweiten Ableitungen an der Reihe. Ich beginne damit, dass ich die erste partielle Ableitung $\frac{\delta f_3}{\delta x}(x, y)$ nach x und nach y ableite. Was ich oben über die inneren Funktionen gesagt habe, gilt dann natürlich auch hier, und es folgt:

$$\frac{\delta^2 f_3}{\delta x^2}(x, y) = e^{x-y} - \sin(x + y).$$

Beim Ableiten nach y muss ich wieder die innere Ableitung -1 der inneren Funktion $x - y$ beachten und erhalte:

$$\frac{\delta^2 f_3}{\delta y \delta x}(x, y) = -e^{x-y} - \sin(x + y).$$

Da f_3 als Kombination einer Exponentialfunktion mit einer Sinusfunktion mit Sicherheit zweimal stetig differenzierbar ist, habe ich damit aber nach dem Satz von Schwarz auch gleich die umgekehrte gemischte Ableitung berechnet. Es gilt also:

$$\frac{\delta^2 f_3}{\delta x \delta y}(x, y) = \frac{\delta^2 f_3}{\delta y \delta x}(x, y) = -e^{x-y} - \sin(x + y).$$

Zum Schluss muss ich jetzt nur noch die doppelte Ableitung nach y bestimmen, indem ich $\frac{\delta f_3}{\delta y}(x, y)$ noch einmal nach y ableite. Dabei verschwindet das Minuszeichen vor der Exponentialfunktion, da es durch das Minuszeichen aus der inneren Ableitung ausgeglichen wird. Deshalb gilt:

$$\frac{\delta^2 f_3}{\delta y^2}(x, y) = e^{x-y} - \sin(x + y).$$

(iv) Etwas unangenehmer ist die Funktion $f_4(x, y) = \arctan \frac{y}{x}$. Das Prinzip des Ableitens ist zwar immer das gleiche, aber die auftretenden Ableitungsaufgaben können auf den ersten Blick etwas verwirren. Beim partiellen Ableiten nach x habe ich die innere Funktion $\frac{y}{x}$ und die äußere Funktion arctan. Die vermeintliche Variable y wird aber beim Berechnen der partiellen Ableitung nach x als Konstante angesehen, weshalb die innere Ableitung hier $-\frac{y}{x^2}$ lautet, denn ich darf für den Moment nur nach x ableiten. Dazu kommt noch die äußere Ableitung, und wie Sie wissen oder nachlesen können ist $(\arctan x)' = \frac{1}{1+x^2}$. Nach dem Prinzip „innere Ableitung mal äußere Ableitung" folgt dann:

$$\frac{\delta f_4}{\delta x}(x, y) = -\frac{y}{x^2} \cdot \frac{1}{1 + \left(\frac{y}{x}\right)^2} = -\frac{y}{x^2 + y^2}.$$

Sie müssen dabei beachten, dass die Ableitung des Arcustangens nicht einfach an der Stelle x genommen wird, sondern auf die innere Funktion $\frac{y}{x}$ angewendet werden muss, was den kleinen Bruch im Nenner des großen Bruchs erklärt. Der Rest ist schlichte Bruchrechnung.

Auch für die erste partielle Ableitung nach y verwende ich die Kettenregel. Innere und äußere Funktion sind die gleichen wie eben, nur dass die innere Funktion $\frac{y}{x}$ jetzt eine Funktion von y ist und x als Konstante betrachtet wird. Damit ergibt sich die innere Ableitung $\frac{1}{x}$, und das bedeutet:

$$\frac{\delta f_4}{\delta y}(x, y) = \frac{1}{x} \cdot \frac{1}{1 + \left(\frac{y}{x}\right)^2} = \frac{1}{x} \cdot \frac{x^2}{x^2 + y^2} = \frac{x}{x^2 + y^2},$$

wobei ich im zweiten Schritt den zweiten Bruch mit x^2 erweitert habe. Das Berechnen der zweiten Ableitungen ist jetzt keine große Sache mehr, sondern läuft mit Hilfe von Quotienten- und Kettenregel ab. Für die doppelte partielle Ableitung nach x leite ich die erste partielle Ableitung $\frac{\delta f_4}{\delta x}(x, y)$ noch einmal nach x ab. Da im Zähler dieser ersten partiellen Ableitung kein x vorkommt, schreibe ich sie als

$$\frac{\delta f_4}{\delta x}(x, y) = -y \cdot (x^2 + y^2)^{-1}$$

und verwende die Kettenregel. Wieder ist y als Konstante zu behandeln, und das heißt:

$$\frac{\delta^2 f_4}{\delta x^2}(x, y) = -y \cdot 2x \cdot (-1)(x^2 + y^2)^{-2} = \frac{2xy}{(x^2 + y^2)^2},$$

da sich die beiden Minuszeichen gegenseitig aufheben. Bei der gemischten Ableitung kann ich die Quotientenregel anwenden, und die erste partielle Ableitung

$$\frac{\delta f_4}{\delta x}(x, y) = -\frac{y}{x^2 + y^2}$$

nach der Variablen y ableiten. Das ergibt:

$$\frac{\delta^2 f_4}{\delta y \delta x}(x, y) = -\frac{1 \cdot (x^2 + y^2) - 2y \cdot y}{(x^2 + y^2)^2} = -\frac{x^2 + y^2 - 2y^2}{(x^2 + y^2)^2}$$

$$= -\frac{x^2 - y^2}{(x^2 + y^2)^2} = \frac{y^2 - x^2}{(x^2 + y^2)^2}.$$

Nach dem Satz von Schwarz entspricht das auch der gemischten partiellen Ableitung mit umgekehrter Reihenfolge der Ableitungsvariablen, also:

$$\frac{\delta^2 f_4}{\delta x \delta y}(x, y) = \frac{\delta^2 f_4}{\delta y \delta x}(x, y) = \frac{y^2 - x^2}{(x^2 + y^2)^2}.$$

Zum guten Schluss berechne ich noch die doppelte partielle Ableitung nach y. Da im Zähler der ersten partiellen Ableitung nach y die Variable y nicht vorkommt, schreibe ich sie als

$$\frac{\delta f_4}{\delta y}(x, y) = x \cdot (x^2 + y^2)^{-1}$$

und verwende die Kettenregel. Nun ist x als Konstante zu behandeln, und das heißt:

$$\frac{\delta^2 f_4}{\delta y^2}(x, y) = x \cdot 2y \cdot (-1)(x^2 + y^2)^{-2} = -\frac{2xy}{(x^2 + y^2)^2}.$$

13.2 Bestimmen Sie die Gleichung der Tangentialebene der Funktion

$$f(x, y) = (x^3 + y^3) \cdot e^{-y}$$

an dem Punkt $(x_0, y_0) = (1, 0)$.

Lösung Eine Funktion $f(x, y)$ mit zwei reellen Inputs und einem reellen Output kann man sich als eine Oberfläche im dreidimensionalen Raum vorstellen. Deshalb sind die Tangenten auch nicht wie im vertrauten eindimensionalen Fall einfach nur Geraden, sondern Ebenen: an einen Punkt auf einer Oberfläche im Raum können Sie eine Ebene kleben, die daher auch Tangentialebene genannt wird. Und während Sie im eindimensionalen Fall zur Berechnung der Tangentengleichung die erste Ableitung der Funktion brauchen, werden wir hier die partiellen Ableitungen verwenden. Die Vorgehensweise ist dabei die folgende. Zuerst rechnen Sie die partiellen Ableitungen $\frac{\delta f}{\delta x}(x, y)$ und $\frac{\delta f}{\delta y}(x, y)$ aus. Dann setzen Sie in diese partiellen Ableitungen und in die Funktion selbst den Punkt (x_0, y_0) ein. Und schließlich gibt es eine einfache Formel, mit der Sie die Gleichung der Tangentialebene ausrechnen können, nämlich:

$$z = f(x_0, y_0) + \frac{\delta f}{\delta x}(x_0, y_0) \cdot (x - x_0) + \frac{\delta f}{\delta y}(x_0, y_0) \cdot (y - y_0)$$

$$= f(x_0, y_0) + \left(\frac{\delta f}{\delta x}(x_0, y_0) \quad \frac{\delta f}{\delta y}(x_0, y_0)\right) \cdot \begin{pmatrix} x - x_0 \\ y - y_0 \end{pmatrix}.$$

Dabei ist die zweite Zeile nur die Matrizenfassung der ersten Zeile, in der mit Hilfe eines Matrizenprodukts genau der gleiche Sachverhalt ausgedrückt wird. Nun muss ich nur noch diese Formel mit Leben füllen und zuerst die partiellen Ableitungen von $f(x, y)$ ausrechnen. Bei der partiellen Ableitung nach x sollten Sie beachten, dass in $f(x, y) = (x^3 + y^3) \cdot e^{-y}$ der Faktor e^{-y} die Variable x nicht enthält, so dass die Produktregel hier gar nicht gebraucht wird: e^{-y} ist relativ zu x nichts weiter als ein konstanter Faktor, den man beim Ableiten einfach da stehen lässt, wo er ist. Damit gilt:

$$\frac{\delta f}{\delta x}(x, y) = 3x^2 \cdot e^{-y}.$$

Anders sieht es aus bei der partiellen Ableitung nach y. Jetzt ist y die Ableitungsvariable, und sie kommt in beiden Faktoren vor, während ich x als schlichte Konstante betrachten muss. Also ist die Produktregel nicht mehr zu vermeiden. Sie liefert:

$$\frac{\delta f}{\delta y}(x, y) = 3y^2 \cdot e^{-y} + (-e^{-y}) \cdot (x^3 + y^3) = e^{-y} \cdot (3y^2 - x^3 - y^3).$$

Die schwierigste Arbeit ist damit schon getan, jetzt wird nur noch eingesetzt. Der Punkt, um den es geht, lautet $(x_0, y_0) = (1, 0)$. Also ist

$$\frac{\delta f}{\delta x}(1, 0) = 3 \cdot e^0 = 3 \text{ und } \frac{\delta f}{\delta y}(1, 0) = e^0 \cdot (-1) = -1.$$

Weiterhin ist $f(1, 0) = 1 \cdot e^0 = 1$. Einsetzen in die Formel für die Tangentialebene ergibt dann:

$$z = f(1, 0) + \frac{\delta f}{\delta x}(1, 0) \cdot (x - 1) + \frac{\delta f}{\delta y}(1, 0) \cdot y$$
$$= 1 + 3 \cdot (x - 1) - 1 \cdot y$$
$$= 1 + 3x - 3 - y$$
$$= 3x - y - 2.$$

13.3 Gegeben sei die Funktion

$$f(x, y) = e^{\frac{y}{x}}.$$

Berechnen Sie

$$x \cdot \frac{\delta f}{\delta x}(x, y) + y \cdot \frac{\delta f}{\delta y}(x, y).$$

Lösung Diese Aufgabe ist wie die nächsten beiden nichts weiter als eine Übung im partiellen Ableiten. Zunächst werde ich also $f(x, y)$ nach der Variablen x differenzieren.

Dabei ist wieder einmal die Kettenregel anzuwenden, denn offenbar ist f eine verkettete Funktion mit $\frac{y}{x}$ als innerer Funktion und der Exponentialfunktion als äußerer. Bei der partiellen Ableitung nach x betrachte ich aber y als Konstante und nur x als Ableitungsvariable. Deshalb lautet die innere Ableitung $-\frac{y}{x^2}$, und die äußere Ableitung ist natürlich wieder die Exponentialfunktion selbst. Das ergibt die partielle Ableitung:

$$\frac{\delta f}{\delta x}(x, y) = -\frac{y}{x^2} \cdot e^{\frac{y}{x}}.$$

Das Ableiten nach y geschieht nach dem gleichen Prinzip. Innere und äußere Funktion sind die gleichen wie eben, nur dass die innere Funktion $\frac{y}{x}$ jetzt eine Funktion von y ist und x als Konstante betrachtet wird. Damit ergibt sich die innere Ableitung $\frac{1}{x}$, und das bedeutet:

$$\frac{\delta f}{\delta y}(x, y) = \frac{1}{x} \cdot e^{\frac{y}{x}}.$$

Jetzt habe ich alles, was ich brauche, um den gesuchten Ausdruck zu berechnen. Es gilt:

$$
\begin{aligned}
x \cdot \frac{\delta f}{\delta x}(x, y) + y \cdot \frac{\delta f}{\delta y}(x, y) &= x \cdot \left(-\frac{y}{x^2} \cdot e^{\frac{y}{x}}\right) + y \cdot \frac{1}{x} \cdot e^{\frac{y}{x}} \\
&= -\frac{y}{x} \cdot e^{\frac{y}{x}} + y \cdot \frac{1}{x} \cdot e^{\frac{y}{x}} \\
&= -\frac{y}{x} \cdot e^{\frac{y}{x}} + \frac{y}{x} \cdot e^{\frac{y}{x}} \\
&= 0.
\end{aligned}
$$

Folglich ist

$$x \cdot \frac{\delta f}{\delta x}(x, y) + y \cdot \frac{\delta f}{\delta y}(x, y) = 0.$$

13.4 Gegeben sei die Funktion

$$g(x, y) = \ln\left(\sqrt{x} + \sqrt{y}\right).$$

Zeigen Sie

$$x \cdot \frac{\delta g}{\delta x}(x, y) + y \cdot \frac{\delta g}{\delta y}(x, y) = \frac{1}{2}.$$

Lösung Auch hier geht es im Grunde genommen nur darum, mit partiellen Ableitungen zu hantieren. Ich muss die ersten partiellen Ableitungen der Funktion $g(x, y)$ ausrechnen, sie nach der angegebenen Formel kombinieren und zusehen, was dabei herauskommt.

Um nun $g(x, y) = \ln\left(\sqrt{x} + \sqrt{y}\right)$ nach der Variablen x abzuleiten, betrachte ich y als Konstante und differenziere nur nach x. Dazu brauche ich die Kettenregel, denn jetzt ist g eine verkettete Funktion in der Variablen x: die innere Funktion ist $\sqrt{x} + \sqrt{y}$ mit der inneren Ableitung $\frac{1}{2\sqrt{x}}$, und die äußere Funktion ist der natürliche Logarithmus. Wegen $(\ln x)' = \frac{1}{x}$ folgt dann aus der Kettenregel:

$$\frac{\delta g}{\delta x}(x, y) = \frac{1}{2\sqrt{x}} \cdot \frac{1}{\sqrt{x} + \sqrt{y}},$$

denn die äußere Ableitung wird nicht auf das schlichte x angewendet, sondern auf die gesamte innere Funktion $\sqrt{x} + \sqrt{y}$. Beim Ableiten nach y vertauschen sich gerade die Rollen von x und y: x wird als Konstante betrachtet, und y ist die Ableitungsvariable. Deshalb lautet jetzt die innere Ableitung $\frac{1}{2\sqrt{y}}$, und als partielle Ableitung erhalte ich:

$$\frac{\delta g}{\delta y}(x, y) = \frac{1}{2\sqrt{y}} \cdot \frac{1}{\sqrt{x} + \sqrt{y}}.$$

Jetzt ist nicht mehr viel zu tun. Aus der Potenzrechnung folgt:

$$x \cdot \frac{\delta g}{\delta x}(x, y) = x \cdot \frac{1}{2\sqrt{x}} \cdot \frac{1}{\sqrt{x} + \sqrt{y}} = \frac{\sqrt{x}}{2} \cdot \frac{1}{\sqrt{x} + \sqrt{y}},$$

da $x \cdot \frac{1}{\sqrt{x}} = \sqrt{x}$ gilt. Und natürlich gilt genauso:

$$y \cdot \frac{\delta g}{\delta y}(x, y) = y \cdot \frac{1}{2\sqrt{y}} \cdot \frac{1}{\sqrt{x} + \sqrt{y}} = \frac{\sqrt{y}}{2} \cdot \frac{1}{\sqrt{x} + \sqrt{y}}.$$

Addieren ergibt daher:

$$x \cdot \frac{\delta g}{\delta x}(x, y) + y \cdot \frac{\delta g}{\delta y}(x, y) = \frac{\sqrt{x}}{2} \cdot \frac{1}{\sqrt{x} + \sqrt{y}} + \frac{\sqrt{y}}{2} \cdot \frac{1}{\sqrt{x} + \sqrt{y}}$$
$$= \frac{1}{2} \cdot \frac{\sqrt{x} + \sqrt{y}}{\sqrt{x} + \sqrt{y}}$$
$$= \frac{1}{2}.$$

13.5 Man definiere die Funktion $f : \mathbb{R}^3 \backslash \{(0, 0, 0)\} \to \mathbb{R}$ durch

$$f(x, y, z) = \frac{1}{\sqrt{x^2 + y^2 + z^2}}.$$

Berechnen Sie

$$\frac{\delta^2 f}{\delta x^2}(x, y, z) + \frac{\delta^2 f}{\delta y^2}(x, y, z) + \frac{\delta^2 f}{\delta z^2}(x, y, z).$$

Lösung Bei dieser Aufgabe wird die Rechnung etwas aufwendiger, da es sich um zweite partielle Ableitungen handelt. Es bleibt mir also nichts anderes übrig, als die geforderten zweiten partiellen Ableitungen auszurechnen und anschließend zu addieren. Dabei wird sich herausstellen, dass sich alles aufhebt und zum Schluss Null herauskommt.

Zuerst berechne ich die erste partielle Ableitung nach der Variablen x. Dazu halte ich die beiden anderen Variablen y und z konstant und betrachte nur noch x als Ableitungsvariable. Die Funktion $f(x, y, z)$ kann ich aber schreiben als

$$f(x, y, z) = (x^2 + y^2 + z^2)^{-\frac{1}{2}},$$

und damit ist die Kettenregel anwendbar. Die innere Funktion lautet $x^2 + y^2 + z^2$ und hat beim Ableiten nach x die innere Ableitung $2x$. Die äußere Funktion ist das Potenzieren mit $-\frac{1}{2}$, und das kann ich nach der üblichen Regel für die Ableitung einer Potenzfunktion behandeln. Nach der Kettenregel ergibt sich daraus:

$$\frac{\delta f}{\delta x}(x, y, z) = 2x \cdot \left(-\frac{1}{2}\right) \cdot (x^2 + y^2 + z^2)^{-\frac{3}{2}} = -x \cdot (x^2 + y^2 + z^2)^{-\frac{3}{2}}.$$

Das könnte man natürlich wieder als Bruch schreiben, aber da ich ohnehin noch weiter ableiten muss, ist es sinnvoll, den Ausdruck einfach stehen zu lassen: für die doppelte partielle Ableitung nach x wird er jetzt nach x differenziert. Zunächst handelt es sich um ein Produkt, so dass ich die Produktregel verwenden muss, aber für die Ableitung des zweiten Faktors nach x werde ich wieder die Kettenregel brauchen, denn hier wird die innere Funktion $x^2 + y^2 + z^2$ mit dem Exponenten $-\frac{3}{2}$ potenziert. Damit wird:

$$\frac{\delta^2 f}{\delta x^2}(x, y, z) = (-1) \cdot (x^2 + y^2 + z^2)^{-\frac{3}{2}} + (-x) \cdot 2x \cdot \left(-\frac{3}{2}\right) \cdot (x^2 + y^2 + z^2)^{-\frac{5}{2}}.$$

Dabei habe ich für die partielle Ableitung des zweiten Faktors die innere Ableitung $2x$ mit der äußeren Ableitung der Potenzfunktion mit dem Exponenten $-\frac{3}{2}$ multipliziert. Das erzielte Ergebnis fasse ich noch ein wenig zusammen und schreibe es als Summe von zwei Brüchen:

$$\frac{\delta^2 f}{\delta x^2}(x, y, z) = (-1) \cdot (x^2 + y^2 + z^2)^{-\frac{3}{2}} + (-x) \cdot 2x \cdot \left(-\frac{3}{2}\right) \cdot (x^2 + y^2 + z^2)^{-\frac{5}{2}}$$

$$= -\frac{1}{(x^2 + y^2 + z^2)^{\frac{3}{2}}} + \frac{3x^2}{(x^2 + y^2 + z^2)^{\frac{5}{2}}}.$$

Sehr übersichtlich sieht das noch nicht aus, aber das wird sich bald ändern. Zuerst muss ich noch die restlichen zweifachen partiellen Ableitungen berechnen, aber das geht jetzt ohne jeden Aufwand. Wenn Sie einen genaueren Blick auf die Funktion $f(x, y, z)$ werfen, dann werden Sie feststellen, dass die drei Variablen x, y und z absolut identische Rollen spielen: wenn Sie beispielsweise die Rollen von x und y vertauschen, dann kommt wieder

genau die gleiche Funktion heraus. Deshalb wird auch beim zweifachen partiellen Ableiten nach y das Gleiche passieren wie beim zweifachen partiellen Ableiten nach x, nur
dass jetzt y die Rolle von x einnimmt. Es gilt also:

$$\frac{\delta^2 f}{\delta y^2}(x,y,z) = -\frac{1}{(x^2+y^2+z^2)^{\frac{3}{2}}} + \frac{3y^2}{(x^2+y^2+z^2)^{\frac{5}{2}}},$$

und mit dem gleichen Prinzip finden Sie:

$$\frac{\delta^2 f}{\delta z^2}(x,y,z) = -\frac{1}{(x^2+y^2+z^2)^{\frac{3}{2}}} + \frac{3z^2}{(x^2+y^2+z^2)^{\frac{5}{2}}}.$$

Damit habe ich immerhin schon die drei zweifachen partiellen Ableitungen ermittelt, die
addiert werden sollen. Es gilt also:

$$
\begin{aligned}
\frac{\delta^2 f}{\delta x^2}(x,y,z) + \frac{\delta^2 f}{\delta y^2}(x,y,z) + \frac{\delta^2 f}{\delta z^2}(x,y,z) &= -\frac{1}{(x^2+y^2+z^2)^{\frac{3}{2}}} + \frac{3x^2}{(x^2+y^2+z^2)^{\frac{5}{2}}} \\
&\quad -\frac{1}{(x^2+y^2+z^2)^{\frac{3}{2}}} + \frac{3y^2}{(x^2+y^2+z^2)^{\frac{5}{2}}} \\
&\quad -\frac{1}{(x^2+y^2+z^2)^{\frac{3}{2}}} + \frac{3z^2}{(x^2+y^2+z^2)^{\frac{5}{2}}} \\
&= -\frac{3}{(x^2+y^2+z^2)^{\frac{3}{2}}} + \frac{3x^2+3y^2+3z^2}{(x^2+y^2+z^2)^{\frac{5}{2}}},
\end{aligned}
$$

denn die jeweils ersten Summanden aus jeder Zeile konnte ich zu dem Summanden
$-\frac{3}{(x^2+y^2+z^2)^{\frac{3}{2}}}$ zusammenfassen, und bei den jeweils zweiten Summanden jeder Zeile
musste ich nur die Zähler addieren, da die Nenner jeweils gleich waren. Nun geht es nur
noch darum, die beiden verbleibenden Brüche zu addieren. Das ist aber ganz einfach. Erweitert man den ersten Bruch mit $x^2+y^2+z^2$, so hat auch er den Nenner $(x^2+y^2+z^2)^{\frac{5}{2}}$,
und Sie müssen sich nur noch um die Zähler kümmern. Daraus folgt:

$$
\begin{aligned}
\frac{\delta^2 f}{\delta x^2}(x,y,z) + \frac{\delta^2 f}{\delta y^2}(x,y,z) + \frac{\delta^2 f}{\delta z^2}(x,y,z) &= -\frac{3}{(x^2+y^2+z^2)^{\frac{3}{2}}} + \frac{3x^2+3y^2+3z^2}{(x^2+y^2+z^2)^{\frac{5}{2}}} \\
&= -\frac{3(x^2+y^2+z^2)}{(x^2+y^2+z^2)^{\frac{5}{2}}} + \frac{3x^2+3y^2+3z^2}{(x^2+y^2+z^2)^{\frac{5}{2}}} \\
&= \frac{-3x^2-3y^2-3z^2+3x^2+3y^2+3z^2}{(x^2+y^2+z^2)^{\frac{5}{2}}} \\
&= 0.
\end{aligned}
$$

Insgesamt gilt also:

$$\frac{\delta^2 f}{\delta x^2}(x,y,z) + \frac{\delta^2 f}{\delta y^2}(x,y,z) + \frac{\delta^2 f}{\delta z^2}(x,y,z) = 0.$$

13.6 Man definiere $f : \mathbb{R}^3 \to \mathbb{R}^2$ durch

$$f(x, y, z) = (x^2 \sin(y + z), y \cos x).$$

Bestimmen Sie die Funktionalmatrix $Df(x, y, z)$. Wie lautet $Df(0, \pi, \pi)$?

Lösung In der Funktionalmatrix einer Funktion sammelt man alle auftretenden ersten partiellen Ableitungen. Ist also beispielsweise eine Funktion f mit n Inputvariablen und m Outputkomponenten gegeben, dann kann man die Funktion schreiben als $f = (f_1, f_2, \ldots, f_m)$. Jede der Abbildungen $f_1, \ldots, f_m$ hat dann einen ganz gewöhnlichen reellen Output und kann deshalb wie gewohnt nach allen vorkommenden Inputvariablen partiell differenziert werden – und auf diesem Umstand beruht die ganze Funktionalmatrix. In die erste Zeile dieser Matrix schreibt man nämlich alle ersten partiellen Ableitungen der ersten Komponentenfunktion f_1, ordentlich der Reihe nach aufgelistet. In der zweiten Zeile landen alle ersten partiellen Ableitungen der zweiten Komponentenfunktion, und so geht das weiter, bis Sie in die letzte Zeile alle ersten partiellen Ableitungen der letzten Komponentenfunktion schreiben.

Um die Funktionalmatrix auszufüllen, muss ich also zuerst die ersten partiellen Ableitungen der einzelnen Komponenten bestimmen. Für $f(x, y, z) = (x^2 \sin(y + z), y \cos x)$ ist natürlich $f_1(x, y, z) = x^2 \sin(y + z)$ und $f_2(x, y, z) = y \cos x$. Jede dieser beiden Komponentenfunktionen hat nun drei erste partielle Ableitungen: eine nach x, eine nach y und eine nach z. Um f_1 nach x abzuleiten, betrachte ich y und z als Konstanten, und das bedeutet, dass $\sin(y + z)$ zu einem konstanten Faktor wird, der beim Ableiten einfach stehenbleibt. Daher ist

$$\frac{\delta f_1}{\delta x}(x, y, z) = 2x \sin(y + z).$$

Anders sieht es aus beim partiellen Ableiten nach y. Hier ist nun x^2 ein konstanter Faktor, und die Funktion $\sin(y + z)$ leite ich mit Hilfe der Kettenregel nach y ab: die innere Funktion $y + z$ hat die innere Ableitung 1, und die äußere Funktion ist der Sinus, dessen Ableitung der Cosinus ist. Daraus folgt:

$$\frac{\delta f_1}{\delta y}(x, y, z) = x^2 \cos(y + z).$$

Und beim Ableiten nach z ergibt sich das Gleiche, denn x^2 ist wieder ein konstanter Faktor, und ob Sie die innere Funktion $y + z$ nun nach y oder nach z differenzieren, das Ergebnis wird immer 1 sein. Deshalb gilt:

$$\frac{\delta f_1}{\delta z}(x, y, z) = x^2 \cos(y + z).$$

Damit sind alle ersten partiellen Ableitungen von f_1 bestimmt. Bei f_2 ist die Sache auch nicht schwieriger. Um nach x abzuleiten, halte ich y und z konstant und finde:

$$\frac{\delta f_2}{\delta x}(x, y, z) = -y \sin x.$$

Um anschließend nach y abzuleiten, halte ich x und z konstant und erhalte:

$$\frac{\delta f_2}{\delta y}(x, y, z) = \cos x.$$

Und das partielle Ableiten nach z wird hier besonders einfach, da die Funktion f_2 keine Variable z enthält. Aus der Sicht von z ist f_2 also konstant, und das heißt:

$$\frac{\delta f_2}{\delta z}(x, y, z) = 0.$$

Alles, was ich jetzt noch tun muss, ist das Zusammenfassen der partiellen Ableitungen in einer Matrix. Die partiellen Ableitungen von f_1 kommen in die erste Zeile, die partiellen Ableitungen von f_2 in die zweite, wobei ich sie ordentlich in der Reihenfolge x, y, z eintragen muss. Damit ergibt sich die Funktionalmatrix:

$$Df(x, y, z) = \begin{pmatrix} 2x \sin(y + z) & x^2 \cos(y + z) & x^2 \cos(y + z) \\ -y \sin x & \cos x & 0 \end{pmatrix}.$$

Das ist nun die allgemeine Funktionalmatrix für die Funktion f, und man kann sie natürlich noch mit Leben füllen, indem man für die einzelnen Variablen Zahlen einsetzt. Hier soll noch $Df(0, \pi, \pi)$ bestimmt werden. Da ich aber schon die allgemeine Funktionalmatrix ausgerechnet habe, ist das nicht mehr schwer, denn ich muss nur noch in der Matrix $x = 0, y = \pi$ und $z = \pi$ setzen. Dann wird:

$$Df(0, \pi, \pi) = \begin{pmatrix} 0 \cdot \sin(2\pi) & 0^2 \cdot \cos(2\pi) & 0^2 \cdot \cos(2\pi) \\ -\pi \sin 0 & \cos 0 & 0 \end{pmatrix} = \begin{pmatrix} 0 & 0 & 0 \\ 0 & 1 & 0 \end{pmatrix}.$$

13.7 Man definiere $f : \mathbb{R}^2 \to \mathbb{R}$ durch

$$f(x, y) = \sin x + \cos(x + y).$$

Bestimmen Sie $Df(x, y)$ und linearisieren Sie f für den Punkt $(x_0, y_0) = (0, \pi)$.

Lösung Ob man es nun *Linearisierung* oder *Berechnung der Tangentialebene* nennt: das Prinzip ist immer das gleiche. Bei der Linearisierung einer total differenzierbaren Funktion nähert man die Funktion selbst in der Nähe des vorgegebenen Punktes durch eine einfachere Funktion an, deren Berechnung keinerlei Probleme macht. Hat man beispielsweise wie hier zwei Inputvariablen, dann lautet die Formel für die Linearisierung:

$$f(x, y) \approx f(x_0, y_0) + Df(x_0, y_0) \cdot \begin{pmatrix} x - x_0 \\ y - y_0 \end{pmatrix}.$$

Ich brauche also einige Informationen, um die Näherungsfunktion auszurechnen. Zuerst muss ich den konkreten Funktionswert $f(x_0, y_0)$ bestimmen. Dann muss ich die Funktionalmatrix $Df(x, y)$ ausrechnen und in diese Funktionalmatrix den Punkt (x_0, y_0) einsetzen. Das reicht noch nicht, denn anschließend ist noch diese mit konkreten Werten gefüllte Matrix mit dem Vektor $\begin{pmatrix} x - x_0 \\ y - y_0 \end{pmatrix}$ zu multiplizieren und das Ganze auf den Funktionswert $f(x_0, y_0)$ zu addieren. Nach diesem Muster werde ich jetzt die Linearisierung der Funktion $f(x, y) = \sin x + \cos(x + y)$ für den Punkt $(0, \pi)$ durchführen.

Zunächst ist

$$f(0, \pi) = \sin 0 + \cos \pi = -1.$$

Die Funktionalmatrix von f besteht nur aus einer Zeile, da f nur eine Outputkomponente hat und in jede Zeile der Funktionalmatrix die ersten partiellen Ableitungen einer Komponentenfunktion gehören. Ich brauche also die ersten partiellen Ableitungen von f nach x und nach y. Beim Ableiten nach x wird y als konstant betrachtet, und deshalb gilt:

$$\frac{\delta f}{\delta x}(x, y) = \cos x - \sin(x + y).$$

Umgekehrt muss ich x konstant halten, sobald ich partiell nach y differenziere, und daher fällt beim Ableiten nach y der erste Summand weg. Daraus folgt:

$$\frac{\delta f}{\delta y}(x, y) = -\sin(x + y).$$

Die Funktionalmatrix von f lautet also:

$$Df(x, y) = \begin{pmatrix} \cos x - \sin(x + y) & -\sin(x + y) \end{pmatrix}.$$

Sobald die Funktionalmatrix berechnet ist, kommt man recht schnell zur Linearisierung der Funktion. Hier ist $(x_0, y_0) = (0, \pi)$, also:

$$Df(0, \pi) = \begin{pmatrix} \cos 0 - \sin \pi & -\sin \pi \end{pmatrix} = \begin{pmatrix} 1 & 0 \end{pmatrix}.$$

Daraus folgt:

$$Df(0, \pi) \cdot \begin{pmatrix} x - 0 \\ y - \pi \end{pmatrix} = \begin{pmatrix} 1 & 0 \end{pmatrix} \cdot \begin{pmatrix} x \\ y - \pi \end{pmatrix} = 1 \cdot x + 0 \cdot (y - \pi) = x.$$

Damit ergibt sich die Linearisierung:

$$f(x, y) \approx f(0, \pi) + Df(0, \pi) \cdot \begin{pmatrix} x \\ y - \pi \end{pmatrix} = -1 + x.$$

Die Näherung lautet also:

$$f(x, y) \approx -1 + x,$$

falls (x, y) in der Nähe von $(0, \pi)$ liegt.

13.8 Man definiere $g : \mathbb{R}^2 \to \mathbb{R}^2$ durch

$$g(x, y) = (x^2 + y, xy^2 + x).$$

Bestimmen Sie $Dg(x, y)$ und linearisieren Sie g für den Punkt $(x_0, y_0) = (1, 1)$.

Lösung Diese Aufgabe lässt sich genauso angehen wie Aufgabe 13.7, nur an einer Stelle muss man etwas aufpassen. Die Linearisierungsformel lautet hier:

$$g(x, y) \approx g(x_0, y_0) + Dg(x_0, y_0) \cdot \begin{pmatrix} x - x_0 \\ y - y_0 \end{pmatrix}.$$

Funktionswerte und Ableitungen lassen sich hier besonders einfach ausrechnen, da beide Komponentenfunktionen von $g(x, y)$ simple Polynome sind. Für $(x_0, y_0) = (1, 1)$ gilt also:

$$g(1, 1) = (2, 2).$$

Zur Aufstellung der Funktionalmatrix muss ich wieder die ersten partiellen Ableitungen der Komponentenfunktionen berechnen, und im Gegensatz zu Aufgabe 13.7 ist der Output hier zweidimensional, denn ich habe die Komponenten $g_1(x, y) = x^2 + y$ und $g_2(x, y) = xy^2 + x$. Um die partiellen Ableitungen selbst muss ich wohl nicht mehr viele Worte machen: man leitet nach x ab, indem man y als Konstante betrachtet und nur x als Ableitungsvariable, und beim Ableiten nach y ist es umgekehrt. Damit folgt:

$$\frac{\delta g_1}{\delta x}(x, y) = 2x \text{ und } \frac{\delta g_1}{\delta y}(x, y) = 1$$

sowie

$$\frac{\delta g_2}{\delta x}(x, y) = y^2 + 1 \text{ und } \frac{\delta g_2}{\delta y}(x, y) = 2xy.$$

In der ersten Zeile der Funktionalmatrix stehen nun alle ersten partiellen Ableitungen der ersten Komponentenfunktion g_1, während in der zweiten Zeile alle zweiten partiellen Ableitungen der zweiten Komponentenfunktion g_2 stehen. Das heißt:

$$Dg(x, y) = \begin{pmatrix} 2x & 1 \\ y^2 + 1 & 2xy \end{pmatrix}.$$

Zum Linearisieren brauche ich aber gar nicht mehr die allgemeine Matrix $Dg(x, y)$, sondern die spezielle Matrix

$$Dg(1,1) = \begin{pmatrix} 2 & 1 \\ 2 & 2 \end{pmatrix},$$

denn ich muss ja den vorgegebenen Punkt $(x_0, y_0) = (1, 1)$ in die Funktionalmatrix einsetzen. Und diese konkrete Matrix wird nun mit dem Vektor $\begin{pmatrix} x - x_0 \\ y - y_0 \end{pmatrix} = \begin{pmatrix} x - 1 \\ y - 1 \end{pmatrix}$ multipliziert. Das ergibt:

$$Dg(1,1) \cdot \begin{pmatrix} x - 1 \\ y - 1 \end{pmatrix} = \begin{pmatrix} 2 & 1 \\ 2 & 2 \end{pmatrix} \cdot \begin{pmatrix} x - 1 \\ y - 1 \end{pmatrix} = \begin{pmatrix} 2(x - 1) + y - 1 \\ 2(x - 1) + 2(y - 1) \end{pmatrix}$$

$$= \begin{pmatrix} 2x + y - 3 \\ 2x + 2y - 4 \end{pmatrix}.$$

Und hier tritt nun tatsächlich ein kleines formales Problem auf. Den Funktionswert $g(1, 1)$ hatte ich berechnet als $g(1, 1) = (2, 2)$ – ein Zeilenvektor. Das Produkt aus Funktionalmatrix und Vektor habe ich eben gerade berechnet als

$$Dg(1,1) \cdot \begin{pmatrix} x - 1 \\ y - 1 \end{pmatrix} = \begin{pmatrix} 2x + y - 3 \\ 2x + 2y - 4 \end{pmatrix},$$

und das ist ein Spaltenvektor. Die Linearisierungsformel verlangt aber von mir, dass ich diese beiden Größen jetzt addiere, was man nicht so einfach machen kann, da das eine ein Zeilen- und das andere ein Spaltenvektor ist. Um ganz genau zu sein, hätte ich also bereits in der Linearisierungsformel eine Transponierung vornehmen und damit den Spaltenvektor in einen Zeilenvektor verwandeln müssen. Das wäre aber für unsere Zwecke ein leicht übertriebener Formalismus, denn es ist ja klar, was jetzt zu tun ist: ich schreibe das Ergebnis der Multiplikation Matrix · Vektor als Zeile $(2x + y - 3, 2x + 2y - 4)$, und erhalte durch Addition die Linearisierung:

$$g(x, y) \approx (2, 2) + (2x + y - 3, 2x + 2y - 4) = (2x + 2y - 1, 2x + 2y - 2).$$

Die Näherung lautet also:

$$g(x, y) \approx (2x + 2y - 1, 2x + 2y - 2)$$

falls (x, y) in der Nähe von $(1, 1)$ liegt.

13.9 Gegeben sei ein Zylinder mit dem Radius $r = 2m$ und der Höhe $h = 10m$. Berechnen Sie unter Verwendung totaler Differentiale die Oberflächenänderung und die Volumenänderung, die der Zylinder erfährt, wenn man den Radius um 5 Zentimeter erhöht und die Höhe um 2 Zentimeter erniedrigt. Vergleichen Sie die entsprechenden Näherungswerte mit den exakten Werten der Veränderung.

Lösung Mit dem totalen Differential haben Sie eine Möglichkeit, näherungsweise die Änderungsrate einer Funktion bei gegebener Änderung des Inputs auszurechnen. Ist also beispielsweise $f(x, y)$ eine Funktion mit zwei reellen Inputs und einem reellen Output, so kann man an der Frage interessiert sein, wie sehr sich die Funktionswerte ändern werden, wenn man ein wenig an den Inputs dreht. Man geht also aus von einem festen Punkt (x_0, y_0) und verändert sowohl den x-Wert x_0 als auch den y-Wert y_0 um einen nicht allzugroßen Betrag. Wie groß ist dann die Änderung der Funktionswerte? Natürlich könnten Sie den alten Funktionswert und den neuen Funktionswert berechnen und dann beide Werte miteinander vergleichen, aber die Idee des totalen Differentials besteht darin, sich die Berechnung der Funktionswerte völlig zu ersparen und trotzdem die Änderung wenigstens näherungsweise zu berechnen. Natürlich muss man dafür einen Preis bezahlen, und dieser Preis ist die Bestimmung der partiellen Ableitungen. Das totale Differential lautet nämlich:

$$df = \frac{\delta f}{\delta x} dx + \frac{\delta f}{\delta y} dy,$$

und diese Formel ist etwas interpretationsbedürftig. Die partiellen Ableitungen werden an dem Ausgangspunkt (x_0, y_0) ausgerechnet, so dass es genau genommen

$$df = \frac{\delta f}{\delta x}(x_0, y_0) dx + \frac{\delta f}{\delta y}(x_0, y_0) dy$$

heißen müsste, aber die erste Schreibweise hat sich nun einmal eingebürgert. Die Größen dx bzw. dy bezeichnen die Änderungen der Input-Werte: ich werde also um dx von x_0 abweichen und um dy von y_0, wobei Sie natürlich auch das Vorzeichen der Abweichung in Betracht ziehen müssen. Sobald man dann die partiellen Ableitungen im Ausgangspunkt und die einzelnen Input-Abweichungen kennt, kann man näherungsweise die Abweichung der Funktionswerte berechnen, die durch df angegeben wird. Daher bezeichnet df die Änderung der Outputs, wenn man die Inputs um dx bzw. dy ändert – zumindest näherungsweise.

In dieser Aufgabe geht es nun um einen Zylinder mit dem Radius 2 und der Höhe 10, dessen Radius um 0,05 erhöht und dessen Höhe um 0,02 erniedrigt werden soll. Es gilt also:

$$dr = 0{,}05 \text{ und } dh = -0{,}02.$$

Für das totale Differential brauche ich natürlich noch die partiellen Ableitungen der Oberflächenfunktion und der Volumenfunktion, und das setzt voraus, dass ich erst einmal diese Funktionen selbst kenne. Zum Glück muss ich mich darum nicht mehr kümmern: in der Lösung zu Aufgabe 7.12 können Sie nachlesen, dass man die Oberfläche eines Zylinders nach der Formel

$$F(r, h) = 2\pi r^2 + 2\pi r h$$

und das Volumen nach der Vorschrift

$$V(r, h) = \pi r^2 h$$

berechnet. Beide Funktionen sind einfach nach ihren beiden Variablen r und h abzuleiten. Für die Oberflächenfunktion gilt:

$$\frac{\delta F}{\delta r}(r, h) = 4\pi r + 2\pi h \text{ und } \frac{\delta F}{\delta h}(r, h) = 2\pi r,$$

da im ersten Summanden von $F(r, h)$ kein h vorkommt. Mit den partiellen Ableitungen muss ich gleich in das totale Differential gehen, aber erst dann, wenn ich die Ausgangswerte für r und h in diese partiellen Ableitungen eingesetzt habe. Mit $r = 2$ und $h = 10$ folgt:

$$\frac{\delta F}{\delta r}(2, 10) = 8\pi + 20\pi = 28\pi \text{ und } \frac{\delta F}{\delta h}(2, 10) = 4\pi.$$

Jetzt ist alles da, was das totale Differential verlangt. Nach der Definition von dF gilt:

$$\begin{aligned}
dF &= \frac{\delta F}{\delta r}dr + \frac{\delta F}{\delta h}dh \\
&= 28\pi \cdot dr + 4\pi \cdot dh \\
&= 28\pi \cdot 0{,}05 + 4\pi \cdot (-0{,}02) \\
&= 1{,}4\pi - 0{,}08\pi \\
&= 1{,}32\pi \approx 4{,}147.
\end{aligned}$$

Da meine Ausgangseinheit Meter war, sagt mir dieses Ergebnis also, dass sich die Oberfläche des Zylinders um etwa $4{,}147m^2$ erhöhen wird, wenn man den Radius um 5 Zentimeter erhöht und die Höhe um zwei Zentimeter erniedrigt. Da die Funktion nicht besonders schwer auszurechnen ist, kann ich hier auch die exakte Änderung feststellen, wobei sich allerdings ergeben wird, dass ich mir die Mühe hätte sparen können. Die Oberfläche für die Ausgangswerte $r = 2$, $h = 10$ beträgt nach der Oberflächenformel für den Zylinder:

$$F(2, 10) = 2\pi \cdot 4 + 2\pi \cdot 2 \cdot 10 = 8\pi + 40\pi = 48\pi,$$

während für die veränderten Werte die Oberfläche

$$F(2{,}05, 9{,}98) = 2\pi \cdot 4{,}2025 + 2\pi \cdot 2{,}05 \cdot 9{,}98 = 8{,}405\pi + 40{,}918\pi = 49{,}323\pi$$

beträgt. Damit ergibt sich eine tatsächliche Änderung ΔF von

$$\Delta F = 49{,}323\pi - 48\pi = 1{,}323\pi \approx 4{,}156.$$

Einer näherungsweise berechneten Änderung von $1{,}32\pi$ steht also eine tatsächliche Änderung von $1{,}323\pi$ gegenüber, und das zeigt, dass das totale Differential gute Ergebnisse liefert.

Um die Änderung des Volumens zu berechnen, gehe ich genauso vor. Zunächst ist:

$$\frac{\delta V}{\delta r}(r,h) = 2\pi r h \text{ und } \frac{\delta V}{\delta h}(r,h) = \pi r^2.$$

Einsetzen von $r = 2$ und $h = 10$ ergibt:

$$\frac{\delta V}{\delta r}(2,10) = 2\pi \cdot 2 \cdot 10 = 40\pi \text{ und } \frac{\delta V}{\delta h}(2,10) = \pi \cdot 4 = 4\pi.$$

Damit lautet das totale Differential für die Volumenfunktion:

$$dV = \frac{\delta V}{\delta r}dr + \frac{\delta V}{\delta h}dh$$
$$= 40\pi \cdot dr + 4\pi \cdot dh$$
$$= 40\pi \cdot 0{,}05 + 4\pi \cdot (-0{,}02)$$
$$= 2\pi - 0{,}08\pi$$
$$= 1{,}92\pi \approx 6{,}032.$$

Die angegebene Änderung von Radius und Höhe führt also dazu, dass sich das Volumen um etwa $6{,}032 m^3$ erhöhen wird. Auch hier kann ich ohne weiteres die exakten Werte berechnen. Für die Ausgangswerte $r = 2$ und $h = 10$ habe ich das Volumen:

$$V(2,10) = \pi \cdot 4 \cdot 10 = 40\pi,$$

während für die veränderten Werte das Volumen

$$V(2{,}05, 9{,}98) = \pi \cdot 4{,}2025 \cdot 9{,}98 = 41{,}94095\pi$$

beträgt. Damit ergibt sich eine tatsächliche Änderung ΔV von

$$\Delta V = 41{,}94095\pi - 40\pi = 1{,}94095\pi \approx 6{,}098.$$

13.10 Man definiere $f : \mathbb{R}^3 \to \mathbb{R}^2$ durch

$$f(x,y,z) = (x + yz, xz + y)$$

und $g : \mathbb{R}^2 \to \mathbb{R}^2$ durch

$$g(x,y) = (e^x, e^y).$$

Berechnen Sie mit der Kettenregel $D(g \circ f)(x,y,z)$.

Lösung Während die Kettenregel für die üblichen eindimensionalen Funktionen selten größere Probleme verursacht, sieht es mit der mehrdimensionalen Kettenregel ein wenig anders aus: die meisten Leute haben leichte Schwierigkeiten bei ihrer Anwendung. Sie ist aber genauso aufgebaut wie die vertraute Kettenregel aus der gewohnten Analysis. Bei dieser Aufgabe habe ich beispielsweise zwei Funktionen, nämlich $f : \mathbb{R}^3 \to \mathbb{R}^2$ und $g : \mathbb{R}^2 \to \mathbb{R}^2$. Da f zweidimensionale Outputs liefert und g zweidimensionale Inputs erwartet, kann ich die Ergebnisse von f in die Funktion g einsetzen. Wenn man aber die Ergebnisse der einen Funktion als Input in die andere Funktion einsetzt, dann hat man eine *Verkettung* der beiden Funktionen und kürzt das Ganze mit $g \circ f$ ab. Es gilt also:

$$(g \circ f)(x, y, z) = g(f(x, y, z)).$$

Nun geht es um die Frage, wie man die Funktionalmatrix dieser neuen Funktion $g \circ f$ berechnen kann. Dazu brauche ich die Kettenregel, die hier im wesentlichen genauso aussieht wie im eindimensionalen Fall. Die Funktion f hat natürlich eine Funktionalmatrix $Df(x, y, z)$. Und auch die Funktion g hat eine Funktionalmatrix $Dg(x, y)$. Allerdings sollen ja die Outputs von f gleich den Inputs von g sein, und daher dürfte die Matrix $Dg(f(x, y, z))$ von größerem Interesse sein. Das sieht auf den ersten Blick etwas verwirrend aus, ist es aber nicht: auch in der üblichen Kettenregel setzen Sie in die äußere Ableitung nicht direkt x ein, sondern immer die innere Funktion, und hier ist das genauso. Die äußere Ableitung ist jetzt eben die Funktionalmatrix von g, in die Sie die Outputs von f einsetzen müssen. Der einzige wesentliche Unterschied zu der eindimensionalen Kettenregel ist der unangenehme Umstand, dass Sie im mehrdimensionalen Fall genau auf die Reihenfolge der Multiplikation achten müssen. Es geht hier schließlich um Matrizen, und bei der Matrizenmultiplikation kann man nicht einfach wie bei Zahlen die Multiplikationsreihenfolge ändern, ohne das Ergebnis zu verfälschen. Und da die Matrizen zueinander passen müssen, lautet die Regel:

$$D(g \circ f)(x, y, z) = Dg(f(x, y, z)) \cdot Df(x, y, z),$$

oder in Worten: die Funktionalmatrix der verketteten Funktion erhält man als Matrizenprodukt der Funktionalmatrix der äußeren Funktion und der Funktionalmatrix der inneren Funktion. Noch kürzer gesagt: äußere Ableitung mal innere Ableitung.

Jetzt will ich mich an die Funktionalmatrix der verketteten Funktion $g \circ f$ machen. Dazu muss ich zunächst $Df(x, y, z)$ und $Dg(x, y)$ ausrechnen. Die Funktion f besteht aus den beiden Koponentenfunktionen $f_1(x, y, z) = x + yz$ und $f_2(x, y, z) = xz + y$. Damit ist der Aufbau von $Df(x, y, z)$ schon klar: in der ersten Zeile stehen die ersten partiellen Ableitungen von f_1, und in der zweiten Zeile versammeln sich die ersten partiellen Ableitungen von f_2. Jede Zeile muss also drei Einträge haben, da es eine partielle Ableitung nach x, eine nach y und eine nach z gibt. Die Funktionalmatrix von f lautet also:

$$Df(x, y, z) = \begin{pmatrix} 1 & z & y \\ z & 1 & x \end{pmatrix}.$$

Nun muss ich mir noch die Funktionalmatrix $Dg(x, y)$ verschaffen. Die Funktion g hat die Komponentenfunktionen $g_1(x, y) = e^x$ und $g_2(x, y) = e^y$. In die erste Zeile von $Dg(x, y)$ muss ich die ersten partiellen Ableitungen von g_1 schreiben und in die zweite die ersten partiellen Ableitungen von g_2. Die sind aber besonders einfach, denn wenn Sie g_1 nach x differenzieren, kommt wieder e^x heraus, und weil in e^x überhaupt kein y vorkommt, wird die partielle Ableitung von g_1 nach y zu Null. Ähnlich, wenn auch mit vertauschten Rollen der Variablen, sieht es bei g_2 aus, und deshalb gilt:

$$Dg(x, y) = \begin{pmatrix} e^x & 0 \\ 0 & e^y \end{pmatrix}.$$

So schrecklich viel nützt das aber noch nicht, denn die Kettenregel verlangt von mir ja nicht nur $Dg(x, y)$, sondern die Matrix $Dg(f(x, y, z))$. Nun ist aber $f(x, y, z) = (x + yz, xz + y)$, und das heißt, der Output von f hat zwei Komponenten. Da glücklicherweise auch g zwei Komponenten als Input verlangt, kann ich tatsächlich $f(x, y, z)$ in die Funktionalmatrix einsetzen. Es gilt also:

$$Dg(f(x, y, z)) = Dg(x + yz, xz + y).$$

Jetzt sehen Sie sich noch einmal die Funktionalmatrix $Dg(x, y)$ an. In der ersten Spalte der ersten Zeile steht e^x, und das heißt doch nichts anderes als $e^{\text{erster Input von } g}$. Der erste Input von g heißt bei $Dg(f(x, y, z))$ aber nicht mehr einfach nur x, sondern $x + yz$, und deshalb muss in dieser Matrix am Anfang der ersten Zeile auch der Ausdruck e^{x+yz} stehen. An den beiden anschließenden Nullen kann auch ein veränderter Input nichts ändern, aber den zweite Eintrag der zweiten Spalte müssen Sie wieder umschreiben: aus e^y wird jetzt e^{xz+y}, denn die zweite Inputkomponente für Dg heißt jetzt $xz + y$. Damit ergibt sich:

$$Dg(f(x, y, z)) = \begin{pmatrix} e^{x+yz} & 0 \\ 0 & e^{xz+y} \end{pmatrix}.$$

Wenn man so weit ist, dann besteht der Rest aus Routine. Nach der Kettenregel muss ich die äußere Ableitung mit der inneren Ableitung multiplizieren, und das heißt, es geht um das Matrizenprodukt

$$Dg(f(x, y, z)) \cdot Df(x, y, z) = \begin{pmatrix} e^{x+yz} & 0 \\ 0 & e^{xz+y} \end{pmatrix} \cdot \begin{pmatrix} 1 & z & y \\ z & 1 & x \end{pmatrix}.$$

Das ist eine ganz gewöhnliche Matrizenmultiplikation, die Sie beispielsweise mit Hilfe des in Kap. 12 besprochenen Falkschen Schemas erledigen können. Es lautet hier:

		1	z	y
		z	1	x
e^{x+yz}	0	e^{x+yz}	ze^{x+yz}	ye^{x+yz}
0	e^{xz+y}	ze^{xz+y}	e^{xz+y}	xe^{xz+y}

Damit sind die beiden Matrizen auch schon multipliziert, und das Ergebnis lautet:

$$D(g \circ f)(x, y, z) = Dg(f(x, y, yz)) \cdot Df(x, y, z)$$

$$= \begin{pmatrix} e^{x+yz} & 0 \\ 0 & e^{xz+y} \end{pmatrix} \cdot \begin{pmatrix} 1 & z & y \\ z & 1 & x \end{pmatrix}$$

$$= \begin{pmatrix} e^{x+yz} & ze^{x+yz} & ye^{x+yz} \\ ze^{xz+y} & e^{xz+y} & xe^{xz+y} \end{pmatrix}.$$

13.11 Es sei $f(x, y, z) = (x+y+z, xy-z)$ und $g(x, y) = (2xy, x+y, x^2)$. Berechnen Sie mit Hilfe der Kettenregel $D(f \circ g)(x, y)$.

Lösung Auch bei dieser Aufgabe soll die Kettenregel angewendet werden, allerdings sind hier die Rollen von f und g vertauscht: wegen

$$(f \circ g)(x, y) = f(g(x, y))$$

ist diesmal g die innere Funktion und f die äußere. An der prinzipiellen Formel „äußere Ableitung mal innere Ableitung" ändert das aber nichts. Ich berechne also zuerst die Funktionalmatrizen von f und g, setze dann in die Funktionalmatrix von f die innere Funktion g ein und führe zum Schluss die Matrizenmultiplikation durch. Die Funktion g besteht aus den drei Komponenten $g_1(x, y) = 2xy$, $g_2(x, y) = x+y$ und $g_3(x, y) = x^2$. In der ersten Zeile von Dg stehen also die ersten partiellen Ableitungen von g_1, in die zweite Zeile schreibe ich die ersten partiellen Ableitungen von g_2, und die dritte Zeile schafft Platz für die ersten partiellen Ableitungen von g_3. Damit gilt:

$$Dg(x, y) = \begin{pmatrix} 2y & 2x \\ 1 & 1 \\ 2x & 0 \end{pmatrix}.$$

Auch die Funktionalmatrix von f ist leicht zu bestimmen. Die Komponentenfunktionen von f lauten $f_1(x, y, z) = x + y + z$ und $f_2(x, y, z) = xy - z$. Ich schreibe also in die erste Zeile der Funktionalmatrix von f die ersten partiellen Ableitungen von f_1 und in die zweite Zeile die ersten partiellen Ableitungen von f_2. Daraus folgt:

$$Df(x, y, z) = \begin{pmatrix} 1 & 1 & 1 \\ y & x & -1 \end{pmatrix}.$$

Nun ist aber f die äußere Funktion, und deshalb setze ich in die Funktionalmatrix von f nicht mehr nur (x, y, z) ein, sondern die Outputs von g. Ich brauche also:

$$Df(g(x, y)) = Df(2xy, x + y, x^2).$$

Wo vorher in Df ein schlichtes x stand, muss jetzt also ein $2xy$ auftauchen, wo vorher nur y gebraucht wurde, muss ich jetzt $x + y$ verwenden, und wo vorher ein z reichte, ist jetzt ein x^2 nötig: die Outputs von g werden als Inputs der Funktionalmatrix von f verwendet. Das ergibt:

$$Df(g(x, y)) = \begin{pmatrix} 1 & 1 & 1 \\ x + y & 2xy & -1 \end{pmatrix}.$$

Ich komme dabei gar nicht in die Verlegenheit, anstelle von z den Ausdruck x^2 einzusetzen, da in der ursprünglichen Funktionalmatrix $Df(x, y, z)$ kein z auftauchte. Jedenfalls kenne ich jetzt die Matrizen $Df(g(x, y))$ und $Dg(x, y)$, und ich kann sie mit dem Falkschen Schema multiplizieren. Das Schema liefert:

			$2y$	$2x$
			1	1
			$2x$	0
1	1	1	$2y + 1 + 2x$	$2x + 1$
$x + y$	$2xy$	-1	$2y(x + y) + 2xy - 2x$	$2x(x + y) + 2xy$

Die Matrizenmultiplikation ist damit wieder erledigt, und ich erhalte das Ergebnis:

$$D(f \circ g)(x, y) = Df(g(x, y)) \cdot Dg(x, y)$$

$$= \begin{pmatrix} 1 & 1 & 1 \\ x + y & 2xy & -1 \end{pmatrix} \cdot \begin{pmatrix} 2y & 2x \\ 1 & 1 \\ 2x & 0 \end{pmatrix}$$

$$= \begin{pmatrix} 2y + 1 + 2x & 2x + 1 \\ 2y(x + y) + 2xy - 2x & 2x(x + y) + 2xy \end{pmatrix}$$

$$= \begin{pmatrix} 2y + 1 + 2x & 2x + 1 \\ 2y^2 + 4xy - 2x & 2x^2 + 4xy \end{pmatrix}.$$

13.12 Bestimmen Sie die lokalen Extrema der folgenden Funktionen.

(i) $f_1(x, y) = x^2 - xy + y^2 + 9x - 6y + 17$;
(ii) $f_2(x, y) = 3x^2 - 2x \cdot \sqrt{y} - 8x + y - 34$;
(iii) $f_3(x, y) = (x^2 + y^2) \cdot e^{-y}$.

Lösung Die Berechnung lokaler Extrema gehört zu den wichtigsten Anwendungen der Differentialrechnung – das ist im mehrdimensionalen Fall nicht anders als im eindimensionalen. Und genau wie im eindimensionalen Fall können Sie sich auch bei Funktionen mit mehreren Input-Variablen nach einem bestimmten Schema richten, das Punkt für

Punkt abgearbeitet werden sollte. Ist also beispielsweise $f(x, y)$ eine Funktion mit zwei Inputvariablen und einem eindimensionalen Output, so muss man zunächst die Nullstellen der „ersten Ableitung" bestimmen, und die Rolle der ersten Ableitung spielt hier der sogenannte *Gradient*, in dem man die ersten partiellen Ableitungen von f versammelt. Es gilt also: grad $f(x, y) = \left(\frac{\delta f}{\delta x}(x, y), \frac{\delta f}{\delta y}(x, y) \right)$, und im Falle von n Inputvariablen muss man einfach nur die weiteren partiellen Ableitungen noch dazu schreiben. Die Gleichung grad $f(x, y) = (0, 0)$ können Sie mit etwas Glück nach (x, y) auflösen und erhalten damit die *Extremwertkandidaten*, aber noch nicht unbedingt die Extremwerte selbst. Um nun herauszufinden, ob ein Extremwertkandidat auch tatsächlich ein Extremwert ist und wenn ja, ob es sich um ein Minimum oder ein Maximum handelt, verwendet man auch im mehrdimensionalen Fall die zweite Ableitung, nur dass sie hier etwas komplizierter ist als bei den vertrauten eindimensionalen zweiten Ableitungen. Sie brauchen nämlich die oft als unangenehm empfundene *Hesse-Matrix* H_f, in der alle zweiten partiellen Ableitungen der Funktion f versammelt werden. Hängt – um den allgemeinsten Fall zu erwähnen – die Funktion f von den n Input-Variablen $x_1, \ldots, x_n$ ab, so erhalten Sie den Eintrag in der i-ten Zeile und der j-ten Spalte von $H_f(x_1, \ldots, x_n)$, indem Sie die zweite partielle Ableitung

$$\frac{\delta^2 f}{\delta x_i \delta x_j}$$

berechnen, also erst nach x_j und dann nach x_i ableiten. Da man aber dieses Verfahren in aller Regel nur für zweimal stetig partiell differenzierbare Funktionen anwendet, ist nach dem Satz von Schwarz die Reihenfolge des Differenzierens egal. In einem beliebigen n-dimensionalen Punkt x_0 aus dem Definitionsbereich von f lautet die Hesse Matrix also:

$$H_f(x_0) = \begin{pmatrix} \frac{\delta^2 f}{\delta x_1^2}(x_0) & \frac{\delta^2 f}{\delta x_1 \delta x_2}(x_0) & \frac{\delta^2 f}{\delta x_1 \delta x_3}(x_0) & \cdots & \frac{\delta^2 f}{\delta x_1 \delta x_n}(x_0) \\ \frac{\delta^2 f}{\delta x_2 \delta x_1}(x_0) & \frac{\delta^2 f}{\delta x_2^2}(x_0) & \frac{\delta^2 f}{\delta x_2 \delta x_3}(x_0) & \cdots & \frac{\delta^2 f}{\delta x_2 \delta x_n}(x_0) \\ \vdots & \vdots & \vdots & & \vdots \\ \frac{\delta^2 f}{\delta x_n \delta x_1}(x_0) & \frac{\delta^2 f}{\delta x_n \delta x_2}(x_0) & \frac{\delta^2 f}{\delta x_n \delta x_3}(x_0) & \cdots & \frac{\delta^2 f}{\delta x_n^2}(x_0) \end{pmatrix}.$$

Da ich mich hier auf den Fall $n = 2$ beschränke, habe ich in einem beliebigen Punkt (x, y) die Hesse-Matrix:

$$H_f(x, y) = \begin{pmatrix} \frac{\delta^2 f}{\delta x^2}(x, y) & \frac{\delta^2 f}{\delta x \delta y}(x, y) \\ \frac{\delta^2 f}{\delta y \delta x}(x, y) & \frac{\delta^2 f}{\delta y^2}(x, y) \end{pmatrix}.$$

Nun muss man im Falle einer gewöhnlichen eindimensionalen Funktion bekanntlich testen, ob die zweite Ableitung in einem Extremwertkandidaten positiv oder negativ ist, und etwas ganz Ähnliches macht man mit der Hesse-Matrix. Dazu gibt es den Begriff der *positiven Definitheit* von Matrizen: wenn die Hesse-Matrix in einem potentiellen Extremwert positiv definit ist, dann handelt es sich um ein lokales Minimum, ist sie negativ definit, dann haben Sie ein lokales Maximum. Bei einer Funktion mit nur zwei Inputs gibt es sogar noch ein ausschließendes Kriterium, denn wenn die Hesse-Matrix eines Extremwertkandidaten eine negative Determinante hat, dann kann in diesem Punkt kein Extremwert vorliegen. Wie man die Definitheit im einzelnen überprüft, werden Sie im Verlauf der folgenden Beispiele sehen.

(i)   Nun geht es um die Funktion $f_1(x, y) = x^2 - xy + y^2 + 9x - 6y + 17$. Zuerst muss ich ihren Gradienten ausrechnen, der aus den ersten partiellen Ableitungen besteht. Es gilt:

$$\frac{\delta f_1}{\delta x}(x, y) = 2x - y + 9 \text{ und } \frac{\delta f_1}{\delta y}(x, y) = -x + 2y - 6.$$

Damit ist

$$\text{grad } f_1(x, y) = \left(\frac{\delta f_1}{\delta x}(x, y), \frac{\delta f_1}{\delta y}(x, y) \right) = (2x - y + 9, -x + 2y - 6).$$

Die gesuchten Extremwertkandidaten sind aber die Nullstellen des Gradienten, und ich muss deshalb die Gleichung

$$\text{grad } f_1(x, y) = (0, 0)$$

lösen. Konkret heißt das:

$$(2x - y + 9, -x + 2y - 6) = (0, 0), \text{ also } 2x - y + 9 = 0 \text{ und } -x + 2y - 6 = 0.$$

Das ist nun nichts anderes als ein lineares Gleichungssystem mit den zwei Unbekannten x und y. Ich schreibe es zunächst in der üblichen Form auf, bei der alle Unbekannten links und alle reinen Zahlen rechts stehen. Dann lautet es:

$$2x - y = -9$$
$$-x + 2y = 6.$$

Den Übergang zur Matrizenfassung des klassischen Gauß-Algorithmus kann man sich bei einem so kleinen Gleichungssystem sparen, denn Sie müssen hier nur das Doppelte der zweiten Zeile auf die erste addieren, um sofort $3y = 3$, also $y = 1$ zu erhalten. Einsetzen in die erste Gleichung ergibt dann: $2x = -8$, also $x = -4$. Es gibt somit nur einen einzigen Extremwertkandidaten, nämlich $(x_0, y_0) = (-4, 1)$. Bisher weiß ich aber noch nicht, ob dieser Punkt tatsächlich ein lokales Extremum ist oder nur ein Kandidat, und um das herauszufinden, berechne ich die Hesse-Matrix von f_1. Sie besteht aus sämtlichen zweiten partiellen Ableitungen, die in der oben angegebenen Reihenfolge in die Matrix hineingeschrieben werden, so dass ich zuerst einmal die zweiten partiellen Ableitungen ausrechnen muss. Das ist hier besonders einfach, weil die ersten partiellen Abeitungen recht übersichtliche Funktionen sind. Für die doppelte partielle Ableitung nach x differenziere ich beispielsweise $2x - y + 9$ noch einmal nach x und erhalte:

$$\frac{\delta^2 f_1}{\delta x^2}(x, y) = 2.$$

Die doppelte partielle Ableitung nach y finde ich, indem ich $-x + 2y - 6$ noch einmal nach y ableite, und das heißt:

$$\frac{\delta^2 f_1}{\delta y^2}(x, y) = 2.$$

Und für die gemischte Ableitung leite ich $-x + 2y - 6$ nach x ab, also:

$$\frac{\delta^2 f_1}{\delta x \delta y}(x, y) = -1 = \frac{\delta^2 f_1}{\delta y \delta x},$$

wobei die letzte Gleichung wieder einmal aus dem Satz von Schwarz folgt. Damit lautet die Hesse-Matrix:

$$H_{f_1}(x, y) = \begin{pmatrix} \frac{\delta^2 f_1}{\delta x^2}(x, y) & \frac{\delta^2 f_1}{\delta x \delta y}(x, y) \\ \frac{\delta^2 f_1}{\delta y \delta x}(x, y) & \frac{\delta^2 f_1}{\delta y^2}(x, y) \end{pmatrix} = \begin{pmatrix} 2 & -1 \\ -1 & 2 \end{pmatrix}.$$

Das ist nun ziemlich einfach, weil die Hesse-Matrix offenbar konstant ist, also für jedes beliebige (x, y) die gleiche Matrix liefert. Wenn ich jetzt also den Extremwert-kandidaten $(x_0, y_0) = (-4, 1)$ in diese Matrix einsetze, dann ergibt sich wieder:

$$H_{f_1}(-4, 1) = \begin{pmatrix} 2 & -1 \\ -1 & 2 \end{pmatrix}.$$

Der letzte Schritt besteht darin, die Definitheit der Hesse-Matrix festzustellen. Das ist bei 2×2-Matrizen nicht weiter schwierig. Damit eine 2×2-Matrix positiv definit ist, muss sie den folgenden Test bestehen. Man startet mit dem Element in der ersten Zeile und der ersten Spalte und sieht nach, ob es positiv ist. Falls nein, kann die Matrix nicht positiv definit sein. Falls ja, rechnet man die Determinante der Matrix aus und sieht nach, ob sie positiv ist: falls ja, ist die gesamte Matrix positiv definit, falls nein, ist sie es nicht. Und die negative Definitheit testen Sie auf die gleiche Weise, denn eine Matrix A ist dann negativ definit, wenn die Matrix $-A$ positiv definit ist.

Im Falle der Matrix $H_{f_1}(-4, 1)$ ist der Test schnell erledigt. Das Element in der ersten Zeile und ersten Spalte der Matrix ist die 2, und natürlich ist $2 > 0$. Für die Determinante gilt:

$$\det H_{f_1}(-4, 1) = 2 \cdot 2 - (-1) \cdot (-1) = 3 > 0.$$

Damit hat die Matrix beide Testschritte bestanden und ist positiv definit. Nach dem oben beschriebenen Kriterium liegt deshalb bei $(x_0, y_0) = (-4, 1)$ ein lokales Minimum vor.

(ii) Genauso wie in (i) gehe ich auch bei der Funktion $f_2(x, y) = 3x^2 - 2x \cdot \sqrt{y} - 8x + y - 34$ vor. Zuerst bestimme ich die partiellen Ableitungen von f_2. Sie lauten:

$$\frac{\delta f_2}{\delta x}(x, y) = 6x - 2\sqrt{y} - 8 \text{ und } \frac{\delta f_2}{\delta y}(x, y) = -\frac{x}{\sqrt{y}} + 1,$$

wobei Sie beim Ausrechnen der partiellen Ableitung nach y bedenken müssen, dass x als konstanter Faktor gezählt wird und die Ableitung von $\sqrt{y}$ gerade $\frac{1}{2\sqrt{y}}$ ist. Damit ergibt sich der Gradient:

$$\text{grad } f_2(x, y) = \left(\frac{\delta f_2}{\delta x}(x, y), \frac{\delta f_2}{\delta y}(x, y)\right) = \left(6x - 2\sqrt{y} - 8, -\frac{x}{\sqrt{y}} + 1\right).$$

Da die Extremwertkandidaten die Nullstellen des Gradienten sind, muss ich jetzt die Gleichung

$$\text{grad } f_2(x, y) = (0, 0), \text{ also } \left(6x - 2\sqrt{y} - 8, -\frac{x}{\sqrt{y}} + 1\right) = (0, 0)$$

lösen. Daraus folgen die beiden Gleichungen:

$$6x - 2\sqrt{y} - 8 = 0 \text{ und } -\frac{x}{\sqrt{y}} + 1 = 0.$$

Das ist nun leider kein lineares Gleichungssystem mehr, da in beiden Gleichungen die Wurzel aus y vorkommt. Ich kann aber die zweite Gleichung leicht nach x auflösen und finde:

$$\frac{x}{\sqrt{y}} = 1, \text{ also } x = \sqrt{y}.$$

Da nun aber $x = \sqrt{y}$ gelten muss, darf ich in der ersten Gleichung $\sqrt{y}$ durch x ersetzen, und erhalte die deutlich einfachere Gleichung:

$$6x - 2x - 8 = 0, \text{ also } 4x - 8 = 0 \text{ und damit } x = 2.$$

Und da immer noch $x = \sqrt{y}$ gilt und ich jetzt weiß, dass $x = 2$ ist, muss $y = 4$ gelten. Somit habe ich auch für f_2 wieder nur einen Extremwertkandidaten, nämlich $(x_0, y_0) = (2, 4)$.

Der unangenehmere Teil ist in der Regel die Berechnung und Verwertung der Hesse-Matrix, und dabei ist die Funktion f_2 keine Ausnahme. Die zweifache partielle Ableitung nach x erhalten Sie, indem Sie $6x - 2\sqrt{y} - 8$ noch einmal nach x ableiten, und das heißt:

$$\frac{\delta^2 f_2}{\delta x^2}(x, y) = 6.$$

Die doppelte partielle Ableitung nach y finden Sie, indem Sie $-\frac{x}{\sqrt{y}} + 1$ noch einmal nach y ableiten, und wegen

$$\frac{\delta f_2}{\delta y}(x, y) = -\frac{x}{\sqrt{y}} + 1 = -x \cdot y^{-\frac{1}{2}} + 1$$

folgt dann:

$$\frac{\delta^2 f_2}{\delta y^2}(x, y) = -x \cdot \left(-\frac{1}{2}\right) \cdot y^{-\frac{3}{2}} = \frac{x}{2} \cdot y^{-\frac{3}{2}}.$$

Und für die gemischte Ableitung leite ich $-\frac{x}{\sqrt{y}} + 1$ nach x ab, also:

$$\frac{\delta^2 f_2}{\delta x \delta y}(x, y) = -\frac{1}{\sqrt{y}} = \frac{\delta^2 f_2}{\delta y \delta x},$$

wobei die letzte Gleichung wieder einmal aus dem Satz von Schwarz folgt. Damit lautet die Hesse-Matrix:

$$H_{f_2}(x, y) = \begin{pmatrix} \frac{\delta^2 f_2}{\delta x^2}(x, y) & \frac{\delta^2 f_2}{\delta x \delta y}(x, y) \\ \frac{\delta^2 f_2}{\delta y \delta x}(x, y) & \frac{\delta^2 f_2}{\delta y^2}(x, y) \end{pmatrix} = \begin{pmatrix} 6 & -\frac{1}{\sqrt{y}} \\ -\frac{1}{\sqrt{y}} & \frac{x}{2} \cdot y^{-\frac{3}{2}} \end{pmatrix}.$$

Oft wird an dieser Stelle der Fehler gemacht, dass man bereits jetzt die Definitheit der Hesse-Matrix feststellen will. Das ist aber weder nötig noch sinnvoll, und oft genug ist es gar nicht machbar. Sie müssen erst in die Hesse-Matrix die vorher ausgerechneten Extremwertkandidaten einsetzen, so dass nur noch konkrete Zahlen in der Matrix stehen, und dann nachsehen, ob die Matrix positiv oder negativ definit ist. In diesem Fall war der einzige Kandidat $(x_0, y_0) = (2, 4)$, und das heißt für die Hesse-Matrix:

$$H_{f_2}(2, 4) = \begin{pmatrix} 6 & -\frac{1}{\sqrt{4}} \\ -\frac{1}{\sqrt{4}} & \frac{2}{2} \cdot 4^{-\frac{3}{2}} \end{pmatrix} = \begin{pmatrix} 6 & -\frac{1}{2} \\ -\frac{1}{2} & \frac{1}{8} \end{pmatrix}.$$

Der Eintrag in der ersten Zeile und der ersten Spalte der Matrix ist 6, und es gilt $6 > 0$. Weiterhin gilt für die Determinante:

$$\det H_{f_2}(2, 4) = 6 \cdot \frac{1}{8} - \left(-\frac{1}{2}\right) \cdot \left(-\frac{1}{2}\right) = \frac{3}{4} - \frac{1}{4} = \frac{1}{2} > 0.$$

Die Hesse-Matrix $H_{f_2}(2, 4)$ ist deshalb positiv definit, und daher liegt im Punkt $(x_0, y_0) = (2, 4)$ ein lokales Minimum vor.

(iii) Auch die Funktion $f_3(x, y) = (x^2 + y^2) \cdot e^{-y}$ wird auf die gleiche Weise behandelt. Zunächst berechne ich den Gradienten, der sich aus den ersten partiellen Ableitungen zusammensetzt. Bei der partiellen Ableitung nach x sollten Sie beachten, dass der Faktor e^{-y} die Variable x nicht enthält, so dass ich hier gegen den ersten Anschein die Produktregel nicht brauche: relativ zu x ist e^{-y} ein konstanter Faktor. Deshalb ist

$$\frac{\delta f_3}{\delta x}(x, y) = 2x \cdot e^{-y}.$$

Anders sieht es bei der partiellen Ableitung nach y aus, denn jetzt kommt die Ableitungsvariable in beiden Faktoren vor und ich komme an der Produktregel nicht vorbei. Es gilt also:

$$\frac{\delta f_3}{\delta y}(x, y) = 2y \cdot e^{-y} + (x^2 + y^2) \cdot (-e^{-y}) = (2y - x^2 - y^2) \cdot e^{-y}.$$

Der Gradient lautet also:

$$\operatorname{grad} f_3(x, y) = \left(\frac{\delta f_3}{\delta x}(x, y), \frac{\delta f_3}{\delta y}(x, y) \right) = \left(2x \cdot e^{-y}, (2y - x^2 - y^2) \cdot e^{-y} \right).$$

Nun geht es wieder um die Nullstellen des Gradienten, also um die Gleichung $\operatorname{grad} f_3(x, y) = (0, 0)$. Ich setze also an:

$$\left(2x \cdot e^{-y}, (2y - x^2 - y^2) \cdot e^{-y} \right) = (0, 0),$$

und das führt zu den beiden Gleichungen

$$2x \cdot e^{-y} = 0 \text{ und } (2y - x^2 - y^2) \cdot e^{-y} = 0.$$

Offenbar ist die erste Gleichung etwas einfacher als die zweite. Sie wird noch einfacher, wenn Sie daran denken, dass ein Produkt genau dann Null wird, wenn einer seiner Faktoren Null ist, und dass eine Exponentialfunktion niemals Null werden kann. Daraus folgt:

$$2x \cdot e^{-y} = 0 \Leftrightarrow x = 0.$$

Es muss also in jedem Fall $x = 0$ gelten, und mit diesem Ergebnis kann ich jetzt in die zweite Gleichung gehen. Einsetzen von $x = 0$ ergibt die neue Gleichung:

$$(2y - y^2) \cdot e^{-y} = 0, \text{ also } 2y - y^2 = 0,$$

da auch hier die Exponentialfunktion niemals Null werden kann. Damit ist $y(2 - y) = 0$, und das ergibt die beiden Lösungen $y_1 = 0$ und $y_2 = 2$. Zu meinem

Wert $x = 0$ habe ich also zwei passende y-Werte gefunden, weshalb es auch zwei Extremwertkandidaten gibt: $(x_1, y_1) = (0, 0)$ und $(x_2, y_2) = (0, 2)$.

Jetzt ist wieder die Hesse-Matrix an der Reihe, für die ich erst einmal die zweiten partiellen Ableitungen ausrechnen muss. Am einfachsten ist dabei die zweifache Ableitung nach x, denn hier ist genau wie oben e^{-y} ein konstanter Faktor, und aus $\frac{\delta f_3}{\delta x}(x, y) = 2x \cdot e^{-y}$ folgt sofort:

$$\frac{\delta^2 f_3}{\delta x^2}(x, y) = 2 \cdot e^{-y}.$$

Auch die gemischte Ableitung ist nicht viel komplizierter, unabhängig davon, welche Ableitungsreihenfolge man wählt. Ich leite also $\frac{\delta f_3}{\delta y}(x, y) = (2y - x^2 - y^2) \cdot e^{-y}$ nach x ab und erhalte:

$$\frac{\delta^2 f_3}{\delta x \delta y}(x, y) = -2x \cdot e^{-y} = \frac{\delta^2 f_3}{\delta y \delta x}(x, y)$$

nach dem schon oft verwendeten Satz von Schwarz. Damit bleibt nur noch die zweifache partielle Ableitung nach y übrig. Um sie auszurechnen, muss ich wieder die Produktregel anwenden, da e^{-y} jetzt kein konstanter Faktor mehr ist. Es gilt also:

$$\begin{aligned}
\frac{\delta^2 f_3}{\delta y^2}(x, y) &= (2 - 2y) \cdot e^{-y} + (2y - x^2 - y^2) \cdot (-e^{-y}) \\
&= (2 - 2y - 2y + x^2 + y^2) \cdot e^{-y} \\
&= (2 - 4y + x^2 + y^2) \cdot e^{-y}.
\end{aligned}$$

Damit liegen alle Informationen vor, die ich zur Aufstellung der Hesse-Matrix brauche. Sie lautet:

$$\begin{aligned}
H_{f_3}(x, y) &= \begin{pmatrix} \frac{\delta^2 f_3}{\delta x^2}(x, y) & \frac{\delta^2 f_3}{\delta x \delta y}(x, y) \\ \frac{\delta^2 f_3}{\delta y \delta x}(x, y) & \frac{\delta^2 f_3}{\delta y^2}(x, y) \end{pmatrix} \\
&= \begin{pmatrix} 2 \cdot e^{-y} & -2x \cdot e^{-y} \\ -2x \cdot e^{-y} & (2 - 4y + x^2 + y^2) \cdot e^{-y} \end{pmatrix}.
\end{aligned}$$

Denken Sie immer daran, dass es jetzt noch zu früh ist, um die positive oder negative Definitheit der Hesse-Matrix zu testen; erst muss ich noch die Extremwertkandidaten einsetzen. Für $(x_1, y_1) = (0, 0)$ gilt:

$$H_{f_3}(0, 0) = \begin{pmatrix} 2 \cdot e^0 & 0 \\ 0 & 2 \cdot e^0 \end{pmatrix} = \begin{pmatrix} 2 & 0 \\ 0 & 2 \end{pmatrix}.$$

Der Eintrag in der ersten Zeile und ersten Spalte lautet $2 > 0$, und die Determinante berechnet sich durch:

$$\det H_{f_3}(0, 0) = 2 \cdot 2 - 0 = 4 > 0.$$

Also ist die Matrix $H_{f_3}(0,0)$ positiv definit, und bei $(x_1, y_1) = (0,0)$ liegt ein lokales Minimum vor. Für $(x_2, y_2) = (0,2)$ gilt:

$$H_{f_3}(0,2) = \begin{pmatrix} 2 \cdot e^{-2} & 0 \\ 0 & -2 \cdot e^{-2} \end{pmatrix}.$$

Zwar steht auch hier mit $2 \cdot e^{-2}$ wieder eine positive Zahl in der ersten Zeile und der ersten Spalte, aber die Determinante lautet:

$$\det H_{f_3}(0,2) = 2 \cdot e^{-2} \cdot (-2 \cdot e^{-2}) - 0 = -4 \cdot e^{-4} < 0.$$

Die Matrix ist also nicht positiv definit. Wie ich in der Vorbemerkung zu dieser Aufgabe aber schon gesagt habe, gibt es bei Funktionen mit zwei Input-Variablen ein einfaches Ausschlusskriterium: wenn die Determinante der Hesse-Matrix negativ ist, dann liegt *kein* lokales Extremum vor. Daher ist $(x_2, y_2) = (0,2)$ weder ein lokales Minimum noch ein lokales Maximum.

13.13 Gegeben sei ein Stück Draht, aus dem ein Quader hergestellt werden soll, dessen Kanten sich aus dem gegebenen Draht zusammensetzen. Wie lang muss der Draht mindestens sein, damit der Quader ein Volumen von einem Kubikmeter aufweist?

Lösung Bei dieser Aufgabe handelt es sich um eine Extremwertaufgabe unter Nebenbedingungen. Zwar ist auch hier eine Funktion gegeben, die minimiert werden soll, nämlich die Länge des Drahtes, aber zusätzlich gibt es noch eine Nebenbedingung, auf die ich achten muss: in diesem Fall ist das Volumen des betrachteten Quaders vorgegeben. Die Vorgehensweise ist bei solchen Extremwertaufgaben mit Nebenbedingungen immer die gleiche. Sobald man die *Zielfunktion*, die zu optimieren ist, und die Gleichung der *Nebenbedingung*, die erfüllt werden muss, identifiziert hat, kann man beispielsweise nach dem folgenden Schema vorgehen.

(i)   Man löse die Gleichung der *Nebenbedingung* nach der Variablen auf, bei der das Auflösen am einfachsten geht.
(ii)   Man setze das Ergebnis in die zu optimierende *Zielfunktion* ein, so dass diese Funktion von einer Variablen weniger abhängt.
(iii)   Man berechne den Gradienten und die Hesse-Matrix der neuen Zielfunktion.
(iv)   Man bestimme die Nullstellen des Gradienten.
(v)   Man setze die ermittelten Nullstellen des Gradienten in die Hesse-Matrix ein und überprüfe, ob die Matrix positiv oder negativ definit ist. Falls sie positiv definit ist, liegt ein Minimum vor, falls sie negativ definit ist, ein Maximum.
(vi)   Man berechne den Wert der einen Unbekannten, nach der in Schritt (i) aufgelöst wurde.

Ich werde jetzt also damit anfangen, die Zielfunktion und die Nebenbedingung in Formeln zu fassen, und danach das Schema der Reihe nach durchgehen.

Bezeichnet man Länge, Breite und Höhe des Quaders mit x, y und z, dann hat er das Volumen $V = xyz$ und die Gesamtkantenlänge $4x + 4y + 4z$, da er aus insgesamt 12 Kanten besteht und Länge, Breite und Höhe jeweils viermal vorkommen. Das Volumen ist mit $V = 1$ vorgegeben, also habe ich die Nebenbedingung:

$$xyz = 1,$$

wobei zusätzlich $x, y, z > 0$ gelten muss, da ein Quader keine Seitenlänge Null haben kann. Die Länge des Drahtes entspricht der Gesamtkantenlänge des Quaders, und daher habe ich die Zielfunktion

$$L = 4x + 4y + 4z,$$

die ich möglichst klein bekommen soll, wobei ich gleichzeitig die Nebenbedingung berücksichtigen muss. Nach Schritt (i) muss ich jetzt die Gleichung der Nebenbedingung nach der Variablen auflösen, bei der das am einfachsten geht. In diesem Fall macht das keinen Unterschied, also nehme ich die Variable z und erhalte:

$$z = \frac{1}{xy}.$$

Diese neue Gleichung kann ich jetzt in meine Zielfunktion einsetzen und finde:

$$L(x, y) = 4x + 4y + \frac{4}{xy}.$$

Damit ist Schritt (ii) schon erledigt, und die Zielfunktion hängt jetzt nur noch von den beiden Variablen x und y ab, da ich z mit Hilfe von x und y ausdrücken konnte. Der Rest ist Routine. Ich habe eine Funktion $L(x, y)$, die minimiert werden soll, und das macht man, indem man die Nullstellen des Gradienten bestimmt. Für die partiellen Ableitungen gilt:

$$\frac{\delta L}{\delta x}(x, y) = 4 - \frac{4}{x^2 y} \text{ und } \frac{\delta L}{\delta y}(x, y) = 4 - \frac{4}{xy^2}.$$

Damit lautet der Gradient:

$$\text{grad } L(x, y) = \left(4 - \frac{4}{x^2 y}, 4 - \frac{4}{xy^2} \right).$$

Die Nullstellen des Gradienten sind dann die gemeinsamen Nullstellen der beiden Gleichungen

$$4 - \frac{4}{x^2 y} = 0 \text{ und } 4 - \frac{4}{xy^2} = 0.$$

Nun folgt aus $4 - \frac{4}{x^2 y} = 0$ sofort $1 = \frac{1}{x^2 y}$ und damit $x^2 y = 1$. Also ist $y = \frac{1}{x^2}$. Auch die zweite Gleichung kann ich etwas vereinfachen, denn es gilt $4 - \frac{4}{xy^2} = 0$, also $1 = \frac{1}{xy^2}$, und damit $x = \frac{1}{y^2}$. Setzt man dann die Information $y = \frac{1}{x^2}$ in die letzte Gleichung ein, so ergibt sich:

$$x = \frac{1}{y^2} = \frac{1}{\left(\frac{1}{x^2}\right)^2} = \frac{1}{\frac{1}{x^4}} = x^4.$$

Die Gleichung $x = x^4$ hat die beiden reellen Lösungen $x = 0$ und $x = 1$, aber die erste Lösung kommt nicht in Betracht, da ich bei der Nebenbedingung $x > 0$ voraussetzen musste. Folglich habe ich nur die Lösung $x = 1$, und aus $y = \frac{1}{x^2}$ folgt dann sofort $y = 1$. Der einzige Extremwertkandidat lautet also $(x_0, y_0) = (1, 1)$. Damit ist auch schon Schritt (iv) des Schemas erledigt, und ich sollte eine Unterlassung wiedergutmachen, denn in Schritt (iii) steht, dass ich die Hesse-Matrix berechnen muss, was ich bisher zugunsten der Nullstellen des Gradienten zurückgestellt hatte. Wie üblich brauche ich dafür die zweiten partiellen Ableitungen. Sie lauten:

$$\frac{\delta^2 L}{\delta x^2}(x, y) = \frac{8}{x^3 y} \quad \text{und} \quad \frac{\delta^2 L}{\delta y^2}(x, y) = \frac{8}{x y^3}$$

sowie

$$\frac{\delta L}{\delta x \delta y}(x, y) = \frac{4}{x^2 y^2} = \frac{\delta L}{\delta y \delta x}(x, y)$$

nach dem Satz von Schwarz. Daraus ergibt sich die folgende Hesse-Matrix:

$$H_L(x, y) = \begin{pmatrix} \frac{\delta^2 L}{\delta x^2}(x, y) & \frac{\delta^2 L}{\delta x \delta y}(x, y) \\ \frac{\delta^2 L}{\delta y \delta x}(x, y) & \frac{\delta^2 L}{\delta y^2}(x, y) \end{pmatrix}$$

$$= \begin{pmatrix} \frac{8}{x^3 y} & \frac{4}{x^2 y^2} \\ \frac{4}{x^2 y^2} & \frac{8}{x y^3} \end{pmatrix}.$$

Wie immer interessiert aber nicht die allgemeine Hesse-Matrix, sondern nur die Hesse-Matrix, in die der Extremwertkandidat eingesetzt wurde. Ich hatte den Kandidaten $(x_0, y_0) = (1, 1)$ ausgerechnet, und daraus folgt:

$$H_L(1, 1) = \begin{pmatrix} 8 & 4 \\ 4 & 8 \end{pmatrix}.$$

Da $8 > 0$ ist und außerdem

$$\det H_L(1, 1) = 8 \cdot 8 - 4 \cdot 4 = 48 > 0$$

gilt, ist die Hesse-Matrix positiv definit, und ich habe ein Minimum gefunden. Allerdings kenne ich noch nicht die ganze Wahrheit, denn bisher habe ich nur $x_0 = 1$ und $y_0 = 1$ berechnet, und es gibt noch eine dritte Variable z. Die ist aber aus Schritt (i) leicht zu bestimmen, denn es muss gelten:

$$z_0 = \frac{1}{x_0 y_0} = 1.$$

Der optimale Punkt lautet also $(x_0, y_0, z_0) = (1, 1, 1)$, und das heißt, dass der in Bezug auf die Kantenlänge optimale Quader ein Würfel ist. Seine Kantenlänge beträgt $4 + 4 + 4 = 12$.

13.14 Welches Volumen kann ein Quader maximal haben, wenn seine Raumdiagonale die Länge 1 aufweist?

Lösung Auch hier haben Sie es mit einer Optimierungsaufgabe unter Nebenbedingungen zu tun. Das Volumen eines Quaders mit den Seitenlängen x, y und z beträgt natürlich $V = xyz$, womit die Zielfunktion schon gefunden ist. Um die Nebenbedingung aufzustellen, muss ich eine Formel für die Raumdiagonale eines Quaders finden.

In Abb. 13.1 ist ein Quader aufgezeichnet, in dem Sie neben den Seiten x, y und z auch die Diagonale a der Bodenfläche und die Raumdiagonale d sehen. Nach dem Satz des Pythagoras ist $a^2 = x^2 + y^2$. Aber a ist auch eine Kathete des rechtwinkligen Dreiecks, das durch a selbst, z und die Raumdiagonale d gebildet wird. Durch erneute Anwendung des Pythagoras-Satzes folgt dann:

$$d^2 = a^2 + z^2 = x^2 + y^2 + z^2, \text{ also } d = \sqrt{x^2 + y^2 + z^2}.$$

Die geforderte Nebenbedingung lautet also $\sqrt{x^2 + y^2 + z^2} = 1$. Man muss sich das Leben aber nicht schwieriger machen als unbedingt nötig, denn offenbar ist die Wurzel aus einer positiven Zahl genau dann gleich 1, wenn die positive Zahl selbst gleich 1 ist. Also habe ich die Nebenbedingung:

$$x^2 + y^2 + z^2 = 1 \text{ und } x, y, z > 0,$$

Abb. 13.1 Quader mit Diagonalen

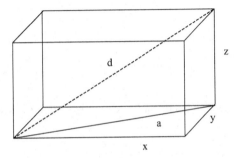

denn die Seitenlänge eines Quaders kann nicht Null sein. Nun muss ich die Nebenbedingung nach einer der vorkommenden Variablen auflösen, und ich wähle dafür die Variable z. Aus der Nebenbedingung folgt dann:

$$z = \sqrt{1 - x^2 - y^2}.$$

Einsetzen in die Zielfunktion führt zu:

$$V(x, y) = x \cdot y \cdot \sqrt{1 - x^2 - y^2} = \sqrt{x^2 y^2 - x^4 y^2 - x^2 y^4},$$

wobei ich im zweiten Schritt den Faktor, der vor der Wurzel stand, in die Wurzel hineinmultipliziert habe und ihn dabei natürlich quadrieren musste. Man kann sich das Leben aber etwas leichter machen und auf die Wurzel verzichten. Wenn nämlich ein Volumen unter allen möglichen Volumina das größte ist, dann wird auch das quadrierte Volumen größer sein als alle anderen quadrierten Volumina, da das Quadrieren positiver Zahlen die Größenrelationen erhält. Und umgekehrt: hat man einen Quader, dessen quadriertes Volumen das Maximum aller möglichen quadrierten Volumina ist, dann hat er auch ohne Quadrierung das größtmögliche Volumen, weil auch das Wurzelziehen die Größenrelationen nicht verändert. Mit einem Wort: an Stelle des Volumens selbst kann ich auch das quadrierte Volumen maximieren und werde trotzdem den richtigen Quader finden. Beim Quadrieren der Volumenfunktion geht aber genau die lästige Wurzel verloren, und das bedeutet, dass ich einfach nur das Maximum der Funktion

$$f(x, y) = V^2(x, y) = x^2 y^2 - x^4 y^2 - x^2 y^4$$

für $x, y, z > 0$ bestimmen muss. Ab jetzt greift die Routine. Ich berechne die ersten partiellen Ableitungen von f durch:

$$\frac{\delta f}{\delta x}(x, y) = 2xy^2 - 4x^3 y^2 - 2xy^4 \text{ und } \frac{\delta f}{\delta y}(x, y) = 2x^2 y - 2x^4 y - 4x^2 y^3.$$

Der Gradient lautet also:

$$\text{grad } f(x, y) = (2xy^2 - 4x^3 y^2 - 2xy^4, 2x^2 y - 2x^4 y - 4x^2 y^3),$$

und diesen Gradienten muss ich wie üblich gleich $(0, 0)$ setzen. Die Gleichung

$$(2xy^2 - 4x^3 y^2 - 2xy^4, 2x^2 y - 2x^4 y - 4x^2 y^3) = (0, 0)$$

lässt sich dann aufteilen in die beiden Einzelgleichungen:

$$2xy^2 - 4x^3 y^2 - 2xy^4 = 0 \text{ und } 2x^2 y - 2x^4 y - 4x^2 y^3 = 0.$$

Das sieht zunächst einmal gar nicht gut aus, lässt sich aber deutlich vereinfachen. Auf der linken Seite der ersten Gleichung kann ich xy^2 vorklammern und erhalte damit:

$$xy^2(2 - 4x^2 - 2y^2) = 0 \Leftrightarrow 2 - 4x^2 - 2y^2 = 0,$$

denn ein Produkt wird genau dann Null, wenn einer der beteiligten Faktoren Null wird, und da sowohl x als auch y als positiv vorausgesetzt sind, muss der Klammerausdruck Null werden. Mit dem gleichen Argument kann ich die zweite Gleichung vereinfachen, denn hier habe ich in allen Summanden den Faktor x^2y, und es gilt:

$$x^2y(2 - 2x^2 - 4y^2) = 0 \Leftrightarrow 2 - 2x^2 - 4y^2 = 0.$$

Ich teile die beiden vereinfachten Gleichungen jeweils durch 2 und schreibe sie in der üblichen Form eines linearen Gleichungssystems. Dann folgt:

$$2x^2 + y^2 = 1$$
$$x^2 + 2y^2 = 1.$$

Zieht man nun die verdoppelte zweite Gleichung von der ersten ab, so ergibt sich

$$-3y^2 = -1, \text{ also } y^2 = \frac{1}{3} \text{ und damit } y = \sqrt{\frac{1}{3}} = \frac{1}{3}\sqrt{3},$$

denn für y sind nur positive Werte zugelassen, so dass ich die negative Wurzel nicht in Betracht ziehen muss. Damit folgt für die Unbekannte x:

$$x^2 = 1 - 2y^2 = 1 - \frac{2}{3} = \frac{1}{3}, \text{ also } x = \sqrt{\frac{1}{3}} = \frac{1}{3}\sqrt{3}.$$

Ich habe also genau einen Extremwertkandidaten $(x_0, y_0) = \left(\frac{1}{3}\sqrt{3}, \frac{1}{3}\sqrt{3}\right)$ gefunden, mit dem ich jetzt in die Hesse-Matrix gehen muss, um festzustellen, ob es sich auch wirklich um einen echten Extremwert handelt. Da meine Funktion f ein Polynom in den beiden Variablen x und y ist, sind die zweiten partiellen Ableitungen schnell berechnet. Sie lauten:

$$\frac{\delta^2 f}{\delta x^2}(x, y) = 2y^2 - 12x^2y^2 - 2y^4, \frac{\delta^2 f}{\delta y^2}(x, y) = 2x^2 - 2x^4 - 12x^2y^2$$

sowie

$$\frac{\delta^2 f}{\delta x \delta y}(x, y) = 4xy - 8x^3y - 8xy^3 = \frac{\delta^2 f}{\delta y \delta x}(x, y).$$

Damit ergibt sich die Hesse-Matrix:

$$H_f(x,y) = \begin{pmatrix} \frac{\delta^2 f}{\delta x^2}(x,y) & \frac{\delta^2 f}{\delta x \delta y}(x,y) \\ \frac{\delta^2 f}{\delta y \delta x}(x,y) & \frac{\delta^2 f}{\delta y^2}(x,y) \end{pmatrix}$$

$$= \begin{pmatrix} 2y^2 - 12x^2y^2 - 2y^4 & 4xy - 8x^3y - 8xy^3 \\ 4xy - 8x^3y - 8xy^3 & 2x^2 - 2x^4 - 12x^2y^2 \end{pmatrix}.$$

Nun interessiert mich aber gar nicht die allgemeine Hesse-Matrix, sondern nur die Hesse-Matrix $H_f(x_0, y_0)$, die durch das Einsetzen des Extremwertkandidaten entsteht. Wegen $x_0 = y_0 = \sqrt{\frac{1}{3}}$ lässt sie sich leicht ausrechnen. Es gilt:

$$H_f(x_0, y_0) = \begin{pmatrix} \frac{2}{3} - \frac{12}{9} - \frac{2}{9} & \frac{4}{3} - \frac{8}{9} - \frac{8}{9} \\ \frac{4}{3} - \frac{8}{9} - \frac{8}{9} & \frac{2}{3} - \frac{2}{9} - \frac{12}{9} \end{pmatrix}$$

$$= \begin{pmatrix} -\frac{8}{9} & -\frac{4}{9} \\ -\frac{4}{9} & -\frac{8}{9} \end{pmatrix}.$$

Sollte Ihnen das Einsetzen des Extremwertkandidaten Schwierigkeiten machen, dann achten Sie darauf, dass

$$\sqrt{\frac{1}{3}}^2 = \frac{1}{3} \text{ und } \sqrt{\frac{1}{3}}^3 \cdot \sqrt{\frac{1}{3}} = \sqrt{\frac{1}{3}}^4 = \left(\frac{1}{3}\right)^2 = \frac{1}{9}$$

ergibt. Jetzt muss ich mich noch um die Definitheit der Hesse-Matrix kümmern. Da das Element in der ersten Zeile und ersten Spalte $-\frac{8}{9} < 0$ lautet, kann sie nicht positiv definit sein, und ich versuche mein Glück mit der negativen Definitheit. Eine Matrix A ist aber genau dann negativ definit, wenn $-A$ positiv definit ist, weshalb ich jetzt die Matrix

$$-H_f(x_0, y_0) = \begin{pmatrix} \frac{8}{9} & \frac{4}{9} \\ \frac{4}{9} & \frac{8}{9} \end{pmatrix}$$

teste. Sie hat links oben die positive Zahl $\frac{8}{9}$ stehen, und für ihre Determinante gilt:

$$\det \begin{pmatrix} \frac{8}{9} & \frac{4}{9} \\ \frac{4}{9} & \frac{8}{9} \end{pmatrix} = \frac{8}{9} \cdot \frac{8}{9} - \frac{4}{9} \cdot \frac{4}{9} = \frac{48}{81} > 0.$$

Damit ist $-H_f(x_0, y_0)$ positiv definit, die Matrix selbst also negativ definit, und deshalb liegt in $(x_0, y_0) = \left(\frac{1}{3}\sqrt{3}, \frac{1}{3}\sqrt{3}\right)$ ein Maximum vor.

Sie sollte bei solchen Aufgaben nie vergessen, den Wert der letzten verbliebenen Unbekannten zu bestimmen. Ich hatte am Anfang die Nebenbedingung durch

$$z = \sqrt{1 - x^2 - y^2}$$

nach z aufgelöst. Deshalb gilt:

$$z_0 = \sqrt{1 - \frac{1}{3} - \frac{1}{3}} = \sqrt{\frac{1}{3}} = \frac{1}{3}\sqrt{3}.$$

Der gesuchte Quader ist somit ein Würfel mit der Seitenlänge $\frac{1}{3}\sqrt{3}$ und dem Volumen

$$V = \sqrt{\frac{1}{3}}^{3} = \frac{1}{3}\sqrt{\frac{1}{3}} = \frac{1}{9}\sqrt{3}.$$

13.15 Maximieren Sie die Funktion

$$f(x,y,z) = 2xyz$$

unter der Nebenbedingung

$$2x + y + 3z = 1, \ x,y,z > 0.$$

Lösung Dass hier eine Optimierungsaufgabe unter Nebenbedingungen vorliegt, sagt schon der Aufgabentext, und sowohl Zielfunktion als auch Nebenbedingung sind schon formelmäßig aufgeschrieben. Ich kann also gleich die Nebenbedingung nach der Variablen auflösen, bei der das am einfachsten geht, und das ist in diesem Fall offenbar y, da y in der Nebenbedingung keinen Vorfaktor hat. Es gilt also:

$$y = 1 - 2x - 3z,$$

und das setze ich in die Zielfunktion f ein. Um genau zu sein, müssen Sie hier etwas aufpassen. Die Funktion f ist eine Funktion in drei Variablen, und das wird sie auch bleiben, denn man kann einer Funktion nicht einfach eine Variable wegnehmen. Wenn ich nun y durch die beiden anderen Variablen ersetze, dann ergibt das streng genommen eine neue Funktion, die nur noch von zwei Variablen x und z abhängt und die ich mit g bezeichne. Sie lautet:

$$g(x,z) = f(x, 1 - 2x - 3z, z) = 2x \cdot (1 - 2x - 3z) \cdot z = 2xz - 4x^2z - 6xz^2,$$

denn die Variable y habe ich durch den Ausdruck $1 - 2x - 3z$ ersetzt. Nun geht alles wie gewohnt, mit dem einzigen Unterschied, dass die beiden Variablen jetzt nicht mehr x und y, sondern x und z heißen. Um die Extremwertkandidaten herauszufinden, berechne ich die ersten partiellen Ableitungen von g und erhalte:

$$\frac{\delta g}{\delta x}(x,z) = 2z - 8xz - 6z^2 \ \text{und} \ \frac{\delta g}{\delta z}(x,z) = 2x - 4x^2 - 12xz.$$

Damit bekomme ich den Gradienten

$$\text{grad}\, g(x,z) = (2z - 8xz - 6z^2, 2x - 4x^2 - 12xz),$$

der nun wieder gleich $(0, 0)$ gesetzt werden muss. Die Gleichung

$$(2z - 8xz - 6z^2, 2x - 4x^2 - 12xz) = (0, 0)$$

lässt sich wie üblich aufteilen in die einzelnen Gleichungen

$$2z - 8xz - 6z^2 = 0 \text{ und } 2x - 4x^2 - 12xz = 0.$$

Obwohl es nicht gleich so aussieht, können Sie diese beiden Gleichungen auf ein lineares Gleichungssystem reduzieren. Es gilt nämlich in der ersten Gleichung:

$$2z - 8xz - 6z^2 = 0 \Leftrightarrow z \cdot (2 - 8x - 6z) = 0 \Leftrightarrow 2 - 8x - 6z = 0,$$

denn ein Produkt ist genau dann gleich Null, wenn einer seiner Faktoren Null ist, und da z als positiv vorausgesetzt war, muss hier der Ausdruck $2 - 8x - 6z$ zu Null werden. Nach dem gleichen Prinzip habe ich in der zweiten Gleichung:

$$2x - 4x^2 - 12xz = 0 \Leftrightarrow x \cdot (2 - 4x - 12z) = 0 \Leftrightarrow 2 - 4x - 12z = 0.$$

Daraus ergibt sich für die beiden Unbekannten x und z das lineare Gleichungssystem:

$$8x + 6z = 2$$
$$4x + 12z = 2,$$

also nach Dividieren beider Gleichungen durch 2:

$$4x + 3z = 1$$
$$2x + 6z = 1.$$

Nun ziehe ich das Doppelte der zweiten Gleichung von der ersten Gleichung ab und erhalte $-9z = -1$, also $z = \frac{1}{9}$. Einsetzen in die zweite Gleichung führt dann zu

$$2x + \frac{6}{9} = 1, \text{ also } 2x = 1 - \frac{2}{3} \text{ und deshalb } x = \frac{1}{6}.$$

Mein Extremwertkandidat lautet daher $(x_0, z_0) = \left(\frac{1}{6}, \frac{1}{9}\right)$, und ich muss ihn in die Hesse-Matrix einsetzen, für die ich erst einmal die zweiten partiellen Ableitungen von g brauche. Sie lauten:

$$\frac{\delta^2 g}{\delta x^2}(x, z) = -8z \text{ und } \frac{\delta^2 g}{\delta z^2}(x, z) = -12x$$

sowie

$$\frac{\delta^2 g}{\delta x \delta z}(x, z) = 2 - 8x - 12z = \frac{\delta^2 g}{\delta z \delta x}(x, z).$$

In der Hesse-Matrix versammeln sich nun alle zweiten partiellen Ableitungen von g, also
gilt:

$$H_g(x,z) = \begin{pmatrix} \frac{\delta^2 g}{\delta x^2}(x,z) & \frac{\delta^2 g}{\delta x \delta z}(x,z) \\ \frac{\delta^2 g}{\delta z \delta x}(x,z) & \frac{\delta^2 g}{\delta z^2}(x,z) \end{pmatrix}$$

$$= \begin{pmatrix} -8z & 2-8x-12z \\ 2-8x-12z & -12x \end{pmatrix}.$$

Nun setze ich in die Hesse-Matrix wieder den Extremwertkandidaten ein und berechne:

$$H_g\left(\frac{1}{6},\frac{1}{9}\right) = \begin{pmatrix} -\frac{8}{9} & 2-\frac{8}{6}-\frac{12}{9} \\ 2-\frac{8}{6}-\frac{12}{9} & -\frac{12}{6} \end{pmatrix}$$

$$= \begin{pmatrix} -\frac{8}{9} & -\frac{2}{3} \\ -\frac{2}{3} & -2 \end{pmatrix}.$$

Nun kann leider $H_g\left(\frac{1}{6},\frac{1}{9}\right)$ nicht positiv definit sein, denn in der ersten Zeile und ersten
Spalte steht die negative Zahl $-\frac{8}{9}$. Ich gehe also zu der Matrix

$$-H_g\left(\frac{1}{6},\frac{1}{9}\right) = \begin{pmatrix} \frac{8}{9} & \frac{2}{3} \\ \frac{2}{3} & 2 \end{pmatrix}$$

über. Sie hat links oben die positive Zahl $\frac{8}{9}$, und für Ihre Determinante gilt:

$$\det \begin{pmatrix} \frac{8}{9} & \frac{2}{3} \\ \frac{2}{3} & 2 \end{pmatrix} = \frac{8}{9} \cdot 2 - \frac{2}{3} \cdot \frac{2}{3} = \frac{16}{9} - \frac{4}{9} > 0.$$

Daher ist $-H_g\left(\frac{1}{6},\frac{1}{9}\right)$ positiv definit, und das bedeutet, dass $H_g\left(\frac{1}{6},\frac{1}{9}\right)$ negativ definit ist,
so dass im Punkt $(x_0,z_0) = \left(\frac{1}{6},\frac{1}{9}\right)$ ein Maximum vorliegt. Auch hier muss ich allerdings
daran denken, dass noch der Wert der Unbekannten y_0 ausgerechnet werden sollte. Die
Nebenbedingung hatte ich am Anfang nach y aufgelöst und die Beziehung $y = 1-2x-3z$
erhalten. Daraus ergibt sich dann:

$$y_0 = 1-2x_0-3z_0 = 1-\frac{2}{6}-\frac{3}{9} = 1-\frac{1}{3}-\frac{1}{3} = \frac{1}{3}.$$

Der optimale Punkt lautet also:

$$(x_0,y_0,z_0) = \left(\frac{1}{6},\frac{1}{3},\frac{1}{9}\right).$$

Der zugehörige Funktionswert beträgt:

$$f\left(\frac{1}{6},\frac{1}{3},\frac{1}{9}\right) = 2\cdot\frac{1}{6}\cdot\frac{1}{3}\cdot\frac{1}{9} = \frac{1}{81}.$$

13.16 Die Funktion $y(x)$ sei implizit gegeben durch

$$y^2 - 16x^2 y = 17x^3.$$

Weiterhin sei stets $y(x) > 0$. Berechnen Sie $y'(1)$.

Lösung Die Ableitung einer implizit gegebenen Funktion kann man auf zwei verschiedene Arten berechnen, und ich werde Ihnen hier beide Arten zeigen. Zunächst können Sie sich auf einen allgemeinen Satz berufen. Ist nämlich $f(x, y)$ eine Funktion mit zwei Input-Variablen und gilt für die Funktion $y(x)$ die Gleichung $f(x, y(x)) = 0$ für alle x, dann kann man die erste Ableitung $y'(x)$ berechnen durch die Formel:

$$y'(x) = -\frac{\frac{\delta f}{\delta x}(x, y)}{\frac{\delta f}{\delta y}(x, y)},$$

sofern die im Nenner stehende partielle Ableitung nach y von Null verschieden ist.
   In diesem Fall ist natürlich

$$f(x, y) = y^2 - 16x^2 y - 17x^3,$$

denn wenn Sie in der Gleichung aus der Aufgabenstellung $17x^3$ auf die linke Seite bringen, dann ergibt sich

$$y^2 - 16x^2 y - 17x^3 = 0, \text{ also } f(x, y) = 0.$$

Nach der Formel für y' muss ich die partiellen Ableitungen von f berechnen. Sie lauten:

$$\frac{\delta f}{\delta x}(x, y) = -32xy - 51x^2 \text{ und } \frac{\delta f}{\delta y}(x, y) = 2y - 16x^2.$$

Nun sagt mir die allgemeine Formel, dass

$$y'(x) = -\frac{\frac{\delta f}{\delta x}(x, y)}{\frac{\delta f}{\delta y}(x, y)} = -\frac{-32xy(x) - 51x^2}{2y(x) - 16x^2}$$

gilt, und da $x = 1$ gelten soll, folgt daraus:

$$y'(1) = -\frac{-32y(1) - 51}{2y(1) - 16}.$$

Das nützt aber im Moment noch nicht so viel, da ich $y(1)$ nicht kenne und deshalb diesen Wert nicht in die Formel einsetzen kann. Ich muss mir also zuerst $y(1)$ verschaffen, und das ist nicht sehr schwer. Die Gleichung

$$y^2 - 16x^2 y - 17x^3 = 0$$

muss schließlich für alle x-Werte und ihre zugehörigen Funktionswerte gelten, also auch für $x = 1$. Setze ich abkürzend $y = y(1)$, so folgt:

$$y^2 - 16y - 17 = 0,$$

und das ist eine quadratische Gleichung mit der Unbekannten y. Nach der p, q-Formel hat sie die Lösungen

$$y_{1,2} = 8 \pm \sqrt{64 + 17} = 8 \pm 9,$$

also $y_1 = -1$ und $y_2 = 17$. Laut Aufgabenstellung soll aber für alle x-Werte der Funktionswert $y(x)$ positiv sein, weshalb das Ergebnis $y_1 = -1$ überhaupt nicht in Betracht kommt. Es gilt also $y(1) = 17$. Da ich nun den nötigen y-Wert kenne, kann ich wieder in die Formel zur Berechnung der ersten Ableitung gehen und finde:

$$y'(1) = -\frac{-32y(1) - 51}{2y(1) - 16} = -\frac{-32 \cdot 17 - 51}{2 \cdot 17 - 16} = -\frac{-595}{18} = \frac{595}{18}.$$

Sie können hier aber auch ganz auf die mehrdimensionale Differentialrechnung verzichten und sich nur auf die Gleichung

$$y^2(x) - 16x^2 y(x) - 17x^3 = 0$$

konzentrieren. Wenn man diese Gleichung auf beiden Seiten nach x ableitet, dann muss rechts natürlich wieder Null herauskommen. Und links muss ich nur darauf achten, dass $y(x)$ eine Funktion von x ist, so dass ich beispielsweise $y^2(x) = (y(x))^2$ nach der Kettenregel ableiten muss und das Ergebnis $y'(x) \cdot 2y(x)$ erhalte, während das Produkt $16x^2 y(x)$ ein Fall für die Produktregel ist. Damit folgt:

$$y'(x) \cdot 2y(x) - 32x y(x) - 16x^2 y'(x) - 51x^2 = 0,$$

also

$$y'(x) \cdot (2y(x) - 16x^2) = 32x y(x) + 51x^2,$$

und damit

$$y'(x) = \frac{32x y(x) + 51x^2}{2y(x) - 16x^2},$$

was genau dem vorher berechneten Ergebnis für $y'(x)$ entspricht. Ab jetzt geht alles wie in der ersten Variante, der einzige Unterschied bestand in der Berechnungsmethode für $y'(x)$.

Mehrdimensionale Integralrechnung

14

14.1 Berechnen Sie die folgenden Integrale.

(i) $\iint_U x + y \, dx \, dy$ mit $U = \{(x, y) \,|\, x, y \geq 0 \text{ und } y \leq 1 - x\}$.
(ii) $\iint_U 2x \cdot e^y \, dx \, dy$ mit $U = \{(x, y) \,|\, 0 \leq x \leq 1 \text{ und } 0 \leq y \leq x^2\}$.

Lösung Eine Funktion $f(x, y)$ mit zwei Inputvariablen, aber nur einem Output, kann man sich als eine Oberfläche im dreidimensionalen Raum vorstellen. Ist nun der Definitionsbereich nach allen Richtungen beschränkt, so befindet sich zwischen dieser Oberfläche und der x, y-Ebene ein dreidimensionaler Körper mit einem endlichen Volumen, das man mit Hilfe eines Doppelintegrals berechnen kann. Es gilt nämlich:

$$\text{Volumen} = \iint_U f(x, y) \, dx \, dy.$$

Die Frage ist nun, wie man so ein Doppelintegral ausrechnet. Im Falle eines beschränkten und konvexen Definitionsbereichs, wie Sie ihn hier haben, ist das gar nicht so schwer, wobei man unter einer konvexen Teilmenge U von $\mathbb{R}^2$ eine Menge versteht, die mit je zwei Punkten auch die gesamte Verbindungsstrecke zwischen diesen beiden Punkten enthält. Ist also $U \subseteq \mathbb{R}^2$ konvex und $f : U \to \mathbb{R}$ stetig, so sucht man zuerst den kleinsten und den größten innerhalb von U vorkommenden x-Wert, den ich mit a bzw. mit b bezeichne. Es gibt dann also für jedes $x \in [a, b]$ ein y, so dass $(x, y) \in U$ liegt. Anschließend geht man für jedes x auf die Suche nach den passenden y-Werten, und das heißt: für jedes $x \in [a, b]$ müssen Sie feststellen, welche y-Werte innerhalb von U für dieses x zulässig sind. Für $x \in [a, b]$ sucht man also den kleinsten y-Wert $y_u(x)$ und den größten y-Wert $y_o(x)$, so dass (x, y) noch in U ist, wobei der Buchstabe o für oben und der Buchstabe u für unten steht. Dann gilt:

$$\iint_U f(x, y) \, dx \, dy = \int_a^b \left(\int_{y_u(x)}^{y_o(x)} f(x, y) \, dy \right) dx.$$

© Springer-Verlag Deutschland 2017
T. Rießinger, *Übungsaufgaben zur Mathematik für Ingenieure*,
DOI 10.1007/978-3-662-54803-5_14

Abb. 14.1 Integrationsbereich

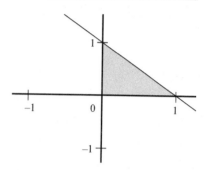

Das bedeutet: außen integriere ich nach der Variablen x in den Grenzen a und b. Was ich aber nach x integriere, das muss ich erst einmal ausrechnen, denn das steht im inneren Integral. Dort integriere ich die Funktion $f(x, y)$ nach der Variablen y, und das heißt, dass ich – wie schon beim partiellen Differenzieren – die Variable x als Konstante betrachte und nur die Stammfunktion in Bezug auf y suche. Das Ergebnis des inneren Integrals wird in aller Regel ein Ausdruck sein, der noch die Variable x enthält, und dieser Ausdruck wird dann im äußeren Integral nach x integriert.

Im übrigen geht es auch umgekehrt, indem Sie die Rollen von x und y vertauschen. Ist dann a der kleinste und b der größte in U vorkommende y-Wert, dann gilt mit analogen Begriffsbildungen wie eben:

$$\iint_U f(x, y)\, dx\, dy = \int_a^b \left(\int_{x_u(y)}^{x_o(y)} f(x, y)\, dx \right) dy.$$

Ich werde aber in den folgenden beiden Beispielen die erste Formel verwenden, also innen nach y und außen nach x integrieren.

(i) Um das Integral $\iint_U x + y\, dx\, dy$ mit $U = \{(x, y) \mid x, y \geq 0 \text{ und } y \leq 1 - x\}$ auszurechnen, ist es sinnvoll, erst einmal den Integrationsbereich U aufzuzeichnen. Er besteht aus allen Punkten (x, y), für die sowohl $x \geq 0$ als auch $y \geq 0$ und zudem noch $y \leq 1 - x$ gilt. Die Punkte befinden sich also alle im ersten Quadranten, und wenn Sie die Gerade $y = 1 - x$ einzeichnen, dann darf kein Punkt von U oberhalb dieser Geraden liegen, da $y \leq 1 - x$ gelten soll. Die Menge U hat daher die in Abb. 14.1 gezeigte Form.
Nun muss ich den kleinsten und den größten in U vorkommenden x-Wert bestimmen, aber das kann man schon an der Skizze ablesen: zu $x = 0$ finden Sie beispielsweise noch den Punkt $(0, 0) \in U$, aber unterhalb von $x = 0$ geht nichts mehr. Der kleinste vorkommende x-Wert ist daher $a = 0$. Und zu $x = 1$ gibt es noch den letzten Punkt $(1, 0) \in U$, aber rechts von $x = 1$ kann es keinen Punkt aus U mehr geben. Daher ist $b = 1$. Während der zulässige Bereich der x-Werte zu ganz schlichten Zahlen führt, werde ich jetzt den zulässigen Bereich der y-Werte für jedes $x \in [0, 1]$ ermitteln. Ist

also $x \in [0, 1]$, so starten die zulässigen y-Werte offenbar bei 0, denn die x-Achse ist die untere Grenze. Sie enden aber keineswegs immer bei 1, wie man vielleicht denken könnte, da die obere Begrenzung des Definitionsbereichs U die Gerade $y = 1 - x$ ist. Daher gilt $y_u(x) = 0$ und $y_o(x) = 1 - x$ für alle $x \in [0, 1]$. Das Doppelintegral wird also nach der Vorschrift

$$\iint\limits_{U} x + y \, dx \, dy = \int\limits_0^1 \left(\int\limits_0^{1-x} x + y \, dy \right) dx$$

berechnet. In inneren Integral integriere ich nach der Variablen y, also muss ich eine Stammfunktion nach y suchen und x dabei als Konstante betrachten. Das heißt:

$$\int\limits_0^{1-x} x + y \, dy = xy + \frac{y^2}{2} \Big|_0^{1-x} = x \cdot (1 - x) + \frac{(1 - x)^2}{2}$$

$$= x - x^2 + \frac{1}{2} - x + \frac{x^2}{2} = -\frac{x^2}{2} + \frac{1}{2}.$$

Bei dieser Rechnung wird oft der Fehler gemacht, die Variable x nach x und die Variable y nach y zu integrieren, so dass die Stammfunktion $\frac{x^2}{2} + \frac{y^2}{2}$ entsteht. Das ist aber ganz falsch, denn die Integrationsvariable im inneren Integral lautet y, und deshalb muss x als Konstante betrachtet werden. Wenn Sie aber für eine konstante Funktion eine Stammfunktion in der Variablen y suchen, dann muss diese Stammfunktion Konstante $\cdot y$ lauten, also in diesem Fall $x \cdot y$.

Der Rest ist nur noch eindimensionale Integration. Das innere Integral habe ich berechnet und kann das Ergebnis in die Formel für das Doppelintegral einsetzen. Daraus folgt:

$$\iint\limits_{U} x + y \, dx \, dy = \int\limits_0^1 \left(\int\limits_0^{1-x} x + y \, dy \right) dx$$

$$= \int\limits_0^1 -\frac{x^2}{2} + \frac{1}{2} \, dx$$

$$= -\frac{x^3}{6} + \frac{x}{2} \Big|_0^1$$

$$= -\frac{1}{6} + \frac{1}{2}$$

$$= \frac{1}{3}.$$

Also gilt:

$$\iint\limits_{U} x + y \, dx \, dy = \frac{1}{3}.$$

Abb. 14.2 Integrationsbereich

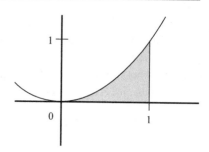

(ii) Das Integral $\iint_U 2x \cdot e^y \, dx \, dy$ mit $U = \{(x, y) \mid 0 \leq x \leq 1 \text{ und } 0 \leq y \leq x^2\}$ behandle ich nach der gleichen Methode, indem ich mir zuerst die Menge U genauer betrachte. Sowohl x als auch y müssen größer oder gleich Null sein, weshalb ich mich im ersten Quadranten befinde. Außerdem sind nur x-Werte zwischen 0 und 1 zugelassen, und der y-Wert eines Punktes (x, y) darf x^2 nicht überschreiten. Alle Punkte aus U müssen daher unterhalb der Parabel $y = x^2$ liegen, und daher ergibt sich die Skizze aus Abb. 14.2.

Sie sehen, dass sich die zulässigen x-Werte wieder zwischen 0 und 1 bewegen, so dass $a = 0$ und $b = 1$ gilt. Für jedes $x \in [0, 1]$ sind die passenden y-Werte mindestens 0, also ist $y_u(x) = 0$. Aber die obere Begrenzungslinie des Integrationsbereichs ist diesmal keine Gerade, sondern die Parabel $y = x^2$, und kein Punkt aus U darf oberhalb dieser Parabel liegen. Deshalb ist der größtmögliche zu x passende y-Wert genau $y = x^2$, und es gilt: $y_o(x) = x^2$. Das Doppelintegral kann also auf die folgende Weise berechnet werden:

$$\iint_U 2x e^y \, dx \, dy = \int_0^1 \left(\int_0^{x^2} 2x e^y \, dy \right) dx.$$

Im inneren Integral wird nun nach y integriert. Die Variable x muss ich also wieder für einen Moment als Konstante betrachten und nur eine Stammfunktion in der Variablen y suchen. Da aber die Stammfunktion von e^y wieder e^y lautet, folgt:

$$\int_0^{x^2} 2x e^y \, dy = 2x e^y \big|_0^{x^2} = 2x \cdot e^{x^2} - 2x,$$

da $e^0 = 1$ gilt. Damit reduziert sich das ursprüngliche Doppelintegral auf

$$\iint_U 2x e^y \, dx \, dy = \int_0^1 \left(\int_0^{x^2} 2x e^y \, dy \right) dx = \int_0^1 2x \cdot e^{x^2} - 2x \, dx.$$

Nun ist das Integral über den zweiten Summanden schnell berechnet, denn es gilt:

$$\int 2x \, dx = x^2.$$

Der erste Summand gibt dagegen Gelegenheit, wieder einmal die Substitutionsregel anzuwenden. Mit $g(x) = x^2$ ist nämlich $g'(x) = 2x$, und damit gilt:

$$\int 2x \cdot e^{x^2} \, dx = \int g'(x) e^{g(x)} \, dx.$$

Nach der Substitutionsregel kann ich $g'(x)dx$ durch dg ersetzen, und das ergibt:

$$\int 2x \cdot e^{x^2} \, dx = \int g'(x) e^{g(x)} \, dx = \int e^g \, dg = e^g = e^{x^2}.$$

Insgesamt ist daher

$$\int 2x \cdot e^{x^2} - 2x \, dx = e^{x^2} - x^2,$$

und damit habe ich alles zusammen, um das Doppelintegral auszurechnen. Es gilt:

$$\iint_U 2xe^y \, dx \, dy = \int_0^1 \left(\int_0^{x^2} 2xe^y \, dy \right) dx$$

$$= \int_0^1 2x \cdot e^{x^2} - 2x \, dx$$

$$= e^{x^2} - x^2 \Big|_0^1$$

$$= e^1 - 1 - (e^0 - 0)$$

$$= e - 2.$$

Also gilt insgesamt:

$$\iint_U 2xe^y \, dx \, dy = e - 2.$$

14.2 Es sei U der Einheitskreis um den Nullpunkt. Bestimmen Sie

$$\iint_U e^{x^2+y^2} \, dx \, dy$$

mit Hilfe von Polarkoordinaten.

Abb. 14.3 Polarkoordinaten

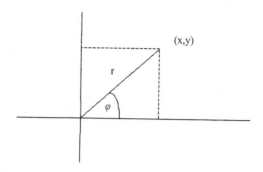

Lösung Sobald der Integrationsbereich mehr oder weniger kreisförmig ist, empfiehlt sich die Integration mit Hilfe von Polarkoordinaten, weil dabei die Integrationsgrenzen deutlich vereinfacht werden: während beispielsweise bei einem Kreis als Integrationsgebiet im inneren Integral so unangenehme Grenzen wie $\sqrt{1-x^2}$ auftreten, haben Sie bei Anwendung der Polarkoordinaten sehr übersichtliche Integrationsgrenzen, die keine Schwierigkeiten machen sollten. Natürlich muss man dafür einen Preis bezahlen, und der liegt in der Anwendung der zweidimensionalen Substitutionsregel für den Spezialfall der Polarkoordinaten.

Ist $U \subset \mathbb{R}^2$, so kann man jedes $(x, y) \in U$ mit Hilfe von Polarkoordinaten darstellen, wie Sie in Abb. 14.3 sehen. Es gilt nämlich: $x = r \cos \varphi$ und $y = r \sin \varphi$, und damit

$$(x, y) = (r \cos \varphi, r \sin \varphi) \text{ mit } r \geq 0, \varphi \in [0, 2\pi).$$

Dabei ist r der Abstand der Punktes (x, y) vom Nullpunkt, und φ ist der Winkel, den die Strecke zwischen dem Nullpunkt und (x, y) mit der positiven x-Achse einschließt. Diese Darstellung eines Punktes durch die Größen r und φ nennt man die Darstellung in Polarkoordinaten.

Nun kann man zu jeder Menge U, die aus Punkten (x, y) besteht, alle Radien r und alle Winkel φ aufschreiben, die zu diesen Punkten aus U gehören. Das ergibt dann eine neue Menge

$$\widetilde{U} = \{(r, \varphi) \,|\, r \geq 0, \varphi \in [0, 2\pi) \text{ und } (r \cos \varphi, r \sin \varphi) \in U\}.$$

In $\widetilde{U}$ versammeln sich also alle Paare (r, φ), für die $(r \cos \varphi, r \sin \varphi)$ in U liegt. Ist beispielsweise U ein Kreis mit dem Radius 2, so besteht $\widetilde{U}$ aus allen Paaren (r, φ) mit $0 \leq r \leq 2$ und $0 \leq \varphi < 2\pi$, denn die Punkte innerhalb von U haben zum Nullpunkt einen Abstand, der 2 nicht überschreitet, und da es sich um einen vollen Kreis handelt, brauche ich alle Winkel zwischen 0 und 2π.

Mit Hilfe von $\widetilde{U}$ kann ich dann auf der Basis von Polarkoordinaten integrieren. Es gilt nämlich die Formel:

$$\iint\limits_{U} f(x, y) \, dx \, dy = \iint\limits_{\widetilde{U}} f(r \cos \varphi, r \sin \varphi) \cdot r \, dr \, d\varphi$$

für eine beliebige stetige Funktion f auf U.

Nun habe ich in dieser Aufgabe als Integrationsbereich U den Einheitskreis um den Nullpunkt, also einen Kreis um den Nullpunkt mit dem Radius 1. Alle Punkte innerhalb dieses Kreises haben zum Nullpunkt einen Abstand r mit $0 \leq r \leq 1$, und da es sich um einen vollständigen Kreis handelt, brauche ich auch alle Winkel φ mit $0 \leq \varphi < 2\pi$. Es gilt also:

$$\widetilde{U} = \{(r, \varphi) \,|\, r \geq 0, \varphi \in [0, 2\pi) \text{ und } (r \cos \varphi, r \sin \varphi) \in U\}$$
$$= \{(r, \varphi) \,|\, 0 \leq r \leq 1 \text{ und } 0 \leq \varphi < 2\pi\} = [0, 1] \times [0, 2\pi).$$

$\widetilde{U}$ besteht also aus allen Paaren (r, φ), für die r zwischen 0 und 1 und φ zwischen 0 und 2π liegt. Als Integrationsfunktion habe ich $f(x, y) = e^{x^2+y^2}$. Nach der oben angegebenen Formel ist dann:

$$\iint\limits_{U} e^{x^2+y^2} \, dx \, dy = \iint\limits_{\widetilde{U}} e^{r^2 \cos^2 \varphi + r^2 \sin^2 \varphi} \cdot r \, dr \, d\varphi = \iint\limits_{\widetilde{U}} e^{r^2} \cdot r \, dr \, d\varphi,$$

denn $\cos^2 \varphi + \sin^2 \varphi = 1$. Nun muss ich noch die Integrationsgrenzen für r und φ festlegen, aber das habe ich oben bei der Bestimmung von $\widetilde{U}$ schon erledigt: φ darf sich zwischen 0 und 2π bewegen, da es sich bei U um einen Vollkreis handelt, und für jedes beliebige $\varphi \in [0, 2\pi)$ kann r zwischen 0 und 1 laufen. Daraus folgt:

$$\iint\limits_{\widetilde{U}} e^{r^2} \cdot r \, dr \, d\varphi = \int\limits_{0}^{2\pi} \left(\int\limits_{0}^{1} e^{r^2} \cdot r \, dr \right) d\varphi.$$

Im inneren Integral muss ich also die Funktion $e^{r^2} \cdot r$ nach der Variablen r integrieren. Schreibt man das ein wenig um zu

$$\int e^{r^2} \cdot r \, dr = \frac{1}{2} \int 2r \cdot e^{r^2} \, dr,$$

so lässt sich das mit der gewöhnlichen einsimensionalen Substitutionsregel erledigen: ich setze $g(r) = r^2$ und somit $g'(r) = 2r$. Dann wird:

$$\int 2r \cdot e^{r^2} \, dr = \int g'(r) \cdot e^{g(r)} \, dr,$$

und ich kann nach der Substitutionsregel wieder $g'(r) dr$ durch dg ersetzen. Das ergibt:

$$\int 2r \cdot e^{r^2} \, dr = \int g'(r) \cdot e^{g(r)} \, dr = \int e^g \, dg = e^g = e^{r^2}.$$

Daraus folgt dann:

$$\int\limits_{0}^{1} e^{r^2} \cdot r \, dr = \frac{1}{2} \int\limits_{0}^{1} 2r \cdot e^{r^2} \, dr = \frac{1}{2} e^{r^2} \Big|_{0}^{1} = \frac{1}{2} e - \frac{1}{2}.$$

Das innere Integral ist damit erledigt, und da in den inneren Integrationsgrenzen keine äußere Variable φ vorkam, ist der Rest nun ganz einfach. Das gesuchte Integral über den Integrationsbereich $\widetilde{U}$ lautet:

$$\iint_{\widetilde{U}} e^{r^2} \cdot r \, dr \, d\varphi = \int_0^{2\pi} \left(\int_0^1 e^{r^2} \cdot r \, dr \right) d\varphi$$

$$= \int_0^{2\pi} \frac{1}{2}e - \frac{1}{2} \, d\varphi$$

$$= \left(\frac{1}{2}e - \frac{1}{2} \right) \cdot \varphi \Big|_0^{2\pi}$$

$$= \left(\frac{1}{2}e - \frac{1}{2} \right) \cdot 2\pi$$

$$= \pi \cdot (e - 1).$$

In der zweiten Gleichung habe ich dabei nur eingesetzt, was ich vorher für das innere Integral ausgerechnet hatte. Dann musste ich die konstante Funktion $\frac{1}{2}e - \frac{1}{2}$ nach der Variablen φ integrieren, was zu der Stammfunktion $\left(\frac{1}{2}e - \frac{1}{2} \right) \cdot \varphi$ führte. In diese Stammfunktion musste ich dann schließlich die Integrationsgrenzen 0 und 2π einsetzen. Insgesamt ergibt sich also:

$$\iint_U e^{x^2+y^2} \, dx \, dy = \iint_{\widetilde{U}} e^{r^2} \cdot r \, dr \, d\varphi = \pi \cdot (e - 1).$$

14.3 Es sei U der Halbkreis in der oberen Halbebene mit Radius 1 um den Nullpunkt. Berechnen Sie

$$\iint_U xy \, dx \, dy$$

mit Hilfe von Polarkoordinaten.

Lösung Wie man grundsätzlich zweidimensionale Integrale mit Hilfe von Polarkoordinaten berechnet, habe ich in Aufgabe 14.2 schon erklärt, und deshalb kann ich hier direkt in die konkrete Aufgabenstellung einsteigen. Zunächst werfe ich in Abb. 14.4 einen Blick auf den Integrationsbereich U.

Es handelt sich um den Halbkreis vom Radius 1 in der oberen Halbebene, und das bedeutet, dass jeder Punkt $(x, y) \in U$ vom Nullpunkt einen Abstand r mit $0 \leq r \leq 1$ hat. Dagegen liegt der Winkel φ, den die Strecke vom Nullpunkt zu (x, y) mit der positiven x-Achse bildet, zwischen 0 und π, denn ein Halbkreis überstreicht einen Winkel von

Abb. 14.4 Integrationsbereich

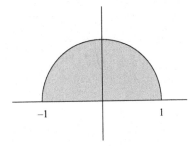

180°, was im Bogenmaß dem Winkel π entspricht. Die Menge $\widetilde{U}$, in der sich alle zu U passenden Werte von r und φ versammeln, lautet also:

$$\widetilde{U} = \{(r, \varphi) \,|\, r \geq 0, \varphi \in [0, 2\pi) \text{ und } (r \cos \varphi, r \sin \varphi) \in U\}$$
$$= \{(r, \varphi) \,|\, 0 \leq r \leq 1 \text{ und } 0 \leq \varphi \leq \pi\} = [0, 1] \times [0, \pi].$$

Damit habe ich den auf die Polarkoordinate bezogenen Integrationsbereich $\widetilde{U}$ bestimmt. Nach der in Aufgabe 14.2 angegebenen Substitutionsformel muss ich noch in der Definition der Funktion selbst den Punkt (x, y) durch $(r \cos \varphi, r \sin \varphi)$ ersetzen. Mit $f(x, y) = xy$ folgt dann:

$$f(r \cos \varphi, r \sin \varphi) = r^2 \cos \varphi \sin \varphi.$$

Mit der Substitutionsformel für Polarkoordinaten gilt dann:

$$\iint_U xy \, dx \, dy = \iint_{\widetilde{U}} r^2 \cos \varphi \sin \varphi \cdot r \, dr \, d\varphi = \iint_{\widetilde{U}} r^3 \cos \varphi \sin \varphi \, dr \, d\varphi.$$

Wie üblich ist jetzt die Bestimmung der konkreten Integrationsgrenzen in Bezug auf $\widetilde{U}$ an der Reihe, aber das habe ich schon erledigt, als ich $\widetilde{U}$ bestimmt habe: φ bewegt sich zwischen 0 und π, und für jedes $\varphi \in [0, \pi]$ sind alle r-Werte zwischen 0 und 1 erlaubt. Damit gilt:

$$\iint_{\widetilde{U}} r^3 \cos \varphi \sin \varphi \, dr \, d\varphi = \int_0^\pi \left(\int_0^1 r^3 \cos \varphi \sin \varphi \, dr \right) d\varphi.$$

Im inneren Integral muss ich also die Funktion $r^3 \cos \varphi \sin \varphi$ nach der Variablen r integrieren, und das bedeutet insbesondere, dass hier φ als Konstante behandelt wird. Der Ausdruck $\cos \varphi \sin \varphi$ ist also in Bezug auf r ein konstanter Faktor, der beim Integrieren einfach stehen bleibt. Damit gilt:

$$\int_0^1 r^3 \cos \varphi \sin \varphi \, dr = \frac{r^4}{4} \cos \varphi \sin \varphi \Big|_0^1 = \frac{1}{4} \cos \varphi \sin \varphi.$$

Das innere Integral ist damit schon erledigt, und es folgt:

$$\iint_{\widetilde{U}} r^3 \cos\varphi \sin\varphi \, dr \, d\varphi = \int_0^\pi \left(\int_0^1 r^3 \cos\varphi \sin\varphi \, dr \right) d\varphi$$

$$= \int_0^\pi \frac{1}{4} \cos\varphi \sin\varphi \, d\varphi$$

$$= \frac{1}{4} \int_0^\pi \cos\varphi \sin\varphi \, d\varphi.$$

Ich bin also wieder auf der Ebene der vertrauteren eindimensionalen Integrale angelangt. Das verbleibende Integral nach der Variablen φ lässt sich mit Hilfe der eindimensionalen Substitutionsregel ausrechnen. Ich setze $g(\varphi) = \sin\varphi$. Dann ist $g'(\varphi) = \cos\varphi$, und es folgt:

$$\int \cos\varphi \sin\varphi \, d\varphi = \int g'(\varphi) \cdot g(\varphi) \, d\varphi.$$

Nach der üblichen Substitutionsregel kann ich jetzt $g'(\varphi)d\varphi$ durch dg ersetzen. Das heißt:

$$\int \cos\varphi \sin\varphi \, d\varphi = \int g'(\varphi) \cdot g(\varphi) \, d\varphi = \int g \, dg = \frac{g^2}{2} = \frac{\sin^2\varphi}{2}.$$

Insgesamt erhalte ich also:

$$\iint_U xy \, dx \, dy = \iint_{\widetilde{U}} r^3 \cos\varphi \sin\varphi \, dr \, d\varphi$$

$$= \frac{1}{4} \int_0^\pi \cos\varphi \sin\varphi \, d\varphi$$

$$= \frac{1}{4} \cdot \left. \frac{\sin^2\varphi}{2} \right|_0^\pi$$

$$= \frac{1}{4} \cdot \left(\frac{\sin^2\pi}{2} - \frac{\sin^2 0}{2} \right)$$

$$= 0,$$

da $\sin\pi = \sin 0 = 0$ gilt.

14.4 Zeigen Sie:

$$\iint_{\mathbb{R}^2} e^{-x^2-y^2} \, dx \, dy = \pi.$$

Lösung Im Unterschied zu den vorherigen Aufgaben haben Sie es hier mit einem uneigentlichen Doppelintegral zu tun: der Integrationsbereich $\mathbb{R}^2$ ist in alle Richtungen unbeschränkt, und deshalb gibt es keine andere Chance als sich mit Hilfe eines Grenzwertes dem gesuchten Wert anzunähern. Die Idee ist dabei die folgende. Bezeichnet man den Kreis um den Nullpunkt mit dem Radius $R > 0$ als U_R, so wird dieser Kreis mit wachsendem R natürlich eine immer größere Fläche einnehmen und für $R \to \infty$ der ganzen Ebene entgegenstreben. Es gilt also:

$$\iint\limits_{\mathbb{R}^2} e^{-x^2-y^2} \, dx \, dy = \lim_{R\to\infty} \iint\limits_{U_R} e^{-x^2-y^2} \, dx \, dy.$$

Ich muss also nur die Funktion über dem Integrationsbereich U_R integrieren und anschließend R gegen Unendlich gehen lassen. Das Integration über U_R sieht aber wieder nach einer Anwendung für die Polarkoordinaten aus, denn kreisförmige Grundbereiche lassen sich oft mit Hilfe von Polarkoordinaten am besten behandeln. Um nun die Integration mit Polarkoordinaten durchführen zu können, muss ich erst den Bereich $\widetilde{U}_R$ bestimmen, in dem sich alle Paare (r, φ) versammeln, die beim Aufbau von U_R eine Rolle spielen, wie Sie am Anfang von Aufgabe 14.2 nachlesen können. Die Menge U_R ist aber ein Kreis um den Nullpunkt mit dem Radius R. Alle Punkte innerhalb dieses Kreises haben zum Nullpunkt einen Abstand r mit $0 \le r \le R$, und da es sich um einen vollständigen Kreis handelt, brauche ich auch alle Winkel φ mit $0 \le \varphi < 2\pi$. Es gilt also:

$$\begin{aligned}
\widetilde{U}_R &= \{(r, \varphi) \mid r \ge 0, \varphi \in [0, 2\pi) \text{ und } (r\cos\varphi, r\sin\varphi) \in U_R\} \\
&= \{(r, \varphi) \mid 0 \le r \le R \text{ und } 0 \le \varphi < 2\pi\} = [0, R] \times [0, 2\pi).
\end{aligned}$$

$\widetilde{U}_R$ besteht also aus allen Paaren (r, φ), für die r zwischen 0 und R und φ zwischen 0 und 2π liegt. Als Integrationsfunktion habe ich hier $f(x, y) = e^{-x^2-y^2}$. Nach der Formel aus Aufgabe 14.2 zur Integration mit Polarkoordinaten ist dann:

$$\iint\limits_{U_R} e^{-x^2-y^2} \, dx \, dy = \iint\limits_{\widetilde{U}_R} e^{-r^2\cos^2\varphi - r^2\sin^2\varphi} \cdot r \, dr \, d\varphi = \iint\limits_{\widetilde{U}_R} e^{-r^2} \cdot r \, dr \, d\varphi,$$

denn $\cos^2\varphi + \sin^2\varphi = 1$. Nun muss ich noch die Integrationsgrenzen für r und φ festlegen, aber das habe ich oben bei der Bestimmung von $\widetilde{U}_R$ schon erledigt: φ darf sich zwischen 0 und 2π bewegen, da es sich bei U_R um einen Vollkreis handelt, und für jedes beliebige $\varphi \in [0, 2\pi)$ kann r zwischen 0 und R laufen. Daraus folgt:

$$\iint\limits_{\widetilde{U}_R} e^{-r^2} \cdot r \, dr \, d\varphi = \int_0^{2\pi} \left(\int_0^R e^{-r^2} \cdot r \, dr \right) d\varphi.$$

Im inneren Integral muss ich also die Funktion $e^{-r^2} \cdot r$ nach der Variablen r integrieren. Schreibt man das ein wenig um zu

$$\int e^{-r^2} \cdot r \, dr = -\frac{1}{2} \int -2r \cdot e^{-r^2} \, dr,$$

so lässt sich das wieder einmal mit der gewöhnlichen eindimensionalen Substitutionsregel erledigen: ich setze $g(r) = -r^2$ und somit $g'(r) = -2r$. Dann wird:

$$\int -2r \cdot e^{-r^2} \, dr = \int g'(r) \cdot e^{g(r)} \, dr,$$

und ich kann nach der Substitutionsregel wieder $g'(r)dr$ durch dg ersetzen. Das ergibt:

$$\int -2r \cdot e^{-r^2} \, dr = \int g'(r) \cdot e^{g(r)} \, dr = \int e^g \, dg = e^g = e^{-r^2}.$$

Daraus folgt dann:

$$\int_0^R e^{-r^2} \cdot r \, dr = -\frac{1}{2} \int_0^R -2r \cdot e^{r^2} \, dr = -\frac{1}{2} e^{-r^2} \Big|_0^R = -\frac{1}{2} e^{-R^2} + \frac{1}{2}.$$

Das innere Integral ist damit erledigt, und da in den inneren Integrationsgrenzen keine äußere Variable φ vorkam, ist der Rest nun ganz einfach. Das Integral über den Integrationsbereich $\widetilde{U}_R$ lautet:

$$\iint_{\widetilde{U}_R} e^{-r^2} \cdot r \, dr \, d\varphi = \int_0^{2\pi} \left(\int_0^R e^{-r^2} \cdot r \, dr \right) d\varphi$$

$$= \int_0^{2\pi} -\frac{1}{2} e^{-R^2} + \frac{1}{2} \, d\varphi$$

$$= \left(-\frac{1}{2} e^{-R^2} + \frac{1}{2} \right) \cdot \varphi \Big|_0^{2\pi}$$

$$= \left(-\frac{1}{2} e^{-R^2} + \frac{1}{2} \right) \cdot 2\pi$$

$$= \pi - \pi \cdot e^{-R^2}.$$

In der zweiten Gleichung habe ich dabei nur eingesetzt, was ich vorher für das innere Integral ausgerechnet hatte. Dann musste ich die konstante Funktion $-\frac{1}{2}e^{-R^2} + \frac{1}{2}$ nach der Variablen φ integrieren, was zu der Stammfunktion $\left(-\frac{1}{2}e^{-R^2} + \frac{1}{2} \right) \cdot \varphi$ führte. In diese

Stammfunktion musste ich dann schließlich die Integrationsgrenzen 0 und 2π einsetzen. Insgesamt ergibt sich also:

$$\iint\limits_{U_R} e^{-x^2-y^2}\, dx\, dy = \iint\limits_{\widetilde{U}_R} e^{-r^2} \cdot r\, dr\, d\varphi = \pi - \pi \cdot e^{-R^2}.$$

Nun soll aber eigentlich die ganze Ebene der Integrationsbereich sein, und wir hatten uns bereits geeinigt, dass man das dadurch erreicht, dass nun $R \to \infty$ geht. Das ist aber praktisch, denn es gilt $e^{-R^2} = \frac{1}{e^{R^2}}$, und mit wachsendem R geht dieser Ausdruck sicher gegen Null. Damit ist:

$$\iint\limits_{\mathbb{R}^2} e^{-x^2-y^2}\, dx\, dy = \lim_{R\to\infty} \iint\limits_{U_R} e^{-x^2-y^2}\, dx\, dy$$

$$= \lim_{R\to\infty} \left(\pi - \pi \cdot e^{-R^2} \right)$$

$$= \pi - \pi \cdot 0 = \pi.$$

Insgesamt gilt also:

$$\iint\limits_{\mathbb{R}^2} e^{-x^2-y^2}\, dx\, dy = \pi.$$

14.5 Gegeben seien die Funktionen

$$f(x) = x^2 + 2x + 1 \text{ und } g(x) = 3x + 1.$$

Bestimmen Sie den Schwerpunkt der von den Kurven eingeschlossenen Fläche.

Lösung Zur Berechnung des Schwerpunktes eines Fläche gibt es eine recht einfache Formel, deren einziger Nachteil in der Verwendung von Doppelintegralen liegt. Ist nämlich $U \subseteq \mathbb{R}^2$ eine beschränkte Menge, nach deren Schwerpunkt gesucht wird, so berechnet man zuerst den Flächeninhalt A von U nach der Formel $A = \iint_U 1\, dx\, dy$. Hat dann der Schwerpunkt S von U die Koordinaten $S = (x_S, y_S)$, so gilt:

$$x_s = \frac{1}{A} \iint\limits_U x\, dx\, dy \text{ und } y_s = \frac{1}{A} \iint\limits_U y\, dx\, dy.$$

Sie brauchen also drei Doppelintegrale: zuerst das mit dem Integranden 1, dann wird über x integriert und schließlich über y. Bevor Sie allerdings integrieren können, müssen Sie sich wieder die Integrationsgrenzen in der x- und der y-Richtung verschaffen. Nun geht

Abb. 14.5 Integrationsbereich

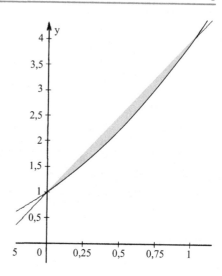

es hier aber um eine Fläche, die von zwei Funktionskurven eingeschlossen wird, und in Abb. 14.5 können Sie sehen, wie sie aussieht.

Die innerhalb von U zulässigen x-Werte werden von den Schnittpunkten der beiden Kurven bestimmt: der kleinere Schnittpunkt ist der untere x-Wert, der größere ist der obere. Und die Schnittpunkte berechne ich wie üblich durch Gleichsetzen der beiden Funktionen. Es gilt:

$$x^2 + 2x + 1 = 3x + 1 \Leftrightarrow x^2 - x = 0 \Leftrightarrow x(x - 1) = 0.$$

Ich habe also die beiden Schnittpunkte $x_1 = 0$ und $x_2 = 1$, und deshalb lauten die Integrationsgrenzen in x-Richtung $a = 0$ und $b = 1$. Für irgendein $x \in [0, 1]$ wird die Zugehörigkeit zu U aber durch die beiden Funktionskurven begrenzt: wenn $x^2 + 2x + 1 \leq y \leq 3x + 1$ gilt, dann ist offenbar $(x, y) \in U$. Daraus folgt, dass $y_u(x) = x^2 + 2x + 1$ und $y_o(x) = 3x + 1$ gilt. Da ich nun über alle Integrationsgrenzen verfüge, kann ich das Doppelintegral zur Berechnung der Fläche wie immer als Hintereinanderausführung eines inneren und eines äußeren Integrals aufschreiben, und zwar:

$$A = \iint_U 1 \, dx \, dy = \int_0^1 \left(\int_{x^2+2x+1}^{3x+1} 1 \, dy \right) dx.$$

Im inneren Integral wird nach der Variablen y integriert, und wenn man die konstante Funktion 1 nach y integriert, dann ergibt sich die Stammfunktion y. Deshalb gilt:

$$\int_{x^2+2x+1}^{3x+1} 1 \, dy = y\big|_{x^2+2x+1}^{3x+1} = 3x + 1 - (x^2 + 2x + 1) = x - x^2.$$

Insgesamt erhalte ich deshalb:

$$A = \iint\limits_{U} 1 \, dx \, dy$$

$$= \int\limits_{0}^{1} \left(\int\limits_{x^2+2x+1}^{3x+1} 1 \, dy \right) dx$$

$$= \int\limits_{0}^{1} x - x^2 \, dx$$

$$= \frac{x^2}{2} - \frac{x^3}{3} \Big|_{0}^{1}$$

$$= \frac{1}{2} - \frac{1}{3} = \frac{1}{6}.$$

Zur Berechnung der Schwerpunktkoordinaten brauche ich mir keine Gedanken mehr über die Integrationsgrenzen zu machen, denn es geht immer wieder um den Integrationsbereich U, und die zugehörigen Integrationsgrenzen habe ich schon berechnet. Deshalb ist:

$$x_S = \frac{1}{A} \iint\limits_{U} x \, dx \, dy = 6 \int\limits_{0}^{1} \left(\int\limits_{x^2+2x+1}^{3x+1} x \, dy \right) dx.$$

Sie müssen hier sehr genau darauf achten, dass im inneren Integral nach y integriert wird und Sie deshalb x als Konstante betrachten müssen. Die Stammfunktion im inneren Integral lautet also xy, und die Integrationsgrenzen müssen für y eingesetzt werden, da y die Integrationsvariable ist. Das bedeutet:

$$\int\limits_{x^2+2x+1}^{3x+1} x \, dy = xy\big|_{x^2+2x+1}^{3x+1} = x(3x+1) - x(x^2 + 2x + 1)$$

$$= 3x^2 + x - x^3 - 2x^2 - x = x^2 - x^3.$$

Damit ergibt sich für den Schwerpunkt S die x-Koordinate:

$$x_S = 6 \int\limits_{0}^{1} \left(\int\limits_{x^2+2x+1}^{3x+1} x \, dy \right) dx$$

$$= 6 \int\limits_{0}^{1} x^2 - x^3 \, dx$$

$$= 6 \cdot \left(\frac{x^3}{3} - \frac{x^4}{4} \Big|_{0}^{1} \right)$$

$$= 6 \cdot \left(\frac{1}{3} - \frac{1}{4} \right) = \frac{6}{12} = \frac{1}{2}.$$

Die y-Koordinate y_S von S ergibt sich genauso, nur dass jetzt nicht mehr die Funktion x, sondern die Funktion y im Integral steht. Somit wird:

$$y_S = \frac{1}{A} \iint\limits_U y \, dx \, dy = 6 \int_0^1 \left(\int\limits_{x^2+2x+1}^{3x+1} y \, dy \right) dx.$$

Hier wird nun wieder im inneren Integral nach y integriert und die Integrationsfunktion lautet y. Die Stammfunktion im inneren Integral lautet also $\frac{y^2}{2}$, und die Integrationsgrenzen müssen wieder für y eingesetzt werden, da y die Integrationsvariable ist. Das heißt:

$$\int\limits_{x^2+2x+1}^{3x+1} y \, dy = \left. \frac{y^2}{2} \right|_{x^2+2x+1}^{3x+1} = \frac{(3x+1)^2}{2} - \frac{(x^2+2x+1)^2}{2}$$

$$= \frac{1}{2} \cdot ((3x+1)^2 - (x^2+2x+1)^2)$$

$$= \frac{1}{2} \cdot (9x^2 + 6x + 1 - x^4 - 4x^3 - 6x^2 - 4x - 1)$$

$$= \frac{1}{2} \cdot (-x^4 - 4x^3 + 3x^2 + 2x).$$

Damit ergibt sich für den Schwerpunkt S die y-Koordinate:

$$y_S = 6 \int_0^1 \left(\int\limits_{x^2+2x+1}^{3x+1} y \, dy \right) dx$$

$$= 6 \int_0^1 \frac{1}{2} \cdot (-x^4 - 4x^3 + 3x^2 + 2x) \, dx$$

$$= 3 \int_0^1 -x^4 - 4x^3 + 3x^2 + 2x \, dx$$

$$= 3 \cdot \left(\left. -\frac{x^5}{5} - x^4 + x^3 + x^2 \right|_0^1 \right)$$

$$= 3 \cdot \left(-\frac{1}{5} - 1 + 1 + 1 \right) = \frac{12}{5}.$$

Der Schwerpunkt der angegebenen Fläche hat also die Koordinaten:

$$S = (x_S, y_S) = \left(\frac{1}{2}, \frac{12}{5} \right).$$

14.6 Man definiere $f : [1, 2] \times [1, 2] \to \mathbb{R}$ durch

$$f(x, y) = \frac{2}{3} \cdot \sqrt{x^3} + \frac{2}{3} \cdot \sqrt{y^3}.$$

Berechnen Sie den Flächeninhalt der Oberfläche, die das Abbild von f im Raum darstellt.

Lösung Jede Funktion $f(x, y)$ mit zwei Inputs und einem Output kann man sich als im Raum schwebende Oberfläche vorstellen, und diese Fläche hat natürlich einen Flächeninhalt. Zur Berechnung des Flächeninhalts gibt es eine recht übersichtliche Formel: hat f den Definitionsbereich $U \subseteq \mathbb{R}^2$, so gilt:

$$\text{Fläche} = \iint\limits_{U} \sqrt{1 + \left(\frac{\delta f}{\delta x}\right)^2 (x, y) + \left(\frac{\delta f}{\delta y}\right)^2 (x, y)} \, dx \, dy,$$

falls f stetig partiell differenzierbar ist. Sie brauchen also zur Berechnung des Flächeninhaltes die ersten partiellen Ableitungen der Funktion, müssen daraus den Ausdruck $\sqrt{1 + \left(\frac{\delta f}{\delta x}\right)^2 (x, y) + \left(\frac{\delta f}{\delta y}\right)^2 (x, y)}$ berechnen und schließlich das Integral über U bestimmen. Das ist oft genug nur schwer oder vielleicht auch gar nicht möglich, aber in dieser Aufgabe ist die Funktion f so einfach gebaut, dass das Integral ohne Probleme berechnet werden kann.

Ich gehe also zunächst an die partiellen Ableitungen von $f(x, y) = \frac{2}{3} \cdot \sqrt{x^3} + \frac{2}{3} \cdot \sqrt{y^3}$ und schreibe dazu die Wurzeln als Potenzen, die dann dem Ableiten leichter zugänglich sind. Es gilt also:

$$f(x, y) = \frac{2}{3} \cdot x^{\frac{3}{2}} + \frac{2}{3} \cdot y^{\frac{3}{2}}.$$

Beim Ableiten nach x wird y als Konstante betrachtet, so dass der zweite Summand einfach wegfällt. Und die Ableitung des ersten Summanden nach x ergibt nach der üblichen Regel für das Ableiten von Potenzen:

$$\frac{\delta f}{\delta x}(x, y) = \frac{2}{3} \cdot \frac{3}{2} \cdot x^{\frac{1}{2}} = \sqrt{x}.$$

Auf die gleiche Weise folgt dann:

$$\frac{\delta f}{\delta y}(x, y) = \frac{2}{3} \cdot \frac{3}{2} \cdot y^{\frac{1}{2}} = \sqrt{y}.$$

Um den Flächeninhalt zu bestimmen, müssen aber die beiden partiellen Ableitungen quadriert werden. Das ergibt:

$$\left(\frac{\delta f}{\delta x}(x, y)\right)^2 (x, y) = x \text{ und } \left(\frac{\delta f}{\delta y}(x, y)\right)^2 (x, y) = y.$$

Aus der allgemeinen Formel für den Flächeninhalt folgt dann:

$$\text{Fläche} = \iint\limits_U \sqrt{1 + \left(\frac{\delta f}{\delta x}\right)^2 (x, y) + \left(\frac{\delta f}{\delta y}\right)^2 (x, y)} \, dx \, dy$$

$$= \iint\limits_U \sqrt{1 + x + y} \, dx \, dy,$$

wobei $U = [1, 2] \times [1, 2]$ gilt. Das Doppelintegral muss ich nun auf die altbekannte Weise berechnen, indem ich die Integrationsgrenzen für das äußere und das innere Integral festlege. In diesem Fall ist das allerdings nicht weiter schwer, denn U ist ein Rechteck, und ich kann deshalb die x- und die y-Werte jeweils unabhängig voneinander ihre gesamte Bandbreite durchlaufen lassen: natürlich ist der kleinste vorkommende x-Wert $a = 1$, und der größte lautet $b = 2$. Für irgendein $x \in [1, 2]$ ist aber auch jedes $y \in [1, 2]$ zulässig, da U ein rechteckiger Bereich ist. Daher gilt auch $y_u(x) = 1$ und $y_o(x) = 2$. Das Doppelintegral berechnet sich also nach der Vorschrift:

$$\iint\limits_U \sqrt{1 + x + y} \, dx \, dy = \int\limits_1^2 \left(\int\limits_1^2 \sqrt{1 + x + y} \, dy \right) dx.$$

Im inneren Integral wird nach der Variablen y integriert, und das heißt, dass ich x als Konstante betrachte und nach einer Stammfunktion in y für $\sqrt{1 + x + y} = (1 + x + y)^{\frac{1}{2}}$ suche. Man integriert aber Potenzen, indem man den Exponenten um 1 erhöht und durch den Exponenten teilt, und da in der Klammer kein Vorfaktor bei y steht, heißt die Stammfunktion

$$\frac{(1 + x + y)^{\frac{3}{2}}}{\frac{3}{2}} = \frac{2}{3} \cdot (1 + x + y)^{\frac{3}{2}},$$

wie Sie auch leicht nachprüfen können, indem Sie diese Stammfunktion nach y ableiten. Daher gilt:

$$\int\limits_1^2 \sqrt{1 + x + y} \, dy = \frac{2}{3} \cdot (1 + x + y)^{\frac{3}{2}} \Big|_1^2 = \frac{2}{3} \cdot (3 + x)^{\frac{3}{2}} - \frac{2}{3} \cdot (2 + x)^{\frac{3}{2}},$$

denn Sie müssen die Integrationsgrenzen für y einsetzen, da die Integrationsvariable hier y lautet. Damit habe ich:

$$\iint\limits_U \sqrt{1 + x + y} \, dx \, dy = \int\limits_1^2 \left(\int\limits_1^2 \sqrt{1 + x + y} \, dy \right) dx$$

$$= \int\limits_1^2 \frac{2}{3} \cdot (3 + x)^{\frac{3}{2}} - \frac{2}{3} \cdot (2 + x)^{\frac{3}{2}} \, dx$$

$$= \frac{2}{3} \cdot \int\limits_1^2 (3 + x)^{\frac{3}{2}} - (2 + x)^{\frac{3}{2}} \, dx.$$

Damit bleibt nur noch ein eindimensionales Integral zur Berechnung übrig. Auch hier müssen wieder Potenzen integriert werden, und deshalb gehe ich nach der gleichen Methode vor wie eben. Es gilt nämlich:

$$
\int_1^2 (3+x)^{\frac{3}{2}} - (2+x)^{\frac{3}{2}} \, dx = \frac{(3+x)^{\frac{5}{2}}}{\frac{5}{2}} - \frac{(2+x)^{\frac{5}{2}}}{\frac{5}{2}} \Bigg|_1^2
$$

$$
= \frac{2}{5}(3+x)^{\frac{5}{2}} - \frac{2}{5}(2+x)^{\frac{5}{2}} \Bigg|_1^2
$$

$$
= \frac{2}{5} \cdot \left((3+x)^{\frac{5}{2}} - (2+x)^{\frac{5}{2}} \Big|_1^2 \right)
$$

$$
= \frac{2}{5} \cdot \left(5^{\frac{5}{2}} - 4^{\frac{5}{2}} - (4^{\frac{5}{2}} - 3^{\frac{5}{2}}) \right)
$$

$$
= \frac{2}{5} \cdot \left(5^{\frac{5}{2}} - 2 \cdot 4^{\frac{5}{2}} + 3^{\frac{5}{2}} \right)
$$

$$
= \frac{2}{5} \cdot (\sqrt{5^5} - 2 \cdot \sqrt{4^5} + \sqrt{3^5})
$$

$$
= \frac{2}{5} \cdot (25\sqrt{5} - 2 \cdot 32 + 9\sqrt{3})
$$

$$
\approx 2{,}9961.
$$

Jetzt muss ich nur noch dieses Ergebnis dort einsetzen, wo ich das Doppelintegral ausgerechnet hatte. Damit folgt:

$$
\iint_U \sqrt{1+x+y} \, dx \, dy = \frac{2}{3} \int_1^2 (3+x)^{\frac{3}{2}} - (2+x)^{\frac{3}{2}} \, dx
$$

$$
= \frac{2}{3} \cdot 2{,}9961 = 1{,}9974.
$$

Der Flächeninhalt beträgt also 1,9974 Flächeneinheiten.

14.7 Berechnen Sie die folgenden Kurvenintegrale.

(i) $\int_\gamma xy \, dx + y^2 \, dy$, wobei $\gamma : [0, 2] \to \mathbb{R}^2$ definiert ist durch $\gamma(t) = \begin{pmatrix} t^2 \\ t^3 \end{pmatrix}$.

(ii) $\int_\gamma -x^2 \, dx + y^2 \, dy$, wobei $\gamma : [0, \pi] \to \mathbb{R}^2$ definiert ist durch $\gamma(t) = \begin{pmatrix} \cos t \\ \sin t \end{pmatrix}$.

Lösung Zur Berechnung von Kurvenintegralen kann man immer nach dem gleichen Schema vorgehen, das ich hier am Beispiel ebener Kurven erkläre. Ein Kurvenintegral setzt sich immer aus zwei Bestandteilen zusammen. Ist $U \subseteq \mathbb{R}^2$ der Definitionsbereich, in dem sich alles abspielt, dann brauchen Sie erstens ein sogenanntes *Vektorfeld*, und das ist nichts anderes als eine Funktion $f(x, y)$ mit zwei Inputs und zwei Outputs, also eine Funktion $f : U \to \mathbb{R}^2$. Und zweitens brauchen Sie eine *Kurve* γ, die ganz in U liegt, wobei man eine Kurve in der Regel durch eine Funktion $\gamma : [a, b] \to \mathbb{R}^2$ beschreibt, also $\gamma(t) = \begin{pmatrix} x(t) \\ y(t) \end{pmatrix}$ für alle $t \in [a, b]$. Da dann alle Kurvenpunkte $\begin{pmatrix} x(t) \\ y(t) \end{pmatrix}$ im Definitionsbereich U des Vektorfeldes f liegen, kann man sie auch als Input für f verwenden, und es macht Sinn, so etwas wie $f(x(t), y(t)) = f(\gamma(t))$ zu schreiben. Nun ist aber f ein Vektorfeld, hat also zwei Outputkomponenten $f_1(x, y)$ und $f_2(x, y)$, weshalb gilt:

$$f(x(t), y(t)) = (f_1(x(t), y(t)), f_2(x(t), y(t))) \text{ für alle } t \in [a, b].$$

Damit habe ich schon fast alles, was ich zur Berechnung eines Kurvenintegrals brauche, bis auf die Ableitung von γ. Man setzt nämlich voraus, dass die Komponenten $x(t)$ und $y(t)$ der Kurve γ nach der Variablen t differenziert werden können und nennt in diesem Fall γ eine differenzierbare Kurve. Dann ist das Kurvenintegral definiert durch

$$\int_\gamma f(x, y)\, d(x, y) = \int_\gamma f_1(x, y)\, dx + f_2(x, y)\, dy$$

$$= \int_a^b f_1(x(t), y(t)) \cdot x'(t) + f_2(x(t), y(t)) \cdot y'(t)\, dt,$$

und man nennt es das Kurvenintegral des Vektorfeldes f entlang der Kurve γ. Um das Kurvenintegral auszurechnen, muss ich also die Kurve selbst in die Komponenten des Vektorfeldes einsetzen, dann noch diese Komponenten mit den jeweiligen Ableitungen der Komponenten von γ multiplizieren und schließlich das Ganze nach t integrieren.

(i)   Nun ist $\gamma : [0, 2] \to \mathbb{R}^2$ definiert durch $\gamma(t) = \begin{pmatrix} t^2 \\ t^3 \end{pmatrix}$, und ich soll das Kurvenintegral $\int_\gamma xy\, dx + y^2\, dy$ berechnen. Das Vektorfeld heißt also

$$f(x, y) = \begin{pmatrix} xy \\ y^2 \end{pmatrix}.$$

Im ersten Schritt setze ich in dieses Vektorfeld die Komponenten der Kurve γ ein, ersetze also x durch $x(t) = t^2$ und y durch $y(t) = t^3$. Dann gilt:

$$f(x(t), y(t)) = \begin{pmatrix} x(t)y(t) \\ y^2(t) \end{pmatrix} = \begin{pmatrix} t^2 \cdot t^3 \\ (t^3)^2 \end{pmatrix} = \begin{pmatrix} t^5 \\ t^6 \end{pmatrix}.$$

Weiterhin ist

$$x'(t) = 2t \text{ und } y'(t) = 3t^2.$$

Die erste Komponente von $f(x(t), y(t))$ wird jetzt multipliziert mit der Ableitung $x'(t)$, während die zweite Komponente von $f(x(t), y(t))$ multipliziert wird mit $y'(t)$. Addition der beiden Produkte ergibt dann:

$$t^5 \cdot 2t + t^6 \cdot 3t^2 = 2t^6 + 3t^8.$$

Und diesen Ausdruck muss ich zwischen 0 und 2 nach t integrieren, um das Kurvenintegral zu erhalten. Insgesamt ergibt sich also:

$$\int_\gamma xy\, dx + y^2\, dy = \int_0^2 t^5 \cdot 2t + t^6 \cdot 3t^2\, dt$$

$$= \int_0^2 2t^6 + 3t^8\, dt$$

$$= \frac{2}{7}t^7 + \frac{3}{9}t^9 \Big|_0^2$$

$$= \frac{2}{7}t^7 + \frac{1}{3}t^9 \Big|_0^2$$

$$= \frac{2^8}{7} + \frac{2^9}{3}$$

$$= 2^8 \cdot \left(\frac{1}{7} + \frac{2}{3}\right)$$

$$= 256 \cdot \frac{17}{21} = \frac{4352}{21}.$$

(ii) Auf die gleiche Weise berechne ich das Kurvenintegral $\int_\gamma -x^2 dx + y^2 dy$, wobei $\gamma : [0, \pi] \to \mathbb{R}^2$ definiert ist durch $\gamma(t) = \begin{pmatrix} \cos t \\ \sin t \end{pmatrix}$. Das Vektorfeld heißt hier

$$f(x, y) = \begin{pmatrix} -x^2 \\ y^2 \end{pmatrix}.$$

Im ersten Schritt setze ich wieder in das Vektorfeld die Komponenten der Kurve γ ein, ersetze also x durch $x(t) = \cos t$ und y durch $y(t) = \sin t$. Dann gilt:

$$f(x(t), y(t)) = \begin{pmatrix} -x^2(t) \\ y^2(t) \end{pmatrix} = \begin{pmatrix} -\cos^2 t \\ \sin^2 t \end{pmatrix}.$$

Weiterhin haben wir die Ableitungen

$$x'(t) = -\sin t \text{ und } y'(t) = \cos t.$$

Die erste Komponente von $f(x(t), y(t))$ muss ich mit der Ableitung $x'(t)$ multiplizieren, während die zweite Komponente von $f(x(t), y(t))$ multipliziert wird mit $y'(t)$. Addition der beiden Produkte ergibt dann den Ausdruck:

$$-\cos^2 t \cdot (-\sin t) + \sin^2 t \cdot \cos t = \cos^2 t \cdot \sin t + \sin^2 t \cdot \cos t.$$

Diesen Ausdruck werde ich jetzt zwischen 0 und π nach t integrieren, um das Kurvenintegral herauszubekommen, denn es gilt:

$$\int_{\gamma} -x^2 \, dx + y^2 \, dy = \int_0^{\pi} -\cos^2 t \cdot (-\sin t) + \sin^2 t \cdot \cos t \, dt$$

$$= \int_0^{\pi} \cos^2 t \cdot \sin t + \sin^2 t \cdot \cos t \, dt.$$

Dieses eindimensionale Integral kann man am besten dadurch ausrechnen, dass man seine Summanden einzeln integriert, da beide Summanden sich mit Hilfe der Substitutionsregel erledigen lassen. Für das Integral $\int \cos^2 t \sin t \, dt$ setze ich $g(t) = \cos t$. Dann ist $(g(t))^2 = \cos^2 t$ und vor allem $g'(t) = -\sin t$. Das passt zwar nicht ganz zu dem gesuchten Integral, aber doch fast, denn ich brauche nur das falsche Vorzeichen auszugleichen. Damit gilt:

$$\int \cos^2 t \sin t \, dt = -\int -\sin t \cos^2 t \, dt = -\int g'(t)(g(t))^2 \, dt.$$

Nach der Substitutionsregel darf ich $g'(t)dt$ durch dg ersetzen und erhalte somit:

$$\int \cos^2 t \sin t \, dt = -\int -\sin t \cos^2 t \, dt = -\int g'(t)(g(t))^2 \, dt$$

$$= -\int g^2 \, dg = -\frac{g^3}{3} = -\frac{\cos^3 t}{3}.$$

Mit der gleichen Methode erledige ich das Integral $\int \sin^2 t \cdot \cos t \, dt$, wobei ich hier $g(t) = \sin t$ setze. Dann ist $g'(t) = \cos t$, und das Integral lautet:

$$\int \sin^2 t \cdot \cos t \, dt = \int (g(t))^2 \cdot g'(t) \, dt.$$

Wieder ersetze ich nach der Substitutionsregel $g'(t)dt$ durch dg und finde:

$$\int \sin^2 t \cdot \cos t \, dt = \int (g(t))^2 \cdot g'(t) \, dt = \int g^2 \, dg = \frac{g^3}{3} = \frac{\sin^3 t}{3}.$$

Jetzt ist das Kurvenintegral leicht auszurechnen, denn die einzelnen Stammfunktionen habe ich bestimmt, und alles was noch fehlt ist das Einsetzen der Integrationsgrenzen. Es gilt also:

$$\int_\gamma -x^2\,dx + y^2\,dy = \int_0^\pi -\cos^2 t \cdot (-\sin t) + \sin^2 t \cdot \cos t \; dt$$

$$= \int_0^\pi \cos^2 t \cdot \sin t + \sin^2 t \cdot \cos t \; dt$$

$$= -\frac{\cos^3 t}{3} + \frac{\sin^3 t}{3} \bigg|_0^\pi$$

$$= -\frac{\cos^3 \pi}{3} + \frac{\sin^3 \pi}{3} - \left(-\frac{1}{3} + 0\right)$$

$$= -\frac{(-1)^3}{3} + \frac{1}{3} = \frac{2}{3},$$

wobei ich unterwegs benutzt habe, dass $\sin 0 = \sin \pi = 0$ und $\cos 0 = 1, \cos \pi = -1$ gilt. Insgesamt habe ich also herausgefunden:

$$\int_\gamma -x^2\,dx + y^2\,dy = \frac{2}{3}.$$

14.8 Man definiere $f : \mathbb{R}^2 \to \mathbb{R}^2$ durch

$$f(x,y) = \begin{pmatrix} x^3 y^2 \\ \frac{x^4}{2} y \end{pmatrix}.$$

Zeigen Sie, dass f ein Potentialfeld ist, und berechnen Sie das Kurvenintegral

$$\int_\gamma x^3 y^2\,dx + \frac{x^4}{2} y\,dy,$$

wobei γ eine beliebige Kurve mit dem Anfangspunkt $(0,0)$ und dem Endpunkt $(1,1)$ ist.

Lösung Kurvenintegrale lassen sich besonders einfach ausrechnen, wenn das zugrundeliegende Vektorfeld ein sogenanntes *Potentialfeld* ist. Ist $U \subseteq \mathbb{R}^2$ eine offene und konvexe Menge und $f : U \to \mathbb{R}^2$ ein Vektorfeld mit den beiden Komponenten $f_1(x,y)$ und $f_2(x,y)$, dann nennt man f ein Potentialfeld, wenn es eine zweimal stetig differenzierbare Funktion $\varphi : U \to \mathbb{R}$ gibt, so dass

$$\frac{\delta\varphi}{\delta x}(x,y) = f_1(x,y) \text{ und } \frac{\delta\varphi}{\delta y}(x,y) = f_2(x,y).$$

Die Funktion φ ist dann also so etwas wie eine zweidimensionale Stammfunktion von f, die man als *Potentialfunktion* oder auch nur als *Potential* von f bezeichnet. Der Vorteil solcher Potentialfelder liegt darin, dass man ihre Kurvenintegrale ohne nennenswerten Aufwand bestimmen kann. Ist nämlich γ irgendeine Kurve in U mit dem Anfangspunkt $(a_1, a_2) \in U$ und dem Endpunkt $(b_1, b_2) \in U$, dann gilt:

$$\int_\gamma f_1(x, y)\, dx + f_2(x, y)\, dy = \varphi(b_2, b_1) - \varphi(a_2, a_1).$$

Das Kurvenintegral ist also unabhängig vom Kurvenverlauf und hängt nur vom Anfangs- und vom Endpunkt der Kurve ab: Sie müssen nur den Endpunkt und den Anfangspunkt der Kurve in die Potentialfunktion einsetzen und dann die beiden errechneten Werte voneinander abziehen, genau wie Sie es bei eindimensionalen Stammfunktionen gewohnt sind. Die Frage ist nur, wie man feststellt, dass ein gegebenes Vektorfeld tatsächlich ein Potentialfeld ist. Das ist aber gar nicht so schwer, denn für Felder in offenen und konvexen Teilmengen $U \subseteq \mathbb{R}^2$ gibt es ein einfaches Kriterium: ein Vektorfeld $f : U \to \mathbb{R}^2$ ist genau dann ein Potentialfeld, wenn es die Gleichung

$$\frac{\delta f_1}{\delta y}(x, y) = \frac{\delta f_2}{\delta x}(x, y)$$

für alle $(x, y) \in U$ erfüllt. Das macht den Test einfach. Ich muss nur f_1 nach y und dann f_2 nach x ableiten, und wenn in beiden Fällen das Gleiche herauskommt, ist f ein Potentialfeld.

Nun geht es um das Vektorfeld

$$f(x, y) = \begin{pmatrix} x^3 y^2 \\ \frac{x^4}{2} y \end{pmatrix},$$

und ich will nachweisen, dass es ein Potentialfeld ist. Mir steht aber das beschriebene Testverfahren für Potentialfelder zur Verfügung, das ich jetzt anwende. Hier ist $f_1(x, y) = x^3 y^2$ und $f_2(x, y) = \frac{x^4}{2} y$. Damit wird:

$$\frac{\delta f_1}{\delta y}(x, y) = 2x^3 y \text{ und } \frac{\delta f_2}{\delta x}(x, y) = 4 \cdot \frac{x^3}{2} y = 2x^3 y.$$

Die beiden Ableitungen sind also tatsächlich gleich, und da die Menge $U = \mathbb{R}^2$ sicher offen und konvex ist, liegt mit dem Vektorfeld f ein Potentialfeld vor. Folglich gibt es eine Funktion $\varphi : \mathbb{R}^2 \to \mathbb{R}$ mit der Eigenschaft:

$$\frac{\delta \varphi}{\delta x}(x, y) = x^3 y^2 \text{ und } \frac{\delta \varphi}{\delta y}(x, y) = \frac{x^4}{2} y.$$

Die Ableitung von φ nach x muss also $x^3 y^2$ ergeben, und daher brauche ich eine Stammfunktion von $x^3 y^2$ nach der Variablen x. Die ist aber mit $\frac{x^4}{4} y^2$ schnell gefunden, und ich muss nur noch testen, ob die Funktion $\varphi(x, y) = \frac{1}{4} x^4 y^2$ wirklich beide Ableitungsbedingungen erfüllt. Es gilt aber:

$$\frac{\delta \varphi}{\delta x}(x, y) = \frac{1}{4} \cdot 4x^3 y^2 = x^3 y^2 \text{ und } \frac{\delta \varphi}{\delta y}(x, y) = \frac{1}{4} \cdot 2x^4 y = \frac{x^4}{2} y,$$

und damit erfüllt φ die Bedingungen für eine Potentialfunktion des Vektorfeldes f.

Die Berechnung eines Kurvenintegrals ist jetzt ausgesprochen einfach. Sobald Sie den Anfangspunkt und den Endpunkt einer Kurve γ kennen, brauchen Sie diese beiden Punkte nur noch in die Potentialfunktion einzusetzen und die Werte voneinander abzuziehen. Für eine Kurve γ mit dem Anfangspunkt $(0, 0)$ und dem Endpunkt $(1, 1)$ folgt daraus:

$$\int_\gamma x^3 y^2 \, dx + \frac{x^4}{2} y \, dy = \varphi(1, 1) - \varphi(0, 0) = \frac{1}{4}.$$

Damit bin ich am Ende der Übungsbeispiele angelangt und kann mich nur noch von Ihnen verabschieden mit der Hoffnung, dass Sie beim Lesen erstens ein wenig Mathematik gelernt und sich zweitens nicht allzu sehr gelangweilt haben.

Literatur

Bartsch H-J (1991) Taschenbuch mathematischer Formeln. Fachbuchverlag Leipzig, Leipzig

Böhme G (1992) Algebra. Springer Verlag, Berlin, Heidelberg, New York

Böhme G (1990) Analysis 1. Springer Verlag, Berlin, Heidelberg, New York

Böhme G (1990) Analysis 2. Springer Verlag, Berlin, Heidelberg, New York

Bronstein IN, Semendjajew KA et al. (1995) Taschenbuch der Mathematik. Harri Deutsch, Thun, Frankfurt a. M.

Meyberg K, Wachenauer P (1999) Höhere Mathematik 1. Springer, Berlin, Heidelberg, New York

Meyberg K, Wachenauer P (1999) Höhere Mathematik 2. Springer, Berlin, Heidelberg, New York

Neunzert H, Eschmann WG et al. (2008) Analysis 1. Springer, Berlin, Heidelberg, New York

Neunzert H, Eschmann WG et al. (1998) Analysis 2. Springer, Berlin, Heidelberg, New York

Preuß W, Wenisch G (2003) Lehr- und Übungsbuch Mathematik, Band 1. Hanser Fachbuch, München

Preuß W, Wenisch G (2003) Lehr- und Übungsbuch Mathematik, Band 2. Hanser Fachbuch, München

Preuß W, Wenisch G (2001) Lehr- und Übungsbuch Mathematik, Band 3. Hanser Fachbuch, München

Rießinger T (2013) Mathematik für Ingenieure. Springer, Berlin, Heidelberg, New York

Stöcker H (1998) Taschenbuch mathematischer Formeln und moderner Verfahren. Harri Deutsch, Thun, Frankfurt a. M.

© Springer-Verlag Deutschland 2017   441
T. Rießinger, *Übungsaufgaben zur Mathematik für Ingenieure*,
DOI 10.1007/978-3-662-54803-5

Sachverzeichnis

A

Ableitung, 143, 144, 151, 152, 183
   höhere, 154, 155, 160
Anfangswertproblem, 309, 316, 328, 331, 339, 347, 350
asymptotisches Verhalten, 177

B

Betrag eines Vektors, 18
binomischer Lehrsatz, 280
Bogenlänge, 223
Bogenmaß, 292
Bruchrechnung, 7

C

charakteristisches Polynom, 325
   mit komplexen Nullstellen, 330, 333

D

de Morgansche Regel, 13
Definitionsbereich, 91, 115, 174
Determinante, 41, 360, 361, 364
Determinantenproduktsatz, 363
Differentialgleichungen, 305
Differenz, 1
Dirichlet-Bedingungen, 299
Distributivgesetz, 4, 12
Divergenz, 75
Doppelintegral, 415
Durchschnitt, 1

E

Ebene, 43, 47
Ebenengleichung, 45, 47
   parameterfreie Form, 47
   parametrisierte Form, 47
Einheitsmatrix, 359

E

Exponentialfunktion, 136, 137, 144, 152, 185, 268
Extremstellen, 191
Extremwerte, 167, 172, 192
   mehrdimensionale, 394
   mit Nebenbedingungen, 168, 402, 409

F

Fakultät, 163
Falksches Schema, 357
Flächenberechnung, 201, 221
Flächeninhalt der Oberfläche, 431
Folge, 73
   divergente, 75
   konvergente, 73
Fourierkoeffizienten, 298
Fourierreihe, 298
Fundamentalsystem, 326
Funktion, 91, 97
   monoton fallende, 97
   monoton steigende, 97
   stetige, 108, 110
   streng monoton fallende, 97
   streng monoton steigende, 97
Funktionalmatrix, 383
Funktionsbestimmung, 189

G

Gauß-Algorithmus, 59, 66, 216, 366
Gaußsche Zahlenebene, 290
gemischte Ableitung, 371
Genauigkeitsschranke, 225, 227
Gerade, 47
Geradengleichung, 36, 50
Gleichungen, 55, 180
   biquadratische, 58

quadratische, 55
Gleichungssystem, 58, 66
Grenzwert, 73, 83
    einer Folge, 73, 83
    einer Funktion, 105, 109, 118
    einer Reihe, 251, 259
    einseitiger, 119

H
Hesse-Matrix, 395
Hintereinanderausführung, 113, 145
Horner-Schema, 103

I
implizites Differenzieren, 412
Induktion, 78, 81, 85
    vollständige, 78, 81, 85
Integral, 195
    bestimmtes, 195
    mehrdimensionales, 415
    unbestimmtes, 198
    uneigentliches, 219
Integralkriterium, 283
Integration mit Polarkoordinaten, 420
Invertierung, 358, 366
Iteration, 181

K
Kettenregel, 146, 151, 184, 200
    mehrdimensionale, 390, 393
Komplement, 10
komplexe Zahlen, 57, 287
    Addition, 287
    Betrag, 289
    Division, 289
    Exponentialform, 295
    Multiplikation, 287
    Normalform, 292
    Polarform, 290, 293
    Potenzierung, 293, 295
    Subtraktion, 287
    trigonometrische Form, 290
    Wurzelziehen, 294, 295
konkav, 191
Konvergenz, 73
Konvergenzbereich, 264
Konvergenzradius, 264
konvex, 191, 415
Koordinaten, 18, 20, 29

Kurvendiskussion, 174
Kurvenintegral, 433

L
Länge eines Vektors, 18
Laplace-Transformation, 340
    Ableitungssatz, 347, 351
    Additionssatz, 347, 350
    Bildfunktion, 344
    Dämpfungssatz, 342, 349
    Originalfunktion, 344
    Verschiebungssatz, 343
Leibniz-Kriterium, 256, 257
l'Hospitalsche Regel, 182
lineare Abbildung, 355
lineare Differentialgleichung, 325
    homogene, 325
    inhomogene, 333
Linearfaktor, 106
Linearisierung, 384, 385
Linearkombination, 17
Logarithmus, 136, 185

M
Majorante, 266, 282
Majorantenkriterium, 281
Matrix, 41, 60, 356
Matrizenmultiplikation, 357, 363
Maximum, 167
Mengen, 1
Mengenoperationen, 1, 4, 10
Minimum, 167
Minorante, 283
Minorantenkriterium, 282
Mittelwertsatz, 160
Monotonie, 96, 98, 115, 165

N
negativ definit, 396
Newton-Verfahren, 181
numerische Integration, 224

O
Oberfläche, 431

P
Parallelogramm, 38, 51
Partialbruchzerlegung, 212
Partialsumme, 252
partielle Ableitung, 369, 378

partielle Integration, 202, 205
Partikulärlösung, 333
Periode, 138
periodische Funktionen, 138
Polarkoordinaten, 419
Polynom, 102, 103, 143
Polynomdivision, 178
positiv definit, 396
Potential, 438
Potentialfeld, 437
Potentialfunktion, 438
Potenzreihe, 260, 263, 268
Produktregel, 144, 151, 184

Q
Quotientenkriterium, 255, 258
Quotientenregel, 145, 148, 151, 184

R
Regel von l'Hospital, 182
Reihe, 251
    absolut konvergente, 255, 256
    alternierende, 256
    divergente, 251, 258
    geometrische, 251, 254
    konvergente, 255
Restglied für Taylorreihen, 274

S
Sarrussche Regel, 43
Satz von Schwarz, 372
Schwerpunkt, 427
Simpsonregel, 227, 230
Skalarprodukt, 20, 29, 33, 34
Spat, 40, 51
Spatprodukt, 40
Stammfunktion, 195, 199
Stetigkeit, 108, 110, 117
Substitution bei Differentialgleichungen, 325
Substitutionsregel, 205, 207, 210, 218

zweidimensionale, 419, 422
Summenzeichen, 85
Symmetrie, 179

T
Tangente, 149, 150
Tangentialebene, 377
Taylorpolynom, 270, 272, 274
Taylorreihe, 270, 274, 276, 280
totales Differential, 388
Trapezregel, 223
Trennung der Variablen, 305
trigonometrische Funktionen, 123
    Cosinus, 126
    Sinus, 123
    Tangens, 129
trigonometrische Gleichung, 131
trigonometrische Reihe, 298

U
Umkehrfunktion, 96
uneigentliches Integral, 218, 284
Ungleichung, 63, 67

V
Variation der Konstanten, 312
Vektor, 17
Vektorfeld, 433
Vektorprodukt, 40, 53
Vereinigung, 2
Volumen, 51
Volumenberechnung, 222
    Paraboloid, 222

W
Wendepunkt, 177
Wertebereich, 91, 115, 178
Widerspruchsbeweis, 8
Winkel zwischen Vektoren, 20, 25, 30
Wurzelkriterium, 255, 259

Printed in the United States
By Bookmasters